T0237639

Springer-Lehrbuch

Christof Eck · Harald Garcke · Peter Knabner

Mathematische Modellierung

3. Auflage

 Springer Spektrum

Christof Eck
Stuttgart, Deutschland

Harald Garcke
Regensburg, Deutschland

Peter Knabner
Erlangen, Deutschland

ISSN 0937-7433
Springer-Lehrbuch
ISBN 978-3-662-54334-4   ISBN 978-3-662-54335-1   (eBook)
DOI 10.1007/978-3-662-54335-1

Die Deutsche Nationalbibliothek verzeichnet diese Publikation in der Deutschen Nationalbibliografie;
detaillierte bibliografische Daten sind im Internet über http://dnb.d-nb.de abrufbar.

Springer Spektrum
© Springer-Verlag GmbH Deutschland 2008, 2011, 2017

Planung: Dr. Annika Denkert

Gedruckt auf säurefreiem und chlorfrei gebleichtem Papier

Springer Spektrum ist Teil von Springer Nature
Die eingetragene Gesellschaft ist Springer-Verlag GmbH Deutschland
Die Anschrift der Gesellschaft ist: Heidelberger Platz 3, 14197 Berlin, Germany

Vorwort

Vorwort zur dritten Auflage

Im Zuge der Übersetzung des Buches ins Englische haben wir die Gelegenheit genutzt, auch die deutsche Ausgabe noch einmal kritisch zu überarbeiten. Dabei wurden einige kleinere Umstellungen vorgenommen, eine Reihe Tippfehler korrigiert und einige inhaltliche Fehlerchen verbessert.

Nach Erscheinen der zweiten Auflage ist unser Mitautor und geschätzter Kollege Christof Eck im Jahr 2011 nach schwerer Krankheit verstorben. Diese dritte Auflage ist seinem Andenken gewidmet.

Unser herzlicher Dank geht an alle, die uns Kommentare und Verbesserungen mitgeteilt haben. Ganz besonders bedanken möchten wir uns bei Serge Kräutle und Kei Fong Lam, die bei der Übersetzung ins Englische beteiligt waren und dabei auch unzählige Verbesserungsvorschläge für die deutsche Ausgabe gemacht haben.

Regensburg, Erlangen im Dezember 2016

Harald Garcke
Peter Knabner

Vorwort zur zweiten Auflage

Nachdem das vorliegende Buch in vielen Vorlesungen und Seminaren genutzt worden ist, sind den Autoren und einigen aufmerksamen Lesern einige Druckfehler und kleinere Ungenauigkeiten aufgefallen. Diese sind in der zweiten Auflage verbessert worden. Wesentliche Änderungen gab es bei der Einführung der Methode der asymptotischen Entwicklung (Abschnitt 1.5), bei der Behandlung der Optimierung mit Nebenbedingungen (Abschnitt 2.3), in der Diskussion der Nebenbedingungen in der Lagrangeschen Formulierung der Mechanik (Abschnitt 4.2), im Beweis des Satzes 4.3 (Abschnitt 4.6 und Übungsaufgabe 4.14), bei der Herleitung der Cahn-Hilliard Gleichung (Abschnitt 6.2.13) und in der Behandlung der Phasenfeldgleichungen (Abschnitt 7.9). Im Abschnitt über die Phasenfeldgleichungen sind auch drei zusätzliche Abbildungen aufgenommen worden, um die Darstellung anschaulicher zu gestalten.

Stuttgart, Regensburg, Erlangen im November 2010

Christof Eck
Harald Garcke
Peter Knabner

Vorwort zur ersten Auflage

Unter *mathematischer Modellierung* verstehen wir die Beschreibung eines Phänomens aus Natur, Technik oder Wirtschaft mit Hilfe von mathematischen Strukturen. Das Ziel der Modellierung ist es, eine sinnvolle mathematische Problemformulierung zu gewinnen, aus der sich Aussagen und Lösungen zu dem Ausgangsproblem ableiten lassen. „Anwendbar" sind prinzipiell alle Teilgebiete der Mathematik, oft entstehen aber gerade in technischen Anwendungen mathematische Probleme einer solchen Komplexität, dass sie entweder vereinfacht werden müssen, indem gewisse Einflüsse vernachlässigt werden, oder nur noch mit numerischen Methoden bearbeitet werden können. Werden mathematische Modelle vereinfacht, etwa dadurch, dass einige „kleine" Terme in einer Gleichung vernachlässigt werden, so ist die Aufgabe der Mathematik zu prüfen, wie stark sich das Lösungsverhalten dabei ändert. Historisch ist eine Vielzahl mathematischer Konzepte aus Anforderungen der Anwendungen heraus entstanden, insoweit ist es weder zufällig noch verwunderlich, dass Mathematik und reale Welt „zusammen passen". Mathematische Konzepte, die aus der Anregung eines Fachgebiets heraus entstanden sind, finden oft auch Anwendungen in ganz anderen Fachgebieten. Darüber hinaus ergibt sich bei einem konkreten Anwendungsproblem im Allgemeinen ein weiter Spielraum mathematischer Modellierung je nach gewählter Auflösung in der (zeitlichen oder räumlichen) Betrachtungsebene.

Auf diesem Hintergrund ist eine Ausbildung in mathematischer Modellierung unverzichtbar, wenn ein Studium der Mathematik, wie jetzt auch für die neu entstandenen Bachelor–Studiengänge gefordert, berufsqualifizierend sein soll, d.h. auch gerichtet auf industrielle/praktische/gesellschaftliche Probleme. Die klassischen Veranstaltungen eines Mathematik–Curriculums können eine solche Ausbildung nur unzureichend gewährleisten angesichts einer gerade im deutschen Sprachraum weit fortgeschrittenen Formalisierung in der Mathematiklehre, in der Anwendungsbeispiele — wenn überhaupt — nur den Stellenwert einer „unverbindlichen" Motivation einnehmen. Das klassische Nebenfachstudium kann im Allgemeinen die entstehende Lücke nicht schließen, da die Studierenden der Mathematik oft damit überfordert sind, gleichzeitig Inhalte aus einem Anwendungsgebiet zu erlernen und dabei auftretende mathematische Strukturen zu extrahieren, um ihr mathematisches Wissen nutzbar zu machen. Auf diesem Hintergrund sind im Rahmen der Umstrukturierung der mathematischen Studiengänge und der geforderten größeren Praxisnähe eines Bachelorstudiums an vielen deutschen Universitäten Veranstaltungen über mathematische Modellierung in die Curricula der mathematischen Studiengänge aufgenommen worden. In diesem Rahmen möchte das vorliegende Lehrbuch eine Hilfestellung leisten.

Das vorliegende Buch liefert zum einen Wissen aus dem Bereich „zwischen" Mathematik und Naturwissenschaften (zum Beispiel aus der Thermodynamik und der Kontinuumsmechanik), das Studierende und Dozenten der Mathematik benötigen, um Modelle aus den Natur- und Ingenieurwissenschaften zu verstehen und herleiten zu können. Zum anderen enthält das Buch eine Vielzahl interessanter, praktisch relevanter Beispiele für die im Mathematikstudium erlernten, oft sehr abstrakt dargestellten mathematischen Theorien, und beantwortet damit die häufig gestellte Frage „wozu ist das nützlich?". Es soll dabei keines der Bücher über die zugrunde liegenden mathematischen Strukturen wie lineare Gleichungen / lineare Algebra, gewöhnliche oder partielle Differentialgleichungen ersetzen, enthält aber trotzdem wesentliche Aspekte der Analysis für die Modelle, insbesondere auch um die wichtige, im Mathematikstudium leider oft vernachlässigte Wechselwirkung zwischen Mathematik und Anwendungen aufzuzeigen. Auf der anderen Seite bietet das Buch für Studierende der Natur- und Ingenieurwissenschaften einen Einstieg in Methoden der Angewandten Mathematik und Mechanik.

Der Inhalt des Buches beschränkt sich auf deterministische Modelle mit kontinuierlichen Skalen, wie sie in den klassischen Natur- und Ingenieurwissenschaften im Zentrum stehen. Insbesondere werden stochastische Modelle nicht thematisiert; ebenso Modelle für Prozesse auf sehr kleinen Skalen wie etwa Teilchenmodelle oder Modelle aus der Quantenmechanik und deren Approximationen. Modelle aus den Wirtschaftswissenschaften stehen ebenfalls nicht im Fokus, da stochastische Ansätze dort eine wichtige Rolle spielen.

Ein wesentliches Konzept dieses Buches besteht darin, die mathematischen Strukturen (und das Wissen darüber) als Ordnungsprinzip zugrunde zu legen, nicht aber die betreffenden Anwendungswissenschaften. Dies bringt die Stärke der Mathematik zum Ausdruck, dass ein und dasselbe Konzept oft für ganz verschiedene Problemklassen und Anwendungsbereiche eingesetzt werden kann, und ermöglicht es, in effizienter Weise Beispiele aus den verschiedensten Anwendungsgebieten zu behandeln, ohne zu Wiederholungen derselben mathematischen Grundstrukturen gezwungen zu sein: Diese Linie wird nach dem Einführungskapitel 1 mit den Kapiteln 2, 4, 6 und 7 verfolgt. Darin eingebettet sind die Kapitel 3 (Thermodynamik) und 5 (Kontinuumsmechanik), die zwei notwendige Bindeglieder zu den Natur- und Ingenieurwissenschaften bereit stellen. Natürlich sind auch diese Kapitel von der Anwendung mathematischer Kalküle geprägt.

Der Eingrenzung des Stoffes auf der Anwendungsebene entspricht eine Eingrenzung auf mathematischer Ebene: Durchgängig werden Kenntnisse aus der linearen Algebra und der Analysis intensiv genutzt. Kapitel 4 nutzt Kenntnisse wie sie entweder die Analysis oder eine Vorlesung Gewöhnliche Differentialgleichungen zur Verfügung stellt, Kapitel 5 macht wesentlich Gebrauch von den Methoden der mehrdimensionalen Differentiation und Integration (Integralsätze) und damit vom fortgeschrittenem Stoff der Analysis. Schließlich spielen in Kapitel 7 auch die Grundlagen der Geometrie von Kurven und Flächen eine wichtige Rolle. Die Abgrenzung zur Analysis partieller Differentialgleichungen kann nicht so scharf gezogen werden. Entsprechende Kenntnisse auf diesem Gebiet und auch der linearen Funktionalanalysis sind für das Kapitel 6 gewiss hilfreich, aber nicht notwendig. Eine Beschreibung mathematischer Sachverhalte über partielle Differentialgleichungen erfolgt in diesem Kapitel aber nur insoweit, wie eine enge Verflechtung mit der Modellinterpretation besteht. Die Darstellung kann insofern nicht vollständig rigoros sein, etwaige Lücken und notwendige Vertiefungen werden aber entsprechend kenntlich gemacht. Auf diese Weise setzt dieses Kapitel nicht notwendigerweise eine vertiefte Beschäftigung mit der Analysis partieller Differentialgleichungen voraus, regt aber hoffentlich zu dieser an. Auf ein separates Kapitel über Optimierung wurde verzichtet, Konzepte der Optimierung werden aber in den einzelnen Kapiteln angesprochen. Dies spiegelt wider, dass Optimierungsprobleme in der Modellierung häufig als äquivalente Formulierung anderer Problemstellungen (variationelle Formulierung) auftreten, und zwar für Aufgaben von verschiedenem mathematischen Typ. Völlig in diesem Buch ausgeklammert wurde die Behandlung numerischer Methoden, obwohl diese bei der tatsächlichen Bearbeitung von technischen und naturwissenschaftlichen Problemen mittlerweile ein zentrales Werkzeug darstellen. Wir verweisen in diesem Zusammenhang auf die umfangreiche Lehrbuchliteratur zur Numerik.

Nach unserem Dafürhalten kann der vorgelegte Stoff in vielfältiger Weise sowohl im Bachelor- als auch im Masterstudium, sowohl auf elementarem als auch auf fortgeschrittenem Niveau, eingesetzt werden. Die einfachste Verwendung sind (nach entsprechenden Kürzungen) zwei vierstündige Vorlesungen, die das gesamte Spektrum des Buches umfassen, wobei der erste Teil in der zweiten Hälfte einer Bachelorausbildung und der zweite Teil in einer Masterausbildung anzusiedeln wäre. Alternativ kann auch eine schon früh im Bachelorstudium angesiedelte, einführende zweistündige Vorlesung aus Teilen der Kapiteln 1, 2 und 4 erfolgen, gefolgt von einer späteren, ebenfalls zweistündigen Vorlesung aus Teilen der Kapitel 5 und 6. Wenn das Studium nur eine Vorlesung vorsehen soll, ist auch ein grundlegender vierstündiger Kurs, aufgebaut aus Teilen der Kapitel 1, 2, 3, 4, 5 und Aspekten aus 6 möglich. Alternativ kann auf die Kapitel 5, 6 und 7 auch eine Vorlesung über mathematische Modelle der Kontinuumsmechanik oder aber aus grundlegenden Abschnitten aus Kapitel 5 (Herleitung der Erhaltungsgleichungen) und Kapitel 6 und 7 eine Vorlesung „Angewandte partielle Differentialgleichungen" aufgebaut werden. Das Buch eignet sich auch sehr gut zum Selbststudium, insbesondere für Diplomanden, Bachelor- und Masterstudierende sowie Doktoranden, die eine mathematische Arbeit mit Bezug zu den betrachteten Anwendungsphänomenen verfassen möchten, und die in ihrem Studium die dazu notwendigen Grundlagen noch nicht kennengelernt haben.

Ziel all der beschriebenen Kurse kann nur sein, die bestehende Lücke zu den Anwendungswissenschaften zu schließen, sie können nicht die konkrete Durchführung von Modellierungsprojekten ersetzen. Über die intensive Beschäftigung mit den vielfältigen hier vorgelegten Übungsaufgaben hinaus kann nach unserem Dafürhalten Modellierung abschließend nur durch Modellierungspraxis erlernt werden. Ein mögliches Lehrkonzept wie es vom 1. und 3.

Autor in Erlangen erprobt worden ist, besteht in Problem(pro)seminaren, in denen Anwendungsaufgaben ohne jedes mathematische Material gestellt werden, wobei das Auffinden der zugehörigen mathematischen Konzepte wesentlicher Bestandteil der Arbeit ist. Wir hoffen aber, dass Lehrveranstaltungen, wie sie auf das vorliegende Buch aufbauen können, eine wesentliche Grundlage zu einer solchen Modellierungspraxis liefern können.

Auf dem Hintergrund des Gesagten erscheint uns das vorliegende Buch auch für Studierende aus den Natur- (Physik, Chemie) und Ingenieurwissenschaften geeignet. Werden diesem Benutzerkreis zumindest Teile der eigentlichen Modellierungsinhalte aus ihrem konkreten Fach heraus geläufig sein, so sollte doch deren rigorose Einbindung in eine mathematische Methodik zu tieferen Einblicken verhelfen.

Ohne die verfügbaren Lehrbücher über mathematische Modellierung bewerten zu wollen, erscheint uns das Angebot zumindest deutschsprachiger Bücher auf diesem Gebiet als recht gering. Zwar gibt es eine Reihe von Lehrbüchern, insbesondere Übersetzungen aus dem Englischen, die sich auf ein sehr elementares Niveau konzentrieren und zum Teil auch Schüler ansprechen wollen. Ein derzeit verfügbares Lehrbuch, das den Bogen von elementaren Aspekten bis hin zur Forschungsfront zu überdecken versucht, ist uns nicht bekannt. Englischsprachige Lehrbücher folgen meistens anderen Ordnungsprinzipien. Das vorliegende Buch ist entstanden aus Lehrveranstaltungen, die der zweite Autor an der Universität Regensburg und der erste und der dritte Autor an der Universität Erlangen mehrfach durchgeführt haben, und damit das Ergebnis eines vielschichtigen Entwicklungsprozesses. Bei diesem haben die Autoren wesentliche Hilfe erfahren. Die Autoren danken Ihren Kolleginnen und Kollegen Bernd Ammann, Luise Blank, Wolfgang Dreyer, Michael Hinze und Willi Merz für wertvolle Anregungen. Ein besonderer Dank gilt Barbara Niethammer, die mit dem zweiten Autor eine Vorlesung über Mathematische Modellierung an der Universität Bonn gehalten hat, von der vieles in das vorliegende Buch einging. Für sorgfältiges Korrekturlesen des Manuskriptes danken wir Martin Butz, Daniel Depner, Günther Grün, Robert Haas, Simon Jörres, Fabian Klingbeil, David Kwak, Boris Nowak, Andre Oppitz, Alexander Prechtel und Björn Stinner. Beim Schreiben der Tex–Vorlagen wurden wir unterstützt von Frau Silke Berghof und ganz besonders von Frau Eva Rütz, die einen großen Teil des Manuskripts geschrieben und mit großem Engagement die zahlreichen Grafiken bearbeitet hat – beiden sei herzlich gedankt. Für die Covergrafik wurde eine numerische Simulation einer Karmanschen Wirbelstraße verwendet, die uns von Serge Kräutle zur Verfügung gestellt wurde. Auch bei ihm, bei Ulrich Weikard, von dem Abbildung 6.14 stammt, und bei

James D. Murray, der uns Abbildung 6.10 zur Verfügung gestellt hat, möchten wir uns herzlich bedanken.

Bielefeld, Regensburg, Erlangen im Dezember 2007

Christof Eck
Harald Garcke
Peter Knabner

Inhaltsverzeichnis

1

Einführung

1.1 Was ist Modellierung?

Mit *Modellierung* bezeichnet man die Umsetzung konkreter Probleme aus *Anwendungswissenschaften* wie etwa der Physik, der Technik, der Chemie, der Biologie, den Wirtschaftswissenschaften, oder der Verkehrsplanung in eine *wohldefinierte* mathematische Aufgabenstellung. Bei der mathematischen Aufgabenstellung kann es sich zum Beispiel um eine Gleichung handeln, oder ein System aus mehreren Gleichungen, eine gewöhnliche oder partielle Differentialgleichung, oder ein System aus solchen Gleichungen, ein Optimierungsproblem, bei komplizierteren Fällen auch um eine Kombination solcher Probleme. Die Aufgabenstellung ist *wohlgestellt*, wenn sie eine eindeutige Lösung besitzt, und wenn diese Lösung stetig von ihren Daten abhängt. In der Regel sind die zu beschreibenden Phänomene sehr komplex, und es ist nicht möglich oder nicht sinnvoll, alle Aspekte bei der Modellierung zu berücksichtigen, weil zum Beispiel

- nicht alle dafür notwendigen Daten bekannt sind,
- das gewonnene Modell sich nicht mehr lösen lässt, oder eine (numerische) Lösung zu (zeit- und ressourcen-) aufwändig ist, oder man die Wohlgestelltheit des Modells nicht nachweisen kann.

Deswegen beinhaltet fast jedes Modell *Vereinfachungen* und *Modellannahmen*. Typischerweise werden *Einflüsse mit unbekannten Daten* vernachlässigt, oder nur näherungsweise berücksichtigt, und es werden *komplizierte Effekte* mit *kleiner Auswirkung* weggelassen oder stark vereinfacht. So ist es etwa bei der Berechnung der Flugbahn eines Fußballes sinnvoll, die klassische Newtonsche Mechanik zu verwenden, ohne die Relativitätstheorie zu berücksichtigen. Letztere ist zwar streng genommen genauer, der Unterschied zur Newtonschen Mechanik ist aber für die typischen Geschwindigkeiten eines Fußballs vernachlässigbar. Dies gilt insbesondere, wenn man sonstige Ungenauigkeiten in den Daten, wie etwa leichte Variationen der Größe, des Gewichts, oder der Abschussgeschwindigkeit des Fußballs berücksichtigt. Verfügbare Daten sind typischerweise gemessene Daten, und daher mit Messfehlern behaftet. Auch muss man bei diesem Beispiel zwar sicher die Erdanziehungskraft berücksichtigen, kann aber getrost die Abhängigkeit der Erdanziehung von der Flughöhe des Balles vernachlässigen. Ebenfalls vernachlässigen kann man den Einfluss der Erdrotation. Nicht vernachlässigbar ist dagegen der Einfluss des Luftwiderstandes. Die vernachlässigbaren Effekte sind idealerweise genau die, die die Modellgleichungen komplizierter machen und zusätzliche Daten erfordern, aber die Genauigkeit der Ergebnisse nur unwesentlich erhöhen.

Bei der Herleitung eines Modells sollte man deshalb abwägen, welche Effekte wichtig sind und auf jeden Fall berücksichtigt werden müssen, und welche Effekte vernachlässigbar sind. Die Antworten auf diese Fragen hängen von der Zielsetzung bei der Modellierung ab. Beispielsweise sind die oben erwähnten Modellannahmen für die Flugbahn eines Fußballs sinnvoll, jedoch sicher nicht für die Flugbahn einer Rakete in der Umlaufbahn der Erde. Auch wäre ein exaktes Modell zur Berechnung des Wetters der nächsten sieben Tage aus Eingabedaten des Anfangstages für Zwecke der Wettervorhersage völlig nutzlos, wenn die Lösung des Modells auf dem stärksten verfügbaren Supercomputer neun Tage benötigen würde. Häufig ist eine Abwägung zwischen der gewünschten Genauigkeit von Vorhersagen des Modells und dem Aufwand zur Lösung des Modells notwendig. Der Aufwand bemisst sich zum Beispiel nach der Zeit, die man zur Lösung des Modells benötigt, bei numerischen Lösungen auch nach den verfügbaren Rechenkapazitäten; in der Praxis wird der Aufwand häufig in Kosten gemessen. Es kann aus diesen Gründen keine klare Trennung geben zwischen *richtigen* oder *falschen* Modellen, ein gegebenes Modell kann für bestimmte Anwendungen und Zielsetzungen sinnvoll sein, für andere dagegen nicht.

Eine bei der Konstruktion von Modellen wichtige Frage ist, ob sich durch Weglassen bestimmter Terme die *mathematische Struktur* des Modells ändert. Beim Anfangswertproblem

$$\varepsilon\, y'(x) + y(x) = 0\,, \quad y(0) = 1$$

mit kleinem Parameter ε führt das Weglassen des Terms $\varepsilon y'$ zum offensichtlich unlösbaren algebraischen Gleichungssystem

$$y(x) = 0\,, \quad y(0) = 1\,.$$

Der weggelassene Term ist also für die mathematische Struktur des Problems entscheidend, unabhängig davon, wie klein der Parameter ε ist. Man kann also nicht immer als klein identifizierte Terme einfach weglassen. Bei der Konstruktion eines guten mathematischen Modells sollte man vielmehr auch Aspekte der Analysis (Wohlgestelltheit) und Numerik (Aufwand) der Modelle berücksichtigen.

Die wesentlichen Bestandteile eines *mathematischen Modells* sind

- ein zu beschreibendes *Anwendungsproblem*,
- eine Reihe von *Modellannahmen*,
- eine mathematische Problemstellung, beispielsweise in Form einer mathematischen *Relation*, etwa einer Gleichung, einer Ungleichung, einer Differentialgleichung, oder mehrerer gekoppelter Relationen, oder eines Optimierungsproblems.

Die Kenntnis der Modellannahmen ist wichtig, um den Anwendungsbereich und die Genauigkeit von Vorhersagen des Modells abschätzen zu können. Das Ziel eines guten Modells ist es, aus bekannten, oder eventuell auch nur geschätzten, Daten und Naturgesetzen für ein gegebenes Anwendungsproblem und eine gegebene Fragestellung mit vertretbarem Aufwand eine möglichst gute Antwort zu geben. Ein sinnvolles Modell sollte nur Daten benötigen, die bekannt sind, oder für die man zumindest plausible Näherungen ansetzen kann. Die Aufgabe besteht also darin, aus bekannten Daten möglichst viel Information herauszuholen.

1.2 Aspekte der Modellierung am Beispiel der Populationsdynamik

Wir betrachten in diesem Abschnitt zur Illustration einiger wichtiger Aspekte der Modellierung ein sehr einfaches Beispiel. Ein Bauer hat 200 Rinder und möchte diese Herde durch natürliches Wachstum, also ohne Zukauf von Tieren, auf 500 Rinder vergrößern. Nach einem Jahr stellt er fest, dass die Herde 230 Tiere zählt. Er möchte nun abschätzen, wie lange es dauert, bis er sein Ziel erreicht hat.

Eine sinnvolle Modellannahme ist, dass die Zunahme der Population von der Größe der Population abhängt, da etwa eine doppelt so große Population auch doppelt so viel Nachwuchs haben sollte. Die zur Verfügung stehenden Daten sind

- die Anfangszahl $x(t_0) = 200$ von Tieren zu einem Anfangszeitpunkt t_0,
- ein Zeitinkrement $\Delta t = 1$ Jahr,
- ein Wachstumsfaktor von $r = 230/200 = 1{,}15$ pro Tier und Zeitinkrement Δt.

Setzt man $t_n = t_0 + n\Delta t$ und bezeichnet man mit $x(t)$ die Anzahl der Tiere zum Zeitpunkt t, so kann man über den bekannten Wachstumsfaktor die Rekursionsformel

$$x(t_{n+1}) = r\, x(t_n) \tag{1.1}$$

herleiten. Aus der Rekursionsformel erhält man

$$x(t_n) = r^n x(t_0) \, .$$

Die Aufgabe lässt sich nun formulieren als:

$$\text{Finde ein } n \text{ so dass } x(t_n) = 500.$$

Die Lösung ist

$$n \ln(r) = \ln\left(\frac{x(t_n)}{x(t_0)}\right), \quad \text{oder } n = \frac{\ln\left(\dfrac{500}{200}\right)}{\ln(1{,}15)} \approx 6{,}6.$$

Der Bauer muss also 6,6 Jahre warten.

Dies ist ein einfaches *Populationsmodell*, das im Prinzip auch auf andere Probleme der Biologie anwendbar ist, etwa das Wachstum von anderen Tierpopulationen, von Pflanzen oder Bakterien; es ist auch einsetzbar für scheinbar völlig andere Problemstellungen, wie zum Beispiel der Berechnung von Zinsen oder des Abkühlens von Körpern, siehe dazu auch die Aufgaben 1.1 und 1.2. Ohne es möglicherweise zu registrieren, haben wir bei der Herleitung allerdings schon eine Reihe von wichtigen Modellannahmen getroffen, die manchmal erfüllt sind, oft aber auch nicht. Insbesondere wurde der Einfluss folgender Effekte vernachlässigt:

- die *räumliche Verteilung* der Population,
- begrenzte *Ressourcen*, zum Beispiel in Form von Nahrung,
- Populationsverlust durch natürliche Feinde.

Weitere, ebenfalls vernachlässigte Details sind zum Beispiel die Altersverteilung in der Population, die Einfluss auf die Sterberate und die Geburtenrate hat, oder die Aufteilung in weibliche und männliche Tiere. Auch führt das Modell zu nichtganzzahligen Populationsgrößen, die bei der betrachteten Aufgabenstellung streng genommen unrealistisch sind. Diese Vereinfachungen und Defizite machen das Modell nicht wertlos, man muss sie aber kennen und berücksichtigen, um das Ergebnis richtig einschätzen zu können. Insbesondere sollte man unser Resultat von 6,6 Jahren nicht zu genau nehmen, sondern so interpretieren, dass der Bauer sein Ziel voraussichtlich im Verlauf des 7. Jahres erreicht.

Ein aus dem Gesichtspunkt der mathematischen Konsistenz nicht optimaler Aspekt des beschriebenen Modells ist das willkürlich gewählte Zeitinkrement von einem Jahr. Dieses hat zwar für die hier betrachtete Anwendung noch eine sinnvolle Bedeutung, trotzdem könnte man statt eines Inkrements von einem Jahr auch eines von drei Monaten wählen, oder von zwei Jahren. Außerdem benötigen wir zwei Daten, nämlich das Zeitinkrement und die Wachstumsrate. Beide Daten hängen voneinander ab, was andeutet, dass man das Wachstum vielleicht auch mit nur einer Zahl beschreiben könnte. Als ersten Ansatz könnte man vermuten, dass der Wachstumsfaktor *linear* vom Zeitinkrement abhängt, also

$$r = 1 + \Delta t\, p$$

mit einem noch unbekannten Faktor p. Aus $r = 1{,}15$ für $\Delta t = 1$ Jahr folgt dann $p = 0{,}15/$Jahr. Für $\Delta t = 2$ Jahre hat man also $r = 1{,}3$. Nach 6 Jahren, also 3 mal 2 Jahren, hat der Bauer

$$200 \cdot 1{,}3^3 = 439{,}4$$

Rinder. Nach dem „alten" Modell mit $\Delta t = 1$ Jahr hat er

$$200 \cdot 1{,}15^6 \approx 462{,}61$$

Tiere. Die Vermutung eines linearen Zusammenhangs zwischen r und Δt ist also offensichtlich falsch. Ein besserer Ansatz ist der *Grenzübergang* $\Delta t \to 0$:

$$x(t + \Delta t) \approx (1 + \Delta t\, p)\, x(t) \quad \text{für „kleines" } \Delta t,$$

oder präziser

$$\lim_{\Delta t \to 0} \frac{x(t + \Delta t) - x(t)}{\Delta t} = p\, x(t),$$

oder

$$x'(t) = p\, x(t). \tag{1.2}$$

Dies ist ein *kontinuierliches* Modell als *gewöhnliche Differentialgleichung*, das kein willkürlich gewähltes Zeitinkrement mehr enthält. Es besitzt die exakte Lösung

$$x(t) = x(t_0)\, e^{p(t-t_0)}.$$

Für das bekannte Zeitinkrement $\Delta t = 1$ Jahr erhält man mit dem bekannten Wachstumsfaktor $r = 1{,}15$

$$e^{p \cdot 1\,\text{Jahr}} = 1{,}15$$

und damit

$$p = \ln(1{,}15)/\text{Jahr} \approx 0{,}1398/\text{Jahr}.$$

Dies ist ein *kontinuierlicher Wachstumsexponent*.

Das diskrete Modell (1.1) kann auch als spezielle *numerische Diskretisierung* des kontinuierlichen Modells aufgefasst werden. Anwendung des expliziten Euler–Verfahrens mit Zeitschritt Δt auf (1.2) liefert

$$x(t_{i+1}) = x(t_i) + \Delta t\, p\, x(t_i), \quad \text{oder} \quad x(t_{i+1}) = (1 + \Delta t\, p)\, x(t_i),$$

das ist (1.1) mit $r = 1 + \Delta t\, p$. Hier muss man im Fall $p < 0$ ein Zeitinkrement $\Delta t < (-p)^{-1}$ wählen, um eine sinnvolle iterative Folge zu bekommen. Mit dem impliziten Euler–Verfahren folgt

$$x(t_{i+1}) = x(t_i) + \Delta t\, p\, x(t_{i+1}), \quad \text{oder} \quad x(t_{i+1}) = (1 - \Delta t\, p)^{-1} x(t_i),$$

also (1.1) mit $r = (1 - \Delta t\, p)^{-1}$. Für $p > 0$ muss man hier $\Delta t < p^{-1}$ wählen. Durch Taylor–Entwicklung sieht man, dass die beiden unterschiedlichen Faktoren für *kleines* Δt „bis auf einen Fehler der Ordnung $O\big((\Delta t)^2\big)$" übereinstimmen:

$$(1 - \Delta t\, p)^{-1} = 1 + \Delta t\, p + O\big((\Delta t\, p)^2\big).$$

Der Zusammenhang zwischen kontinuierlichem und diskretem Modell kann durch eine Analysis der *Konvergenzeigenschaften* des numerischen Verfahrens hergestellt werden. Für das (explizite oder implizite) Euler–Verfahren erhält man zum Beispiel

$$|x(t_i) - x_i| \le C(t_e)\, \Delta t,$$

wobei $x(t_i)$ die exakte Lösung von (1.2) zur Zeit t_i und x_i die Näherungslösung des numerischen Verfahrens ist und $t_i \le t_e$ für einen endlichen Betrachtungshorizont t_e gelten soll. Für Details über die Analyse numerischer Verfahren für gewöhnliche Differentialgleichungen verweisen wir auf die Bücher von Stoer und Bulirsch [117] und Deuflhard und Bornemann [27].

Beide Modelle, das diskrete und das kontinuierliche, haben den scheinbaren Nachteil, dass sie auch *nichtganzzahlige* Lösungen zulassen, die beim betrachteten Beispiel offensichtlich unrealistisch sind. Das Modell beschreibt — wie jedes andere Modell auch — nicht die gesamte Realität, sondern liefert nur ein idealisiertes Bild. Das Modell ist für *kleine* Populationen ohnehin nicht so gut, insbesondere auch, weil der Zuwachs dann stark vom Zufall abhängt und deterministisch sowieso nicht genau berechnet werden kann. Für kleine Populationen sind die getroffenen Modellannahmen fragwürdig, insbesondere die Vernachlässigung des Alters und des Geschlechts der Tiere. Im extremen Fall einer Herde aus zwei Tieren wird das Wachstum sehr stark davon abhängen, ob es sich um ein männliches und ein weibliches Tier handelt, oder nicht. Bei einer großen Population kann man mit einiger Berechtigung annehmen, dass diese eine charakteristische, gleichmäßige Verteilung des Alters und des Geschlechts aufweist, so dass die Voraussetzung eines zur Population proportionalen Wachstums sinnvoll ist. Die Ersetzung von ganzzahligen Werten durch reelle Zahlen spiegelt hier auch eine Ungenauigkeit des Modells wieder. Es ist daher auch nicht sinnvoll, ganzzahlige Werte im Modell zu erzwingen, dies würde in der Praxis eine unrealistische Vorstellung von der Genauigkeit des Modells vermitteln. Für kleine Populationen ist statt des deterministischen Modells ein *stochastisches* Modell sinnvoll, das dann aber auch „nur" Aussagen über eine *Wahrscheinlichkeitsverteilung* der Populationsgröße liefern würde.

Entdimensionalisierung

Die Größen in mathematischen Modellen haben in der Regel eine *physikalische Dimension*. Im Populationsmodell (1.2) haben wir eine *Zahl* und eine

Zeiteinheit. Wir bezeichnen mit $[f]$ die physikalische Dimension einer Größe f, mit A eine Anzahl und mit T eine Zeit. Es gilt

$$[t] = T \,,$$
$$[x(t)] = A \,,$$
$$[x'(t)] = \frac{A}{T} \,,$$
$$[p] = \frac{1}{T} \,.$$

Die Angabe einer physikalischen Dimension ist noch keine Entscheidung über die physikalische Maßeinheit, in der man die Größe beschreiben möchte. Als Zeiteinheit kann man etwa Sekunden, Minuten, Stunden, Tage, Wochen oder Jahre nehmen. Wenn man die Zeit in Jahren misst, wird t in Jahren, $x(t)$ durch eine Zahl, $x'(t)$ in 1/Jahre und p ebenfalls in 1/Jahre angegeben.

Um einerseits möglichst einfache Modelle zu erhalten, und andererseits charakteristische Größen in einem Modell zu ermitteln, kann man Modellgleichungen *entdimensionalisieren*. Dazu definiert man für jede auftretende Dimension eine charakteristische Größe, entsprechend einer Maßeinheit. Man wählt dafür aber keine der üblichen Einheiten wie etwa Sekunde oder Stunde, sondern wählt *problemangepasste* Einheiten. Beim Populationsmodell hat man zwei Dimensionen, man benötigt also zwei charakteristische Größen, die charakteristische Anzahl $\bar{x}$ und die charakteristische Zeit $\bar{t}$. Diese werden zunächst so gewählt, dass die *Anfangsdaten* t_0 und $x_0 = x(t_0)$ möglichst einfach sind. Als Zeitmaß bietet sich demnach

$$\tau = \frac{t - t_0}{\bar{t}}$$

mit einer noch zu spezifizierenden Zeiteinheit $\bar{t}$ an, als Maß für die Anzahl

$$\bar{x} = x_0 \,.$$

Setzt man

$$y = \frac{x}{\bar{x}}$$

und drückt y als Funktion von τ aus,

$$y(\tau) = \frac{x(\bar{t}\tau + t_0)}{\bar{x}} \,,$$

so erhält man

$$y'(\tau) = \frac{\bar{t}}{\bar{x}} x'(t)$$

und damit das Modell

$$\frac{\bar{x}}{\bar{t}} y'(\tau) = p \, \bar{x} \, y(\tau) \,.$$

Dieses Modell wird am einfachsten für

$$\bar{t} = \frac{1}{p}\,. \tag{1.3}$$

Man erhält dann das Anfangswertproblem

$$y'(\tau) = y(\tau)\,,$$
$$y(0) = 1\,. \tag{1.4}$$

Dieses Modell hat die Lösung

$$y(\tau) = e^\tau\,.$$

Man kann aus dieser Lösung durch Rücktransformation alle Lösungen des ursprünglichen Modells (1.2) gewinnen:

$$x(t) = \bar{x}\,y(\tau) = x_0\,y(p(t - t_0)) = x_0\,e^{p(t-t_0)}\,.$$

Der Vorteil der Entdimensionalisierung ist hier also, dass man die Lösung aller Populationsmodelle vom beschriebenen Typ durch Wahl der Einheiten auf *ein einziges Problem* zurückführen kann. Man beachte, dass dies *unabhängig vom Vorzeichen von p* gilt, obwohl das Verhalten der Lösung für $p > 0$ und $p < 0$ unterschiedlich ist. Für $p < 0$ ist die Lösung von (1.2) gegeben durch die Lösung von (1.4) auf dem Zweig $\tau < 0$.

Die Skalierungsbedingung (1.3) kann man auch mit Hilfe einer *Dimensionsanalyse* gewinnen. Man stellt dazu die gesuchte charakteristische Zeit $\bar{t}$ dar als Produkt von Potenzen der anderen charakteristischen Parameter im Modell,

$$\bar{t} = p^n x_0^m \quad \text{mit } n, m \in \mathbb{Z}\,.$$

Durch Berechnung der Dimension folgt

$$[\bar{t}] = [p]^n [x_0]^m \quad \text{und damit} \quad T = \left(\frac{1}{T}\right)^n A^m\,.$$

Diese Gleichung hat die einzige Lösung $n = -1$, $m = 0$, wenn man die Anzahl als eigenständige Dimension interpretiert. Wir erhalten also gerade (1.3).

Bei komplexeren Modellen kann man durch Entdimensionalisierung das Modell typischerweise nicht auf ein einziges Problem reduzieren, man kann aber die *Anzahl der relevanten Parameter* stark reduzieren und charakteristische Parameter identifizieren. Dies ist insbesondere für Experimente wichtig, zum Beispiel kann man aus den Ergebnissen einer Entdimensionalisierung von Gleichungen für Luftströmungen herauslesen, wie man die Umströmung eines Flugzeugs an einem viel kleineren (physikalischen) Modell experimentell messen kann. Wir werden die Dimensionsanalyse in einem der nächsten Abschnitte an einem aussagekräftigeren Beispiel noch einmal erläutern.

1.3 Populationsmodell mit beschränkten Ressourcen

Für große Populationen in der Natur ist eine konstante Wachstumsrate nicht mehr realistisch. Durch Beschränkung des Lebensraums, der verfügbaren Nahrungsmittel oder andere Mechanismen sind dem unbeschränkten Wachstum Grenzen gesetzt. Um ein für solche Situationen geeignetes Modell zu konstruieren, nehmen wir an, dass es eine gewisse Kapazität $x_M > 0$ gibt, für die die Ressourcen des Lebensraums gerade noch ausreichen. Für Populationsgrößen x kleiner als x_M kann die Population noch wachsen, für Werte größer als x_M nimmt die Population ab. Dies bedeutet, dass die Wachstumsrate p nun von der Population x abhängt, $p = p(x)$, und dass

$$p(x) > 0 \quad \text{für } 0 < p < x_M \,,$$
$$p(x) < 0 \quad \text{für } p > x_M$$

gelten soll. Als einfachsten Zusammenhang kann man einen *linearen* Ansatz für p wählen,

$$p(x) = q(x_M - x) \quad \text{für alle } x \in \mathbb{R}$$

mit einem Parameter $q > 0$. Mit diesem Ansatz erhalten wir das Differentialgleichungsmodell

$$x'(t) = q\,x_M\,x(t) - q\,x(t)^2\,. \tag{1.5}$$

Der zusätzliche Term $-q\,x(t)^2$ ist proportional zur Wahrscheinlichkeit für die *Anzahl der Kontakte* zweier Exemplare der Population pro Zeiteinheit. Er beschreibt also die zunehmende Konkurrenzsituation bei zunehmender Populationsgröße, die sogenannte „soziale Reibung". Die Gleichung (1.5) wurde vom holländischen Biomathematiker Verhulst vorgeschlagen und wird als *logistische Differentialgleichung* oder als *Gleichung des beschränkten Wachstums* bezeichnet.

Gleichung (1.5) lässt sich ebenfalls noch analytisch lösen, man vergleiche dazu auch Aufgabe 1.3. Aus

$$\frac{x'}{x(x_M - x)} = q$$

folgt mit der Partialbruchzerlegung

$$\frac{1}{x(x_M - x)} = \frac{1}{x_M}\left(\frac{1}{x} + \frac{1}{x_M - x}\right)$$

durch Integration

$$\ln(x(t)) - \ln|x_M - x(t)| = x_M q t + c_1, \quad c_1 \in \mathbb{R}\,.$$

Wir erhalten, nach Wahl einer geeigneten Konstante $c_2 \in \mathbb{R}$,

$$\frac{x(t)}{x_M - x(t)} = c_2 e^{x_M q t}\,,$$

und

$$x(t) = \frac{c_2 x_M e^{x_M qt}}{1 + c_2 e^{x_M qt}} = \frac{x_M}{1 + c_3 e^{-x_M qt}}.$$

Mit der Anfangsbedingung $x(t_0) = x_0$ folgt

$$x(t) = \frac{x_M x_0}{x_0 + (x_M - x_0)e^{-x_M q(t-t_0)}}. \tag{1.6}$$

Aus dieser exakten Lösung lassen sich leicht folgende Eigenschaften ablesen:

- Die Lösung bleibt, wenn x_0 positiv ist, immer positiv.
- Für $t \to +\infty$ konvergiert die Lösung, wenn x_0 positiv ist, gegen den Gleichgewichtspunkt $x_\infty = x_M$.

Den Graphen von x kann man auch ohne Kenntnis der exakten Lösung skizzieren. Aus (1.5) folgt zunächst

$$x' > 0, \text{ falls } x < x_M,$$
$$x' < 0, \text{ falls } x > x_M.$$

Weiter gilt

$$x'' = (x')' = (q(x_M - x)x)' = q(x_M - x)x' - qxx'$$
$$= q(x_M - 2x)x' = q^2(x_M - 2x)(x_M - x)x.$$

Daraus folgt

$$x'' > 0, \text{ falls } x \in (0, x_M/2) \cup (x_M, \infty),$$
$$x'' < 0, \text{ falls } x_M/2 < x < x_M.$$

Die Lösungskurven haben also bei $x_M/2$ einen Wendepunkt und sind zwischen $x_M/2$ und x_M konkav und sonst konvex. Lösungen der logistischen Differentialgleichung sind in Abbildung 1.1 dargestellt.

Stationäre Lösungen

Komplexere zeitabhängige Modelle können häufig nicht analytisch gelöst werden. Es ist dann oft nützlich, *zeitunabhängige* Lösungen zu identifizieren. Solche Lösungen kann man aus dem zeitabhängigen Modell berechnen, wenn man alle Zeitableitungen dort Null setzt. Für unser Modell mit beschränktem Wachstum erhält man

$$0 = qx_M x - qx^2.$$

Diese Gleichung hat die zwei Lösungen

$$x_0 = 0 \text{ und } x_1 = x_M.$$

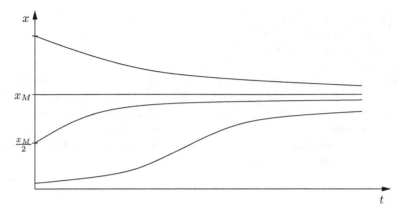

Abb. 1.1. Lösungen der logistischen Differentialgleichung

Dies sind Lösungen des ursprünglichen Modells zu speziellen Anfangsdaten. Zeitunabhängige Lösungen treten oft als sogenannter *stationärer Limes* beliebiger Lösungen für große Zeiten auf, also als zeitlich konstante Lösung, gegen die eine zeitabhängige Lösungen für große Zeiten konvergiert. Dies passiert typischerweise nur dann, wenn die stationäre Lösung *stabil* ist im folgenden Sinn: Wenn die Anfangsdaten wenig geändert werden, dann ändert sich die Lösung auch wenig. Aus der exakten Lösung (1.6) lässt sich die Frage nach der Stabilität leicht beantworten: Die Lösung zum Anfangswert

$$x(t_0) = \varepsilon$$

mit kleinem $\varepsilon > 0$ ist gegeben durch

$$x_\varepsilon(t) = \frac{x_M \varepsilon}{\varepsilon + (x_M - \varepsilon)e^{-x_M q(t-t_0)}},$$

sie konvergiert für $t \to +\infty$ gegen x_M, die stationäre Lösung $x_0 = 0$ ist also *nicht stabil.* Für

$$x(t_0) = x_M + \varepsilon$$

mit kleinem $\varepsilon \neq 0$ ist die Lösung

$$x_\varepsilon(t) = \frac{x_M(x_M + \varepsilon)}{(x_M + \varepsilon) - \varepsilon \, e^{-x_M q(t-t_0)}},$$

sie konvergiert für $t \to +\infty$ gegen x_M. Aus

$$x_\varepsilon'(t) = q \, x_\varepsilon(t)(x_M - x_\varepsilon(t))$$

sieht man auch ohne exakte Lösung, dass der Abstand zu x_M im Lauf der Zeit höchstens kleiner werden kann, denn aus $x_\varepsilon(t) > x_M$ folgt $x_\varepsilon'(t) < 0$ und aus $x_\varepsilon(t) < x_M$ folgt $x'_\varepsilon(t) > 0$. Die stationäre Lösung x_M ist also *stabil*. Stabilität ist wichtig, weil in der Natur in der Regel keine *instabilen* stationären Lösungen beobachtet werden können, diese also für praktische Anwendungen typischerweise irrelevant sind. Für kompliziertere Modelle kann man manchmal keine exakte Lösung der zeitabhängigen Gleichung ausrechnen. Es gibt jedoch Techniken der *Stabilitätsanalyse*, mit deren Hilfe man häufig trotzdem die Stabilitätseigenschaften von bekannten stationären Lösungen ausrechnen kann. Oft geschieht dies mit Hilfe von *Linearisierungen* um die stationäre Lösung und der Berechnung von *Eigenwerten* des linearisierten *Problems*. Dies wird in Kapitel 4 näher erläutert.

1.4 Dimensionsanalyse und Skalierung

Wir wollen nun die Dimensionsanalyse an Hand eines etwas aussagekräftigeren Beispiels erläutern. Wir betrachten einen Körper der Masse m, der im Gravitationsfeld eines Planeten (zum Beispiel der Erde) senkrecht nach oben geworfen wird. Die Bewegung des Körpers wird beschrieben durch das Newtonsche Gesetz

$$a = \frac{F}{m},$$

wobei a die Beschleunigung des Körpers und F die auf den Körper wirkende Kraft ist. Letztere wird beschrieben durch das Gravitationsgesetz

$$F = -G \frac{m_E \, m}{(x + R)^2},$$

wobei $G \approx 6{,}674 \cdot 10^{-11} \mathrm{N} \cdot \mathrm{m}^2/\mathrm{kg}^2$ die Gravitationskonstante ist, m_E die Masse des Planeten, R der Radius des Planeten und x die Höhe des Körpers, gemessen von der Oberfläche des Planeten. Dabei wird der Strömungswiderstand in der Atmosphäre vernachlässigt und der Planet als Kugel betrachtet. Definiert man die Konstante g als

$$g = \frac{G m_E}{R^2},$$

so erhält man

$$F = -\frac{g R^2 m}{(x + R)^2}.$$

Für die Erde ist $g = 9{,}80665 \, \mathrm{m/s}^2$ die Erdbeschleunigung. Die Bewegung des Körpers wird damit beschrieben durch die Differentialgleichung

$$x''(t) = -\frac{g R^2}{(x(t) + R)^2}. \tag{1.7}$$

Diese wird ergänzt durch zwei Anfangsbedingungen,

$$x(0) = 0 \,, \quad x'(0) = v_0 \,,$$

wobei v_0 die Anfangsgeschwindigkeit bezeichnet.

Für Würfe auf der Erde wird typischerweise der Term $x(t)$ im Nenner von (1.7) weggelassen, weil er, verglichen mit dem Erdradius, sehr klein ist. Wir wollen diesen Ansatz systematisch untersuchen. Dazu führen wir zunächst eine Entdimensionalisierung durch. Als Beispiel benutzen wir die Daten

$$g = 10 \,\mathrm{m/s}^2 \,, \quad R = 10^7 \,\mathrm{m} \quad \text{und} \quad v_0 = 10 \,\mathrm{m/s} \,,$$

deren Größenordnungen etwa denen eines Wurfes auf der Erde entsprechen.

Die auftretenden Dimensionen sind L für die Länge und T für die Zeit. Die gegebenen Daten sind die Anfangsgeschwindigkeit v_0 mit Dimension $[v_0] = L/T$, die „Planetenbeschleunigung" g mit Dimension $[g] = L/T^2$ und der Radius R mit Dimension $[R] = L$. Die unabhängige Variable ist die Zeit t mit Dimension $[t] = T$, die gesuchte Größe ist die Höhe x mit Dimension $[x] = L$. Wir suchen zunächst alle Darstellungen der Form

$$\Pi = v_0^a \, g^b R^c \,,$$

die entweder dimensionslos sind (Fall (i)), oder die Dimension einer Länge haben (Fall (ii)), oder die Dimension einer Zeit haben (Fall (iii)). Aus

$$[\Pi] = \left(\frac{L}{T} \right)^a \left(\frac{L}{T^2} \right)^b L^c = L^{a+b+c} T^{-a-2b}$$

folgt:

Fall (i): Es ist $a + b + c = 0$, $-a - 2b = 0$, also $a = -2b$, $c = b$ und damit

$$\Pi = \left(\frac{gR}{v_0^2} \right)^b \,.$$

Als charakteristischen dimensionslosen Parameter kann man also zum Beispiel

$$\varepsilon = \frac{v_0^2}{gR} \tag{1.8}$$

identifizieren; alle anderen dimensionslosen Parameter sind eine Potenz dieses Parameters.

Fall (ii): Es ist $a + b + c = 1$, $a + 2b = 0$ und damit $a = -2b$, $c = 1 + b$. Als charakteristische Längeneinheit erhält man

$$\ell = v_0^{-2b} g^b R^{1+b} = R \, \varepsilon^{-b} \,,$$

mit noch nicht spezifizierter Konstante b.

Fall (iii): Es ist $a + b + c = 0$, $a + 2b = -1$ und damit $a = -1 - 2b$, $c = b + 1$. Eine charakteristische Zeiteinheit ist demnach

$$\tau = v_0^{-1-2b} g^b R^{b+1} = \frac{R}{v_0} \varepsilon^{-b}.$$

Wir werden nun versuchen, Gleichung (1.7) zu entdimensionalisieren. Dazu betrachten wir eine Längeneinheit $\overline{x}$ und eine Zeiteinheit $\overline{t}$ und stellen $x(t)$ dar als

$$x(t) = \overline{x}\, y(t/\overline{t})\,.$$

Aus (1.7) folgt

$$\frac{\overline{x}}{\overline{t}^2}\, y''(\tau) = -\frac{gR^2}{(\overline{x}\, y(\tau) + R)^2}$$

oder

$$\frac{\overline{x}}{\overline{t}^2 g}\, y''(\tau) = -\frac{1}{((\overline{x}/R)\, y(\tau) + 1)^2}\,.$$

Diese Gleichung wird ergänzt durch die Anfangsbedingungen

$$y(0) = 0 \quad \text{und} \quad y'(0) = \frac{\overline{t}}{\overline{x}} v_0\,.$$

Wir wollen nun $\overline{x}$ und $\overline{t}$ so wählen, dass möglichst viele der auftretenden Parameter gleich Eins sind. Es gibt hier jedoch mehr Parameter als Skalierungseinheiten, nämlich die drei Parameter

$$\frac{\overline{x}}{\overline{t}^2 g}\,, \quad \frac{\overline{x}}{R} \quad \text{und} \quad \frac{\overline{t}}{\overline{x}} v_0\,.$$

Man kann daher nur jeweils zwei Parameter auf Eins setzen und hat somit drei verschiedene Möglichkeiten:

a) $\dfrac{\overline{x}}{\overline{t}^2 g} = 1$ und $\dfrac{\overline{x}}{R} = 1$ folgt aus $\overline{x} = R$, $\overline{t} = \sqrt{\dfrac{R}{g}}$, der dritte Parameter ist

dann $\dfrac{\overline{t}}{\overline{x}} v_0 = \dfrac{v_0}{\sqrt{Rg}} = \sqrt{\varepsilon}$ mit dem ε aus (1.8). Das Modell reduziert sich zu

$$y''(\tau) = -\frac{1}{(y(\tau) + 1)^2}\,, \quad y(0) = 0\,, \quad y'(0) = \sqrt{\varepsilon}\,. \tag{1.9}$$

b) $\dfrac{\overline{x}}{R} = 1$ und $\dfrac{\overline{t}}{\overline{x}} v_0 = 1$ erhält man für $\overline{x} = R$ und $\overline{t} = \dfrac{R}{v_0}$, der dritte

Parameter ist dann $\dfrac{\overline{x}}{\overline{t}^2 g} = \dfrac{v_0^2}{Rg} = \varepsilon$, das dimensionslose Modell ist

$$\varepsilon\, y''(\tau) = -\frac{1}{(y(\tau) + 1)^2}\,, \quad y(0) = 0\,, \quad y'(0) = 1\,.$$

c) $\dfrac{\overline{x}}{\overline{t}^2 g} = 1$ und $\dfrac{\overline{t}}{\overline{x}} v_0 = 1$ folgt für $\overline{t} = \dfrac{v_0}{g}$ und $\overline{x} = \dfrac{v_0^2}{g}$. Der dritte Parameter

ist $\dfrac{\overline{x}}{R} = \dfrac{v_0^2}{gR} = \varepsilon$. Das dimensionslose Modell ist also

$$y''(\tau) = -\frac{1}{(\varepsilon\, y(\tau) + 1)^2}, \quad y(0) = 0, \quad y'(0) = 1. \qquad (1.10)$$

Wir wollen nun die drei entdimensionalisierten Gleichungen für das oben erwähnte Anwendungsbeispiel bewerten und vergleichen. Für $R = 10^7\,\mathrm{m}$, $g = 10\,\mathrm{m/s^2}$ und $v_0 = 10\,\mathrm{m/s}$ ist der Parameter ε sehr klein,

$$\varepsilon = \frac{v_0^2}{Rg} = 10^{-6}.$$

Wir werden daher Terme der Größenordnung ε in den Gleichungen vernachlässigen.

Modell a) ist dann

$$y''(\tau) = -\frac{1}{(y(\tau) + 1)^2}, \quad y(0) = 0, \quad y'(0) = 0.$$

Wegen $y''(0) < 0$ und $y'(0) = 0$ liefert dieses Modell negative Lösungen, es ist damit vollkommen ungenau und unbrauchbar. Der Grund liegt in der Skalierung innerhalb der Entdimensionalisierung: Die Parameter $\overline{t}$ und $\overline{x}$ sind hier

$$\overline{t} = \sqrt{\frac{R}{g}} = 10^3\,\mathrm{s} \quad \text{und} \quad \overline{x} = 10^7\,\mathrm{m},$$

beide Skalen sind für das untersuchte Problem viel zu groß. Die maximal erreichte Höhe und der Zeitpunkt, zu dem sie erreicht wird, sind viel kleiner als die Skalen $\overline{x}$ für Länge und $\overline{t}$ für Zeit und daher im entdimensionalisierten Modell „kaum zu erkennen".

Modell b) wird zu

$$0 = -\frac{1}{(y(\tau) + 1)^2}, \quad y(0) = 0,\, y'(0) = 1.$$

Dieses Problem ist nicht gut gestellt, es hat keine Lösung. Hier sind die gewählten Zeit- und Längenskalen ebenfalls viel zu groß,

$$\overline{t} = \frac{R}{v_0} = 10^6\,\mathrm{s} \quad \text{und} \quad \overline{x} = R = 10^7\,\mathrm{m}.$$

Modell c) wird zu

$$y''(\tau) = -1, \quad y(0) = 0, \quad y'(0) = 1. \qquad (1.11)$$

Dieses Modell hat die Lösung

$$y(\tau) = \tau - \frac{1}{2}\tau^2$$

und beschreibt damit die typische parabelförmige Weg–Zeit–Kurve eines Wurfes im Schwerefeld der Erde ohne Berücksichtigung des Luftwiderstandes. Die Rücktransformation

$$x(t) = \overline{x}\, y(t/\overline{t}) = \frac{v_0^2}{g}\, y(gt/v_0)$$

liefert

$$x(t) = v_0 t - \frac{1}{2}gt^2\,.$$

Dies entspricht der Lösung von (1.7), wenn man dort den Term $x(t)$ im Nenner vernachlässigt. Die Skalen in der Entdimensionalisierung haben hier sinnvolle Werte,

$$\overline{t} = \frac{v_0}{g} = 1\,\mathrm{s}\,,\quad \overline{x} = \frac{v_0^2}{g} = 10\,\mathrm{m}\,.$$

Für die betrachtete Anwendung ist also die Entdimensionalisierungsversion c) die „richtige". Versionen a) und b) sind zwar ebenfalls mathematisch korrekt, man kann aber dort den kleinen Parameter ε nicht vernachlässigen, weil sein Einfluss durch die (zu) großen Skalierungsparameter $\overline{t}$ und $\overline{x}$ verstärkt wird.

1.5 Asymptotische Entwicklung

Wir werden nun eine Technik einführen, mit der man das vereinfachte Modell verbessern kann. Die Grundidee dazu ist, im exakten Modell (1.10) den Term der Größenordnung ε nicht komplett zu vernachlässigen, sondern eine Reihenentwicklung für die Lösung von (1.10) bezüglich ε zu versuchen, um genauere Lösungen zu erhalten. Die Terme höherer Ordnung in ε bestimmt man, indem man die Reihenentwicklung in (1.10) einsetzt und dann die Gleichungen löst, die sich zu jeder Ordnung in ε ergeben.

Wir wollen dieses Vorgehen, das man als *Methode der asymptotischen Entwicklung* bezeichnet, zunächst an einem einfachen algebraischen Beispiel diskutieren. Wir betrachten die Gleichung

$$x^2 + 0{,}002\,x - 1 = 0\,. \tag{1.12}$$

Der zweite Summand hat einen kleinen Vorfaktor. Setzen wir $\varepsilon = 0{,}001 \ll 1$, so erhalten wir

$$x^2 + 2\varepsilon x - 1 = 0\,. \tag{1.13}$$

Wir wollen nun Lösungen x dieser Gleichung durch eine Reihenentwicklung der Form

$$x_0 + \varepsilon^\alpha x_1 + \varepsilon^{2\alpha} x_2 + \cdots \quad \text{mit } \alpha > 0 \qquad (1.14)$$

annähern.

Wir werden nun aber zunächst allgemein definieren, was wir unter einer asymptotischen Entwicklung verstehen. Es sei $x : (-\varepsilon_0, \varepsilon_0) \to \mathbb{R}$, $\varepsilon_0 > 0$, eine gegebene Funktion. Eine Reihe $\sum_{k=0}^{N} \phi_k(\varepsilon) x_k$ heißt asymptotische Entwicklung von $x(\varepsilon)$ zur Ordnung $N \in \mathbb{N} \cup \{\infty\}$ bzgl. der Reihe $(\phi_n(\varepsilon))_{n \in \mathbb{N}_0}$, falls für $M = 0, 1, 2, 3, \ldots, N$

$$x(\varepsilon) - \sum_{k=0}^{M} \phi_k(\varepsilon) x_k = o(\phi_M(\varepsilon)) \quad \text{für} \quad \varepsilon \to 0$$

gilt. Ist $N = \infty$, so schreiben wir in diesem Fall

$$x(\varepsilon) \sim \sum_{k=0}^{\infty} \phi_k(\varepsilon) x_k \quad \text{für} \quad \varepsilon \to 0 \,.$$

Ist $\phi_k(\varepsilon) = \varepsilon^k$, so sprechen wir von einer asymptotischen Entwicklung von $x(\varepsilon)$ nach Potenzen von ε. An dieser Stelle sei ausdrücklich darauf hingewiesen, dass die asymptotischen Entwicklungen zu beliebiger Ordnung existieren können, obwohl die entsprechenden unendlichen Reihen für jedes $\varepsilon \neq 0$ divergieren. Insbesondere kann eine asymptotische Entwicklung nach Potenzen von ε zur Ordnung ε existieren, obwohl die Taylorentwicklung für $x(\varepsilon)$ für kein $\varepsilon \neq 0$ konvergiert, siehe Holmes [63]. Wir bemerken, dass die reellen Zahlen $\mathbb{R}$ in der Reihenentwicklung auch durch einen Banachraum ersetzt werden können.

Wir setzen nun die asymptotische Entwicklung (1.14) in (1.13) ein und erhalten

$$x_0^2 + 2\varepsilon^\alpha x_0 x_1 + \cdots + 2\varepsilon(x_0 + \varepsilon^\alpha x_1 + \cdots) - 1 = 0 \,.$$

Wenn diese Identität richtig sein soll, muss sie insbesondere für kleine ε richtig sein. Alle Terme, die keinen Faktor ε (oder ε^α) besitzen, müssen sich zu Null addieren. Solche Terme sind von der Ordnung 1. Wir schreiben $\mathcal{O}(1)$ beziehungsweise $\mathcal{O}(\varepsilon)$ und sammeln dabei nur die Terme, die genau von der Ordnung 1 beziehungsweise ε sind. Die Gleichung zur Ordnung 1 ist

$$\mathcal{O}(1): \quad x_0^2 - 1 = 0 \,.$$

Die Lösungen sind $x_0 = \pm 1$. Insbesondere hat die Gleichung zur Ordnung $\mathcal{O}(1)$ genau so viele Lösungen wie das ursprüngliche Problem. Dies ist eine Voraussetzung, um von einem *regulär gestörten Problem* zu sprechen. Später werden wir sehen, wann wir von regulären und wann wir von *singulären* Störungen sprechen.

Jetzt betrachten wir die Terme zur nächsthöheren Ordnung in ε. Welche das sind, hängt davon ab, ob $\alpha < 1$, $\alpha > 1$ oder $\alpha = 1$ gilt. Ist $\alpha < 1$, so folgt aus den Termen der Ordnung ε^α zunächst $x_1 = 0$, und aus den Termen der Ordnung $\varepsilon^{j\alpha}$ sukzessive $x_j = 0$ für $1 \leq j < 1/\alpha$. Damit der Term $2\varepsilon x_0$ balanziert werden kann, muss $\alpha = 1/k$ mit $k \in \mathbb{N}$ gelten. Für den Term der Ordnung $k\alpha = 1$ folgt

$$2x_0 x_k + 2x_0 = 0$$

und damit $x_k = -1$. Im weiteren Verlauf der asymptotischen Entwicklung stellt man fest, dass für die Terme der Ordnung j mit $\alpha j \notin \mathbb{N}$ immer $x_j = 0$ herauskommt, da der Term der Ordnung $\varepsilon^{\alpha j}$ durch $2x_0 x_j$ gegeben ist. Somit bleiben nur die Terme x_{kn} mit $n \in \mathbb{N}$ übrig. Für die entsprechenden Potenzen $\varepsilon^{kn\alpha}$ gilt $kn\alpha \in \mathbb{N}$. Der Potenzreihenansatz mit $\alpha < 1$, $\alpha = 1/k$, $k \in \mathbb{N}$, führt also auf dasselbe Ergebnis wie der Ansatz $\alpha = 1$, und ist somit unnötig kompliziert. Falls $\alpha \neq 1/k$ für alle $k \in \mathbb{N}$ gilt, dann folgt aus dem Term der Ordnung ε

$$2x_0 = 0 \,,$$

was im Widerspruch zu den bereits berechneten Lösungen $x_0 = \pm 1$ steht. Der Ansatz $\alpha < 1$ ist demnach nicht sinnvoll. Im Fall $\alpha > 1$ führt auch der Term der Ordnung ε auf $2x_0 = 0$; dies ist aber, wie wir gerade gesehen haben, nicht möglich. Somit bleibt als einzige sinnvolle Wahl $\alpha = 1$ und wir erhalten zur Ordnung ε die Gleichung

$$\mathcal{O}(\varepsilon): \quad 2x_0 x_1 + 2x_0 = 0 \,.$$

Die einzige Lösung ist $x_1 = -1$.

Berücksichtigen wir auch Terme der nächsthöheren Ordnung ε^2, so erhalten wir

$$x_0^2 + 2\varepsilon x_0 x_1 + \varepsilon^2 x_1^2 + 2\varepsilon^2 x_2 x_0 + 2\varepsilon(x_0 + \varepsilon x_1 + \varepsilon^2 x_2) - 1 = 0$$

und die Terme der Ordnung ε^2 ergeben die Identität

$$\mathcal{O}(\varepsilon^2): \quad x_1^2 + 2x_2 x_0 + 2x_1 = 0 \,.$$

Damit gilt

$$x_2 = \frac{1}{2}(x_0)^{-1} = \pm\frac{1}{2} \,.$$

Gleichung (1.12) entspricht (1.13) für $\varepsilon = 10^{-3}$. Wir erwarten daher, dass die Zahlen

$$x_0 \,, \; x_0 + \varepsilon x_1 \,, \; x_0 + \varepsilon x_1 + \varepsilon^2 x_2$$

gute Näherungen der Lösungen von (1.12) sind, falls wir $\varepsilon = 10^{-3}$ setzen. Tatsächlich gilt

x_0	$x_0 + \varepsilon x_1$	$x_0 + \varepsilon x_1 + \varepsilon^2 x_2$	exakte Lösungen
1	0,999	0,9990005	$0{,}9990005\cdots$
-1	$-1{,}001$	$-1{,}0010005$	$-1{,}0010005\cdots$

Die Reihenentwicklung liefert also für dieses Beispiel schon bei der Berücksichtigung weniger Terme sehr gute Näherungen.

Interessant wird dieses Vorgehen natürlich erst bei komplexen Problemen ohne analytische Lösung. Wir wollen die Methode der asymptotischen Entwicklung nun am Beispiel (1.10) des Wurfes im Schwerefeld eines Planeten diskutieren. Anwendung der Taylorentwicklung um $z = 0$

$$\frac{1}{(1+z)^2} = 1 - 2z + 3z^2 - 4z^3 \pm \cdots$$

auf die rechte Seite der Differentialgleichung

$$y_\varepsilon''(\tau) = -\frac{1}{(1 + \varepsilon\, y_\varepsilon(\tau))^2} \tag{1.15}$$

liefert

$$y_\varepsilon''(\tau) = -1 + 2\varepsilon\, y_\varepsilon(\tau) - 3\varepsilon^2 y_\varepsilon^2(\tau) \pm \cdots . \tag{1.16}$$

Wir nehmen an, dass die Lösung y_ε eine asymptotische Entwicklung besitzt, und zwar von der Form

$$y_\varepsilon(\tau) = y_0(\tau) + \varepsilon^\alpha y_1(\tau) + \varepsilon^{2\alpha} y_2(\tau) + \cdots \tag{1.17}$$

mit zu bestimmenden Koeffizientenfunktionen $y_j(\tau)$ und einem noch nicht spezifizierten Parameter α. Dieser Ansatz wird in (1.16) eingesetzt, dann werden die Koeffizienten derselben Potenzen von ε zusammengefasst. Ziel ist es, einen sinnvollen Wert des Parameters α zu ermitteln, und lösbare Gleichungen für die Koeffizientenfunktionen $y_j(\tau)$, $j = 0, 1, 2, \ldots$, zu erhalten. Einsetzen von (1.17) in (1.16) liefert

$$\begin{aligned}
y_0''(\tau) &+ \varepsilon^\alpha y_1''(\tau) + \varepsilon^{2\alpha} y_2''(\tau) + \cdots \\
&= -1 + 2\varepsilon\big(y_0(\tau) + \varepsilon^\alpha y_1(\tau) + \varepsilon^{2\alpha} y_2(\tau) + \cdots\big) \\
&\quad - 3\varepsilon^2\big(y_0(\tau) + \varepsilon^\alpha y_1(\tau) + \varepsilon^{2\alpha} y_2(\tau) + \cdots\big)^2 \pm \cdots .
\end{aligned} \tag{1.18}$$

Entsprechend kann man die Reihenentwicklung in die Anfangsbedingungen einsetzen und erhält

$$y_0(0) + \varepsilon^\alpha y_1(0) + \varepsilon^{2\alpha} y_2(0) + \cdots = 0\,,$$
$$y_0'(0) + \varepsilon^\alpha y_1'(0) + \varepsilon^{2\alpha} y_2'(0) + \cdots = 1\,.$$

Hieraus folgt durch Vergleich der Koeffizienten von $\varepsilon^{k\alpha}$, $k \in \mathbb{N}$, sofort

$$y_j(0) = 0 \ \text{ für } j \in \mathbb{N} \cup \{0\}\,, \ y_0'(0) = 1 \ \text{ und } \ y_j'(0) = 0 \ \text{ für } j \in \mathbb{N}. \tag{1.19}$$

Der Koeffizientenvergleich in (1.18) ist etwas komplizierter. Die niedrigste auftretende Potenz von ε ist $\varepsilon^0 = 1$, der Vergleich der Koeffizienten von ε^0 liefert

$$y_0''(\tau) = -1 \,.$$

Zusammen mit den Anfangsbedingungen $y_0(0) = 0$ und $y_0'(0) = 1$ erhalten wir das bereits bekannte Problem (1.11) mit der Lösung

$$y_0(\tau) = \tau - \frac{1}{2}\tau^2 \,.$$

Der nächste Exponent hängt nun von der Wahl von α ab. Für $\alpha < 1$ ist dies ε^α, Vergleich der Koeffizienten liefert

$$y_1''(\tau) = 0 \,.$$

Zusammen mit den Anfangsbedingungen $y_1(0) = y_1'(0) = 0$ erhält man die eindeutige Lösung $y_1(\tau) = 0$. Der Term $2\varepsilon y_0$ in (1.18) kann nur kompensiert werden durch einen Term der Form $\varepsilon^{k\alpha} y_k''$, $k \in \mathbb{N}$, $k\alpha = 1$. Wie im Fall von y_1 folgern wir $y_j \equiv 0$ für $1 \le j \le k-1$. Analog erhält man im weiteren Verlauf der asymptotischen Entwicklung, dass die Terme y_k mit $k\alpha \notin \mathbb{N}$ alle Null sind, so dass man von vornherein mit dem Ansatz $\alpha = 1$ starten kann.

Für $\alpha > 1$ ist der nächste Exponent ε^1, durch Koeffizientenvergleich folgt dann $y_0(\tau) = 0$. Dies ist ein Widerspruch zur oben berechneten Lösung, also ist $\alpha > 1$ sicher die falsche Wahl.

Wir betrachten also den Exponenten $\alpha = 1$. Die Koeffizienten von ε^1 sind dann

$$y_1''(\tau) = 2\,y_0(\tau) = 2\tau - \tau^2 \,.$$

Zusammen mit den Anfangsbedingungen $y_1(0) = y_1'(0) = 0$ erhält man die eindeutige Lösung

$$y_1(\tau) = \frac{1}{3}\tau^3 - \frac{1}{12}\tau^4 \,.$$

Die Koeffizienten von ε^2 ergeben das Problem

$$y_2''(\tau) = 2\,y_1(\tau) - 3\,y_0^2(\tau) = \frac{2}{3}\tau^3 - \frac{1}{6}\tau^4 - 3\tau^2 + 3\tau^3 - \frac{3}{4}\tau^4$$

und die Anfangsbedingungen $y_2(0) = y_2'(0) = 0$. Die Lösung ist

$$y_2(\tau) = -\frac{11}{360}\tau^6 + \frac{11}{60}\tau^5 - \frac{1}{4}\tau^4 \,.$$

Entsprechend kann man die weiteren Koeffizienten $y_3(\tau), y_4(\tau), \cdots$ ausrechnen, wobei der Aufwand mit zunehmender Ordnung immer größer wird. Die ersten drei Terme der Reihenentwicklung sind also

$$y_\varepsilon(\tau) = \tau - \frac{1}{2}\tau^2 + \varepsilon\left(\frac{1}{3}\tau^3 - \frac{1}{12}\tau^4\right) + \varepsilon^2\left(-\frac{1}{4}\tau^4 + \frac{11}{60}\tau^5 - \frac{11}{360}\tau^6\right) + O(\varepsilon^3) \,.$$

Abbildung 1.2 zeigt die Graphen der Approximationen $y_0(\tau)$ der Ordnung 0, $y_0(\tau) + \varepsilon\,y_1(\tau)$ der Ordnung 1 und die exakte Lösung für $\varepsilon = 0{,}2$. Man sieht,

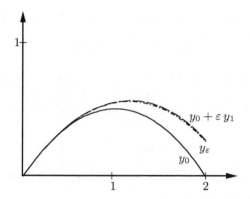

Abb. 1.2. Asymptotische Entwicklung beim senkrechten Wurf für $\varepsilon = 0,2$

dass die Approximation der Ordnung 1 von der exakten Lösung optisch kaum zu unterscheiden ist, während die Approximation der 0–ten Ordnung einen deutlich sichtbaren Fehler aufweist.

Wir möchten nun mit Hilfe der Reihenentwicklung eine bessere Approximation für die Höhe des Wurfes ausrechnen. Dazu berechnen wir zunächst eine Approximation für den Zeitpunkt $\tau = \tau_\varepsilon$, zu dem diese Höhe erreicht wird, aus der Gleichung

$$y'_\varepsilon(\tau) = 0\,.$$

Mit $y_\varepsilon(\tau) = y_0(\tau) + \varepsilon\, y_1(\tau) + \varepsilon^2 y_2(\tau) + \cdots$ folgt

$$y'_0(\tau) + \varepsilon\, y'_1(\tau) + \varepsilon^2 y'_2(\tau) + O\big(\varepsilon^3\big) = 0\,.$$

Wir lösen die Gleichung wieder näherungsweise mit dem Reihenansatz

$$\tau_\varepsilon = \tau_0 + \varepsilon\, \tau_1 + \varepsilon^2 \tau_2 + \cdots\,.$$

Die Koeffizienten von ε^0 liefern

$$y'_0(\tau_0) = 1 - \tau_0 = 0\,,$$

und damit $\tau_0 = 1$. Aus den Koeffizienten von ε und der Entwicklung $y'_i(\tau_\varepsilon) = y'_i(\tau_0) + \varepsilon\, y''_i(\tau_0)\tau_1 + \cdots$, $i = 1, 2$, erhält man

$$y''_0(\tau_0)\tau_1 + y'_1(\tau_0) = -\tau_1 + \tau_0^2 - \frac{1}{3}\tau_0^3 = 0$$

und somit $\tau_1 = 2/3$. Die Näherung erster Ordnung von τ_ε ist damit

$$1 + \frac{2}{3}\varepsilon\,.$$

Die entsprechende Höhe ist

$$h_\varepsilon = y_\varepsilon(\tau_\varepsilon) = y_0(\tau_0) + \varepsilon\big(y_0'(\tau_0)\tau_1 + y_1(\tau_0)\big) + O(\varepsilon^2)$$

$$= y_0(\tau_0) + \varepsilon\, y_1(\tau_0) + \mathcal{O}(\varepsilon^2) = \frac{1}{2} + \frac{1}{4}\varepsilon + \mathcal{O}(\varepsilon^2)\,.$$

Wenn man die Abnahme der Gravitationskraft mit der Höhe berücksichtigt, wird die Höhe des Wurfes also etwas größer. Für unser ursprüngliches Beispiel mit $\varepsilon = 10^{-6}$ macht sich dieser Effekt aber erst in der siebten Nachkommastelle bemerkbar.

Die Existenz einer Reihenentwicklung der Form (1.17) ist a priori nicht gesichert. Für eine mathematisch abgesicherte Modellbildung ist es daher nötig, das Ergebnis der Reihenentwicklung zu rechtfertigen, zum Beispiel durch Herleitung einer Fehlerabschätzung der Form

$$\left| y_\varepsilon(\tau) - \sum_{j=0}^{N} \varepsilon^j y_j(\tau) \right| \le C_N \varepsilon^{N+1}\,. \tag{1.20}$$

Wir zeigen diese Abschätzung für $N = 1$, also

$$|y_\varepsilon(\tau) - y_0(\tau) - \varepsilon\, y_1(\tau)| \le C\varepsilon^2\,, \tag{1.21}$$

und zwar für $\tau \in (0, T)$ mit einer geeigneten Zeit T, falls ε klein genug ist, also $\varepsilon < \varepsilon_0$ mit einem geeigneten, noch zu spezifizierenden ε_0 gilt. Als ersten Schritt konstruieren wir eine Differentialgleichung für den *Fehler*

$$z_\varepsilon(\tau) = y_\varepsilon(\tau) - y_0(\tau) - \varepsilon\, y_1(\tau)\,.$$

Aus den Differentialgleichungen für y_ε, y_0 und y_1 folgt

$$z_\varepsilon''(\tau) = y_\varepsilon''(\tau) - y_0''(\tau) - \varepsilon\, y_1''(\tau) = -\frac{1}{(1 + \varepsilon\, y_\varepsilon(\tau))^2} + 1 - 2\varepsilon\, y_0(\tau)\,.$$

Taylorentwicklung mit Restglied liefert

$$\frac{1}{(1 + y)^2} = 1 - 2y + 3\frac{1}{(1 + \vartheta y)^4}y^2$$

mit $\vartheta = \vartheta(y) \in (0, 1)$. Man erhält also

$$z_\varepsilon''(\tau) = -1 + 2\varepsilon\, y_\varepsilon(\tau) - 3\varepsilon^2 \frac{1}{(1 + \varepsilon\vartheta\, y_\varepsilon(\tau))^4} y_\varepsilon^2(\tau) + 1 - 2\varepsilon\, y_0(\tau)\,.$$

Durch Einsetzen von $y_\varepsilon(\tau) = z_\varepsilon(\tau) + y_0(\tau) + \varepsilon\, y_1(\tau)$ folgt

$$z_\varepsilon''(\tau) = 2\varepsilon\, z_\varepsilon(\tau) + \varepsilon^2 R_\varepsilon(\tau) \tag{1.22}$$

mit

$$R_\varepsilon(\tau) = -\frac{3\, y_\varepsilon^2(\tau)}{(1 + \varepsilon\vartheta\, y_\varepsilon(\tau))^4} + 2y_1(\tau)\,.$$

Zusätzlich gelten die Anfangsbedingungen

$$z_\varepsilon(0) = 0 \quad \text{und} \quad z_\varepsilon'(0) = 0\,.$$

Zur Abschätzung von $R_\varepsilon(\tau)$ benötigen wir *untere* und *obere* Schranken für $y_\varepsilon(\tau)$. Diese kann man herleiten aus der Differentialgleichung für y_ε und der Darstellung

$$y_\varepsilon(\tau) = y_\varepsilon(0) + \int_0^\tau y_\varepsilon'(t)\,dt = \int_0^\tau \left(y_\varepsilon'(0) + \int_0^t y_\varepsilon''(s)\,ds \right) dt$$

$$= \tau + \int_0^\tau \int_0^t y_\varepsilon''(s)\,ds\,dt\,.$$

Es sei $t_\varepsilon := \inf\left\{ t \,\middle|\, t > 0,\ y_\varepsilon(t) < 0 \right\}$. Offensichtlich folgt dann aus (1.15), dass $y_\varepsilon''(\tau) \geq -1$ für $0 < \tau < t_\varepsilon$ und damit

$$y_\varepsilon(\tau) \geq \tau - \frac{1}{2}\tau^2\,.$$

Da y_ε stetig ist, folgt insbesondere $t_\varepsilon \geq 2$. Wegen $y_\varepsilon''(\tau) \leq 0$ für $\tau < t_\varepsilon$ gilt auch $y_\varepsilon(\tau) \leq t_\varepsilon$ für $\tau < t_\varepsilon$. Sei nun $T \leq t_\varepsilon$ fest gewählt, zum Beispiel $T = 2$. Dann gilt für $\tau < T$

$$|R_\varepsilon(\tau)| \leq 3|y_\varepsilon(\tau)|^2 + 2|y_1(\tau)| \leq C_1$$

mit einer Konstanten $C_1 = C_1(T)$. Zu einem $C_0 > 0$ definieren wir nun eine weitere Zeit $\tau_\varepsilon > 0$ durch $\tau_\varepsilon = \inf\left\{ t \,\middle|\, t > 0,\ |z_\varepsilon(t)| \geq C_0\varepsilon^2 \right\}$. Da z_ε stetig ist und $z_\varepsilon(0) = 0$ gilt, folgt $\tau_\varepsilon > 0$. Für $\tau < \min(T, \tau_\varepsilon)$ folgt aus (1.22)

$$|z_\varepsilon(\tau)| = \left| \int_0^\tau \int_0^t z_\varepsilon''(s)\,ds\,dt \right| \leq \int_0^\tau \int_0^t |z_\varepsilon''(s)|\,ds\,dt \leq \frac{1}{2}T^2(2C_0\varepsilon + C_1)\varepsilon^2\,.$$

Für $C_0 > T^2 C_1$ gibt es dann ein $\varepsilon_0 > 0$, so dass $\frac{1}{2}T^2(2C_0\varepsilon_0 + C_1) = \frac{C_0}{2}$, nämlich

$$\varepsilon_0 = \frac{1}{2T^2} - \frac{C_1}{2C_0}\,.$$

Für alle $\varepsilon \leq \varepsilon_0$ und alle $t \leq \min\{T, \tau_\varepsilon\}$ gilt dann

$$|z_\varepsilon(t)| \leq \frac{C_0}{2}\varepsilon^2\,.$$

Da z_ε stetig ist, folgt daraus insbesondere $\tau_\varepsilon \geq T$. Damit ist (1.21) gezeigt, mit $C = C_0/2$.

Das Vorgehen bei der Bestimmung der asymptotischen Entwicklung kann auch allgemeiner und abstrakter in *Banachräumen*, also vollständigen, normierten Räumen, formuliert werden. Es seien B_1, B_2 Banachräume und

$$F: B_1 \times [0, \varepsilon_0) \to B_2$$

sei eine glatte Abbildung, die insbesondere so oft differenzierbar ist, wie es für die folgenden Überlegungen notwendig ist. Wir suchen für $\varepsilon \in [0, \varepsilon_0)$ eine Lösung y_ε der Gleichung

$$F(y, \varepsilon) = 0 \,.$$

Wir machen den Ansatz

$$y_\varepsilon = \sum_{i=0}^\infty \varepsilon^i y_i$$

und entwickeln

$$F(y_\varepsilon, \varepsilon) = \sum_{i=0}^\infty \varepsilon^i F_i(y_\varepsilon) = \sum_{i=0}^\infty \varepsilon^i F_i \left(\sum_{j=0}^\infty \varepsilon^j y_j \right)$$

$$= \sum_{i=0}^\infty \varepsilon^i \left(F_i(y_0) + DF_i(y_0) \left(\sum_{j=1}^\infty \varepsilon^j y_j \right) \right.$$

$$\left. + \tfrac{1}{2} D^2 F_i(y_0) \left(\sum_{j=1}^\infty \varepsilon^j y_j, \sum_{j=1}^\infty \varepsilon^j y_j \right) + \ldots \right)$$

$$= F_0(y_0) + \varepsilon(F_1(y_0) + DF_0(y_0)(y_1)) +$$

$$+ \, \varepsilon^2 \left(F_2(y_0) + DF_1(y_0)(y_1) + DF_0(y_0)(y_2) + \tfrac{1}{2} D^2 F_0(y_0)(y_1, y_1) \right)$$

$$+ \cdots \,.$$

Diese Gleichungen lösen wir nun iterativ, mit steigender Ordnung, und erhalten

$$F_0(y_0) = 0 \,,$$

$$DF_0(y_0)(y_1) = -F_1(y_0) \,,$$

$$DF_0(y_0)(y_2) = -F_2(y_0) - DF_1(y_0)(y_1) - \frac{1}{2} D^2 F_0(y_0)(y_1, y_1) \,,$$

$$\vdots$$

$$DF_0(y_0)(y_k) = G_k(y_0, \ldots, y_{k-1}) \,.$$

Falls die lineare Abbildung $DF_0(y_0) : B_1 \to B_2$ eine Inverse besitzt, so können die Werte $y_1, y_2, y_3, \ldots$ iterativ berechnet werden.

Definition 1.1. *Sind die Werte $y_0, \ldots, y_N$ Lösungen der obigen Gleichungen, so heißt die Reihe*

$$y_\varepsilon^N := \sum_{i=0}^N \varepsilon^i y_i$$

formale asymptotische Entwicklung der Ordnung N.

Eine wichtige Frage ist nun, ob die durch einen kleinen Parameter ε „gestörten"
Probleme eine gute Näherung für das Ausgangsproblem liefern. Dazu folgende
Definition.

Definition 1.2. *(Konsistenz)*
Die Gleichungen

$$F(y, \varepsilon) = 0, \quad \varepsilon > 0,$$

heißen konsistent zu

$$F(y, 0) = 0,$$

falls für alle Lösungen y_0 von $F(y_0, 0) = 0$ gilt:

$$\lim_{\varepsilon \to 0} F(y_0, \varepsilon) = 0.$$

Bemerkungen

1. Aus der Konsistenz folgt im Allgemeinen *nicht* die Konvergenz. Für Lösungen y_ε von $F(y, \varepsilon) = 0$ muß nicht unbedingt

$$y_\varepsilon - y_0 \to 0 \quad \text{in} \quad B_1$$

gelten, siehe dazu auch Aufgabe 1.11.

2. Ein wichtiger Fall in der asymptotischen Analysis tritt auf, wenn der kleine Parameter als Faktor an einem für die mathematische Struktur des Problems entscheidenden Term steht; bei Differentialgleichungen ist das in der Regel die höchste auftretende Ableitung der gesuchten Funktion. Man spricht dann von einer *singulären Störung*. Wir werden entsprechende Beispiele am Ende von Kapitel 6 untersuchen.

Beispiele:

(i) Die Gleichung

$$\varepsilon\, x^2 - 1 = 0$$

ändert für $\varepsilon \to 0$ ihre Ordnung. Insbesondere ist die Gleichung für $\varepsilon = 0$ unlösbar und die Lösungen $x_\varepsilon^{\pm}$ von $\varepsilon\, x^2 - 1 = 0$ konvergieren für $\varepsilon \to 0$ gegen unendlich.

(ii) Das Anfangswertproblem

$$\varepsilon\, y_\varepsilon'' = \frac{1}{(y_\varepsilon + 1)^2}, \quad y_\varepsilon(0) = 0, \quad y_\varepsilon'(0) = 1$$

ändert seinen Charakter, falls man $\varepsilon = 0$ setzt. Für $\varepsilon > 0$ hat man eine Differentialgleichung und für $\varepsilon = 0$ erhalten wir eine unlösbare algebraische Gleichung.

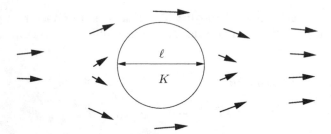

Abb. 1.3. Umströmung eines Körpers

1.6 Anwendungen aus der Strömungsmechanik

Wir werden nun die bisher behandelten Begriffe Dimensionsanalyse, asymptotische Entwicklung und singuläre Störung an einem deutlich komplizierteren Beispiel aus der Strömungsmechanik diskutieren. Die verwendeten Modelle werden in Kapitel 5 systematisch im Rahmen der Kontinuumsmechanik hergeleitet.

Wir betrachten folgendes Beispiel: Ein Körper K wird von einem Fluid, also von einer Flüssigkeit oder einem Gas, umströmt. Wir interessieren uns für das Geschwindigkeitsfeld

$$v = v(t, x) \in \mathbb{R}^3 \,, \ t \in \mathbb{R} \,, \ x \in \mathbb{R}^3 \,,$$

des Fluids. Wir nehmen an, dass die Geschwindigkeit für $|x| \to \infty$ gegen eine konstante Geschwindigkeit konvergiert, d.h.

$$v(t, x) \to V \in \mathbb{R}^3 \quad \text{für} \quad |x| \to \infty \,.$$

Aus Erhaltungsprinzipien und unter gewissen konstitutiven Annahmen an die Eigenschaften des Fluids kann man die *Navier–Stokes–Gleichungen* herleiten, siehe Kapitel 5. Für ein inkompressibles Fluid mit konstanter Dichte ϱ_0 gilt bei Vernachlässigung äußerer Kräfte

$$\varrho_0(\partial_t v + (v \cdot \nabla)v) = -\nabla p + \mu \Delta v \,, \tag{1.23}$$

$$\nabla \cdot v = 0 \,, \tag{1.24}$$

wobei p der Druck und μ die *dynamische Viskosität* des Fluids ist. Die Viskosität beschreibt die Zähigkeit des Fluids, die durch *innere Reibung* verursacht wird. Sie ist hoch für Honig und niedrig für Gase. Weiterhin ist, in kartesischen Koordinaten ausgedrückt,

$$\nabla \cdot v = \sum_{i=1}^{3} \frac{\partial}{\partial x_i} v_i \in \mathbb{R} \qquad \text{die \textit{Divergenz} eines Vektorfeldes } v,$$

$$\Delta v = \sum_{i=1}^{3} \frac{\partial^2}{\partial x_i^2} v \in \mathbb{R}^3 \qquad \text{der \textit{Laplace-Operator} und}$$

$$(v \cdot \nabla)v = \left(\sum_{i=1}^{3} v_i \, \partial_i v_j \right)_{j=1,2,3} \in \mathbb{R}^3 \,.$$

Wir diskutieren zunächst die *Dimensionen* der auftretenden Terme. Es gilt

Variable	Dimension
v Geschwindigkeit	L/T
ϱ_0 Massendichte	M/L^3
p Druck = Kraft/Fläche	$(M \cdot L/T^2)/L^2 = M/(LT^2)$

Weiter gilt

$$[\mu] = M/(LT) \,.$$

Dies liefert dann, dass alle Terme in (1.23) von der Dimension $M/(L^2T^2)$ sind.

Als Beispiel für das Potential der *Dimensionsanalyse* betrachten wir das Verhalten bei der Umströmung eines großen Schiffes. Wir möchten Experimente mit einer um den Faktor 100 verkleinerten Nachbildung durchführen. Wann können wir von Ergebnissen für Experimente mit der Nachbildung auf das Verhalten des großen Schiffes schließen?

Dazu müssen wir die Gleichung auf dimensionslose Form bringen. Die relevanten Parameter sind hier eine charakteristische Länge $\overline{x}$, etwa die Länge des Schiffes, sowie die Geschwindigkeit V des Schiffes, die Dichte ϱ_0 und die Viskosität μ. Wir bilden durch Kombination dieser Parameter dimensionslose Größen, zum Beispiel

$$y = \frac{x}{\overline{x}}, \quad \tau = \frac{t}{\overline{t}},$$

wobei $\overline{t} = \overline{t}(\overline{x}, V, \varrho_0, \mu)$ eine noch zu bestimmende charakteristische Zeit ist. Weiter setzen wir

$$u(\tau, y) = \frac{v}{|V|}$$

und

$$q(\tau, y) = \frac{p}{\overline{p}}, \quad \text{wobei } \overline{p} \text{ noch zu bestimmen ist.}$$

Multiplikation der Navier–Stokes–Gleichungen mit $\overline{t}/(\varrho_0|V|)$ führt mit den Transformationsregeln $\partial_t = \frac{1}{\overline{t}}\partial_\tau$ und $\nabla_x = \frac{1}{\overline{x}}\nabla_y$ zur Gleichung

$$\partial_\tau u + \frac{\overline{t}|V|}{\overline{x}}(u \cdot \nabla)u = -\frac{\overline{p}}{\varrho_0}\frac{\overline{t}}{\overline{x}|V|}\nabla q + \frac{\mu}{\varrho_0}\frac{\overline{t}}{(\overline{x})^2}\Delta u \,.$$

Wir setzen $\bar{t} = \bar{x}/|V|$, $\bar{p} = |V|^2 \varrho_0$ und $\eta = \mu/\varrho_0$ — dies ist die *kinematische Viskosität* — und erhalten

$$\partial_\tau u + (u \cdot \nabla)u = -\nabla q + \frac{1}{\mathrm{Re}} \Delta u \,,$$

$$u(\tau, y) \to V/|V| \quad \text{für} \quad |y| \to \infty \,.$$

Dabei ist $\mathrm{Re} := \frac{\bar{x}|V|}{\eta}$ die *Reynoldszahl*. Für große $|y|$ konvergiert der Betrag der entdimensionalisierten Geschwindigkeit gegen 1. Außerdem gilt natürlich weiterhin

$$\nabla \cdot u = 0 \,.$$

Strömungssituationen mit unterschiedlichem $\bar{x}$ führen auf *dieselbe* dimensionslose Form, wenn nur die Reynoldszahl dieselbe ist. Wenn wir die Größe des Schiffes um den Faktor 100 verkleinern, müssen wir zum Beispiel die Anströmgeschwindigkeit um den Faktor 10 vergrößern und die kinematische Viskosität um den Faktor 10 verkleinern, um dieselbe Reynoldszahl zu bekommen.

Mit Hilfe der Reynoldszahl kann man abschätzen, welche Einflüsse in einer Strömung wichtig und welche unwichtig sind. Wir diskutieren dies am Beispiel zweier unterschiedlicher Modelle für den Strömungswiderstand eines Körpers, die wir an Hand heuristischer Überlegungen motivieren werden. Bei geringen Reynoldszahlen, also hoher Viskosität oder geringer Strömungsgeschwindigkeit, dominiert die viskose Reibung den Strömungswiderstand. Die charakteristischen Größen sind dann die Geschwindigkeit v des umströmten Körpers relativ zur Strömung, eine charakteristische Größe $\bar{x}$ des Körpers, und die dynamische Viskosität μ des Fluides. Die Dimensionen sind $[v] = \frac{L}{T}$, $[\bar{x}] = L$ und $[\mu] = \frac{FT}{L^2}$, wenn F die Dimension einer Kraft bezeichnet. Eine Kombination dieser Größen hat dann die Dimension

$$[v^a \bar{x}^b \mu^c] = L^{a+b-2c} T^{-a+c} F^c \,.$$

Dieses ergibt die Dimension einer Kraft, wenn

$$a + b - 2c = 0 \,, \quad -a + c = 0 \quad \text{und} \quad c = 1$$

und damit $a = b = c = 1$. Ein Gesetz für den Reibungswiderstand in einer viskosen Flüssigkeit muss daher die Form

$$F_R = c_R \, \mu \, \bar{x} \, v \tag{1.25}$$

mit einem von der Form des Körpers abhängigen Reibungskoeffizienten c_R haben. Für eine Kugel mit Radius r kann man zeigen, dass

$$F_R = 6\pi r \mu v$$

gilt, das ist das *Stokessche Gesetz*.

Bei hohen Reynoldszahlen wird dieser Anteil des Strömungswiderstandes dominiert durch eine Kraft, die benötigt wird, um den in der Bewegungsrichtung des Körpers liegenden Anteil des Fluides zu beschleunigen. Die pro Zeitintervall Δt zu beschleunigende Masse ist ungefähr

$$\Delta m \approx \varrho\, A\, v\, \Delta t$$

mit Dichte ϱ des Fluides, Geschwindigkeit v des Körpers relativ zur Strömungsgeschwindigkeit, und Querschnittfläche A des Körpers. Hier beschreibt $A\, v\, \Delta t$ gerade das im Zeitintervall Δt vom Körper verdrängte Volumen. Dieses Fluidvolumen wird auf die Geschwindigkeit v beschleunigt, die dabei zugeführte kinetische Energie ist ungefähr

$$\Delta E_{\mathrm{kin}} \approx \tfrac{1}{2}\Delta m\, v^2 = \tfrac{1}{2}\varrho\, A\, v^3\, \Delta t\,.$$

Die Reibungskraft ist demnach gegeben durch

$$F_R\, v\, \Delta t \propto \Delta E_{\mathrm{kin}}$$

beziehungsweise

$$F_R \propto \tfrac{1}{2}\varrho\, A\, v^2\,,$$

wobei $\propto$ besagt, dass beide Seiten proportional zueinander sind. Die Proportionalitätskonstante hier wird als c_W−Wert bezeichnet, und wir erhalten

$$F_R = \tfrac{1}{2}c_W\varrho A v^2\,. \tag{1.26}$$

Da diese Kraft proportional zum Quadrat der Geschwindigkeit ist, dominiert sie für große Geschwindigkeit die viskose Reibungskraft (1.25), während sie für kleine Geschwindigkeiten gegenüber (1.25) vernachlässigbar ist. Man kann (1.26) auch durch eine Dimensionsanalyse rechtfertigen, siehe Aufgabe 1.12. Der c_W−Wert wird in der Praxis durch Messungen bestimmt; eine theoretische Herleitung wie im Fall des Stokesschen Gesetzes für eine Kugel gibt es hier nicht. Ohnehin ist (1.26) nur eine relativ grobe Approximation der Realität, die tatächliche Abhängigkeit des Strömungswiderstandes von der Geschwindigkeit ist wesentlich komplexer. Demgegenüber ist das Stokessche Gesetz eine recht gute Approximation, wenn nur die Geschwindigkeit klein genug ist.

Um für eine gegebene Anwendung abzuschätzen, welches der beiden Gesetze (1.25) oder (1.26) sinnvoll ist, kann man den Quotienten der beiden ermittelten Reibungskräfte bilden:

$$\frac{F_R^{(1.26)}}{F_R^{(1.25)}} \propto \frac{\varrho\bar{x}v}{\mu} = \mathrm{Re}\,.$$

Dabei wählen wir die Längenskala $\bar{x}$, so dass $A = \bar{x}^2$. Folglich ist bei Reynoldszahlen $\mathrm{Re} \ll 1$ das Stokessche Gesetz (1.25) sinnvoll, während für $\mathrm{Re} \gg 1$ der

Strömungswiderstand nach (1.26) dominiert. Für Re $\approx$ 1 sind beide Effekte gleichermaßen wichtig.

Die Navier–Stokes–Gleichungen sehen sehr kompliziert aus. Können wir eventuell Terme vernachlässigen? Da wir die Gleichung auf dimensionslose Form gebracht haben, können wir von groß und klein sprechen. Die Begriffe groß und klein hängt jetzt nicht mehr von den gewählten Einheiten ab, wir können die Zahl 1 als *mittlere* Größe interpretieren. Der einzige Parameter ist die Reynoldszahl und für viele Aufgabenstellungen ist Re sehr groß. Dann ist $\varepsilon = \frac{1}{\mathrm{Re}}$ ein kleiner Term. Wir vernachlässigen den Term $\varepsilon\Delta u = \frac{1}{\mathrm{Re}}\Delta u$ und erhalten die *Euler–Gleichungen* der Strömungsmechanik

$$\partial_\tau u + (u \cdot \nabla)u = -\nabla q,$$
$$\nabla \cdot u = 0.$$

Wie gut beschreibt dieses reduzierte Modell reale Strömungen? Wir werden später sehen, dass die Eulerschen Gleichungen keine Wirbelbildung erlauben. Konkret gilt

$$\nabla \times u(t,x) = \begin{pmatrix} \partial_{x_2} u_3 - \partial_{x_3} u_2 \\ \partial_{x_3} u_1 - \partial_{x_1} u_3 \\ \partial_{x_1} u_2 - \partial_{x_2} u_1 \end{pmatrix} = 0$$

für $t > 0$, falls $\nabla \times u(0,x) = 0$. Außerdem zeigt sich, dass

- der Term $\varepsilon\Delta u$ in der Nähe des Randes ∂K *nicht* klein ist,

und falls die Euler–Gleichungen die Strömung beschreiben würden,

- der Körper der Strömung keinen Widerstand entgegensetzen würde, also keine Kräfte der Strömung entgegenwirken; dies ist das sogenannte *D'Alembertsche Paradox*, und

- keine Auftriebskräfte wirken würden (in 3 Raumdimensionen).

Wir sehen aber in der Praxis, dass sich bei der Umströmung eines Körpers K Wirbel bilden können, die sich manchmal auch von K lösen. Außerdem beobachten wir sogenannte *Grenzschichten,* das sind „dünne" Bereiche in der Strömung nahe des Körpers, in denen sich das Strömungsfeld drastisch ändert.

Wo liegt der Fehler des reduzierten Modells? In den Navier–Stokes–Gleichungen treten zweite Ableitungen bezüglich der Ortsvariablen auf; in den Euler–Gleichungen dagegen nur erste Ableitungen. In der Theorie partieller Differentialgleichungen unterscheidet man verschiedene Typen von Differentialgleichungen, siehe dazu etwa Evans, [36]. Nach dieser Klassifikation sind die Navier–Stokes–Gleichungen *parabolisch*, während die Euler–Gleichungen *hyperbolisch* sind. Das qualitative Verhalten von hyperbolischen und parabolischen Differentialgleichungen unterscheidet sich stark. So treten für die Eulerschen Differentialgleichungen typischerweise auch bei beliebig glatten Daten

Unstetigkeiten auf, während man bei den Navier–Stokes–Gleichungen in der Regel glatte Lösungen beobachtet (auch wenn dies streng genommen theoretisch bisher nicht bewiesen ist). Der kleine Faktor ε steht also vor einem Term, der für das Verhalten der Lösung entscheidend ist. Man spricht von einer *singulären Störung*. Um Näherungslösungen für die Navier–Stokes–Gleichungen zu gewinnen, kann daher die Methode der asymptotischen Entwicklung in der Form, in der wir sie kennengelernt haben, nicht angewendet werden. Sie versagt in Grenzschichten, in denen sich die Lösung stark ändert. In Kapitel 6 werden wir die *singuläre Störungstheorie* kennenlernen, um asymptotische Entwicklungen auch in Grenzschichten gewinnen zu können.

1.7 Literaturhinweise

Eine ausführliche Beschreibung und Analysis biologischer Wachstumsmodelle findet man in [98]. Zur Vertiefung der Themen Entdimensionalisierung, Skalierung und asymptotische Analysis ist [84], Chapter 6 und 7, sehr empfehlenswert, zur Skalierung und Dimensionsanalysis auch [40], Kapitel 1, und zu verschiedenen Aspekten der asymptotischen Analysis [63]. Eine Darstellung der singulären Störungstheorie mit vielen Beispielen bietet [71]. Teile der Darstellung in diesem Kapitel basieren auf dem Vorlesungsskript [109].

1.8 Aufgaben

Aufgabe 1.1. Eine Bank bietet vier verschiedene Varianten eines Sparbuches an:
Variante A mit monatlicher Zinszahlung und Zinssatz 0,3% pro Monat,
Variante B mit vierteljährlicher Zinszahlung und Zinssatz 0,9% pro Vierteljahr,
Variante C mit halbjährlicher Zinszahlung und Zinssatz 1,8% pro Halbjahr,
Variante D mit jährlicher Zinszahlung und Zinssatz 3,6% pro Jahr.

a) Berechnen und vergleichen Sie jeweils den *effektiven* Zins, den man nach einem Jahr (bei Wiederanlage aller bezahlten Zinsen) bekommt.

b) Wie müssen die Zinssätze angepasst werden, damit man jeweils denselben Jahreszins von 3,6% erhält?

c) Geben Sie ein zeitlich kontinuierliches Zinsmodell an, das ohne Angabe eines Zeitinkrements für die Zinszahlung auskommt.

Aufgabe 1.2. Ein Polizeikommissar möchte den Todeszeitpunkt eines Mordopfers feststellen. Er misst die Temperatur des Opfers um 12.36 Uhr, sie beträgt 27°C. Nach dem Newtonschen Abkühlungsgesetz ist die Abkühlung eines

Körpers proportional zur Differenz von Körpertemperatur und Außentemperatur. Leider kennt der Kommissar die Proportionalitätskonstante nicht. Deshalb misst er die Temperatur um 13.06 Uhr noch einmal und kommt auf 25°C. Die Außentemperatur beträgt 20°C, die Körpertemperatur zum Todeszeitpunkt wird mit 37°C angesetzt.
Wann fand der Mord statt?

Aufgabe 1.3. (Trennung der Variablen, Eindeutigkeit, Fortsetzbarkeit)
Zu stetigen reellen Funktionen f und g sei die gewöhnliche Differentialgleichung

$$x'(t) = f(t) \, g(x(t))$$

gegeben. Wir betrachten Lösungen, die durch den Punkt (t_0, x_0) gehen, d. h. es soll $x(t_0) = x_0$ gelten.

a) Zeigen Sie, dass im Fall $g(x_0) \neq 0$ lokal eine eindeutige Lösung durch den gegebenen Punkt existiert.

b) Sei nun $g \neq 0$ im Intervall (x_-, x_+), $g(x_-) = g(x_+) = 0$ und sei g in x_- und x_+ differenzierbar. Zeigen Sie, dass die Lösung der Differentialgleichung durch einen Punkt (t_0, x_0) mit $x_0 \in (x_-, x_+)$ global existiert und eindeutig ist.
Hinweis: Ist die Lösung durch den Punkt (t_+, x_+) eindeutig?

Aufgabe 1.4. Wir betrachten das Modell für beschränktes Wachstum von Populationen

$$x'(t) = q \, x_M \, x(t) - q \, x^2(t) \,, \quad x(0) = x_0 \,.$$

a) Entdimensionalisieren Sie das Modell durch Wahl geeigneter Maßeinheiten für t und x. Welche verschiedenen Möglichkeiten gibt es dafür?

b) Welche Entdimensionalisierung ist geeignet für $x_0 \ll x_M$ (x_0 „sehr viel kleiner als" x_M) in dem Sinn, dass das Weglassen kleiner Terme zu einem sinnvollen Modell führt?

Aufgabe 1.5. (Entdimensionalisierung, Skalenanalyse)
Ein Körper der Masse m wird von der Erdoberfläche mit Geschwindigkeit v senkrecht in die Höhe geworfen. Der Luftwiderstand soll durch das *Stokessche Gesetz* $F_R = -cv$ für den Strömungswiderstand in viskosen Fluiden berücksichtigt werden, das für kleine Geschwindigkeiten sinnvoll ist. Dabei ist c ein von der Form und der Größe des Körpers abhängiger Koeffizient. Die Bewegung hänge von der Masse m, der Geschwindigkeit v, der Gravitationsbeschleunigung g und dem Reibungskoeffizienten c mit Dimension $[c] = M/T$ ab.

a) Bestimmen Sie die möglichen dimensionslosen Parameter und Referenzgrößen für Höhe und Zeit.

b) Das Anfangswertproblem für die Höhe des Körpers laute

$$mx'' + cx' = -mg\,, \quad x(0) = 0\,, \quad x'(0) = v\,.$$

Entdimensionalisieren Sie die Differentialgleichung. Es gibt wieder verschiedene Möglichkeiten.

c) Diskutieren Sie verschiedene Möglichkeiten eines reduzierten Modells, falls $\beta := \frac{cv}{mg}$ klein ist.

Aufgabe 1.6. Ein Modell für einen senkrechten Wurf auf der Erde mit Berücksichtigung des Luftwiderstandes ist

$$mx''(t) = -mg - c|x'(t)|x'(t)\,, \quad x(t_0) = 0\,, \quad x'(t_0) = v_0\,.$$

Dabei wird die Gravitationskraft durch $F = -mg$ approximiert, der Luftwiderstand bei Geschwindigkeit v ist gegeben durch cv^2 mit einer Proportionalitätskonstanten c, die von der Größe und Form des Körpers und der Dichte der Luft abhängt. Dieses Gesetz ist für höhere Geschwindigkeiten sinnvoll.

a) Entdimensionalisieren Sie das Modell. Welche verschiedenen Möglichkeiten gibt es?

b) Berechnen Sie die Höhe des Wurfes für die Daten $m = 0{,}1\,\text{kg}$, $g = 10\,\text{m/s}^2$, $v_0 = 10\,\text{m/s}$, $c = 0{,}01\,\text{kg/m}$ und vergleichen Sie das Ergebnis mit dem entsprechenden Ergebnis des Modells ohne Luftwiderstand.

Aufgabe 1.7. (Entdimensionalisierung)
Wir möchten die Leistung P ausrechnen, die notwendig ist, um einen Körper mit bekannter Form (zum Beispiel ein Schiff) in einer Flüssigkeit (zum Beispiel Wasser) fortzubewegen. Wir nehmen an, dass die Leistung abhängt von der Länge ℓ und Geschwindigkeit v des Schiffes, der Dichte ϱ und der kinematischen Viskosität η der Flüssigkeit, sowie der Erdbeschleunigung g. Die Dimensionen der Daten sind $[\ell] = L$, $[\varrho] = M/L^3$, $[v] = L/T$, $[\eta] = L^2/T$, $[P] = ML^2/T^3$ und $[g] = L/T^2$, wobei L eine Länge, M eine Masse und T eine Zeit kennzeichnet. Zeigen Sie, dass die Leistung P dann gegeben ist durch

$$\frac{P}{\varrho\ell^2 v^3} = \Phi(\text{Fr}, \text{Re})$$

mit einer Funktion $\Phi : \mathbb{R}^2 \to \mathbb{R}$ und den dimensionslosen Größen

$$\text{Re} = \frac{v\ell}{\eta} \ \ (\text{Reynoldszahl}) \quad \text{und} \quad \text{Fr} = \frac{v}{\sqrt{\ell g}} \ \ (\text{Froudesche Zahl}).$$

Aufgabe 1.8. (Formale Asymptotische Entwicklung)

a) Berechnen Sie für das Anfangswertproblem

$$x''(t) + \varepsilon\, x'(t) = -1\,, \quad x(0) = 0\,, \quad x'(0) = 1$$

die formale asymptotische Entwicklung der Lösung $x(t)$ bis zu zweiter Ordnung in ε.

b) Berechnen Sie die formale asymptotische Entwicklung für den Zeitpunkt $t^* > 0$, für den $x(t^*) = 0$ gilt, bis zu erster Ordnung in ε, indem Sie die Reihenentwicklung $t^* \sim t_0 + \varepsilon\, t_1 + O(\varepsilon^2)$ in die erhaltene Näherung von x einsetzen und so t_0 und t_1 bestimmen.

Aufgabe 1.9. Ein bereits entdimensionalisiertes Modell für einen senkrechten Wurf mit *kleinem* Luftwiderstand ist

$$x''(t) = -1 - \varepsilon(x'(t))^2\,, \quad x(0) = 0\,, \quad x'(0) = 1\,.$$

Das Modell beschreibt den Wurf bis zum Erreichen der maximalen Höhe.

a) Berechnen Sie die ersten beiden Koeffizienten $x_0(t)$ und $x_1(t)$ in der asymptotischen Entwicklung

$$x(t) = x_0(t) + \varepsilon\, x_1(t) + \varepsilon^2 x_2(t) + \cdots$$

für kleines ε.

b) Berechnen Sie die Höhe des Wurfes bis zu Termen der Ordnung ε mit Hilfe einer asymptotischen Entwicklung.

c) Vergleichen Sie das Ergebnis aus b) für die Daten von Aufgabe 1.6 b) mit dem exakten Ergebnis und dem Ergebnis ohne Berücksichtigung des Luftwiderstandes.

Aufgabe 1.10. (Mehrskalenansatz)

Die Funktion $y(t)$ löse für $t > 0$ und einen kleinen Parameter $\varepsilon > 0$ das Anfangswertproblem

$$y''(t) + 2\varepsilon\, y'(t) + (1 + \varepsilon^2)y(t) = 0\,, \quad y(0) = 0\,, \quad y'(0) = 1\,.$$

a) Berechnen Sie eine Approximation der Lösung mittels formaler asymptotischer Analysis bis zu erster Ordnung in ε.

b) Vergleichen Sie die in a) erhaltene Funktion mit der exakten Lösung

$$y(t) = e^{-\varepsilon t}\sin t\,.$$

Für welche Zeiten t ist die Approximation aus a) gut?

c) Um eine bessere Approximation zu finden, kann man den Ansatz

$$y \sim y_0(t, \tau) + \varepsilon\, y_1(t, \tau) + \varepsilon^2 y_2(t, \tau) + \cdots$$

versuchen; hierbei ist $\tau = \varepsilon t$ eine langsame Zeitskala. Setzen Sie diesen Ansatz in die Differentialgleichung ein und berechnen Sie y_0, so dass Sie eine bessere Approximation erhalten.

Hinweis: Die Gleichung zu niedrigster Ordnung bestimmt y_0 nicht eindeutig und Koeffizientenfunktionen in τ kommen vor. Wählen Sie diese geschickt, so dass man y_1 leicht berechnen kann.

Aufgabe 1.11. (Konsistenz versus Konvergenz)

Zu einem Parameter $\varepsilon \in [0, \varepsilon_0)$ mit $\varepsilon_0 > 0$ betrachten wir die Familie von Operatoren

$$F(\cdot, \varepsilon) : B_1 := C_b^2([0, \infty)) \to B_2 := C_b^0([0, \infty)) \times \mathbb{R}^2,$$
$$F(y, \varepsilon) = (y'' + (1 + \varepsilon)y, y(0), y'(0) - 1).$$

Dabei sei $C_b^n([0, \infty))$ der Raum der n–mal differenzierbaren Funktionen, wobei die Funktionen und ihre Ableitungen bis zur Ordnung n beschränkt seien. Die Normen auf den beiden Räumen B_1 und B_2 sind gegeben durch

$$\|y\|_{B_1} = \sup_{t \in (0, \infty)} \{|y(t)| + |y'(t)| + |y''(t)|\},$$
$$\|(f, a, b)\|_{B_2} = \sup_{t \in (0, \infty)} \{|f(t)|\} + |a| + |b|.$$

a) Berechnen Sie für das Problem $F(y, \varepsilon) = (0, 0, 0)$ die exakte Lösung y_ε.

b) Zeigen Sie: $F(\cdot, \varepsilon)$ ist mit $F(\cdot, 0)$ konsistent, aber y_ε konvergiert nicht gegen y_0 in B_1 für $\varepsilon \to 0$.

Aufgabe 1.12. Leiten Sie das Reibungsgesetz für den Strömungswiderstand bei hohen Reynoldszahlen

$$F_R = \tfrac{1}{2} c_W A \varrho v^2$$

durch eine Dimensionsanalyse her. Nehmen Sie dazu an, dass die Reibungskraft abhängt von der Dichte ϱ der Flüssigkeit, einer charakteristischen Größe r des umströmten Körpers und der Geschwindigkeit v der Strömung. Da der c_W–Wert von der Form des Körpers abhängt, dürfen Sie $A \approx r^2$ annehmen.

2

Lineare Gleichungssysteme

Viele einfache Modelle basieren auf linearen Beziehungen zwischen verschiedenen Größen. Problemstellungen mit mehreren Variablen und linearen Beziehungen zwischen diesen Variablen führen auf lineare Gleichungssysteme. Auch kompliziertere Prozesse mit nichtlinearen Beziehungen zwischen den relevanten Parametern lassen sich innerhalb eines für die Praxis häufig ausreichenden Gültigkeitsbereichs durch lineare Beziehungen approximieren. Wir werden in diesem Kapitel lineare Gleichungssysteme zur Beschreibung von elektrischen Netzwerken im Gleichstromkreis und im Wechselstromkreis sowie elastischen Stabwerken kennenlernen und deren Struktur analysieren. Eine weitere wichtige Anwendung sind Systeme von Rohrleitungen, wie zum Beispiel zur Versorgung von Häusern oder Städten mit Wasser oder Gas; dies wird in den Aufgaben thematisiert. Große lineare Gleichungssysteme erhält man auch durch numerische Diskretisierungen von partiellen Differentialgleichungen; diese Gleichungssysteme haben viele Gemeinsamkeiten mit den hier vorgestellten Systemen.

2.1 Elektrische Netzwerke

Elektrische Netzwerke gehören zu den elementarsten Bausteinen der modernen Welt. Sie sind wesentlich für die öffentliche Stromversorgung, aber auch für die Wirkungsweise vieler, auch kleiner Geräte und Maschinen. Wir diskutieren zunächst den einfachsten Fall eines elektrischen Netzwerks im Gleichstromkreis, das im wesentlichen aus Spannungs- oder Stromquellen und aus ohmschen Widerständen besteht. Insbesondere betrachten wir vorläufig noch keine elektronischen Bauteile wie etwa Kondensatoren, Spulen, Dioden oder Transistoren. Als konkretes Beispiel soll das in Abbildung 2.1 gezeigte Netzwerk dienen.

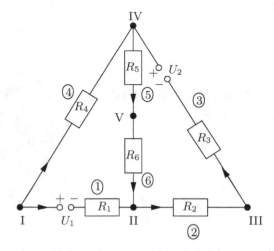

Abb. 2.1. Elektrisches Netzwerk

Das Netzwerk besteht im wesentlichen aus

- Kanten in Form von elektrischen Leitungen,
- Knoten, das sind Verbindungspunkte von zwei oder mehr Leitungen.

Zur Beschreibung des Netzwerks benötigen wir folgende Informationen über die Physik fließender Ströme:

Das *Kirchhoffsche Stromgesetz*, auch 1. Kirchhoffsches Gesetz genannt: Die Summe der Ströme in jedem Knoten ist Null. Dies beschreibt die *Erhaltung der elektrischen Ladung*, Elektronen können durch das Netzwerk wandern, aber nicht in Knoten „verschwinden" oder „erzeugt werden".

Das *Kirchhoffsche Spannungsgesetz*, auch 2. Kirchhoffsches Gesetz genannt: Die Summe der Spannungen über jede geschlossene Leiterschleife ist Null. Daraus folgt die Existenz von *Potentialen* an den Knotenpunkten; die an einem Leiterstück anliegende Spannung ist gegeben durch die Differenz der Potentiale an den Endpunkten.

Das *ohmsche Gesetz*: Der Spannungsabfall U am stromdurchflossenen Widerstand R mit Stromstärke I ist $U = RI$.

Die Stromstärke wird im in Europa üblichen Einheitensystem, dem sogenannten SI–System (Système International d' Unités) in *Ampère* (A) gemessen, die Spannung in *Volt* (V) und der ohmsche Widerstand in *Ohm* (Ω). Dabei ist $1\Omega = (1\text{V})/(1\text{A})$. Ein Ampère entspricht dem Fluss von einem *Coulomb* pro Sekunde, ein Coulomb entspricht $6{,}24150965 \cdot 10^{18}$ Elementarladungen. Wir werden in diesem Kapitel die Einheiten bis auf wenige Ausnahmen in den Aufgaben in der Notation weglassen.

Zur *Modellierung des Netzwerks* definieren wir:

- Eine Nummerierung der Knoten, in Abbildung 2.1 von I–V, sowie eine Nummerierung der Kanten, in Abbildung 2.1 von 1–6. Diese Nummerierungen können beliebig festgelegt werden. Sie beeinflussen natürlich die konkrete Darstellung des daraus konstruierten Modells und dessen Lösung, nicht aber die physikalische Interpretation dieser Lösung.

- Die Festlegung einer *positiven Richtung* für jede Kante. Dies ist in Abbildung 2.1 durch einen Pfeil dargestellt: ⟶
  Die Festlegung der positiven Richtung sagt nichts über die tatsächliche Richtung des Stromes aus, die wir ja noch nicht kennen können.

Des weiteren führen wir *Variablen* ein, dies sind die Ströme und Spannungen entlang der Leiter und die Potentiale in den Knoten. Es gibt zwei verschiedene Typen von Variablen:

- *Knotenvariablen*, nämlich die Potentiale x_i, $i = 1, ..., m$, wobei m die Anzahl der Knoten ist, hier also $m = 5$. Diese werden in einem *Potentialvektor* $x = (x_1, ..., x_m)^\top$ der Dimension m zusammengefasst.

- *Kantenvariablen*, das sind zum Beispiel die *Ströme* y_j, $j = 1, ..., n$, wobei n die Anzahl der Kanten ist, hier also $n = 6$. Diese werden in einem *Stromvektor* $y = (y_1, ..., y_n)^\top$ der Dimension n zusammengefasst. Entsprechend kann man einen Vektor $e = (e_1, ..., e_n)^\top$ der Spannungen bilden. Die Spannungen lassen sich aus den Potentialen berechnen durch

$$e_i = x_{u(i)} - x_{o(i)}, \quad i = 1, ..., n, \tag{2.1}$$

wobei $u(i)$ der Index des „unteren" Knotens und $o(i)$ der Index des „oberen" Knotens ist. „Unten" und „oben" definiert sich aus der vorhin festgelegten Richtung des Stromleiters, zum Beispiel ist in Abbildung 2.1 I der untere und II der obere Knoten des Leiters 1.

Ein wesentlicher Schritt besteht nun darin, die Geometrie des Netzwerks und die bekannten physikalischen Gesetze in Beziehungen für die eingeführten Variablen umzusetzen. Dies geschieht mit Hilfe geeigneter *Matrizen*.

Die Beziehung (2.1) zwischen Potentialen und Spannungen lässt sich schreiben als

$$e = -Bx$$

wobei die Matrix $B = \{b_{ij}\}_{i=1}^{n}{}_{j=1}^{m} \in \mathbb{R}^{n,m}$ definiert ist durch

$$b_{ij} = \begin{cases} 1 & \text{falls } j = o(i), \\ -1 & \text{falls } j = u(i) \text{ und} \\ 0 & \text{sonst.} \end{cases}$$

Im Beispiel von Abbildung 2.1 ist

$$B = \begin{pmatrix} -1 & 1 & 0 & 0 & 0 \\ 0 & -1 & 1 & 0 & 0 \\ 0 & 0 & -1 & 1 & 0 \\ -1 & 0 & 0 & 1 & 0 \\ 0 & 0 & 0 & -1 & 1 \\ 0 & 1 & 0 & 0 & -1 \end{pmatrix}.$$

Die Matrix B heißt *Inzidenzmatrix* des Netzwerks. Sie beschreibt ausschließlich die *Geometrie* des Netzwerks, konkret die Beziehungen zwischen *Knoten* und *Kanten*. Insbesondere „kennt" die Inzidenzmatrix die Anwendung als elektrisches Netzwerk nicht. Dieselbe Inzidenzmatrix wird man auch bei durchströmten Rohrleitungen mit derselben Geometrie bekommen. Die Inzidenzmatrix hat in jeder Zeile genau einmal den Eintrag 1 und genau einmal den Eintrag −1, alle anderen Einträge sind 0. Sie hängt natürlich von der Nummerierung der Knoten und Kanten und der festgelegten Richtung der Kanten ab.

Der Zusammenhang zwischen Spannungsvektor e und Stromvektor y wird durch das Ohmsche Gesetz hergestellt. Dabei muss man mögliche Spannungsquellen berücksichtigen. Abbildung 2.2 zeigt ein Leiterstück mit Widerstand und Spannungsquelle. Für die Potentiale x_u, x_z, x_o gilt mit der Spannung b_j der Spannnungsquelle

$$x_z = x_u - R_j y_j \quad \text{und} \quad x_o = x_z + b_j$$

und damit

$$e_j = x_u - x_o = R_j y_j - b_j \,.$$

Hier bezeichnet $R_j y_j$ den Spannungsabfall am stromdurchflossenen Widerstand und b_j die von der Spannungsquelle erzeugte zusätzliche Potentialdifferenz. In Vektorschreibweise erhält man

$$\bar{y} = C(e + b) \,,$$

dabei ist $C \in \mathbb{R}^{n,n}$ eine *Diagonalmatrix*, deren Einträge die *Leitwerte* R_j^{-1} sind, und $b \in \mathbb{R}^n$ der Vektor der Spannungsquellen. Bei den Einträgen von b muss man das Vorzeichen beachten: Wir haben ein positives Vorzeichen, wenn die Polung von − nach + in positiver Richtung verläuft, wie in Abbildung 2.2, und ein negatives Vorzeichen, wenn die Polung von − nach + in positiver Richtung verläuft. In unserem Beispiel ist

$$C = \begin{pmatrix} 1/R_1 & 0 & 0 & 0 & 0 & 0 \\ 0 & 1/R_2 & 0 & 0 & 0 & 0 \\ 0 & 0 & 1/R_3 & 0 & 0 & 0 \\ 0 & 0 & 0 & 1/R_4 & 0 & 0 \\ 0 & 0 & 0 & 0 & 1/R_5 & 0 \\ 0 & 0 & 0 & 0 & 0 & 1/R_6 \end{pmatrix} \quad \text{und} \quad b = \begin{pmatrix} -U_1 \\ 0 \\ U_2 \\ 0 \\ 0 \\ 0 \end{pmatrix}.$$

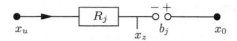

Abb. 2.2. Zur Berechnung des Stromes

Es fehlt noch das *Kirchhoffsche Stromgesetz*. Dieses hat in Vektorschreibweise die Form

$$Ay = 0,$$

wobei $A = \{a_{ij}\}_{i=1\,j=1}^{m\ \ n} \in \mathbb{R}^{m,n}$ definiert ist durch

$$a_{ij} = \begin{cases} +1 & \text{falls } i = o(j), \\ -1 & \text{falls } i = u(j) \text{ und} \\ 0 & \text{sonst.} \end{cases}$$

In unserem Beispiel ist

$$A = \begin{pmatrix} -1 & 0 & 0 & -1 & 0 & 0 \\ 1 & -1 & 0 & 0 & 0 & 1 \\ 0 & 1 & -1 & 0 & 0 & 0 \\ 0 & 0 & 1 & 1 & -1 & 0 \\ 0 & 0 & 0 & 0 & 1 & -1 \end{pmatrix}.$$

Durch Vergleich mit der Inzidenzmatrix B sieht man

$$A = B^{\top}.$$

Das ist *kein* Zufall, ein Vergleich der Definitionen der Einträge a_{ij} und b_{ij} zeigt, dass dies für *jedes Netzwerk* gilt.

Das Kirchhoffsche Spannungsgesetz wurde bereits in das Modell eingebaut, nämlich über die Existenz des Potentialvektors x. Wir haben also alle uns bekannten Informationen über das Netzwerk verarbeitet. Wenn man alles zusammenfasst, dann ist die Modellierung eines elektrischen Netzwerks aus m durchnummerierten Knoten und n durchnummerierten Leitungen mit vorgegebener Richtung gegeben durch

- einen Potentialvektor $x \in \mathbb{R}^m$,

- einem Spannungsvektor $e \in \mathbb{R}^n$, der berechnet werden kann durch

$$e = -Bx$$

  mit der Inzidenzmatrix $B \in \mathbb{R}^{n,m}$,

- einem Stromvektor $y \in \mathbb{R}^n$, zu berechnen durch

$$y = C(e + b)$$

  mit der Leitwertmatrix $C \in \mathbb{R}^{n,n}$ und dem Vektor $b \in \mathbb{R}^n$ der Spannungsquellen und

- dem Kirchhoffschen Stromgesetz

$$B^\top y = 0 \,.$$

Dabei beschreibt die Inzidenzmatrix B die Geometrie des Netzwerks, die Leitwertmatrix C die Materialeigenschaften und der Vektor b die von außen gegebenen „Triebkräfte".

Zur Berechnung der Ströme, Spannungen und Potentiale im Netzwerk wählt man eine zu bestimmende Variable, zum Beispiel x, und leitet durch Kombination aller Beziehungen eine Gleichung für x her. Man erhält

$$B^\top C(b - Bx) = 0$$

oder

$$B^\top CBx = B^\top Cb \,. \tag{2.2}$$

Die Matrix $M = B^\top CB$ ist symmetrisch, wenn C symmetrisch ist. Aus

$$\langle x, Mx \rangle = \langle Bx, CBx \rangle$$

mit dem euklidischen Skalarprodukt $\langle \cdot, \cdot \rangle$ sieht man, dass M

- positiv semidefinit ist, falls C positiv semidefinit ist,
- positiv definit ist, falls C positiv definit ist und B nur den trivialen Kern Kern $B = \{0\}$ hat.

Für die meisten Netzwerke ist C in der Tat positiv definit. Die Inzidenzmatrix B hat jedoch einen nichttrivialen Kern. Man sieht leicht, dass $(1, \ldots, 1)^\top \in \mathbb{R}^m$ im Kern von B ist. Dies gilt für jede Inzidenzmatrix, da ja jede Inzidenzmatrix in jeder Zeile genau einen Eintrag $+1$ sowie einen Eintrag -1 hat und alle anderen Einträge 0 sind. Dies hat zur Folge, dass das lineare Gleichungssystem keine eindeutige Lösung hat. Physikalisch ist der Grund leicht einzusehen: Die Potentiale sind nur bis auf eine Konstante eindeutig, oder nur dann, wenn man einen „Nullpunkt" für das Potential festlegt.

Da B einen nichttrivialen Kern hat, ist nicht von vornherein klar, dass das Gleichungssystem überhaupt lösbar ist. Es gilt jedoch:

Satz 2.1. *Es sei $C \in \mathbb{R}^{n,n}$ symmetrisch und positiv definit und $B \in \mathbb{R}^{n,m}$. Dann gilt für $M = B^\top CB$:*

(i) Kern $M = $ Kern B,

(ii) Das Gleichungssystem $Mx = B^\top b$ hat für jedes $b \in \mathbb{R}^n$ eine Lösung.

Beweis. Zu (i): Offensichtlich gilt Kern $B \subset$ Kern M. Für $x \in$ Kern M gilt

$$0 = \langle x, B^\top CBx \rangle = \langle Bx, CBx \rangle \,.$$

Da C positiv definit ist, folgt $Bx = 0$, also $x \in \operatorname{Kern} B$.

Zu (ii): Die Gleichung ist lösbar, wenn $B^\top b \perp \operatorname{Kern}(M^\top)$ gilt. Für $x \in \operatorname{Kern}(M^\top) = \operatorname{Kern} M = \operatorname{Kern} B$ gilt

$$\langle B^\top b, x \rangle = \langle b, Bx \rangle = 0 \,,$$

somit ist die Aussage bewiesen.   □

In unserem Beispiel ist $\operatorname{Kern} B = \operatorname{span}\{(1,1,1,1,1,1)^\top\}$. Man kann deshalb ein Gleichungssystem mit positiv definiter Matrix durch Festsetzen eines der Potentiale herleiten. Setzt man $x_5 = 0$, dann muss man in der Inzidenzmatrix die 5. Spalte streichen, also

$$B = \begin{pmatrix} -1 & 1 & 0 & 0 \\ 0 & -1 & 1 & 0 \\ 0 & 0 & -1 & 1 \\ -1 & 0 & 0 & 1 \\ 0 & 0 & 0 & -1 \\ 0 & 1 & 0 & 0 \end{pmatrix}$$

setzen, und statt $x \in \mathbb{R}^5$ den Vektor $x = (x_1, ..., x_4)^\top \in \mathbb{R}^4$ benutzen. Für das Zahlenbeispiel $R_1 = R_2 = R_3 = R_4 = R_5 = R_6 = 1$, $U_1 = 2$, $U_2 = 4$ hat man $C = I \in \mathbb{R}^{6,6}$ und $b = (-2, 0, 4, 0, 0, 0)^\top$, also

$$B^\top C B = B^\top B = \begin{pmatrix} 2 & -1 & 0 & -1 \\ -1 & 3 & -1 & 0 \\ 0 & -1 & 2 & -1 \\ -1 & 0 & -1 & 3 \end{pmatrix} \quad \text{und } B^\top C b = B^\top b = \begin{pmatrix} 2 \\ -2 \\ -4 \\ 4 \end{pmatrix}.$$

Die Lösung des Gleichungssystems ist

$$x = \begin{pmatrix} 1 \\ -1 \\ -2 \\ 1 \end{pmatrix}.$$

Daraus kann man die Spannungen und die Ströme ausrechnen,

$$e = -Bx = \begin{pmatrix} 2 \\ 1 \\ -3 \\ 0 \\ 1 \\ 1 \end{pmatrix} \quad \text{und } y = e + b = \begin{pmatrix} 0 \\ 1 \\ 1 \\ 0 \\ 1 \\ 1 \end{pmatrix}.$$

Eine naheliegende Frage ist, ob die Inzidenzmatrix eines Netzwerks immer

$$\operatorname{Kern} B = \operatorname{span}\{(1, 1, \ldots, 1)^\top\} \tag{2.3}$$

erfüllt. Die Antwort darauf hängt von folgender geometrischen Eigenschaft des Netzwerks ab:

Definition 2.2. *Ein Netzwerk heißt* zusammenhängend, *wenn man je zwei Knoten durch einen Weg aus Kanten verbinden kann.*

Aussage (2.3) ist äquivalent dazu, dass das Netzwerk zusammenhängend ist. Konkret gilt:

Satz 2.3. *Für ein Netzwerk mit Inzidenzmatrix B sind folgende Aussagen äquivalent:*

(i) Das Netzwerk ist zusammenhängend.

(ii) B kann nicht durch Umsortieren von Zeilen und Spalten in die Form

$$B = \begin{pmatrix} B_1 & 0 \\ 0 & B_2 \end{pmatrix}$$

gebracht werden mit $B_1 \in \mathbb{R}^{n_1, m_1}$, $B_2 \in \mathbb{R}^{n_2, m_2}$, $n_1, n_2, m_1, m_2 \geq 1$.

(iii) $\operatorname{Kern} B = \operatorname{span}\{(1, 1, \ldots, 1)^\top\}$.

Gleichung (2.2) ist nicht die einzige Möglichkeit, aus den physikalischen Zusammenhängen zwischen Spannungen und Strömen im Netzwerk ein lineares Gleichungssysteme zu konstruieren. Man kann zum Beispiel sowohl x als auch y als zu berechnende Variable ansehen. Schreibt man das Ohmsche Gesetz in der Form

$$Ay = e + b \quad \text{mit} \quad A = \operatorname{diag}(R_1, \ldots, R_n) = C^{-1},$$

so erhält man das System

$$Bx + Ay = b,$$
$$B^\top y = 0,$$

oder

$$\begin{pmatrix} A & B \\ B^\top & 0 \end{pmatrix} \begin{pmatrix} y \\ x \end{pmatrix} = \begin{pmatrix} b \\ 0 \end{pmatrix}. \tag{2.4}$$

Diese Formulierung ist insbesondere dann sinnvoll, wenn einer der ohmschen Widerstände gleich Null ist, und man daher die Matrix C nicht mehr bilden kann.

Netzwerke im Wechselstromkreis

Wir werden nun das beschriebene Modell auf Wechselstromkreise mit zusätzlichen Bauteilen erweitern. Im Wechselstromkreis hat man einen zeitlich oszillierenden Strom mit vorgegebener Frequenz, also zum Beispiel

$$I(t) = I_0 \cos(\omega t).$$

Bei einem ohmschen Widerstand ist der Spannungsabfall gegeben durch

$$U(t) = R I_0 \cos(\omega t) = U_0 \cos(\omega t) \quad \text{mit} \quad U_0 = R I_0 \,.$$

Einen Wechselstromkreis mit ohmschen Widerständen ohne weitere Bauteile kann man daher wie einen Gleichstromkreis beschreiben, wenn man die *Amplituden* I_0 und U_0 für Stromstärke und Spannung anstelle der konstanten Stromstärken und Spannungen des Gleichstromkreises verwendet. Neue Effekte kommen durch weitere elektrische Bauteile hinzu. Wir betrachten hier

- Kondensatoren, bezeichnet mit dem Symbol ⊣⊢. Ein Kondensator kann elektrische Ladungen speichern. Die Menge der gespeicherten Ladung ist proportional zur angelegten Spannung. Bei Spannungsänderungen kann ein Kondensator daher Ströme aufnehmen oder abgeben. Dies wird beschrieben durch die Relation

$$I(t) = C \dot{U}(t) \,,$$

wobei C die *Kapazität* des Kondensators ist. Im Wechselstromkreis mit $I(t) = I_0 \cos(\omega t)$ gilt also

$$U(t) = \frac{I_0}{C\omega} \sin(\omega t) = \frac{I_0}{C\omega} \cos(\omega t - \pi/2) \,.$$

Man hat hier also eine *Phasenverschiebung* von $\pi/2$ zwischen Strom und Spannung.

- Spulen, bezeichnet durch das Symbol ⌇⌇⌇. Eine stromdurchflossene Spule erzeugt ein Magnetfeld, dessen Stärke proportional zur Stromstärke ist. Im Magnetfeld ist Energie gespeichert, diese muss beim Aufbau des Magnetfeldes aus dem Strom der Spule entnommen werden. Dies führt zu einem Spannungsabfall an der Spule, der proportional zur Änderung der Stromstärke ist,

$$U(t) = L \dot{I}(t) \,,$$

wobei L die *Induktivität* der Spule ist. Im Wechselstromkreis gilt also

$$U(t) = -L I_0 \omega \sin(\omega t) = L \omega I_0 \cos(\omega t + \pi/2) \,.$$

Man hat hier also eine Phasenverschiebung von $-\pi/2$.

Die auftretenden Phasenverschiebungen machen die Berechnung hier komplizierter als beim Gleichstromkreis. Es ist nützlich, die Stromstärke und die Spannung mit *komplexen Zahlen* darzustellen. Dazu nutzt man die Eulersche Formel

$$e^{i\varphi} = \cos \varphi + i \sin \varphi \,.$$

Es gilt dann

$$\cos(\omega t) = \mathrm{Re}\big(e^{i\omega t}\big) \quad \text{und} \quad \sin(\omega t) = \mathrm{Re}\big(-ie^{i\omega t}\big).$$

Stellt man die Stromstärke dar als

$$I(t) = \mathrm{Re}\big(I_0 e^{i\omega t}\big),$$

dann folgt für den Spannungsabfall am ohmschen Widerstand

$$U(t) = \mathrm{Re}\big(R I_0 e^{i\omega t}\big),$$

am Kondensator

$$U(t) = \mathrm{Re}\left(-\frac{i}{\omega C} I_0 e^{i\omega t}\right)$$

und an der Spule

$$U(t) = \mathrm{Re}\big(i\omega L I_0 e^{i\omega t}\big).$$

Man kann dies durch komplexe *Impedanzen*

$$R, \quad -\frac{i}{\omega C} \quad \text{und} \quad i\omega L$$

darstellen, die die Rolle der reellen Widerstände übernehmen. Wie bei den reellen ohmschen Widerständen kann man auch komplexe Impedanzen addieren, wenn man mehr als ein Bauteil im selben Leiterstück hat. Die Gesamtimpedanz einer Leiters mit ohmschem Widerstand der Stärke R, Kondensator der Kapazität C und Spule der Induktivität L ist also

$$R - \frac{i}{\omega C} + i\omega L.$$

Beispiel: Wir betrachten das in Abbildung 2.3 dargestellte Netzwerk mit $m = 5$ Knoten und $n = 6$ Kanten, die Knoten und Kanten sind dort bereits durchnummeriert, die positiven Richtungen sind vorgegeben. Die angelegten Spannungen $U_1(t)$ und $U_2(t)$ seien gegeben durch

$$U_1(t) = U_{01} \cos(\omega t) \quad \text{und}$$
$$U_2(t) = U_{02} \cos(\omega t).$$

Es ist hier wichtig, dass die Frequenzen gleich sind, weil sonst kein Wechselstromnetz bekannter Frequenz vorhanden wäre. Die Phasenverschiebungen von U_1 und U_2 sind hier ebenfalls gleich, es ist aber nicht schwierig, unterschiedliche Phasen im Modell zu berücksichtigen. Zur Modellierung des Netzwerks benutzen wir

einen *Potentialvektor* $x \in \mathbb{C}^m$,
einen *Stromvektor* $y \in \mathbb{C}^n$ und
einen *Spannungsvektor* $e \in \mathbb{C}^n$.

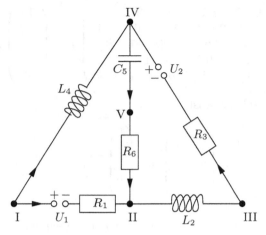

Abb. 2.3. Wechselstromnetz

Es gelten die Beziehungen

$$e = -Bx \quad \text{und}$$
$$y = C(e + b)$$

mit der Inzidenzmatrix B des Netzwerks, der Impedanzmatrix C^{-1} und dem Vektor der angelegten Spannungen b. Die Inzidenzmatrix ist dieselbe wie beim Gleichstromkreis aus Abbildung 2.1, Impedanzmatrix und Vektor der angelegten Spannungen sind gegeben durch

$$C^{-1} = \begin{pmatrix} R_1 & 0 & 0 & 0 & 0 & 0 \\ 0 & i\omega L_2 & 0 & 0 & 0 & 0 \\ 0 & 0 & R_3 & 0 & 0 & 0 \\ 0 & 0 & 0 & i\omega L_4 & 0 & 0 \\ 0 & 0 & 0 & 0 & (i\omega C_5)^{-1} & 0 \\ 0 & 0 & 0 & 0 & 0 & R_6 \end{pmatrix} \quad \text{und} \quad b = \begin{pmatrix} -U_{01} \\ 0 \\ U_{02} \\ 0 \\ 0 \\ 0 \end{pmatrix}.$$

Wie beim Gleichstromkreis erhält man wieder das Gleichungssystem (2.2), der einzige Unterschied ist nun, dass die Koeffizienten von C und b im Allgemeinen komplexe Zahlen sind. Natürlich kann man auch im Wechselstromkreis die alternative Formulierung (2.4) benutzen.

Für das Zahlenbeispiel $R_1 = R_3 = R_6 = 1\,\Omega$, $L_2 = L_4 = 0{,}01\,H$, $C_5 = 0{,}02\,F$, $\omega = 50/s$ mit $U_{01} = 10\,V$, $U_{02} = 5\,V$ folgt, ohne Einheiten,

$$C = \text{diag}(1, -2i, 1, -2i, i, 1) \quad \text{und} \quad b = (-10, 0, 5, 0, 0, 0)^\top.$$

Das resultierende Gleichungssystem $B^\top CBx = B^\top Cb$ hat nun die Form

$$
\begin{pmatrix}
1-2i & -1 & 0 & 2i & 0 \\
-1 & 2-2i & 2i & 0 & -1 \\
0 & 2i & 1-2i & -1 & 0 \\
2i & 0 & -1 & 1-i & -i \\
0 & -1 & 0 & -i & 1+i
\end{pmatrix} x =
\begin{pmatrix}
10 \\ -10 \\ -5 \\ 5 \\ 0
\end{pmatrix},
$$

und die allgemeine Lösung ist

$$
x = \begin{pmatrix} 2i \\ 2i-6 \\ 2i-5 \\ 0 \\ 4i-2 \end{pmatrix} + z \begin{pmatrix} 1 \\ 1 \\ 1 \\ 1 \\ 1 \end{pmatrix} \quad \text{mit } z \in \mathbb{C}.
$$

Daraus kann man die Spannungen und Ströme berechnen:

$$
e = -Bx = \begin{pmatrix} 6 \\ -1 \\ 2i-5 \\ 2i \\ 2-4i \\ 4+2i \end{pmatrix} \quad \text{und} \quad y = C(e+b) = \begin{pmatrix} -4 \\ 2i \\ 2i \\ 4 \\ 4+2i \\ 4+2i \end{pmatrix}.
$$

Den zeitlichen Verlauf einer durch die komplexe Zahl $z \in \mathbb{C}$ gegebenen Größe erhält man durch $z(t) = \mathrm{Re}(z\,e^{i\omega t})$, zum Beispiel ist der Strom in Leiter Nummer 5 gegeben durch

$$
y_5(t) = \mathrm{Re}\big((4+2i)e^{i\omega t}\big) = 4\cos(\omega t) - 2\sin(\omega t).
$$

Falls eine der angelegten Spannungen eine Phasenverschiebung hat, dann ist der entsprechende Eintrag im Vektor b ebenfalls eine komplexe Zahl. Für $U_2(t) = U_{02}\sin(\omega t)$ gilt zum Beispiel $U_2(t) = \mathrm{Re}\big(-iU_{02}\,e^{i\omega t}\big)$ und

$$
b = \begin{pmatrix} -U_{01} \\ 0 \\ -U_{02}i \\ 0 \\ 0 \\ 0 \end{pmatrix}.
$$

2.2 Stabwerke

Ein weiteres technisch wichtiges Beispiel, das auf lineare Gleichungssysteme führt, sind *elastische Stabwerke*, manchmal auch *Fachwerke* genannt. Ein

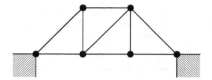

Abb. 2.4. Einfaches Stabwerk

Stabwerk ist eine Struktur, die aus (in der Regel „vielen") miteinander verbundenen Stäben besteht, ein typisches Beispiel sind manche Brückenkonstruktionen wie schematisch in Abbildung 2.4 gezeigt, oder manche Turmkonstruktionen wie etwa der Eiffelturm. Das Bauwerk verformt sich bei Belastung, dabei verhält sich das Material *elastisch*, wenn es bei Wegnahme der Belastung wieder seine „ursprüngliche" Form annimmt. Die Verformung ist wichtig, um die „Kraftverteilung" im Bauwerk zu bestimmen, sie ist aber oft so klein, dass sie mit bloßem Auge nicht erkennbar ist. In diesem Fall ist häufig ein *lineares* Modell sinnvoll, wie es auch hier verwendet werden soll.

Zur Modellierung eines Stabwerks betrachten wir zunächst einen *einzelnen Stab*, wie in Abbildung 2.5 dargestellt. Der Einfachheit halber werden wir hier nur räumlich *zweidimensionale* Probleme betrachten. Die Geometrie des Stabes ist gegeben durch die Länge L und den Winkel θ zu einer ausgezeichneten Richtung, zum Beispiel einer vorher festgelegten x_1–Achse.

Abb. 2.5. Geometrie eines einzelnen Stabes

Wir treffen folgende *Modellierungsannahmen:*

- Der Stab kann nur in *Längsrichtung* belastet werden, nicht in Querrichtung. Mögliche Ursachen hierfür können sein:
  - Der Stab ist *reibungsfrei* drehbar gelagert, so dass jede Querkraft sofort zu einer Drehbewegung führt.
  - Der Stab ist sehr *dünn*, so dass jede Querkraft zu einer sehr großen Verformung führt und die Struktur ihre Festigkeit im Wesentlichen über die Längskräfte erhält.

- Bei Belastung wird der Stab verformt, also gedehnt oder gestaucht, die Verformung ist *proportional zur Belastung*. Dies nennt man *lineares Materialverhalten*.

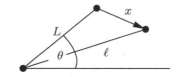

Abb. 2.6. Verformung eines Stabes

Wir wollen nun die *Verformung* eines Stabes bei einer gegebenen *Verschiebung* eines Stabendes ausrechnen. Die Verschiebung ist definiert durch einen *Verschiebungsvektor* $x = (x_1, x_2)^\top$, siehe Abbildung 2.6.

Die Länge ℓ des verformten Stabes ist gegeben durch

$$\ell^2 = (L\cos\theta + x_1)^2 + (L\sin\theta + x_2)^2$$
$$= L^2 + 2L(\cos\theta\, x_1 + \sin\theta\, x_2) + x_1^2 + x_2^2\,.$$

Die auf den Stab wirkende *Kraft* soll proportional zur (relativen) *Dehnung*

$$\widetilde{e} = \frac{\ell - L}{L}$$

sein. Die Dehnung ist nun aber eine *nichtlineare* Funktion des Verschiebungsvektors. Falls die Verschiebung $(x_1, x_2)^\top$ *klein* ist gegenüber der Länge, $\sqrt{x_1^2 + x_2^2} \ll L$, dann kann man die Dehnung *linearisieren* gemäß

$$\widetilde{e} = (\ell - L)/L = \sqrt{1 + 2L^{-1}(\cos\theta\, x_1 + \sin\theta\, x_2) + L^{-2}(x_1^2 + x_2^2)} - 1$$
$$= 1 + L^{-1}\big(\cos\theta\, x_1 + \sin\theta\, x_2\big) - 1 + \mathcal{O}\big((x_1^2 + x_2^2)/L^2\big)$$
$$\sim L^{-1}\big(\cos\theta\, x_1 + \sin\theta\, x_2\big)\,.$$

Man erhält also eine *lineare* Beziehung zwischen Verschiebungsvektor und Dehnung. Dies nennt man *geometrische* Linearisierung. Das lineare Modell beschreibt deshalb die Realität nicht exakt, sondern nur näherungsweise, wir haben einen (hoffentlich kleinen) *Modellfehler*.

Zur Verformung des Stabes ist eine Kraft y auf *beide* Stabenden notwendig. Diese ist bei *linear elastischem* Material proportional zur Dehnung,

$$y = \widetilde{E}\,\widetilde{e}\,,$$

wobei $\widetilde{E}$ eine Konstante ist, die vom *Material* und der *Dicke* (oder genauer der Querschnittfläche) des Stabes abhängt. Die Kraft y ist *positiv*, wenn der Stab *gedehnt* wird, und *negativ*, wenn der Stab *gestaucht* wird. Gemäß des Newtonschen Gesetzes „Actio = Reactio" muss man bei Kräften immer beachten, „wer" die Kraft auf „wen" in „welche Richtung" ausübt. In Abbildung 2.7 ist dies für einen gedehnten Stab dargestellt.

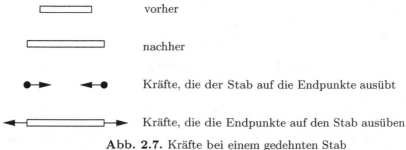

vorher

nachher

Kräfte, die der Stab auf die Endpunkte ausübt

Kräfte, die die Endpunkte auf den Stab ausüben

Abb. 2.7. Kräfte bei einem gedehnten Stab

Die so definierte Kraft y wird (im hier vorliegenden eindimensionalen Fall) auch als (elastische) *Spannung* bezeichnet. Die Spannung in einem gedehnten beziehungsweise gestauchten Stab ist positiv beziehungsweise negativ.

Bei einem Stab in einem Fachwerk werden typischerweise *beide* Endpunkte verschoben. Definiert man den Verschiebungsvektor des „linken" Endpunktes in Abbildung 2.6 als $(x_1, x_2)^\top$ und denjenigen des „rechten"Endpunktes als $(x_3, x_4)^\top$, so erhält man folgende Beziehung zwischen Verschiebungsvektoren und (absoluter) Dehnung e:

$$e = L\tilde{e} = \cos\theta\,(x_3 - x_1) + \sin\theta\,(x_4 - x_2) \tag{2.5}$$

Die Relation zwischen absoluter Dehnung und Spannung ist dann

$$y = Ee \quad \text{mit} \quad E = \tilde{E}/L. \tag{2.6}$$

Dies sind die Modellgleichungen für einen einzelnen Stab. Die Proportionalitätskonstante E wird im folgenden auch als *Elastizitätsmodul* bezeichnet.

Um ein ganzes Stabwerk zu modellieren, führt man zuerst eine Nummerierung der Stäbe und Knoten des Stabwerks durch, und definiert dann:

- einen (globalen) *Verschiebungsvektor* $x \in \mathbb{R}^{2m}$, wobei m die Anzahl der (frei beweglichen) Knoten des Stabwerks ist. Dabei ist (x_{2i-1}, x_{2i}) der Verschiebungsvektor des Knotens mit der Nummer i,

- einen Vektor der *Dehnungen* $e \in \mathbb{R}^n$, wobei n die Anzahl der Stäbe ist,

- einen Vektor der *Spannungen* $y \in \mathbb{R}^n$.

Danach definiert man *globale* Versionen der Modellgleichungen (2.5) und (2.6) über Matrix–Vektor–Multiplikationen, das sind globale Beziehungen zwischen Verschiebungen und Dehnungen

$$e = Bx$$

mit einer Matrix $B \in \mathbb{R}^{n,2m}$, und eine globale Beziehung zwischen Dehnungen und Kräften,

Abb. 2.8. Kraft auf Einzelstab

$$y = Ce$$

mit einer Matrix $C \in \mathbb{R}^{n,n}$ aus Materialparametern, dies wird hier eine Diagonalmatrix sein. Die Einträge von B und C erhält man durch Einsortieren der Koeffizienten in (2.5) und (2.6) an die passenden Stellen, die von der Nummerierung der Knoten und Stäbe abhängen. Um ein Gleichungssystem zur Berechnung der Verschiebungen, Spannungen und Dehnungen auszurechnen, benötigt man noch eine weitere physikalische Gesetzmäßigkeit, nämlich das *Kräftegleichgewicht*:

Die Summe der Kräfte, die in einem Punkt angreifen, ist Null.

Um dieses Gesetz in Matrix–Vektor–Form zu bringen, betrachten wir zunächst die Kraft, die ein Endpunkt eines einzelnen Stabes der Spannung y auf diesen ausübt, zum Beispiel die Kraft, die der obere rechte Punkt des in Abbildung 2.8 gezeigten Stabes auf diesen ausübt.
Diese Kraft ist gegeben durch

$$f = \begin{pmatrix} \cos\theta \\ \sin\theta \end{pmatrix} y =: Ay \quad \text{mit} \quad A = \begin{pmatrix} \cos\theta \\ \sin\theta \end{pmatrix} \in \mathbb{R}^{2,1}.$$

Durch Vergleich mit der Beziehung zwischen Verschiebung und Dehnung

$$e = \cos\theta\, x_1 + \sin\theta\, x_2 =: B \begin{pmatrix} x_1 \\ x_2 \end{pmatrix} \quad \text{mit} \quad B = (\cos\theta \ \sin\theta) \in \mathbb{R}^{1,2}$$

folgt $A = B^\top$. Diese Beziehung kann man von einzelnen Stäben auf beliebige Stabwerke übertragen:

$$f = B^\top y.$$

Diese Gleichung beschreibt die *inneren Kräfte*, die als Folge der Spannungen der Stäbe auftreten. Zusätzlich hat man noch *äußere* Kräfte, zum Beispiel durch Fahrzeuge auf einer Brücke oder Menschen auf einem Turm. Auch die am Bauwerk selbst angreifende Gravitationskraft, also dessen Gewicht, ist eine äußere Kraft. Diese Kräfte werden in *Punktkräfte auf die Knoten* umgerechnet und in einem Kraftvektor $b \in \mathbb{R}^{2m}$ gesammelt. Das Kräftegleichgewicht wird dann beschrieben durch

$$B^\top y = b.$$

In dieser Gleichung beschreibt $B^\top y$ die Kräfte, welche die Punkte an den Stäben ausüben, während b die von außen an den Punkten ausgeübten Kräfte

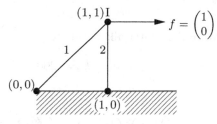

Abb. 2.9. Beispiel 1

angibt. Dadurch erklären sich die unterschiedlichen Vorzeichen, beziehungsweise die Positionen links und rechts des Gleichheitszeichens. Durch Zusammenfassen aller drei Beziehungen kann man ein Gleichungssystem für den Verschiebungsvektor x gewinnen:

$$B^\top CBx = b.$$

Wir werden nun dieses theoretische Konzept an mehreren Beispielen erläutern und dabei auftretende Schwierigkeiten identifizieren.

Beispiel 1

Wir betrachten das in Abbildung 2.9 dargestellte Stabwerk mit der dort angegebenen Nummerierung der Verbindungsknoten durch römische Ziffern und der Stäbe durch arabische Ziffern sowie der skizzierten äußeren Kraft. Die Zahlenpaare beschreiben kartesische Koordinaten der Punkte. Das Stabwerk besteht aus zwei Stäben und drei Knoten, zwei der Knoten sind jedoch festgehalten und werden nicht in die Nummerierung einbezogen. Die Variablen sind der Verschiebungsvektor $x = (x_1, x_2)^\top$, der Dehnungsvektor $e = (e_1, e_2)^\top$ und der Spannungsvektor $y = (y_1, y_2)^\top$. Die Verschiebungs–Dehnungs–Beziehung ist

$$e = Bx \quad \text{mit} \quad B = \begin{pmatrix} \sqrt{2}/2 & \sqrt{2}/2 \\ 0 & 1 \end{pmatrix}.$$

Die Dehnungs–Spannungs–Beziehung lautet

$$y = \begin{pmatrix} E_1 e_1 \\ E_2 e_2 \end{pmatrix} = \begin{pmatrix} E_1 & 0 \\ 0 & E_2 \end{pmatrix} e = Ce \quad \text{mit} \quad C = \begin{pmatrix} E_1 & 0 \\ 0 & E_2 \end{pmatrix}.$$

Das Kräftegleichgewicht im Punkt I ist

$$\begin{pmatrix} \sqrt{2}/2 \\ \sqrt{2}/2 \end{pmatrix} y_1 + \begin{pmatrix} 0 \\ 1 \end{pmatrix} y_2 = \begin{pmatrix} 1 \\ 0 \end{pmatrix}$$

oder

$$B^\top y = f\,.$$

Für die spezielle Wahl der Materialkonstanten

$$E_1 = 100,\ E_2 = 200$$

folgt

$$
B^\top C B = \begin{pmatrix} \sqrt{2}/2 & 0 \\ \sqrt{2}/2 & 1 \end{pmatrix} \begin{pmatrix} 100 & 0 \\ 0 & 200 \end{pmatrix} \begin{pmatrix} \sqrt{2}/2 & \sqrt{2}/2 \\ 0 & 1 \end{pmatrix}
$$

$$
= \begin{pmatrix} 50\sqrt{2} & 0 \\ 50\sqrt{2} & 200 \end{pmatrix} \begin{pmatrix} \sqrt{2}/2 & \sqrt{2}/2 \\ 0 & 1 \end{pmatrix} = \begin{pmatrix} 50 & 50 \\ 50 & 250 \end{pmatrix}.
$$

Man erhält also das Gleichungssystem

$$
\begin{pmatrix} 50 & 50 \\ 50 & 250 \end{pmatrix} x = \begin{pmatrix} 1 \\ 0 \end{pmatrix}
$$

mit der eindeutigen Lösung

$$
x = \begin{pmatrix} 5/200 \\ -1/200 \end{pmatrix}.
$$

Aus dieser Lösung kann man die Verzerrungen und Spannungen berechnen gemäß

$$
e = Bx = \begin{pmatrix} \sqrt{2}/100 \\ -1/200 \end{pmatrix} \quad \text{und} \quad y = Ce = \begin{pmatrix} \sqrt{2} \\ -1 \end{pmatrix}.
$$

Bei diesem Beispiel könnte man die Verteilung der Kraft auf die zwei Stäbe auch mit einem viel einfacheren Modell ausrechnen: Zur Aufnahme des äußeren Kraftvektors $f = (1,0)^\top$ stehen nur zwei Richtungen zur Verfügung, nämlich

$$
a = \begin{pmatrix} \sqrt{2}/2 \\ \sqrt{2}/2 \end{pmatrix} \quad \text{und} \quad b = \begin{pmatrix} 0 \\ 1 \end{pmatrix}.
$$

Da $\{a, b\}$ eine Basis des $\mathbb{R}^2$ ist, kann man f eindeutig zerlegen in

$$f = \alpha\, a + \beta\, b$$

mit $\alpha = \sqrt{2}$ und $\beta = -1$. Die Koeffizienten hier sind gerade die Spannungen.

Definition 2.4. *Ein Stabwerk, in dem es nur eine einzige Möglichkeit zur Verteilung der Kräfte auf die Stäbe gibt, heißt* statisch bestimmt.

Die Verteilung der Kräfte auf die Stäbe wird in unserem Modell gerade durch die Lösung y der Gleichung

$$B^\top y = f \tag{2.7}$$

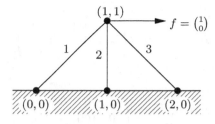

Abb. 2.10. Beispiel 2

beschrieben. Ein Stabwerk ist also genau dann statisch bestimmt, wenn das Gleichungssystem (2.7) für jede rechte Seite f *eindeutig lösbar* ist. Dies ist genau dann der Fall, wenn $B^\top$ (oder B) eine *quadratische, reguläre* Matrix ist. Insbesondere muss die Anzahl der Verschiebungsfreiheitsgrade (hier $2m = 2$) gleich der Anzahl der Spannungsfreiheitsgrade (hier $n = 2$) sein,

$$2m = n\,.$$

Wenn man mit m die Anzahl *aller* Knoten, mit n die Anzahl der Stäbe und mit k die Anzahl der Zwangsbedingungen bezeichnet, dann hat man

$$2m = n + k\,. \tag{2.8}$$

Eine Zwangsbedingung beschreibt das Festhalten eines Knotens in eine Richtung. Berücksichtigt man in Beispiel 1 in der Nummerierung auch die beiden festgehaltenen Knoten $(0,0)$ und $(1,0)$, dann ist $m = 3$, $n = 2$ und $k = 4$. Eine wichtige Form von Zwangsbedingungen besteht darin, einen Knoten nur in einer Richtung (oder bei dreidimensionalen Problemen in zwei Richtungen) festzuhalten. Technisch entspricht das der Führung des Knotens in einer Schiene, wobei die Reibung vernachlässigt wird. Für räumlich dreidimensionale Probleme muss man Gleichung (2.8) abändern in

$$3m = n + k\,,$$

denn jeder Knoten entspricht nun drei Freiheitsgraden.

Beispiel 2

Wir betrachten das Stabwerk aus Abbildung 2.10 mit den Materialdaten $E_1 = 200$, $E_2 = 100$, $E_3 = 200$, wobei E_i der Elastizitätsmodul für Stab i ist.

Für den Verschiebungsvektor $x \in \mathbb{R}^2$, den Dehnungsvektor $e \in \mathbb{R}^3$ und den Spannungsvektor $y \in \mathbb{R}^3$ gelten die Beziehungen

$$e = Bx \quad \text{mit} \quad B = \begin{pmatrix} \sqrt{2}/2 & \sqrt{2}/2 \\ 0 & 1 \\ -\sqrt{2}/2 & \sqrt{2}/2 \end{pmatrix}$$

und

$$y = Ce \quad \text{mit} \quad C = \begin{pmatrix} 200 & 0 & 0 \\ 0 & 100 & 0 \\ 0 & 0 & 200 \end{pmatrix}.$$

Damit ist

$$
\begin{aligned}
B^{\mathsf{T}}CB &= \begin{pmatrix} \sqrt{2}/2 & 0 & -\sqrt{2}/2 \\ \sqrt{2}/2 & 1 & \sqrt{2}/2 \end{pmatrix} \begin{pmatrix} 200 & 0 & 0 \\ 0 & 100 & 0 \\ 0 & 0 & 200 \end{pmatrix} \begin{pmatrix} \sqrt{2}/2 & \sqrt{2}/2 \\ 0 & 1 \\ -\sqrt{2}/2 & \sqrt{2}/2 \end{pmatrix} \\
&= \begin{pmatrix} 100\sqrt{2} & 0 & -100\sqrt{2} \\ 100\sqrt{2} & 100 & 100\sqrt{2} \end{pmatrix} \begin{pmatrix} \sqrt{2}/2 & \sqrt{2}/2 \\ 0 & 1 \\ -\sqrt{2}/2 & \sqrt{2}/2 \end{pmatrix} = \begin{pmatrix} 200 & 0 \\ 0 & 300 \end{pmatrix}.
\end{aligned}
$$

Das Gleichungssystem ist demnach

$$\begin{pmatrix} 200 & 0 \\ 0 & 300 \end{pmatrix} x = \begin{pmatrix} 1 \\ 0 \end{pmatrix},$$

es hat die eindeutige Lösung

$$x = \begin{pmatrix} 1/200 \\ 0 \end{pmatrix}.$$

Die Dehnungen und Spannungen erhält man aus

$$e = Bx = \begin{pmatrix} \sqrt{2}/400 \\ 0 \\ -\sqrt{2}/400 \end{pmatrix} \quad \text{und} \quad y = Ce = \begin{pmatrix} \sqrt{2}/2 \\ 0 \\ -\sqrt{2}/2 \end{pmatrix}.$$

Das Stabwerk ist nicht statisch bestimmt, denn B ist keine quadratische Matrix. Es sind mehr Stäbe als Verschiebungsfreiheitsgrade vorhanden. Mit einer einfachen Zerlegung der angreifenden Kraft auf die zur Verfügung stehenden Kraftrichtungen ist eine Lösung hier nicht mehr möglich. Trotzdem lässt sich mit unserem Modell eine eindeutige Lösung berechnen, da $B^{\mathsf{T}}CB$ regulär ist. Dies liegt daran, dass Kern $B = \{0\}$ gilt, beziehungsweise dass B *maximalen Rang* hat. Für eine positiv definite Matrix C gilt nach Satz 2.1 Kern $(B^{\mathsf{T}}CB) = $ Kern B; somit ist $B^{\mathsf{T}}CB$ dann regulär, wenn C positiv definit ist und B maximalen Spaltenrang hat.

Definition 2.5. *Ein Stabwerk heißt* statisch unbestimmt, *wenn* $B \in \mathbb{R}^{n,2m}$ *mit* $n > 2m$ *maximalen Rang* $2m$ *hat.*

Beispiel 3

Wir untersuchen das Stabwerk aus Abbildung 2.11 mit den Daten $E_1 = E_2 = E_3 = 100$. Im Verschiebungsvektor $x \in \mathbb{R}^4$ bezeichnen die Komponenten

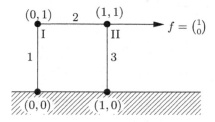

Abb. 2.11. Beispiel 3

$(x_1, x_2)^\top$ die Verschiebung von Knoten I und $(x_3, x_4)^\top$ die Verschiebung von Knoten II.

Es gilt

$$e = Bx \ \text{ mit } \ B = \begin{pmatrix} 0 & 1 & 0 & 0 \\ -1 & 0 & 1 & 0 \\ 0 & 0 & 0 & 1 \end{pmatrix} \ \text{ und } \ y = Ce \ \text{ mit } \ C = \begin{pmatrix} 100 & 0 & 0 \\ 0 & 100 & 0 \\ 0 & 0 & 100 \end{pmatrix}.$$

Damit ist

$$B^\top CB = 100 \begin{pmatrix} 0 & -1 & 0 \\ 1 & 0 & 0 \\ 0 & 1 & 0 \\ 0 & 0 & 1 \end{pmatrix} \begin{pmatrix} 0 & 1 & 0 & 0 \\ -1 & 0 & 1 & 0 \\ 0 & 0 & 0 & 1 \end{pmatrix} = 100 \begin{pmatrix} 1 & 0 & -1 & 0 \\ 0 & 1 & 0 & 0 \\ -1 & 0 & 1 & 0 \\ 0 & 0 & 0 & 1 \end{pmatrix}.$$

Das Gleichungssystem ist

$$100 \begin{pmatrix} 1 & 0 & -1 & 0 \\ 0 & 1 & 0 & 0 \\ -1 & 0 & 1 & 0 \\ 0 & 0 & 0 & 1 \end{pmatrix} x = \begin{pmatrix} 0 \\ 0 \\ 1 \\ 0 \end{pmatrix}.$$

Aus der ersten und dritten Zeile erkennt man sofort, dass das Gleichungssystem unlösbar ist. Der Grund hierfür ist mechanisch leicht einzusehen: Wenn die Stäbe „reibungsfrei drehbar" miteinander verbunden sind, dann „kippt" das Stabwerk nach rechts, wie in Abbildung 2.12 dargestellt. Aufgrund seiner Konstruktion kann es bestimmte Kräfte nicht aufnehmen. Dies liegt natürlich auch an unseren Modellannahmen: Dasselbe Stabwerk könnte die Kraft f durchaus aufnehmen, wenn die einzelnen Stäbe auch Belastungen senkrecht zur Stabrichtung tragen könnten und die Verbindungen zwischen den Stäben Drehmomente übertragen könnten. Das ist in unserem Modell aber nicht so spezifiziert.

Ein *schlecht konstruiertes* Stabwerk macht sich hier mathematisch durch eine *nicht lösbare* Modellgleichung bemerkbar.

Die Systemmatrix $B^\top CB$ ist hier nicht invertierbar, weil B einen nichttrivialen Kern hat. Dies motiviert folgende Definition:

Abb. 2.12. Instabiles Stabwerk

Definition 2.6. *Ein Stabwerk heißt* instabil, *wenn B linear abhängige Spalten hat.*

Auch bei instabilen Stabwerken kann das lineare Gleichungssystem eine Lösung besitzen. Dies ist wegen Bild $(B^\top CB) = (\text{Kern}\, B^\top CB)^\perp$ genau dann der Fall, wenn der Vektor der äußeren Kräfte orthogonal ist zum Kern von $B^\top CB$, der für positiv definites C nach Satz 2.1 gleich dem Kern von B ist. In unserem Beispiel ist die Bedingung $b \perp \text{Kern}\, B$ äquivalent zu

$$b_1 + b_3 = 0\,.$$

Da $(b_1, b_2)^\top$ und $(b_3, b_4)^\top$ die Kräfte an den Knoten I und II sind, bedeutet diese Bedingung gerade, dass die *resultierende Kraft in x_1-Richtung* gleich Null ist.

Beispiel 4

Wir betrachten das in Abbildung 2.13 dargestellte Stabwerk ohne festgehaltene Knoten. Insbesondere ist das Stabwerk nun im Raum frei beweglich. Die Materialdaten sind jeweils $E_1 = E_2 = E_3 = 100$. Der globale Verschiebungsvektor $x = (x_1, \ldots, x_6)^\top \in \mathbb{R}^6$ setzt sich zusammen aus den lokalen Verschiebungsvektoren $(x_{2i-1}, x_{2i})^\top$ der Knoten $i = 1, 2, 3$. Der Dehnungsvektor $e \in \mathbb{R}^3$ ist gegeben durch

$$e = \begin{pmatrix} x_3 - x_1 \\ x_6 - x_2 \\ \sqrt{2}/2\,(x_3 - x_5 - x_4 + x_6) \end{pmatrix} = Bx\,,$$

$$\text{mit}\quad B = \begin{pmatrix} -1 & 0 & 1 & 0 & 0 & 0 \\ 0 & -1 & 0 & 0 & 0 & 1 \\ 0 & 0 & \sqrt{2}/2 & -\sqrt{2}/2 & -\sqrt{2}/2 & \sqrt{2}/2 \end{pmatrix}.$$

Es gilt also

$$B^\top B = \frac{1}{2} \begin{pmatrix} 2 & 0 & -2 & 0 & 0 & 0 \\ 0 & 2 & 0 & 0 & 0 & -2 \\ -2 & 0 & 3 & -1 & -1 & 1 \\ 0 & 0 & -1 & 1 & 1 & -1 \\ 0 & 0 & -1 & 1 & 1 & -1 \\ 0 & -2 & 1 & -1 & -1 & 3 \end{pmatrix}.$$

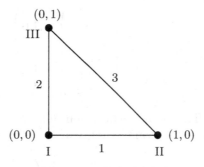

Abb. 2.13. Beispiel 4

Die zu lösende lineare Gleichung bei einem Vektor $f \in \mathbb{R}^6$, der die angreifenden Kräfte angibt, ist also

$$B^\top B x = \frac{1}{100} f. \tag{2.9}$$

Man sieht hier leicht, dass diese Matrix nicht regulär ist, zum Beispiel sind die vierte und fünfte Spalte identisch. Das Gleichungssystem hat also nicht für jedes f eine Lösung, und wenn es eine Lösung gibt, ist diese nicht eindeutig. Wie schon in Beispiel 3 benutzt, gilt

$$B^\top B x = f \text{ ist lösbar } \Leftrightarrow f \in \mathrm{Bild}(B^\top B) \Leftrightarrow f \perp \mathrm{Kern}(B^\top B).$$

Der Kern der Matrix $B^\top B$ ist

$$\mathrm{Kern}(B^\top B) = \mathrm{span} \left\{ \begin{pmatrix} 1 \\ 0 \\ 1 \\ 0 \\ 1 \\ 0 \end{pmatrix}, \begin{pmatrix} 0 \\ 1 \\ 0 \\ 1 \\ 0 \\ 1 \end{pmatrix}, \begin{pmatrix} 0 \\ 0 \\ 0 \\ 1 \\ -1 \\ 0 \end{pmatrix} \right\} =: \mathcal{R}.$$

Die ersten beiden Vektoren hier beschreiben *Verschiebungen* des gesamten Stabwerks in die x_1–Richtung und die x_2–Richtung. Der dritte Vektor wird als *Rotation* bezeichnet. Streng genommen ist eine Drehung des Stabwerks um den Nullpunkt gegeben, wenn jeder Knoten $p \in \mathbb{R}^2$ des Stabwerks abgebildet wird auf

$$p + x(p) = \begin{pmatrix} \cos \varphi & -\sin \varphi \\ \sin \varphi & \cos \varphi \end{pmatrix} p,$$

wobei φ der Drehwinkel ist. Setzt man in diese lokalen Beziehungen die Knotenvektoren unseres Stabwerks ein und sortiert die Ergebnisse in den globalen Verschiebungsvektor x ein, dann erhält man

$$x = x(\varphi) = \begin{pmatrix} 0 \\ 0 \\ \cos\varphi \\ \sin\varphi \\ -\sin\varphi \\ \cos\varphi \end{pmatrix} - \begin{pmatrix} 0 \\ 0 \\ 1 \\ 0 \\ 0 \\ 1 \end{pmatrix}.$$

In der linearisierten Theorie betrachtet man nur *kleine* Verschiebungen, also hier kleine Drehwinkel φ. Linearisierung von $x = x(\varphi)$ um $\varphi = 0$ liefert

$$x(\varphi) \sim x(0) + x'(0)\varphi = \varphi \begin{pmatrix} 0 \\ 0 \\ 0 \\ 1 \\ -1 \\ 0 \end{pmatrix}.$$

Die zunächst etwas seltsame Definition einer Drehung ist also die Folge unserer Modellvereinfachungen.

Die Menge $\mathcal{R}$ wird als Menge der *Starrkörperverschiebungen* bezeichnet, denn sie beschreibt diejenigen Verschiebungsvektoren, die *nicht* zu Dehnungen der Stäbe führen. Die konkrete Definition hängt natürlich vom betrachteten Stabwerk ab, und zwar im wesentlichen von dessen Knoten und deren Nummerierung. Man kann die Menge der Starrkörperverschiebungen konstruieren aus den drei lokalen Abbildungen

$$x(p) = \begin{pmatrix} 1 \\ 0 \end{pmatrix}, \quad x(p) = \begin{pmatrix} 0 \\ 1 \end{pmatrix} \quad \text{und} \quad x(p) = \begin{pmatrix} -p_2 \\ p_1 \end{pmatrix}. \tag{2.10}$$

Zusammenfassend hat das lineare Gleichungssystem (2.9) genau dann eine Lösung, wenn f senkrecht steht auf der Menge der Starrkörperverschiebungen,

$$f \perp \mathcal{R}.$$

Physikalisch bedeutet diese Beziehung, dass die *Summe aller angreifenden Kräfte* gleich Null ist, und dass das angreifende *Drehmoment*, zum Beispiel um den Nullpunkt als Drehpunkt, ebenfalls Null ist. Die Lösung ist dann nicht eindeutig, zwei Lösungen unterscheiden sich um eine Starrkörperverschiebung. Diese Situation wird bei *jedem* Stabwerk ohne festgehaltene Knoten eintreten.

Man kann diese Überlegungen auch auf drei Raumdimensionen übertragen. Dann hat $\mathcal{R}$ die Dimension 6, man hat nämlich drei Translationen und drei Rotationen. Analog zu (2.10) kann man die Starrkörperverschiebungen erhalten aus den lokalen Abbildungen

$$x(p) = \begin{pmatrix} 1 \\ 0 \\ 0 \end{pmatrix}, \quad x(p) = \begin{pmatrix} 0 \\ 1 \\ 0 \end{pmatrix}, \quad x(p) = \begin{pmatrix} 0 \\ 0 \\ 1 \end{pmatrix},$$

$$x(p) = \begin{pmatrix} -p_2 \\ p_1 \\ 0 \end{pmatrix}, \quad x(p) = \begin{pmatrix} -p_3 \\ 0 \\ p_1 \end{pmatrix} \quad \text{und} \quad x(p) = \begin{pmatrix} 0 \\ -p_3 \\ p_2 \end{pmatrix}.$$

2.3 Optimierung mit Nebenbedingungen

Die in den letzten beiden Abschnitten gefundenen Gleichungssysteme für elektrische Netzwerke und elastische Stabwerke haben dieselbe Struktur

$$Ay + Bx = b,$$
$$B^\top y = f \tag{2.11}$$

mit gegebenen Matrizen $A \in \mathbb{R}^{n,n}$, $B \in \mathbb{R}^{n,m}$, gegebenen Vektoren $b \in \mathbb{R}^n$, $f \in \mathbb{R}^m$ und gesuchten Vektoren $y \in \mathbb{R}^n$, $x \in \mathbb{R}^m$. Diese Gleichungen charakterisieren auch die Lösung y eines *quadratischen Optimierungsproblems mit linearen Nebenbedingungen*.

Es besteht ein enger Zusammenhang zwischen diesem restringierten Minimierungsproblem für y, dem *primalen Problem*, einem nichtrestringierten Maximierungsproblem für x, dem *dualen Problem*, und einer Minimum-Maximum-Formulierung für (y, x), so dass von (2.11) auch als von einem *Sattelpunktproblem* gesprochen wird. Da hier nur lineare Nebenbedingungen auftreten, kommen die folgenden Überlegungen ausschließlich mit Methoden der linearen Algebra aus.

Wir betrachten nun ein *quadratisches* Optimierungsproblem mit *linearen* Nebenbedingungen der Form

$$\text{Minimiere } F(y) := \tfrac{1}{2}\langle y, Ay \rangle - \langle b, y \rangle \text{ unter } y \in \mathbb{R}^n, \ B^\top y = f \tag{2.12}$$

mit symmetrischer, positiv definiter Matrix $A \in \mathbb{R}^{n,n}$, mit $B \in \mathbb{R}^{n,m}$, $b \in \mathbb{R}^n$, $f \in \mathbb{R}^m$. Dabei bezeichnet $\langle x, y \rangle := x^\top y$ für $x, y \in \mathbb{R}^n$ das euklidische Skalarprodukt.

Wir machen mehrfach von folgenden Grundaussagen der linearen Algebra Gebrauch:

Satz 2.7. *Sei $A \in \mathbb{R}^{n,n}$ symmetrisch, positiv semidefinit, $b \in \mathbb{R}^n$. Dann sind äquivalent:*

(i) $y \in \mathbb{R}^n$ löst $Ay = b$,

(ii) $y \in \mathbb{R}^n$ minimiert das Funktional

$$F(y) := \frac{1}{2}\langle y, Ay \rangle - \langle b, y \rangle \text{ auf } \mathbb{R}^n.$$

Ist A positiv definit, so sind beide Probleme eindeutig lösbar.

Satz 2.8. *Sei* $(\,,\,)$ *ein Skalarprodukt auf dem* $\mathbb{R}^n$ *und* $\|\,.\,\|$ *die erzeugte Norm. Weiter sei* $U \subset \mathbb{R}^n$ *ein linearer Teilraum und* $W := \widetilde{y} + U$ *für ein* $\widetilde{y} \in \mathbb{R}^n$. *Dann sind für* $\widehat{y} \in \mathbb{R}^n$ *die folgenden Aussagen äquivalent:*

(i) $\overline{y} \in W$ *minimiert* $y \mapsto \|\widehat{y} - y\|$ *auf* W.

(ii) $(\overline{y} - \widehat{y}, u) = 0$ *für* $u \in U$ *(Fehlerorthogonalität).*

Damit folgt:

Satz 2.9. *Sei* $A \in \mathbb{R}^{n,n}$ *symmetrisch, positiv definit und* $\overline{y} \in \mathbb{R}^n$. *Das lineare Gleichungssystem* $B^\top y = f$ *sei lösbar. Dann sind äquivalent:*

(i) $\overline{y} \in \mathbb{R}^n$ *löst (2.12).*

(ii) Es gibt einen sogenannten Lagrange-Multiplikator $\overline{x} \in \mathbb{R}^m$, *so dass* $(\overline{y}, \overline{x})$ *das Gleichungssystem (2.11) löst.*

Lösungen $\overline{y}$ *bzw.* $(\overline{y}, \overline{x})$ *existieren,* $\overline{y}$ *ist immer eindeutig und* $\overline{x}$ *ist eindeutig, wenn* B *vollen Spaltenrang hat.*

Beweis: Sei $U := \operatorname{Kern} B^\top$ und sei $\widetilde{y} \in \mathbb{R}^n$ eine spezielle Lösung von $B^\top y = f$. Dann ist die Einschränkungsmenge $\{y \in \mathbb{R}^n \mid B^\top y = f\}$ in (2.12) der affine Unterraum

$$W := \widetilde{y} + U \;.$$

Es sei nun

$$\|y\|_A := (y^\top A y)^{1/2} \text{ für } y \in \mathbb{R}^n$$

die vom Skalarprodukt $\langle x, y \rangle_A := x^\top A y$ für $x, y \in \mathbb{R}^n$ erzeugte Norm (die zugehörige *Energienorm*).
Wegen

$$\frac{1}{2} y^\top A y - b^\top y = \frac{1}{2} \|y - \widehat{y}\|_A^2 - \frac{1}{2} b^\top \widehat{y}$$

für $\widehat{y} := A^{-1} b$ lautet also (2.12) äquivalent:

$$\text{Minimiere } \widetilde{f}(y) = \|y - \widehat{y}\|_A \text{ für } y \in W \;. \tag{2.13}$$

Die eindeutig existierende Minimalstelle $\overline{y} \in \mathbb{R}^n$ von (2.13) bzw. (2.12) ist also nach Satz 2.8 charakterisiert durch

$$\langle \overline{y} - \widehat{y}, u \rangle_A = 0 \quad \text{für} \quad u \in U$$
$$\Leftrightarrow \langle A\overline{y} - b, u \rangle = 0 \quad \text{für} \quad u \in U$$
$$\Leftrightarrow A\overline{y} - b \in U^\perp = (\operatorname{Kern} B^\top)^\perp = \operatorname{Bild} B$$
$$\Leftrightarrow \text{Es existiert } \overline{x} \in \mathbb{R}^m \text{ mit } A\overline{y} - b = B(-\overline{x}) .$$

Das Urbild $\overline{x}$ ist eindeutig, genau dann, wenn B injektiv ist, d. h. vollen Spaltenrang hat. $\square$

Das lineare Gleichungssystem (2.11) in $\begin{pmatrix} y \\ x \end{pmatrix}$ ist gestaffelt, im Allgemeinen ist aber x nicht eliminierbar, wohl aber y, so dass ein (nicht eindeutig lösbares) lineares Gleichungssystem für den Lagrange-Multiplikator x entsteht.

Satz 2.10. *Unter den Voraussetzungen von Satz 2.9 sind die dortigen Aussagen auch äquivalent zu*

(iii) $\overline{x} \in \mathbb{R}^m$ ist Lösung von

$$B^\top A^{-1} B x = -f + B^\top A^{-1} b \tag{2.14}$$

und $\overline{y} \in \mathbb{R}^n$ ist die eindeutige Lösung von

$$Ay = b - B\overline{x} . \tag{2.15}$$

(iv) $\overline{x} \in \mathbb{R}^m$ ist Lösung des Maximierungsproblems

$$\text{Maximiere } F^*(x) := -\frac{1}{2}\langle B^\top A^{-1} B x, x \rangle + \langle x, B^\top A^{-1} b - f \rangle \\ -\frac{1}{2}\langle b, A^{-1} b \rangle \tag{2.16}$$

und $\overline{y} \in \mathbb{R}^n$ ist die eindeutige Lösung von

$$Ay = b - B\overline{x} . \tag{2.17}$$

Das Maximierungsproblem (2.16) heißt auch das zu (2.12) duale Problem.

Beweis: (ii)$\Rightarrow$(iii): Dies folgt sofort durch Auflösung der ersten Gleichung von (2.11) nach $\overline{y}$ und Einsetzen in die zweite Gleichung.

(iii)$\Rightarrow$(ii): Ist $\overline{x}$ Lösung von (2.14), so definieren wir $\overline{y}$ als Lösung von (2.15). Elimination von $B\overline{x}$ in (2.14) liefert dann die Behauptung.

(iii)$\Leftrightarrow$(iv): Da $B^\top A^{-1} B$ symmetrisch und positiv semidefinit ist, kann nach Satz 2.7 die Gleichung (2.14) äquivalent als Minimierungsproblem mit dem Funktional $-F^*(x) - \frac{1}{2}\langle b, A^{-1} b \rangle$ geschrieben werden, was mit dem Maximierungsproblem (2.16) äquivalent ist. $\square$

Man beachte, dass das duale Problem keine Nebenbedingungen mehr beinhaltet. Die etwas unhandliche Gestalt von F^* lässt sich unter Benutzung der *primalen* Variable y nach (2.17) umschreiben. Dazu sei

$$L : \mathbb{R}^n \times \mathbb{R}^m \to \mathbb{R} \quad \text{definiert durch} (y, x) \mapsto \frac{1}{2}\langle y, Ay\rangle - \langle y, b\rangle + \langle x, B^\top y - f\rangle$$

das *Lagrange-Funktional*.

Das Funktional L entsteht also aus F, indem die Gleichungsnebenbedingung mit (dem Multiplikator) x „angekoppelt" wird.
Löst y die Gleichung $B^\top y = f$, dann gilt offensichtlich

$$L(y, x) = F(y) \ . \tag{2.18}$$

Etwas mehr elementarer Umformungen bedarf es, das Folgende einzusehen: Sind y und x so, dass $Ay + Bx = b$ gilt, dann folgt

$$L(y, x) = F^*(x) \ . \tag{2.19}$$

Das duale Problem erlaubt auch eine Formulierung mit Nebenbedingungen. Das Paar $(\overline{y}, \overline{x})$ ergibt sich als Lösung des Problems

$$\text{Maximiere } L(y, x) \quad \text{unter} \quad (y, x) \in \mathbb{R}^n \times \mathbb{R}^m \quad \text{mit} \quad Ay + Bx = b \ .$$

Diese Charakterisierung folgt unmittelbar aus der Tatsache, dass für Paare (y, x), die der Nebenbedingung genügen, die Identität (2.19) gilt.
Da $\overline{y} \in \mathbb{R}^n, \overline{x} \in \mathbb{R}^m$, die (i) bis (iv) aus Satz 2.9 bzw. Satz 2.10 erfüllen, die Bedingungen $B^\top y = f$ und $Ay + Bx = b$ realisieren, gilt also

$$\min \left\{ F(y) : y \in \mathbb{R}^n, B^\top y = b \right\} = F(\overline{y}) =$$
$$L(\overline{y}, \overline{x}) = F^*(\overline{x}) = \max \left\{ F^*(x) : x \in \mathbb{R}^m \right\} \ . \tag{2.20}$$

Darüber hinaus gilt

Satz 2.11. *Unter den Voraussetzungen von Satz 2.9 gilt für die dort und in Satz 2.10 charakterisierten* $\overline{y} \in \mathbb{R}^n$ *und* $\overline{x} \in \mathbb{R}^m$:

$$\max_{x \in \mathbb{R}^m} \min_{y \in \mathbb{R}^n} L(y, x) = L(\overline{y}, \overline{x}) = \min_{y \in \mathbb{R}^n} \max_{x \in \mathbb{R}^m} L(y, x) \ .$$

Beweis: Sei für beliebiges, aber festes $x \in \mathbb{R}^m$

$$\widetilde{F}(y) = L(y, x) \ .$$

Nach Satz 2.7 hat $\widetilde{F}$ einen eindeutigen Minimierer $\widehat{y} = \widehat{y}_x$ und dieser ist charakterisiert durch

$$A\widehat{y} = b - Bx \ .$$

Also gilt nach (2.19)

$$\min_{y \in \mathbb{R}^n} L(y, x) = L(\widehat{y}, x) = F^*(x)$$

und somit

$$\max_{x \in \mathbb{R}^m} \min_{y \in \mathbb{R}^n} L(y, x) = F^*(\overline{x}) \ .$$

Andererseits ist für festes $y \in \mathbb{R}^n$:

$$\max_{x \in \mathbb{R}^m} L(y, x) = \begin{cases} \infty & , \text{ falls } B^\top y \neq f \\ \frac{1}{2}\langle y, Ay \rangle - \langle y, b \rangle & , \text{ falls } B^\top y = f \end{cases}$$

und somit

$$\min_{y \in \mathbb{R}^n} \max_{x \in \mathbb{R}^m} L(y, x) = F(\overline{y}) \ .$$

Mit (2.20) folgt die Behauptung. □

Wir wollen nun kurz skizzieren, wie sich das Vorgehen auf allgemeinere Optimierungsprobleme verallgemeinern lässt. Dazu betrachten wir ein Optimierungsproblem der Form

$$\min \big\{ f(y) \,|\, y \in \mathbb{R}^n \,, \ g_j(y) = 0 \ \text{ für } j = 1, \ldots, m \big\} \ . \tag{2.21}$$

Dabei sind $f : \mathbb{R}^n \to \mathbb{R}$ und $g_j : \mathbb{R}^n \to \mathbb{R}$, $j = 1, \ldots, m$, hinreichend glatte Funktionen. Wir untersuchen hier nicht, unter welchen Voraussetzungen das Optimierungsproblem lösbar ist.

Eine notwendige Bedingung für einen optimalen Wert y_0 kann man aus folgender Überlegung erhalten: Wir betrachten eine Kurve $(-t_0, t_0) \ni t \mapsto y(t)$ durch den optimalen Punkt $y(0) = y_0$. Die Kurve soll ganz in der zulässigen Menge $\big\{ y \in \mathbb{R}^n \,|\, g_j(y) = 0 \ \text{ für } j = 1, \ldots, m \big\}$ liegen, also

$$g_j(y(t)) = 0 \ \text{ für } j = 1, \ldots, m \,, \ t \in (-t_0, t_0) \ . \tag{2.22}$$

Betrachten wir den Grenzwert der Differenzenquotienten

$$\lim_{\substack{t \to 0 \\ t > 0}} \frac{1}{t} \big(f(y(t)) - f(y_0) \big) \geq 0 \,,$$

so folgt

$$\langle \nabla f(y_0), y'(0) \rangle \geq 0 \ .$$

Dies gilt für alle zulässigen Richtungen $a = y'(0)$. Aus der Ableitung von (2.22) nach t liest man heraus, dass ein $a \in \mathbb{R}^n$ genau dann eine zulässige Richtung ist, wenn

$$\langle \nabla g_j(y_0), a \rangle = 0 \quad \text{für alle } j = 1, \ldots, m$$

gilt, also a im Orthogonalraum zu $U := \text{span}\{\nabla g_1(y_0), \ldots, \nabla g_m(y_0)\}$ ist. Insgesamt folgt, dass $\nabla f(y_0)$ orthogonal ist zum Orthogonalraum von U, und damit ein Element von U sein muss. Ein notwendiges Kriterium für ein Optimum ist also

$$\nabla f(y_0) + \sum_{j=1}^{m} x_j \nabla g_j(y_0) = 0. \tag{2.23}$$

Die Koeffizienten $x_j \in \mathbb{R}$ heißen *Lagrange–Multiplikatoren*. Gleichung (2.23) muss ergänzt werden durch die Nebenbedingungen

$$g_j(y_0) = 0 \quad \text{für } j = 1, \ldots, m. \tag{2.24}$$

Mit dem *Lagrange–Funktional*

$$L(y, x) = f(y) + \sum_{j=1}^{m} x_j\, g_j(y)$$

lassen sich die Bedingungen (2.23) und (2.24) kompakt schreiben als

$$\nabla_y L(y, x) = 0, \quad \nabla_x L(y, x) = 0.$$

Dies sind Optimalitätskriterien für das *Sattelpunktproblem*

$$\inf_{y \in \mathbb{R}^n} \sup_{x \in \mathbb{R}^m} L(y, x). \tag{2.25}$$

In vielen Fällen sind die Probleme (2.25) und (2.21) äquivalent. In Problem (2.25) kann man unter gewissen Voraussetzungen die Reihenfolge der geschachtelten Optimierung vertauschen, man erhält dann

$$\sup_{x \in \mathbb{R}^m} \inf_{y \in \mathbb{R}^n} L(y, x). \tag{2.26}$$

Aus diesen zwei äquivalenten Formulierungen folgen zwei äquivalente Optimierungsprobleme: Problem (2.25) kann man mit der Funktion

$$F : \mathbb{R}^n \to \mathbb{R} \cup \{+\infty\},$$

$$F(y) = \sup_{x \in \mathbb{R}^m} L(y, x) = \begin{cases} f(y) & \text{falls } g_j(y) = 0 \text{ für } j = 1, \ldots, m, \\ +\infty & \text{sonst} \end{cases}$$

schreiben als

$$\min_{y \in \mathbb{R}^n} F(y). \tag{2.27}$$

Dies ist das *primale* Problem, es entspricht genau dem Optimierungsproblem (2.21), wobei man die Nebenbedingungen in die Definition der Funktion F einbaut. Alternativ kann man Problem (2.26) mit

$$F^*(x) = \inf_{y \in \mathbb{R}^n} L(y, x)$$

schreiben als

$$\max_{x \in \mathbb{R}^m} F^*(x) \,. \tag{2.28}$$

Dies ist das *duale* Problem. Das duale Problem hat als Variable die *Lagrange–Multiplikatoren* des ursprünglichen Problems.

Für elastische Stabwerke und elektrische Netzwerke erhält man das Optimierungsproblem (2.12) mit $A := C^{-1}$. Das Problem lautet dann

$$\min_{y \in \mathbb{R}^n} \left\{ \tfrac{1}{2} y^\top C^{-1} y - b^\top y \mid B^\top y = f \right\} \,.$$

Dieses Optimierungsproblem hat folgende physikalische Bedeutung:

- Beim elastischen Stabwerk ist y der Vektor der Spannungen, C ist die Diagonalmatrix der Elastizitätsmodule E_i der Einzelstäbe, und $b = 0$. Es gilt also

$$\frac{1}{2} y^\top C^{-1} y = \frac{1}{2} \sum_{j=1}^n E_j^{-1} y_j^2 = \sum_{j=1}^n \frac{1}{2} y_j \, e_j$$

mit den Dehnungen $e_j = E_j^{-1} y_j$. Der Term $\frac{1}{2} y_j e_j$ beschreibt die zur Verformung des Stabes j benötigte Arbeit W_j, denn diese ist gegeben durch das Integral über Kraft mal Weginkrement:

$$W_j = \int_0^{e_j} E_j e \, de = \frac{1}{2} E_j e_j^2 = \frac{1}{2} y_j e_j \,.$$

Hier ist $E_j e$ die Spannung eines um e gedehnten Stabes, die ja gerade gleich der angreifenden Kraft ist, und de ist gerade das Weginkrement. Folglich gibt $\frac{1}{2} y^\top C^{-1} y$ die *gesamte* zur Verformung des Stabwerks aufgewendete *Arbeit* an, diese ist gleich der im Stabwerk gespeicherten *elastischen Energie*. Die Nebenbedingung $B^\top y = f$ beschreibt die Menge der Spannungen, die bei den durch f gegebenen äußeren Kräften auftreten können. *Es wird also die im Stabwerk gespeicherte elastische Energie minimiert unter der Nebenbedingung der vorgegebenen Knotenkräfte.* Der Verschiebungsvektor x kann interpretiert werden als *Vektor der Lagrange–Multiplikatoren* der Nebenbedingungen.

- Beim elektrischen Netzwerk ist y der Vektor der Ströme, C^{-1} ist die Diagonalmatrix der Widerstände R_i und b der Vektor der äußeren Spannungen. Es ist dann

$$y^\top C^{-1} y = \sum_{j=1}^n y_j R_j y_j \,.$$

Hier beschreibt $y_j R_j y_j$ die am Widerstand j verbrauchte *Leistung*, denn $R_j y_j$ ist die Spannung am Widerstand j und die elektrische Leistung ist gegeben durch Spannung mal Stromstärke. Mit Berücksichtigung des Einflusses von b erhält man das Optimierungsproblem

$$\min \left\{ \tfrac{1}{2} y^\top C^{-1} y - b^\top y \mid B^\top y = 0 \right\}.$$

Die physikalische Interpretation sieht man am besten am *dualen* Problem. Das duale Funktional ist

$$-\frac{1}{2} x^\top B^\top C B x + x^\top B^\top C b - \frac{1}{2} b^\top C b = -\frac{1}{2}(b - Bx)^\top C(b - Bx)$$
$$= -\frac{1}{2}(b + e)^\top C(b + e) = -\frac{1}{2} y^\top C^{-1} y.$$

Im elektrischen Netzwerk wird demnach die *Dissipation von Energie* minimiert unter der Nebenbedingung der angelegten Spannungen.

Die Variablen y und x, also einerseits elektrische Ströme oder elastische Spannungen und andererseits elektrische Potentiale oder Verschiebungen, sind hier zueinander duale Variablen im Sinne der Optimierung mit Nebenbedingungen.

In diesen beiden Beispielen wird folgender prinzipieller Unterschied sichtbar:

- Das elastische Stabwerk beschreibt einen typischen *statischen Prozess*: Gesucht wird der *Minimierer einer Energie*, im Lösungszustand bewegt sich nichts.

- Das elektrische Netzwerk beschreibt einen typischen *stationären Prozess*: Es fließt Strom, das heißt, es wird kontinuierlich Ladung bewegt, der Stromfluss ist aber zeitlich konstant. Es wird laufend Energie dissipiert (verbraucht), die von *außen* zugeführt werden muss.

Beide Zustände kann man interpretieren als Grenzzustände dynamischer, also zeitabhängiger, Prozesse bei zeitlich konstanten äußeren Einflüssen für große Zeiten.

2.4 Literaturhinweise

Die Darstellung in diesem Kapitel ist angelehnt an Kapitel 2 von [118]. Weiterführende Literatur zu den beschriebenen Anwendungen findet man in Lehrbüchern zur technischen Mechanik, etwa [108] und [120], und zur Elektrotechnik, zum Beispiel [60]. Die Mathematik linearer Gleichungssysteme ist in jedem Lehrbuch über lineare Algebra zu finden, zum Beispiel in [39, 76]. Lösungsverfahren für lineare Gleichungssysteme findet man in Numerik–Lehrbüchern [110], [116], [117], speziell für iterative Lösungsverfahren sei auch auf [59], [94], [105], [115] verwiesen.

2.5 Aufgaben

Aufgabe 2.1. Bestimmen Sie die Ströme und Spannungen in folgendem Netzwerk:

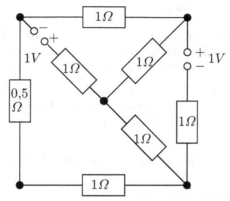

Aufgabe 2.2. Konstruieren Sie zu den folgenden Inzidenzmatrizen jeweils ein passendes Netzwerk ohne elektrische Bauteile:

a) $B = \begin{pmatrix} 0 & -1 & 0 & 1 \\ 1 & 0 & -1 & 0 \\ -1 & 1 & 0 & 0 \\ 0 & -1 & 1 & 0 \\ 1 & 0 & 0 & -1 \end{pmatrix}$ b) $B = \begin{pmatrix} 1 & 0 & 0 & -1 & 0 & 0 \\ 0 & -1 & 1 & 0 & 0 & 0 \\ -1 & 0 & 0 & 1 & 0 & 0 \\ 0 & 1 & 0 & 0 & -1 & 0 \\ 0 & 0 & 0 & 1 & 0 & -1 \\ 0 & 0 & -1 & 0 & 1 & 0 \end{pmatrix}$

Aufgabe 2.3. Gegeben ist das folgende Netzwerk mit einer Spannungsquelle und einer Stromquelle:

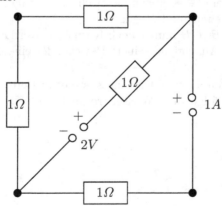

a) Wie können Sie die Stromquelle in das Netzwerkmodell einbauen? Erweitern Sie das Modell aus Abschnitt 2.1 um Stromquellen.

b) Berechnen Sie die Spannungen und Ströme im Netzwerk.

Aufgabe 2.4. Gegeben ist ein Gleichstromnetzwerk mit Inzidenzmatrix B, Leitwertmatrix C, Vektoren x der Potentiale, y der Ströme, e der Spannungen und b der Spannungsquellen.

a) Die an einem Widerstand dissipierte Leistung ist bekanntlich $P = UI$, wenn U der Spannungsabfall am Widerstand und I der Strom ist. Stellen Sie eine Formel für die gesamte im Netzwerk dissipierte Leistung auf.

b) Die von einer Spannungsquelle zur Verfügung gestellte Leistung ist ebenfalls $P = UI$, wobei U die Spannung der Quelle und I die Stärke des entnommenen Stromes ist. Stellen Sie eine Formel für die von allen Spannungsquellen erbrachte Leistung auf.

c) Zeigen Sie, dass die Größen aus a) und b) identisch sind.

Aufgabe 2.5. Es ist das Gleichungssystem

$$Mz = f \quad \text{mit} \quad M = \begin{pmatrix} A & B \\ B^\top & 0 \end{pmatrix}, \ A \in \mathbb{R}^{n,n}, \ B \in \mathbb{R}^{n,m} \ \text{ und } \ f \in \mathbb{R}^{n+m}$$

gegeben. Die Matrix A sei symmetrisch und positiv semidefinit.

a) Zeigen Sie: $y \in \operatorname{Kern} A \Leftrightarrow y^\top A y = 0$.

b) Berechnen Sie den Kern von M in Abhängigkeit der Kerne von A, B und $B^\top$.

c) Charakterisieren Sie die Vektoren f, für die das Gleichungssystem $Mz = f$ lösbar ist.

Aufgabe 2.6. Es sei $C \in \mathbb{R}^{n,n}$ symmetrisch und regulär, aber nicht notwendigerweise positiv definit, und $B \in \mathbb{R}^{n,m}$.
Gilt dann für $M = B^\top C B$ immer noch $\operatorname{Kern} M = \operatorname{Kern} B$?
Begründen Sie Ihre Aussage mit einem Beweis oder einem Gegenbeispiel.

Aufgabe 2.7. Stellen Sie ein Gleichungssystem zur Berechnung der Spannungen und Ströme im folgenden Wechselstromnetz mit Kreisfrequenz $\omega = 50/\mathrm{s}$ auf:

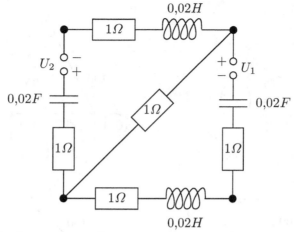

Benutzen Sie die Spannungsquellen

a) $U_1(t) = 2V\cos(\omega t)$, $U_2(t) = 2V\cos(\omega t)$,

b) $U_1(t) = 8V\cos(\omega t)$, $U_2(t) = 8V\sin(\omega t)$,

c) $U_1(t) = 8V\cos(\omega t)$, $U_2(t) = 8\sqrt{2}V\cos(\omega t - \pi/4)$.

Aufgabe 2.8. Gegeben ist ein Wechselstromnetzwerk mit Kreisfrequenz ω, Inzidenzmatrix $B \in \mathbb{R}^{n,m}$, Leitwertmatrix $C \in \mathbb{C}^{n,n}$, Potentialvektor $x \in \mathbb{C}^m$, Stromvektor $y \in \mathbb{C}^n$, Spannungsvektor $e \in \mathbb{C}^n$ und Vektor der Spannungsquellen $b \in \mathbb{C}^n$.

a) Bestimmen Sie eine Formel für die an allen ohmschen Widerständen dissipierte Leistung $P(t)$ zur Zeit t.

b) Geben Sie eine Formel für die aus den Spannungsquellen entnommene Leistung $Q(t)$ zur Zeit t an.

c) Warum wird im Allgemeinen $P(t) \neq Q(t)$ gelten?

d) Zeigen Sie, dass die in einer Periode von allen ohmschen Widerständen dissipierte Leistung gleich der im selben Zeitraum von den Spannungsquellen entnommenen Leistung ist:

$$\int_0^{2\pi/\omega} P(t)\,dt = \int_0^{2\pi/\omega} Q(t)\,dt\,.$$

Aufgabe 2.9. Berechnen Sie, wenn möglich, die Verschiebungen, Spannungen und Dehnungen der folgenden Stabwerke. Die Elastizitätsmoduli sind an den Stäben angegeben.

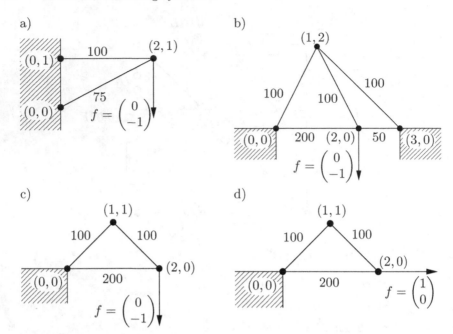

Aufgabe 2.10. Entscheiden Sie, ob die abgebildeten Stabwerke statisch bestimmt, statisch unbestimmt oder instabil sind:

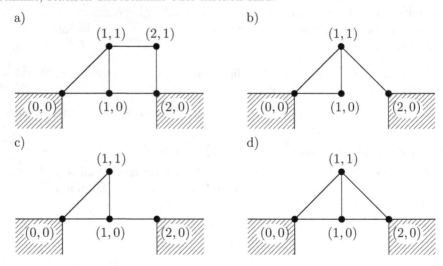

Aufgabe 2.11. a) Bestimmen Sie eine Formel für die elastische Energie, die in einem linear elastischen Stabwerk gespeichert ist, bestehend aus der Summe der elastischen Energien der Einzelstäbe.

b) Berechnen Sie die Arbeit, die von den Knotenkräften bei der Verformung eines Stabwerks geleistet wird.

c) Zeigen Sie, dass die Größen aus a) und b) gleich sind.

Aufgabe 2.12. Es ist das abgebildete Stabwerk ohne festgehaltene Knoten gegeben:

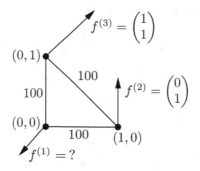

Bestimmen Sie die Kraft $f^{(1)}$ so, dass das lineare Gleichungssystem für das Stabwerk eine Lösung hat, und berechnen Sie die allgemeine Lösung.

Aufgabe 2.13. Auf einen Stab der Länge L mit Endpunkten $x^{(1)}$ und $x^{(2)}$ wirke an der Position $\alpha x^{(1)} + (1 - \alpha)x^{(2)}$ die Kraft f.

a) Ermitteln Sie eine Aufteilung der Kraft auf die beiden Endpunkte der Art

$$f^{(1)} = \beta f, \quad f^{(2)} = (1 - \beta)f,$$

so dass das Drehmoment der aufgeteilten Kraft (bezüglich $x^{(1)}$) gleich dem Drehmoment der ursprünglichen Kraft ist. Dabei bezeichne $f^{(i)} = f(x^{(i)})$ die Kraft an Knoten i.

b) Wie können Sie das Gewicht eines Stabwerks durch einen Vektor aus Knotenkräften beschreiben?

Aufgabe 2.14. In den folgenden dreidimensionalen Stabwerken seien die Elastizitätsmoduli aller Stäbe gleich 1.

a) Berechnen Sie die Spannungsverteilung in folgendem Stabwerk mit festen Knoten $(0,0,0)$, $(2,0,0)$, $(0,2,0)$ und am Knoten $(1,1,1)$ angreifender Kraft $f = \left(\sqrt{3}/50, 0, 0\right)^{\top}$:

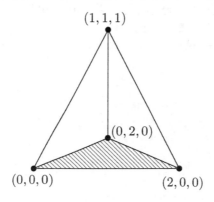

b) Berechnen Sie die Spannungsverteilung in folgendem Stabwerk mit festen Knoten $(0,0,0)$, $(2,0,0)$, $(0,2,0)$, $(2,2,0)$ und am Knoten $(1,1,1)$ angreifender Kraft $f = \left(\sqrt{3}/50, 0, 0\right)^{\top}$:

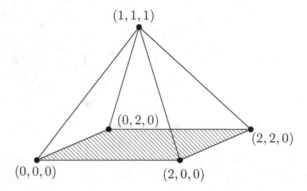

c) Zeigen sie, dass das folgende Stabwerk mit festen Knoten $(0,0,0)$, $(1,0,0)$, $(0,2,0)$ und $(2,2,0)$ instabil ist. Welche Bedingungen müssen zwei an den Punkten $(0,1,1)$ und $(1,1,1)$ angreifende Kraftvektoren erfüllen, damit das resultierende lineare Gleichungssystem trotzdem eine Lösung hat?

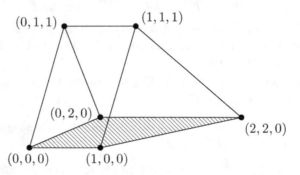

Aufgabe 2.15. Bestimmen Sie eine Basis für den Vektorraum der Starrkörperverschiebungen eines dreidimensionalen Stabwerks mit den Knotenpunkten $p^{(1)} = (0,0,0)^{\top}$, $p^{(2)} = (1,0,0)^{\top}$, $p^{(3)} = (0,1,0)^{\top}$, $p^{(4)} = (0,0,1)^{\top}$.

Aufgabe 2.16. Gegeben ist das folgende System von Rohrleitungen:

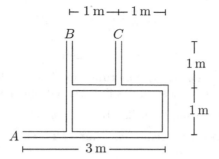

In Öffnung A wird eine Flüssigkeit mit der Rate $q = 0{,}001\,\mathrm{m^3/s}$ eingespeist, an Öffnung B und C beträgt der Druck $10^5\,\mathrm{N/m^2}$; das entspricht 1 Bar. Nach dem Gesetz von *Hagen–Poiseuille* kann man die Durchflussrate durch ein Rohr mit kreisförmigem Querschnitt berechnen durch

$$\Delta V = \frac{\pi R^4 \, \Delta p \, \Delta t}{8 \, \mu \, L} \,,$$

dabei ist ΔV das Volumen der Flüssigkeit, die in der Zeit Δt durch das Rohr fließt, L die Länge und R der Radius des Rohres, Δp der Druckunterschied zwischen den Endpunkten des Rohres und μ die dynamische Viskosität der Flüssigkeit.

a) Stellen Sie ein allgemeines Modell für die Berechnung der Durchflussraten in einem Rohrsystem auf.

b) Berechnen Sie die Ausflussraten an den Öffnungen B und C sowie den Druck an Öffnung A für eine Flüssigkeit der Viskosität $\mu = 0{,}001\,\mathrm{N\,s/m^2}$ (das entspricht Wasser), wenn die Rohre den Radius $10\,\mathrm{cm}$ haben.
Hinweis: Zur Vereinfachung der Rechnung sind geeignete Skalierungen sinnvoll.

Aufgabe 2.17. Bestimmen Sie mit Hilfe von Lagrange–Multiplikatoren die Minima und Maxima der Funktion

$$f(x, y) = (x + 1)^2 e^y$$

unter der Nebenbedingung

a) $2(x - 1)^2 + y^2 = 3$, beziehungsweise

b) $2(x - 1)^2 + y^2 \leq 3$.

Aufgabe 2.18. Betrachten Sie das Optimierungsproblem

$$\min \left\{ \tfrac{1}{2} y^\top A y - b^\top y \,|\, y \in \mathbb{R}^n, \ B^\top y = c \right\} \tag{2.29}$$

mit einer symmetrischen, positiv *semidefiniten* Matrix $A \in \mathbb{R}^{n,n}$, mit $B \in \mathbb{R}^{n,m}$, $b \in \mathbb{R}^n$, $c \in \mathbb{R}^m$, sowie das lineare Gleichungssystem

$$\begin{pmatrix} A & B \\ B^\top & 0 \end{pmatrix} \begin{pmatrix} y \\ x \end{pmatrix} = \begin{pmatrix} b \\ c \end{pmatrix}. \tag{2.30}$$

a) Zeigen Sie, dass beide Probleme äquivalent sind im folgenden Sinn:

(i) Zu jeder Lösung y des Optimierungsproblems (2.29) gibt es ein $x \in \mathbb{R}^m$, so dass (y, x) eine Lösung des linearen Gleichungssystems (2.30) ist.

(ii) Ist (y, x) eine Lösung von (2.30), so ist y eine Lösung von (2.29).

b) Unter welchen Bedingungen an b, c hat (2.29) eine Lösung?

Aufgabe 2.19. Beweisen Sie die Sätze 2.7 und 2.8.

3

Grundzüge der Thermodynamik

Die Thermodynamik befasst sich mit der Untersuchung bestimmter physikalisch beobachtbarer Eigenschaften von Materie, wie zum Beispiel der Temperatur, des Drucks, und des Volumens beziehungsweise der Dichte und deren Beziehungen zueinander. Gemeinsames Merkmal dieser Größen ist es, dass sie die „makroskopisch messbare" Auswirkung von Bewegungen der Atome oder Moleküle beschreiben, aus denen Gase, Flüssigkeiten und Feststoffe zusammengesetzt sind. Die genaue Bewegung der einzelnen Teilchen ist dabei nicht bekannt; ihre Beschreibung wäre auch aufgrund der großen Zahl der Teilchen viel zu kompliziert. Ziel der Thermodynamik ist es vielmehr, eine *makroskopische* Beschreibung für die Wirkung der Bewegung von Teilchen und deren Wechselwirkungen mit Hilfe von relativ wenigen makroskopischen Größen zu finden und so gut wie möglich zu begründen. Aufgrund der im Detail unbekannten Bewegung einer sehr großen Anzahl von Teilchen spielen dabei stochastische Methoden eine wichtige Rolle.

Konzepte der Thermodynamik sind bei vielen Prozessen aus den Natur- und Ingenieurwissenschaften wichtig, zum Beispiel bei Phasenübergängen wie etwa der Erstarrung von Flüssigkeiten oder dem Schmelzen von Feststoffen, bei Diffusionsprozessen, und bei chemischen Reaktionen und Verbrennungsprozessen. Eine wichtige Forderung an Modelle für solche Prozesse ist es, dass diese *thermodynamisch konsistent* sind, also nicht im Widerspruch stehen zu Gesetzen der Thermodynamik. Insbesondere ist dabei die Kompatibilität zum zweiten Hauptsatz der Thermodynamik zu prüfen.

Dieses Kapitel hat zum Ziel, Lesern ohne Vorkenntnissen aus der Thermodynamik die wichtigsten Begriffe und Gesetze der Thermodynamik nahezubringen; insbesondere die Zusammenhänge einfacher thermodynamischer Größen wie Temperatur, Druck und Volumen über die Zustandsgleichung, den ersten und zweiten Hauptsatz der Thermodynamik, den Begriff der Entropie, die thermodynamischen Potentiale, sowie Grundbegriffe der Thermodynamik für

Mischungen. Am Ende dieses Kapitels werden Modelle zur Beschreibung von chemischen Reaktionen vorgestellt.

3.1 Das Modell eines idealen Gases, die Maxwell–Boltzmann–Verteilung

Ein ideales Gas besteht aus bewegten Massenpunkten, die nur durch elastische Stöße miteinander wechselwirken. Die Massenpunkte sind in einem möglicherweise variablen Volumen eingeschlossen, an dessen Rand sie elastisch reflektiert werden. Dieses Modell ist eine idealisierte Approximation für Gase mit relativ geringer Dichte. Obwohl das Modell sehr einfach ist, hat es sich in der Praxis erstaunlicherweise als sehr aussagekräftig erwiesen.

Die Teilchen eines idealen Gases bewegen sich mit verschiedenen Geschwindigkeiten. Es ist möglich, die *Wahrscheinlichkeitsverteilung* der Geschwindigkeit aus den folgenden Annahmen herzuleiten:

A1) Die Verteilung besitzt eine *Dichte* $f : \mathbb{R}^3 \to [0, \infty) := \{x \in \mathbb{R} \mid x \geq 0\}$. Das bedeutet, dass für jede (Lebesgue–messbare) Menge $B \subset \mathbb{R}^3$ die Wahrscheinlichkeit, dass $v \in B$ liegt, sich wie folgt berechnet

$$P(v \in B) = \int_B f(v)\, dv\,.$$

Dabei gilt

$$\int_{\mathbb{R}^3} f(v)\, dv = 1\,.$$

A2) Die Verteilung jeder Komponente v_ℓ der Geschwindigkeit besitzt ebenfalls eine Dichte g_ℓ:

$$P(v_\ell \in B) = \int_B g_\ell(v)\, dv$$

für jede Lebesgue–messbare Menge $B \subset \mathbb{R}$.

A3) Die Verteilungen aus A 1) und A 2) sind *unabhängig* im folgenden Sinn:

(i) $g_1 = g_2 = g_3 =: g$,

(ii) $P(v \in B_1 \times B_2 \times B_3) = P(v_1 \in B_1)\, P(v_2 \in B_2)\, P(v_3 \in B_3)$, das heißt, die Verteilungen der Komponenten v_1, v_2, v_3 sind *unabhängig* im Sinne der Wahrscheinlichkeitstheorie.

(iii) Es gibt eine Funktion $\Phi : [0, \infty) \to [0, \infty)$, so dass $f(v) = \Phi(|v|^2)$.

A4) Die Funktion Φ ist stetig differenzierbar und g ist stetig.

Dabei sei bemerkt, dass A1) sich schon aus A2) und A3)-(ii) ergibt.

Für eine Menge der Form

$$B = [w_1, w_1 + h] \times [w_2, w_2 + h] \times [w_3, w_3 + h]$$

gilt dann

$$P(v \in B) = \int_{w_1}^{w_1+h} \int_{w_2}^{w_2+h} \int_{w_3}^{w_3+h} \Phi(v_1^2 + v_2^2 + v_3^2) \, dv_3 \, dv_2 \, dv_1$$

$$= \prod_{j=1}^{3} \int_{w_j}^{w_j+h} g(z) \, dz \,.$$

Division durch h^3 und Grenzübergang $h \to 0$ liefert

$$\Phi(w_1^2 + w_2^2 + w_3^2) = g(w_1) \, g(w_2) \, g(w_3) \,.$$

Dies gilt für alle $w \in \mathbb{R}^3$. Setzt man $w_1 = z$ und $w_2 = w_3 = 0$, so folgt

$$\Phi(z^2) = g(z) \, g^2(0) \,.$$

Für $w_3 = 0$ folgt dann mit $y = w_1^2$, $z = w_2^2$

$$\Phi(y + z) = g(w_1) \, g(w_2) \, g(0) = \frac{\Phi(y)}{g^2(0)} \frac{\Phi(z)}{g^2(0)} g(0) = \frac{\Phi(y) \, \Phi(z)}{g^3(0)} \,.$$

Dies kann man nach y ableiten und erhält

$$\Phi'(y + z) = \frac{\Phi'(y) \, \Phi(z)}{g^3(0)} \,.$$

Einsetzen von $y = 0$ ergibt nun folgende Differentialgleichung für Φ:

$$\Phi'(z) = -\widehat{K} \, \Phi(z) \quad \text{mit} \quad \widehat{K} = -\frac{\Phi'(0)}{g^3(0)} \,.$$

Die allgemeine Lösung dieser Gleichung ist

$$\Phi(z) = C^3 e^{-\widehat{K} z}$$

mit $C \in \mathbb{R}$. Die Konstante C berechnet sich aus der Normierungsbedingung

$$1 = \int_{\mathbb{R}^3} \Phi(|v|^2) \, dv = C^3 \int_{\mathbb{R}^3} e^{-\widehat{K}|v|^2} \, dv = \left(C \, 2 \int_{0}^{+\infty} e^{-\widehat{K} z^2} \, dz \right)^3,$$

und wir erhalten

$$C = \left(2 \int_{0}^{+\infty} e^{-\widehat{K} z^2} \, dz \right)^{-1} = \sqrt{\frac{\widehat{K}}{\pi}} \,.$$

Hier und weiter unten nutzen wir die Identitäten

$$\int_0^\infty z^{2n} e^{-\widehat{K}z^2}\, dz = \frac{1\cdot 3 \cdot\cdots\cdot (2n-1)\sqrt{\pi}}{2^{n+1}\widehat{K}^{n+1/2}} \quad \text{für}\ \ n \in \mathbb{N}_0 = \mathbb{N}\cup\{0\},\ \widehat{K} > 0\,.$$

Die Wahrscheinlichkeitsdichten der Geschwindigkeit lauten also

$$f(v) = \left(\frac{\widehat{K}}{\pi}\right)^{3/2} e^{-\widehat{K}|v|^2}$$

und

$$g(z) = \sqrt[3]{\Phi(3z^2)} = \sqrt{\frac{\widehat{K}}{\pi}}\, e^{-\widehat{K}z^2}\,.$$

Häufig findet man in der Literatur auch die Verteilung des *Betrages* der Geschwindigkeit, die sich aus $P(|v| \le v_0) = \int_{\{|v|\le v_0\}} \left(\frac{\widehat{K}}{\pi}\right)^{3/2} e^{-\widehat{K}|v|^2}\, dv$ nach Anwendung des Transformationssatzes wie folgt ergibt:

$$P(|v| \le v_0) = \int_0^{v_0} F(z)\, dz$$

wobei

$$F(z) = \frac{4}{\sqrt{\pi}} \widehat{K}^{3/2} z^2 e^{-\widehat{K}z^2}\,.$$

Alle diese Verteilungen hängen nur von einem einzigen Parameter $\widehat{K}$ ab.

Die *mittlere kinetische Energie* eines Teilchens ist

$$u = \frac{1}{2} m_A \int_{\mathbb{R}^3} |v|^2 f(v)\, dv = \frac{1}{2} m_A \left(\frac{\widehat{K}}{\pi}\right)^{3/2} 4\pi \int_0^\infty z^4 e^{-\widehat{K}z^2}\, dz = \frac{3}{4} m_A \widehat{K}^{-1}\,,$$

wobei m_A die Masse eines Teilchens ist. Es stellt sich heraus, dass diese Größe proportional ist zur *absoluten Temperatur T*, konkret gilt

$$u = \tfrac{3}{2} k_B T$$

mit der *Boltzmann–Konstanten* $k_B \approx 1{,}3806504 \cdot 10^{-23}\, J/K$. Die absolute Temperatur ist genau dann Null, wenn alle Teilchen des Gases in Ruhe sind; auf der Celsius–Skala entspricht dies $-273{,}15°\, C$. In einem idealen Gas ist die absolute Temperatur ein Maß für die mittlere kinetische Energie der Teilchen. Der Skalierungsfaktor $\widehat{K}$ lautet demnach

$$\widehat{K} = \frac{m_A}{2 k_B T}\,.$$

Die gesamte kinetische Energie eines Gases aus N Teilchen mit absoluter Temperatur T ist

$$U = Nu = \tfrac{3}{2} N k_B T\,.$$

Die Wahrscheinlichkeitsdichten der Geschwindigkeitsverteilung lauten

$$f(v) = \left(\frac{m_A}{2\pi k_B T}\right)^{3/2} e^{-m_A |v|^2/(2k_B T)}, \tag{3.1}$$

$$F(z) = \sqrt{\frac{2}{\pi}} \left(\frac{m_A}{k_B T}\right)^{3/2} z^2 e^{-m_A z^2/(2k_B T)}, \tag{3.2}$$

$$g(z) = \sqrt{\frac{m_A}{2\pi k_B T}} e^{-m_A z^2/(2k_B T)}. \tag{3.3}$$

Aus den obigen Überlegungen ergibt sich:

Satz 3.1. *(Maxwell–Boltzmann–Verteilung)*
Unter den Annahmen A1)–A4) ist die Wahrscheinlichkeitsverteilung der Geschwindigkeit in einem idealen Gas gegeben durch die Wahrscheinlichkeitsdichten (3.1)–(3.3).

Bei einem *einatomigen* idealen Gas ist die Summe der kinetischen Energie identisch zur *inneren Energie* des Gases. Bei *mehratomigen* idealen Gasen gibt es weitere Quellen der inneren Energie, zum Beispiel Rotationsbewegungen, Schwingungen von verbundenen Atomen um ihre Ruhelage, chemische Bindungsenergien; wobei allerdings nicht alle Freiheitsgrade bei jeder Temperatur aktiv sind. In einem Modell ohne Berücksichtigung von chemischen Bindungsenergien hat die innere Energie eines idealen Gases die Form

$$U = \tfrac{z}{2} N k_B T,$$

wobei z die Anzahl der aktiven Freiheitsgrade bezeichnet. Im Allgemeinen kann z eine von der Temperatur abhängige reelle Zahl sein; wir werden die Abhängigkeit von der Temperatur im Folgenden jedoch vernachlässigen. Im Fall eines einatomigen Gases entspricht $z = 3$ den drei linear unabhängigen Richtungen einer Bewegung im Raum.

Aus der Kenntnis der Wahrscheinlichkeitsverteilung kann man den *Druck* eines idealen Gases berechnen. Der Einfachheit halber betrachten wir dazu einen Würfel der Kantenlänge L, der ein ideales Gas aus N Massenpunkten der Masse m_A enthält, und dessen Seitenflächen jeweils senkrecht zu einem der Einheitsvektoren stehen. Es gilt dann:

- Ein Teilchen mit Geschwindigkeitskomponente v_j in Richtung j führt in jeder Zeiteinheit im Mittel $\frac{|v_j|}{2L}$ voll elastische Stöße mit einer der beiden Seitenflächen senkrecht zum Einheitsvektor e_j aus.

- Jeder Stoß bewirkt einen Impulsübertrag von $2m_A v_j$, denn die j–te Komponente des Impulses ändert sich von $m_A v_j$ zu $-m_A v_j$.

- Die Kraft, die „alle" Teilchen auf eine der sechs Seitenflächen ausüben, ist dann gegeben durch

$$F = \frac{Nm_A}{L} \int_{\mathbb{R}} v_j^2 \, g(v_j) \, dv_j = \frac{Nm_A}{L} \sqrt{\frac{\hat{K}}{\pi}} 2 \int_0^{+\infty} s^2 e^{-\hat{K}s^2} \, ds$$

$$= \frac{Nm_A}{L} 2 \sqrt{\frac{\hat{K}}{\pi}} \frac{1}{4} \sqrt{\frac{\pi}{\hat{K}^3}} = \frac{Nm_A}{2L} \hat{K}^{-1} = \frac{Nk_BT}{L} = \frac{2}{3} \frac{U}{L} \,.$$

Der Druck ist also gegeben durch

$$p = \frac{F}{A} = \frac{2U}{3LA} = \frac{2U}{3V}$$

mit dem Flächeninhalt $A = L^2$ der Seitenfläche und dem Volumen $V = L^3$. Dies ist die *Zustandsgleichung des idealen Gases*. In der Regel wird die Zustandsgleichung mit Hilfe der absoluten Temperatur ausgedrückt:

$$pV = Nk_BT \,.$$

Das Modell des idealen Gases ist das einfachste Beispiel für ein sogenanntes *pVT–System*. Ein solches System wird beschrieben durch

- drei Variablen: Den Druck p, das Volumen V, die Temperatur T;
- eine *Zustandsgleichung* $F(p, V, T) = 0$.

Ein solches System hat *zwei Freiheitsgrade*, da eine der drei Variablen durch die Zustandsgleichung aus den beiden anderen hervorgeht.

Man kann die Variablen p, V, T in zwei Klassen einteilen: Die Temperatur T und der Druck p hängen *nicht* von der Größe des Systems ab, also der Zahl N der Partikel; das Volumen ist *proportional* zur Größe des Systems. Variablen, die *unabhängig* von der Größe des Systems sind, heißen *intensive* Variablen, solche, die proportional zur Größe des Systems sind, heißen *extensiv*.

3.2 Thermodynamische Systeme, das thermodynamische Gleichgewicht

Viele Ergebnisse der Thermodynamik werden durch (Gedanken-) Experimente mit sogenannten *thermodynamischen Systemen* begründet. Der Name *thermodynamisches System* steht als abstrakter Oberbegriff für alle möglichen Konfigurationen von Materie, die man in der Thermodynamik studieren kann. Der Begriff umfasst insbesondere:

- Eine gegebene Menge eines bestimmten Reinstoffes.
- Eine gegebene Menge einer Mischung mit bekannter Zusammensetzung.
- *Verbundsysteme*, die aus mehreren Teilsystemen bestehen.

Einem thermodynamischen System ordnet man einen *Zustand* zu, der im einfachsten Fall eines PVT–Systems aus der inneren Energie und dem Volumen des Systems besteht, in komplizierteren Fällen aber auch mehrere innere Energien und mehrere Volumina von Teilsystemen enthalten kann. Den Zustand eines thermodynamischen Systems kann man ändern, zum Beispiel durch

- Expansion oder Kompression von Teilsystemen. Dadurch wird dem System Energie in „korrelierter", „mechanisch nutzbarer" Form zugeführt oder abgenommen.

- Zufuhr oder Abfluss von Wärme, also von Energie in „unkorrelierter" Form.

- Mischen oder Entmischen von Teilsystemen. Das Entmischen kann technisch mit Hilfe von *Phasenübergängen* geschehen, wie etwa beim Destillieren von Alkohol, oder mit Hilfe von halbdurchlässigen Membranen.

- Herstellen von Kontakten verschiedener Teilsysteme. Die wesentlichen Möglichkeiten sind

  - Kontakt an einer beweglichen Wand oder einer verformbaren Membran, die den Austausch von Druck und Volumen ermöglicht,

  - Kontakt an einer wärmedurchlässigen Wand, die den Austausch von Energie in Form von Wärme ermöglicht.

Wenn man ein thermodynamisches System unter konstanten äußeren Bedingungen hält, also etwa gegebenem Druck beziehungsweise gegebenem Volumen und gegebener Temperatur beziehungsweise wärmeisoliert, dann strebt das System gegen einen Grenzzustand, den man *thermodynamisches Gleichgewicht* nennt. Hinter fast allen Resultaten und Konzepten der Thermodynamik steht die Vorstellung, dass das betrachtete System bereits im Gleichgewicht ist. Das gilt beispielsweise für die Maxwell–Boltzmann–Verteilung und die Zustandsgleichung der idealen Gase. Die bei der Herleitung der Maxwell–Boltzmann–Verteilung getroffenen Annahmen über die Verteilung der Geschwindigkeit kann man interpretieren als konkrete Vorstellung darüber, wie das thermodynamische Gleichgewicht in einem idealen Gas aussieht. Auch bei Zustandsänderungen geht man in der Regel davon aus, dass die Systeme immer „sehr nahe" an einem Gleichgewichtszustand liegen und man deshalb den Unterschied zum Gleichgewichtszustand vernachlässigen kann. Dies ist dann sinnvoll, wenn die Zustandsänderungen hinreichend *langsam* ablaufen.

3.3 Der erste Hauptsatz der Thermodynamik

Der *erste Hauptsatz der Thermodynamik* beschreibt die *Energieerhaltung*. Für eine Zustandsänderung in einem pVT–System vom Zustand (U_1, V_1) zum Zustand (U_2, V_2) mit Zustandsgleichung $p = p(U, V)$ für den Druck hat er die

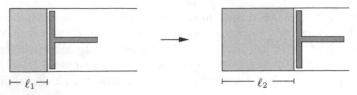

Abb. 3.1. Beispiel 1

Form

$$\Delta U = \Delta Q + \Delta W \,,$$

wobei $\Delta U = U_2 - U_1$ die Änderung der inneren Energie ist, ΔQ die zugeführte Energie in Form von Wärme, und ΔW die am System geleistete Arbeit. Hat die Zustandsänderung die Form $[0, 1] \ni t \mapsto (U(t), V(t))$ mit stetig differenzierbaren Funktionen $U(t)$, $V(t)$, $p(t) = p(U(t), V(t))$, so hat der erste Hauptsatz die Form

$$\dot{U} = \dot{Q} + \dot{W} \,,$$

wobei $U(t)$ die innere Energie zur Zeit t, $Q(t)$ die insgesamt bis zur Zeit t zugeführte Energie in Form von Wärme und $W(t)$ die bis zum Zeitpunkt t am System geleistete Arbeit ist und der Punkt˙die Ableitung nach der Zeit t kennzeichnet. Die am System geleistete Arbeit hat häufig die Form

$$\dot{W} = -p\,\dot{V} \,, \tag{3.4}$$

denn Arbeit ist „Kraft mal Weg", der Druck ist „Kraft durch Fläche", und „Fläche mal Weg" gibt dann gerade die Volumenänderung an. Formel (3.4) gilt dann, wenn der während der Zustandsänderung von außen auf den Rand des thermodynamischen Systems einwirkende Druck gleich dem Druck p des thermodynamischen Systems ist, was nicht bei allen Beispielen und Anwendungen der Fall ist. Falls (3.4) gültig ist, dann ist die Energieerhaltung gegeben durch

$$\dot{U} = \dot{Q} - p\dot{V} \,. \tag{3.5}$$

Als Anwendung des ersten Hauptsatzes der Thermodynamik betrachten wir die folgenden drei einfachen Beispiele:

Beispiel 1: Adiabatische Expansion Wir betrachten ein in einem Kolben eingeschlossenes ideales Gas aus N Teilchen der Masse m_A, siehe Abbildung 3.1. Der Kolben habe die Querschnittsfläche A, die Länge des Gasvolumens werde von ℓ_1 nach ℓ_2 vergrößert. Die innere Energie ändert sich dabei von U_1 nach U_2, der Druck von p_1 nach p_2. Das Gas tauscht keine Wärme mit der Außenwelt aus; eine solche Zustandsänderung wird als *adiabatisch* bezeichnet. Bekannt seien U_1, p_1, gesucht sind U_2, p_2. Aus der Zustandsgleichung

$$U = \frac{z}{2}pV$$

und der Energieerhaltung

$$\dot{U} = -p\dot{V}$$

folgt die Differentialgleichung

$$\dot{U} = \frac{z}{2}(\dot{p}V + p\dot{V}) = -p\dot{V}$$

und damit

$$\frac{z}{2}\dot{p}V = -\frac{z+2}{2}p\dot{V}\,.$$

Separation der Variablen und Integration liefert

$$\frac{\dot{p}}{p} = -\frac{z+2}{z}\frac{\dot{V}}{V} \quad \text{und} \quad pV^\kappa = \text{konstant} \quad \text{mit} \quad \kappa = 1 + \frac{2}{z}\,. \tag{3.6}$$

Man kann hier eine der Variablen über die Zustandsgleichung durch die innere Energie ersetzen, zum Beispiel gilt auch

$$UV^{\kappa-1} = \text{konstant}. \tag{3.7}$$

Aus diesen beiden Gleichungen folgt

$$p_2 = p_1\left(\frac{V_1}{V_2}\right)^\kappa = p_1\left(\frac{\ell_1}{\ell_2}\right)^\kappa$$

und

$$U_2 = U_1\left(\frac{V_1}{V_2}\right)^{\kappa-1} = U_1\left(\frac{\ell_1}{\ell_2}\right)^{\kappa-1}\,.$$

Die vom Gas geleistete Arbeit ist gerade

$$W = U_1 - U_2 = \left(1 - \left(\frac{\ell_1}{\ell_2}\right)^{\kappa-1}\right)U_1\,.$$

Beispiel 2: Expansion ohne mechanischen Energiegewinn Das Gas aus Beispiel 1 sei zunächst eingeschlossen in das Volumen V_1. Durch Entfernen einer Wand wird das Volumen auf V_2 vergrößert, ohne dass das Gas dabei Energie abgibt. Die innere Energie bleibt also erhalten, das Volumen vergrößert sich von V_1 auf V_2 und der Druck verringert sich von $p_1 = \dfrac{2U_1}{zV_1}$ auf

$$p_2 = \frac{2U_1}{zV_2} = p_1\frac{V_1}{V_2}\,.$$

Dieses Beispiel zeigt insbesondere, dass auch unter adiabatischen Randbedingungen nicht jede Volumenänderung eine Änderung der inneren Energie zur Folge haben muss. Insbesondere sind die Beziehungen (3.4) und (3.5) hier nicht anwendbar, da bei der Expansion kein Außendruck vorhanden ist, gegen den Arbeit geleistet werden muss. Im Unterschied zu Beispiel 1 haben wir

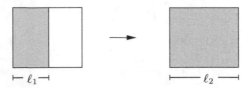

Abb. 3.2. Beispiel 2

hier auch keine „stetig differenzierbare" Zustandsänderung vorliegen; in der Praxis wird es einige Zeit dauern, bis sich nach dem Entfernen der Trennwand wieder ein thermodynamisches Gleichgewicht eingestellt hat.

Beispiel 3: Isotherme Expansion Wir betrachten wie in Beispiel 1 die Expansion eines idealen Gases aus N Teilchen der Masse m_A vom Volumen V_1 auf das Volumen V_2, diesmal sei der Kolben aber nicht thermisch isoliert, sondern in Kontakt mit einem Außenmedium gegebener Temperatur T. Bei der Expansion kühlt sich das Gas deshalb nicht ab, sondern nimmt Wärme aus dem Außenmedium auf. Der Druck ist dann in Abhängigkeit des Volumens gegeben durch

$$p = \frac{Nk_BT}{V} \,.$$

Die bei der Expansion vom System geleistete Arbeit ist demnach

$$-\Delta W = W_1 - W_2 = \int_{V_1}^{V_2} p(V)\,dV = Nk_BT \ln\frac{V_2}{V_1} \,.$$

Die inneren Energien vor und nach der Expansion sind gleich,

$$U_1 = U_2 = \tfrac{3}{2}Nk_BT \,.$$

Deshalb muss die bei der Expansion geleistete Arbeit als Wärmemenge aus dem umgebenden Medium aufgenommen werden,

$$\Delta Q = Q_2 - Q_1 = W_1 - W_2 = Nk_BT \ln\frac{V_2}{V_1} \,. \tag{3.8}$$

Die in Beispiel 1 und 3 beschriebenen Beziehungen gelten auch für entsprechende Kompressionsvorgänge, wenn $V_2 < V_1$ ist. Die resultierenden negativen Vorzeichen in der gewonnenen Arbeit, beziehungsweise der aufgenommenen Wärme in Beispiel 3, bedeuten, dass Arbeit aufgewendet, beziehungsweise Wärme abgegeben wird. Der Prozess aus Beispiel 2 kann nicht in umgekehrter Richtung durchlaufen werden. Die Prozesse in Beispiel 1 und 3 sind *reversibel*, der Prozess in Beispiel 2 ist *irreversibel*.

3.4 Der zweite Hauptsatz der Thermodynamik, die Entropie

Der zweite Hauptsatz der Thermodynamik ist eine präzise Formulierung der folgenden äquivalenten Beobachtungen:

(i) Wärme fließt nicht „von selbst", also ohne Einsatz anderer Energieformen, aus einem *kalten* in einen *warmen* Körper.

(ii) Man kann durch „bloßes" Abkühlen eines Reservoirs keine mechanische Energie oder Arbeit gewinnen.

Der zweite Hauptsatz der Thermodynamik postuliert, dass es einen wesentlichen physikalischen Unterschied gibt zwischen „mechanisch nutzbarer" Energie und „mechanisch nicht nutzbarer" Energie, der im ersten Hauptsatz keine Rolle spielt. Dieser Unterschied ist auch dann wichtig, wenn gar keine Energie übertragen wird, wie man an den beiden obigen Beispielen aus Abschnitt 3.3 sehen kann. Bei Beispiel 1 hatten wir aus der inneren Energie mechanisch nutzbare Energie durch Expansion entnommen. Bei Beispiel 2 hatten wir keine mechanisch nutzbare Energie gewonnen, dafür ist die innere Energie des „expandierten" Gases gleich geblieben, und die Temperatur ist damit höher als beim Resultat von Beispiel 1. Nach dem zweiten Hauptsatz ist es nicht mehr ohne weiteres möglich, aus dem Endzustand von Beispiel 2 zum Endzustand von Beispiel 1 zu gelangen, da dies ja dem Gewinn von mechanisch nutzbarer Energie durch bloßes Abkühlen eines Wärmereservoirs entsprechen würde. In diesem Sinn ist durch die in Beispiel 2 beschriebene Zustandsänderung mechanisch nutzbare Energie verlorengegangen. Umgekehrt kann man sehr wohl vom Endzustand von Beispiel 1 unter Verwendung der bei Beispiel 1 gewonnenen mechanischen Energie zum Endzustand von Beispiel 2 kommen, indem man etwa den Kolben adiabatisch komprimiert, dabei die gewonnene mechanische Energie wieder einsetzt, und danach die Zustandsänderung von Beispiel 2 durchführt.

Aus dieser Beobachtung folgt die Erkenntnis, dass man durch „ungeschickte" Zustandsänderungen mechanisch nutzbare Energie „verlieren" kann im Sinne, dass diese Energie in „mechanisch nicht nutzbare" Energie transformiert wird. Bei adiabatischen Zustandsänderungen kann als Kriterium für diesen Verlust der Wert von $\dot{U} + p\dot{V}$ dienen: Gilt

$$\dot{U} + p\dot{V} = 0\,, \tag{3.9}$$

so wird keine mechanisch nutzbare Energie verloren, denn jede Änderung der inneren Energie fließt in oder stammt aus einer mechanischen Leistung $p\dot{V}$. Gilt dagegen

$$\dot{U} + p\dot{V} > 0\,, \tag{3.10}$$

so verlieren wir mechanisch nutzbare Energie.

Die wissenschaftlich exakte Formulierung dieser Beobachtungen führt auf eine weitere wichtige Zustandsgröße, die *Entropie*. Zur Einführung der Entropie betrachten wir zunächst *Wärmekraftmaschinen*.

Wärmekraftmaschinen

Wärmekraftmaschinen erzeugen mechanische Energie, indem sie Wärme aus einem *warmen* Reservoir entnehmen und *einen Teil* der aufgenommenen Wärme in ein kaltes Reservoir abgeben. Sie verstoßen dabei *nicht* gegen den zweiten Hauptsatz der Thermodynamik, denn sie nutzen zur Gewinnung von mechanischer Energie einen *vorhandenen Temperaturunterschied* aus.

Die für theoretische Zwecke wichtigste Wärmekraftmaschine ist durch den *Carnotschen Kreisprozess* gegeben. Dieser ist dadurch charakterisiert, dass Wärme nur zu zwei verschiedenen Temperaturen T_1 und T_2 abgegeben oder aufgenommen wird. Der Carnot–Prozess besteht daher aus zwei isothermen Prozessschritten, an denen Wärme abgegeben und aufgenommen wird, und zwei adiabatischen Prozessschritten, mit denen die beiden Temperaturen T_1 und T_2 verbunden werden. Er ist schematisch in Abbildung 3.3 durch ein T–V–Diagramm und ein p–V–Diagramm charakterisiert.

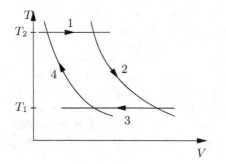 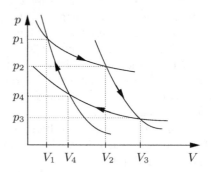

Abb. 3.3. Der Carnotsche Kreisprozess

Die vier Prozessstufen bestehen aus

1. einer isothermen Expansion,

2. einer adiabatischen Expansion,

3. einer isothermen Kompression,

4. einer adiabatischen Kompression.

Bei einem idealen Gas als Arbeitsmedium geschieht in diesen Prozessstufen folgendes:

1. Die Maschine expandiert, während sie in Kontakt mit einem heißen Reservoir der Temperatur T_2 ist. Dabei wird die mechanische Arbeit W_1 erzeugt, die innere Energie bleibt konstant, die Wärmemenge $Q_1 = W_1$ wird aus dem heißen Reservoir aufgenommen. Die Temperatur bleibt konstant bei T_2, das Volumen wird größer, der Druck kleiner.

2. Die Maschine wird nun thermisch isoliert und expandiert weiter. Dabei wird die Arbeit W_2 erzeugt; da keine Wärmezufuhr von außen erfolgt, führt dies zur Verminderung der inneren Energie um W_2. Die Temperatur fällt von T_2 auf T_1, das Volumen wird größer, der Druck kleiner.

3. Die Maschine wird nun in Kontakt mit dem kalten Reservoir der Temperatur T_1 gebracht und komprimiert. Dadurch wird mechanische Arbeit $-W_3$ zugeführt. Die Temperatur ist konstant bei T_1, also ändert sich die innere Energie nicht. Die Maschine gibt die Wärmemenge $-Q_3 = -W_3$ an das kalte Reservoir ab. Das Volumen wird kleiner, der Druck größer.

4. Die Maschine wird wieder thermisch isoliert und weiter komprimiert. Dazu muss die Arbeit $-W_4$ aufgewendet werden. Da keine Wärme zu- oder abfließt, ändert dies die innere Energie um W_4. Die Temperatur erhöht sich von T_1 auf T_2, das Volumen wird kleiner, der Druck größer.

Man kann die in einem Umlauf gewonnene Arbeit leicht aus dem Resultat (3.8) von Beispiel 3 und dem Energieerhaltungssatz ausrechnen: In Prozessschritt 1 wird die Wärmemenge

$$Q_1 = N k_B T_2 \ln \frac{V_2}{V_1}$$

aufgenommen, in Prozessschritt 3 die Wärmemenge $-Q_2$ mit

$$Q_2 = N k_B T_1 \ln \frac{V_4}{V_3}$$

abgegeben. Aus dem Energieerhaltungssatz folgt dann, dass die mechanische Arbeit

$$W = Q_1 + Q_2 = N k_B \left(T_2 \ln \frac{V_2}{V_1} + T_1 \ln \frac{V_4}{V_3} \right)$$

gewonnen wird. Der *Wirkungsgrad* der Maschine ist das Verhältnis der gewonnenen mechanischen Arbeit und der aus dem heißen Reservoir entnommenen Wärmemenge:

$$\eta = \frac{W}{Q_1} = 1 + \frac{T_1}{T_2} \frac{\ln(V_4/V_3)}{\ln(V_2/V_1)} .$$

Die in das kalte Reservoir abgegebene Wärme konnte von der Wärmekraftmaschine nicht als mechanische Energie genutzt werden.

Wir werden nun den Wirkungsgrad weiter vereinfachen. Dazu benötigen wir die genaue Form der Linien im Prozessdiagramm. Auf den isothermen Linien gilt

$$pV = N k_B T = \text{konstant}.$$

Auf den adiabatischen Linien gilt nach (3.6)

$$pV^\kappa = \text{konstant}$$

mit $\kappa = 1 + 2/z$. Insgesamt gilt also für die Daten auf den „Schaltpunkten" des Carnot–Prozesses

$$Nk_BT_1 = p_3V_3 = p_4V_4, \quad Nk_BT_2 = p_1V_1 = p_2V_2$$

und

$$p_1V_1^\kappa = p_4V_4^\kappa, \quad p_2V_2^\kappa = p_3V_3^\kappa.$$

Aus diesen Identitäten ergibt sich

$$\frac{T_1}{T_2} = \frac{p_3V_3}{p_2V_2} = \frac{p_3V_3^\kappa V_3^{1-\kappa}}{p_2V_2^\kappa V_2^{1-\kappa}} = \frac{V_3^{1-\kappa}}{V_2^{1-\kappa}}$$

und analog

$$\frac{T_1}{T_2} = \frac{p_4V_4}{p_1V_1} = \frac{V_4^{1-\kappa}}{V_1^{1-\kappa}}.$$

Dies impliziert

$$\frac{V_3}{V_2} = \frac{V_4}{V_1}, \quad \text{oder} \quad \frac{V_1}{V_2} = \frac{V_4}{V_3} \quad \text{und damit} \quad \frac{\ln(V_4/V_3)}{\ln(V_2/V_1)} = -1.$$

Der Wirkungsgrad des Carnot–Prozesses ist demnach

$$\eta = 1 - \frac{T_1}{T_2}.$$

Die Maschine ist also um so effizienter, je größer der Temperaturunterschied zwischen heißem und kaltem Reservoir ist, oder je näher T_1 am absoluten Nullpunkt $T = 0$ ist.

Der Carnotsche Kreisprozess erlaubt es, aus *vorhandenen Temperaturunterschieden* mechanische Arbeit zu gewinnen. Eine wichtige Folgerung daraus ist:

> Wenn Wärme von einem heißen in einen kalten Bereich fließt,
> wird *mechanisch nutzbare* Energie in *mechanisch nicht nutzbare*
> Energie umgewandelt und geht in diesem Sinne „verloren".

Eine wesentliche Eigenschaft des Carnotschen Kreisprozesses ist der Wärmeaustausch bei *gleicher* Temperatur. Dies lässt sich in der Praxis nicht realisieren: Wenn Wärme vom heißen Reservoir zur Maschine fließen soll, braucht man einen Temperaturunterschied. Je kleiner der Temperaturunterschied ist, desto mehr Zeit wird für den Wärmetransport benötigt. Ein Zyklus in einem Carnotschen Kreisprozess würde deshalb unendlich viel Zeit in Anspruch nehmen. Der Wärmeaustausch *ohne Temperaturdifferenz* ist jedoch wesentlich für *reversible* Prozesse: Wenn zwischen der Maschine und dem Reservoir während des Wärmeaustausches eine Temperaturdifferenz besteht, kann man diesen Prozessschritt *nicht* mehr umkehren, da ja dann Wärme von einem kälteren in einen heißeren Bereich fließen müsste. In diesem Sinne sind *alle reversiblen Prozesse*, bei denen Wärmetransport stattfindet, *Idealisierungen.*

Man kann durch einfache Überlegungen aus dem zweiten Hauptsatz der Thermodynamik folgern, dass *alle reversiblen* Wärmekraftmaschinen aus zwei isothermen und zwei adiabatischen Prozessschritten mit denselben Arbeitstemperaturen denselben Wirkungsgrad haben müssen:

Satz 3.2. *Der Wirkungsgrad jeder reversiblen Wärmekraftmaschine mit zwei adiabatischen und zwei isothermen Prozessschritten und Wärmeaustausch bei den Temperaturen T_1 und T_2 mit $T_1 < T_2$ ist*

$$\eta = 1 - \frac{T_1}{T_2}. \tag{3.11}$$

Begründung: Wir betrachten zwei reversible Wärmekraftmaschinen I und II vom beschriebenen Typ. Maschine I nimmt bei Temperatur T_2 die Wärmemenge Q_2^I auf und gibt bei Temperatur T_1 die Wärmemenge $-Q_1^I$ ab, die entsprechenden Daten bei Maschine II seien Q_2^{II} und Q_1^{II}. Die in einem Prozessschritt geleistete Arbeit soll bei beiden Maschinen gleich sein,

$$W = Q_2^I + Q_1^I = Q_2^{II} + Q_1^{II}.$$

Die Wirkungsgrade sind also $\eta^I = \dfrac{W}{Q_2^I}$ für Maschine I und $\eta^{II} = \dfrac{W}{Q_2^{II}}$ für Maschine II. Bei unterschiedlichen Wirkungsgraden muss also

$$Q_2^I \neq Q_2^{II}$$

gelten. Falls zum Beispiel $Q_2^I > Q_2^{II}$ gilt, dann kann man Maschine I rückwärts laufen lassen und an Maschine II koppeln. Die gekoppelte Maschine benötigt in der Summe keine Energie und transportiert die Wärmemenge $Q_2^I - Q_2^{II} > 0$ vom kalten in das heiße Reservoir, im Widerspruch zum zweiten Hauptsatz der Thermodynamik.   □

Definition der Entropie

Wir werden nun aus dem Wirkungsgrad des Carnotschen Kreisprozesses einige wichtige Folgerungen ziehen, die für *alle pVT*-Systeme gültig sind. Dazu betrachten wir einen Carnotschen Kreisprozess mit den im (V, T)-Diagramm aus Abbildung 3.3 skizzierten „Schaltpunkten" (V_1, T_2), (V_2, T_2), (V_3, T_1) und

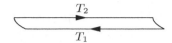

Abb. 3.4. Grenzübergang im Carnotschen Kreisprozess

(V_4, T_1); die entsprechende Prozesskurve im (V, T)–Diagramm wird mit Γ bezeichnet. Die aus dem „heißen" Reservoir aufgenommene Wärme kann man mit Hilfe des ersten Hauptsatzes (3.5) durch das Linienintegral

$$Q_1 = \int_{V_1}^{V_2} \left(\frac{\partial U}{\partial V}(T_2, V) + p(T_2, V) \right) dV$$

darstellen. Die insgesamt vom System geleistete Arbeit ist

$$W = \int_\Gamma p(T, V)\, dV\,.$$

Aus dem Wirkungsgrad (3.11) des Kreisprozesses folgt

$$W = \left(1 - \frac{T_1}{T_2} \right) Q_1\,.$$

Es gilt also

$$\int_{V_1}^{V_2} \left(\frac{\partial U}{\partial V}(T_2, V) + p(T_2, V) \right) dV = \frac{T_2}{T_2 - T_1} \int_\Gamma p(T, V)\, dV\,.$$

Der Grenzübergang $T_1 \to T_2 =: T$ liefert, wie in Abbildung 3.4 skizziert,

$$\int_{V_1}^{V_2} \left(\frac{\partial U}{\partial V}(T, V) + p(T, V) \right) dV = T \int_{V_1}^{V_2} \frac{\partial p}{\partial T}(T, V)\, dV\,.$$

Division durch $V_2 - V_1$ und Grenzübergang $V_1 \to V_2 =: V$ liefert die *Clapeyronsche Formel*

$$\frac{\partial U}{\partial V}(T, V) + p(T, V) = T \frac{\partial p}{\partial T}(T, V)\,. \tag{3.12}$$

Mit Hilfe dieser Formel zeigen wir folgenden

Satz 3.3. *Die Abbildungen* $(T, V) \mapsto U(T, V)$ *und* $(T, V) \mapsto p(T, V)$ *seien zweimal stetig differenzierbar. Dann besitzt das Vektorfeld*

$$\begin{pmatrix} T \\ V \end{pmatrix} \mapsto \begin{pmatrix} \frac{1}{T} \frac{\partial U}{\partial T}(T, V) \\ \frac{1}{T} \left(\frac{\partial U}{\partial V}(T, V) + p(T, V) \right) \end{pmatrix}$$

ein Potential $\widetilde{S} = \widetilde{S}(T, V)$.

Beweis. Es genügt zu zeigen, dass

$$\frac{\partial}{\partial V}\left(\frac{1}{T}\frac{\partial U}{\partial T}(T,V)\right) = \frac{\partial}{\partial T}\left(\frac{1}{T}\left(\frac{\partial U}{\partial V}(T,V) + p(T,V)\right)\right).$$

Die linke Seite ist gegeben durch

$$\frac{1}{T}\frac{\partial^2 U}{\partial T\partial V},$$

und die rechte Seite lautet

$$-\frac{1}{T^2}\left(\frac{\partial U}{\partial V}(T,V) + p(T,V)\right) + \frac{1}{T}\left(\frac{\partial^2 U}{\partial T\partial V}(T,V) + \frac{\partial p}{\partial T}(T,V)\right)$$
$$= \frac{1}{T}\frac{\partial^2 U}{\partial T\partial V}(T,V).$$

Damit ist die Aussage bewiesen. □

Wir wollen nun die Größe $\widetilde{S}$ als Funktion von U und V darstellen. Um Variablen und Funktionen auseinanderzuhalten, werden wir die Funktion $(T,V) \mapsto U(T,V)$ nun mit $\widetilde{U}$ und $(T,V) \mapsto p(T,V)$ mit $\widetilde{p}$ bezeichnen. Für

$$S(U,V) = \widetilde{S}\big(\widetilde{T}(U,V),V\big),$$

wobei $(U,V) \mapsto \widetilde{T}(U,V)$ die bezüglich T invertierte Funktion $(T,V) \mapsto \widetilde{U}(T,V)$ ist, gilt dann

$$\frac{\partial S}{\partial U}(U,V) = \frac{\partial\widetilde{S}}{\partial T}\big(\widetilde{T}(U,V),V\big)\frac{\partial\widetilde{T}}{\partial U}(U,V) = \frac{1}{T}\frac{\partial\widetilde{U}}{\partial T}\big(\widetilde{T}(U,V),V\big)\frac{\partial\widetilde{T}}{\partial U}(U,V) = \frac{1}{T}$$

und

$$\frac{\partial S}{\partial V}(U,V) = \frac{\partial\widetilde{S}}{\partial T}\big(\widetilde{T}(U,V),V\big)\frac{\partial\widetilde{T}}{\partial V}(U,V) + \frac{\partial\widetilde{S}}{\partial V}\big(\widetilde{T}(U,V),V\big)$$
$$= \frac{1}{T}\frac{\partial\widetilde{U}}{\partial T}\big(\widetilde{T}(U,V),V\big)\frac{\partial\widetilde{T}}{\partial V}(U,V) + \frac{1}{T}\left(\frac{\partial\widetilde{U}}{\partial V}\big(\widetilde{T}(U,V),V\big) + \widetilde{p}\big(\widetilde{T}(U,V),V\big)\right).$$

Aus

$$0 = \frac{\partial}{\partial V}\big(\widetilde{U}\big(\widetilde{T}(U,V),V\big)\big) = \frac{\partial\widetilde{U}}{\partial T}\big(\widetilde{T}(U,V),V\big)\frac{\partial\widetilde{T}}{\partial V}(U,V) + \frac{\partial\widetilde{U}}{\partial V}\big(\widetilde{T}(U,V),V\big)$$

folgt

$$\frac{\partial S}{\partial V}(U,V) = \frac{\widetilde{p}\big(\widetilde{T}(U,V),V\big)}{T}.$$

Es gilt also

$$\frac{\partial S(U,V)}{\partial U} = \frac{1}{T} \quad \text{und} \quad \frac{\partial S(U,V)}{\partial V} = \frac{p}{T}, \tag{3.13}$$

wobei T und p hier als Funktionen von U und V aufgefasst werden. Diese Formeln heißen *Gibbssche Formeln*.

Definition 3.4. *Die Funktion* $(U, V) \mapsto S(U, V)$ *heißt Entropie.*

Die Bezeichnung *Entropie* wurde von Rudolf Clausius geprägt, sie geht zurück auf das griechische Wort für *Verwandlung*.

Mit Hilfe der Entropie kann man nun eine präzisere Formulierung des zweiten Hauptsatzes der Thermodynamik finden. Wir betrachten dazu ein thermodynamisches System mit einem abstrakten Zustandsraum Z und einer Entropiefunktion $S : Z \to \mathbb{R}$. Ein pVT–System mit Zustandsgleichung $f(T, p, V) = 0$ hat beispielsweise den Zustandsraum $Z = \{(T, p, V) \,|\, T, p, V \geq 0, \ f(T, p, V) = 0\}$.

Definition 3.5. *Eine Zustandsänderung* $t \mapsto z(t) \in Z$ *in einem thermodynamischen System mit Zustandsraum* Z *und Entropiefunktion* $S : Z \to \mathbb{R}$ *erfüllt den zweiten Hauptsatz der Thermodynamik, wenn für* $t \mapsto S(t) = S(z(t))$ *gilt:*

$$\dot{S} \geq \frac{\dot{Q}}{T}. \tag{3.14}$$

Dabei ist T *die absolute Temperatur und* $Q(t)$ *die bis zum Zeitpunkt* t *insgesamt zugeführte Wärmemenge.*
Für adiabatische *Zustandsänderungen folgt aus* (3.14)

$$\dot{S} \geq 0.$$

Auf der Basis der Entropie kann man auch *reversible* (umkehrbare) und *irreversible* (nicht umkehrbare) Zustandsänderungen charakterisieren:

Definition 3.6. *In einem thermodynamischen System mit Zustandsraum* Z *und Entropie* $S : Z \to \mathbb{R}$ *heißt eine stetig differenzierbare Zustandsänderung* $[0, 1] \to Z$

reversibel, wenn $\dot{S} = \dfrac{\dot{Q}}{T}$,

irreversibel, wenn $S(1) - S(0) > \displaystyle\int_0^1 \frac{\dot{Q}(t)}{T(t)} \, dt$.

Für ein ideales Gas kann man die Entropie berechnen mit Hilfe der Zustandsgleichung

$$pV = Nk_BT$$

und der Formel

$$U = \frac{z}{2} Nk_BT$$

für die innere Energie. Es gilt

$$\frac{\partial S}{\partial U} = \frac{1}{T} = \frac{z}{2} N k_B \frac{1}{U} \quad \text{und} \tag{3.15}$$

$$\frac{\partial S}{\partial V} = \frac{p}{T} = \frac{N k_B}{V}. \tag{3.16}$$

Aus der ersten Gleichung folgt $S(U,V) = \frac{z}{2} N k_B \ln \frac{U}{U_0} + c(V)$ und dann durch Einsetzen in die zweite Gleichung $c'(V) = \frac{N k_B}{V}$, also $c(V) = N k_B \ln \frac{V}{V_0}$. Die Größen U_0 und V_0 hier sind Referenzwerte für die innere Energie und das Volumen. Sie sind insbesondere deshalb notwendig, weil U und V Größen mit einer physikalischen Dimension sind, und deshalb Ausdrücke wie $\ln U$ und $\ln V$ nicht sinnvoll definiert sind. Außerdem lassen sich die Integrationskonstanten durch geeignete Wahl von U_0 und V_0 definieren. Der Werte der Integrationskonstanten ist meistens unwichtig, weil in der Regel nur *Entropieänderungen* eine Rolle spielen. Insgesamt gilt

$$S(U,V) = \frac{z}{2} N k_B \ln \frac{U}{U_0} + N k_B \ln \frac{V}{V_0}.$$

Mit Hilfe der Zustandsgleichung $pV = N k_B T$ und der Formel $U = \frac{z}{2} N k_B T$ für die innere Energie kann man die Entropie auch als Funktion anderer Variabler ausdrücken, zum Beispiel als Funktion von Temperatur und Volumen

$$S(T,V) = \frac{z}{2} N k_B \ln \frac{T}{T_0} + N k_B \ln \frac{V}{V_0}$$

mit Referenztemperatur $T_0 = \frac{2 U_0}{z N k_B}$, oder als Funktion von Temperatur und Druck

$$S(T,p) = \frac{z+2}{2} N k_B \ln \frac{T}{T_0} - N k_B \ln \frac{p}{p_0}$$

mit Referenzdruck $p_0 = \frac{N k_B T_0}{V_0}$. Die Gibbsschen Formeln (3.13) sind allerdings nur für S als Funktion von U und V gültig.

Als Anwendung bestimmen wir die Entropieänderung für die Beispiele 1 und 2 am Ende von Abschnitt 3.3. In Beispiel 1, der adiabatischen Expansion, wurde der Zustand (U_1, V_1) mit Entropie

$$S_1 = \frac{z}{2} N k_B \ln \frac{U_1}{U_0} + N k_B \ln \frac{V_1}{V_0}$$

transformiert in den Zustand (U_2, V_2) mit $U_2 = U_1 \left(\frac{V_1}{V_2} \right)^{2/z}$ und Entropie

$$S_2 = \frac{z}{2} N k_B \ln \frac{U_2}{U_0} + N k_B \ln \frac{V_2}{V_0}.$$

Wegen $\ln \frac{U_2}{U_0} = \ln \frac{U_1}{U_0} + \frac{2}{z} \ln \frac{V_1}{V_2}$ folgt $S_1 = S_2$. Die Entropie hat sich also nicht geändert, die Zustandsänderung ist damit *reversibel*. In Beispiel 2 ist $U_2 = U_1$ und $V_2 > V_1$, damit ist

$$S_2 = \frac{z}{2} N k_B \ln \frac{U_1}{U_0} + N k_B \ln \frac{V_2}{V_0} > S_1.$$

Die Zustandsänderung ist also irreversibel.

Die reziproke Temperatur als integrierender Faktor

Am Beginn dieses Abschnittes haben wir reversible und irreversible Zustandsänderungen in einem pVT–System durch die Beziehungen (3.9) und (3.10) charakterisiert. Ein Ziel unserer Überlegungen war es, eine skalare Größe zu finden, die für zwei durch eine reversible Zustandsänderung „verbundene" Zustände denselben Wert hat, bei irreversiblen Zustandsänderungen dagegen ansteigt. Aus (3.9) und (3.10) kann man als sinnvolle Wahl einer solchen Größe ein *Potential* Σ des Vektorfeldes

$$\begin{pmatrix} U \\ V \end{pmatrix} \mapsto \begin{pmatrix} 1 \\ p(U,V) \end{pmatrix}$$

vermuten, also eine Funktion $\Sigma = \Sigma(U,V)$ mit

$$\frac{\partial \Sigma}{\partial U} = 1 \quad \text{und} \quad \frac{\partial \Sigma}{\partial V} = p \,.$$

In diesem Fall gilt nämlich für jede differenzierbare Zustandsänderung $t \mapsto (U(t), V(t))$

$$\frac{d}{dt} \Sigma(U(t), V(t)) = \dot{U}(t) + p(U(t), V(t)) \, \dot{V}(t) \,.$$

Allerdings besitzt nicht jedes Vektorfeld ein Potential, und insbesondere wird $(U,V) \mapsto (1, p(U,V))$ im Allgemeinen kein Potential haben. Aus der Definition der Entropie ist jedoch ersichtlich, dass das Vektorfeld

$$(U,V) \mapsto \frac{1}{T(U,V)} \begin{pmatrix} 1 \\ p(U,V) \end{pmatrix}$$

ein Potential hat, wobei man die absolute Temperatur hier als Funktion von U und V auffassen muss. Die reziproke Temperatur $1/T$ spielt hier die Rolle eines sogenannten *integrierenden Faktors*.

Definition 3.7. *Es sei* $v : \mathbb{R}^n \mapsto \mathbb{R}^n$ *ein Vektorfeld. Eine Funktion* $\lambda : \mathbb{R}^n \mapsto \mathbb{R}$ *heißt* integrierender Faktor *des Vektorfeldes* v, *wenn* λv *ein Potential besitzt, wenn es also eine Funktion* $\varphi : \mathbb{R}^n \to \mathbb{R}$ *gibt mit*

$$\frac{\partial \varphi}{\partial x_j} = \lambda v_j \,.$$

Die Rolle der reziproken Temperatur als integrierender Faktor zu $(U,V) \mapsto (1, p(U,V))$ mit der Entropie als Potential kann man zu einem alternativen Zugang zur Definition der Entropie ausbauen.

Entropie und thermodynamisches Gleichgewicht

Mit Hilfe der Entropie kann man eine notwendige Bedingung für das thermodynamische Gleichgewicht eines Systems unter *adiabatischen* Randbedingungen formulieren, also bei Systemen, die thermisch isoliert sind, so dass keine Energie in Form von Wärme zu- oder abfließt. Wir betrachten dazu ein thermodynamisches Verbundsystem aus zwei Teilsystemen. Ein typisches Beispiel ist ein Gefäß, das durch eine Trennwand oder eine Membran unterteilt ist; in den beiden Teilen sind möglicherweise verschiedene Substanzen, oder verschiedene Phasen beziehungsweise Aggregatzustände (fest, flüssig, gasförmig) derselben Substanz. Die Trennwand kann den Austausch bestimmter Größen erlauben oder verhindern, sie kann zum Beispiel thermisch isoliert oder thermisch durchlässig sein, fest oder beweglich. Ziel ist es, das thermodynamische Gleichgewicht zu charakterisieren. Eine wichtige Anwendung des thermodynamischen Gleichgewichts zweier Teilsysteme ist die Bestimmung des Schmelz- oder Siedepunktes einer Substanz, die beiden Teilsysteme entsprechen dann den beiden Phasen (die feste und die flüssige oder die flüssige und die gasförmige) des Materials.

Ein wichtiges Kriterium zur Bestimmung des thermodynamischen Gleichgewichts ist der folgende Satz:

Satz 3.8. *(Clausius) Ein thermodynamisches System unter adiabatischen Randbedingungen ist im thermodynamischen Gleichgewicht, wenn die Entropie maximal ist.*

Diese Aussage folgt aus der Beobachtung, dass die Entropie bei adiabatischen Zustandsänderungen höchsten wachsen kann. Wenn die Entropie also ihr Maximum annimmt, dann ist keine weitere Zustandsänderung mehr möglich, und das charakterisiert gerade das thermodynamische Gleichgewicht.

Als Anwendung des Satzes von Clausius betrachten wir ein Gefäß mit festgehaltenem Volumen V, das durch eine bewegliche Membran in zwei Teilvolumina V_1 und $V_2 = V - V_1$ getrennt wird. Die Membran sei wärmedurchlässig, so dass Wärmefluss von einem Teilsystem in das andere möglich ist. Wir bezeichnen die Temperatur, die innere Energie, die Entropie und den Druck in Teilsystem i für $i = 1, 2$ jeweils mit T_i, U_i, S_i und p_i. Die gesamte innere Energie ist dann $U = U_1 + U_2$, die Entropie $S = S_1 + S_2$. Mit $S_i = S_i(U_i, V_i)$ kann man die Entropie des Gesamtsystems schreiben als

$$S(U_1, V_1) = S_1(U_1, V_1) + S_2(U - U_1, V - V_1).$$

Ein notwendiges Kriterium für ein Maximum ist

$$\frac{\partial S}{\partial U_1} = \frac{\partial S_1}{\partial U_1} - \frac{\partial S_2}{\partial U_2} = \frac{1}{T_1} - \frac{1}{T_2} = 0 \quad \text{und}$$

$$\frac{\partial S}{\partial V_1} = \frac{\partial S_1}{\partial V_1} - \frac{\partial S_2}{\partial V_2} = \frac{p_1}{T_1} - \frac{p_2}{T_2} = 0.$$

Das Gleichgewicht ist also charakterisiert durch

$$T_1 = T_2 \quad \text{und} \quad p_1 = p_2 \,,$$

also der *Stetigkeit* von Temperatur und Druck.

3.5 Thermodynamische Potentiale

Wir betrachten eine beliebige reversible Zustandsänderung $t \mapsto (U(t), V(t))$ in einem pVT–System. Umstellen der Beziehung

$$\dot{S} = \frac{1}{T}\dot{U} + \frac{p}{T}\dot{V}$$

liefert

$$\dot{U} = T\dot{S} - p\dot{V} \,.$$

Wenn man U als Funktion von S und V schreibt, dann gilt

$$\dot{U} = \frac{\partial U}{\partial S}\dot{S} + \frac{\partial U}{\partial V}\dot{V} \,.$$

Da diese Beziehung für alle Zustandsänderungen gilt, kann man folgern, dass die Gleichungen

$$\frac{\partial U}{\partial S} = T, \quad \frac{\partial U}{\partial V} = -p$$

erfüllt sein müssen. Man kann nun durch eine einfache mathematische Transformation, der sogenannten *Legendre–Transformation*, die wir im nächsten Abschnitt kurz erläutern werden, weitere energieähnliche Funktionen gewinnen, bei denen die Rollen von S und V als Variable und von T und $-p$ als partielle Ableitungen vertauscht werden: Für die *freie Energie*

$$F(T, V) := U - TS$$

als Funktion von T und V gilt:

$$\dot{F} = \dot{U} - \dot{T}S - T\dot{S} = -S\dot{T} - p\dot{V}$$

und damit

$$\frac{\partial F(T, V)}{\partial T} = -S, \quad \frac{\partial F(T, V)}{\partial V} = -p \,.$$

Für die *Enthalpie*

$$H(S, p) := U + pV$$

als Funktion von S und p gilt:

$$\dot{H} = \dot{U} + \dot{p}V + p\dot{V} = T\dot{S} + V\dot{p}$$

und damit

$$\frac{\partial H(S,p)}{\partial S} = T\,, \quad \frac{\partial H(S,p)}{\partial p} = V\,.$$

Für die *freie Enthalpie*

$$G(T,p) := U - TS + pV$$

als Funktion von T und p gilt:

$$\dot{G} = \dot{U} - \dot{T}S - T\dot{S} + \dot{p}V + p\dot{V} = -S\dot{T} + V\dot{p}$$

und damit

$$\frac{\partial G(T,p)}{\partial T} = -S\,, \quad \frac{\partial G(T,p)}{\partial p} = V\,.$$

Die freie Enthalpie ist auch als *Gibbssche freie Energie* bekannt. Die Funktionen $(T,V) \mapsto F(T,V)$, $(S,p) \mapsto H(S,p)$, $(T,p) \mapsto G(T,p)$ heißen *thermodynamische Potentiale*. Sie sind zum Beispiel wichtig, wenn man *Gleichgewichtsbedingungen* für thermodynamische Systeme unter verschiedenen *Nebenbedingungen* formulieren möchte. Dazu koppelt man den ersten und zweiten Hauptsatz der Thermodynamik mit den Zeitableitungen von F, H, G und leitet aus daraus gewonnenen Ungleichungen durch eine ähnliche Überlegung wie in der Begründung des Satzes von Clausius die gewünschten Gleichgewichtsbedingungen ab. Den ersten Hauptsatz schreibt man in der Form

$$\dot{U} = \dot{Q} + \dot{W} = \dot{Q} - p_0\dot{V}\,,$$

wobei $\dot{W} = -p_0\dot{V}$ die Rate der dem System zugeführten Arbeit ist. Diese Arbeit wird durch Kompressions- oder Expansionsvorgänge realisiert, p_0 bezeichnet dabei den von außen auf den Rand des Systems einwirkenden Druck. Dieser kann, muss aber nicht mit dem Druck p im System übereinstimmen, wie die beiden Beispiele aus Abschnitt 3.3 zeigen. In Beispiel 1 ist $p_0 = p$, während man bei Beispiel 2 keine Abfuhr von mechanischer Energie hat und deshalb $p_0 = 0$ zu setzen ist. Kombination mit dem zweiten Hauptsatz

$$\dot{S} \geq \frac{\dot{Q}}{T}$$

liefert

$$\dot{U} \leq T\dot{S} - p_0\dot{V}\,.$$

Daraus kann man folgende Gleichgewichtsbedingungen herleiten:

Isothermer, isochorer Fall: Mit $\dot{T} = 0$, $\dot{V} = 0$ folgt aus

$$\frac{d}{dt}(U - TS) \leq -S\dot{T} - p_0\dot{V} = 0\,,$$

dass die freie Energie $F = U - TS$ durch mögliche Zustandsänderungen nicht zunehmen kann. Das Gleichgewicht ist also charakterisiert durch das *Minimum der freien Energie $F = U - TS$*.

Adiabatischer, isobarer Fall: Aus $\dot{S} = 0$ und $\dot{p} = 0$ sowie der Annahme $p_0 = p$
folgt

$$\frac{d}{dt}(U + pV) \leq T\dot{S} + V\dot{p} = 0\,.$$

Das Gleichgewicht ist demnach durch das *Minimum der Enthalpie $H =$
$U + pV$* bestimmt.

Isothermer, isobarer Fall: Aus $\dot{T} = 0$ und $\dot{p} = 0$ sowie $p = p_0$ folgt

$$\frac{d}{dt}(U - TS + pV) \leq -S\dot{T} + V\dot{p} = 0\,.$$

Das Gleichgewicht ist also durch das *Minimum der freien Enthalpie $G =$
$U - TS + pV$* charakterisiert.

Für die Formulierung der Gleichgewichtsbedingung muss man also gerade
dasjenige thermodynamische Potential wählen, dessen „kanonische Variablen"
unter den betrachteten Nebenbedingungen konstant sind.

3.6 Die Legendre–Transformation

Die Herleitung der thermodynamischen Potentiale aus der inneren Energie
im vorhergehenden Abschnitt geschieht durch Anwendungen einer mathematischen Transformation, der sogenannten *Legendre–Transformation*. Die
Legendre–Transformation ist nicht nur in der Thermodynamik wichtig, sondern zum Beispiel auch in der Mechanik beim Zusammenhang zwischen
dem Lagrange– und dem Hamilton–Formalismus, den wir in Abschnitt 4.2
erläutern werden, oder bei Optimierungsproblemen. Wir werden hier die Definition und die wichtigsten Eigenschaften der Legendre–Transformation kurz
skizzieren.

Definition 3.9. *Es sei $f : \mathbb{R}^n \to \mathbb{R}$ eine stetig differenzierbare Funktion. Die
Ableitung $y^\star$ von f mit Komponenten*

$$y_j^\star(x) := \frac{\partial f}{\partial x_j}(x)$$

sei invertierbar, das heißt, es gibt eine Funktion

$$x^\star : \mathbb{R}^n \to \mathbb{R}^n \quad mit \quad y^\star(x^\star(y)) = y \quad \text{für alle } y \in \mathbb{R}^n\,.$$

Dann heißt

$$f^\star(y) := x^\star(y) \cdot y - f(x^\star(y))$$

die Legendre–Transformierte *von f.*

Für die Legendre–Transformierte gilt die Beziehung

$$\frac{\partial f^\star}{\partial y_j}(y) = x_j^\star(y) \, .$$

Dies sieht man durch einfaches Nachrechnen ein:

$$\frac{\partial f^\star}{\partial y_j}(y) = \sum_{\ell=1}^{n} \left(\frac{\partial x_\ell^\star}{\partial y_j}(y)\, y_\ell - \frac{\partial f}{\partial x_\ell}(x^\star(y)) \frac{\partial x_\ell^\star}{\partial y_j}(y) \right) + x_j^\star(y) = x_j^\star(y) \, .$$

Die Legendre–Transformation realisiert für hinreichend allgemeine Funktionen gerade die Vertauschung der Rolle von *Variable* und *partieller Ableitung*, die bei der Konstruktion der thermodynamischen Potentiale im vorigen Abschnitt wichtig war. Der Übergang von der inneren Energie U zur freien Energie F, der Enthalpie H und der freien Enthalpie G entspricht bis auf das Vorzeichen gerade der Legendre–Transformation bezüglich eines oder zweier zueinander „dualer" Paare von Variablen und partiellen Ableitungen.

3.7 Der Kalkül der Differentialformen

Viele der bisher betrachteten Ergebnisse lassen sich in kurzer Form mit Hilfe von *Differentialformen 1. Ordnung*, im Folgenden auch kurz *Differentialformen* genannt, darstellen.

Definition 3.10. *Eine Differentialform auf $U \subset \mathbb{R}^n$ ist eine stetige Abbildung*

$$\omega : U \to (\mathbb{R}^n)^* \, ,$$
$$x \mapsto \omega(x) \, ,$$

wobei $(\mathbb{R}^n)^*$ der Raum aller linearen Abbildungen von $\mathbb{R}^n$ nach $\mathbb{R}$ bezeichnet. Die Abbildung

$$(x, t) \mapsto \langle \omega(x), t \rangle := \omega(x)(t)$$

ist also linear in den Variablen $t \in \mathbb{R}^n$.

Die wesentliche Operation für Differentialformen 1. Ordnung sind *Kurvenintegrale*.

Definition 3.11. *Sei ω eine Differentialform und $\Gamma = \{x(s) \,|\, s \in (0,1)\}$ eine stetig differenzierbare Kurve im $\mathbb{R}^n$. Dann ist das Kurvenintegral von ω über Γ definiert durch*

$$\int_\Gamma \omega = \int_0^1 \langle \omega(x(s)), x'(s) \rangle \, ds \, .$$

Aufgrund der Linearität von $t \mapsto \langle \omega(x), t \rangle$ ist diese Definition *unabhängig* von der Wahl der Parametrisierung, falls die Kurven in der gleichen Richtung durchlaufen werden. An Hand dieser Definition kann man auch die unterschiedliche Rolle der Argumente x und t in der Differentialform ablesen: Während x einen Punkt im Raum darstellt, ist t ein (möglicher) *Tangentialvektor* einer Kurve durch x.

Wir werden nun zwei Möglichkeiten betrachten Differentialformen zu erhalten.

(i) Zu einem Vektorfeld $y : \mathbb{R}^n \to \mathbb{R}^n$ ist eine Differentialform

$$\omega = \sum_{j=1}^{n} y_j \, dx_j$$

gegeben durch

$$\langle \omega(x), t \rangle = \sum_{j=1}^{n} y_j(x) \, t_j =: y(x) \cdot t \,.$$

Mit dx_j bezeichnen wir die lineare Abbildung $dx_j(e_i) = \delta_{ij}$, wobei e_i der i-te Einheitsvektor ist. Offensichtlich kann man *jede* Differentialform in dieser Form darstellen: Da für jedes feste $x \in \mathbb{R}^n$ die Abbildung $t \mapsto \langle \omega(x), t \rangle$ linear ist, gibt es ein $y(x)$ mit $\langle \omega(x), t \rangle = y(x) \cdot t$. Das Kurvenintegral einer solchen Differentialform über eine Kurve $\Gamma = \{ x(s) \mid s \in (0,1) \}$ ist

$$\int_{\Gamma} \sum_{j=1}^{n} y_j \, dx_j = \int_0^1 \sum_{j=1}^{n} y_j(x(s)) \, x'_j(s) \, ds =: \int_{\Gamma} y(x) \cdot dx \,.$$

(ii) Zu einer stetig differenzierbaren Funktion $\phi : \mathbb{R}^n \to \mathbb{R}$ sei $d\phi$ definiert durch

$$d\phi := \sum_{j=1}^{n} \frac{\partial \phi}{\partial x_j} dx_j \,.$$

Das Kurvenintegral von $d\phi$ ist

$$\int_{\Gamma} d\phi = \int_0^1 \sum_{j=1}^{n} \frac{\partial \phi}{\partial x_j}(x(s)) \, x'_j(s) \, ds = \int_{\Gamma} \nabla \phi(x) \cdot dx = \phi(x(1)) - \phi(x(0)) \,.$$

Definition 3.12. *Eine Differentialform* ω *auf* $U \subset \mathbb{R}^n$ *heißt* vollständiges Differential, *wenn es eine differenzierbare, skalare Funktion* $\phi : U \to \mathbb{R}$ *gibt mit* $\omega = d\phi$.

Der Begriff des vollständigen Differentials enthält nichts, was wir nicht schon kennen: Eine Differentialform ist genau dann ein vollständiges Differential, wenn das „zugehörige" Vektorfeld ein *Potential* besitzt.

Einer der wesentlichen Vorteile von Differentialformen ist, dass man damit „rechnen" kann. Dazu definieren wir eine multiplikative Verknüpfung einer Funktion $\phi : \mathbb{R}^n \to \mathbb{R}$ mit einer Differentialform ω zu einer neuen Differentialform $\phi\omega$ durch

$$\langle (\phi\omega)(x), t \rangle = \phi(x)\langle \omega(x), t \rangle .$$

Satz 3.13. *Für stetig differenzierbare Funktionen $\phi, \psi : \mathbb{R}^n \to \mathbb{R}$ und Differentialformen gelten folgende Rechenregeln:*

(i) $d(\phi\psi) = \phi \, d\psi + \psi \, d\phi$.

(ii) Aus $d\phi = \displaystyle\sum_{\ell=1}^{n} y_\ell \, dx_\ell$ und $y_j \neq 0$ folgt $dx_j = \dfrac{1}{y_j} \left(d\phi - \displaystyle\sum_{\substack{\ell=1 \\ \ell \neq j}}^{n} y_\ell \, dx_\ell \right)$.

Beweis. Die Beziehung (i) folgt aus der Produktregel:

$$\langle d(\phi\psi), t \rangle = \sum_{j=1}^{n} \frac{\partial}{\partial x_j}(\phi\psi)\, t_j = \sum_{j=1}^{n} \left(\phi \frac{\partial \psi}{\partial x_j} + \psi \frac{\partial \phi}{\partial x_j} \right) t_j = \langle \phi \, d\psi, t \rangle + \langle \psi \, d\phi, t \rangle .$$

Die Implikation (ii) folgt durch Nachrechnen:

$$\langle dx_j, t \rangle = e_j \cdot t = t_j$$

und, wegen $\frac{\partial \phi}{\partial x_\ell} = y_\ell$,

$$\left\langle \frac{1}{y_j} \left(d\phi - \sum_{\substack{\ell=1 \\ \ell \neq j}}^{n} y_\ell \, dx_\ell \right), t \right\rangle = \frac{1}{y_j}\langle d\phi, t \rangle - \sum_{\substack{\ell=1 \\ \ell \neq j}}^{n} \frac{y_\ell}{y_j} t_\ell$$

$$= \sum_{\ell=1}^{n} \frac{1}{y_j} \frac{\partial \phi}{\partial x_\ell} t_\ell - \sum_{\substack{\ell=1 \\ \ell \neq j}}^{n} \frac{y_\ell}{y_j} t_\ell = t_j .$$

$\square$

Anwendung in der Thermodynamik

Differentialformen sind in der Thermodynamik sehr beliebt, weil man damit viele Beziehungen ohne die Verwendung von künstlichen thermodynamischen Prozessen und die damit einhergehenden Änderungen der thermodynamischen Größen aufschreiben kann. Beispielsweise kann man die Evolutionsgleichung der Entropie für reversible Zustandsänderungen

$$\dot{S} = \frac{1}{T}\dot{U} + \frac{p}{T}\dot{V}$$

kurz schreiben als

$$dS = \frac{1}{T} dU + \frac{p}{T} dV \,.$$

Diese Gleichung kommt ohne Zeitableitung eines virtuellen thermodynamischen Prozesses aus und enthält gleichzeitig die Gibbsschen Formeln (3.13). Durch Anwendung der Rechenregeln aus Satz 3.13 erhält man direkt

$$dU = T \, dS - p \, dV$$

anstatt der Beziehung $\dot{U} = T\dot{S} - p\dot{V}$. Für die thermodynamischen Potentiale folgt, ebenfalls mit den Rechenregeln aus Satz 3.13

$$dF = d(U - TS) = dU - T \, dS - S \, dT = -S \, dT - p \, dV \,,$$
$$dH = d(U + pV) = dU + p \, dV + V \, dp = T \, dS + V \, dp \,,$$
$$dG = d(U - TS + pV) = dU - T \, dS - S \, dT + p \, dV + V \, dp = -S \, dT + V \, dp \,.$$

Auch die Legendretransformation lässt sich mit dem Kalkül der Differentialformen leicht einführen: Für eine Funktion f mit Differential

$$df = \sum_{j=1}^{n} y_j \, dx_j$$

ist die Legendre–Transformierte definiert durch

$$f^\star = \sum_{j=1}^{n} x_j y_j - f \,.$$

Das Differential der Legendre–Transformierten ist

$$df^\star = \sum_{j=1}^{n} (y_j \, dx_j + x_j \, dy_j) - df = \sum_{j=1}^{n} x_j \, dy_j \,.$$

3.8 Thermodynamik bei Mischungen, das chemische Potential

Bei vielen in der Praxis auftretenden Stoffen handelt es sich um Mischungen von mehreren Komponenten. Wenn sich die Zusammensetzung einer betrachteten Mischung zeitlich oder räumlich ändern kann, dann muss man den Einfluss der Zusammensetzung auf die Thermodynamik der Mischung modellieren. Dies ist unter anderem bei Modellen für Diffusionsprozesse und für chemische Reaktionen wichtig.

Wir betrachten eine Mischung aus M Komponenten mit Massen $m_1, \ldots, m_M$. Die Mischung sei in zwei Teilsysteme aufgeteilt, die durch eine Membran getrennt sind. Die Membran sei durchlässig für die Komponente 1, wärme-durchlässig und beweglich, so dass der Druck und die Temperatur in beiden Teilsystemen gleich sind. Wir möchten nun bestimmen, wie sich Komponente 1 auf die beiden Teilsysteme aufteilt. Wir setzen dabei die Temperatur T und den Druck p als konstant voraus und haben somit den isothermen, isobaren Fall. Das thermodynamische Gleichgewicht wird also durch das Minimum der freien Enthalpie G bestimmt. Wenn man wie in Abbildung 3.5 skizziert die Massen der Komponenten in Teilsystem 1 und 2 mit $m_j^{(1)}$ und $m_j^{(2)} = m_j - m_j^{(1)}$ und die freien Enthalpien der Teilsysteme mit G_1 und G_2 bezeichnet, dann ist die gesamte freie Enthalpie gegeben durch

$$G\big(T, p, m_1^{(1)}, \ldots, m_M^{(1)}\big) = G_1\big(T, p, m_1^{(1)}, \ldots, m_M^{(1)}\big)$$
$$+ \, G_2\big(T, p, m_1 - m_1^{(1)}, \ldots, m_M - m_M^{(1)}\big).$$

Die Komponente 1 teilt sich im Gleichgewicht so auf, dass G minimal wird. Ein notwendiges Kriterium dafür ist

$$\frac{\partial G}{\partial m_1^{(1)}} = \frac{\partial G_1}{\partial m_1^{(1)}} - \frac{\partial G_2}{\partial m_1^{(2)}} = 0, \quad \text{also} \quad \frac{\partial G_1}{\partial m_1^{(1)}} = \frac{\partial G_2}{\partial m_1^{(2)}}.$$

Das bedeutet, dass die Ableitung der freien Enthalpie G nach der Komponente m_1 im thermodynamischen Gleichgewicht *stetig* ist. Für eine Mischung mit freier Enthalpie $G = G(T, p, m_1, \ldots, m_M)$ heißt

$$\frac{\partial G}{\partial m_j} =: \mu_j$$

chemisches Potential der Komponente j. Wenn eine Membran, die zwei Mischungen trennt, durchlässig ist für die Komponente j der Mischungen, dann nimmt μ_j auf beiden Seiten der Membran denselben Wert an.

Aus der Definition des chemischen Potentials folgt die differentielle Beziehung

$$dG = -S\,dT + V\,dp + \sum_{j=1}^{M} \mu_j\,dm_j\,.$$

Durch verschiedene Versionen der Legendre–Transformation kann man folgende Beziehungen für Mischungen herleiten:

T,p $m_1^{(1)}, ..., m_M^{(1)}$ $G_1\big(T,p,m_1^{(1)},\ldots,m_M^{(1)}\big)$	T,p $m_1^{(2)}, ..., m_M^{(2)}$ $G_2\big(T,p,m_1^{(2)},\ldots,m_M^{(2)}\big)$

$$m_j^{(1)} + m_j^{(2)} = m_j$$

Abb. 3.5. Zur Definition des chemischen Potentials

$$dU = T\,dS - p\,dV + \sum_{j=1}^{M} \mu_j\,dm_j\,,$$

$$dF = -S\,dT - p\,dV + \sum_{j=1}^{M} \mu_j\,dm_j\,,$$

$$dH = T\,dS + V\,dp + \sum_{j=1}^{M} \mu_j\,dm_j\,,$$

$$dS = \frac{1}{T}\,dU + \frac{p}{T}\,dV - \sum_{j=1}^{M} \frac{\mu_j}{T}\,dm_j\,.$$

Das chemische Potential ist, trotz seines Namens, kein Potential im mathematischen Sinn. Es handelt sich dabei vielmehr um die *Ableitung* eines Potentials, nämlich der freien Enthalpie, nach einer Variablen, nämlich der Masse der betrachteten Komponente. Ableitungen von Potentialen werden häufig auch als *Triebkräfte* bezeichnet. Hinter dieser Bezeichnung steht die Vorstellung, dass das betrachtete System sich in Richtung des negativen Gradienten des Potentials bewegt und so im Laufe der Zeit gegen ein Minimum des Potentials strebt.

Wir werden nun einige wichtige Eigenschaften des chemischen Potentials zusammenstellen. Zur Vereinfachung der Schreibweise werden die Massen der Komponenten in einem Massevektor $m = (m_1 \ldots, m_M)^\top$ zusammengefasst. Falls die freie Enthalpie eine zweimal stetig differenzierbare Funktion ist, dann kann man gemischte zweite partielle Ableitungen vertauschen. Es folgt dann

$$\frac{\partial \mu_j}{\partial m_k} = \frac{\partial^2 G}{\partial m_j \partial m_k} = \frac{\partial \mu_k}{\partial m_j} \quad \text{für } j,k = 1,\ldots,M\,.$$

Die freie Enthalpie G ist, wie alle thermodynamischen Potentiale, eine *extensive* Größe; das bedeutet, ihr Wert ist proportional zur Größe des Systems. Die Größe des Systems wird hier durch die Massen angegeben. Es gilt also

$$G(T,p,\alpha m) = \alpha\,G(T,p,m) \quad \text{für } \alpha \geq 0\,.$$

Dies bedeutet, dass G 1–*homogen* bezüglich der Variablen m ist:

Definition 3.14. *Eine Funktion* $f : \mathbb{R}^n \to \mathbb{R}$ *heißt* k–*homogen, wenn*

$$f(\alpha x) = \alpha^k f(x) \quad \text{für alle } x \in \mathbb{R}^n,\ \alpha > 0\,.$$

Aus dieser einfachen Eigenschaft kann man einige wichtige Folgerungen ableiten. Es gilt einerseits

$$\frac{\partial G(T,p,\alpha m)}{\partial \alpha} = \frac{\partial}{\partial \alpha}\left(\alpha\, G(T,p,m)\right) = G(T,p,m)$$

und andererseits

$$\frac{\partial G(T,p,\alpha m)}{\partial \alpha} = \sum_{j=1}^{M} \frac{\partial G(T,p,\alpha m)}{\partial m_j}\, m_j\,.$$

Für $\alpha = 1$ folgt mit $\mu_j = \mu_j(T,p,m) = \frac{\partial G(T,p,m)}{\partial m_j}$

$$G(T,p,m) = \sum_{j=1}^{M} \mu_j(T,p,m)\, m_j\,. \tag{3.17}$$

Durch Ableiten nach m_k folgt

$$\mu_k = \frac{\partial G(T,p,m)}{\partial m_k} = \sum_{j=1}^{M} \frac{\partial \mu_j}{\partial m_k} m_j + \mu_k\,.$$

Daraus folgt die *Gibbs–Duhem–Beziehung*

$$\sum_{j=1}^{M} \frac{\partial \mu_j}{\partial m_k} m_j = \sum_{j=1}^{M} \frac{\partial \mu_k}{\partial m_j} m_j = 0\,. \tag{3.18}$$

Außerdem ist

$$\alpha\, \mu_j(T,p,\alpha m) = \frac{\partial G(T,p,\alpha m)}{\partial m_j} = \alpha\, \frac{\partial G(T,p,m)}{\partial m_j} = \alpha\, \mu_j(T,p,m)$$

und folglich

$$\mu_j(T,p,\alpha m) = \mu_j(T,p,m)\quad \text{für }\alpha > 0\,.$$

Das bedeutet, dass μ_j *0–homogen* ist bezüglich m. Es bedeutet auch, dass μ_j eine intensive Größe ist, die nicht von der gesamten Masse $m = m_1 + \cdots + m_M$ abhängt, sondern nur von den Massenanteilen, die hier als *Konzentrationen* $c_j = \frac{m_j}{m}$ bezeichnet werden,

$$\mu_j(T,p,m) = \widetilde{\mu}_j(T,p,c)\quad \text{mit }\; c = (c_1,\ldots,c_M)^{\top},\; c_j = \frac{m_j}{m}\,.$$

Beispiele

Das einfachste Beispiel ist ein *reiner Stoff*. Es ist dann $M = 1$, $m_1 = m$ und

$$\mu_j(T,p,m) = \mu(T,p) = \frac{G(T,p,m)}{m}\,.$$

Bei einem idealen Gas mit z Freiheitsgraden bestehend aus N Teilchen und Atommasse m_0 ist

$$G(T,p,m) = \tfrac{z+2}{2}N k_B T\big(1 - \ln\big(\tfrac{T}{T_0}\big)\big) + N k_B T \ln\big(\tfrac{p}{p_0}\big) + \alpha N m_0 T$$
$$= \tfrac{z+2}{2} r\, m\, T\big(1 - \ln\big(\tfrac{T}{T_0}\big)\big) + r\, m\, T \ln\big(\tfrac{p}{p_0}\big) + \alpha\, m\, T\,,$$

wobei $m = N m_0$ die gesamte Masse des Systems und $r = \frac{k_B}{m_0}$. Der Term $\alpha\, m\, T$ stammt von der Integrationskonstanten aus der Entropie; er muss hier mit m skaliert werden, da die Entropie eine extensive Größe ist. Das chemische Potential lautet damit

$$\mu(T,p) = \tfrac{z+2}{2}\, r\, T\big(1 - \ln\big(\tfrac{T}{T_0}\big)\big) + r\, T \ln\big(\tfrac{p}{p_0}\big) + \alpha\, T\,.$$

Ein etwas aussagekräftigeres Beispiel ist eine *Mischung verschiedener idealer Gase*. Die Zustandsgleichung idealer Gase ist

$$pV = N k_B T\,.$$

Wir betrachten eine Mischung von M verschiedenen idealen Gasen. Von Gas j seien N_j Teilchen vorhanden, die Masse dieser Teilchen sei $m_j^{(0)}$. Die Gesamtmasse von Gas j ist $m_j = N_j m_j^{(0)}$. Die Zustandsgleichung der Mischung, die man ebenfalls als ideales Gas betrachtet, kann man auf zwei Arten interpretieren: Gas j füllt das gesamte Volumen V aus und übt dabei einen *Partialdruck* p_j aus,

$$p_j V = N_j k_B T\,.$$

Der gesamte Druck ist dann

$$p = \sum_{j=1}^{M} p_j\,.$$

Andererseits kann man jedem Gas ein *Partialvolumen* V_j zuordnen mit

$$pV_j = N_j k_B T\,,$$

das Gesamtvolumen ist dann

$$V = \sum_{j=1}^{M} V_j\,.$$

Aus beiden Interpretationen folgt die Zustandsgleichung

$$pV = N k_B T$$

für die gesamte Mischung und die Formeln

$$\frac{p_j}{p} = \frac{V_j}{V} = \frac{N_j}{N}\,.$$

Die innere Energie setzt sich zusammen als Summe der inneren Energien der Teilsubstanzen,

$$U = \sum_{j=1}^{M} \tfrac{z_j}{2} N_j k_B T\,,$$

wobei z_j die Anzahl der Freiheitsgrade von Gas j ist. Die Entropie setzt man ebenfalls an als Summe der Teilentropieen der Komponenten, wobei man allerdings für Komponente j den zugehörigen Partialdruck p_j verwendet. Man erhält dann

$$S = \sum_{j=1}^{M} \left(\tfrac{z_j+2}{2} N_j k_B \ln\left(\tfrac{T}{T_0}\right) - N_j k_B \ln\left(\tfrac{p_j}{p_0}\right) - N_j m_j^{(0)} \alpha_j \right)$$

mit Integrationskonstanten $N_j m_j^{(0)} \alpha_j$. Die Mischung wird dabei interpretiert als Verbundsystem aus M verschiedenen, unabhängigen Teilsystemen. Man kann die Entropie mit der Formel $\ln\left(\tfrac{p_j}{p_0}\right) = \ln\left(\tfrac{p_j}{p}\right) + \ln\left(\tfrac{p}{p_0}\right)$ und der Abkürzung $r_j = k_B/m_j^{(0)}$ schreiben als

$$S = \sum_{j=1}^{M} S_j + S_{\mathrm{Mix}}$$

mit

$$S_j = \tfrac{z_j+2}{2} N_j k_B \ln\left(\tfrac{T}{T_0}\right) - N_j k_B \ln\left(\tfrac{p}{p_0}\right) - N_j m_j^{(0)} \alpha_j$$
$$= m_j \left(\tfrac{z_j+2}{2} r_j \ln\left(\tfrac{T}{T_0}\right) - r_j \ln\left(\tfrac{p}{p_0}\right) - \alpha_j \right)$$

und der *Mischungsentropie*

$$S_{\mathrm{mix}} = -\sum_{j=1}^{M} N_j k_B \ln\left(\tfrac{p_j}{p}\right)\,.$$

Mit

$$\frac{p_j}{p} = \frac{N_j}{N} = \frac{\frac{m_j}{m_j^{(0)}}}{\sum\limits_{k=1}^{M} \frac{m_k}{m_k^{(0)}}} =: X_j(m) \tag{3.19}$$

kann man die Mischungsentropie schreiben als Funktion von $m_1, \ldots, m_M$:

$$S_{\mathrm{mix}}(m) = -\sum_{j=1}^{M} m_j\, r_j \ln(X_j(m))\,.$$

Die Größe $X_j(m)$ heißt *Molenbruch* der Komponente j. Ein Mol enthält $6,02214179 \cdot 10^{23}$ Teilchen einer Substanz. Die Zahl $6,02214179 \cdot 10^{23}$ ist so gewählt, dass ein Mol Kohlenstoffatomkerne, bestehend aus 6 Protonen und 6 Neutronen, genau 12 Gramm wiegen und die *Avogadro-Konstante* ist definiert als $N_A \approx 6,02214179 \cdot 10^{23} \text{mol}^{-1}$. Die *Molzahl* der Substanz j ist $\nu_j = \frac{N_j}{N_A}$, die gesamte Molzahl ist $\nu = \frac{N}{N_A} = \sum_{j=1}^{M} \nu_j$. Es gilt also insbesondere $X_j(m) = \frac{N_j}{N} = \frac{\nu_j}{\nu}$. Die Messung von Substanzen in Mol ist vor allem in der Chemie gebräuchlich. Man kann aus der Molzahl und der Anzahl der Kernteilchen (Protonen und Neutronen) einer Substanz einfach auf das Gewicht schließen; Molzahl mal Zahl der Kernteilchen ist, bis auf eine kleine Abweichung, gleich dem Gewicht in Gramm. Wenn man Teilchenzahlen in Mol misst, kann man auch die Konstante r_j anders darstellen:

$$r_j = \frac{k_B}{m_j^{(0)}} = \frac{R}{M_j} \,,$$

wobei $M_j = N_A m_j^{(0)}$ die Masse eines Mols aus Teilchen der Substanz j ist und $R = N_A k_B$ die *universelle Gaskonstante*.

Die freie Enthalpie einer Mischung idealer Gase ist gegeben durch

$$G = U - TS + pV = \sum_{j=1}^{M} G_j(T, p, m_j) + G_{\text{mix}}(T, p, m)$$

mit

$$G_j(T, p, m_j) = m_j \frac{z_j+2}{2} r_j T \left(1 - \ln\left(\frac{T}{T_0}\right)\right) + m_j r_j T \ln\left(\frac{p}{p_0}\right) + \alpha_j m_j T$$

und

$$G_{\text{mix}}(T, p, m) = -T S_{\text{mix}}(m) \,.$$

Zur Bestimmung des chemischen Potentials berechnen wir zunächst

$$\sum_{k=1}^{M} m_k r_k \frac{\partial}{\partial m_j} \ln(X_k(m)) = \sum_{k=1}^{M} N k_B \frac{\partial}{\partial m_j} X_k(m) = 0 \,,$$

dies gilt wegen $m_k r_k / X_k(m) = N k_B$ und $\sum_{k=1}^{M} X_k(m) = 1$. Damit folgt

$$\mu_j = \frac{\partial G}{\partial m_j} = \frac{z_j+2}{2} r_j T \left(1 - \ln\left(\frac{T}{T_0}\right)\right) + r_j T \ln\left(\frac{p}{p_0}\right) + r_j T \ln(X_j(m)) + \alpha_j T$$

$$= \mu_j^{(0)}(T, p) + r_j T \ln(X_j(m))$$

mit den chemischen Potentialen der entsprechenden Reinstoffe

$$\mu_j^{(0)}(T, p) = \frac{z_j+2}{2} r_j T \left(1 - \ln\left(\frac{T}{T_0}\right)\right) + r_j T \ln\left(\frac{p}{p_0}\right) + \alpha_j T \,. \tag{3.20}$$

Eine Verallgemeinerung von Mischungen idealer Gase sind *ideale Mischungen*. Bei idealen Mischungen setzt man zwar keine idealen Gase mehr voraus, postuliert aber trotzdem die Formeln

$$U(T,p,m) = \sum_{j=1}^{M} U_j(T,p,m_j) \quad \text{und}$$

$$S(T,p,m) = \sum_{j=1}^{M} S_j(T,p,m_j) + S_{\text{mix}}(m)$$

für innere Energie und Entropie, wobei U_j und S_j die innere Energie und Entropie des entsprechenden reinen Stoffes ist und

$$S_{\text{mix}}(m) = -\sum_{j=1}^{M} m_j\, r_j \ln(X_j(m))$$

mit dem in (3.19) definierten Molenbruch $X_j(m)$. Die freie Enthalpie ist

$$G(T,p,m) = \sum_{j=1}^{M} G_j(T,p,m_j) - T S_{\text{mix}}(m)$$

mit den freien Enthalpien $G_j(T,p,m_j)$ der reinen Stoffe. Das chemische Potential lautet dann

$$\mu_j(T,p,m) = \mu_j^{(0)}(T,p) + r_j\, T \ln(X_j(m)) \qquad (3.21)$$

$$\text{mit} \quad \mu_j^{(0)}(T,p) = \frac{\partial G_j}{\partial m_j}(T,p,m_j)\,.$$

Die hier diskutierten Beispiele sind noch ziemlich einfach. Bei realen Mischungen beobachtet man manchmal eine Erwärmung oder Abkühlung und eine Volumenänderung während des Mischvorganges. Bei solchen Mischungen ist es nicht möglich, die innere Energie und die Zustandsgleichung in der oben beschriebenen Weise additiv zu entkoppeln. Oft findet man Modelle, bei denen die Formel (3.21) für das chemische Potential bei idealen Mischungen modifiziert wird, zum Beispiel, indem man den Molenbruch $X_j(m)$ durch eine allgemeinere Funktion ersetzt,

$$\mu_j(T,p,m) = \mu_j^{(0)}(T,p) + r_j\, T \ln(a_j(T,p,m))\,. \qquad (3.22)$$

Die Funktion $a_j(T,p,m)$ heißt *Aktivität*. Häufig wird die Aktivität geschrieben als

$$a_j(T,p,m) = \gamma_j(T,p,m)\, X_j(m)\,,$$

der Faktor γ_j hier heißt *Aktivitätskoeffizient*. Er beschreibt die Abweichung der Mischung vom Fall einer idealen Mischung, wo $\gamma_j(T,p,m) = 1$ gilt.

3.9 Chemische Reaktionen in Mehrspeziessystemen

Chemische Substanzen bestehen aus Molekülen, die ihrerseits aus Atomen zusammengesetzt sind. Während einer chemischen Reaktion muss die Gesamtmasse der Atome erhalten bleiben. Dies kann durch spezielle Formulierungen sichergestellt werden, die wir im Folgenden darstellen werden.

Eine *chemische Spezies* ist charakterisiert durch

(i) eine *Molekülformel*, zum Beispiel H_2O für Wasser oder $C_6H_{12}O_6$ für Glukose,

(ii) eine bestimmte *Molekülstruktur*, falls es zur selben Molekülformel verschiedene Molekülstrukturen gibt; das ist zum Beispiel bei Glukose der Fall,

(iii) eine *Phase* beziehungsweise einen *Aggregatzustand*, also die feste, flüssige oder gasförmige Phase.

Von einer *chemischen Substanz* spricht man, wenn die Phase nicht spezifiziert wird. Ein *chemisches Element* ist eine Substanz, die innerhalb der betrachteten Anwendung nicht weiter zerlegt werden kann, zum Beispiel eine Atomsorte.

Ein *chemisches System* setzt sich zusammen aus

• einer Liste verschiedener chemischer Spezies,

• einer Liste der Elemente, aus denen die Spezies gebildet sind.

Ein chemisches System wird durch eine geordnete Liste der Spezies und Elemente dargestellt. An der Molekülformel wird manchmal die Molekülstruktur und die Phase durch Kürzel in Klammern angegeben.

Beispiel: Das System
$$\{(Na_2O(\ell), NaOH(\ell), NaCl(\ell), H_2O(\ell)), (H, O, Na, Cl)\}$$
besteht aus Natriumoxid, Natriumhydroxid, Natriumchlorid (Kochsalz) und Wasser. Der in Klammer angehängte Zusatz (ℓ) bezeichnet die Phase „flüssig" (liquid) oder das Auftreten der Substanz als Lösung in einer Flüssigkeit.

Im Folgenden lassen wir die Phase und die Molekülstruktur in der Notation weg. Wir betrachten ein chemisches System mit N_S Spezies und N_E Elementen, wobei die Spezies und Elemente durchnummeriert sind. Die Spezies lassen sich dann durch einen *Formelvektor* $a \in \mathbb{N}_0^{N_E}$ beschreiben, dessen i–te Komponente die Anzahl der Atome des i–ten Elementes in der Molekülformel angibt. Der Molekülvektor für Na_2O im oben angegebenen System ist beispielsweise $a = (0, 1, 2, 0)^\top$. Die Molekülvektoren kann man als Spalten in eine Matrix einsetzen und erhält dann die *Formelmatrix* $A = \left(a^{(1)}, \ldots, a^{(N_S)}\right) \in \mathbb{R}^{N_E, N_S}$; dabei ist $a^{(j)}$ der Formelvektor der j–ten chemischen Spezies. Für das obige

Beispiel ist

$$A = (a_{ij})_{i=1\,j=1}^{N_E\ N_S} = \begin{pmatrix} 0 & 1 & 0 & 2 \\ 1 & 1 & 0 & 1 \\ 2 & 1 & 1 & 0 \\ 0 & 0 & 1 & 0 \end{pmatrix}.$$

Die *Menge* einer chemischen Spezies wird typischerweise in *Mol* angegeben. Die Zusammensetzung eines chemischen Systems wird beschrieben durch einen *Element–Mol–Vektor* $e = (e_1, ..., e_{N_E})^\top$, der die insgesamt vorhandenen Molzahlen aller Elemente enthält, und einen *Spezies–Mol–Vektor* $\nu = (\nu_1, ..., \nu_{N_S})^\top$, der die Molzahlen der Spezies enthält. Aus dem Spezies–Mol–Vektor ν kann man den Element–Mol–Vektor berechnen: In Spezies j tritt das Element i genau a_{ij} mal auf. Es gilt also

$$e_i = \sum_{j=1}^{N_S} a_{ij}\nu_j\,,$$

oder, in Kurzform,

$$e = A\nu\,. \tag{3.23}$$

In einem *abgeschlossenen* System, bei dem kein Zufluss oder Abfluss von Elementen erfolgt, ist der Element–Mol–Vektor konstant, der Spezies–Mol–Vektor kann sich aber durch chemische Reaktionen ändern. Für die Änderungsrate $\dot\nu$ eines Spezies–Mol–Vektors gilt

$$A\dot\nu = \dot e = 0\,, \quad \text{oder } \dot\nu \in \operatorname{Kern} A\,. \tag{3.24}$$

Diese Relation beschreibt die *Massenerhaltung* der einzelnen Elemente während einer Reaktion; sie wird als *Element–Masse–Einschränkung* bezeichnet. Für jede Matrix $A \in \mathbb{R}^{N_E, N_S}$ gilt die orthogonale Zerlegung

$$\mathbb{R}^{N_S} = \operatorname{Bild}\left(A^\top\right) + \operatorname{Kern} A\,.$$

Es sei $\left\{y^{(1)}, ..., y^{(N_R)}\right\}$ eine Basis von $\operatorname{Kern} A$, $\left\{z^{(1)}, ..., z^{(N_C)}\right\}$ eine Basis von $\operatorname{Bild}\left(A^\top\right)$, wobei $N_R = \dim \operatorname{Kern} A$, $N_C = \operatorname{Rang} A$ und

$$Y = \left(y^{(1)}, ..., y^{(N_R)}\right) \in \mathbb{R}^{N_S, N_R}, \quad Z = \left(z^{(1)}, ..., z^{(N_C)}\right) \in \mathbb{R}^{N_S, N_C}\,.$$

Man kann den Spezies–Mol–Vektor $\nu \in \mathbb{R}^{N_S}$ dann eindeutig darstellen als

$$\nu = Y\xi + Z\eta \quad \text{mit } \xi \in \mathbb{R}^{N_R},\ \eta \in \mathbb{R}^{N_C}\,.$$

Aus der Element–Masse–Einschränkung $\dot\nu \in \operatorname{Kern} A$ folgt, dass sich η durch eine Reaktion *nicht* ändern kann, es gilt also

$$\nu = Y\xi + Z\eta^{(0)}$$

mit einem Vektor $\eta^{(0)} \in \mathbb{R}^{N_C}$. Die Reaktion wird daher eindeutig durch den Vektor $\xi \in \mathbb{R}^{N_R}$ beschrieben. Die Komponenten von ξ heißen *Reaktionskoordinaten*. Die Dimension N_R ist gerade die Anzahl der *unabhängigen* Reaktionen. Die Komponenten von η heißen *Reaktionsinvarianten*.

Definition 3.15. *Die Matrix* Y *heißt* stöchiometrische *Matrix, der Koeffizient* y_{ij} *von* Y *ist der* stöchiometrische Koeffizient *der* i-*ten Spezies in der* j-*ten unabhängigen chemischen Reaktion. Die Spalten* $y^{(1)}, \ldots, y^{(N_R)}$ *von* Y *heißen* Reaktionsvektoren.

Der von den Spalten von Y aufgespannte Raum Kern A ist eindeutig, die Matrix Y selbst ist aber nicht eindeutig. Es gibt in der Regel eine Freiheit bei der Auswahl der *unabhängigen Reaktionen*. Man kann Y aus A mit dem Gauß–Verfahren bestimmen, indem man A auf die Form

$$\begin{pmatrix} I_{N_C} & \widehat{A} \\ 0 & 0 \end{pmatrix} \quad \text{mit Einheitsmatrix } I_{N_C} \in \mathbb{R}^{N_C, N_C} \quad \text{und } \widehat{A} \in \mathbb{R}^{N_C, N_R}$$

transformiert. Dies ist möglich, wenn man neben Zeilen auch *Spalten* von A vertauschen darf. Dabei ist zu beachten, dass die Vertauschung von Spalten die Reihenfolge der chemischen Spezies in der Liste der chemischen Spezies ändert; das Vertauschen von Zeilen ändert nur die Reihenfolge der Elemente. Als stöchiometrische Matrix kann man dann

$$Y = \begin{pmatrix} -\widehat{A} \\ I_{N_R} \end{pmatrix} \quad \text{mit Einheitsmatrix } I_{N_R} \in \mathbb{R}^{N_R, N_R} \tag{3.25}$$

wählen, denn

$$\begin{pmatrix} I_{N_C} & \widehat{A} \\ 0 & 0 \end{pmatrix} \begin{pmatrix} -\widehat{A} \\ I_{N_R} \end{pmatrix} = 0$$

und Y hat maximalen Rang N_R. Gleichung (3.25) beschreibt die *kanonische Form* der stöchiometrischen Matrix.

Beispiel 1: Wir betrachten das chemische System $\{(H_2O, H, OH), (H, O)\}$. Es ist hier $N_S = 3$, $N_E = 2$, die Formelmatrix lautet

$$A = \begin{pmatrix} 2 & 1 & 1 \\ 1 & 0 & 1 \end{pmatrix}.$$

Gauß–Elimination liefert

$$\begin{pmatrix} 1 & 0 & 1 \\ 0 & 1 & -1 \end{pmatrix} = \begin{pmatrix} I & \widehat{A} \end{pmatrix} \quad \text{mit } \widehat{A} = \begin{pmatrix} 1 \\ -1 \end{pmatrix};$$

dieses Ergebnis ist ohne Vertauschung von Spalten möglich. Es ist also $N_C = 2$, $N_R = 1$, die stöchiometrische Matrix besteht aus dem Reaktionsvektor

$$y^\top = Y^\top = \begin{pmatrix} -1 & 1 & 1 \end{pmatrix}.$$

Dies beschreibt die einzige mögliche Reaktion

$$H + OH \rightleftharpoons H_2O.$$

Beispiel 2: Wir betrachten das System

$$\{(Na_2O, CrCl_3, NaOH, NaCl, H_2O, Na_2CrO_4, Cl_2), (H, O, Na, Cr, Cl)\}$$

aus Natriumoxid Na_2O, Chromchlorid $CrCl_3$, Natriumhydroxid $NaOH$, Natriumchlorid $NaCl$, Wasser, Natriumchromat Na_2CrO_4 und Chlor. Es ist hier $N_S = 7$, $N_E = 5$,

$$A = \begin{pmatrix} 0 & 0 & 1 & 0 & 2 & 0 & 0 \\ 1 & 0 & 1 & 0 & 1 & 4 & 0 \\ 2 & 0 & 1 & 1 & 0 & 2 & 0 \\ 0 & 1 & 0 & 0 & 0 & 0 & 1 \\ 0 & 3 & 0 & 1 & 0 & 0 & 2 \end{pmatrix}.$$

Das Gauß–Verfahren liefert:

$$A \rightarrow \begin{pmatrix} 1 & 0 & 1 & 0 & 1 & 4 & 0 \\ 0 & 1 & 0 & 0 & 0 & 1 & 0 \\ 0 & 0 & 1 & 0 & 2 & 0 & 0 \\ 0 & 0 & -1 & 1 & -2 & -6 & 0 \\ 0 & 0 & 0 & 1 & 0 & -3 & 2 \end{pmatrix} \begin{matrix} (2) \\ (4) \\ (1) \\ (3) - 2(2) \\ (5) - 3(4) \end{matrix}$$

$$\rightarrow \begin{pmatrix} 1 & 0 & 0 & 0 & -1 & 4 & 0 \\ 0 & 1 & 0 & 0 & 0 & 1 & 0 \\ 0 & 0 & 1 & 0 & 2 & 0 & 0 \\ 0 & 0 & 0 & 1 & 0 & -6 & 0 \\ 0 & 0 & 0 & 0 & 0 & 3 & 2 \end{pmatrix} \begin{matrix} (1) - (3) \\ \\ \\ (4) + (3) =: (4)^{neu} \\ (5) - (4)^{neu} \end{matrix}$$

Nach Vertauschung der fünften mit der siebten Spalte erhält man das Ergebnis

$$\begin{pmatrix} 1 & 0 & 0 & 0 & 0 & 4 & -1 \\ 0 & 1 & 0 & 0 & 0 & 1 & 0 \\ 0 & 0 & 1 & 0 & 0 & 0 & 2 \\ 0 & 0 & 0 & 1 & 0 & -6 & 0 \\ 0 & 0 & 0 & 0 & 1 & 3/2 & 0 \end{pmatrix}.$$

Die entsprechende Sortierung der chemischen Spezies ist

$$(Na_2O, CrCl_3, NaOH, NaCl, Cl_2, Na_2CrO_4, H_2O).$$

Es ist $N_C = 5$, $N_R = 2$; die kanonische Form der stöchiometrischen Matrix lautet

$$Y = \begin{pmatrix} -4 & 1 \\ -1 & 0 \\ 0 & -2 \\ 6 & 0 \\ -3/2 & 0 \\ 1 & 0 \\ 0 & 1 \end{pmatrix}.$$

Die beiden Spaltenvektoren entsprechen den beiden unabhängigen Reaktionen

$$12\,\mathrm{NaCl} + 2\,\mathrm{Na_2CrO_4} \rightleftharpoons 8\,\mathrm{Na_2O} + 2\,\mathrm{CrCl_3} + 3\,\mathrm{Cl_2},$$
$$\mathrm{Na_2O} + \mathrm{H_2O} \rightleftharpoons 2\,\mathrm{NaOH}.$$

Dabei wurde die erste Spalte der stöchiometrischen Matrix mit dem Faktor 2 skaliert, um statt des Eintrags $3/2$ einen ganzzahligen Wert zu bekommen.

3.10 Gleichgewichtspunkte chemischer Reaktionen, das Massenwirkungsgesetz

Der Gleichgewichtspunkt eines chemischen Systems ist diejenige Aufteilung der Substanzen, die man bei einer chemischen Reaktion unter gegebener Temperatur und gegebenem Druck für große Zeiten erhält. Dieser Gleichgewichtspunkt wird durch das *Minimum der freien Enthalpie* $G = G(T, p, m)$ beschrieben, wobei der Vektor m die Massen der chemischen Substanzen enthält. Diese Massen kann man aus den Molzahlen berechnen durch

$$m_j = m_j(\nu_j) = M_j \nu_j$$

mit der Molmasse $M_j = N_A m_j^{(0)}$ der Spezies j, wobei $m_j^{(0)}$ die Masse eines einzelnen Moleküls und $N_A \approx 6{,}02214179 \cdot 10^{23}\,\mathrm{mol^{-1}}$ die Avogadro–Konstante ist. Die Molzahlen müssen folgende Nebenbedingungen erfüllen:

(i) $\nu_j \geq 0$ für $j = 1, \ldots, N_S$.

(ii) Die Element–Masse–Einschränkung $\nu - \nu^{(0)} \in \mathrm{Kern}\,A$; dabei ist A die Formelmatrix und $\nu^{(0)}$ ein gegebener Molvektor, zum Beispiel mit den zu Beginn der Reaktion vorhandenen Molzahlen der chemischen Substanzen.

Insgesamt erhält man ein Optimierungsproblem mit Gleichungs- und Ungleichungsnebenbedingungen,

$$\min\left\{ G(T, p, m(\nu)) \,\middle|\, \nu_j \geq 0 \text{ für } j = 1, \ldots, N_S,\ A\big(\nu - \nu^{(0)}\big) = 0 \right\}.$$

Wird die chemische Reaktion mit Hilfe von Reaktionskoordinaten ξ beschrieben, dann ist

$$\nu(\xi) = \nu^{(0)} + Y\xi$$

mit der stöchiometrischen Matrix Y. Das zu lösende Optimierungsproblem ist dann

$$\min\left\{ G(T, p, m(\xi)) \,\middle|\, \nu_j(\xi) \geq 0 \text{ für } j = 1, \ldots, N_S \right\}.$$

Dies ist ein Optimierungsproblem nur mit Ungleichungsnebenbedingungen. Der Massevektor ist hier gegeben durch

$$m(\xi) = M\nu^{(0)} + MY\xi,$$

wobei $M = \mathrm{diag}\,(M_1, \ldots, M_{N_S})$ die Diagonalmatrix der Molmassen ist.

Wir betrachten hier den einfachsten Fall, dass im Optimum keine der Ungleichungsnebenbedingungen *aktiv* ist, also das Argument ξ^* des Minimums $\nu_j(\xi^*) > 0$ für $j = 1, \ldots, N_S$ erfüllt. Das notwendige Optimalitätskriterium ist dann

$$0 = \frac{\partial}{\partial \xi_j} G(T, p, m(\xi)) = \sum_{k=1}^{N_S} \frac{\partial G}{\partial m_k}(T, p, m(\xi)) \frac{\partial m_k(\xi)}{\partial \xi_j}$$

$$= \sum_{k=1}^{N_S} \mu_k(T, p, m(\xi)) M_k y_{kj} \quad \text{für } j = 1, \ldots, N_R\,,$$

oder, in Vektorschreibweise,

$$Y^\top M \mu = 0\,. \tag{3.26}$$

Dies ist das *Massenwirkungsgesetz*.

Das chemische Potential ist häufig in der Form

$$\mu_j(T, p, m) = \mu_j^{(0)}(T, p) + r_j\, T \ln(a_j(T, p, m)) \tag{3.27}$$

gegeben mit dem chemischen Potential $\mu_j^{(0)}(T, p)$ eines Reinstoffes, der individuellen Gaskonstanten $r_j = k_B/m_j^{(0)}$ und der *Aktivität* $a_j(T, p, m)$, siehe (3.22). Es ist dann

$$M_j\, \mu_j(T, p, m) = M_j\, \mu_j^{(0)}(T, p) + RT \ln(a_j)$$

mit der universellen Gaskonstanten $R = N_A k_B = M_j r_j$. Anwendung der Exponentialfunktion auf das Massenwirkungsgesetz liefert

$$\prod_{k=1}^{N_S} a_k(T, p, m)^{y_{kj}} = \exp\left(-\sum_{k=1}^{N_S} \frac{y_{kj} M_k \mu_k^{(0)}(T, p)}{RT}\right) =: K_j(T, p)\,. \tag{3.28}$$

Der Faktor $K_j(T, p)$ ist *unabhängig von ξ* und heißt *Gleichgewichtskonstante*. Mit der *Standard–Differenz der freien Enthalpie*

$$\Delta G_j^{(0)}(T, p) = \sum_{k=1}^{N_S} y_{kj} M_k\, \mu_k^{(0)}(T, p)$$

hat die Gleichgewichtskonstante die Form

$$K_j(T, p) = e^{-\Delta G_j^{(0)}(T, p)/(RT)}\,.$$

Im Fall einer *idealen Mischung* sind die Aktivitäten identisch mit den *Molen-brüchen*

$$X_k = \frac{\nu_k}{\nu}, \text{ wobei } \nu = \nu_1 + \cdots + \nu_{N_S}.$$

Das Massenwirkungsgesetz lautet dann

$$\prod_{k=1}^{N_S} X_k^{y_{kj}} = K_j(T, p).$$

Dabei hängt die linke Seite nur von der Zusammensetzung der Mischung ab, die rechte Seite nur von Druck und Temperatur.

Im Fall einer *Mischung idealer Gase* gilt zusätzlich (3.20)

$$\begin{aligned}
M_k\, \mu_k^{(0)}(T, p) &= M_k \left(\tfrac{z_k+2}{2} r_k\, T \left(1 - \ln\left(\tfrac{T}{T_0}\right) \right) + r_k\, T \ln\left(\tfrac{p}{p_0}\right) + \alpha_k T + \beta_k \right) \\
&= \tfrac{z_k+2}{2} R\,T \big(1 - \ln\left(\tfrac{T}{T_0}\right) \big) + R\,T \ln\left(\tfrac{p}{p_0}\right) + M_k\left(\alpha_k\, T + \beta_k \right),
\end{aligned}$$

wobei z_k die Anzahl der Freiheitsgrade eines Moleküls der Substanz k ist und α_k und β_k Konstanten sind. Die Konstante β_k ist in den bisherigen Formeln des chemischen Potentials nicht aufgetreten. Bei chemischen Reaktionen ist es jedoch notwendig, chemische Bindungsenergien in der inneren Energie zu berücksichtigen. Dies führt zur modifizierten Formel der inneren Energie

$$U = \frac{z}{2} N k_B T + N \widetilde{\beta}$$

für ein ideales Gas, wobei $\widetilde{\beta}$ gerade die chemische Bindungsenergie beschreibt. Dadurch erhält man eine zusätzliche Konstante $\beta = \widetilde{\beta}/m^{(0)}$ in der Formel des chemischen Potentials. Die Gleichgewichtskonstante $K_j(T, p)$ ist dann

$$\begin{aligned}
K_j(T, p) &= \exp\Bigg(-\sum_{k=1}^{N_S} y_{kj} \big(\tfrac{z_k+2}{2} \big(1 - \ln\left(\tfrac{T}{T_0}\right) \big) + \ln\left(\tfrac{p}{p_0}\right) \big) \\
&\qquad - \frac{1}{R} \sum_{k=1}^{N_S} M_k y_{kj} \big(\alpha_k + \tfrac{\beta_k}{T} \big) \Bigg) \\
&= K_j^{(0)}(T)\, p^{-\overline{Y}_j}
\end{aligned}$$

mit der *Spaltensumme* $\overline{Y}_j = \sum_{k=1}^{N_S} y_{kj}$ und der temperaturabhängigen Konstanten

$$K_j^{(0)}(T) = p_0^{\overline{Y}_j} \exp\Bigg(-\sum_{k=1}^{N_S} y_{kj} \big(\tfrac{z_k+2}{2} \big(1 - \ln\left(\tfrac{T}{T_0}\right) \big) \big) - \frac{1}{R} \sum_{k=1}^{N_S} M_k y_{kj} \big(\alpha_k + \tfrac{\beta_k}{T} \big) \Bigg).$$

Das Massenwirkungsgesetz hat dann die Form

$$\prod_{k=1}^{N_S} \left(\frac{\nu_k}{\nu}\right)^{y_{kj}} = K_j^{(0)}(T)\, p^{-\overline{Y}_j}\,.$$

Der Verlauf von $K_j^{(0)}(T)$ wird in der Regel durch Messungen bestimmt.

Anstelle der Molzahlen werden oft auch die *molaren Konzentrationen* $c_j = \frac{\nu_j}{V}$ verwendet, wobei V das Volumen der Gasmischung ist. Der Molenbruch ist dann $X_j = \frac{\nu_j}{\nu} = c_j \frac{V}{\nu}$ und für eine Mischung idealer Gase folgt

$$\prod_{k=1}^{N_S} \left(\frac{\nu_k}{\nu}\right)^{y_{kj}} = \prod_{k=1}^{N_S} c_k^{y_{kj}} \left(\frac{V}{\nu}\right)^{\overline{Y}_j} = K_j^{(0)}(T)\, p^{-\overline{Y}_j}\,.$$

Mit der Zustandsgleichung $pV = Nk_BT = \nu RT$ folgt

$$\prod_{k=1}^{N_S} c_k^{y_{kj}} = \widetilde{K}_j^{(0)}(T) \quad \text{mit} \quad \widetilde{K}_j^{(0)}(T) = \frac{K_j^{(0)}(T)}{(RT)^{\overline{Y}_j}}\,.$$

Die Gleichgewichtskonstante $\widetilde{K}_j$ hier hängt nicht mehr vom Druck ab. Wenn die stöchiometrische Matrix in der *kanonischen Form*

$$Y = \begin{pmatrix} -\widehat{A} \\ I \end{pmatrix}$$

gegeben ist, dann kann man das Massenwirkungsgesetz umschreiben in

$$\mu_{N_C+j} = \sum_{k=1}^{N_C} \widehat{a}_{kj} \frac{M_k}{M_{N_C+j}} \mu_k \quad \text{für} \quad j = 1, \ldots, N_R$$

im allgemeinen Fall, oder

$$a_{N_C+j} = K_j(T, p) \prod_{k=1}^{N_C} (a_k(T, p, m))^{\widehat{a}_{kj}}\,, \quad j = 1, \ldots, N_R$$

für die Darstellung (3.28), oder

$$X_{N_C+j} = K_j(T, p) \prod_{k=1}^{N_C} X_k^{\widehat{a}_{kj}}\,, \quad j = 1, \ldots, N_R$$

im Fall einer idealen Mischung, oder

$$c_{N_C+j} = \widetilde{K}_j^{(0)}(T) \prod_{k=1}^{N_C} c_k^{\widehat{a}_{kj}}\,, \quad j = 1, \ldots, N_R$$

im Fall einer Mischung idealer Gase.

Beispiel: Ammoniaksynthese

Wir untersuchen die Reaktion

$$3\,H_2 + N_2 \rightleftharpoons 2\,NH_3\,.$$

Zu Beginn der Reaktion liegen 3 Mol H_2, 1 Mol N_2 und kein NH_3 vor. Wir benutzen die Beziehungen für ideale Gase. Das chemische System ist

$$\{(H_2, N_2, NH_3); (H, N)\}\,.$$

Die zugehörige Formelmatrix lautet

$$A = \begin{pmatrix} 2 & 0 & 3 \\ 0 & 2 & 1 \end{pmatrix}\,,$$

nach Gauß–Elimination erhält man

$$\begin{pmatrix} 1 & 0 & 3/2 \\ 0 & 1 & 1/2 \end{pmatrix}\,,$$

die stöchiometrische Matrix ist demnach

$$Y = \begin{pmatrix} -3/2 \\ -1/2 \\ 1 \end{pmatrix}\,.$$

Aus der Element–Masse–Einschränkung

$$\nu - \nu^{(0)} \in \operatorname{Kern} A = \operatorname{span} \left\{ \begin{pmatrix} -3/2 \\ -1/2 \\ 1 \end{pmatrix} \right\} \quad \text{mit } \nu^{(0)} = \begin{pmatrix} 3 \\ 1 \\ 0 \end{pmatrix}$$

folgt

$$\begin{pmatrix} \nu_1 - 3 \\ \nu_2 - 1 \\ \nu_3 \end{pmatrix} = \lambda \begin{pmatrix} -3/2 \\ -1/2 \\ 1 \end{pmatrix}\,,$$

oder nach Elimination von λ

$$\nu_1 + \tfrac{3}{2}\nu_3 = 3\,,$$
$$\nu_2 + \tfrac{1}{2}\nu_3 = 1\,.$$

Das Massenwirkungsgesetz lautet

$$\frac{X_3}{X_1^{3/2} X_2^{1/2}} = K(T, p)$$

mit $X_j = \nu_j / \nu$, $\nu = \nu_1 + \nu_2 + \nu_3$ und der Gleichgewichtskonstanten

$$K(T,p) = K_0(T)\,p\,.$$

Dies läßt sich umformen in

$$\frac{\nu_1^3\,\nu_2}{\nu_3^2\,\nu^2} = (K_0(T))^{-2}p^{-2}\,.$$

Wenn man alle Molzahlen in ν_3 ausdrückt, kann man dies umschreiben zu

$$\frac{3^3}{2^4}\frac{(2-\nu_3)^4}{\nu_3^2(4-\nu_3)^2} = (K_0(T))^{-2}p^{-2}\,.$$

Wir betrachten nun bei konstanter Temperatur T die beiden Grenzfälle für „großen" und „kleinen" Druck p.

Im Grenzfall $p \to 0$ lautet die Gleichgewichtsbedingung

$$\nu_3^2(4-\nu_3)^2 = 0\,,$$

also $\nu_3 = 0$ oder $\nu_3 = 4$. Die Lösung $\nu_3 = 4$ ist hier nicht zulässig, da dies zu negativen Molzahlen $\nu_1 = 3 - \frac{3}{2}\nu_3$ und $\nu_2 = 1 - \frac{1}{2}\nu_3$ führen würde. Die richtige Lösung ist also $\nu_3 = 0$, $\nu_1 = 3$ und $\nu_2 = 1$, es wird also kein Ammoniak gebildet.

Im anderen Grenzfall $p \to +\infty$ wird die Gleichgewichtsbedingung zu

$$(2-\nu_3)^4 = 0\,,$$

die Lösung ist $\nu_3 = 2$, $\nu_1 = \nu_2 = 0$; es liegt also nur noch Ammoniak vor.

3.11 Kinetische Reaktionen

Die Beschreibung von Reaktionen durch das Massenwirkungsgesetz ist nur sinnvoll, wenn die Reaktion sehr schnell abläuft, so dass das Gleichgewicht bei Änderungen der äußeren Bedingungen, insbesondere der Temperatur und des Druckes, deutlich schneller erreicht wird, als sich die äußeren Bedingungen ändern. Langsam ablaufende Reaktionen werden als *kinetische Reaktionen* bezeichnet. Die Änderung der Molzahlen wird in der Regel durch *gewöhnliche Differentialgleichungen* modelliert:

$$\dot\nu_j = \widetilde{R}_j(T,p,\nu) \quad \text{für } j = 1,\dots,N_S\,. \tag{3.29}$$

Die genaue Form der Funktion $\widetilde{R}_j$ wird in der Praxis aus experimentellen Daten extrapoliert. Wir können jedoch aufgrund der Ergebnisse der Abschnitte 3.9 und 3.10 folgende notwendige Bedingungen für $\widetilde{R}$ formulieren:

(i) Für $\nu_j = 0$ muss $\widetilde{R}_j(T,p,\nu) \geq 0$ gelten, da sonst im weiteren Verlauf der Reaktion die Bedingung $\nu_j \geq 0$ verletzt würde.

(ii) Wegen $\dot{\nu} \in \operatorname{Kern} A = \operatorname{Bild} Y$ muss $\widetilde{R}(T,p,\nu) = Y R(T,p,\nu)$ mit $R(T,p,\nu) \in \mathbb{R}^{N_R}$ gelten.

(iii) Ist (T,p,ν) bereits ein Gleichgewichtspunkt, dann muss $\widetilde{R}_j(T,p,\nu) = 0$ gelten.

(iv) Die Evolution von ν bei konstanten T und p darf die freie Enthalpie nicht vergrößern,

$$\frac{d}{dt} G(T,p,m(\nu(t))) \leq 0 \quad \text{für feste } T,p.$$

Forderung (iv) wird durch die Vorstellung begründet, dass auch eine kinetische Reaktion das betrachtete Reaktionssystem in Richtung eines Gleichgewichtspunktes treiben wird; nur geschieht dies nicht schnell genug, um diesen sofort zu erreichen. Wir verlangen deshalb nicht, dass die freie Enthalpie minimiert wird, wohl aber, dass sie bei konstanten äußeren Bedingungen nicht vergrößert wird.

Anstelle der Formulierung (3.29) kann man auch die *stöchiometrische Formulierung* mit der Darstellung

$$\nu = \nu(\xi) = \nu^{(0)} + Y\xi$$

verwenden. Man erhält dann das System gewöhnlicher Differentialgleichungen

$$\dot{\xi}_j = R_j(T,p,\xi) \quad \text{für } j = 1, \ldots, N_R$$

mit den Reaktionskoordinaten als Variablen. Hier ist Bedingung (ii) automatisch erfüllt.

Wir diskutieren nun mögliche Ansätze für die Funktionen $R_j(T,p,\xi)$ im Fall, dass keine Nebenbedingungen aktiv sind, also $\nu_j(\xi) > 0$ für $j = 1, \ldots, N_S$ gilt. Diese Ansätze sind so konstruiert, dass sie die Bedingungen (ii), (iii) und (iv) erfüllen.

a) $R(T,p,\xi) = -K \nabla_\xi G(T,p,m(\xi))$ mit einer positiv definiten Matrix $K \in \mathbb{R}^{N_R,N_R}$. Diese Matrix kann auch von T, p und ξ abhängen. Diese Form von R erfüllt die Bedingungen (iii) und (iv), denn

$$\frac{d}{dt} G(T,p,m(\xi(t))) = \nabla_\xi G(\cdots) \cdot \dot{\xi} = -K \nabla_\xi G(\cdots) \cdot \nabla_\xi G(\cdots) \leq 0,$$

und im Optimum gilt $\nabla_\xi G(T,p,m(\xi)) = 0$. Die partielle Ableitung

$$\mathcal{A}_j := -\frac{\partial}{\partial \xi_j} G(T,p,m(\xi))$$

heißt *Affinität* der j–ten Reaktion. Die Affinität zeigt an, wie sich die freie Enthalpie durch den Ablauf der j–ten Reaktion ändert, und ist deshalb ein Maß dafür, in welche Richtung und mit welcher Geschwindigkeit diese Reaktion unter den gegebenen äußeren Bedingungen abläuft.

b) In der Literatur findet man häufig Modelle, die direkt aus dem Massen-wirkungsgesetz

$$\prod_{\ell=1}^{N_S} c_\ell^{y_{\ell j}} = \widetilde{K}_j^{(0)}(T)$$

für ideale Gase abgeleitet werden. Man sortiert dazu die Einträge der stöchiometrischen Matrix nach positiven und negativen Einträgen, $y_{ij}^+ = \max\{y_{ij}, 0\}$, $y_{ij}^- = -\min\{y_{ij}, 0\}$. Eine zum Massenwirkungsgesetz passen-de Reaktionskinetik ist dann

$$R_j(T, p, c) = k_j^f(T, p) \prod_{\ell=1}^{N_S} c_\ell^{y_{\ell j}^-} - k_j^b(T, p) \prod_{\ell=1}^{N_S} c_\ell^{y_{\ell j}^+}. \qquad (3.30)$$

Die Koeffizienten $k_j^f(T, p)$ und $k_j^b(T, p)$ beschreiben die Raten der beiden Richtungen der Reaktion. Sie müssen die Bedingung $\frac{k_j^f(T,p)}{k_j^b(T,p)} = \widetilde{K}_j^{(0)}(T)$ erfüllen, damit man im stationären Grenzfall $R_j(T, p, c) = 0$ wieder das Massenwirkungsgesetz bekommt. Für dieses Gesetz gilt ebenfalls (iii) und (iv), wie in Aufgabe 3.16 gezeigt wird.

Falls für die betrachtete Variable ξ Nebenbedingungen aktiv sind, also $\nu_j(\xi) = 0$ für mindestens ein $j \in \{1, \ldots, N_S\}$ gilt, dann muss die Bedingung $\dot{\nu}_j \geq 0$ sichergestellt werden. Dies kann geschehen, indem man den Vektor R der Reaktionsraten zunächst durch eines der beiden Modelle a) oder b) ausrechnet und dann das Ergebnis auf den Raum der zulässigen Reaktionsraten

$$\{r \in \mathbb{R}^{N_R} \mid (Yr)_j \geq 0 \text{ für } j \in I_A(\xi)\}$$

projiziert. Mit $I_A(\xi) = \{j \in \{1, \ldots, N_S\} \mid \nu_j(\xi) = 0\}$ wird dabei die In-dexmenge der aktiven Nebenbedingungen bezeichnet. Die Realisierung dieser Projektion führt auf ein quadratisches Optimierungsproblem, auf das wir hier jedoch nicht näher eingehen werden.

Kopplung von kinetischen Reaktionen und Gleichgewichtsreaktionen

In komplizierteren chemischen Systemen laufen oft kinetische Reaktionen und Gleichgewichtsreaktionen parallel ab. Man muss dann die Beschreibungen der Gleichgewichtsreaktionen durch Optimierungsprobleme und der kinetischen Reaktionen durch gewöhnliche Differentialgleichungen koppeln. Dazu spaltet man den Vektor ξ der Reaktionskoordinaten und die stöchiometrische Matrix Y auf in Anteile der kinetischen Reaktionen und Anteile der Gleichgewichts-reaktionen:

$$\xi = \begin{pmatrix} \xi^K \\ \xi^G \end{pmatrix}, \quad Y = (Y^K \; Y^G)$$

mit $\xi^K \in \mathbb{R}^{N_R^K}$, $\xi^G \in \mathbb{R}^{N_R^G}$, $Y^K \in \mathbb{R}^{N_S, N_R^K}$, $Y^G \in \mathbb{R}^{N_S, N_R^G}$. Dabei bezeichnet der obere Index K den Anteil der kinetischen Reaktionen, G den Anteil der Gleichgewichtsreaktionen, N_R^K und N_R^G sind die Anzahl der kinetischen Reaktionen beziehungsweise der Gleichgewichtsreaktionen. Es folgt dann

$$Y\xi = Y^K \xi^K + Y^G \xi^G .$$

Für die kinetischen Reaktionen gilt

$$\dot{\xi}^K = R^K\big(T, p, \xi^K, \xi^G\big) \tag{3.31}$$

mit einem Vektor $R^K\big(T, p, \xi^K, \xi^G\big)$ der Reaktionsraten. Die Gleichgewichtsreaktionen werden durch das Optimierungsproblem

$$\xi^G = \arg\min \big\{ G\big(T, p, m(\xi^K, \xi^G)\big) \mid \nu_j\big(\xi^K, \xi^G\big) \geq 0$$
$$\text{für } j = 1, \ldots, N_S \big\} \tag{3.32}$$

beschrieben. Dabei ist $m\big(\xi^K, \xi^G\big) = M\big(\nu^{(0)} + Y^K \xi^K + Y^G \xi^G\big)$. Wenn im Optimum keine der Nebenbedingungen aktiv ist, dann folgt aus (3.32)

$$Y_G^\top M \, \mu\big(T, p, m(\xi^K, \xi^G)\big) = 0 . \tag{3.33}$$

Die Kopplung von (3.31) mit (3.33) ist dann ein Algebro–Differentialgleichungssystem.

Im einfachsten Fall hat man eine Mischung idealer Gase und im Optimum der Gleichgewichtsreaktionen sind die Nebenbedingungen nicht aktiv. Die Reaktionskinetik (3.30) mit den molaren Konzentrationen $c_\ell = \nu_\ell / V$ liefert dann

$$\dot{\xi}_j^K = k_j^f \prod_{\ell=1}^{N_S} c_\ell^{y_{\ell j}^-} - k_j^b \prod_{\ell=1}^{N_S} c_\ell^{y_{\ell j}^+}, \quad j = 1, \ldots, N_R^K \tag{3.34}$$

mit den Reaktionskoeffizienten $k_j^f = k_j^f(T, p)$ und $k_j^b = k_j^b(T, p)$. Das Massenwirkungsgesetz (3.33) hat die Form

$$\prod_{\ell=1}^{N_S} c_\ell^{y_{\ell j}} = \widetilde{K}_j^{(0)}(T), \quad j = N_R^K + 1, \ldots, N_R^K + N_R^G \tag{3.35}$$

mit der Gleichgewichtskonstanten $\widetilde{K}_j^{(0)}(T) = \dfrac{k_j^f(T,p)}{k_j^b(T,p)}$.

3.12 Literaturhinweise

Die Darstellung dieses Kapitels orientiert sich zu großen Teilen an ausgewählten Abschnitten aus [96]; die Abschnitte 3.9 und 3.11 auch an [106]. Zur weiteren Vertiefung sei neben dem sehr empfehlenswerten Buch [96] mit vielen interessanten historischen Anmerkungen auch auf [78], [99], [119] sowie, speziell zur Thermodynamik von Mischungen, auf [1] verwiesen.

3.13 Aufgaben

Aufgabe 3.1. Ein ideales Gas aus N_1 Teilchen der Masse m_A mit mittlerer kinetischer Energie $u_1 = \frac{1}{2}m_A\overline{|v_1|^2}$ der Teilchen und ein ideales Gas aus N_2 Teilchen derselben Substanz mit mittlerer kinetischer Energie $u_2 = \frac{1}{2}m_A\overline{|v_2|^2}$ werden in einem Behälter zusammengebracht. Dabei bezeichne $\overline{|v_j|^2}$ jeweils den Mittelwert des Quadrates des Betrages der Geschwindigkeit der Teilchen. Vor dem Zusammenfügen sei die Verteilung der Geschwindigkeit jeweils durch das Maxwell–Boltzmann–Gesetz gegeben.

a) Berechnen Sie die Geschwindigkeitsverteilung unter der Annahme, dass alle Teilchen ihre Geschwindigkeit beibehalten.

b) Ermitteln Sie die Geschwindigkeitsverteilung unter der Annahme, dass nach dem Zusammenfügen eine Maxwell–Boltzmann–Verteilung vorliegt und die gesamte innere Energie sich durch das Zusammenfügen nicht ändert.

c) Wie erklären Sie sich den offensichtlichen Unterschied zwischen beiden Verteilungen? Welche der Verteilungen ist die Richtige?

Aufgabe 3.2. In einem zylinderförmigen Kolben mit Querschnittsfläche $0{,}1\,\text{m}^2$ befinde sich ein ideales Gas. Beim Druck von $p_1 = 10^5\,\text{N/m}^2$ (also 1 bar) und der Temperatur $27°\,\text{C}$ habe der Kolben die Höhe $50\,\text{cm}$. Auf den Stempel werde nun zusätzlich zum Luftdruck p_1 langsam eine Kraft von $10\,000\,\text{N}$ aufgebracht.
Wie stark wird der Kolben komprimiert, wenn er wärmeisoliert ist, und um wieviel Grad erhöht sich dabei die Temperatur?

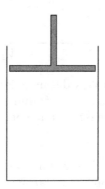

Hinweis: Die Gleichungen für ein ideales Gas gelten für die *absolute* Temperatur, die in Kelvin (K) gemessen wird. Dabei entspricht $0°\text{C}$ etwa $273\,\text{K}$.

Aufgabe 3.3. Wir betrachten die Gleichung

$$\sum_{j=1}^{n} y_j(x(t))\,\dot{x}_j(t) = 0 \qquad (3.36)$$

mit gegebenen Funktionen $y_j : \mathbb{R}^n \to \mathbb{R}$ und gesuchten Funktionen $x_j : \mathbb{R} \to \mathbb{R}$, $j = 1, \dots, n$.

a) Nehmen Sie an, dass das Vektorfeld $y(x) = (y_j(x))_{j=1}^{n}$ ein Potential φ hat und konstruieren Sie daraus eine Darstellung der Lösungen von (3.36).

b) Finden Sie eine Lösungsdarstellung für den Fall, dass $y(x)$ kein Potential hat, aber einen integrierenden Faktor $\lambda \neq 0$ mit Potential φ von λv.

c) Finden Sie Lösungen zu den Gleichungen

(i) $2\,x(t)\,y(t)\,\dot{x}(t) + x^2(t)\,\dot{y}(t) = 0$,

(ii) $2\,x(t)\,y(t)\,\dot{x}(t) + \dot{y}(t) = 0$,

(iii) $y(t)\cos x(t)\,\dot{x}(t) + 2\sin x(t)\,\dot{y}(t) = 0$.

Aufgabe 3.4. Der im abgebildeten Diagramm skizzierte Kreisprozess ist eine Näherung für den in einem Ottomotor ablaufenden thermodynamischen Prozess. Die Linien 1 und 3 sind adiabatisch, die Linien 2 und 4 isochor. Schritt 1 entspricht der Verdichtung, Schritt 2 der Verbrennung am oberen Totpunkt des Kolbens, Schritt 3 der Expansion und Schritt 4 dem Auslass der Abgase am unteren Totpunkt des Kolbens.

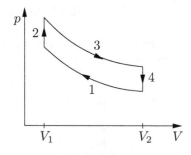

Bestimmen Sie für ein ideales Gas die in jedem Prozessschritt übertragene Wärmemenge und die geleistete Arbeit und geben Sie den Wirkungsgrad an. Zeigen Sie, dass der Wirkungsgrad nur vom *Verdichtungsverhältnis* V_1/V_2 abhängt.

Aufgabe 3.5. Im abgebildeten Diagramm ist eine Näherung für den in einem Dieselmotor ablaufenden Kreisprozess skizziert. Der wesentliche Unterschied zum Ottomotor ist die Einspritzung des Kraftstoffes nach der Verdichtung, die etwas Zeit in Anspruch nimmt. Während der Einspritzung und Verbrennung bewegt sich der Kolben, so dass man hier die Verbrennungsphase als isobar (und nicht als isochor wie beim Ottomotor) annimmt. Der Kreisprozess besteht also aus einem isobaren, einem isochoren und zwei adiabatischen

Schritten.
Bestimmen Sie für ein ideales Gas die in jedem Prozessschritt übertragene Wärmemenge und geleistete Arbeit und geben Sie den Wirkungsgrad in Abhängigkeit der drei Volumina V_1, V_2 und V_3 an.

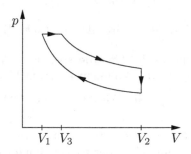

Aufgabe 3.6. Berechnen Sie die Legendre–Transformation folgender Funktionen.

a) $f : \mathbb{R} \to \mathbb{R}$, $f(x) = \frac{1}{2}ax^2 + bx + c$ mit $a, b, c \in \mathbb{R}$, $a > 0$.

b) $f : \mathbb{R}^n \to \mathbb{R}^n$, $f(x) = \frac{1}{2}x^\top A x + b^\top x + c$, wobei $A \in \mathbb{R}^{n,n}$ symmetrisch und positiv definit ist und $b \in \mathbb{R}^n$, $c \in \mathbb{R}$.

c) $f : \mathbb{R}_+ \to \mathbb{R}$, $f(x) = x \ln x$.

d) $f : \mathbb{R}^2 \to \mathbb{R}$, $f(x, y) = x\, e^y$.

Aufgabe 3.7. Eine Funktion $f : \mathbb{R}^n \to \mathbb{R}$ ist *konvex*, wenn für alle $x, y \in \mathbb{R}^n$ und alle $\lambda \in (0, 1)$

$$f(\lambda x + (1 - \lambda)y) \leq \lambda f(x) + (1 - \lambda)f(y)$$

gilt. Zeigen Sie:

a) Für eine stetig differenzierbare Funktion $f : \mathbb{R}^n \to \mathbb{R}$ sind folgende drei Aussagen äquivalent:

(i) f ist konvex,

(ii) $f(y) - f(x) \geq \nabla f(x) \cdot (y - x)$ für alle $x, y \in \mathbb{R}^n$,

(iii) $(\nabla f(x) - \nabla f(y)) \cdot (x - y) \geq 0$ für alle $x, y \in \mathbb{R}^n$.

b) Ist $f : \mathbb{R}^n \to \mathbb{R}$ stetig differenzierbar und konvex, so stimmt die Legendre–Transformierte f^* von f auf ihrem Definitionsbereich überein mit der Funktion

$$\widetilde{f}(y) = \sup_{x \in \mathbb{R}^n} \left(x \cdot y - f(x) \right).$$

c) Die Legendre–Transformierte im Sinne von b) einer konvexen Funktion $f : \mathbb{R}^n \to \mathbb{R}$ ist konvex.

Aufgabe 3.8. (Spezifische Wärme)

Wenn man eine Substanz der Masse m erhitzt, dann ist die dazu notwendige Wärmemenge Q bei idealen Gasen proportional zur Temperaturdifferenz,

$$Q = c\,m\,(T_2 - T_1).$$

Die Proportionalitätskonstante c wird als *spezifische Wärme* bezeichnet.

a) Berechnen Sie für ein ideales Gas die spezifische Wärme $c = c_V$, wenn während der Erwärmung das Volumen konstant bleibt.

b) Bestimmen Sie die spezifische Wärme $c = c_p$, wenn der Druck konstant bleibt.

c) Zeigen Sie, dass die notwendige Zufuhr von Wärme bei konstantem Druck identisch ist zur Änderung eines der thermodynamischen Potentiale (freie Energie, Enthalpie, freie Enthalpie).

Aufgabe 3.9. Leiten Sie aus der Gibbsschen Formel

$$dS = \frac{1}{T}\,dU + \frac{p}{T}\,dV$$

und der Annahme, dass die Abbildungen $(U, V) \mapsto S(U, V)$, $(T, V) \mapsto U(T, V)$ und $(T, V) \mapsto p(T, V)$ zweimal stetig differenzierbar sind, die Clapeyronsche Formel

$$\frac{\partial U(T, V)}{\partial V} = -p + T\frac{\partial p(T, V)}{\partial T}$$

her.

Hinweis: Bestimmen Sie zunächst die zweiten Ableitungen $\frac{\partial^2}{\partial T\,\partial V}S(U(T, V), V)$ und $\frac{\partial^2}{\partial V\,\partial T}S(U(T, V), V)$.

Aufgabe 3.10. Die Zustandsgleichung eines *van–der–Waals–Gases* ist

$$p = \frac{Nk_B T}{V - Nb} - \frac{aN^2}{V^2}.$$

Dabei beschreibt b das Eigenvolumen eines Gasmoleküls. Daher ist $V - Nb$ das Kovolumen des Gases, d.h. das Volumen, das nicht vom Teilchen eingenommen wird. Weiter ist a die Reduktion des Druckes durch Anziehungskräfte der Moleküle. Wir betrachten ein van–der–Waals–Gas, dessen spezifische Wärme bei konstantem Volumen gleich

$$c_V = \frac{3}{2}\frac{k_B}{m_0}$$

ist, wobei m_0 die Masse eines einzelnen Gasmoleküls ist.

a) Zeigen Sie, dass die innere Energie gegeben ist durch

$$U(T, V) = \frac{3}{2} N k_B T - \frac{a N^2}{V} \, .$$

b) Berechnen Sie die Entropie des Gases.

Aufgabe 3.11. (Osmose)
Es seien zwei thermodynamische Teilsysteme I und II gegeben, die durch eine semipermeable Membran getrennt sind. Die Membran sei durchlässig für eine Substanz A und undurchlässig für eine Substanz B. In Teilsystem I befinde sich eine Mischung mit Massen m_A^I der Substanz A und $m_B = m_B^I$ der Substanz B, in Teilsystem II sei nur die Substanz A mit Masse m_A^{II} vorhanden. Bekannt seien die Gesamtmassen $m_A = m_A^I + m_A^{II}$ und m_B, die Volumina V^I und V^{II} der Teilsysteme und die Temperatur T.

a) Bestimmen Sie mit Hilfe der Zustandsgleichung für ideale Gase und der Forderung $\mu_A^I = \mu_A^{II}$ an das chemische Potential der Komponente A die Aufteilung der Masse m_A auf die beiden Teilsysteme I und II sowie die (unterschiedlichen!) Drücke p^I und p^{II} in den Teilsystemen.

b) Zeigen Sie, dass der Druckunterschied $p^I - p^{II}$ gleich dem Partialdruck der Komponente B in Teilsystem I auf die Membran ist.

Benutzen Sie zur Lösung der Aufgabe die Beziehungen für Mischungen idealer Gase.

Aufgabe 3.12. Bestimmen Sie für folgende chemische Reaktionssysteme jeweils eine stöchiometrische Matrix und den zugehörigen Satz unabhängiger chemischer Reaktionen:

a) $\{(CO_2, H_2O, H_2CO_3), (C, H, O)\}$

b) $\{(CO_2, O_2, H_2O, C_6H_{12}O_6, C_{57}H_{104}O_6), (C, H, O)\}$

c) $\{(N_2, O_2, H_2O, NO, NO_2, NH_3, HNO_3), (H, N, O)\}$

Erläuterung: CO_2 — Kohlendioxid, H_2O — Wasser, H_2CO_3 — Kohlensäure, O_2 — Sauerstoff, $C_6H_{12}O_6$ — Glukose (ein Kohlenhydrat), $C_{57}H_{104}O_6$ — Triolein (ein biologisches Fett), N_2 — Stickstoff, NO — Stickstoffmonoxid, NO_2 — Stickstoffdioxid, NH_3 — Ammoniak, HNO_3 — Salpetersäure.

Aufgabe 3.13. Manche chemische Substanzen sind elektrisch geladen. Dies wird in chemischen Formeln durch hochgestellte $-$ oder $+$–Zeichen angedeutet. Bei Reaktionssystemen mit solchen Substanzen kann es sinnvoll sein, ein Elektron e^- zu den Elementen dazuzunehmen. Bestimmen Sie eine stöchiometrische Matrix und einen Satz unabhängiger Reaktionen für das System

$$\{(CO_3^{2-}, HCO_3^-, H^+, H_2O), (C, H, O, e^-)\}$$

aus Carbonat (CO_3^{2-}), Hydrogencarbonat (HCO_3^-), Oxoniumionen (H^+) und Wasser.

Aufgabe 3.14. Gegeben sei die chemische Reaktion

$$2\,CO + O_2 \rightleftharpoons 2\,CO_2.$$

Zu einem Anfangszeitpunkt mit gegebener Temperatur T_0 und gegebenem Druck p_0 seien 2 Mol CO, 1 Mol O_2 und 2 Mol CO_2 vorhanden.

a) Leiten Sie mit Hilfe des Massenwirkungsgesetzes und der Beziehungen für ideale Gase eine Gleichung für die Molzahl von CO_2 in Abhängigkeit von Druck, Temperatur und der Gleichgewichtskonstanten $K(T)$ her.

b) Bestimmen Sie die Grenzwerte dieser Molzahl für sehr hohen Druck ($p \rightarrow +\infty$) und für sehr niedrigen Druck ($p \rightarrow 0$) bei festgehaltener Temperatur T.

Aufgabe 3.15. Wir möchten den Gleichgewichtspunkt einer chemischen Reaktion im adiabatisch–isobaren Fall charakterisieren.

a) Zeigen Sie, dass die Ableitung der Enthalpie nach den Massen der Komponenten auch hier das chemische Potential ergibt:

$$\frac{\partial H(S, p, m)}{\partial m_j} = \mu_j(T(S, p, m), p, m)\,.$$

b) Formulieren Sie die Gleichgewichtsbedingung als Optimierungsproblem.

c) Formulieren Sie die Gleichgewichtsbedingung unter der Annahme, dass keine Nebenbedingung aktiv ist, als Lösung eines nichtlinearen Gleichungssystems. Welchen Unterschied sehen sie im Vergleich zum Massenwirkungsgesetz aus Abschnitt 3.10 für den isothermen, isobaren Fall?

Aufgabe 3.16. Für ideale Gase kann man das kinetische Reaktionsgesetz

$$\dot{\xi}_j = k_j^f(T, p) \prod_{\ell=1}^{N_S} c_\ell^{y_{\ell j}^-} - k_j^b(T, p) \prod_{\ell=1}^{N_S} c_\ell^{y_{\ell j}^+}$$

formulieren. Dabei ist ξ der Vektor der Reaktionskoordinaten, $c_\ell = \dfrac{\nu_\ell}{V}$ die molare Konzentration von Spezies j, $y_{ij}^+ = \max\{y_{ij}, 0\}$ und $y_{ij}^- = -\min\{y_{ij}, 0\}$ die positiven und negativen Anteile der stöchiometrischen Matrix und die Koeffizienten $k_j^f(T, p)$ und $k_j^b(T, p)$ erfüllen $\dfrac{k_j^f(T, p)}{k_j^b(T, p)} = K_j(T)$ mit der Gleichgewichtskonstanten $K_j(T)$ aus der Formulierung

$$\prod_{\ell=1}^{N_S} c_\ell^{y_{\ell j}} = K_j(T)$$

des Massenwirkungsgesetzes.

Zeigen Sie, dass für das oben definierte Reaktionsgesetz die Bedingungen

a) $\dfrac{d}{dt} G(T, p, m(\xi(t))) \leq 0$ und

b) $\nabla_\xi G(T, p, m(\xi)) = 0 \Rightarrow \dot{\xi} = 0$

erfüllt sind.

Hinweis: Bestimmen Sie zunächst $\exp\left(\frac{1}{RT}\sum_{\ell=1}^{N_S} y_{\ell j} M_\ell \mu_\ell\right)$ mit der Molmasse M_ℓ und dem chemischen Potential μ_ℓ der Spezies ℓ sowie der universellen Gaskonstanten R und schauen Sie sich die Herleitung des Massenwirkungsgesetzes für ideale Gase in den molaren Konzentrationen noch einmal an.

4

Gewöhnliche Differentialgleichungen

Viele Naturgesetze drücken die *Änderung* einer Größe als Folge der Wirkung anderer Größen aus. So ist zum Beispiel die Änderung der Geschwindigkeit eines Körpers proportional zu der auf den Körper wirkenden Kraft, aus der Änderung eines elektrischen Feldes erhält man ein Magnetfeld, ein sich änderndes Magnetfeld erzeugt ein elektrisches Feld. Die *Änderung* einer Größe wird mathematisch durch *Ableitungen* ausgedrückt und deshalb führen viele Naturgesetze auf *Differentialgleichungen*. Im einfachsten Fall, wenn die relevanten Größen nur von einer Variablen abhängen, hat man eine *gewöhnliche Differentialgleichung*, oft auch ein *System gewöhnlicher Differentialgleichungen*. In den Kapiteln 1 und 3 haben wir bereits einige Beispiele für Modelle kennengelernt, die auf gewöhnliche Differentialgleichungen führen: Populationsmodelle, Modelle für die Bewegung von Körpern im Schwerefeld eines Planeten, und kinetische Reaktionen. Wir werden in diesem Kapitel weitere Differentialgleichungsmodelle kennenlernen und an Hand dieser Modelle wichtige qualitative Eigenschaften gewöhnlicher Differentialgleichungen studieren.

4.1 Eindimensionale Schwingungen

Ein wichtiges Phänomen, das durch gewöhnliche Differentialgleichungen beschrieben wird, sind *Schwingungen* von elastisch verbundenen Massenpunkten. Der einfachste Fall ist ein an einer Feder befestigter Massenpunkt der Masse m, wie in Abbildung 4.1 dargestellt. Die Bewegung des Massenpunktes folgt aus dem Newtonschen Gesetz

$$m\ddot{x} = F\,, \tag{4.1}$$

wenn m die Masse, $x = x(t)$ die Position des Massenpunktes zur Zeit t und $F = F(t)$ die am Massenpunkt angreifende Kraft ist. Die Feder übt eine Kraft auf den Massenpunkt aus, die von der Dehnung der Feder abhängt; im einfachsten Fall hat man einen *linearen* Zusammenhang

Abb. 4.1. Eindimensionale Schwingung

$$F_F = -kx \tag{4.2}$$

mit der *Federkonstanten* k. Das Minuszeichen hier bedeutet, dass die Kraft der Feder der Auslenkung entgegenwirkt. Weitere Kräfte können durch Reibung hervorgerufen werden. Wir betrachten hier Reibungskräfte der Form

$$F_R = -\beta \dot{x}\,, \tag{4.3}$$

die *linear* von der Geschwindigkeit abhängen. Diese Beziehung erhält man zum Beispiel aus dem *Stokesschen Gesetz* für die Reibung einer Kugel in einer viskosen Flüssigkeit; die Konstante β ist dann gegeben durch $\beta = 6\pi\mu r$, wenn μ die dynamische Viskosität der Flüssigkeit und r der Radius der Kugel ist. Bei Körpern anderer Form muss man den Faktor $6\pi r$ durch einen anderen, von der Form und der Größe des Körpers abhängigen Faktor ersetzen. Das Stokessche Gesetz gilt für große Viskositäten und kleine Geschwindigkeiten, wenn die viskose Reibung andere Effekte dominiert.

Die Reibung an einem festen Untergrund wird durch (4.3) nicht richtig beschrieben. Ein sinnvolles Modell hierfür ist das *Coulombsche Reibungsgesetz*,

$$F_R = -c_F F_N \frac{\dot{x}}{|\dot{x}|} \text{ für } \dot{x} \neq 0\,,$$

$$|F_R| \leq c_F F_N \text{ für } \dot{x} = 0\,.$$

Hier ist c_F der *Reibungskoeffizient* und F_N die Kraft, mit der der Körper auf den Untergrund gedrückt wird. Die erste Zeile hier beschreibt die *Gleitreibung*, die Reibungskraft ist dann der Bewegungsrichtung entgegengesetzt, ihre Stärke hängt aber *nicht* von der Geschwindigkeit der Bewegung ab. Die zweite Zeile modelliert die *Haftreibung*, der Körper bewegt sich nicht, die durch Reibung verursachte Kraft kann eine beliebige Richtung haben, ihre Stärke ist durch $c_F F_N$ begrenzt. Das Coulombsche Reibungsgesetz ist nichtlinear und nicht glatt; es ist deshalb deutlich schwieriger zu analysieren als die hier betrachteten einfachen Schwingungen.

Wir betrachten nun Schwingungen mit viskoser Dämpfung nach (4.3) und möchten zusätzlich äußere Kräfte zulassen, die auf das Feder–Masse–System einwirken, etwa durch Gravitation. Insgesamt erhalten wir dann

$$F = F_F + F_R + f \tag{4.4}$$

mit äußerer Kraft f. Durch Kombination der Gleichungen (4.1), (4.2), (4.3) und (4.4) erhält man folgende Differentialgleichung für die Auslenkung x der Feder:

$$\ddot{x}(t) + 2a\,\dot{x}(t) + b\,x(t) = g(t)\,. \tag{4.5}$$

Dabei ist $b = k/m$, $a = \beta/(2m)$ und $g(t) = f(t)/m$. Im allgemeinsten Fall ist $x(t)$ eine vektorwertige Variable, da die Position im Raum ein Vektor ist. Wenn die Feder, die äußere Kraft, die Anfangsauslenkung und die Anfangsgeschwindigkeit jedoch dieselbe Richtung haben, dann wird $x(t)$ für alle Zeiten diese Richtung beibehalten, und man kann $x(t)$ als skalare Variable interpretieren.

Ein anderes wichtiges Anwendungsbeispiel für Gleichung (4.4) sind *elektromagnetische Schwingungen*. Wir betrachten einen *Schwingkreis*, der aus einem Kondensator der Kapazität C, einer Spule der Induktivität L und einem ohmschen Widerstand R zusammengesetzt ist. Wie in Abschnitt 2.1 erläutert, gelten für den Spannungsabfall U_R am ohmschen Widerstand, U_C am Kondensator, U_L an der Spule und der Stromstärke I die Beziehungen

$$U_R(t) = R\,I(t), \quad I(t) = C\,\dot{U}_C(t) \quad \text{und} \quad U_L(t) = L\,\dot{I}(t)\,. \tag{4.6}$$

Nach dem Kirchhoffschen Spannungsgesetz ist die Summe der Teilspannungen in einer geschlossenen Leiterschleife gleich Null. Wenn U_0 die angelegte äußere Spannung bezeichnet, dann gilt

$$U_L(t) + U_R(t) + U_C(t) = U_0(t)\,.$$

Ableiten nach der Zeit und Einsetzen der Beziehungen (4.6) liefert

$$L\,\ddot{I}(t) + R\,\dot{I}(t) + \frac{1}{C}\,I(t) = \dot{U}_0(t)\,.$$

Bei bekanntem Verlauf der äußeren Spannung $U_0(t)$ hat diese Gleichung ebenfalls die Form (4.5), mit $x(t) = I(t)$, $a = R/(2L)$, $b = 1/(LC)$ und $f(t) = \dot{U}_0(t)/L$.

Bei Gleichung (4.5) handelt es sich um eine lineare Differentialgleichung zweiter Ordnung mit konstanten Koeffizienten. Da die Technik zur Lösung solcher Gleichungen im wesentlichen nicht von der Ordnung abhängt, betrachten wir eine Gleichung *allgemeiner* Ordnung n,

$$x^{(n)}(t) + a_{n-1}\,x^{(n-1)}(t) + \cdots + a_1\,x'(t) + a_0\,x(t) = f(t)$$

mit Koeffizienten $a_0, \dots, a_{n-1}$. Diese Gleichung schreiben wir abstrakt in der Form

$$\mathcal{L}x = f,$$

wobei $\mathcal{L}x$ definiert ist durch

$$\mathcal{L}x(t) = x^{(n)}(t) + \sum_{\ell=0}^{n-1} a_\ell\,x^{(\ell)}(t)\,. \tag{4.7}$$

Wir interpretieren $\mathcal{L}$ als Abbildung, die eine n–fach stetig differenzierbare Funktion x auf die stetige Funktion $\mathcal{L}x$ abbildet. Eine solche Abbildung, die

Funktionen mit Hilfe von Ableitungen auf andere Funktionen abbildet, wird als *Differentialoperator* bezeichnet. Als *Ordnung* des Differentialoperators bezeichnet man die höchste auftretende Ableitungsordnung. Als Definitionsmenge eines Differentialoperators der Ordnung n kann man zum Beispiel

$$C^n(\mathbb{R}) := \left\{ f : \mathbb{R} \to \mathbb{R} \mid f^{(k)} \text{ existiert und ist stetig für } k = 1, \ldots, n \right\}$$

wählen.

Die Differentialgleichung (4.5) heißt linear, weil der zugehörige Differentialoperator $\mathcal{L}$ linear ist,

$$\mathcal{L}(\alpha x + \beta y) = \alpha \, \mathcal{L}x + \beta \, \mathcal{L}y$$

für $x, y \in C^n(\mathbb{R})$ und $\alpha, \beta \in \mathbb{R}$. Aus dieser Eigenschaft resultieren zwei wichtige Folgerungen:

- Sind x_1 und x_2 Lösungen von $Lx = f$, so ist die Differenz $x_1 - x_2$ eine Lösung von $Lx = 0$.

- Ist x_1 eine Lösung von $Lx = f$ und x_0 eine Lösung von $Lx = 0$, so ist $x_0 + x_1$ eine weitere Lösung von $Lx = f$.

Ist x_p eine beliebige Lösung von $\mathcal{L}x = f$, eine sogenannte *Partikulärlösung*, so können wir die Lösungsmenge darstellen als

$$\mathbb{L}(f) = x_p + \mathbb{L}(0) \,,$$

wobei $\mathbb{L}(0)$ die Lösungsmenge der *homogenen Gleichung*

$$\mathcal{L}x = 0$$

ist.

Eine homogene lineare Differentialgleichung mit konstanten Koeffizienten kann mit dem Ansatz $x(t) = e^{\lambda t}$ gelöst werden, wobei λ ein zu bestimmender Parameter ist. Wegen $\frac{d^\ell}{dt^\ell} e^{\lambda t} = \lambda^\ell e^{\lambda t}$ folgt

$$\mathcal{L}e^{\lambda t} = p_L(\lambda)e^{\lambda t}$$

mit dem *charakteristischen Polynom*

$$p_L(\lambda) = \lambda^n + a_{n-1}\lambda^{n-1} + \cdots + a_1\lambda + a_0 \,.$$

Die homogene Gleichung $\mathcal{L}x = 0$ ist also erfüllt, wenn λ eine *Nullstelle* des charakteristischen Polynoms p_L ist. Im einfachsten Fall hat p_L lauter verschiedene Nullstellen $\lambda_1, \ldots, \lambda_n$; wir erhalten dann n linear unabhängige Lösungen

$$x_j(t) = e^{\lambda_j t} \,.$$

Diese bilden auch eine *Basis* von $\mathbb{L}(0)$. Eine solche Basis heißt ein *Fundamen-talsystem*. Falls λ_j echt komplex ist, also $\lambda_j = \mu_j + i\,\omega_j$ mit $\mu_j, \omega_j \in \mathbb{R}$, $\omega_j \neq 0$, und imaginärer Einheit i, dann ist x_j ebenfalls komplex. Bei einer Differenti-algleichung mit reellen Koeffizienten hat auch das charakteristische Polynom reelle Koeffizienten, und zu jeder komplexen Nullstelle $\lambda = \mu + i\omega$ gibt es eine dazu konjugiert komplexe Nullstelle $\mu - i\omega$. Aus den beiden komplexen Lösun-gen $z_1(t) = e^{(\mu+i\omega)t}$ und $z_2(t) = e^{(\mu-i\omega)t}$ kann man durch Linearkombination zwei linear unabhängige reelle Lösungen bestimmen,

$$x_1(t) = \tfrac{1}{2}(z_1(t) + z_2(t)) = e^{\mu t}\cos(\omega t) \quad \text{und}$$
$$x_2(t) = \tfrac{1}{2i}(z_1(t) - z_2(t)) = e^{\mu t}\sin(\omega t)\,.$$

Anwendung auf alle Paare konjugiert komplexer Lösungen liefert ein *reelles* Fundamentalsystem.

Bei mehrfachen Nullstellen bekommt man über den Exponentialansatz kein vollständiges Fundamentalsystem, da es zu jeder mehrfachen Nullstelle λ nur eine Lösung der Form $e^{\lambda t}$ gibt. Um weitere Lösungen zu gewinnen, *faktori-sieren* wir zunächst den Differentialoperator. Sind $\lambda_1, \ldots, \lambda_m$ alle Nullstellen von p und ist r_j die Vielfachheit von λ_j, so gilt

$$\mathcal{L} = \prod_{j=1}^{m} \left(\tfrac{d}{dt} - \lambda_j\right)^{r_j}.$$

In dieser Darstellung kann die Reihenfolge der Faktoren vertauscht werden. Um zum Eigenwert λ mit Vielfachheit r genau r verschiedene Fundamen-tallösungen zu gewinnen, betrachten wir die Gleichung

$$\left(\tfrac{d}{dt} - \lambda\right)^{r} x(t) = 0\,. \tag{4.8}$$

Für den Lösungsansatz

$$x(t) = c(t)\,e^{\lambda t}$$

gilt offensichtlich

$$x'(t) = c'(t)\,e^{\lambda t} + \lambda\,c(t)\,e^{\lambda t}\,,$$

oder anders ausgedrückt

$$\left(\tfrac{d}{dt} - \lambda\right)\!\left(c(t)e^{\lambda t}\right) = e^{\lambda t}\tfrac{d}{dt}c(t)\,. \tag{4.9}$$

Aus (4.8) folgt deshalb die Gleichung

$$c^{(r)}(t) = 0\,,$$

und somit muss c ein Polynom vom Grad $r - 1$ sein. Wir erhalten also zum Eigenwert λ die r Fundamentallösungen

$$e^{\lambda t}, t\,e^{\lambda t}, \ldots, t^{r-1}e^{\lambda t}\,.$$

Wir wenden dies nun auf die Schwingungsgleichung (4.5) an. Dabei nehmen wir $a, b \geq 0$ an, da dies bei den beschriebenen Anwendungen sinnvoll ist. Das charakteristische Polynom

$$p(\lambda) = \lambda^2 + 2a\lambda + b$$

hat die beiden Nullstellen

$$\lambda_{1/2} = -a \pm \sqrt{a^2 - b}\,.$$

Wir unterscheiden nun drei Fälle:

Fall 1: $b < a^2$. In diesem Fall sind beide Nullstellen reell und negativ, und wir haben zwei Lösungen

$$x_1(t) = e^{\lambda_1 t} \quad \text{und} \quad x_2(t) = e^{\lambda_2 t}\,.$$

Jede andere Lösung ergibt sich als Linearkombination dieser beiden Lösungen. Da λ_1, λ_2 negativ sind, klingen beide Lösungen für $t \to +\infty$ ab. Die Dämpfung ist hier so stark, dass es keine Schwingung gibt; das System „kriecht" nach einer Auslenkung langsam in die Ruhelage. Man spricht vom sogenannten *Kriechfall*.

Fall 2: $b > a^2$. Wir haben dann zwei *komplexe* Eigenwerte $\lambda_{1/2} = -a \pm i\omega$ mit $\omega = \sqrt{b - a^2}$. Die zugehörigen reellen Lösungen sind

$$x_1(t) = e^{-at}\cos(\omega t) \quad \text{und} \quad x_2(t) = e^{-at}\sin(\omega t)\,.$$

Es handelt sich dabei um *Schwingungen*. Im Fall $a = 0$ bleibt die Amplitude der Schwingung konstant; die Schwingung ist dann *ungedämpft*. Im Fall $a > 0$ verringert sich die Amplitude mit zunehmender Zeit; es handelt sich dann um eine *gedämpfte* Schwingung. Ursache der Dämpfung ist die Reibung im mechanischen Feder–Masse System beziehungsweise der ohmsche Widerstand beim elektrischen Schwingkreis.

Fall 3: $b = a^2$. In diesem Fall hat das charakteristische Polynom die doppelte Nullstelle $\lambda = -a$. Ein zugehöriges Fundamentalsystem ist

$$x_1(t) = e^{-at} \quad \text{und} \quad x_2(t) = t\,e^{-at}\,.$$

Es handelt sich hier um einen Grenzfall zwischen der Schwingung aus Fall 2 und der Kriechlösung aus Fall 1. Beide Fundamentallösungen klingen für $t \to +\infty$ ab, Lösung $x_2(t)$ steigt jedoch für kleine t zunächst an. Dies kann man als halbe Periode einer Schwingung interpretieren, die danach in eine Kriechlösung übergeht. Diese Lösungen nennt man den *aperiodischen Grenzfall*.

Mit Hilfe der Fundamentallösung kann man nun für beliebige Anfangsdaten $x(0) = x_0$ und $\dot{x}(0) = x_1$ die eindeutige Lösung der Differentialgleichung bestimmen. Im Fall $x_0 = 1$ und $x_1 = 0$, also einer Schwingung mit vorgegebener Anfangsauslenkung 1 und Anfangsgeschwindigkeit 0, erhält man etwa

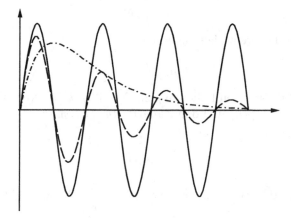

Abb. 4.2. Ungedämpfte Schwingung $(-)$, gedämpfte Schwingung $(- - -)$ und aperiodischer Grenzfall $(- \cdot -\cdot)$

$$x(t) = \frac{\lambda_2}{\lambda_2 - \lambda_1} e^{\lambda_1 t} + \frac{\lambda_1}{\lambda_1 - \lambda_2} e^{\lambda_2 t} \quad \text{für} \quad b < a^2,$$

$$x(t) = e^{-at} \left(\cos(\omega t) + \frac{a}{\omega} \sin(\omega t) \right) \quad \text{für} \quad b > a^2 \quad \text{und}$$

$$x(t) - (1 + at)e^{-at} \quad \text{für} \quad b = a^2.$$

Für $x_0 = 0$ und $x_1 = 1$ hat man

$$x(t) = \frac{1}{\lambda_1 - \lambda_2} \left(e^{\lambda_1 t} - e^{\lambda_2 t} \right) \quad \text{für} \quad b < a^2,$$

$$x(t) = \frac{1}{\omega} e^{-at} \sin(\omega t) \quad \text{für} \quad b > a^2 \quad \text{und}$$

$$x(t) = t\, e^{-at} \quad \text{für} \quad b = a^2.$$

Dies sind sogenannte *freie* Schwingungen, die ausschließlich über die Anfangs-bedingungen generiert werden.

Erzwungene Schwingungen

Wir betrachten nun Schwingungen, die durch *periodische* Anregungen erzeugt werden. Das typische Beispiel hierfür ist ein elektrischer Schwingkreis, der an eine Wechselstromquelle angeschlossen ist; die Funktion $f(t)$ hat dann die Form $f(t) = c_1 \cos(\omega t - \varphi)$ mit *Kreisfrequenz* ω und *Phase* φ.

Wir untersuchen zunächst den allgemeinen Fall

$$\mathcal{L}x = e^{\mu t}$$

mit einem Differentialoperator $\mathcal{L}$ der Form (4.7) und einem komplexen Parameter μ. Man kann dann einen speziellen Ansatz in Form der rechten Seite versuchen,

$$x(t) = c\,e^{\mu t}\,.$$

Einsetzen in die Differentialgleichung liefert

$$c\,p(\mu)\,e^{\mu t} = e^{\mu t}$$

mit dem charakteristischen Polynom p zu $\mathcal{L}$. Falls μ *keine* Nullstelle von p ist, so erhält man $c = 1/p(\mu)$ und damit die *Partikulärlösung*

$$x_p(t) = \frac{1}{p(\mu)}e^{\mu t}\,.$$

Falls μ eine Nullstelle von p ist, also etwa $p(\lambda) = \prod_{\ell=1}^{m}(\lambda - \lambda_\ell)^{r_\ell}$ gilt mit $\mu = \lambda_m$, dann kann man den Ansatz modifizieren zu $x(t) = c(t)\,e^{\mu t}$. Mit Beziehung (4.9), angewendet für $\lambda = \mu$, folgt

$$\mathcal{L}x = \prod_{\ell=1}^{m-1}\left(\tfrac{d}{dt} - \lambda_\ell\right)^{r_\ell}\left(\tfrac{d}{dt} - \mu\right)^{r_m}\left(c(t)e^{\mu t}\right) = \prod_{\ell=1}^{m-1}\left(\tfrac{d}{dt} - \lambda_\ell\right)^{r_\ell}\left(c^{(r_m)}(t)e^{\mu t}\right).$$

Man kann nun eine Partikulärlösung finden mit $c^{(r_m)}(t) = \widetilde{c}$, also etwa $c(t) = \frac{\widetilde{c}}{r_m!}t^{r_m}$, wobei $\widetilde{c}$ berechnet wird aus

$$\prod_{\ell=1}^{m-1}\left(\tfrac{d}{dt} - \lambda_\ell\right)^{r_\ell}\left(\widetilde{c}\,e^{\mu t}\right) = e^{\mu t}\,.$$

Mit

$$q(\lambda) := \prod_{\ell=1}^{m-1}(\lambda - \lambda_\ell)^{r_\ell} = \frac{p(\lambda)}{(\lambda - \lambda_m)^{r_m}}$$

folgt $\widetilde{c} = \frac{1}{q(\mu)}$ und man erhält die Partikulärlösung

$$x_p(t) = \frac{1}{r_m!\,q(\mu)}t^{r_m}e^{\mu t}\,.$$

Wir wenden dies nun an auf die inhomogene Schwingungsgleichung (4.5) mit $g(t) = e^{i\sigma t}$ mit $\sigma \neq 0$. Dabei sei $i\sigma$ ein rein imaginärer Faktor. Sind λ_1 und λ_2 die Nullstellen des charakteristischen Polynoms, so erhält man im Fall $i\sigma \notin \{\lambda_1, \lambda_2\}$ die Partikulärlösung

$$x_p(t) = \frac{1}{p(i\sigma)}e^{i\sigma t} = \frac{1}{(i\sigma - \lambda_1)(i\sigma - \lambda_2)}\,e^{i\sigma t}\,. \tag{4.10}$$

Dies entspricht einer Schwingung mit Kreisfrequenz $\omega = \sigma$ der Anregung und komplexer Amplitude $\frac{1}{p(i\sigma)} = \frac{1}{(i\sigma - \lambda_1)(i\sigma - \lambda_2)}$.

Der Fall $i\sigma \in \{\lambda_1, \lambda_2\}$ kann hier nur für $a = 0$ auftreten, also bei Anwendungen ohne Dämpfung. Das charakteristische Polynom hat dann zwei komplexe Nullstellen $\lambda_{1/2} = \pm\sqrt{b}i$. Man erhält dann die Partikulärlösung

$$x_p(t) = \frac{1}{2i\sigma}\, t\, e^{i\sigma t}\,.$$

Die Amplitude dieser Lösung divergiert für $t \to +\infty$. Man spricht in diesem Fall von *Resonanz*: Die äußere Anregung vergrößert die Amplitude der Schwingung im Lauf der Zeit immer mehr. Resonanz in diesem engeren Sinn tritt nur bei *ungedämpften* Schwingungen auf. Bei Schwingungen mit geringer Dämpfung, also bei kleinem $a > 0$ und $\lambda_{1/2} = -a \pm i\omega$ mit $\omega = \sqrt{b - a^2}$, kann man aus Formel (4.10) jedoch ebenfalls den Einfluss von Resonanz ablesen: Der Faktor $1/p(i\sigma)$ hat für $|\sigma| = \omega$ den Wert $1/(a(a + 2i\sigma))$, und für kleines a wird der Betrag dieses Faktors sehr groß. Resonanzphänomene sind in vielen technischen Anwendungen sehr wichtig. Die Stabilität mechanischer Strukturen bei dynamischen, also zeitlich veränderlichen, Belastungen hängt im wesentlichen davon ab, ob äußere Lasten in Resonanz mit sogenannten Eigenschwingungen der mechanischen Struktur treten können, und ob im Fall von Resonanz genügend Dämpfung vorhanden ist, um die Zufuhr von Energie durch die äußere Anregung ausgleichen zu können. Ganz besonders wichtig sind Resonanzphänomene in der Akustik, etwa bei der Vermeidung von Lärm.

Wenn man für eine reelle rechte Seite $g(t)$ eine reelle Lösung gewinnen möchte, kann man das wieder durch Linearkombination komplexer Lösungen erreichen. Um die Lösung von (4.5) für $g(t) = \cos(\sigma t)$ zu ermitteln, stellt man $g(t)$ dar als Linearkombination von $g_1(t) = e^{i\sigma t}$ und $g_2(t) = e^{-i\sigma t}$,

$$g(t) = \tfrac{1}{2}\big(g_1(t) + g_2(t)\big)\,.$$

Sind $x_1(t)$ und $x_2(t)$ Lösungen zu $g_1(t)$ und $g_2(t)$, so ist

$$x(t) = \tfrac{1}{2}(x_1(t) + x_2(t))$$

die Lösung von (4.5) zu $g(t) = \cos(\sigma t)$. Man erhält damit die Partikulärlösung

$$x_p(t) = \begin{cases} \dfrac{(b - \sigma^2)\cos(\sigma t) + 2a\sigma\sin(\sigma t)}{(b - \sigma^2)^2 + 4a^2\sigma^2} & \text{für } i\sigma \notin \{\lambda_1, \lambda_2\}\,, \\[2mm] \dfrac{1}{2\sigma}\, t\, \sin(\sigma t) & \text{für } a = 0,\ |\sigma| = \sqrt{b}\,. \end{cases}$$

Möchte man ein Anfangswertproblem lösen, so muss man zu dieser Partikulärlösung eine Lösung der homogenen Schwingungsgleichung addieren, so dass die Summe die Anfangswerte erfüllt. Damit kann man *Einschwingvorgänge* studieren, also etwa den Spannungsverlauf in einem elektrischen Schwingkreis nach dem Einschalten der Wechselspannungsquelle.

Energieerhaltung

Wir betrachten die Differentialgleichung (4.5) in der dimensionsbehafteten Form

$$m\ddot{x} + \beta\dot{x} + kx = f$$

mit beliebiger zeitabhängiger rechter Seite f. Diese Gleichung beschreibt einen schwingenden Massenpunkt mit Position x, Rückstellkraft $F_F = -kx$, angreifender äußerer Kraft f und „viskoser Dämpfung" durch die Kraft $F_R = -\beta\dot{x}$. Multiplikation der Gleichung mit $\dot{x}$ und Integration bezüglich der Zeit von t_0 bis t_1 liefert

$$\frac{1}{2}m\,\dot{x}^2(t_1) + \frac{k}{2}x^2(t_1) = \frac{1}{2}m\,\dot{x}^2(t_0) + \frac{k}{2}x^2(t_0)$$
$$+ \int_{t_0}^{t_1} f\dot{x}\,dt - \int_{t_0}^{t_1} \beta\,\dot{x}^2(t)\,dt\,. \tag{4.11}$$

Diese Gleichung beschreibt die *Energiebilanz*. Die im System enthaltene Energie besteht aus der *kinetischen Energie* $T = \frac{1}{2}m\dot{x}^2$ und der *potentiellen Energie* $U = \frac{k}{2}x^2$. Der Term $\int_{t_0}^{t_1} f\dot{x}\,dt$ beschreibt die dem System durch die äußere Kraft f zugeführte Energie und $\int_{t_0}^{t_1} \beta\dot{x}^2(t)\,dt$ ist die durch Reibung oder viskose Dämpfung „dissipierte" Energie. Letztere wird in der Regel in Wärme umgewandelt und „verschwindet" deswegen in einer rein mechanischen Energiebilanz.

Wir können die Energiebilanz leicht auf allgemeine, nichtlineare konstitutive Gesetze für die Rückstellkraft $F_F = F_F(x)$ und die viskose Dämpfung $F_R = F_R(\dot{x})$ übertragen. Dazu brauchen wir lediglich eine *Stammfunktionen* V von $-F_F$. Diese Stammfunktion ist gerade die *potentielle* Energie. Weiterhin bezeichne $T = \frac{1}{2}m\dot{x}^2$ die kinetische Energie und $\Phi = \Phi(\dot{x}) = F_R(\dot{x})\dot{x}$ eine *Dissipationsfunktion*. Aus der Gleichung

$$m\ddot{x} - F_R(\dot{x}) + V'(x) = f$$

folgt durch Multiplikation mit $\dot{x}$ und Integration bezüglich der Zeit

$$T(\dot{x}(t_1)) + V(x(t_1)) = T(\dot{x}(t_0)) + V(x(t_0)) + \int_{t_0}^{t_1} \big(f\dot{x} + \Phi(\dot{x})\big)\,dt\,.$$

4.2 Lagrangesche und Hamiltonsche Formulierung der Mechanik

Wir werden nun zwei wichtige verallgemeinerte Formulierungen der Grundgleichungen der Mechanik für Systeme von Punktmassen kennenlernen. Als einfaches Beispiel betrachten wir zunächst eine Schwingung ohne Dämpfung, mit nichtlinearer Rückstellkraft $F_R(x)$, die durch ein Potential V gegeben ist, $F_R(x) = -V'(x)$. Die zugehörige Differentialgleichung ist

$$m\ddot{x} = -V'(x)\,. \tag{4.12}$$

Die linke Seite hier kann dargestellt werden als Zeitableitung der Ableitung der kinetischen Energie $T = T(x, \dot{x}) = \frac{1}{2}m\dot{x}^2$ nach der Geschwindigkeit $\dot{x}$,

$$m\ddot{x} = \frac{d}{dt}\frac{\partial T}{\partial \dot{x}} .$$

Dabei fassen wir x und $\dot{x}$ als *unabhängige* Variable auf und interpretieren sowohl T als auch V als Funktionen von x und $\dot{x}$. Gleichung (4.12) hat dann die Form

$$\frac{d}{dt}\frac{\partial T}{\partial \dot{x}} = -\frac{\partial V}{\partial x} .$$

Da in diesem Beispiel T unabhängig von x und V unabhängig von $\dot{x}$ ist, kann man diese Gleichung mit Hilfe der *Lagrangefunktion*

$$L = L(x, \dot{x}) = T(\dot{x}) - V(x)$$

umformulieren zu

$$\frac{\partial L}{\partial x} = \frac{d}{dt}\frac{\partial L}{\partial \dot{x}} .$$

Dies ist die Grundgleichung der *Lagrangeschen Formulierung* der Mechanik für einen Massenpunkt.

Man kann dieses Prinzip leicht erweitern auf Systeme aus einer festen Anzahl von Massenpunkten. Um die Notation auch für den Fall von mehr als einer Raumdimension einfach zu halten, fassen wir die Komponenten der Positionsvektoren aller Massenpunkte in einem einzigen Vektor $x \in \mathbb{R}^N$ zusammen. Zur Komponente x_j gehöre die Masse m_j. Sind x_i und x_j unterschiedliche Komponenten einer Position desselben Massenpunktes, so muss natürlich $m_i = m_j$ gelten. Die kinetische Energie des Systems ist dann

$$T(x, \dot{x}) = \frac{1}{2}\sum_{j=1}^{N} m_j\, \dot{x}_j^2 .$$

Für die potentielle Energie lassen wir eine allgemeine Funktion $V = V(x)$ zu; die j–te Komponente der auf das System wirkenden Kraft ist dann gegeben durch

$$-\frac{\partial V}{\partial x_j} .$$

Die zugehörige Lagrangefunktion ist

$$L(x, \dot{x}) = T(x, \dot{x}) - V(x, \dot{x})$$

und die Bewegungsgleichung $m_j\ddot{x}_j = -\frac{\partial V}{\partial x_j}$ für die Komponente j ist, wie man leicht nachprüft, identisch zu

$$\frac{\partial L}{\partial x_j} = \frac{d}{dt}\frac{\partial L}{\partial \dot{x}_j} . \tag{4.13}$$

Wenn auf das System *äußere Kräfte* f_{ext} einwirken, dann treten diese als zusätzlicher Term auf der linken Seite von (4.13) auf,

$$\frac{\partial L}{\partial x_j} + f_{ext,j} = \frac{d}{dt}\frac{\partial L}{\partial \dot{x}_j}.$$

(4.14)

Die äußeren Kräfte dürfen dabei von $t, x, \dot{x}$ abhängen. Prinzipiell kann man auch die vom Potential V erzeugte Kraft $-\nabla_x V(x)$ als äußere Kraft formulieren, diese tritt dann im Lagrange–Funktional nicht mehr auf und man erhält die Gleichung

$$\frac{\partial T}{\partial x_j} - \frac{\partial V}{\partial x_j} + f_{ext,j} = \frac{d}{dt}\frac{\partial T}{\partial \dot{x}_j}.$$

Manchmal kann man die äußere Kraft auch in das Lagrangefunktional L mit integrieren, nämlich genau dann, wenn sich diese darstellen läßt als

$$f_{ext,j} = f_{ext,j}(t,x,\dot{x}) = -\frac{\partial U}{\partial x_j}(t,x,\dot{x}) + \frac{d}{dt}\frac{\partial U}{\partial \dot{x}_j}(t,x,\dot{x})$$

(4.15)

mit einem *verallgemeinerten Potential* $U(t,x,\dot{x})$. In diesem Fall lautet das Lagrangefunktional

$$L(t,x,\dot{x}) = T(\dot{x}) - V(x) - U(t,x,\dot{x}).$$

Der zusätzliche Term U liefert in Gleichung (4.13) wegen der Bedingung (4.15) gerade die externe Kraft $f_{ext,j}$ auf der linken Seite. Bedingung (4.15) ist zum Beispiel erfüllt für eine nur von der Zeit abhängige Kraft $f_{ext} = f(t)$; das verallgemeinerte Potential ist dann $U = U(t,x) = -f(t) \cdot x$. Ein etwas allgemeineres Beispiel ist eine von einem zeit- und ortsabhängigen verallgemeinerten Potential $U = U(t,x)$ stammende Kraft $f_{ext,j}(t,x) = -\frac{\partial U}{\partial x_j}(t,x)$.

Gleichung (4.13) kann interpretiert werden als notwendiges Kriterium für einen stationären Punkt des Optimierungsproblems

$$\min\left\{ \int_{t_0}^{t_1} L(t,x,\dot{x})\,dt \;\middle|\; x \in C^1\big([t_0,t_1],\mathbb{R}^N\big),\; x(t_0) = x^{(0)}, \right.$$
$$\left. x(t_1) = x^{(1)} \right\}$$

(4.16)

mit festgehaltenen Anfangs- und Endpunkten $x^{(0)}$ und $x^{(1)}$. Das Funktional $x \mapsto \int_{t_0}^{t_1} L(t,x,\dot{x})\,dt$ wird auch als *Wirkung* der durch x beschriebenen Bewegung bezeichnet. Für eine Lösung x von (4.16) und eine beliebige *Variation* $y \in C^1\big([t_0,t_1],\mathbb{R}^N\big)$ mit $y(t_0) = y(t_1) = 0$ ist nämlich $x + \varepsilon y$ eine zulässige Vergleichsfunktion für das Optimierungsproblem. Es muss daher gelten

$$0 = \frac{d}{d\varepsilon} \int_{t_0}^{t_1} L(t, x + \varepsilon y, \dot{x} + \varepsilon \dot{y}) \, dt \bigg|_{\varepsilon=0}$$

$$= \int_{t_0}^{t_1} \sum_{j=1}^{N} \left(\frac{\partial L}{\partial x_j} y_j + \frac{\partial L}{\partial \dot{x}_j} \dot{y}_j \right) dt \tag{4.17}$$

$$= \int_{t_0}^{t_1} \sum_{j=1}^{N} \left(\frac{\partial L}{\partial x_j} - \frac{d}{dt} \frac{\partial L}{\partial \dot{x}_j} \right) y_j \, dt \,,$$

wobei im letzten Schritt eine partielle Integration für den zweiten Summanden durchgeführt wird. Gilt für eine stetige Funktion $f : [t_0, t_1] \to \mathbb{R}^N$

$$\int_{t_0}^{t_1} \sum_{i=1}^{N} f_i(x) \, \varphi_i(x) \, dx = 0 \quad \text{für alle} \quad \varphi \in C_0^1 \big([t_0, t_1], \mathbb{R}^N \big) \,,$$

so folgt $f \equiv 0$. Diese Aussage heißt *Fundamentallemma der Variationsrechnung* und wird in Aufgabe 4.19 bewiesen. Da die Funktionen y_j bis auf die Randdaten beliebig gewählt sind, folgen also die Lagrangeschen Gleichungen (4.13) aus (4.17). Es sei hier bemerkt, dass Lösungen von (4.13) im Allgemeinen nur kritische Punkte des Optimierungsproblems sind und nicht notwendigerweise ein Extremum realisieren. Die Formulierung der Bewegungsgleichung mechanischer Systeme als stationärer Punkt eines geeigneten Wirkungsfunktionals wird auch als *Hamiltonsches Prinzip der stationären Wirkung* bezeichnet.

Ein wesentlicher Vorteil der Lagrangeschen Formulierung besteht darin, dass die Gleichungen unabhängig von der Auswahl sogenannter *verallgemeinerter Koordinaten* sind. Wir betrachten verallgemeinerte Koordinaten

$$q_j = \widehat{q}_j(x), \ j = 1, \dots, N$$

und das zugehörige Lagrangefunktional

$$\widehat{L}(t, q, \dot{q}) \,.$$

Dabei sei $\widehat{q} : \mathbb{R}^N \to \mathbb{R}^N$ eine bijektive Abbildung, deren Ableitungsmatrix $D_x \widehat{q} = \left(\frac{\partial \widehat{q}_i}{\partial x_j} \right)_{i,j=1}^{N}$ invertierbar sei. Zwischen L und $\widehat{L}$ besteht wegen $\dot{q} = D_x \widehat{q}(x) \dot{x}$ der Zusammenhang

$$L(t, x, \dot{x}) = \widehat{L}\big(t, \widehat{q}(x), D_x \widehat{q}(x) \dot{x} \big) \,.$$

Das Optimierungsproblem lässt sich in den verallgemeinerten Koordinaten schreiben als

$$\min \left\{ \int_{t_0}^{t_1} \widehat{L}(t, q, \dot{q}) \, dt \ \bigg| \ q \in C^1 \big([t_0, t_1], \mathbb{R}^N \big), \ q(t_0) = q^{(0)}, \ q(t_1) = q^{(1)} \right\}$$

mit $q^{(0)} = \widehat{q}(x^{(0)})$ und $q^{(1)} = \widehat{q}(x^{(1)})$; denn dies entspricht nur einer anderen Darstellung des Integranden $L(t, x(t), \dot{x}(t)) = \widehat{L}(t, q(t), \dot{q}(t))$. Das zugehörige Optimalitätskriterium ist

$$\frac{\partial \widehat{L}}{\partial q_j} = \frac{d}{dt} \frac{\partial \widehat{L}}{\partial \dot{q}_j}.$$

Die Äquivalenz dieser Gleichungen zu (4.13) lässt sich unter gewissen Annahmen an die Parametrisierung auch direkt durch Umparametrisieren der Gleichungen zeigen, siehe dazu Aufgabe 4.3.

Die verallgemeinerte Lagrangesche Formulierung ist besonders vorteilhaft bei Problemen mit *Nebenbedingungen*. Man kann dann verallgemeinerte Koordinaten wählen, die die Nebenbedingungen automatisch erfüllen, und die zugehörigen Lagrangeschen Bewegungsgleichungen lösen. Wir begründen den Lagrange–Formalismus für Aufgabenstellungen mit Nebenbedingungen für ein Problem mit Ortsvariable $x = x(t) \in \mathbb{R}^N$ und s Nebenbedingungen $g_i(t, x) = 0$, $i = 1, \ldots, s$. In die Ortsvariable seien die Komponenten aller Massenpunkte einsortiert; bei ℓ Massenpunkten im d–dimensionalen Raum ist $N = d\ell$. Die Nebenbedingungen definieren eine Menge zulässiger Punkte

$$X(t) = \left\{ x \in \mathbb{R}^N \mid g_i(t, x) = 0 \ \text{ für } \ i = 1, \ldots, s \right\}.$$

Wir nehmen an, dass die Funktionen g_i differenzierbar seien, dass die Gradienten $\{\nabla_x g_i(t, x) \mid i = 1, \ldots, s\}$ für alle $x \in X(t)$ linear unabhängig seien, und dass $X(t)$ eine $(N - s)$–dimensionale, genügend glatte Mannigfaltigkeit im $\mathbb{R}^N$ ist.

Die Bewegungsgleichung muss zur Erfüllung der Nebenbedingungen ergänzt werden durch noch unbekannte *Zwangskräfte* $Z_1, \ldots, Z_N$. Die Zwangskräfte halten die Kurve der Bewegung in der Mannigfaltigkeit der zulässigen Punkte. Der Vektor $Z(t) \in \mathbb{R}^N$ der Zwangskräfte zur Zeit t steht im Punkt $x(t)$ senkrecht zur Menge $X(t)$ der zulässigen Punkte beziehungsweise zum Tangentialraum im Punkt $x(t)$

$$T_{x(t)} X(t) = \{ y \in \mathbb{R}^N \mid \nabla_{x(t)} g_i(t, x) \cdot y = 0 \text{ für } i = 1, \ldots, s \}.$$

In Komponenten geschrieben gilt dann

$$m_j \ddot{x}_j = f_j + Z_j.$$

Sind hier x_i und x_j verschiedene Komponenten *desselben* Massenpunktes, so gilt $m_i = m_j$. Wir schreiben die Bewegungsgleichung kompakt in Matrix–Vektor–Notation

$$M\ddot{x} = f + Z, \tag{4.18}$$

wobei M die Diagonalmatrix der Punktmassen, f der Vektor der äußeren Kräfte und Z der Vektor der Zwangskräfte ist. Es ist für die folgenden Betrachtungen nicht erforderlich, dass M eine Diagonalmatrix ist, es genügt,

M als symmetrisch und positiv definit vorauszusetzen. Ein wichtiges Anwendungsbeispiel für ein mechanisches System, bei dem die Massenmatrix M keine Diagonalgestalt hat, ist das im nächsten Abschnitt diskutierte dynamische elastische Stabwerk. Wir nehmen an, dass die Kraft $f = f(t, x)$ ein Potential $U = U(t, x)$ hat, $f = -\nabla_x U$. Wir nehmen weiterhin an, dass man die Menge der zulässigen Positionsvektoren $X(t)$ parametrisieren kann,

$$X(t) = \{\widehat{x}(t, q) \,|\, q \in \mathbb{R}^r\}\,.$$

Dabei ist $r = N - s$ die Anzahl der *Freiheitsgrade*. Die Ableitungen von $\widehat{x}(t, \cdot)$ nach den Komponenten von q liegen dann gerade im Tangentialraum,

$$\frac{\partial \widehat{x}}{\partial q_j}(t, q) \in T_{\widehat{x}(t,q)} X(t) \quad \text{für} \quad j = 1, \ldots, r\,.$$

Ableiten von $t \mapsto \widehat{x}(t, q(t))$ für eine gegebene Kurve $t \mapsto q(t)$ liefert

$$\frac{d}{dt}\widehat{x}(t, q(t)) = \partial_t \widehat{x}(t, q(t)) + \nabla_q \widehat{x}(t, q(t)) \cdot \dot{q}(t)\,.$$

Dieser Ausdruck gibt die Geschwindigkeit $\dot{x}(t)$ der Kurve $x(t) = \widehat{x}(t, q(t))$ an. Wir definieren daher

$$\widehat{\dot{x}}(t, q, \dot{q}) = \partial_t \widehat{x}(t, q) + \nabla_q \widehat{x}(t, q) \cdot \dot{q}\,. \tag{4.19}$$

Hier und im Folgenden werden t, q und $\dot{q}$ als *unabhängige* Variable der Lagrangefunktion interpretiert, dies ist insbesondere bei der Notation partieller Ableitungen zu beachten. Aus (4.19) folgt dann insbesondere

$$\frac{\partial \widehat{\dot{x}}}{\partial \dot{q}_j}(t, q, \dot{q}) = \frac{\partial \widehat{x}}{\partial q_j}(t, q)\,. \tag{4.20}$$

Multiplikation der Bewegungsgleichung (4.18) mit $\frac{\partial \widehat{x}}{\partial q_j}$ eliminiert die unbekannte Zwangskraft, denn $\frac{\partial \widehat{x}}{\partial q_j}(t, q) \in T_{\widehat{x}(t,q)} X(t)$ und Z ist senkrecht zu $T_{\widehat{x}(t,q)} X(t)$. Man erhält also

$$M\ddot{x} \cdot \frac{\partial \widehat{x}}{\partial q_j} = f \cdot \frac{\partial \widehat{x}}{\partial q_j}\,. \tag{4.21}$$

Dabei ist $\ddot{x} = \frac{d^2}{dt^2}(\widehat{x}(t, q(t)))$. Wir schreiben die linke Seite dieser Gleichung als

$$M\ddot{x} \cdot \frac{\partial \widehat{x}}{\partial q_j} = \frac{d}{dt}\left(M\widehat{\dot{x}} \cdot \frac{\partial \widehat{x}}{\partial q_j}\right) - M\widehat{\dot{x}} \cdot \frac{d}{dt}\left(\frac{\partial \widehat{x}}{\partial q_j}\right)\,.$$

Es gilt

$$\frac{d}{dt}\left(\frac{\partial \widehat{x}}{\partial q_j}\right) = \frac{\partial^2 \widehat{x}}{\partial t\, \partial q_j} + \nabla_q \frac{\partial \widehat{x}}{\partial q_j} \cdot \dot{q} = \frac{\partial \widehat{\dot{x}}}{\partial q_j}\,.$$

Unter Berücksichtigung von (4.20) folgt

$$M\ddot{x} \cdot \frac{\partial \widehat{x}}{\partial q_j} = \frac{d}{dt}\left(M\widehat{\dot{x}} \cdot \frac{\partial \widehat{\dot{x}}}{\partial \dot{q}_j}\right) - M\widehat{\dot{x}} \cdot \frac{\partial \widehat{\dot{x}}}{\partial q_j} = \frac{d}{dt}\frac{\partial \widehat{T}}{\partial \dot{q}_j} - \frac{\partial \widehat{T}}{\partial q_j}$$

mit der kinetischen Energie

$$\widehat{T}(t,q,\dot{q}) = \frac{1}{2}\widehat{\dot{x}}(t,q,\dot{q})^\top M\,\widehat{\dot{x}}(t,q,\dot{q})\,.$$

Außerdem gilt wegen $f(t,x) = -\nabla_x U(t,x)$

$$f \cdot \frac{\partial \widehat{x}}{\partial q_j} = -\frac{\partial \widehat{U}}{\partial q_j}$$

mit $\widehat{U}(t,q) = U(t,\widehat{x}(t,q))$. Da $\widehat{U}$ unabhängig ist von $\dot{q}$, hat (4.21) gerade die Form

$$\frac{\partial \widehat{L}}{\partial q_j} = \frac{d}{dt}\frac{\partial \widehat{L}}{\partial \dot{q}_j}$$

mit der üblichen Lagrangefunktion

$$\widehat{L}(t,q,\dot{q}) = \widehat{T}(t,q,\dot{q}) - \widehat{U}(t,q)\,.$$

Beispiel: Wir betrachten ein *Pendel* aus einem Massenpunkt der Masse m, der mit einem masselosen starren Stab der Länge ℓ am Ursprung befestigt ist und sich im Schwerefeld der Erde bewegt, siehe dazu Abbildung 4.3. Zur Beschreibung der Lage des Pendels verwenden wir den Winkel φ zur Vertikalen. Die Position in kartesischen Koordinaten ist dann

$$x = x(\varphi) = \ell\begin{pmatrix} \sin\varphi \\ -\cos\varphi \end{pmatrix}\,.$$

Kinetische und potentielle Energie lauten

$$T = \tfrac{1}{2}m|\dot{x}|^2 = \tfrac{1}{2}m\ell^2\dot{\varphi}^2 \quad\text{und}\quad U = mgx_2 = -mg\ell\cos\varphi\,.$$

Das Lagrangefunktional ist demnach

$$L(\varphi,\dot{\varphi}) = T - U = \tfrac{1}{2}m\ell^2\dot{\varphi}^2 + mg\ell\cos\varphi\,.$$

Mit

$$\frac{\partial L}{\partial \varphi} = -mg\ell\sin\varphi \quad\text{und}\quad \frac{\partial L}{\partial \dot{\varphi}} = m\ell^2\dot{\varphi}$$

folgt die Lagrangesche Bewegungsgleichung

$$m\ell^2\ddot{\varphi} + mg\ell\sin\varphi = 0\,.$$

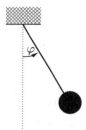

Abb. 4.3. Eindimensionale Schwingung

Die *Hamiltonsche Formulierung der Mechanik* erhält man mit Hilfe der *Legendre–Transformation* der Lagrange–Funktion bezüglich der verallgemeinerten Geschwindigkeiten. Die Legendre–Transformation ist in Abschnitt 3.6 erklärt. Es sei

$$p_j = \frac{\partial L}{\partial \dot{q}_j}$$

die zu $\dot{q}_j$ *duale Variable* und

$$H(t, q, p) = p \cdot \dot{q}(t, q, p) - L(t, q, \dot{q}(t, q, p))$$

die *Hamiltonfunktion*, also gerade die Legendretransformierte zur Lagrangefunktion. Dabei wird angenommen, dass man $\dot{q}$ als Funktion der neuen Variablen t, q, p schreiben kann; dies ist eine der Voraussetzungen für die Existenz der Legendre–Transformierten. Es gilt dann

$$\frac{\partial H}{\partial q_j} = p \cdot \frac{\partial \dot{q}}{\partial q_j} - \frac{\partial L}{\partial q_j} - \sum_{k=1}^{r} \frac{\partial L}{\partial \dot{q}_k} \frac{\partial \dot{q}_k}{\partial q_j} = -\frac{\partial L}{\partial q_j} = -\frac{d}{dt} \frac{\partial L}{\partial \dot{q}_j} = -\dot{p}_j \quad \text{und}$$

$$\frac{\partial H}{\partial p_j} = \dot{q}_j + \sum_{k=1}^{r} p_k \frac{\partial \dot{q}_k}{\partial p_j} - \sum_{k=1}^{r} \frac{\partial L}{\partial \dot{q}_k} \frac{\partial \dot{q}_k}{\partial p_j} = \dot{q}_j \,.$$

Dies liefert die Grundgleichungen der Hamiltonschen Formulierung der Mechanik

$$\dot{q}_j = \frac{\partial H}{\partial p_j} \quad \text{und} \quad \dot{p}_j = -\frac{\partial H}{\partial q_j} \quad \text{für } j = 1, \ldots, r. \qquad (4.22)$$

Wie bei der Lagrangeschen Formulierung ist auch bei der Hamiltonschen Formulierung die Auswahl beliebiger verallgemeinerter Koordinaten möglich. Es ist dazu lediglich nötig, die kinetische Energie und die verallgemeinerte potentielle Energie in den neuen Variablen auszudrücken. Bei der Hamiltonschen Funktion handelt es sich häufig um die *Energie* des Systems, also die Summe aus potentieller und kinetischer Energie.

Beim Beispiel der eindimensionalen, nichtlinearen Schwingung mit Potential V haben wir die kinetische Energie

$$T(\dot{x}) = \tfrac{1}{2} m \dot{x}^2$$

und die Lagrangefunktion

$$L(t, x, \dot{x}) = \tfrac{1}{2} m \, \dot{x}^2 - V(x) \,.$$

Es folgt

$$p = \frac{\partial L}{\partial \dot{x}} = m\dot{x},$$

das ist gerade der *Impuls* des bewegten Massenpunktes. Mit $q = x$, $\dot{q} = \dot{x} = \frac{p}{m}$ folgt weiter

$$H(t, q, p) = p \, \frac{p}{m} - \frac{m}{2} \left(\frac{p}{m} \right)^2 + V(q) = \frac{p^2}{2m} + V(q) \,.$$

Hier ist $H = T + V$ also tatsächlich die Energie des Systems.

Die Lagrangesche und Hamiltonsche Formulierung der Mechanik gilt nicht nur für Systeme von Massenpunkten, sondern kann auch auf weitere Modellklassen erweitert werden, zum Beispiel auf sogenannte *Mehrkörpersysteme*, die aus miteinander verbundenen starren Körpern bestehen. Grundlage ist stets

- eine Beschreibung alle möglicher Konfigurationen des Systems durch geeignete verallgemeinerte Koordinaten und

- geeignete Darstellungen der kinetischen und potentiellen Energie des Systems.

Schwingungen von Stabwerken

Wir wenden nun den Lagrange–Formalismus an, um ein Differentialgleichungssystem für die Bewegung eines Stabwerks herzuleiten. Man benötigt dabei lediglich Darstellungen der kinetischen und der potentiellen Energie. Wir betrachten ein Stabwerk aus n durchnummerierten Stäben mit k durchnummerierten Knoten. Die Positionen der Knoten sind in einem Vektor $x \in \mathbb{R}^{dk}$ zusammengefasst, wobei $d \in \{2, 3\}$ die betrachtete Raumdimension ist. Die Masse des j–ten Stabes sei m_j, diese Masse sei gleichmäßig über die Länge des Stabes verteilt.

Die potentielle Energie des verformten Stabwerkes besteht aus der in den gedehnten Stäben gespeicherten Energie. Die Dehnungen werden in einen Vektor e einsortiert; dieser folgt aus den Knotenverschiebungen durch die Beziehung

$$e = Bx$$

mit einer von der Geometrie des Stabes abhängigen Matrix $B \in \mathbb{R}^{n,dk}$, siehe dazu auch Abschnitt 2.2. Ist e_j die Dehnung und E_j der Elastizitätsmodul des j–ten Stabes, so ist die im Stab gespeicherte Energie gerade

$$V_j = \tfrac{1}{2} E_j |e_j|^2 \,.$$

Die gesamte potentielle Energie des Stabwerkes ist

$$V = \sum_{j=1}^{n} \tfrac{1}{2} E_j |e_j|^2 = \tfrac{1}{2} e^\top C e = \tfrac{1}{2} x^\top K x$$

mit der Diagonalmatrix $C = \mathrm{diag}(E_1, \ldots, E_n)$ der Elastizitätskonstanten und der symmetrischen sogenannten *Steifigkeitsmatrix*

$$K = B^\top C B.$$

Zur Bestimmung der kinetischen Energie betrachten wir zunächst einen einzelnen Stab mit Masse m und Endpunkten $x^{(0)}(t)$ und $x^{(1)}(t)$. Dieser Stab wird parametrisiert durch

$$x(t, s) = (1 - s)x^{(0)}(t) + s\, x^{(1)}(t) \quad \text{mit} \quad s \in [0, 1]\,.$$

Die kinetische Energie des Stabes ist

$$T(t) = \int_0^1 m|\dot{x}(t, s)|^2 \, ds = \tfrac{m}{3}\left(\left|\dot{x}^{(0)}(t)\right|^2 + \dot{x}^{(0)}(t) \cdot \dot{x}^{(1)}(t) + \left|\dot{x}^{(1)}(t)\right|^2 \right).$$

Die kinetische Energie eines Stabwerkes entspricht der Summe der kinetischen Energien aller Stäbe,

$$T(t) = \sum_{j=1}^{n} \tfrac{m_j}{3}\left(\left|\dot{x}^{(u(j))}(t)\right|^2 + \dot{x}^{(u(j))}(t) \cdot \dot{x}^{(o(j))}(t) + \left|\dot{x}^{(o(j))}(t)\right|^2 \right),$$

wobei $u(j)$ und $o(j)$ die Indizes der Knoten zu Stab j sind. Dies lässt sich kurz ausdrücken durch

$$T(t) = \tfrac{1}{2} \dot{x}(t)^\top M \dot{x}(t)$$

mit einer symmetrischen *Massenmatrix* M der Dimension $dk \times dk$.

Fasst man die auf die Knoten wirkenden äußeren Kräfte in einem Vektor $f \in \mathbb{R}^{dk}$ zusammen, dann erhält man die Lagrangefunktion

$$L = L(t, x, \dot{x}) = T(\dot{x}) - V(x) + f(t) \cdot x = \tfrac{1}{2} \dot{x}^\top M \dot{x} - \tfrac{1}{2} x^\top K x + f(t) \cdot x\,.$$

Aus (4.13) erhält man daraus die Bewegungsgleichung

$$M\ddot{x} + K x = f\,. \tag{4.23}$$

Dies ist ein System gewöhnlicher Differentialgleichungen. Die Massenmatrix M ist positiv definit, die Steifigkeitsmatrix K positiv semidefinit.

Wir interessieren uns nun für *freie Schwingungen* und setzen dazu $f = 0$. Verwendet man den üblichen exponentiellen Ansatz

$$x(t) = e^{\lambda t} v$$

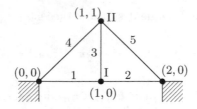

Abb. 4.4. Beispiel für ein Stabwerk

mit einem komplexen Parameter λ und einem Vektor $v \in \mathbb{C}^{dk}$, so erhält man das verallgemeinerte Eigenwertproblem

$$Kv = -\lambda^2 M v \,. \tag{4.24}$$

Da M positiv definit und symmetrisch ist, kann man die *Wurzel* $M^{1/2}$ definieren. Multiplikation von (4.24) mit $M^{-1/2}$ und Variablentransformation $w = M^{1/2}v$ liefert das Eigenwertproblem

$$Aw = -\lambda^2 w \quad \text{mit} \quad A = M^{-1/2}KM^{-1/2} \,.$$

Die Matrix A hier ist positiv semidefinit und symmetrisch, sie besitzt deshalb reelle nichtnegative Eigenwerte. Dies bedeutet, dass λ rein imaginär ist, also

$$\lambda = i\omega \quad \text{mit} \quad \omega \in \mathbb{R} \,.$$

Es gibt eine Basis des $\mathbb{R}^{dk}$ aus Eigenvektoren $w_1, \ldots, w_{dk}$ von A zu Eigenwerten $\omega_1^2, \ldots, \omega_{dk}^2$ mit $\omega_j \geq 0$. Das verallgemeinerte Eigenwertproblem (4.24) hat die Eigenvektoren $v_j = M^{-1/2}w_j$ zu denselben Eigenwerten. Jeder positive Eigenwert $-\lambda_j^2$ führt zu zwei zulässigen Werten von λ_j, nämlich $\lambda_{j,1/2} = \pm i\omega_j$ mit $\omega_j > 0$. Die allgemeine Lösung von (4.23) hat deshalb die Form

$$x(t) = \sum_{j=1}^{dk} \left(\alpha_j e^{i\omega_j t} + \beta_j e^{-i\omega_j t} \right) v_j$$

mit beliebigen komplexen Koeffizienten α_j, β_j. Die reellen Lösungen lauten

$$x(t) = \sum_{j=1}^{dk} \left(c_j \cos(\omega_j t) + d_j \sin(\omega_j t) \right) v_j$$

mit Koeffizienzen $c_j, d_j \in \mathbb{R}$. Die Werte $\omega_j/(2\pi)$ sind die *Eigenfrequenzen* des Stabwerks, die Vektoren v_j beschreiben die *Schwingungsmoden* .

Beispiel: Wir betrachten das in Abbildung 4.4 dargestellte Stabwerk in zwei Raumdimensionen, mit der dort angegebenen Nummerierung der Stäbe und Knoten. Die Elastizitätsmoduli und Massen der Stäbe nach einer geeigneten Entdimensionalisierung seien $E_1 = E_2 = E_3 = 1$, $E_4 = E_5 = \sqrt{2}/2$,

$m_1 = m_2 = m_3 = 1$, $m_4 = m_5 = \sqrt{2}$. Dies erhält man, wenn die Stäbe aus dem gleichen Material bestehen und dieselbe Dicke haben; dann skalieren die Elastizitätskonstanten mit der reziproken Länge und die Massen mit der Länge der Stäbe. Die zugehörigen Matrizen lauten, vgl. Kapitel 2,

$$B = \begin{pmatrix} 1 & 0 & 0 & 0 \\ -1 & 0 & 0 & 0 \\ 0 & -1 & 0 & 1 \\ 0 & 0 & \sqrt{2}/2 & \sqrt{2}/2 \\ 0 & 0 & -\sqrt{2}/2 & \sqrt{2}/2 \end{pmatrix} \quad \text{und} \quad C = \begin{pmatrix} 1 & 0 & 0 & 0 & 0 \\ 0 & 1 & 0 & 0 & 0 \\ 0 & 0 & 1 & 0 & 0 \\ 0 & 0 & 0 & \sqrt{2}/2 & 0 \\ 0 & 0 & 0 & 0 & \sqrt{2}/2 \end{pmatrix}.$$

Die entsprechende Steifigkeitsmatrix ist

$$K := B^\top C B = \begin{pmatrix} 2 & 0 & 0 & 0 \\ 0 & 1 & 0 & -1 \\ 0 & 0 & \sqrt{2}/2 & 0 \\ 0 & -1 & 0 & 1+\sqrt{2}/2 \end{pmatrix}.$$

Die kinetische Energie ist gegeben durch

$$T = \tfrac{m_1}{3}(\dot{x}_1^2 + \dot{x}_2^2) + \tfrac{m_2}{3}(\dot{x}_1^2 + \dot{x}_2^2) + \tfrac{m_3}{3}(\dot{x}_1^2 + \dot{x}_2^2 + \dot{x}_1\dot{x}_3 + \dot{x}_2\dot{x}_4 + \dot{x}_3^2 + \dot{x}_4^2)$$
$$+ \tfrac{m_4}{3}(\dot{x}_3^2 + \dot{x}_4^2) + \tfrac{m_5}{3}(\dot{x}_3^2 + \dot{x}_4^2)$$
$$= \tfrac{1}{2}\dot{x}^\top M \dot{x}.$$

Die Matrix M lautet für die angegebenen Massen der Stäbe

$$M = \frac{1}{3}\begin{pmatrix} 6 & 0 & 1 & 0 \\ 0 & 6 & 0 & 1 \\ 1 & 0 & 2+4\sqrt{2} & 0 \\ 0 & 1 & 0 & 2+4\sqrt{2} \end{pmatrix}.$$

Die Eigenvektoren und Eigenwerte des verallgemeinerten Eigenwertproblems

$$Kv = \mu M v$$

sind

$$\mu_1 \approx 1{,}030682\,, \quad \mu_2 \approx 0{,}274782\,, \quad \mu_3 \approx 1{,}211484\,, \quad \mu_4 \approx 0{,}116887$$

und

$$v_1 \approx \begin{pmatrix} 0{,}9844 \\ 0 \\ -0{,}1758 \\ 0 \end{pmatrix}, \quad v_2 \approx \begin{pmatrix} 0{,}0634 \\ 0 \\ 1{,}0045 \\ 0 \end{pmatrix}, \quad v_3 \approx \begin{pmatrix} 0 \\ 0{,}7096 \\ 0 \\ -0{,}7192 \end{pmatrix}, \quad v_4 \approx \begin{pmatrix} 0 \\ 0{,}8048 \\ 0 \\ 0{,}5935 \end{pmatrix}.$$

Die Eigenvektoren v_1 und v_2 beschreiben Schwingungen in horizontaler Richtung, v_3 und v_4 Schwingungen in vertikaler Richtung. Bei v_1 und v_3 bewegen sich die Punkte I und II jeweils in entgegengesetzte Richtungen, bei v_2 und v_4 in dieselbe Richtung.

4.3 Beispiele aus der Populationsdynamik

Wir werden nun weitere wichtige Aspekte der Modellierung mit gewöhnlichen Differentialgleichungen an Hand von ausgewählten Beispielen aus der Populationsdynamik betrachten. Dazu wiederholen wir zunächst die einfachen Populationsmodelle aus Kapitel 1. Das Wachstum einer Population ohne natürliche Feinde bei unbeschränkten Ressourcen wird beschrieben durch

$$x'(t) = p\,x(t) \tag{4.25}$$

mit Wachstumsfaktor p. Die allgemeine Lösung dieser Gleichung ist

$$x(t) = x(t_0)\,e^{p(t-t_0)}\,.$$

Den Wachstumsfaktor kann man daher aus der Messung der Populationsgrößen zu zwei unterschiedlichen Zeitpunkten bestimmen, $p\,\Delta t = \ln\left(\frac{x(t+\Delta t)}{x(t)}\right)$. Für $p > 0$ und $x(t_0) > 0$ konvergiert die Lösung für $t \to +\infty$ gegen $+\infty$, für $p < 0$ konvergiert sie gegen 0.

Populationen mit beschränkten Ressourcen kann man beschreiben, indem man die Wachstumsrate von der Populationsgröße abhängig macht. Ein einfacher Ansatz basiert auf einem zusätzlichen Parameter x_M, der die maximale Population beschreibt, die durch die vorhandenen Ressourcen ernährt werden kann. Mit $p = p(x) = q(x_M - x)$ folgt die *logistische Differentialgleichung*

$$x'(t) = q\big(x_M - x(t)\big)x(t)\,.$$

Diese Gleichung lässt sich ebenfalls analytisch lösen,

$$x(t) = \frac{x_M x_0}{x_0 + (x_M - x_0)e^{-x_M q(t-t_0)}}$$

mit $x_0 = x(t_0)$. Diese Lösungen sind für $x_0 > 0$ beschränkt und konvergieren für $t \to +\infty$ gegen x_M.

Beide Differentialgleichungen haben die Form

$$x'(t) = f(x(t)) \quad \text{mit} \quad f : \mathbb{R} \to \mathbb{R}\,. \tag{4.26}$$

Eine solche Differentialgleichung heißt *autonom*, weil die rechte Seite nicht von der Zeit t abhängt, sondern nur von der Lösung $x(t)$. Autonome Differentialgleichungen können zeitlich konstante, sogenannte *stationäre* Lösungen besitzen. Diese kann man ausrechnen, indem man die Ableitung in der Differentialgleichung gleich Null setzt, also die im Allgemeinen nichtlineare Gleichung

$$f(x) = 0$$

löst. Bei Gleichung (4.25) mit $f(x) = p\,x$ gibt es für $p \neq 0$ nur eine stationäre Lösung: $x(t) = 0$. Die logistische Differentialgleichung (4.26) hat (für $q \neq 0$) zwei stationäre Lösungen, $x(t) = 0$ und $x(t) = x_M$.

Ein wichtiges Merkmal einer stationären Lösung ist ihre *Stabilität*. Die Lösung einer gewöhnlichen Differentialgleichung ist stabil, wenn sie sich bei einer *kleinen* Änderung der Daten ebenfalls nur wenig ändert. Als Daten interpretiert man hier in der Regel den Anfangswert. Aus den analytischen Lösungen der betrachteten Differentialgleichungen kann man leicht auf die Stabilität der stationären Lösungen schließen: Die stationäre Lösung $x(t) = 0$ der Gleichung (4.25) ist

- stabil für $p < 0$,

- nicht stabil für $p > 0$.

Bei der logistischen Differentialgleichung mit $q \neq 0$ ist die stationäre Lösung $x(t) = 0$ *instabil*, während die Lösung $x(t) = x_M$ *stabil* ist.

Häufig kann man Differentialgleichungen nicht analytisch lösen. Mit Hilfe der *linearen Stabilitätsanalyse* kann man oft dennoch die Stabilität stationärer Lösungen untersuchen. Dazu *linearisiert* man die Differentialgleichung um die stationäre Lösung x_S. Im Fall einer *autonomen* Differentialgleichung $x'(t) = f(x(t))$ erhält man wegen $f(x_S) = 0$ für die Differenz $y(t) = x(t) - x_S$ die linearisierte Gleichung

$$y'(t) \approx f'(x_S)\, y(t) = p^* y(t) \quad \text{mit } p^* = f'(x_S).$$

Wir nehmen hier $f \in C^2(\mathbb{R})$ an. Die Gleichung $y' = p^* y$ kann man analytisch lösen und wir erhalten

$$y(t) = c\, e^{p^* t} \quad \text{mit } c \in \mathbb{R}.$$

Der Betrag der Lösung y, also die Näherung an die Störung, wächst oder fällt, je nachdem, ob

$$p^* = f'(x_S) > 0$$

oder

$$p^* = f'(x_S) < 0$$

gilt. Die stationäre Lösung x_S heißt deshalb

- linear stabil, wenn $f'(x^*) < 0$, und

- linear instabil, wenn $f'(x^*) > 0$.

Es kann gezeigt werden, siehe zum Beispiel [6] oder die Abschnitte 4.5 und 4.6, dass für x mit $x(t_0)$ nahe x^* gilt:

$$x(t) \to x^*, \quad \text{falls } f'(x^*) < 0,$$

und

$$x(t) \not\to x^*, \quad \text{wenn } f'(x^*) > 0.$$

Für $f'(x^*) = 0$ liefert die lineare Stabilitätsanalyse keine Aussage, in diesem Fall muss man Terme höherer Ordnung in die Überlegungen einbeziehen. In den Abschnitten 4.5 und 4.6 werden wir näher auf die lineare Stabilitätsanalyse eingehen, insbesondere für *Systeme* aus mehreren gewöhnlichen Differentialgleichungen.

Das qualitative Verhalten der Lösungen einer Differentialgleichung kann man auch an einem einfachen *Phasenportrait* ablesen, siehe Abbildung 4.5. Dazu trägt man in jedem Punkt $(x, 0)$ einen Vektor $(f(x), 0)$ an. Das entsprechende Vektorfeld nennt man *Richtungsfeld*. Es zeigt, in welche Richtung die Lösung sich entwickelt, und die Länge des Vektors gibt an, wie schnell sich x ändert. Mit Hilfe des Richtungsfeldes sieht man auch sehr schön, welche Ruhepunkte (das sind die Nullstellen von f) stabil und welche instabil sind. Dies hängt davon ab, ob das Vektorfeld in der Nähe der Nullstelle in Richtung der Nullstelle zeigt oder nicht. Diese Überlegungen zeigen schon deutlich, dass man ein sehr gutes Bild von der Lösungsvielfalt und dem qualitativen Verhalten von Lösungen erzielen kann, ohne die Differentialgleichung explizit zu lösen.

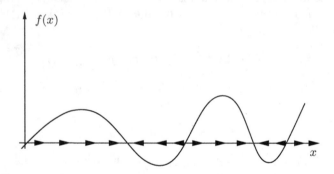

Abb. 4.5. Phasenportrait einer skalaren Differentialgleichung

4.4 Qualitative Analysis, Phasenportraits

Wir wollen nun ein sogenanntes *Räuber–Beute–Modell* betrachten, das die zeitliche Entwicklung zweier Populationen beschreibt. Das Modell basiert auf folgenden Modellannahmen:

1. Es kommen zwei Populationen vor, eine ist eine Räuber- und die andere eine Beutepopulation, also zum Beispiel

> Hechte und Karpfen,
> Füchse und Hasen,
> Löwen und Antilopen.

Es sei

$x(t)$ die Größe der Beutespezies zur Zeit t,

$y(t)$ die Größe der Räuberspezies zur Zeit t.

2. Die Räuberpopulation ernährt sich ausschließlich von der Beutespezies. Ist keine Beute vorhanden, so verhungern die Räuber. Wir nehmen dazu eine konstante negative spezifische Wachstumsrate $-\gamma$ mit $\gamma > 0$ an, es gilt dann, falls $x = 0$,

$$y'(t) = -\gamma\, y(t)\,.$$

Ist Beute vorhanden, dann ernähren sich die Räuber von der Beute und es kommt nicht so häufig zum Tod durch Verhungern. Wie häufig Räuber Beute machen, ist proportional zur Größe der Räuberpopulation und zur Größe der Beutepopulation, es muss also ein Term

$$\delta\, x(t)\, y(t) \tag{4.27}$$

zur Gleichung addiert werden. Dies drückt folgende Tatsachen aus: Sind viele Räuber da, so treffen sie häufiger auf Beute; doppelt so viele Räuber reißen doppelt so häufig Beute. Ist viel Beute da, so trifft die gleiche Anzahl Räuber häufiger auf Beute – ist doppelt soviel Beute vorhanden, so ist die Wahrscheinlichkeit, dass ein Räuber auf Beute trifft, doppelt so hoch. Damit vervierfachen sich die Begegnungen zwischen Räuber und Beute, wenn sich sowohl Räuber als auch Beute verdoppeln. Dies drückt der Term (4.27) aus. Insgesamt erhalten wir:

$$y'(t) = -\gamma\, y(t) + \delta\, x(t)\, y(t) = y(t)\,(-\gamma + \delta\, x(t))\,.$$

3. Die Beutespezies hat stets ausreichend Nahrung zur Verfügung und die Geburtenrate ist, falls keine Räuber vorhanden sind, höher als die Sterberate. Ist $y = 0$, so gilt

$$x'(t) = \alpha\, x(t)\,.$$

Sind Räuber da, so vermindert sich die Beutepopulation durch „Räuber–Beute–Kontakte" durch den Term

$$-\beta\, x(t)\, y(t)\,.$$

Wie bei Annahme 2 ist die Anzahl der Kontakte proportional zu $x(t)$ und $y(t)$. Insgesamt ergibt sich folgendes System von Differentialgleichungen

$$x'(t) = (\alpha - \beta\, y(t))x(t)\,, \quad y'(t) = (\delta\, x(t) - \gamma)y(t)\,. \tag{4.28}$$

Man hat hier ein *System* bestehend aus zwei Differentialgleichungen. Systeme von Differentialgleichungen treten in der Praxis sehr oft auf, nämlich dann, wenn ein Prozess von mehr als einer Variablen beschrieben wird.

Wir berechnen zunächst die Ruhepunkte des Systems. Dies sind Nullstellen des *Gleichungssystems*

$$(\alpha - \beta y)x = 0,$$
$$(\delta x - \gamma)y = 0.$$

Es ergeben sich zwei Lösungen

$$\begin{pmatrix} x \\ y \end{pmatrix} = \begin{pmatrix} 0 \\ 0 \end{pmatrix} \quad \text{und} \quad \begin{pmatrix} x \\ y \end{pmatrix} = \begin{pmatrix} \gamma/\delta \\ \alpha/\beta \end{pmatrix}.$$

Diese zwei Punkte sind konstante Lösungen von (4.28).

Im Weiteren wollen wir versuchen, die Lösungsvielfalt des Differentialgleichungssystems (4.28) zu bestimmen. Dazu bietet es sich zunächst an, die Anzahl der Parameter durch *Entdimensionalisierung* zu reduzieren. Folgende Dimensionen ergeben sich:

$$[x] = A, \quad [y] = A, \quad [t] = T,$$
$$[\alpha] = [\gamma] = 1/T, \quad [\beta] = [\delta] = 1/(AT).$$

Dabei bezeichnet A eine Anzahl und T eine Zeit. Wählt man die Gleichgewichtslösung $(\gamma/\delta, \alpha/\beta)$ als intrinsische Referenzgröße, so bietet sich folgende Entdimensionalisierung an

$$u = x/(\gamma/\delta), \quad v = y/(\alpha/\beta), \quad \tau = \frac{t - t_0}{\bar{t}}.$$

Es zeigt sich, dass $\bar{t} = 1/\alpha$ eine gute Wahl ist, und wir erhalten folgendes entdimensionalisierte System

$$u' = (1 - v)u, \quad v' = a(u - 1)v \quad \text{mit} \quad a = \gamma/\alpha. \tag{4.29}$$

Bei der Analyse eines Systems von zwei Differentialgleichungen

$$u' = f(u, v), \quad v' = g(u, v) \tag{4.30}$$

ist es oft hilfreich, sich das *Richtungsfeld* anzusehen. Dabei heftet man jedem Punkt in der (u, v)–Ebene den Vektor $(f(u, v), g(u, v))$ an. Eine Lösung von (4.30) ist dann eine parametrisierte Kurve im $\mathbb{R}^2$, die in jedem Punkt den Vektor $(f(u, v), g(u, v))$ als Tangentialvektor besitzt. Das Richtungsfeld des Differentialgleichungssystems (4.29) ist in Abbildung 4.6 dargestellt.

In einigen ausgezeichneten Fällen existiert für ein System von zwei Differentialgleichungen ein sogenanntes *erstes Integral H*. Dies ist eine Funktion H, so dass

$$\frac{d}{dt}H(u(t), v(t)) = 0$$

für alle Lösungen (u, v) des Differentialgleichungssystems gilt. In unserem Fall ist

$$H(u, v) = -au - v + \ln(u^a) + \ln v$$

ein erstes Integral auf der Menge $(0, \infty)^2$.

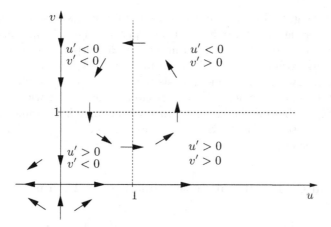

Abb. 4.6. Richtungsfeld für Räuber–Beute–Modell

Die Funktion H hat einen Maximierer im Ruhepunkt $(1,1)$ und strebt gegen $-\infty$, wenn u oder v gegen 0 konvergieren. Die Niveaulinien sind in Abbildung 4.7 skizziert. Man erhält sie entweder durch eine genauere Analyse der Funktion H oder durch Plotten auf dem Computer.

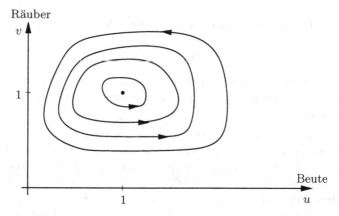

Abb. 4.7. Phasenportrait für das Räuber–Beute–Modell

Nichtkonstante Lösungen des Differentialgleichungssystems (4.29) durchlaufen Niveaulinien von H. Die Gesamtheit der durch Lösungen eines Differentialgleichungssystems parametrisierten Kurven nennt man auch das *Phasenportrait* der Differentialgleichung. Das Phasenportrait vermittelt einen schnellen Überblick über das Lösungsverhalten.

Es lässt sich zeigen, dass Lösungen von (4.28) *periodisch* sind, vgl. Aufgabe 4.7. Die Populationen durchlaufen also periodische Schwankungen. Sind viele Räuber und wenig Beute da, so nimmt die Räuberpopulation ab, da nicht genug Nahrung vorhanden ist. Wenn dann wenig Räuber da sind, kann die Beutepopulation wieder zunehmen, da sie nicht soviel gejagt wird. Überschreitet die Beutepopulation einen gewissen Schwellenwert, so ist wieder genügend Beute für die Räuber da, so dass die Anzahl zunehmen kann. Sind dann aber viele Räuber da, so nimmt die Beute ab und wir sind wieder in der Situation wie am Periodenanfang.

Räuber–Beute–Modelle mit beschränktem Wachstum

Führen wir im Modell (4.28) soziale Reibungsterme ein, die zunehmende Konkurrenz beschreiben, so erhalten wir

$$x' = (\alpha - \beta y)x - \lambda x^2 = (\alpha - \beta y - \lambda x)x\,,$$
$$y' = (\delta x - \gamma)y - \mu y^2 = (\delta x - \gamma - \mu y)y$$

mit positiven Konstanten $\alpha, \beta, \gamma, \delta, \lambda, \mu$. Zur Bestimmung des Richtungsfeldes nutzen wir, dass entlang der Geraden

$$\mathcal{G}_x : \alpha - \beta y - \lambda x = 0$$

die rechte Seite der ersten Gleichung verschwindet und entlang der Geraden

$$\mathcal{G}_y : \delta x - \gamma - \mu y = 0$$

die rechte Seite der zweiten Gleichung verschwindet. Die Gerade $\mathcal{G}_x$ hat negative Steigung als Funktion von x und die Gerade $\mathcal{G}_y$ hat positive Steigung, ebenfalls als Funktion von x.

Falls die Geraden keinen Schnittpunkt im positiven Quadranten haben, so ist das Richtungsfeld wie in Abbildung 4.8 gegeben. In diesem Fall gibt es zwei im Sinne der Anwendungen sinnvolle, nämlich nichtnegative, stationäre Lösungen, das sind $(0,0)$ und $(\alpha/\lambda, 0)$. Es lässt sich zeigen, dass alle Lösungen mit Anfangswerten (x_0, y_0), $x_0 > 0$, $y_0 \geq 0$, für $t \to +\infty$ gegen $(\alpha/\lambda, 0)$ konvergieren. Die Räuberpopulation stirbt also stets aus. Dies ist Gegenstand von Aufgabe 4.9.

Falls die Geraden einen Schnittpunkt im positiven Quadranten haben, so ist das Richtungsfeld in Abbildung 4.9 skizziert.

Die stationären Lösungen in $[0, \infty)^2$ sind $(0,0)$, $(\alpha/\lambda, 0)$ und der Schnittpunkt

$$(\xi, \eta) = \left(\frac{\alpha\mu + \beta\gamma}{\lambda\mu + \beta\delta}, \frac{\alpha\delta - \lambda\gamma}{\lambda\mu + \beta\delta} \right)$$

der Geraden $\mathcal{G}_x$ und $\mathcal{G}_y$.

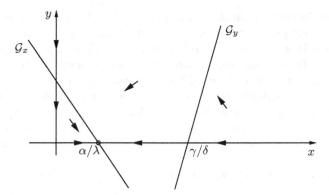

Abb. 4.8. Richtungsfeld beim Räuber–Beute–Modell mit beschränktem Wachstum (1. Fall)

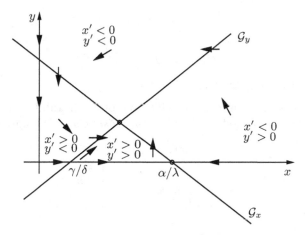

Abb. 4.9. Richtungsfeld beim Räuber–Beute–Modell mit beschränktem Wachstum (2. Fall)

Wir wollen nun untersuchen, ob die stationäre Lösung (ξ, η) *stabil* ist, ob also jede Lösung, die zu einem bestimmten Zeitpunkt nahe bei (ξ, η) liegt, auch zu allen späteren Zeiten nahe bei (ξ, η) liegt. Um diese Frage zu beantworten, verwenden wir das *Prinzip der linearisierten Stabilität*.

4.5 Prinzip der linearisierten Stabilität

Es sei ein System von Differentialgleichungen

$$x' = f(x) \quad \text{mit} \quad f \in C^2(\Omega; \mathbb{R}^n) \text{ für eine offene Menge } \Omega \subset \mathbb{R}^n \qquad (4.31)$$

gegeben. Uns interessiert in diesem Abschnitt die Stabilität von stationären Lösungen, das sind die zeitunabhängigen Lösungen x^* von (4.31). Es gilt daher $f(x^*) = 0$. Das Studium der Stabilität von Gleichgewichtslösungen ist ein wichtiger Teil der sogenannten *qualitativen Theorie gewöhnlicher Differentialgleichungen*. Wir wollen die Stabilität von stationären Lösungen studieren, ohne die Differentialgleichung explizit zu lösen. Es zeigt sich, dass es ausreicht, die um x^* linearisierte Differentialgleichung zu betrachten, um schon gute Resultate über das Stabilitätsverhalten der stationären Lösung zu erhalten. Zunächst aber müssen wir den Begriff der Stabilität präzise formulieren.

Definition 4.1. *Eine stationäre Lösung x^* der Differentialgleichung $x' = f(x)$ heißt*

(i) stabil, *wenn zu jeder Umgebung U von x^* eine Umgebung V von x^* existiert, so dass für jede Lösung der Anfangswertprobleme*

$$x' = f(x), \quad x(0) = x_0 \in V$$

  gilt:
$$x(t) \in U \quad \text{für alle } t > 0,$$

(ii) instabil, *falls sie nicht stabil ist.*

(iii) Eine stabile stationäre Lösung heißt asymptotisch stabil, *falls eine Umgebung W von x^* existiert, so dass für jede Lösung der Anfangswertprobleme*

$$x' = f(x), \quad x(0) = x_0 \in W$$

  gilt:
$$\lim_{t \to \infty} x(t) = x^*.$$

Beispiele:

(i) Die stationäre Lösung x_M der Gleichung des beschränkten Wachstums

$$x' = q(x_M - x)x$$

ist stabil und die stationäre Lösung 0 des gleichen Systems ist instabil. Wie wir schon anschaulich in Abschnitt 4.3 gesehen haben, bestimmt das Vorzeichen von $f'(x^*)$, ob eine stationäre Lösung x^* stabil oder instabil ist. Die Beobachtung, dass die erste Ableitung für die Stabilität wichtig ist, werden wir in Kürze verallgemeinern.

(ii) Der Ruhepunkt $(1,1)$ des entdimensionalisierten Räuber–Beute–Modells

$$u' = (1 - v)u,$$
$$v' = a(u - 1)v$$

ist stabil, aber nicht asymptotisch stabil, da nicht jede Lösung, die in der Nähe von $(1,1)$ startet, für große Zeiten gegen $(1,1)$ konvergiert.

Das Prinzip der linearisierten Stabilität beruht darauf, dass man die Differentialgleichung um x^* linearisiert, wie im Fall einer skalaren Gleichung in Abschnitt 4.3. Für

$$y(t) = x(t) - x^*$$

gilt

$$y' = x' = f(x) = f(y + x^*) = f(x^*) + Df(x^*)y + \mathcal{O}(|y|^2).$$

Wir suchen nun y als Lösung des linearen Näherungsproblems

$$y' = Df(x^*)\,y.$$

Dies ist ein System von *linearen* Differentialgleichungen. Der Ursprung $y = 0$ ist stationäre Lösung dieses Differentialgleichungssystems und wir können die Stabilität dieser Lösung untersuchen.

Definition 4.2. *Die stationäre Lösung x^* ist* linear stabil *(linear instabil oder linear asymptotisch stabil), falls* 0 *stabile (instabile oder asymptotisch stabile) Lösung der linearisierten Gleichung ist.*

Das *Prinzip der linearisierten Stabilität* lautet nun:

(i) Ist x^* linear asymptotisch stabil, dann ist x^* asymptotisch stabil.

(ii) Besitzt $Df(x^*)$ mindestens einen Eigenwert λ mit $\mathrm{Re}\,\lambda > 0$, dann ist x^* instabil.

Analoge Aussagen des obigen Prinzips lassen sich für allgemeine Evolutionsgleichungen formulieren, zum Beispiel auch für partielle Differentialgleichungen und für Integralgleichungen. Diese Aussagen sind aber oft schwierig zu beweisen. Für gewöhnliche Differentialgleichungen gilt folgende Aussage:

Satz 4.3. *Das Prinzip der linearisierten Stabilität ist in der oben formulierten Form gültig.*

Den Beweis von Teil (i) des Prinzips der linearisierten Stabilität liefern wir in Abschnitt 4.6.

4.6 Stabilität linearer Systeme

Die Aufgabe, die Stabilität stationärer Lösungen zu bestimmen, ist nun im wesentlichen darauf zurückgeführt, die Stabilität des Nullpunktes von linearen Differentialgleichungen zu untersuchen.

Gegeben sei nun das lineare Differentialgleichungssystem

$$x' = Ax \quad \text{mit} \ A \in \mathbb{C}^{n,n}. \tag{4.32}$$

In diesem Abschnitt betrachten wir Differentialgleichungen, deren Lösungen Werte in $\mathbb{C}^n$ besitzen. Dies führt auf eine Gleichung für den Real- und eine für den Imaginärteil.

Es sei nun $\widetilde{x}$ ein Eigenvektor von A zum Eigenwert λ,

$$A\widetilde{x} = \lambda\widetilde{x}\,.$$

Dann ist

$$x(t) = e^{\lambda t}\widetilde{x}$$

eine Lösung von (4.32), denn

$$x' = e^{\lambda t}\lambda\,\widetilde{x} = Ae^{\lambda t}\widetilde{x} = Ax\,.$$

Bezeichnet $|x|$ die euklidische Norm von $x \in \mathbb{C}^n$, dann gilt

$$|x(t)| = \left|e^{\lambda t}\widetilde{x}\right| = \left|e^{(\mathrm{Re}\,\lambda + i\,\mathrm{Im}\,\lambda)t}\right||\widetilde{x}| = e^{(\mathrm{Re}\,\lambda)t}|\widetilde{x}|\,.$$

Das Vorzeichen von $\mathrm{Re}\,\lambda$ legt fest, ob $e^{\lambda t}\widetilde{x}$ für $t \to +\infty$ gegen Null oder gegen unendlich konvergiert.

Annahme: Die Matrix A ist *diagonalisierbar*, es existiert also eine Basis $\{x_1, \ldots, x_n\}$ aus Eigenvektoren zu Eigenwerten $\{\lambda_1, \ldots, \lambda_n\}$, $\lambda_i \in \mathbb{C}$, $x_i \in \mathbb{C}^n$ für $i = 1, \ldots, n$.

Sei nun $x_0 \in \mathbb{C}^n$ ein beliebiger Vektor. Dann gibt es eine Darstellung von x_0 in obiger Basis,

$$x_0 = \sum_{i=1}^{n} \alpha_i x_i, \quad \alpha_1, \ldots, \alpha_n \in \mathbb{C}\,.$$

Folglich löst

$$x(t) = \sum_{i=1}^{n} \alpha_i e^{\lambda_i t} x_i$$

das Anfangswertproblem

$$x' = Ax\,, \quad x(0) = x_0\,.$$

Gilt nun

$$\mathrm{Re}\,\lambda_i < 0 \quad \text{für} \quad i = 1, \ldots, n\,,$$

dann schließen wir

$$|x(t)| \le \sum_{i=1}^{n} |\alpha_i| e^{(\mathrm{Re}\,\lambda_i)t} |x_i| \to 0 \quad \text{für} \quad t \to +\infty\,. \tag{4.33}$$

Dies zeigt, dass der Punkt 0 in diesem Fall *asymptotisch stabil* ist. Gilt andererseits

$$\mathrm{Re}\,\lambda_j > 0 \quad \text{für} \quad \text{ein } j \in \{1, \ldots, n\}\,,$$

so gilt für $x_0 = \alpha x_j$, $\alpha \neq 0$

$$|x(t)| = |\alpha||x_j|e^{(\operatorname{Re}\lambda_j)t} \to +\infty$$

für $t \to +\infty$. Dies zeigt, dass der Punkt 0 in diesem Fall *instabil* ist.

Es gilt der folgende Satz:

Satz 4.4. *Es sei $A \in \mathbb{C}^{n,n}$ eine beliebige Matrix. Insbesondere ist in (i) und (ii) nicht vorausgesetzt, dass A diagonalisierbar ist.*

(i) *Der stationäre Punkt 0 ist genau dann eine asymptotisch stabile Lösung von $x' = Ax$, wenn*

$$\operatorname{Re}\lambda < 0 \quad \textit{für alle Eigenwerte } \lambda \textit{ von } A\,.$$

(ii) *Gilt*

$$\operatorname{Re}\lambda > 0 \quad \textit{für einen Eigenwert } \lambda \textit{ von } A,$$

so ist der stationäre Punkt 0 eine instabile Lösung von $x' = Ax$.

(iii) *Ist A zusätzlich diagonalisierbar, so gilt: Der stationäre Punkt 0 ist genau dann eine stabile Lösung von $x' = Ax$, wenn*

$$\operatorname{Re}\lambda \leq 0 \quad \textit{für alle Eigenwerte } \lambda \textit{ von } A\,.$$

Bemerkungen

(i) Für diagonalisierbare Matrizen A haben wir den Satz oben bewiesen. Falls A nicht diagonalisierbar ist, ist der Beweis der Aussagen (i) und (ii) etwas aufwendiger. Wir verweisen auf das Buch von Amann [6] oder auf Knabner und Barth [76].

(ii) Zusammen mit dem Prinzip der linearisierten Stabilität erlaubt dieser Satz die Analyse des Stabilitätsverhaltens von stationären Punkten nicht-linearer Systeme. Wir weisen aber darauf hin, dass wir im Fall

$$\begin{cases} \operatorname{Re}\lambda \leq 0 & \text{für alle Eigenwerte } \lambda \text{ der Linearisierung,} \\ \operatorname{Re}\lambda = 0 & \text{für mindestens einen Eigenwert } \lambda \text{ der Linearisierung} \end{cases}$$

im Allgemeinen keine Aussage über die Stabilität von Ruhepunkten machen können. Man vergleiche dazu auch die Aufgaben 4.10 und 4.12.

Wir wenden nun die beschriebene Theorie an auf die Ruhepunkte in unseren Räuber–Beute–Modellen. Das Modell mit unbeschränkten Ressourcen liefert das Differentialgleichungssystem

$$\begin{aligned} x' &= (\alpha - \beta y)x\,, \\ y' &= (\delta x - \gamma)y\,. \end{aligned}$$

Dieses besitzt die stationären Lösungen $(0,0)$ und $(\gamma/\delta, \alpha/\beta)$. Für

$$f(x,y) = \begin{pmatrix} (\alpha - \beta y)x \\ (\delta x - \gamma)y \end{pmatrix}$$

erhalten wir

$$Df(x,y) = \begin{pmatrix} \alpha - \beta y & -\beta x \\ \delta y & \delta x - \gamma \end{pmatrix}.$$

Insbesondere gilt:

$$Df(0,0) = \begin{pmatrix} \alpha & 0 \\ 0 & -\gamma \end{pmatrix}.$$

Der Punkt $(0,0)$ ist demnach instabil, da $Df(0,0)$ den positiven Eigenwert α besitzt. Für den zweiten Ruhepunkt gilt

$$Df(\gamma/\delta, \alpha/\beta) = \begin{pmatrix} 0 & -\beta\gamma/\delta \\ \alpha\delta/\beta & 0 \end{pmatrix}.$$

Die Eigenwerte sind

$$\lambda_{1,2} = \pm i\sqrt{\alpha\gamma}.$$

Da $\operatorname{Re}\lambda_1 = \operatorname{Re}\lambda_2 = 0$ gilt, können wir mit dem Prinzip der linearisierten Stabilität leider keine Aussage über das Stabilitätsverhalten des stationären Punktes $(\gamma/\delta, \alpha/\beta)$ erhalten.

Im Fall des Räuber–Beute–Systems mit beschränktem Wachstum

$$\left. \begin{array}{l} x' = (\alpha - \beta y - \lambda x)x \\ y' = (\delta x - \gamma - \mu y)y \end{array} \right\} =: f(x,y)$$

wollen wir die Stabilität der stationären Lösung

$$(\xi, \eta) = \left(\frac{\alpha\mu + \beta\gamma}{\lambda\mu + \beta\delta}, \frac{\alpha\delta - \lambda\gamma}{\lambda\mu + \beta\delta} \right)$$

untersuchen. Wir berechnen

$$Df(x,y) = \begin{pmatrix} \alpha - \beta y - 2\lambda x & -\beta x \\ \delta y & \delta x - \gamma - 2\mu y \end{pmatrix}$$

und

$$Df(\xi, \eta) = \begin{pmatrix} -\lambda\xi & -\beta\xi \\ \delta\eta & -\mu\eta \end{pmatrix}.$$

Als Eigenwerte von $Df(\xi, \eta)$ errechnet man leicht

$$\lambda_{1,2} = \frac{-(\lambda\xi + \mu\eta) \pm \sqrt{(\lambda\xi + \mu\eta)^2 - 4\xi\eta(\lambda\mu + \delta\beta)}}{2}.$$

Für $\xi > 0$ und $\eta > 0$ ist $\xi\eta(\lambda\mu + \delta\beta) > 0$ und damit erhalten wir

$$\operatorname{Re}\lambda_i < 0 \quad \text{für } i = 1,2\,.$$

Falls die Geraden $\mathcal{G}_x$ und $\mathcal{G}_y$ sich im positiven Quadranten schneiden, siehe Abbildung 4.9, so ist der Punkt (ξ,η) stabil. Das Phasenportrait für diesen Fall ist in Abbildung 4.10 skizziert. Qualitativ sehen die Lösungen in der Nähe des Ruhepunktes (ξ,η) aus wie die Lösungen des zugehörigen linearisierten Systems.

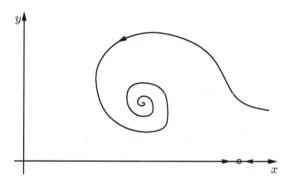

Abb. 4.10. Phasenportrait beim Räuber–Beute–Modell mit beschränktem Wachstum (2. Fall)

Um das Prinzip der linearisierten Stabilität zeigen zu können, benötigen wir die folgende wichtige Aussage.

Satz 4.5. *(Gronwallsche Ungleichung). Es sei* $y : [0,T] \to \mathbb{R}$ *nichtnegativ und stetig differenzierbar, so dass*

$$y'(t) \le \alpha(t)\,y(t) + \beta(t) \quad \text{für alle} \quad t \in [0,T]\,, \tag{4.34}$$

mit stetigen, nichtnegativen Funktionen $\alpha, \beta : [0,T] \to \mathbb{R}$. *Dann gilt:*

$$y(t) \le e^{\int_0^t \alpha(s)\,ds}\left(y(0) + \int_0^t \beta(s)\,ds \right) \quad \text{für alle} \quad t \in [0,T]\,.$$

Beweis. Multiplizieren wir (4.34) mit $e^{-\int_0^t \alpha(s)\,ds}$, so erhalten wir

$$\frac{d}{dt}\left(y(t)e^{-\int_0^t \alpha(s)\,ds} \right) \le e^{-\int_0^t \alpha(s)\,ds}\beta(t)\,.$$

Integration liefert

$$y(t)\,e^{-\int_0^t \alpha(s)\,ds} \le y(0) + \int_0^t e^{-\int_0^r \alpha(s)ds}\beta(r)\,dr \le y(0) + \int_0^t \beta(s)\,ds$$

und dies zeigt nach Multiplikation mit $e^{\int_0^t \alpha(s)\,ds}$ die Behauptung. $\qquad\square$

Beweis von Satz 4.3 (Teil (i)). Nach Satz 4.4 ist x^* linear asymptotisch stabil, falls

$$\operatorname{Re} \lambda < 0 \quad \text{für alle Eigenwerte } \lambda \text{ von } A \,.$$

In diesem Fall gilt (siehe Aufgabe 4.14): Es existiert ein $\alpha > 0$ und ein Skalarprodukt $(.,.)$ mit zugehöriger Norm $\| \, . \, \|$, so dass

$$(y, Df(x^*)y) \le -\alpha \|y\|^2 \quad \text{für alle} \quad y \in \mathbb{R}^n \,.$$

Wir setzen $z(t) := x(t) - x^*$. Es gilt

$$\begin{aligned}
\tfrac{d}{dt} \tfrac{1}{2} \|z(t)\|^2 &= (z(t), x'(t)) = (z(t), f(x(t))) \\
&= (z(t), [Df(x^*)z(t) + R(z(t))]) \,,
\end{aligned} \tag{4.35}$$

wobei $R(y) = \mathcal{O}(\|y\|^2)$. Aus dieser Eigenschaft von R folgt die Existenz eines $\varepsilon > 0$, so dass

$$|(y, R(y))| \le \tfrac{\alpha}{2} \|y\|^2 \quad \text{für alle} \quad y \in B_\varepsilon(0) \,.$$

Aus (4.35) folgt somit, falls $\|z(t)\| < \varepsilon$,

$$\frac{d}{dt} \|z(t)\|^2 \le -\alpha \|z(t)\|^2 \,.$$

Die Gronwallsche Ungleichung, siehe Satz 4.5, liefert

$$\|z(t)\|^2 \le e^{-\alpha t} \|z(0)\|^2 \,.$$

Wir schließen also: Ist $\|z(0)\| < \varepsilon$, so folgt

$$z(t) \to 0 \quad \text{für} \quad t \to \infty$$

und damit ist die asymptotische Stabilität von x^* gezeigt. $\qquad\square$

4.7 Variationsprobleme für Funktionen einer Variablen

In Abschnitt 4.2 haben wir die Grundgleichungen für Massenpunkte in der Mechanik mit Hilfe eines Variationsproblems, das hieß konkret mit Hilfe der notwendigen Bedingungen eines Optimierungsproblems, formuliert. Tatsächlich lassen sich viele mathematische Modelle als Variationsprobleme formulieren. Außerdem ist man in den Anwendungen häufig daran interessiert, Größen zu maximieren oder zu minimieren, und auch in diesem Fall sind Variationsprobleme zu lösen. Das Gebiet der Variationsrechnung ist sehr umfassend und wir wollen in diesem Abschnitt nur einige wenige Fragestellungen der Variationsrechnung diskutieren, die auf gewöhnliche Differentialgleichungen führen. Daher werden wir Variationsprobleme betrachten, die sich für Funktionen einer reellen Variablen formulieren lassen. Variationsprobleme, die für

Funktionen mehrerer Variabler formuliert werden, führen auf partielle Differentialgleichungen; einige Aspekte davon werden in Kapitel 6 diskutiert.

Zunächst aber wollen wir gewisse Tatsachen aus der Analysis von Funktionen mehrerer Veränderlicher kurz in Erinnerung rufen. Nimmt eine differenzierbare Funktion $f : \mathbb{R}^n \to \mathbb{R}$ in einem Punkt $\overline{x} \in \mathbb{R}^n$ ihr Minimum an, so folgt

$$\nabla f(\overline{x}) = 0 \, .$$

Diese Bedingung ist notwendig, aber nicht hinreichend. Es können Wendepunkte, aber auch Sattelpunkte auftreten, wie die Beispiele $f(x) = x^3$ bei $\overline{x} = 0$ und $f(x_1, x_2) = x_1 x_2$ bei $\overline{x} = (0, 0)$ zeigen. Punkte, in denen die Ableitung verschwindet, heißen *kritische* beziehungsweise *stationäre* Punkte.

Häufig sind Minimierungsprobleme unter Nebenbedingungen zu lösen, das bedeutet, wir suchen ein $x_0 \in \mathbb{R}^n$ mit $g_1(x_0) = \cdots = g_m(x_0) = 0$, so dass

$$f(x_0) \leq f(x) \quad \text{für alle} \quad x \in \mathbb{R}^n \quad \text{mit} \quad g_1(x) = \cdots = g_m(x) = 0 \, .$$

Dabei seien $g_1, \ldots, g_m : \mathbb{R}^n \to \mathbb{R}$ differenzierbare Funktionen. Sind $\nabla g_1(x_0)$, $\ldots, \nabla g_m(x_0)$ linear unabhängig, dann existieren Lagrangesche Multiplikatoren $\lambda_1, \ldots, \lambda_m \in \mathbb{R}$, so dass

$$\nabla f(x_0) + \lambda_1 \nabla g_1(x_0) + \cdots + \lambda_m \nabla g_m(x_0) = 0$$

gilt. Sind $\lambda_1, \ldots, \lambda_m$ bekannt, so schließen wir:

Der Punkt x_0 ist kritischer Punkt der Funktion

$$f + \lambda_1 g_1 + \cdots + \lambda_m g_m \, . \tag{4.36}$$

Fassen wir x_0 und $\lambda_1, \ldots, \lambda_m$ als gesuchte Größen auf, so folgt:

Der Punkt $(x_0, \lambda_1, \ldots, \lambda_m)$ ist kritischer Punkt der Funktion

$$F(x_0, \lambda_1, \ldots, \lambda_m) := f(x_0) + \lambda_1 g_1(x_0) + \cdots + \lambda_m g_m(x_0) \, . \tag{4.37}$$

Wir wollen nun Variationsprobleme lösen, bei denen die Argumente in einem Funktionenraum liegen, und wir müssen prüfen, welche der obigen Tatsachen sich auf diesen Fall übertragen lassen. Wichtig dabei ist, dass Funktionenräume in der Regel unendlichdimensionale Vektorräume sind, und die obigen Überlegungen deshalb nicht direkt angewendet werden können.

Wir beginnen diesen Abschnitt mit einigen klassischen Variationsproblemen.

(i) *Minimiere die Länge eines Graphen:* Gesucht sei eine Funktion $u : [0, 1] \to \mathbb{R}$ mit $u(0) = a$ und $u(1) = b$, so dass

$$\mathcal{L}(u) := \int_0^1 \sqrt{1 + (u')^2} \, dx \tag{4.38}$$

minimal wird.

(ii) *Minimiere das Dirichletintegral:* Ersetzen wir den Integranden in (4.38) durch die quadratische Approximation $\sqrt{1 + (u')^2} \approx 1 + \frac{1}{2}(u')^2$, die gerechtfertigt ist falls u' klein ist, so können wir statt $\mathcal{L}$

$$\mathcal{D}(u) := \int_0^1 \tfrac{1}{2}(u')^2 \, dx$$

minimieren. Dabei vernachlässigen wir eine additive Konstante, was für das Minimierungsproblem allerdings ohne Relevanz ist. Außerdem seien wieder die Nebenbedingungen $u(0) = a$ und $u(1) = b$ gefordert. Eine Variante des obigen Variationsproblems, bei dem ein zusätzlicher x–abhängiger Term auftaucht, ist

$$\mathcal{D}_1(u) := \int_0^1 \frac{\mu(x)}{2}(u'(x))^2 \, dx \,,$$

wobei $\mu : [0,1] \to (0,\infty)$ eine gegebene positive Funktion ist.

In einigen Anwendungen werden keine Randwerte für u gefordert. Außerdem treten Fälle auf, in denen der zu minimierende Integralausdruck Terme auf dem Rand enthält und äußere Kräfte f wirken. Dann ergibt sich zum Beispiel folgender Ausdruck

$$\mathcal{D}_2(u) = \int_0^1 \left(\frac{\mu(x)}{2}(u'(x))^2 - f(x)\,u(x) \right) dx + \frac{\alpha}{2}\,u^2(0) + \frac{\beta}{2}\,u^2(1) \,.$$

(iii) *Die Brachistochrone:* Suche eine Kurve, die in einer Ebene zwei Punkte A und B so verbindet, dass ein Punkt mit Masse m auf dieser Kurve unter dem Einfluss der Schwerkraft, unter Vernachlässigung der Reibung, in kürzester Zeit herabrollt.

Dieses Problem wurde schon von daVinci und Galilei formuliert und Johann Bernoulli konnte es als Erster lösen. Dieses Problem kann mit gutem Recht als ein „Klassiker" der mathematischen Modellierung bezeichnet werden, und es begründete die Variationsrechnung. Wir formulieren dieses Problem in der (x,y)–Ebene wie folgt: Wähle $A = (0,0)$ und $B = (x_B, y_B)$, so dass $x_B > 0$ und $y_B < 0$. Wir suchen eine Funktion $u : [0, x_B] \to \mathbb{R}$ für die insbesondere

$$u(0) = 0\,, \quad u(x_B) = y_B$$

gilt. Die Gravitation möge in Richtung der negativen y–Achse wirken, und die Erdbeschleunigung sei mit g bezeichnet. Die potentielle Energie V ist dann durch mgy gegeben. Setzen wir voraus, dass die Punktmasse bei $(0,0)$ startet, auf einer durch $u : [0, x_B] \to \mathbb{R}$ gegebenen Kurve verläuft und niemals zurückläuft beziehungsweise stehen bleibt, so können wir die Bewegung als Funktion der Zeit durch eine Abbildung

$$t \mapsto (x(t), y(t)) \quad \text{mit} \quad \dot{x} > 0$$

beschreiben. Wir fordern

$$(x(0), y(0)) = (0,0) \quad \text{und} \quad (x(T), y(T)) = (x_B, y_B)$$

sowie

$$y(t) = u(x(t)).$$

Wir möchten die Fallzeit T als Funktion der gegebenen Funktion u berechnen. Um die Bewegung $(x(t), y(t))$ zu bestimmen, können wir das Hamiltonsche Prinzip verwenden und müssen dabei als Nebenbedingung berücksichtigen, dass $(x(t), y(t))$ auf der Kurve verlaufen muss. Die kinetische Energie berechnet sich wie folgt

$$T(x, y, \dot{x}, \dot{y}) = \frac{m}{2}\left(\dot{x}^2 + \dot{y}^2\right) = \frac{m}{2}\left(1 + (u'(x))^2\right)\dot{x}^2.$$

Zum Zeitpunkt $t = 0$ verschwinden sowohl die kinetische Energie T als auch die potentielle Energie V.

Wir erhalten aus dem Energieerhaltungssatz, siehe Aufgabe 4.18,

$$\frac{m}{2}\left(1 + (u'(x))^2\right)\dot{x}^2 + mg\,u(x) = T(0) + V(0) = 0. \tag{4.39}$$

Aus $\dot{x} > 0$ und $u \leq 0$ folgt

$$\dot{x} = \left(\frac{-2g\,u(x)}{1 + (u'(x))^2}\right)^{1/2}.$$

Wir können t als Funktion von x schreiben und für $t(x)$ gilt die gewöhnliche Differentialgleichung

$$\frac{dt}{dx}(x) = \frac{1}{\sqrt{-2g\,u(x)}}\,\sqrt{1 + (u'(x))^2}.$$

Die Gesamtfallzeit $T = \mathcal{B}(u)$ ergibt sich nun nach Integration von 0 bis x_B als

$$\mathcal{B}(u) = \int_0^{x_B} \frac{1}{\sqrt{-2g\,u(x)}}\,\sqrt{1 + (u'(x))^2}\,dx.$$

Die Aufgabe ist nun also $\mathcal{B}$ zu minimieren unter den Nebenbedingungen

$$u(0) = 0, \quad u(x_B) = y_B.$$

(iv) Eine Aufgabe, bei der eine mit Hilfe von Integralen formulierte Nebenbedingung eine Rolle spielt, ist: Minimiere

$$\int_0^1 u(x)\,dx$$

unter allen Funktionen mit

$$\int_0^1 \sqrt{1 + (u')^2}\, dx = \ell, \quad u(0) = a, \quad u(1) = b.$$

Unter allen Graphen mit vorgegebener Länge suchen wir einen, bei dem die Fläche unter dem Graphen minimal wird. Es handelt sich dabei um ein klassisches isoperimetrisches Problem.

(v) Wie wir später sehen werden, lassen sich Eigenwertprobleme für gewisse Differentialoperatoren zweiter Ordnung wie folgt als Variationsprobleme schreiben. Suche stationäre Punkte von

$$\mathcal{F}(u) = \int_0^1 \left(\mu(x)(u'(x))^2 + q(x)\, u^2(x) \right) dx$$

unter allen genügend glatten Funktionen $u : [0,1] \to \mathbb{R}$ mit $u(0) = u(1) = 0$ und $\int_0^1 u^2(x)\, dx = 1$.

(vi) *Balkenbiegung*:

Wir betrachten einen Balken, dessen Mittellinie ohne Krafteinwirkung auf einer mit x bezeichneten Koordinatenachse liegen würde. Es sei stets angenommen, dass vertikale Auslenkungen des Balkens durch eine Funktion

$$u : [0,1] \to \mathbb{R},$$
$$x \mapsto u(x)$$

beschrieben werden können, d.h. die Mittellinie des Balkens nimmt nach der Auslenkung die Punkte $(x, u(x))$ mit $x \in [0,1]$ ein. Es sei angenommen, dass keine Abhängigkeit von den auf der (x, u)–Ebene senkrechten Koordinaten auftritt. Außerdem wählen wir eine geeignete Längeneinheit, so dass wir den Balken über das Einheitsintervall als Graphen darstellen können, siehe Abbildung 4.11.

Eine Auslenkung des Balkens führt zu einer Dehnung beziehungsweise Stauchung der Fasern oberhalb und unterhalb der Mittellinie. Diese Dehnung oder Stauchung ist proportional zur *Krümmung* κ des Balkens und zum Abstand der Faser von der Mittellinie. In Abschnitt 5.10 wird genauer ausgeführt, dass die Spannung im Balken proportional zur Dehnung beziehungsweise Stauchung ist und demnach durch

$$\alpha\kappa = \alpha\frac{u''}{(1 + (u')^2)^{3/2}} \approx \alpha u'' \quad \text{für } |u'| \text{ klein genug}$$

gegeben ist (vgl. Abbildung 5.16). Dabei ist α ein positiver Parameter, der vom Elastizitätsmodul und von der Dicke des Balkens abhängt.

Da die potentielle Energiedichte proportional zum Produkt aus Dehnung und Spannung ist, siehe Abschnitt 5.10, erhalten wir im Fall, dass das Material homogen ist, als potentielle Energie des Balkens

$$\frac{\beta}{2} \int_0^1 \left(\frac{u''}{(1+(u')^2)^{3/2}} \right)^2 dx \approx \frac{\beta}{2} \int_0^1 (u'')^2 dx\,.$$

Wirken auf den Balken vertikale Kräfte mit Kraftdichte f, die ein positives Vorzeichen besitzen soll, falls sie nach oben wirkt, so führt die durch die Kräfte geleistete Arbeit auf den Energiebeitrag

$$\int_0^1 f(x)\,u(x)\,dx\,.$$

Eine auf den rechten Endpunkt wirkende Kraft g liefert analog zu den oberen Überlegungen den Beitrag $g\,u(1)$.

Normieren wir die Konstante β auf 1 und nehmen wir an, dass $|u'|$ klein ist, so erhalten wir das Energiefunktional

$$\mathcal{F}(u) = \int_0^1 \left(\frac{1}{2}|u''|^2 - fu \right) dx - g\,u(1)\,.$$

Wenn der Balken im linken Endpunkt fest eingespannt ist, dann minimiert die Auslenkung des Balkens die potentielle Energie $\mathcal{F}$ unter den Nebenbedingungen

$$u(0) = u'(0) = 0\,.$$

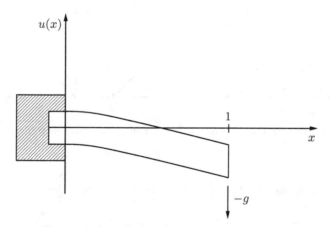

Abb. 4.11. Balkenbiegung

Eine grundlegende Frage sollte bei jedem Minimierungs- beziehungsweise Maximierungsproblem gestellt werden, sie lautet:

Existiert eine Lösung?

Setzt man die Existenz einer Lösung voraus und folgert dann Eigenschaften der Lösung, so kann dies zu schwerwiegenden Fehlschlüssen führen. Dies zeigt schon das folgende *Perronsche Paradoxon*:

Angenommen eine größte natürliche Zahl n existiert, dann schließen wir n = 1. Falls nämlich n > 1 wäre, so folgt $n^2 > n$, im Widerspruch zur Annahme, dass n schon die größte Zahl ist. Also muss n = 1 gelten.

Tatsächlich haben viele Variationsprobleme keine Lösung. Die Aufgabe

Minimiere

$$\mathcal{F}(u) := \int_0^2 \left[\left(1 - (u'(x))^2\right)^2 + u^2(x) \right] dx \tag{4.40}$$

unter allen stückweise stetig differenzierbaren Funktionen

besitzt keine Lösung. Für alle u nimmt $\mathcal{F}(u)$ positive Werte an. Falls $\mathcal{F}(u) = 0$ gelten würde, folgt $\int_0^2 u^2(x)\,dx = 0$ und somit $u = 0$, was im Widerspruch zu $\int_0^2 \left(1 - (u'(x))^2\right)^2 dx = 0$ steht. Auf der anderen Seite nimmt $\mathcal{F}$ beliebig kleine Werte an, wie die Sägezahnfolge

$$u_n(x) = \frac{1}{n} - \left| x - \frac{2i+1}{n} \right|, \quad \text{falls} \ \ x \in \left[\frac{2i}{n}, \frac{2(i+1)}{n} \right] \ \text{für } i = 0, \ldots, n-1$$

zeigt, die in Abbildung 4.12 dargestellt ist. Für diese Folge gilt, da $u_n'(x) = \pm 1$

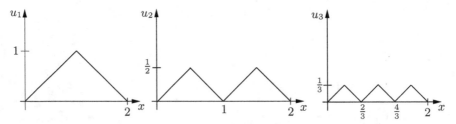

Abb. 4.12. Die ersten Glieder einer Folge, für die gilt $\mathcal{F}(u_n) \to 0$ für $n \to +\infty$ mit $\mathcal{F}$ aus (4.40).

fast überall und da $\int_0^2 u_n^2(x)\,dx \to 0$ für $n \to +\infty$, dass $\mathcal{F}(u_n) \to 0$ für $n \to +\infty$.

Es gilt also $\inf \mathcal{F} = 0$ *und* $\mathcal{F}$ *nimmt sein Minimum nicht an.*

Eine Folge $(u_n)_{n \in \mathbb{N}}$, für die $\mathcal{F}(u_n) \to \inf \mathcal{F}$ gilt, heißt *Minimalfolge*. Wir haben gerade ein Beispiel gesehen, bei dem eine Minimalfolge bezüglich der Supremumsnorm konvergiert, der Grenzwert aber keinen Minimierer realisiert. Der Grund dafür ist, dass $\mathcal{F}$ bezüglich der Supremumsnorm nicht stetig ist. Stetigkeits- beziehungsweise sogenannte *Unterhalbstetigkeitsbedingungen* spielen in der Variationsrechnung eine wichtige Rolle.

Um die Existenz von Minima zu zeigen, gibt es zwei Möglichkeiten: *die direkte* und *die indirekte Methode der Variationsrechnung*. Wir wollen die direkte Methode der Variationsrechnung kurz für eine Funktion $f : \mathbb{R}^d \to \mathbb{R}$ erläutern. Wir setzen voraus

(i) f ist stetig,

(ii) $f(x) \to +\infty$ für $|x| \to +\infty$.

Wir wählen nun eine Folge $(x_n)_{n\in\mathbb{N}}$ im $\mathbb{R}^d$, so dass

$$f(x_n) \to \inf_{x\in\mathbb{R}^d} f(x).$$

Da $\inf_{x\in\mathbb{R}^d} f(x) < \infty$ gilt, ist die Folge $(f(x_n))_{n\in\mathbb{N}}$ nach oben beschränkt, und wir schließen aus (ii), dass die Folge $(x_n)_{n\in\mathbb{N}}$ beschränkt bleibt. Nun können wir aus jeder beschränkten Folge $(x_n)_{n\in\mathbb{N}}$ im $\mathbb{R}^d$ eine konvergente Teilfolge $(x_{n_j})_{j\in\mathbb{N}}$ auswählen. Dieses Argument ist ein typischer Kompaktheitsschluss, das heißt, es werden Eigenschaften einer Folge nachgewiesen, die die Auswahl einer konvergenten Teilfolge erlauben. Bezeichnen wir den Grenzwert der Folge $(x_{n_j})_{j\in\mathbb{N}}$ mit $\overline{x}$, so folgt aus der Stetigkeit von f

$$f(\overline{x}) = \lim_{j\to\infty} f(x_{n_j}) = \inf_{x\in\mathbb{R}^d} f(x).$$

Aus $f(\overline{x}) > -\infty$ folgt $\inf_{x\in\mathbb{R}^d} f(x) > -\infty$ und f nimmt in $\overline{x}$ sein Minimum an. In diesem Beweis haben wir von der Stetigkeitsvoraussetzung nur die sogenannte *Unterhalbstetigkeit*

(i') $f(x) \leq \liminf_{n\to\infty} f(x_n)$ für alle Folgen $(x_n)_{n\in\mathbb{N}}$ mit $\lim_{n\to\infty} x_n = x$

benutzt; deshalb kann man Voraussetzung (i) durch (i') ersetzen. Die Anwendung der direkten Methode der Variationsrechnung für unendlichdimensionale Problemstellungen liefert viele wichtige Resultate. Die Formulierung notwendiger Stetigkeits-, Unterhalbstetigkeits-, Koerzivitäts- und Kompaktheitseigenschaften benötigt allerdings etwas Funktionalanalysis. Wir wollen diesen Aspekt nicht vertiefen und verweisen stattdessen auf die Literatur [129], [15].

Wir möchten stattdessen auf eine praktische Möglichkeit hinweisen, Variationsprobleme approximativ zu lösen. Dabei nähert man ein zu lösendes Variationsproblem zunächst durch ein endlichdimensionales Variationsproblem an und löst dieses dann mit den üblichen Methoden der Analysis. Wollen wir etwa

$$\mathcal{D}_1(u) = \int_0^1 \left(\frac{\mu(x)}{2}(u'(x))^2 - f(x)\,u(x) \right) dx$$

unter der Nebenbedingung $u(0) = u(1) = 0$ minimieren, so können wir zunächst die Klasse der zulässigen Funktionen aus einem endlichdimensionalen Unterraum wählen. Zwei Beispiele sind:

Wähle für $n \in \mathbb{N}$

$$V_n = \left\{ u : [0,1] \to \mathbb{R} \;\middle|\; u \text{ ist stetig, } u(0) = u(1) = 0 \text{ und} \right.$$

$$\left. u \text{ ist linear auf } \left[\frac{i-1}{n}, \frac{i}{n} \right] \text{ für } i = 1, \dots, n \right\}$$

oder

$$V_n = \left\{ u : [0,1] \to \mathbb{R} \;\middle|\; u(x) = \sum_{k=1}^{n} a_k \sin(k\pi x), \; a_k \in \mathbb{R}, \; k = 1, \dots, n \right\}.$$

Die zu lösende Aufgabe besteht nun darin, das Funktional auf dem Raum V_n zu minimieren.

Wir wollen nun die *indirekte Methode der Variationsrechnung* anhand von Variationsproblemen für Funktionen einer Variablen erläutern. Grob gesprochen geht es bei der indirekten Methode darum, „Nullstellen der Ableitung" zu finden. Wir müssen dabei zunächst klären, wie wir den Begriff der Ableitung auf den unendlichdimensionalen Fall erweitern. Es wird sich zeigen, dass es ausreicht, gewisse Richtungsableitungen zu berechnen. Wir betrachten dazu das folgende Variationsproblem:

Minimiere

$$\mathcal{F}(u) = \int_0^1 F(x, u(x), u'(x)) \, dx + \alpha(u(0)) + \beta(u(1))$$

unter allen Funktionen $u \in C^1([0,1], \mathbb{R}^d)$. Dabei seien $F : \mathbb{R}^{1+2d} \to \mathbb{R}$ und $\alpha, \beta : \mathbb{R}^d \to \mathbb{R}$ stetig differenzierbare Funktionen. Wie in Abschnitt 4.2 können wir Richtungsableitungen von $\mathcal{F}$ berechnen. Sei $\varphi \in C^1([0,1], \mathbb{R}^d)$, so betrachten wir für kleine ε die Funktion

$$g(\varepsilon) := \mathcal{F}(u + \varepsilon\varphi) \tag{4.41}$$

und differenzieren nach ε. Wir definieren nun

$$\delta\mathcal{F}(u)(\varphi) := g'(0) \tag{4.42}$$

und nennen diesen Ausdruck *die erste Variation von $\mathcal{F}$ an der Stelle u in Richtung φ*. Dieses Vorgehen entspricht der Richtungsableitung für Funktionen $f : \mathbb{R}^d \to \mathbb{R}$. Nimmt $\mathcal{F}$ in u sein Minimum an, so gilt

$$0 = g'(0) = \delta\mathcal{F}(u)(\varphi).$$

Wir wollen nun $\delta\mathcal{F}$ berechnen. Im Folgenden bezeichnen wir mit $(x, z, p) \in \mathbb{R} \times \mathbb{R}^d \times \mathbb{R}^d$ die Variablen von F, also $F = F(x, z, p)$. Weiter sei

$$F_{,x} = \partial_x F, \quad F_{,z} = (\partial_{z_1} F, \dots, \partial_{z_d} F), \quad F_{,p} = (\partial_{p_1} F, \dots, \partial_{p_d} F).$$

Satz 4.6. *Es sei $F \in C^1\big(\mathbb{R}^{1+2d}, \mathbb{R}\big)$ und $u \in C^1\big([0,1], \mathbb{R}^d\big)$. Dann gilt für alle $\varphi \in C^1\big([0,1], \mathbb{R}^d\big)$*

$$\delta\mathcal{F}(u)(\varphi) = \int_0^1 [F_{,z}(x, u(x), u'(x)) \cdot \varphi(x) + F_{,p}(x, u(x), u'(x)) \cdot \varphi'(x)]\, dx$$
$$+ \alpha_{,z}(u(0)) \cdot \varphi(0) + \beta_{,z}(u(1)) \cdot \varphi(1).$$

Ist $F_{,p} \in C^1\big(\mathbb{R}^{1+2d}, \mathbb{R}^d\big)$ und $u \in C^2\big([0,1], \mathbb{R}^d\big)$, so folgt für alle $\varphi \in C^1\big([0,1], \mathbb{R}^d\big)$

$$\delta\mathcal{F}(u)(\varphi) = \int_0^1 \Big[F_{,z}(x, u(x), u'(x)) - \tfrac{d}{dx}F_{,p}(x, u(x), u'(x))\Big] \cdot \varphi(x)\, dx$$
$$+ \big(F_{,p}(1, u(1), u'(1)) + \beta_{,z}(u(1))\big) \cdot \varphi(1) \tag{4.43}$$
$$+ \big(-F_{,p}(0, u(0), u'(0)) + \alpha_{,z}(u(0))\big) \cdot \varphi(0).$$

Beweis. Für g aus (4.41) berechnen wir

$$g'(\varepsilon) = \int_0^1 \frac{d}{d\varepsilon}F(x, u(x) + \varepsilon\,\varphi(x), u'(x) + \varepsilon\,\varphi'(x))\, dx + \frac{d}{d\varepsilon}\alpha(u(0) + \varepsilon\,\varphi(0))$$
$$+ \frac{d}{d\varepsilon}\beta(u(1) + \varepsilon\,\varphi(1))$$
$$= \int_0^1 \big[F_{,z}(x, u(x) + \varepsilon\,\varphi(x), u'(x) + \varepsilon\,\varphi'(x)) \cdot \varphi(x)$$
$$+ F_{,p}(x, u(x) + \varepsilon\,\varphi(x), u'(x) + \varepsilon\,\varphi'(x)) \cdot \varphi'(x)\big]\, dx$$
$$+ \alpha_{,z}(u(0) + \varepsilon\,\varphi(0)) \cdot \varphi(0) + \beta_{,z}(u(1) + \varepsilon\,\varphi(1)) \cdot \varphi(1).$$

Setzen wir $\varepsilon = 0$, so folgt aus der Definition (4.42) die erste Behauptung.

Partielle Integration für den Integranden $F_{,p}(x, u(x), u'(x)) \cdot \varphi'(x)$ liefert wie folgt die zweite Behauptung:

$$\int_0^1 F_{,p}(x, u(x), u'(x)) \cdot \varphi'(x)\, dx = -\int_0^1 \frac{d}{dx}F_{,p}(x, u(x), u'(x)) \cdot \varphi(x)\, dx$$
$$+ [F_{,p}(x, u(x), u'(x)) \cdot \varphi(x)]_{x=0}^{x=1}.$$

$\square$

Ist u ein Minimierer von $\mathcal{F}$, so muss $\delta\mathcal{F}(u)(\varphi)$ für alle $\varphi \in C^1\big([0,1], \mathbb{R}^d\big)$ verschwinden. Daraus kann man folgern, dass u ein System von gewöhnlichen Differentialgleichungen löst. Dies ist die Aussage des folgenden Satzes.

Satz 4.7. *Es sei $F \in C^1\big(\mathbb{R}^{1+2d}, \mathbb{R}\big)$, $F_{,p} \in C^1\big(\mathbb{R}^{1+2d}, \mathbb{R}^d\big)$, $u \in C^2\big([0,1], \mathbb{R}^d\big)$.*

a) Gilt $\delta\mathcal{F}(u)(\varphi) = 0$ für alle $\varphi \in C_0^1\big((0,1), \mathbb{R}^d\big)$, so gelten die Euler–Lagrangeschen Differentialgleichungen

$$\frac{d}{dx}F_{,p}(x, u(x), u'(x)) = F_{,z}(x, u(x), u'(x)) \quad \text{für alle} \quad x \in (0, 1). \quad (4.44)$$

b) *Gilt* $\delta\mathcal{F}(u)(\varphi) = 0$ *für alle* $\varphi \in C^1([0, 1], \mathbb{R}^d)$, *so gelten außerdem die Randbedingungen*

$$F_{,p}(0, u(0), u'(0)) - \alpha_{,z}(u(0)) = 0, \quad (4.45)$$
$$F_{,p}(1, u(1), u'(1)) + \beta_{,z}(u(1)) = 0. \quad (4.46)$$

Beweis. Die Euler–Lagrange–Gleichungen folgen aus (4.43), wenn wir Funktionen φ betrachten, die auf dem Rand verschwinden, und dem Fundamentallemma der Variationsrechnung (vgl. Aufgabe 4.19). Gelten die Euler–Lagrange–Gleichungen, so folgern wir, dass der Integralausdruck in (4.43) verschwindet. Da $\varphi(1)$ und $\varphi(0)$ aber beliebig gewählt werden können, folgern wir aus (4.43) die Randbedingungen (4.45) und (4.46). □

Bemerkung. Minimieren wir

$$\mathcal{F}(u) = \int_0^1 F(x, u(x), u'(x)) \, dx$$

unter den Nebenbedingungen $u(0) = a$ und $u(1) = b$, so gilt für einen Minimierer u

$$\frac{d}{d\varepsilon}\mathcal{F}(u + \varepsilon\varphi)_{|\varepsilon=0} = 0$$

für $\varphi \in C_0^1((0, 1), \mathbb{R}^d)$. Die Wahl der Funktion φ impliziert $\varphi(0) = \varphi(1) = 0$ und damit erfüllt $u + \varepsilon\varphi$ die geforderten Nebenbedingungen. In diesem Fall gelten die Euler–Lagrange–Gleichungen mit den Randbedingungen $u(0) = a$ und $u(1) = b$. Wir wollen nun die oben formulierten Variationsprobleme (i)–(iii) mit Hilfe der indirekten Methode der Variationsrechnung analysieren.

(i) Die Euler–Lagrange–Gleichung für das Variationsproblem zu

$$\mathcal{L}(u) := \int_0^1 \sqrt{1 + (u'(x))^2} \, dx$$

lautet, da $\frac{d}{dp}\sqrt{1 + p^2} = p/\sqrt{1 + p^2}$,

$$0 = \frac{d}{dx}\left(\frac{u'(x)}{\sqrt{1 + (u'(x))^2}}\right).$$

Differenzieren wir die Klammer aus, so ergibt sich

$$\frac{u''(x)}{(1 + (u'(x))^2)^{3/2}} = 0,$$

das bedeutet, die Krümmung verschwindet, vgl. Anhang B. Also ist u linear. Andererseits erfüllt jede lineare Funktion die Euler–Lagrange–Gleichung. Dieses Ergebnis entspricht der bekannten Tatsache, dass die kürzeste Verbindung zwischen zwei Punkten durch eine Gerade gegeben ist.

(ii) Für einen Minimierer von

$$\mathcal{D}_2(u) = \int_0^1 \left[\frac{\mu(x)}{2} (u'(x))^2 - f(x)\, u(x) \right] dx + \frac{\alpha}{2} u^2(0) + \frac{\beta}{2} u^2(1)$$

erhalten wir die Euler–Lagrange–Gleichung

$$\frac{d}{dx}(\mu(x)u'(x)) = -f(x)\,.$$

Außerdem folgern wir aus (4.45), (4.46) in Satz 4.7 die Randbedingungen

$$\mu(0)\, u'(0) - \alpha\, u(0) = 0\,,$$

und

$$\mu(1)\, u'(1) + \beta\, u(1) = 0\,.$$

Bevor wir den Fall (iii) behandeln, wollen wir zunächst Integranden der Form $F = F(z, p)$ behandeln. Multiplizieren wir die Euler–Lagrange–Gleichung (4.44) mit $u'(x)$, so erhalten wir

$$0 = u'(x) \cdot \left[\frac{d}{dx} F_{,p}(u(x), u'(x)) - F_{,z}(u(x), u'(x)) \right]$$

$$= \frac{d}{dx} \left[u'(x) \cdot F_{,p}(u(x), u'(x)) - F(u(x), u'(x)) \right]\,.$$

Definieren wir

$$G(z, p) := p \cdot F_{,p}(z, p) - F(z, p)\,,$$

so folgt

$$\frac{d}{dx} G(u(x), u'(x)) = 0\,,$$

das heißt, G ist *ein erstes Integral* der Euler–Lagrangeschen Differentialgleichung.

(iii) Im Fall der Brachistochrone betrachten wir

$$F(z, p) = \frac{1}{\sqrt{-z}}\, \sqrt{1 + p^2}\,,$$

wobei wir den Faktor $\frac{1}{\sqrt{2g}}$ vernachlässigen, da dieser nicht zu anderen Minimierern führt. Als erstes Integral erhalten wir mit

$$F_{,p} = (-z)^{-1/2}p/(1+p^2)^{1/2}$$

die Funktion

$$G(z,p) = p \cdot (-z)^{-1/2}p/(1+p^2)^{1/2} - (-z)^{-1/2}\sqrt{1+p^2}$$
$$= (-z)^{-1/2}\big(-(1+p^2)^{-1/2}\big).$$

Da $G(u(x), u'(x))$ konstant ist, existiert ein $c \in \mathbb{R}$ mit

$$\sqrt{-u(x)}\ \sqrt{1+(u'(x))^2} = \frac{1}{c}\,.$$

Quadrieren wir, so folgt

$$c^2\big(1+(u'(x))^2\big)u(x) = -1\,. \tag{4.47}$$

Aus dieser Identität können wir u berechnen. Das Problem der Brachisto-chrone werden Sie in Aufgabe 4.20 vollständig lösen.

Die Bedingungen, die wir hergeleitet haben, sind notwendige Bedingungen. Im Allgemeinen ist es schwer zu entscheiden, ob eine Funktion, die diese Be-dingungen erfüllt, ein lokaler oder sogar ein globaler Minimierer ist.

Es gibt weitere notwendige Bedingungen, die ein Minimierer erfüllen muss. Wir wollen eine dieser Bedingungen, die zweite Ableitungen benutzt, kurz diskutieren. Ist u ein Minimierer von $\mathcal{F}$, so erfüllt

$$g(\varepsilon) := \mathcal{F}(u + \varepsilon\varphi)$$

die notwendigen Bedingungen

$$g'(0) = 0\,,\ g''(0) \geq 0\,.$$

Die Bedingung an die zweite Ableitung lässt sich mit Hilfe von $\mathcal{F}$ formulieren. Wir wollen sie im Fall

$$\mathcal{F}(u) = \int_0^1 F(u'(x))\,dx$$

angeben. Es gilt

$$0 \leq g''(0) = \int_0^1 \varphi'(x) \cdot F_{,pp}(u'(x))\,\varphi'(x)\,dx\,.$$

Dabei ist $F_{,pp}$ die zweite Ableitung von F nach der Variablen p. Der Ausdruck

$$\delta^2 \mathcal{F}(u)(\varphi) := g''(0)$$

heißt *zweite Variation von* $\mathcal{F}$ *an der Stelle* u *in Richtung* φ. Die zweite Va-riation von $\mathcal{F}$ an der Stelle u muss also für alle φ nicht–negativ sein.

Wir wollen nun Probleme mit Nebenbedingungen betrachten. In den Beispielen (iv) bzw. (v) lauteten die Nebenbedingungen $\int_0^1 \sqrt{1 + (u')^2}\, dx = \ell$ bzw. $\int_0^1 u^2\, dx = 1$. Wir betrachten allgemeine Nebenbedingungen der Form

$$\mathcal{G}(u) := \int_0^1 G(x, u(x), u'(x))\, dx = c\,,$$

wobei $c \in \mathbb{R}$ gegeben ist. Ähnlich wie im endlichdimensionalen Fall können wir die notwendigen Bedingungen für das Problem

$$\mathcal{F}(u) \to \min \quad \text{unter der Nebenbedingung} \quad \mathcal{G}(u) = c$$

mit Hilfe von Lagrange–Multiplikatoren formulieren. Das ist die Aussage des folgenden Satzes.

Satz 4.8. *Es seien $F, G \in C^1(\mathbb{R}^{1+2d}, \mathbb{R})$ und $u \in C^1([0,1], \mathbb{R}^d)$ sei Lösung der Aufgabe: Minimiere $\mathcal{F}(v) = \int_0^1 F(x, v(x), v'(x))\, dx$ unter allen $v \in C^1([0,1], \mathbb{R}^d)$ mit $v(0) = a$, $v(1) = b$ und $\mathcal{G}(v) = c$. Weiter sei vorausgesetzt, dass $\delta\mathcal{G}(u)(\psi) \neq 0$ ist für ein $\psi \in C_0^\infty((0,1), \mathbb{R}^d) \setminus \{0\}$. Dann existiert ein Lagrange–Multiplikator $\lambda \in \mathbb{R}$, so dass*

$$\delta\mathcal{F}(u)(\varphi) + \lambda\,\delta\mathcal{G}(u)(\varphi) = 0 \quad \text{für alle} \quad \varphi \in C_0^\infty((0,1), \mathbb{R}^d)\,.$$

Gilt darüberhinaus $F_{,p}, G_{,p} \in C^1(\mathbb{R}^{1+2d}, \mathbb{R}^d)$ und $u \in C^2([0,1], \mathbb{R}^d)$, so folgt

$$\frac{d}{dx}(F_{,p} + \lambda G_{,p}) = F_{,z} + \lambda G_{,z}\,,$$

wobei $F_{,p}, G_{,p}, F_{,z}$ und $G_{,z}$ von $(x, u(x), u'(x))$ abhängen.

Beweis. Nach Voraussetzung existiert ein $\psi \in C_0^\infty((0,1), \mathbb{R}^d)$ mit $\delta\mathcal{G}(u)(\psi) = 1$. Für ein beliebiges $\varphi \in C_0^\infty((0,1), \mathbb{R}^d)$ definieren wir

$$\Phi(\varepsilon, \delta) := \mathcal{F}(u + \varepsilon\varphi + \delta\psi)\,, \quad \Psi(\varepsilon, \delta) := \mathcal{G}(u + \varepsilon\varphi + \delta\psi)\,.$$

Da $\partial_\delta \Psi(0,0) = 1$ gilt, liefert der Satz über implizite Funktionen die Existenz einer stetig differenzierbaren Funktion $\tau : (-\varepsilon_0, \varepsilon_0) \to \mathbb{R}$ mit $\tau(0) = 0$, so dass

$$\Psi(\varepsilon, \tau(\varepsilon)) = c \quad \text{für alle} \quad \varepsilon \in (-\varepsilon_0, \varepsilon_0)$$

und

$$\tau'(0) = -\partial_\varepsilon \Psi(0,0)\,. \tag{4.48}$$

Da $u + \varepsilon\varphi + \tau(\varepsilon)\psi$ alle geforderten Nebenbedingungen erfüllt, folgt: Die Funktion

$$\varepsilon \mapsto \Phi(\varepsilon, \tau(\varepsilon))$$

hat an der Stelle $\varepsilon = 0$ einen Minimierer. Wir schließen

$$\partial_\varepsilon \Phi(0,0) + \partial_\delta \Phi(0,0)\tau'(0) = 0 \,. \tag{4.49}$$

Definieren wir

$$\lambda := -\partial_\delta \Phi(0,0) = -\delta\mathcal{F}(u)(\psi)\,,$$

so folgt aus (4.48) und (4.49)

$$\partial_\varepsilon \Phi(0,0) + \lambda\,\partial_\varepsilon \Psi(0,0) = 0\,.$$

Die letzte Identität liefert nun

$$\delta\mathcal{F}(u)(\varphi) + \lambda\,\delta\mathcal{G}(u)(\varphi) = 0 \quad \text{für alle} \quad \varphi \in C_0^\infty\big((0,1),\mathbb{R}^d\big)\,.$$

Dies zeigt den ersten Teil der Behauptung. Der zweite Teil folgt mit partieller Integration analog zum Beweis von Satz 4.7. $\qquad\square$

Satz 4.8 erlaubt es nun, die Beispiele (iv) und (v) zu behandeln.

(iv) Wir betrachten den Fall

$$\mathcal{F}(u) := \int_0^1 u(x)\,dx \quad \text{und} \quad \mathcal{G}(u) := \int_0^1 \sqrt{1+(u')^2}\,dx$$

und formulieren die Nebenbedingung $\mathcal{G}(u) = \ell$, das heißt, die Länge des Graphen ist vorgegeben. Der Satz 4.8 liefert mit $F(x,z,p) = z$ und $G(x,z,p) = \sqrt{1+p^2}$ als notwendige Bedingung für einen Minimierer die folgende Differentialgleichung

$$\lambda\frac{d}{dx}\left(\frac{u'}{\sqrt{1+(u')^2}}\right) = -1\,.$$

Der Ausdruck $\frac{d}{dx}\left(\frac{u'}{\sqrt{1+(u')^2}}\right)$ gibt die Krümmung des Graphen an. Da λ konstant ist, erhalten wir Kreisbögen als Lösungen. Beschreibt u ein Geradenstück, so ist die Krümmung und somit $\delta\mathcal{G}(u)$ identisch Null, und wir können den Satz 4.8 nicht anwenden.

(v) Wir wollen nun

$$\mathcal{F}(u) := \int_0^1 \big(\mu(x)(u'(x))^2 + q(x)\,u^2(x)\big)\,dx$$

unter den Randbedingungen $u(0) = u(1) = 0$ und der Nebenbedingung

$$\mathcal{G}(u) := \int_0^1 u^2(x)\,r(x)\,dx = 1$$

minimieren. Dabei seien $\mu \in C^1([0,1],\mathbb{R})$, $q,r \in C^0([0,1],\mathbb{R})$ und $\mu, r > 0$. Satz 4.8 liefert als notwendige Bedingung für einen Minimierer $u \in C^2([0,1])$ das folgende Randwertproblem

$$-\frac{d}{dx}(\mu(x)\,u'(x)) + q(x)\,u(x) = -\lambda\,r(x)\,u(x)\,,$$

$$u(0) = u(1) = 0\,,$$

wobei λ eine Konstante ist. Der negative Lagrange–Multiplikator $-\lambda$ kann als verallgemeinerter Eigenwert interpretiert werden und u ist eine zugehörige Eigenfunktion, die bezüglich des inneren Produkts

$$(u,v)_r := \int_0^1 u(x)\,v(x)\,r(x)\,dx$$

normiert ist.

Sind Integrale zu minimieren, in denen höhere Ableitungen auftauchen, so lassen sich notwendige Bedingungen mit Hilfe von gewöhnlichen Differentialgleichungen höherer Ordnung formulieren. Wir werden sehen, dass in diesem Fall mehr als zwei Randbedingungen auftreten. Wir diskutieren dies am Fall der Balkenbiegung. In Beispiel (vi) war

$$\mathcal{G}(u) = \int_0^1 \left(\tfrac{1}{2}(u'')^2 - f u\right) dx - g\,u(1)$$

unter den Nebenbedingungen

$$u(0) = 0\,, \quad u'(0) = 0 \qquad (4.50)$$

zu minimieren. Es sei nun $u : [0,1] \to \mathbb{R}$ ein Minimierer von $\mathcal{G}$. Dann erfüllt $u + \varepsilon\varphi$ die geforderten Nebenbedingungen am Rand, falls $\varphi(0) = 0$, $\varphi'(0) = 0$ gilt. Es folgt

$$0 = \frac{\delta\mathcal{G}}{\delta u}(u)(\varphi) = \frac{d}{d\varepsilon}\mathcal{G}(u + \varepsilon\varphi)_{|\varepsilon=0}\,.$$

Wir berechnen

$$\frac{\delta\mathcal{G}}{\delta u}(u)(\varphi) = \int_0^1 (u''\varphi'' - f\varphi)\,dx - g\,\varphi(1)\,.$$

Falls $u \in C^4([0,1])$ gilt, erhalten wir durch partielle Integration und unter Ausnutzung der Bedingungen $\varphi(0) = \varphi'(0) = 0$

$$0 = \int_0^1 (-u'''\varphi' - f\varphi)\,dx + u''(1)\,\varphi'(1) - g\,\varphi(1)$$

$$= \int_0^1 (u^{(4)} - f)\varphi\,dx - u'''(1)\,\varphi(1) + u''(1)\,\varphi'(1) - g\,\varphi(1)\,. \qquad (4.51)$$

Da φ beliebig ist, folgt aus dem Fundamentallemma der Variationsrechnung

$$u^{(4)}(x) = f(x) \quad \text{für} \quad x \in (0,1)\,. \qquad (4.52)$$

Aus (4.51) folgt, da der Integralausdruck verschwindet und da $\varphi(1)$ und $\varphi'(1)$ beliebig gewählt werden können:

$$u''(1) = 0 \quad \text{und} \quad u'''(1) + g = 0\,. \qquad (4.53)$$

Insgesamt ist also (4.52) mit den vier Randbedingungen (4.50), (4.53) zu lösen.

4.8 Optimale Steuerung gewöhnlicher Differentialgleichungen

Häufig sollen Vorgänge, die sich mit Differentialgleichungen formulieren lassen, *kontrolliert* werden. Dies bedeutet, dass der Vorgang durch eine geeignete Wahl von Kontrollgrößen so gesteuert wird, dass eine gewisse Größe, etwa die Kosten, der Ertrag, der Verbrauch oder die Zeit, die der Vorgang benötigt, optimiert wird. Wir wollen in diesem Abschnitt knapp skizzieren, welche Fragestellungen dabei von Interesse sind, und werden mit dem Pontrjaginschen Maximumprinzip wichtige notwendige Optimalitätsbedingungen formulieren. Zunächst wollen wir drei Beispiele angeben.

(i) *Kontrolle von Produktion und Verbrauch.* Ein Unternehmen erwirtschaftet einen Ertrag, von dem ein Teil als Gewinn ausgeschüttet wird, und der Rest wieder investiert werden soll. Das Ziel ist es, bis zu einem vorgegebenen Zeitpunkt T möglichst viel Gewinn zu erreichen. Es sei vorausgesetzt, dass die Gewinne proportional zu den reinvestierten Mitteln anwachsen. Wir definieren

$$y(t) \text{ Produktionsmenge zum Zeitpunkt } t \geq 0.$$

Es sei weiter

$$u(t) \text{ der Anteil des Ertrages, der zum Zeitpunkt } t \geq 0 \text{ reinvestiert wird.}$$

Das bedeutet, wir müssen folgende Ungleichheits–Nebenbedingungen stellen:

$$0 \leq u(t) \leq 1 \quad \text{für alle} \quad t \geq 0 \,.$$

Die Funktion u ist die Größe, mit Hilfe derer wir den Vorgang steuern können. Es sei nun k die Rate, mit der die investierten Mittel wachsen. Ist eine Kontrolle u vorgegeben, so ist folgendes Anfangswertproblem zu lösen

$$y'(t) = k\,u(t)\,y(t)\,, \tag{4.54}$$

$$y(0) = y_0\,. \tag{4.55}$$

Zu einem gegebenen Zeitpunkt t wird $(1 - u(t))y(t)$ als Gewinn nicht wieder investiert. Wir wollen die Größe

$$\mathcal{F}(y, u) := \int_0^T (1 - u(t))\, y(t)\, dt$$

maximieren unter allen y und u, die den Nebenbedingungen (4.54), (4.55) genügen.

(ii) *Kontrolle eines Fahrzeugs.* Ziel ist es, ein Fahrzeug mit normierter Masse $m = 1$ möglichst schnell von einem Punkt in der Ebene auf geradem Weg zu einem anderen Punkt in der Ebene zu bringen. Ohne Einschränkung sei das Fahrzeug zum Zeitpunkt $t = 0$ auf der x–Achse am Ort $x = -x_0$ und wir wollen möglichst schnell an den Ort $x = x_0$. Am Startzeitpunkt und am Zielzeitpunkt soll die Geschwindigkeit Null betragen. Das Fahrzeug besitzt einen Motor, der zum Zeitpunkt t die Kraft $u(t)$ abgibt. Diese Kraft lässt sich steuern, sie ist allerdings durch die auf 1 normierte maximale Kraft beschränkt, d.h. $|u(t)| \leq 1$. Wir suchen ein Minimum von

$$\mathcal{F}(x, u) = \int_0^T 1 \, dt$$

unter den Nebenbedingungen

$$
\begin{aligned}
x''(t) &= u(t) \quad \text{Newtonsches Gesetz}, \\
x(0) &= -x_0, \quad x'(0) = 0, \\
x(T) &= x_0, \quad x'(T) = 0, \\
|u(t)| &\leq 1 \quad \text{für alle } t \in [0, T].
\end{aligned}
$$

(iii) *Optimale Steuerung des Fischfangs.* Wir betrachten eine Fischpopulation, die ohne Berücksichtigung des Fischfangs gemäß eines Populationsmodells mit beschränkten Ressourcen wachsen würde. Für die Gesamtpopulation $x(t)$ gilt also die Differentialgleichung

$$x'(t) = q(x_M - x(t)) \, x(t) =: F(x),$$

man vergleiche dazu auch die Abschnitte 1.3 und 4.3. Berücksichtigen wir nun den Fischfang, der mit einer Intensivität $u(t)$ angesetzt sei, so ergibt sich das Anfangswertproblem

$$x'(t) = F(x(t)) - u(t), \quad x(0) = x_0.$$

In diesem Fall können wir das System durch die Fangintensivität $u(t)$ kontrollieren. Ziel ist es, den Gesamtgewinn zu maximieren. Dafür wurde zum Beispiel das Funktional

$$\mathcal{F}(x, u) := \int_0^T e^{-\delta t} (p - k(x(t))) u(t) \, dt$$

vorgeschlagen. Dabei sei:

p der Verkaufspreis der Fische (pro Masseneinheit),
$k(x)$ die Fangkosten pro Masseneinheit bei Populationsgröße x,
δ ein Diskontfaktor.

Der Diskontfaktor berücksichtigt, dass die Fischer für den Erlös von früh gefangenen Fischen Zinsen bekommen können, wenn Sie diesen Erlös bei einer Bank anlegen; der Diskontfaktor δ entspricht gerade dem Wachstumsfaktor in einem kontinuierlichen Zinsmodell. Durch den Faktor $e^{-\delta t}$ werden alle Erlöse auf den Zeitpunkt $t = 0$ zurückgerechnet, dies nennt man *diskontieren*.

Es gibt viele weitere Bereiche, bei denen die optimale Steuerung mit gewöhnlichen Differentialgleichungen eine wichtige Rolle spielt. Als Beispiele seien genannt: Steuerung der Bewegung von Flugzeugen und Raumflugkörpern, Steuerung der Bewegungsabläufe von Robotern und im Sport, Steuerung chemischer Prozesse, Kontrolle der Ausbreitung von Epidemien durch Impfstrategien. Wir verweisen in diesem Zusammenhang auf die Literatur für weitere Details, siehe zum Beispiel Macki und Strauss [87], Evans [35], Zeidler [129].

Wir wollen nun auf formalem Niveau notwendige Optimalitätsbedingungen für die Lösung von Optimierungsproblemen im Kontext von Steuerungsprozessen herleiten. Wir geben notwendige Bedingungen für Problemstellungen mit einer *festen Endzeit* an und wollen Fragestellungen nun allgemein formulieren. Es sei $A \subset \mathbb{R}^m$ und

$$f : \mathbb{R}^d \times A \to \mathbb{R}^d , \quad y_0 \in \mathbb{R}^d .$$

Die Menge A beschränke die möglichen Steuerungen, das heißt wir betrachten Steuerungen der Form

$$u : [0, T] \to A .$$

Für ein gegebenes u sei der Zustand $y : [0, T] \to \mathbb{R}^d$ eine Lösung des folgenden Anfangswertproblems

$$y'(t) = f(y(t), u(t)) , \quad t \in [0, T] , \tag{4.56}$$
$$y(0) = y_0 . \tag{4.57}$$

Das zu optimierende Zielfunktional sei gegeben durch

$$\mathcal{F}(y, u) := \int_0^T r(y(t), u(t)) \, dt + g(y(T)) ,$$

wobei

$$r : \mathbb{R}^d \times A \to \mathbb{R} , \quad g : \mathbb{R}^d \to \mathbb{R}$$

gegebene glatte Funktionen seien.

Wir betrachten folgende Fragestellung:

(P): *Maximiere $\mathcal{F}$ unter den Nebenbedingungen* (4.56), (4.57) *und $u(t) \in A$ für alle $t \in [0, T]$.*

Formal können wir notwendige Bedingungen an eine Lösung zu (P) mit Hilfe von Lagrange–Multiplikatoren wie folgt herleiten. Analog zum endlichdimensionalen Fall (4.36) wollen wir eine Lösung und die zugehörigen Lagrangeparameter als kritische Punkte eines Funktionals beschreiben, das sich ergibt, indem wir zu $\mathcal{F}$ einen Term addieren, der sich als ein Produkt aus Lagrangeparametern mit einem die Nebenbedingung charakterisierenden Funktionals ergibt. Wir multiplizieren die Nebenbedingung $-y' + f(y, u) = 0$ für alle Zeiten t im euklidischen Skalarprodukt mit einem Multiplikator

$$p : [0, T] \to \mathbb{R}^d .$$

Um statt einer Funktion eine reelle Größe zu erhalten, integrieren wir bezüglich t und erhalten

$$\mathcal{L}(y, u, p) := \mathcal{F}(y, u) - \int_0^T p(t) \cdot (y'(t) - f(y(t), u(t))) \, dt .$$

Wir betrachten zunächst $A = \mathbb{R}^m$. Dann erfüllen kritische Punkte $(\overline{y}, \overline{u}, \overline{p})$ von $\mathcal{L}$, unter der Nebenbedingung $\overline{y}(0) = y_0$, die folgenden Gleichungen

$$\frac{\delta \mathcal{L}}{\delta y}(\overline{y}, \overline{u}, \overline{p})(h) = 0 ,$$

$$\frac{\delta \mathcal{L}}{\delta u}(\overline{y}, \overline{u}, \overline{p})(v) = 0 ,$$

$$\frac{\delta \mathcal{L}}{\delta p}(\overline{y}, \overline{u}, \overline{p})(q) = 0 ,$$

wobei v und q beliebige Funktionen sind, wohingegen wir für h nur Funktionen mit $h(0) = 0$ zulassen können, da die Nebenbedingung $y(0) = y_0$ zu berücksichtigen ist.

Die erste Variation von $\mathcal{L}$ kann nun analog zum Abschnitt 4.6 berechnet werden und wir erhalten aus $\frac{\delta \mathcal{L}}{\delta y} = 0$

$$\int_0^T r_{,y}(\overline{y}, \overline{u}) \cdot h \, dt + \nabla g(\overline{y}(T)) \cdot h(T) - \int_0^T \overline{p} \cdot (h' - f_{,y}(\overline{y}, \overline{u})h) \, dt = 0$$

für alle $h : [0, T] \to \mathbb{R}^d$ mit $h(0) = 0$. Partielle Integration liefert:

$$\int_0^T h \cdot (\overline{p}' + f_{,y}^\top(\overline{y}, \overline{u}) \overline{p} + r_{,y}(\overline{y}, \overline{u})) \, dt + h(T) \cdot (\nabla g(\overline{y}(T)) - \overline{p}(T)) = 0 . \quad (4.58)$$

Mit dem Fundamentallemma der Variationsrechnung folgt

$$\overline{p}' = -f_{,y}^\top(\overline{y}, \overline{u}) \overline{p} - r_{,y}(\overline{y}, \overline{u}) \quad \text{für} \quad t \in [0, T] . \quad (4.59)$$

Da der Integrand in (4.58) verschwindet und $h(T)$ beliebig ist, folgt außerdem die „Endbedingung"

$$\overline{p}(T) = \nabla g(\overline{y}(T)) . \quad (4.60)$$

Die Funktion $\overline{p} : [0, T] \to \mathbb{R}^d$ löst bei gegebenen Funktionen $\overline{y}$ und $\overline{u}$ eine lineare gewöhnliche Differentialgleichung und statt einer Anfangsbedingung fordern wir eine Bedingung zum Endzeitpunkt T. Die Bedingung $\frac{\delta\mathcal{L}}{\delta p} = 0$ liefert $\int_0^T q \cdot (\overline{y}' - f(\overline{y}, \overline{u})) \, dt = 0$ für alle q, so dass (4.56) gelten muss.

Die Identität $\frac{\delta\mathcal{L}}{\delta u} = 0$ liefert unter Ausnutzung des Fundamentallemmas der Variationsrechnung

$$r_{,u}(\overline{y}, \overline{u}) + f_{,u}^\top(\overline{y}, \overline{u})\,\overline{p} = 0\,. \tag{4.61}$$

Ist nun $A \neq \mathbb{R}^m$, so können wir $\frac{\delta\mathcal{L}}{\delta u}(\overline{y}, \overline{u}, \overline{p})(v)$ nicht für beliebige v bilden. Die Funktion $\overline{u} + \varepsilon v$ liegt im Allgemeinen nicht punktweise in A. Ist A konvex, so folgt aber für alle $u : [0, T] \to A$ und $\varepsilon \in [0, 1]$, dass

$$\overline{u} + \varepsilon(u - \overline{u}) = \varepsilon u + (1 - \varepsilon)\overline{u} \in A$$

gilt. Es folgt dann

$$\frac{d}{d\varepsilon}\mathcal{L}(\overline{y}, \overline{u} + \varepsilon(u - \overline{u}), \overline{p})_{|\varepsilon=0} \leq 0$$

und somit

$$\int_0^T (r_{,u}(\overline{y}, \overline{u}) + \overline{p} \cdot f_{,u}(\overline{y}, \overline{u})) \cdot (u - \overline{u}) \, dt \leq 0$$

für alle $u : [0, T] \to A$.

Die Bedingung (4.61) besagt gerade, dass $\overline{u}$ kritischer Punkt des Funktionals

$$v \mapsto r(\overline{y}, v) + \overline{p} \cdot f(\overline{y}, v)$$

ist. Das folgende Pontrjaginsche Maximumprinzip besagt nun, dass $\overline{u}$ nicht nur kritischer Punkt, sondern sogar Maximierer obiger Funktion ist. Bevor wir das Maximumprinzip formulieren, definieren wir zunächst:

Definition 4.9. *Die* Hamiltonfunktion *der Theorie der optimalen Steuerung ist für alle $y, p \in \mathbb{R}^d$, $u \in A$ wie folgt definiert:*

$$H(y, u, p) := f(y, u) \cdot p + r(y, u)\,.$$

Satz 4.10. (Pontrjaginsches Maximumprinzip).
Es sei $(\overline{y}, \overline{u})$ eine Lösung von Problem (P).

Dann existiert ein adjungierter Zustand $\overline{p} : [0, T] \to \mathbb{R}^d$, so dass für alle $t \in [0, T]$

$$\overline{y}'(t) = H_{,p}(\overline{y}(t), \overline{u}(t), \overline{p}(t)), \quad \overline{y}(0) = y_0\,, \tag{4.62}$$

$$\overline{p}'(t) = -H_{,y}(\overline{y}(t), \overline{u}(t), \overline{p}(t)), \quad \overline{p}(T) = \nabla g(\overline{y}(T)) \tag{4.63}$$

und

$$H(\overline{y}(t), \overline{u}(t), \overline{p}(t)) = \max_{v \in A} H(\overline{y}(t), v, \overline{p}(t)) \tag{4.64}$$

gilt. Außerdem ist die Abbildung

$$t \mapsto H(\overline{y}(t), \overline{u}(t), \overline{p}(t)) \tag{4.65}$$

konstant.

Der Beweis dieses Satzes ist aufwendig und wir verweisen auf die Literatur [87], [35], [129]. Wir bemerken nur, dass (4.62) auf Grund der Definition von H gerade (4.56), (4.57) entspricht. Die Gleichungen in (4.63) entsprechen (4.59) und (4.60). Ist $A = \mathbb{R}^m$ so folgt (4.61) als notwendige Bedingung aus (4.64).

Setzen wir wieder $A = \mathbb{R}^m$ und nutzen (4.62)–(4.64), so folgt

$$\frac{d}{dt} H(\overline{y}, \overline{u}, \overline{p}) = H_{,y}(\overline{y}, \overline{u}, \overline{p}) \cdot \overline{y}' + H_{,u}(\overline{y}, \overline{u}, \overline{p}) \cdot \overline{u}' + H_{,p}(\overline{y}, \overline{u}, \overline{p}) \cdot \overline{p}'$$
$$= -\overline{p}' \cdot \overline{y}' + 0 + \overline{y}' \cdot \overline{p}' = 0 \,.$$

Ähnliche Maximumprinzipien können für viele andere Probleme der optimalen Steuerung gezeigt werden. Insbesondere ist ein Maximumprinzip gültig für Probleme, bei denen der Endzeitpunkt variabel ist. Grundsätzlich zeigt sich, dass es günstig ist, mit einem adjungierten Zustand p zu arbeiten. Oft können notwendige Bedingungen wie oben formal mit Hilfe von Lagrange–Multiplikatoren beziehungsweise adjungierten Zuständen schnell hergeleitet werden. Diese Überlegungen rigoros durchzuführen, ist aber häufig mit großem analytischem Aufwand verbunden. Für Details verweisen wir auf die Literatur [87], [35], [129].

Am Beispiel der Kontrolle von Produktion und Verbrauch wollen wir skizzieren, wie das Pontrjaginsche Maximumprinzip genutzt werden kann, um Eigenschaften der Lösungen von Steuerungsproblemen zu zeigen. Wir benutzen die Notation aus Beispiel (i), setzen aber zur Vereinfachung $k = 1$. In diesem Fall ist

$$f(y, u) = yu, \quad r(y, u) = (1 - u)y, \quad g = 0 \quad \text{und} \quad A = [0, 1] \,.$$

Aus (4.59), (4.60) ergibt sich das adjungierte Problem (wir lassen die Querstriche über den Variablen weg)

$$p' = -up - (1 - u) \quad \text{auf} \quad [0, T] \quad \text{und} \quad p(T) = 0 \,. \tag{4.66}$$

Das Pontrjangische Maximumprinzip liefert, da $H(y, u, p) = yup + (1 - u)y$:

$$y(t) \, u(t) \, p(t) + (1 - u(t)) \, y(t) = \max_{0 \le v \le 1} [y(t) \, v \, p(t) + (1 - v) \, y(t)] \,.$$

Da $y(t) > 0$ gilt und $y(t)$ in der obigen Zeile als Faktor auftritt, folgt

$$u(t)(p(t) - 1) = \max_{0 \le v \le 1} [v(p(t) - 1)] \,.$$

Es folgt

$$u(t) = \begin{cases} 1 & \text{falls} \quad p(t) > 1, \\ 0 & \text{falls} \quad p(t) < 1. \end{cases}$$

Wenn wir den adjungierten Zustand p kennen, können wir also die Kontrolle u berechnen. Da $p(T) = 0$ gilt, existiert ein $\bar{t}$, so dass

$$p(t) < 1 \quad \text{für} \quad t \in (\bar{t}, T]$$

und somit gilt

$$u(t) = 0 \quad \text{für} \quad t \in (\bar{t}, T].$$

Aus (4.66) schließen wir

$$p'(t) = -1 \quad \text{für} \quad t \in (\bar{t}, T], \quad p(T) = 0$$

und es folgt $\bar{t} = T - t$ und

$$p(t) = T - t \quad \text{für} \quad t \in (T - 1, T].$$

Aus (4.66) und der Tatsache, dass u nur Werte zwischen 0 und 1 annimmt, folgt $p' < 0$ auf $[0, T - 1)$. Wir erhalten also $p(t) > 1$ auf $[0, T - 1)$ und somit $u(t) = 1$, und aus (4.66) ergibt sich

$$p'(t) = -p(t).$$

Da $p(T - 1) = 1$ gilt, folgt

$$p(t) = e^{T-1-t} > 1 \quad \text{und} \quad u(t) = 1 \quad \text{für} \quad t \in [0, T - 1].$$

Falls $T > 1$ gilt, folgt

$$u(t) = \begin{cases} 1 & \text{falls} \quad 0 \leq t < T - 1, \\ 0 & \text{falls} \quad T - 1 < t \leq T. \end{cases}$$

Die Kontrolle schaltet also nur einmal um. Diese Lösung ist ein Beispiel einer *bang–bang* Steuerung, das heißt, die Steuerung schlägt stets entweder an die Ober- oder an die Untergrenze der Kontrollschranken an.

4.9 Literaturhinweise

Eine Darstellung der einfachen Schwingungen aus Abschnitt 4.1 findet man in [40] oder auch in Büchern über Elektrotechnik oder theoretische Mechanik, etwa in [60]. Die Lagrangesche und Hamiltonsche Mechanik ist Bestandteil jedes Lehrbuches über theoretische Mechanik, siehe etwa [64]; eine mathematisch etwas anspruchsvollere, kurze Darstellung bietet auch Kapitel 58 von [130]. Zur Analysis gewöhnlicher Differentialgleichung verweisen wir auf [6]. Eindimensionale, auf gewöhnlichen Differentialgleichungen basierende Variationsproblemen werden in [15] behandelt. Eine ausführliche Analysis konvexer Optimierungsprobleme ist im klassischen Buch [31] enthalten. Eine tiefergehende Einführung in die Theorie der Steuerungs- und Kontrollprobleme findet man in [35], [87] und [129]. Numerische Verfahren zur Lösung gewöhnlicher Differentialgleichungen sind in [27], [61], [110], [117] beschrieben.

4.10 Aufgaben

Aufgabe 4.1. Lösen Sie das Anfangswertproblem

$$y''(t) + 2a\,y'(t) + b\,y(t) = \sin(\omega t)\,, \quad y(0) = 1\,, \quad y'(0) = 0$$

für die Schwingungsgleichung mit Hilfe einer geeigneten Fallunterscheidung für a, b und ω. Setzen Sie dabei $a \geq 0$, $b, \omega > 0$ voraus.

Aufgabe 4.2. Berechnen Sie zu folgenden Differentialgleichungen jeweils ein reelles Fundamentalsystem:

a) $y'''(t) - y''(t) + y'(t) - 1 = 0$,

b) $y^{(4)}(t) - 1 = 0$,

c) $y^{(4)}(t) + 1 = 0$.

Aufgabe 4.3. Es sei ein Lagrangefunktional $L = L(t, x, \dot{x})$ mit Variable $x = (x_1, \ldots, x_N)$ gegeben. Zu neuen Koordinaten $q_j = \widehat{q}_j(x)$, $j = 1, \ldots, N$ sei die Lagrangefunktion $\widehat{L}(t, q, \dot{q})$ definiert durch

$$\widehat{L}\big(t, \widehat{q}(x), D_x\widehat{q}(x)\dot{x}\big) = L(t, x, \dot{x})\,.$$

Transformieren Sie die Gleichungen

$$\frac{\partial L}{\partial x_j} = \frac{d}{dt}\frac{\partial L}{\partial \dot{x}_j} \quad \text{für } j = 1, \ldots, N$$

um auf die neuen Koordinaten q. Unter welchen Bedingungen folgen die Lagrangeschen Bewegungsgleichungen

$$\frac{\partial \widehat{L}}{\partial q_j} = \frac{d}{dt}\frac{\partial \widehat{L}}{\partial \dot{q}_j} \quad \text{für } j = 1, \ldots, N\,?$$

Aufgabe 4.4. Stellen Sie mit Hilfe des Lagrangeschen Formalismus die Bewegungsgleichungen für das abgebildete Doppelpendel mit Massen m_1 und m_2 und Längen ℓ_1 und ℓ_2 der (massenlosen) Verbindungsstäbe auf. Verwenden Sie dabei die eingezeichneten Winkel φ_1 und φ_2 als Variablen.

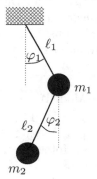

Aufgabe 4.5. Berechnen Sie die Eigenschwingungen des skizzierten Stabwerks mit Elastizitätskonstanten $E_1 = E_2 = 100$ und Massen $m_1 = m_2 = 1$.

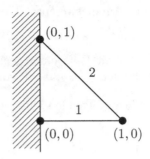

Aufgabe 4.6. (Stabilität)

Die logistische Differentialgleichung wird nun um einen Term ergänzt, der die Ernte oder Jagd der Population x durch eine andere Spezies modelliert. Zu einer Ernterate $e > 0$ betrachten wir die Differentialgleichung

$$x' = \alpha x - \beta x^2 - ex, \quad \alpha = x_M \beta.$$

a) Bestimmen Sie alle stationären Lösungen. Welche sind linear stabil?

b) Wir betrachten nun nur noch Ernteraten $e < \alpha$. Untersuchen Sie, welche Ernterate e^* den Ernteertrag pro Zeitintervall

$$y(e) = e\,x^*(e)$$

zu einer stationären Lösung $x^*(e)$ maximiert. Wie groß ist dann die Population $x^*(e^*)$?

c) Ein konstanter Ernteertrag y_0 pro Zeitintervall wird durch die Differentialgleichung

$$x' = \alpha x - \beta x^2 - y_0$$

modelliert. Wie sehen hier die stationären Lösungen aus und welche sind stabil? Welcher maximale Wert für y_0 ist möglich?

d) Diskutieren Sie die folgende Aussage: Die Erntestrategie mit konstanter Ernterate ist potentiell weniger katastrophal für den Fortbestand der Population als die Strategie mit konstantem Ernteertrag.

Hinweis: In der Realität könnten kleine Fluktuationen in den Größen e und y_0 auftreten.

Aufgabe 4.7. (Räuber–Beute–Modell)

Zeigen Sie, dass Lösungen $(x, y)^{\top}$ des Räuber–Beute–Modells zu positiven Anfangsdaten $x(0) = x_0 > 0$, $y(0) = y_0 > 0$ periodisch sind. Argumentieren Sie dabei mit Hilfe des ersten Integrals und des Eindeutigkeitssatzes für Lösungen des Anfangswertproblems.

Aufgabe 4.8. (Räuber–Beute–Modell)

In dieser Aufgabe wird das System

$$x' = x(a - by^2), \quad y' = y(-c + dx^2)$$

diskutiert. Dabei werden nur Lösungen $x > 0$, $y > 0$ gesucht.

a) Bestimmen Sie alle stationären Lösungen und zeigen Sie Existenz und Eindeutigkeit einer Lösung zum Anfangswert $(x, y)(0) = (x_0, y_0)$ mit $x_0 > 0$, $y_0 > 0$; aus dem Grundstudium bekannte Sätze können dazu benutzt werden.

b) Geben Sie ein erstes Integral $H(x, y)$ an und skizzieren Sie das Phasenportrait.

Aufgabe 4.9. (Räuber–Beute–Modell mit beschränktem Wachstum)

Wir betrachten das System

$$x' = x(\alpha - \beta y - \lambda x), \qquad (4.67)$$

$$y' = y(-\gamma + \delta x - \mu y), \qquad (4.68)$$

wobei α, β, γ, δ, λ und μ positive reelle Konstanten sind und $\alpha/\lambda < \gamma/\delta$ angenommen wird. Die Funktionen x und y beschreiben wieder Populationen einer Beute- beziehungsweise einer Räuber–Spezies, d. h. wir suchen Lösungen $(x(t), y(t))$ mit $x \geq 0$, $y \geq 0$.

Skizzieren Sie das Richtungsfeld und die Geraden

$$G_x := \{(x, y) \mid \alpha - \beta y - \lambda x = 0\}, \quad G_y := \{(x, y) \mid -\gamma + \delta x - \mu y = 0\}.$$

Zeigen Sie dann, dass für eine Lösung $(x(t), y(t))$ zu einem Anfangswert (x_0, y_0) mit $x_0 > 0$ und $y_0 \geq 0$ gilt:

$$(x(t), y(t)) \to \left(\tfrac{\alpha}{\lambda}, 0\right) \text{ für } t \to +\infty.$$

Hinweis: Betrachten Sie z.B. den Bereich $\{(x, y) \mid -\gamma + \delta x - \mu y > 0\}$, der „unterhalb" der Geraden G_y liegt. Überlegen Sie nun (und zeigen sie dies rigoros, nicht nur anschaulich), warum eine dort startende Lösung den Bereich über die genannte Gerade verlassen muss. Dann diskutieren Sie die anderen Bereiche.

Aufgabe 4.10. (Parameterabhängige lineare Differentialgleichung)

Gegeben sei zu einem reellen Parameter α das lineare System für $z = (x, y)^\top$

$$z'(t) = \begin{pmatrix} x'(t) \\ y'(t) \end{pmatrix} = \begin{pmatrix} \alpha & \alpha \\ -\alpha & \alpha \end{pmatrix} \begin{pmatrix} x(t) \\ y(t) \end{pmatrix} = Az(t).$$

a) Berechnen Sie die (komplexen) Eigenwerte der Matrix A und geben Sie zwei linear unabhängige Lösungen der Form $z_j(t) = c_j\, e^{\lambda_j t}$ an, wobei λ_j Eigenwert von A und der Anfangswert c_j zu λ_j gehörender Eigenvektor ist.

Geben Sie zu jeder Lösung außerdem Real- und Imaginärteil an, indem Sie $\lambda_j = \mu_j + i\,\nu_j$ und $c_j = a_j + i\,b_j$ setzen. Geben Sie dann die Gesamtheit der reellen Lösungen der Differentialgleichung an.

b) Skizzieren Sie die Phasenportraits für $\alpha = 0{,}5$ und $\alpha = -0{,}5$.

c) Welche Aussage können Sie über die Stabilität des Punktes $(0,0)$ in Abhängigkeit von α machen?

Aufgabe 4.11. (Wettbewerbsmodelle)
Wir betrachten eine Situation, in der zwei Spezies im Wettbewerb um Ressourcen liegen, die für ihr Wachstum erforderlich sind. Ein einfaches Modell zur Beschreibung dieser Situation besteht aus den folgenden beiden Differentialgleichungen, die bereits in entdimensionalisierter Form vorliegen:

$$u_1' = u_1(1 - u_1 - a u_2) := f_1(u_1, u_2)\,, \tag{4.69}$$

$$u_2' = \varrho u_2(1 - c u_2 - b u_1) := f_2(u_1, u_2)\,. \tag{4.70}$$

Ausgehend von einem beschränkten Wachstum der beiden Populationen beschreiben die Terme mit den positiven Konstanten a beziehungsweise b den gegenseitigen Einfluss durch Wettbewerb.

Um die Rechnungen zu vereinfachen, nehmen wir an, dass $\varrho = 1$ und $c = 0$ ist. Wir suchen Lösungen (u_1, u_2) mit $u_i \geq 0$, $i = 1, 2$.

a) Skizzieren Sie die Geraden

$$G_{u_1} := \{(u_1, u_2)\,|\, 1 - u_1 - a u_2 = 0\}\,, \quad G_{u_2} := \{(u_1, u_2)\,|\, 1 - c u_2 - b u_1 = 0\}$$

sowie das Richtungsfeld.

b) Bestimmen Sie die stationären Lösungen der Differentialgleichung. Gibt es linear stabile Lösungen?

c) Gibt es Bereiche für Anfangswerte (u_1^0, u_2^0), so dass man anhand des Richtungsfeldes mit Sicherheit sagen kann, wie sich die Populationen für $t \to +\infty$ entwickeln?

Aufgabe 4.12. a) Lösen sie explizit das Anfangswertproblem

$$x' = Ax\,, \quad A = \begin{pmatrix} 3 & 8 \\ -0{,}5 & -1 \end{pmatrix}, \quad x(0) = \begin{pmatrix} 2 \\ -1 \end{pmatrix}.$$

b) Suchen Sie eine Matrix $A \in \mathbb{R}^{2,2}$ für ein System $x' = Ax$, so dass $(0,0)$ nicht stabil ist, aber für alle Eigenwerte λ von A gilt: $\mathrm{Re}(\lambda) \leq 0$.

Aufgabe 4.13. a) Für welche der folgenden Differentialgleichungen ist 0 eine stabile stationäre Lösung?

$$\text{(i)} \quad x' = x^2, \quad \text{(ii)} \quad x' = x^3, \quad \text{(iii)} \quad x' = -x^3 \,.$$

b) Gegeben sei zu einem reellen Parameter $c \neq 0$ das System

$$x' = -y + c\,x^5, \quad y' = x + c\,y^5 \,.$$

Untersuchen Sie in Abhängigkeit von c: Ist $(0,0)$ (i) stabil, (ii) linear stabil?
Hinweis: Wie verhält sich der Euklidische Abstand vom Ursprung?

Aufgabe 4.14. Es sei $A \in \mathbb{R}^{n \times n}$, so dass $\operatorname{Re} \lambda < 0$ für alle Eigenwerte λ von A. Zeigen Sie: Es existiert eine Konstante $\alpha > 0$ und ein Skalarprodukt $(.,.)$ auf dem $\mathbb{R}^n$, so dass

$$(y, Ay) \leq -\alpha \|y\|^2 \quad \text{für alle} \quad y \in \mathbb{R}^n \,.$$

Dabei sei $\| \, . \, \|$ die durch $(.,.)$ induzierte Norm.

Aufgabe 4.15. Zu einer Funktion $f \in C(\mathbb{R}^n, \mathbb{R}^n)$ untersuchen wir die Differentialgleichung $x' = f(x)$. Die glatte Funktion H sei erstes Integral der Differentialgleichung, d. h. falls $x(t)$ eine Lösung ist, gilt

$$0 = \frac{d}{dt} H(x(t)) = DH(x(t))x'(t) = DH(x(t))f(x(t)) \,.$$

Weiterhin sei x^* eine stationäre Lösung mit

$$H(x^*) = 0, \quad DH(x^*) = 0, \quad D^2 H(x^*) \text{ positiv definit} \,.$$

a) Zeigen Sie, dass x^* stabil ist.
   Hinweis: Leiten Sie aus einer Taylor–Approximation von H in x^* her, dass für ein $\varepsilon > 0$ klein genug und eine Konstante $c > 0$ gilt:

$$\min\{ H(x) \,|\, x \in \partial B_\varepsilon(x^*) \} \geq c\varepsilon^2 \,.$$

Dabei bezeichnet $\partial B_\varepsilon(x^*)$ den Rand der Kugel mit Radius ε um x^*. Außerdem gibt es (warum?) ein $\delta > 0$, so dass

$$H(x) \leq \frac{1}{2} c\varepsilon^2 \quad \forall x \in B_\delta(x^*) \,.$$

Was folgt nun für eine Lösung der Differentialgleichung, deren Anfangswert in der Kugel $B_\delta(x^*)$ liegt?

b) Wenden Sie die Tatsache aus a) auf das Räuber–Beute–Modell (4.28) an.

Aufgabe 4.16. Wir betrachten die Differentialgleichung

$$x' = y - x^3, \quad y' = -x^3 - y^3,$$

und dazu die Funktion

$$L(x, y) = \frac{1}{2}y^2 + \frac{1}{4}x^4.$$

a) Beweisen Sie, dass $(0, 0)$ nicht linear stabil ist.

b) Weisen Sie nach, dass L ein *Ljapunov–Funktional* ist, d. h. falls $(x(t), y(t))$ eine Lösung der Differentialgleichung ist, dann folgt

$$\frac{d}{dt}L(x(t), y(t)) \leq 0.$$

c) Zeigen Sie, dass $(0, 0)$ stabil ist.
   (Hinweis: Man kann vorgehen wie bei Aufgabe 4.15; L übernimmt die Rolle von H. Zunächst untersucht man also, wie sich L auf dem Rand eines Kreises um $(0, 0)$ verhält.)

d) Ist $(0, 0)$ asymptotisch stabil?

Aufgabe 4.17. Die Funktion $t \mapsto x(t) \in \mathbb{R}^n$ sei Lösung der gewöhnlichen Differentialgleichung

$$x'(t) = -F(\nabla G(x(t))) \quad \text{für } t > t_0 \tag{4.71}$$

mit $F : \mathbb{R}^n \to \mathbb{R}^n$ und $G : \mathbb{R}^n \to \mathbb{R}$. Die Funktion G sei stetig differenzierbar, F erfülle $F(0) = 0$ und eine der beiden Bedingungen

(i) F ist stetig differenzierbar und $DF(x) = \left(\dfrac{\partial F_i}{\partial x_j}(x)\right)_{i,j=1}^n$ ist positiv semi-definit für alle $x \in \mathbb{R}^n$,

(ii) F ist Lipschitz–stetig und *monoton* im Sinn

$$(F(x) - F(y)) \cdot (x - y) \geq 0 \quad \text{für alle } x, y \in \mathbb{R}^n.$$

Zeigen Sie, dass G ein *Ljapunov–Funktion* ist, dass also jede Lösung $x(t)$ von (4.71) die Ungleichung

$$\frac{d}{dt}G(x(t)) \leq 0$$

erfüllt.

Aufgabe 4.18. Formulieren Sie das Problem der Brachistochrone in der Lagrange- und in der Hamiltonformulierung. Leiten Sie aus der Hamilton-formulierung den Energieerhaltungssatz (4.39) her.

Aufgabe 4.19. (Fundamentallemma der Variationsrechnung)
Es sei $f : [0,1] \to \mathbb{R}^d$ stetig mit

$$\int_0^1 f(x) \cdot \varphi(x)\, dx = 0 \quad \text{für alle} \quad \varphi \in C_0^\infty((0,1), \mathbb{R}^d).$$

Zeigen Sie: $f(x) = 0$ für alle $x \in (0,1)$.

Aufgabe 4.20. Lösen Sie das Brachistochronen–Problem wie in Abschnitt 4.7 formuliert. Verwenden Sie dabei (4.47) und beschreiben Sie den Graph der Lösung als Kurve $t \mapsto (x(t), u(t))$. Hilft der Ansatz $u(t) = -\kappa(1 - \cos t)$ mit $\kappa > 0$? Interpretieren Sie die Lösung geometrisch.

Aufgabe 4.21. Wir betrachten das Beispiel (v) in Abschnitt 4.7.

a) Zeigen Sie: Der Lagrange–Multiplikator λ ist der kleinste Eigenwert des Eigenwertproblems

$$-\frac{d}{dx}\big(p(x)\, u'(x)\big) + q(x)\, u(x) = \lambda\, r(x)\, u(x), \qquad (4.72)$$

$$u(0) = u(1) = 0. \qquad (4.73)$$

b) Betrachten Sie das Minimumproblem $\mathcal{F}(u) \to$ min unter den Nebenbedingungen $\int_0^1 r(x)\, u^2(x)\, dx = 1$, $\int_0^1 u(x)\, u_1(x)\, dx = 0$, $u(0) = u(1) = 0$. Dabei sei u_1 Lösung des Minimierungsproblems in (v) auf Seite 182. Leiten Sie notwendige Bedingungen her und zeigen Sie, dass eine Funktion, die den notwendigen Bedingungen genügt, gerade eine Eigenfunktion zum zweitkleinsten Eigenwert des Problems (4.72), (4.73) ist.

c) Wie können die weiteren Eigenfunktionen charakterisiert werden?

Aufgabe 4.22. Betrachten Sie das Minimumproblem

$$\min\left\{ \int_{-1}^1 [\tfrac{1}{2}(u'')^2 - fu]\, dx \mid u(-1) = u(1) = 0,\ u'(-1) = u'(1) = 0 \right\}.$$

a) Bestimmen Sie das Randwertproblem, das sich als notwendige Bedingung für einen Minimierer ergibt.

b) Bestimmen Sie die Lösung des Randwertproblems, falls f konstant ist. Skizzieren Sie die Lösung.

c) Diskutieren Sie die notwendigen Bedingungen, wenn f im Nullpunkt konzentriert ist, wenn also im obigen Minimierungsproblem der Term $\int_{-1}^1 fu\, dx$ durch $\overline{f}\, u(0)$ ersetzt wird, wobei $\overline{f} \in \mathbb{R}$ eine Konstante ist.

Aufgabe 4.23. Formulieren Sie für die optimale Steuerung des Fischfangs aus Abschnitt 4.8 notwendige Bedingungen.

5

Kontinuumsmechanik

5.1 Einleitung

In der Kontinuumsmechanik studiert man Prozesse, die auf einer Teilmenge des d–dimensionalen euklidischen Raumes ablaufen. Die relevanten Größen, zum Beispiel die Massendichte, die Temperatur, der Druck, das Geschwindigkeitsfeld, sind an *jedem Punkt* der Menge definiert. Die Zusammensetzung von Materie wie etwa Wasser, Luft oder Metall aus Atomen oder Molekülen wird dabei vernachlässigt.

Die Kontinuumsmechanik beschreibt viele wichtige Phänomene in den Anwendungen, zum Beispiel

- Wärmeleitung,
- Strömungen von Gasen oder Flüssigkeiten,
- Verformungen von Festkörpern, Elastizität, Plastizität,
- Phasenübergänge,
- Kopplungen dieser Prozesse.

Sie ist daher ein wichtiges Hilfsmittel in den Natur- und Ingenieurwissenschaften.

Wie alle mathematischen Modelle, so wird auch ein Kontinuumsmodell danach beurteilt, ob es in Einklang mit experimentellen Resultaten steht. Eine wichtige Aufgabe der Mathematik ist es, eine möglichst genaue Analyse des Modells vorzunehmen, die es dann erlaubt, möglichst viele qualitative und quantitative Aussagen über das Modell zu treffen. Diese können dann durch Experimente verifiziert beziehungsweise falsifiziert werden.

Modelle, die auf Teilchen, also zum Beispiel Atomen oder Molekülen, beruhen, kann man durch geeignete *Mittelung* charakteristischer Größen mit Kontinuumsmodellen in Verbindung bringen. Die Kontinuumsmechanik muss allerdings nicht unbedingt durch ein mikroskopisches Modell wie etwa einem Teilchenmodell begründet werden. Bisher ist es auch nur in sehr wenigen Fällen gelungen, eine solche Begründung zu finden. Wir können uns auch auf den Standpunkt stellen, dass das Kontinuumsmodell eine „natürliche" Beschreibung makroskopischer Phänomene ist. Wenn wir die Bewegung einer Flüssigkeit betrachten, nehmen wir ja die molekularen Details nicht wahr. Tatsächlich wollen wir häufig auch gar nichts über die Vorgänge auf dem Niveau von Teilchen wissen, und die Nützlichkeit eines kontinuierlichen Modells liegt gerade darin, dass nicht sämtliche molekularen Details berücksichtigt werden. Natürlich werden gewisse mikroskopische Details auch in das makroskopische Modell eingehen. Bei Festkörpern etwa wird eventuell die Kristallstruktur (ob kubisch, hexagonal, usw.) einen Einfluss auf die genaue Gestalt der Gleichungen der Kontinuumsmechanik haben.

Es gibt daher gute Gründe, Kontinuumsmodelle auch ohne Herleitung aus Teilchenmodellen (oder anderen mikroskopischen Modellen) zu rechtfertigen. Trotzdem werden wir zunächst ein einfaches Teilchenmodell vorstellen, schon um einige der im Kontinuumsmodell auftretenden Größen zu motivieren. Dazu muss aber etwas Notation eingeführt werden.

Punkte und Vektoren

Zur Beschreibung des Kontinuums wird im Allgemeinen ein dreidimensionaler euklidischer affiner Punktraum verwendet. Ein euklidischer Raum besteht aus einer Menge E von Punkten, einer Menge V von Vektoren und einer Abbildung, die jedem geordneten Paar von Punkten einen Verbindungsvektor zuordnet. Die Menge der Vektoren ist mit der Struktur eines euklidischen Vektorraums versehen. Dabei müssen einige Axiome erfüllt sein, die aus der geometrischen Anschauung folgen, siehe zum Beispiel [38]. Der Verbindungsvektor u eines Punktes x zu einem Punkt y wird formal als „Differenz" dieser Punkte geschrieben,

$$u = y - x \,,$$

andere Operationen wie etwa die Summe zweier Punkte sind dagegen nicht möglich. Zu jedem Punkt x und jedem Vektor u muss ein Endpunkt y existieren, so dass u der Verbindungsvektor von x nach y ist. Dieser Punkt wird formal als Summe von x und u bezeichnet,

$$y = x + u \,.$$

Wir beschränken uns im Folgenden auf den dreidimensionalen euklidischen Raum E^3 mit zugehörigem dreidimensionalen $\mathbb{R}$–Vektorraum V^3. Das Skalarprodukt zwischen zwei Vektoren $u, v \in V^3$ oder auch $u, v \in \mathbb{R}^3$ bezeichnen wir mit $u \cdot v$, die Norm mit $|u| = \sqrt{u \cdot u}$. Die Auswahl eines Skalarproduktes von V^3 legt auch eine Einheit für die Messung von *Längen* fest, da einem

Vektor u mit Norm $|u| = 1$ die Länge 1 zugewiesen wird. Nach Auswahl einer *Orthonormalbasis* (e_1, e_2, e_3) kann man V^3 mit dem $\mathbb{R}^3$ identifizieren. Jeder Vektor $u \in V^3$ wird dabei durch seine Koordinaten $u_i = u \cdot e_i$ beschrieben gemäß

$$u = \sum_{i=1}^{3} u_i e_i = \sum_{i=1}^{3} (u \cdot e_i) e_i$$

und

$$u \cdot v = \sum_{i=1}^{3} u_i v_i \,.$$

Die Orthonormalbasis (e_1, e_2, e_3) von V^3 kann man durch Auswahl eines Ursprungs $O \in E^3$ zu einem Koordinatensystem $(O; e_1, e_2, e_3)$ von E^3 ergänzen. Die Koordinaten eines Punktes $x \in E^3$ sind dann

$$x_i = (x - O) \cdot e_i \,.$$

Wir werden im Folgenden den V^3 mit dem $\mathbb{R}^3$ identifizieren. Es existiert dann genau ein Vektorprodukt $(u, v) \mapsto u \times v$ mit den Eigenschaften

$$u \times v = -v \times u \,,$$
$$u \times u = 0 \,,$$
$$u \cdot (v \times w) = w \cdot (u \times v) = v \cdot (w \times u) \,,$$
$$e_3 = e_1 \times e_2 \,.$$

Die Zahl

$$|u \cdot (v \times w)|$$

gibt das Volumen des von u, v, w aufgespannten Parallelotops an. Die Koordinaten von $w = u \times v$ bezüglich der Basis $\{e_1, e_2, e_3\}$ sind gegeben durch

$$w_1 = u_2 v_3 - u_3 v_2 \,, \quad w_2 = u_3 v_1 - u_1 v_3 \,, \quad w_3 = u_1 v_2 - u_2 v_1 \,.$$

Dies kann man kompakt ausdrücken mit dem *Levi–Civita Symbol*

$$\varepsilon_{ijk} = \begin{cases} 1 \,, & \text{falls } (i, j, k) \text{ eine gerade Permutation ist,} \\ -1 \,, & \text{falls } (i, j, k) \text{ eine ungerade Permutation ist,} \\ 0 \,, & \text{falls } (i, j, k) \text{ keine Permutation ist.} \end{cases}$$

Eine gerade oder ungerade Permutation geht dabei aus einer geraden oder ungeraden Anzahl von Vertauschungen zweier Zahlen aus $(1, 2, 3)$ hervor. Das Vektorprodukt ist dann gegeben durch

$$(u \times v)_i = \sum_{j,k=1}^{3} \varepsilon_{ijk} u_j v_k \,. \tag{5.1}$$

5.2 Teilchenmechanik

Um die Grundlagen für das Verständnis der folgenden Kapitel zu schaffen, wiederholen wir hier die wichtigsten physikalischen Gesetze am Beispiel der Teilchenmechanik. Das zentrale Objekt in der Teilchenmechanik ist ein *Massenpunkt*, also ein mit Masse versehener Punkt im Raum E^3. Der Zustand eines Massenpunktes zu einem gegebenen Zeitpunkt t ist charakterisiert durch die Masse m, die Position $x(t) \in E^3$ und die Geschwindigkeit $v(t) = x'(t)$. Der Impuls eines Massenpunktes ist $p(t) = m\,v(t) = m\,x'(t)$. Auf einen Massenpunkt können Kräfte einwirken, zum Beispiel durch Wechselwirkungen mit anderen Massenpunkten oder durch äußere Felder wie das Gravitationsfeld oder elektrische und magnetische Felder.

Die Newtonschen Gleichungen der Punktmechanik

Wir betrachten nun ein System von N Massenpunkten. Dabei sei

$x_i(t)$ der Ort des Teilchens i zum Zeitpunkt t,

m_i die Masse des Teilchens i.

Wir nehmen an, dass auf die Teilchen Kräfte der folgenden Form wirken:

$f_{ij}(t) \in \mathbb{R}^3$ ist die vom j–ten Teilchen auf das i–te Teilchen zum Zeitpunkt t ausgeübte Kraft,

$f_i(t) \in \mathbb{R}^3$ ist die auf das Teilchen i wirkende äußere Kraft.

Das *zweite Newtonsche Gesetz* „Kraft = Masse · Beschleunigung" oder „Kraft = Änderung des Impulses" ergibt für die Impulse $p_i = m_i x_i'$

$$p_i'(t) = \sum_{j \neq i} f_{ij}(t) + f_i(t), \ i = 1, \dots, N\,.$$

Aus dem *dritten Newtonschen Gesetz* (dem Prinzip von Kraft und Gegenkraft, Prinzip von „actio und reactio") folgt $f_{ij} = -f_{ji}$. Diese Forderung ist von *Zentralkräften* der Form

$$f_{ij}(x_i, x_j) = \frac{x_i - x_j}{|x_i - x_j|} g_{ij}(|x_i - x_j|)$$

mit $g_{ij}(x) = g_{ji}(x)$ erfüllt. Wir nehmen im Folgenden an, dass die Kräfte f_{ij} von dieser Form sind, und bemerken:

$g_{ij} > 0$, wenn die Wechselwirkung *abstoßend* ist,

$g_{ij} < 0$, wenn die Wechselwirkung *anziehend* ist.

Beispiele:

1. Wirken Gravitationskräfte zwischen den Teilchen, so gilt

$$g_{ij}(x) = -G\frac{m_i m_j}{|x|^2}\,.$$

Dabei ist $G \approx 6{,}67428 \cdot 10^{-11}\,\mathrm{Nm^2/kg^2}$ die *Gravitationskonstante*.

2. Stammen die auftretenden Kräfte von elektrischen Ladungen, so gilt

$$g_{ij}(x) = K\frac{Q_i Q_j}{|x|^2}\,,$$

wobei Q_i die Ladung von Teilchen i und K ein Proportionalitätsfaktor ist.

Erhaltungsgleichungen

In einem Vielteilchensystem der oben beschriebenen Art gibt es Größen, die nur durch Einwirkung von außen verändert werden können. Ohne äußere Einwirkung bleiben diese Größen im Verlauf der Bewegung aller Teilchen konstant. Solche Größen nennt man deshalb *Erhaltungsgrößen*. Die wichtigsten Erhaltungsgrößen sind Masse, Impuls, Drehimpuls und Energie. Wir werden im folgenden die wichtigsten Erhaltungsgleichungen vorstellen.

Impulserhaltung

Für den *Gesamtimpuls* $p = \sum\limits_{i=1}^{N} p_i$ des Vielteilchensystems gilt

$$p'(t) = \sum_{i=1}^{N} p_i'(t) = \sum_{i=1}^{N}\left(\sum_{\substack{j=1 \\ j\neq i}}^{N} f_{ij} + f_i\right) = \sum_{i=1}^{N} f_i =: f\,.$$

Dabei ist die Eigenschaft $f_{ij} = -f_{ji}$ der inneren Wechselwirkungen wesentlich. Der Term f bezeichnet die *Summe der äußeren Kräfte*. Die Ableitung des Gesamtimpulses ist also gleich der gesamten auf das System wirkenden Kraft, unabhängig von den inneren Wechselwirkungen. Diese Eigenschaft ist die *Impulsbilanz* für das Gesamtsystem. Man spricht hier oft auch von der *Impulserhaltungsgleichung*, obwohl der Impuls nicht notwendigerweise konstant bleibt. Wenn man dem gesamten Teilchenensemble die Masse

$$m = \sum_{i=1}^{N} m_i$$

und den Ort

$$x = \frac{1}{m} \sum_{i=1}^{N} m_i x_i$$

(das ist der Ort des Schwerpunktes) zuordnet, dann ist der Gesamtimpuls

$$p = \sum_{i=1}^{N} p_i = \sum_{i=1}^{N} m_i \, x'_i = mx' \,.$$

Für das Teilchenensemble gilt dann auch das zweite Newtonsche Gesetz $p' = f$. Ist die Summe der äußeren Kräfte gleich Null, so ändert sich die Geschwindigkeit des Schwerpunktes nicht, und dieser vollführt eine Trägheitsbewegung mit konstanter Geschwindigkeit auf einer gradlinigen Bahn. Damit ist das erste Newtonsche Gesetz erfüllt.

Drehimpulserhaltung

Sind die Wechselwirkungskräfte f_{ij} *Zentralkräfte*, so folgt aus dem zweiten Newtonschen Gesetz ein *Erhaltungssatz für den Drehimpuls*. Zu einem festen ruhenden Punkt $x_0 \in E^3$ sind

$$L_i = (x_i - x_0) \times p_i$$

die Drehimpulse der einzelnen Massenpunkte und

$$M_i = (x_i - x_0) \times f_i$$

die Drehmomente. Für den Gesamtdrehimpuls

$$L = \sum_{i=1}^{N} L_i$$

gilt dann

$$L' = \sum_{i=1}^{N} (x_i - x_0) \times p'_i = \sum_{i=1}^{N} \sum_{\substack{j=1 \\ j \neq i}}^{N} \left(x_i \times f_{ij} - x_0 \times f_{ij} \right) + \sum_{i=1}^{N} (x_i - x_0) \times f_i$$

$$= -\sum_{i=1}^{N} \sum_{\substack{j=1 \\ j \neq i}}^{N} \frac{x_i \times x_j}{|x_i - x_j|} g_{ij}(|x_i - x_j|) + \sum_{i=1}^{N} M_i = \sum_{i=1}^{N} M_i =: M$$

mit dem Gesamtdrehmoment M. Dabei wurde ausgenutzt, dass

$$\sum_{\substack{i,j=1 \\ i \neq j}}^{N} f_{ij} = 0$$

wegen $f_{ij} = -f_{ji}$ und

$$\sum_{\substack{i,j=1 \\ i \neq j}}^{N} \frac{x_i \times x_j}{|x_i - x_j|} g_{ij}(|x_i - x_j|) = 0$$

wegen $x_i \times x_j = -x_j \times x_i$. Die Gleichung

$$L' = M$$

beschreibt die *Erhaltung des Gesamtdrehimpulses*. Die Wechselwirkungskräfte tragen nichts zur Änderung des Gesamtdrehimpulses um einen beliebigen Punkt x_0 bei, und auf den Gesamtdrehimpuls wirkt sich nur die Summe der Drehmomente aus. Aus diesem Erhaltungssatz kann man das zweite Keplersche Gesetz herleiten, siehe Aufgabe 5.8.

Energieerhaltung

Auch für die Energie des Gesamtsystems gilt ein Erhaltungssatz. Die *kinetische Energie* des Teilchensystems ist

$$E_{\text{kin}} = \sum_{i=1}^{N} m_i \frac{|x_i'|^2}{2} \,.$$

Die von den äußeren Kräften pro Zeiteinheit verrichtete Arbeit ist

$$P = \sum_{i=1}^{N} x_i' \cdot f_i \,.$$

Es gilt

$$E_{\text{kin}}' = \sum_{i=1}^{N} x_i' \cdot p_i' = \sum_{i=1}^{N} \sum_{\substack{j=1 \\ j \neq i}}^{N} x_i' \cdot f_{ij} + P$$

$$= \sum_{\substack{i,j=1 \\ j < i}}^{N} \frac{(x_i' - x_j') \cdot (x_i - x_j)}{|x_i - x_j|} g_{ij}(|x_i - x_j|) + P$$

$$= \sum_{\substack{i,j=1 \\ j < i}}^{N} g_{ij}(|x_i - x_j|) \frac{d}{dt} |x_i - x_j| + P \,.$$

Nun sei G_{ij} eine Stammfunktion von g_{ij}. Wir definieren die *potentielle Energie*

$$E_{\text{pot}} = -\sum_{\substack{i,j=1 \\ j<i}}^{N} G_{ij}(|x_i - x_j|) = -\frac{1}{2} \sum_{\substack{i,j=1 \\ j\neq i}}^{N} G_{ij}(|x_i - x_j|)$$

und die Gesamtenergie

$$E = E_{\text{kin}} + E_{\text{pot}} \,.$$

Es ergibt sich

$$E' = P \,,$$

die Änderung der Gesamtenergie ist also durch die geleistete Arbeit gegeben. Insbesondere führen die Wechselwirkungskräfte nicht zu einer Veränderung der Gesamtenergie.

5.3 Von der Teilchenmechanik zum kontinuierlichen Medium

Wir wollen nun durch geeignete Mittelungen im Teilchenmodell zu einer kontinuierlichen Beschreibung gelangen. Unsere Darstellung wird dabei sehr oberflächlich bleiben und hat lediglich motivierenden Charakter. Eine grundlegende Herleitung der Gleichungen aus der Kontinuumsmechanik ist sehr aufwendig, zum Beispiel im Kontext der kinetischen Gastheorie, und kann hier nicht geleistet werden.

Für die folgenden Überlegungen sei stets ein Ursprung $O \in E^3$ und eine Basis $\{e_1, e_2, e_3\}$ von $\mathbb{R}^3$ fest gewählt. Um Punkte in E^3 zu identifizieren, verwenden wir stets die Koordinaten des Punktes bezüglich des obigen Koordinatensystems. Zu einem Punkt $x^{(0)} \in \mathbb{R}^3$ und einer Kantenlänge $h > 0$ definieren wir den Würfel

$$W_h\big(x^{(0)}\big) = \Big\{ x \in \mathbb{R}^3 \mid \max\big(|x_1 - x_1^{(0)}|, |x_2 - x_2^{(0)}|, |x_3 - x_3^{(0)}|\big) \leq \tfrac{h}{2} \Big\} \,.$$

Wir betrachten ein großes Ensemble von Massenpunkten, $N \gg 1$. Dann definieren wir die *Massendichte* durch eine geeignete Mittelung:

$$\varrho_h\big(t, x^{(0)}\big) = \frac{1}{h^3} \sum_{x_i(t) \in W_h(x^{(0)})} m_i \,.$$

In Abhängigkeit von h könnte ϱ_h etwa wie in Abbildung 5.1 aussehen.

Die Grundannahme der Kontinuumsmechanik ist:

Es gibt einen Bereich von Werten für h, in dem ϱ_h nahezu konstant ist.

Werte aus diesem Bereich kann man zur Definition einer kontinuierlichen Massendichte heranziehen. Eine solche Größe sollte die Eigenschaft haben, dass das Integral

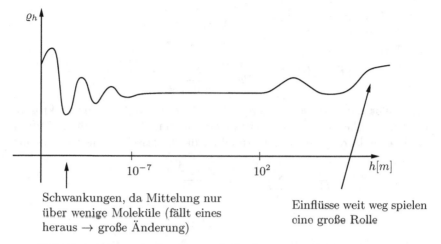

Schwankungen, da Mittelung nur
über wenige Moleküle (fällt eines
heraus → große Änderung)

Einflüsse weit weg spielen
eine große Rolle

Abb. 5.1. Die gemittelte Masse als Funktion der Würfelgröße

$$\int_\Omega \varrho_h(t, x)\, dx$$

als Näherung für die in $\Omega \subset \mathbb{R}^3$ enthaltene Masse verwendet werden kann.
Analog definieren wir eine *gemittelte Impulsdichte*

$$p_h\big(t, x^{(0)}\big) = \frac{1}{h^3} \sum_{x_i(t) \in W_h(x^{(0)})} m_i\, x_i'(t)$$

und damit eine *mittlere Geschwindigkeit*

$$v_h = p_h / \varrho_h \,,$$

eine *Dichte der kinetischen Energie*

$$E_{\mathrm{kin},h}\big(t, x^{(0)}\big) = \frac{1}{h^3} \sum_{x_i(t) \in W_h(x^{(0)})} m_i \frac{|x_i'(t)|^2}{2} \,,$$

eine *Dichte der potentiellen Energie*

$$E_{\mathrm{pot},h}\big(t, x^{(0)}\big) = -\frac{1}{h^3} \sum_{x_i(t) \in W_h(x^{(0)})} \frac{1}{2} \sum_{\substack{j=1 \\ j \neq i}}^{N} G_{ij}\big(|x_i(t) - x_j(t)|\big)$$

und eine Energiedichte

$$E_h = E_{\mathrm{kin},h} + E_{\mathrm{pot},h} \,.$$

Die kinetischen Energieanteile wollen wir nun in einen *makroskopischen* und
einen *mikroskopischen* Energieanteil aufspalten. Die makroskopische kinetische Energie ist

$$\varrho_h \frac{|v_h|^2}{2} \, .$$

Der Term

$$\widetilde{E}_{\text{kin},h}\big(t, x^{(0)}\big) = \frac{1}{h^3} \sum_{x_i(t) \in W_h(x^{(0)})} m_i \frac{|x_i'(t) - v_h|^2}{2}$$

beschreibt die kinetische Energie der *Fluktuationen* um die makroskopische Geschwindigkeit v_h. Diesen Beitrag kann man makroskopisch als *Wärmeenergie* interpretieren. Für diesen Anteil an der kinetischen Energie gilt nun

$$\widetilde{E}_{\text{kin},h}\big(t, x^{(0)}\big) = \frac{1}{h^3} \sum_{x_i(t) \in W_h(x^{(0)})} m_i \frac{|x_i'(t) - v_h|^2}{2}$$

$$= \frac{1}{h^3} \sum_{x_i(t) \in W_h(x^{(0)})} m_i \frac{|x_i'(t)|^2}{2}$$

$$- v_h \cdot \frac{1}{h^3} \sum_{x_i(t) \in W_h(x^{(0)})} x_i'(t) \, m_i + \frac{1}{2} |v_h|^2 \frac{1}{h^3} \sum_{x_i(t) \in W_h(x^{(0)})} m_i$$

$$= E_{\text{kin},h}\big(t, x^{(0)}\big) - \tfrac{1}{2} \varrho_h |v_h|^2 \, .$$

Damit erhalten wir für die kinetische Energie

$$E_{\text{kin},h} = \frac{1}{2} \varrho_h |v_h|^2 + \widetilde{E}_{\text{kin},h} \, ,$$

wobei der erste Term $\frac{1}{2} \varrho_h |v_h|^2$ den makroskopischen und der zweite Term $\widetilde{E}_{\text{kin},h}$ den mikroskopischen Anteil an der kinetischen Energie beschreibt. Schließlich führen wir die innere Energie u_h pro Masseneinheit durch die Gleichung

$$\varrho_h u_h = \widetilde{E}_{\text{kin},h} + E_{\text{pot},h}$$

ein. Die Energiedichte ist dann

$$E_h = E_{\text{kin},h} + E_{\text{pot},h} = \varrho_h \left(\frac{|v_h|^2}{2} + u_h \right) \, .$$

Dieser Ausdruck wird bei der Formulierung der makroskopischen Energieerhaltung wieder auftauchen.

Abschließend wollen wir die Herleitung der kontinuierlichen Größen mit der Thermodynamik aus Kapitel 3 in Beziehung setzen. Gehorchen die mikroskopischen Fluktuationen $x_i'(t) - v_h$ einer Maxwell–Boltzmann Verteilung, so haben wir in Abschnitt 3.1 gesehen, dass $\widetilde{E}_{\text{kin},h}$ proportional zur Temperatur ist. Diese einfache Beziehung werden wir später wieder aufgreifen, wenn wir funktionale Zusammenhänge zwischen innerer Energie und Temperatur diskutieren.

5.4 Kinematik

Die Grundvoraussetzung in der Kontinuumsmechanik ist, dass alle relevanten Größen auf einem „Kontinuum" definiert sind, also einer *offenen Teilmenge des* E^3. Die offene Menge wird in der Regel zeitlich variieren. Mit *Kinematik* bezeichnet man die Beschreibung solcher zeitlich veränderlicher Körper oder Gebiete, ohne Berücksichtigung der (Trieb-) *Kräfte*, die diese Veränderung hervorrufen.

Im Folgenden werden wir die Raumdimension 3 durch eine allgemeine Dimension d und sowohl den E^3 als auch den $\mathbb{R}^3$ durch den $\mathbb{R}^d$ ersetzen.

Ein *Materiepunkt* im Gebiet kann beschrieben werden durch seine Position X in einer sogenannten *Referenzkonfiguration* $\Omega \subset \mathbb{R}^d$. Dabei sei Ω offen und zusammenhängend. Die Referenzkonfiguration kann je nach Anwendung unterschiedlich definiert sein. Oft verwendet man die Konfiguration zum Anfangszeitpunkt der Bewegung als Referenzkonfiguration; bei der Verformung elastischer Feststoffe kann man auch die Konfiguration ohne innere Kräfte wählen (falls eine solche überhaupt existiert) oder die Konfiguration, die der Körper ohne äußere Lasten einnehmen würde. Der zeitliche Verlauf der Position eines Punktes $X \in \Omega$ wird beschrieben durch eine *Abbildung*

$$t \mapsto x(t, X) \in \mathbb{R}^d \quad \text{mit einer Zeitvariablen } t.$$

Dabei sind folgende Annahmen sinnvoll:

A 1) $x(t_0, X) = X$, der Punkt wird also gerade durch seine Position zur Zeit $t = t_0$ beschrieben.

A 2) Die Abbildung $(t, X) \mapsto x(t, X)$ ist *stetig differenzierbar*.

A 3) Für jedes $t \geq t_0$ ist $\Omega \ni X \mapsto x(t, X) \in x(t, \Omega)$ *invertierbar*.

A 4) Die Jacobi–Determinante $J(t, X) = \det\left(\frac{\partial x_j}{\partial X_k}(t, X)\right)_{j,k=1}^d$ ist positiv für alle $t \geq t_0$, $X \in \Omega$.

Hinter den Bezeichnungen X und x verbergen sich zwei verschiedene Typen von Koordinaten:

- *Materielle* oder *Lagrangesche* Koordinaten X: Es wird ein bestimmter *Materiepunkt* betrachtet und dessen Bewegung verfolgt.

- *Eulersche* Koordinaten x: Es wird ein *fester Punkt im Raum* betrachtet, an diesem Punkt sind zu verschiedenen Zeitpunkten in der Regel verschiedene *Materiepunkte* vorzufinden.

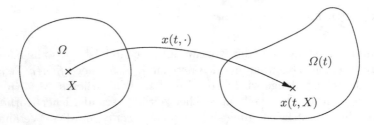

Abb. 5.2. Verformung eines Gebietes

Wir bezeichnen den Wert einer (physikalischen) Variablen, die zum Beispiel die Dichte oder den Druck beschreiben

- in Lagrangeschen Koordinaten durch Großbuchstaben $\Phi(t, X)$,
- in Eulerschen Koordinaten durch Kleinbuchstaben $\varphi(t, x)$.

Sowohl $\Phi(t, X)$ als auch $\varphi(t, x)$ geben den Wert der Variablen an, die sie darstellen, und zwar

- $\Phi(t, X)$ für den „Materiepunkt", der in der Referenzkonfiguration am Ort X ist (zum Zeitpunkt t aber an einem ganz anderen Ort sein kann), und
- $\varphi(t, x)$ für den Materiepunkt, der zum Zeitpunkt t am Ort x ist.

Es gilt also insbesondere die Beziehung

$$\varphi(t, x(t, X)) = \Phi(t, X).$$

Für eine solche Größe folgt mit der Kettenregel

$$\frac{\partial}{\partial t}\Phi(t, X) = \frac{\partial \varphi}{\partial t}(t, x(t, X)) + \nabla_x\,\varphi(t, x(t, X)) \cdot \frac{\partial x}{\partial t}(t, X).$$

Es bezeichne

$$V(t, X) = \frac{\partial x}{\partial t}(t, X)$$

die *Geschwindigkeit* des Materiepunktes X in Lagrangeschen Koordinaten und

$$v(t, x) = V(t, X(t, x))$$

die Geschwindigkeit in Eulerschen Koordinaten. Dabei ist $x \mapsto X(t, x)$ die Umkehrfunktion der Funktion $X \mapsto x(t, X)$.

Definition 5.1. *Der Ausdruck*

$$D_t\varphi(t, x) = \frac{\partial \varphi}{\partial t}(t, x) + \nabla\varphi(t, x) \cdot v(t, x)$$

heißt materielle Ableitung *von* φ *nach* t.

Die materielle Ableitung beschreibt die Änderung der durch φ in Eulerschen Koordinaten beschriebenen Größe für einen festen Materiepunkt, der sich zum Zeitpunkt t am Ort x befindet und mit Geschwindigkeit $v(t,x)$ bewegt.

Man kann nun zwei Klassen von *speziellen Kurven* identifizieren:

Bahnlinien sind die Lösungen der Gleichung

$$y'(t) = v(t, y(t)),$$

sie geben die Kurve an, die ein *Materiepunkt* im Verlauf der Bewegung durchläuft.

Stromlinien sind die Lösungen von

$$z'(s) = v(t, z(s)),$$

sie beschreiben eine *Momentaufnahme* des Geschwindigkeitsfeldes zum Zeitpunkt t.

Das Reynoldssche Transporttheorem

Wir betrachten nun die Verformung eines Körpers oder Gebietes mit Referenzkonfiguration $\Omega \subset \mathbb{R}^d$. Zum Zeitpunkt t fülle der Körper das Gebiet

$$\Omega(t) = \left\{ x(t, X) \mid X \in \Omega \right\}$$

aus. Die Funktionaldeterminante $J(t, X) = \det\left(\frac{\partial x_j(t,X)}{\partial X_k} \right)_{j,k=1}^{d}$ beschreibt die *Volumenänderung* des Gebietes,

$$|\Omega(t)| = \int_{\Omega(t)} 1 \, dx = \int_{\Omega} J(t, X) \, dX.$$

Satz 5.2. *(Eulersche Entwicklungsformel)*
Wenn $(t, X) \mapsto x(t, X)$ die Bedingungen A1)–A4) erfüllt und $(t, X) \mapsto \frac{\partial x}{\partial t}(t, X)$ stetig differenzierbar ist, dann gilt:

$$\frac{\partial J}{\partial t}(t, X) = \nabla \cdot v(t, x)_{|x=x(t,X)} J(t, X).$$

Wir beweisen zunächst folgendes Resultat:

Lemma 5.3. *Es sei $t \mapsto A(t) \in \mathbb{R}^{d,d}$ stetig differenzierbar und $A(t)$ invertierbar. Dann gilt:*

$$\frac{d}{dt} \det A(t) = \operatorname{spur}\left(A^{-1}(t) \frac{d}{dt} A(t) \right) \det A(t).$$

Beweis. Es sei $a_j(t)$ die j–te Spalte von $A(t)$. Da die Determinante linear bezüglich jeder Spalte ist, folgt mit dem Laplaceschen Entwicklungssatz

$$\frac{d}{dt} \det A(t) = \frac{d}{dt} \det \big(a_1(t), \ldots, a_d(t)\big)$$

$$= \sum_{j=1}^{d} \det \big(a_1(t), \ldots, a_{j-1}(t), \tfrac{d}{dt}a_j(t), a_{j+1}(t), \ldots, a_d(t)\big)$$

$$= \sum_{i,j=1}^{d} (-1)^{i+j} \big(\tfrac{d}{dt}a_{ij}(t)\big) \det A^{(i,j)}(t),$$

wobei $A^{(i,j)}(t)$ die Matrix $A(t)$ ohne die i–te Zeile und die j–te Spalte ist. Aus der Cramerschen Regel folgt

$$\big(A^{-1}(t)\big)_{ij} = \frac{(-1)^{i+j}}{\det A(t)} \det A^{(j,i)}(t).$$

Insgesamt erhält man

$$\frac{d}{dt} \det A(t) = \sum_{i,j=1}^{d} \det A(t) \frac{d}{dt} a_{ij}(t) \big(A^{-1}(t)\big)_{ji}$$

$$= \operatorname{spur} \big(A^{-1}(t) \tfrac{d}{dt} A(t)\big) \det A(t).$$

$\square$

Zum Beweis der Eulerschen Entwicklungsformel wendet man Lemma 5.3 auf die Matrix $A(t) = \frac{\partial x}{\partial X}(t, X)$ an. Mit der Beziehung

$$\frac{\partial}{\partial t} \frac{\partial x_i}{\partial X_j}(t, X) = \frac{\partial}{\partial X_j} \frac{\partial x_i}{\partial t}(t, X) = \frac{\partial}{\partial X_j} V_i(t, X) = \frac{\partial}{\partial X_j} v_i(t, x(t, X))$$

$$= \sum_{k=1}^{d} \frac{\partial v_i}{\partial x_k}(t, x(t, X)) \frac{\partial x_k}{\partial X_j}(t, X)$$

und

$$\operatorname{spur} \big(A^{-1}(t) \tfrac{\partial}{\partial t} A(t)\big) = \sum_{i,j=1}^{d} (A^{-1}(t))_{ji} \frac{\partial a_{ij}(t)}{\partial t}$$

$$= \sum_{i,j,k=1}^{d} (A^{-1}(t))_{ji} \frac{\partial v_i}{\partial x_k}(t, x(t, X)) a_{kj}(t)$$

$$= \sum_{i,k=1}^{d} \delta_{ki} \frac{\partial v_i}{\partial x_k}(t, x(t, X)) = \nabla \cdot v(t, x)\big|_{x=x(t,X)}$$

folgt die Behauptung.

$\square$

Folgerung: Für das Volumen

$$|\Omega(t)| = \int_{\Omega(t)} 1 \, dx = \int_{\Omega} J(t, X) \, dX$$

gilt

$$\frac{d}{dt} |\Omega(t)| = \int_{\Omega(t)} \nabla \cdot v(t, x) \, dx \,.$$

Mit Hilfe des Eulerschen Entwicklungssatzes kann man das folgende wichtige Resultat beweisen:

Satz 5.4. *(Reynoldssches Transporttheorem)*
Die Abbildung $(t, X) \mapsto x(t, X)$ erfülle die Bedingungen A 1)–A 4) und die Funktionen $(t, X) \mapsto \dfrac{\partial x}{\partial t}(t, X)$ und $(t, x) \mapsto \varphi(t, x)$ seien stetig differenzierbar. Dann gilt

$$\frac{d}{dt} \int_{\Omega(t)} \varphi(t, x) \, dx = \int_{\Omega(t)} \left[\frac{\partial \varphi}{\partial t}(t, x) + \nabla \cdot \left(\varphi(t, x) v(t, x) \right) \right] dx$$

$$= \int_{\Omega(t)} \left[D_t \varphi(t, x) + \varphi(t, x) \nabla \cdot v(t, x) \right] dx \,.$$

Beweis. Mit dem Transformationssatz, der Kettenregel und dem Eulerschen Entwicklungssatz folgt

$$\frac{d}{dt} \int_{\Omega(t)} \varphi(t, x) \, dx = \frac{d}{dt} \int_{\Omega} \varphi(t, x(t, X)) J(t, X) \, dX$$

$$= \int_{\Omega} \left(\frac{\partial \varphi}{\partial t}(t, x(t, X)) + \sum_{k=1}^{d} \frac{\partial \varphi}{\partial x_k}(t, x(t, X)) V_k(t, X) \right.$$

$$\left. + \varphi(t, x(t, X)) \nabla \cdot v(t, x(t, X)) \right) J(t, X) \, dX$$

$$= \int_{\Omega(t)} \left(\frac{\partial \varphi}{\partial t}(t, x) + \nabla \cdot \left(\varphi(t, x) v(t, x) \right) \right) dx \,.$$

$\square$

Im Reynoldsschen Transporttheorem beschreibt der Term $\int_{\Omega(t)} \partial_t \varphi(t, x) \, dx$ die Folge der zeitlichen Änderung von φ, ohne Berücksichtigung der Änderung von $\Omega(t)$, während

$$\int_{\Omega(t)} \nabla \cdot \left(\varphi(t, x) \, v(t, x) \right) dx = \int_{\partial\Omega(t)} \varphi(t, x) \, v(t, x) \cdot n(t, x) \, ds_x$$

die Folge der Änderung von $\Omega(t)$ angibt, ohne Berücksichtigung der Änderung von φ. Dabei ist $\partial\Omega(t)$ der Rand von $\Omega(t)$ und $n(t, x)$ der (nach außen orientierte) Einheitsnormalenvektor an $\partial\Omega(t)$. Die gesamte Zeitableitung des Integrals ist die Summe dieser beiden Terme.

Dichtefunktionen

In der Thermodynamik haben wir bereits den Begriff einer *extensiven* Variablen kennengelernt, deren Wert „proportional" zur Größe des betrachteten „Systems" ist. In der Kontinuumsmechanik werden extensive Variablen durch *Dichtefunktionen* beschrieben. Beispiele sind die *Massendichte* (oder einfach nur *Dichte* genannt), die *Dichte der inneren Energie*, aber auch *Kraftdichten*. Man unterscheidet dabei *massenbezogene*, *volumenbezogene* und *flächenbezogene* Dichten.

Die volumenbezogene Dichte einer Variablen U kann man definieren durch

$$u_V(x) = \lim_{r \to 0} \frac{U(B_r(x))}{V(B_r(x))},$$

dabei ist $B_r(x)$ die Kugel mit Radius r und Mittelpunkt x, $U(B_r(x))$ der Wert der Variablen U für das in $B_r(x)$ enthaltene „Material" und $V(B_r(x))$ das Volumen von $B_r(x)$. Das einfachste Beispiel hierfür ist die Massendichte (vgl. Abschnitt 5.3)

$$\varrho(x) = \lim_{r \to 0} \frac{m(B_r(x))}{V(B_r(x))}$$

mit der Masse $m(B_r(x))$ des in $B_r(x)$ enthaltenen Materials. Die massenbezogene Dichte einer Variablen U kann man definieren durch

$$u_m(x) = \lim_{r \to 0} \frac{U(B_r(x))}{m(B_r(x))}.$$

Falls beide Dichten existieren, gilt

$$u_V(x) = \varrho(x)\, u_m(x).$$

Flächenbezogene Dichten werden für Variablen verwendet, die auf Flächen definiert sind, und deren Größe sich pro Einheit Flächeninhalt bezieht. Das wichtigste Beispiel hierfür sind Kräfte auf Flächen, im einfachsten Fall etwa der Druck eines Gases auf die Wand eines Behälters. Man betrachtet dabei eine Fläche Γ im Raum, die flächenbezogene Dichte einer Variablen U in einem Punkt $x \in \Gamma$ kann man definieren als

$$u_\Gamma(x) = \lim_{r \to 0} \frac{U(\Gamma \cap B_r(x))}{A(\Gamma \cap B_r(x))},$$

wobei $U(\Gamma \cap B_r(x))$ der Wert von U für das Flächenstück $\Gamma \cap B_r(x)$ (für das Beispiel einer Kraftdichte die auf $\Gamma \cap B_r(x)$ wirkende Kraft) und $A(\Gamma \cap B_r(x))$ der Flächeninhalt von $\Gamma \cap B_r(x)$ ist.

Die Bedeutung von Dichtefunktionen liegt in der Möglichkeit, extensive Variablen durch Integrale über ihre Dichtefunktionen auszudrücken: Ist $\Omega \subset \mathbb{R}^d$ ein gegebenes, mit Materie ausgefülltes Volumen, dann ist der Wert der Variablen U für das in Ω enthaltene Material gerade

$$U(\Omega) = \int_{\Omega} u_V(x)\, dx = \int_{\Omega} \varrho(x)\, u_m(x)\, dx\,.$$

Die häufigsten Dichtefunktionen werden massenbezogene Dichten sein, da die Masse ein besseres Maß für die Menge an Material ist als das Volumen. Im Folgenden wird eine nicht näher spezifizierte Dichtefunktion daher immer eine massenspezifische Dichte sein. Eine Ausnahme ist natürlich die Massendichte ϱ, die ja die volumenbezogene Dichte der Masse darstellt.

5.5 Erhaltungssätze

Die Grundgleichungen der Kontinuumsmechanik basieren auf Erhaltungsprinzipien für Masse, Impuls, Drehimpuls und Energie. Wir formulieren die entsprechenden Erhaltungssätze in *Eulerschen Koordinaten*. Dabei sei

- $\Omega(t) = \{x(t, X) \mid X \in \Omega\}$ ein zeitlich veränderliches Volumen,

- $v(t, x)$ das dazugehörige Geschwindigkeitsfeld in Eulerschen Koordinaten, und

- $\varrho(t, x)$ die Massendichte in Eulerschen Koordinaten.

Die Mengen $\Omega(t)$ enthalten für alle Zeiten t dieselben Massenpunkte. Die **Massenerhaltung** wird daher beschrieben durch

$$\frac{d}{dt} \int_{\Omega(t)} \varrho(t, x)\, dx = 0\,.$$

Durch Anwendung des Reynoldsschen Transporttheorems folgt

$$\int_{\Omega(t)} \left(\frac{\partial \varrho}{\partial t}(t, x) + \nabla \cdot (\varrho(t, x)\, v(t, x)) \right) dx = 0\,. \tag{5.2}$$

Diese Gleichung muss für jedes geeignete Volumen $\Omega(t)$ erfüllt sein, insbesondere auch für jedes Teilvolumen eines gegebenen Volumens. Wenn die Funktionen ϱ und v glatt genug sind, zum Beispiel stetig differenzierbar, dann erhält man aus (5.2) eine Formulierung als Differentialgleichung, man vergleiche dazu Aufgabe 5.5,

$$\partial_t \varrho + \nabla \cdot (\varrho v) = 0\,. \tag{5.3}$$

Das ist die *Kontinuitätsgleichung*.

Eine alternative Herleitung beziehungsweise Interpretation der Kontinuitätsgleichung erhält man durch die Anwendung der Massenerhaltung auf einen kleinen Würfel Q mit Mittelpunkt x_0 und Seitenlänge h. Die Massenerhaltung kann man formulieren durch

$$\frac{d}{dt} \int_Q \varrho(t, x)\, dx + \int_{\partial Q} \varrho(t, x)\, v(t, x) \cdot n(t, x)\, ds_x = 0\,.$$

Dabei ist der erste Term die Änderung der Masse in Q, der zweite Term beschreibt den Fluss der Masse durch die Oberfläche von Q aus Q heraus. Approximation aller Integrale durch die Mittelpunktsregel liefert

$$h^d\big(\partial_t \varrho(t, x_0) + O(h^2)\big)$$

$$+ \sum_{j=1}^d h^{d-1}\Big((\varrho v)\big(t, x_0 + \tfrac{h}{2} e_j\big) \cdot e_j + (\varrho v)\big(t, x_0 - \tfrac{h}{2} e_j\big) \cdot (-e_j) + O(h^2)\Big) = 0\,.$$

Division durch h^d und Grenzübergang $h \to 0$ liefern dann die Kontinuitätsgleichung.

Zur Formulierung der **Impulserhaltung** benötigt man

- eine massenbezogene Kraftdichte $f : \Omega(t) \to \mathbb{R}^d$ der auf $\Omega(t)$ wirkenden Kräfte. Ein Beispiel hierfür ist die Gravitationskraft, $f = -g e_3$ (für $d = 3$) mit der Erdbeschleunigung g, andere Beispiele sind Kräfte aus elektrischen oder magnetischen Feldern,

- eine flächenbezogene Kraftdichte $b : \partial\Omega(t) \to \mathbb{R}^d$ der auf den Rand $\partial\Omega$ von Ω wirkenden Kräfte.

Der Impulserhaltungssatz besagt, dass die zeitliche Änderung des Impulses $p = mv$ einer Masse m mit Geschwindigkeit v gleich der auf die Masse wirkenden Kraft F ist,

$$\frac{d}{dt}(mv) = F\,.$$

Die kontinuumsmechanische Formulierung ist

$$\frac{d}{dt} \int_{\Omega(t)} \varrho(t, x)\, v(t, x)\, dx = \int_{\Omega(t)} \varrho(t, x)\, f(t, x)\, dx + \int_{\partial\Omega(t)} b(t, x)\, ds_x\,.$$

Das erste Integral beschreibt die zeitliche Änderung des Impulses für das Volumen $\Omega(t)$, das zweite die gesamte auf $\Omega(t)$ wirkende Volumenkraft, das dritte die Summe der auf $\partial\Omega(t)$ wirkenden Oberflächenkräfte. Mit dem Reynoldsschen Transporttheorem folgt

$$\int_{\Omega(t)} \left(\frac{\partial}{\partial t}\big(\varrho(t, x)\, v_j(t, x)\big) + \nabla \cdot \big(\varrho(t, x)\, v_j(t, x)\, v(t, x)\big) \right) dx$$

$$= \int_{\Omega(t)} \varrho(t, x)\, f_j(t, x)\, dx + \int_{\partial\Omega(t)} b_j(t, x)\, ds_x \tag{5.4}$$

für jede Komponente $j = 1, \dots, d$.

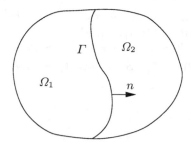

Abb. 5.3. Zur Definition des Spannungstensors

Der Spannungstensor

Wir benötigen nun eine genauere Kenntnis der Übertragung von Kräften in Körpern. Dazu betrachten wir ein Gebiet Ω, das in Gedanken in zwei Teilgebiete Ω_1 und Ω_2 zerschnitten sei, wie in Abbildung 5.3 skizziert. Die Schnittfläche Γ sei stetig differenzierbar. Längs dieser Schnittfläche werden Kräfte zwischen den Körpern übertragen.

Axiom (Cauchy 1827)
Längs Γ übt Ω_2 eine Kraft auf Ω_1 aus, die sich durch eine Kraftdichte $b(n; x) \in \mathbb{R}^d$ beschreiben lässt:

$$F_{\Omega_2 \to \Omega_1} = \int_\Gamma b(n; x) \, ds_x \, .$$

Dabei ist $n = n(x)$ der in Richtung von Ω_2 orientierte Einheitsnormalenvektor auf Γ.

Es sei bemerkt, dass b nicht von der Wahl von Γ und Ω abhängt. Wie im folgenden Satz beschrieben, hängt die Randkraftdichte b *linear* vom Normalenvektor n ab. Dabei ist $S_d = \{x \in \mathbb{R}^d \mid |x| = 1\}$ die Menge der möglichen Einheitsnormalenvektoren.

Satz 5.5. *(Cauchy, Existenz des Spannungstensors)*
Es gelte das Axiom von Cauchy und ϱ, v, f, b seien glatte Funktionen, so dass die Impulserhaltung (5.4) für alle $\Omega(t) \subset \Omega$ mit stückweise glattem Rand gilt. Dann gibt es zu jedem $x \in \Omega$ eine Matrix $\sigma = (\sigma_{ij})_{i,j=1}^d$, so dass

$$b(n; x) = \sigma(x)n = \left(\sum_{j=1}^d \sigma_{ij}(x) n_j \right)_{i=1}^d \, .$$

Der Satz von Cauchy ist eine Folgerung aus dem Axiom von Cauchy und der *Impulserhaltung*.

Beweis des Satzes von Cauchy. Es sei $\sigma = \left(b^{(1)}, \ldots, b^{(d)}\right)$ mit $b^{(j)} = b(e_j, x) = \sigma(x)e_j$. Für $n \in S_d$ mit $n \notin \{e_1, \ldots, e_d\}$ betrachtet man den in Abbildung 5.4 für $d = 3$ dargestellten Tetraeder V mit Seitenflächen $S_j = \partial V \cap \{z \in \mathbb{R}^d \mid z_j = 0\}$ und $S = \partial V \setminus \bigcup_{j=1}^d S_j$. Die Seite S habe dabei die Normale n.

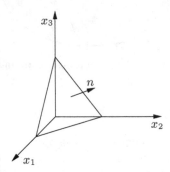

Abb. 5.4. Zum Beweis des Satzes von Cauchy

Es wird dabei ohne Beschränkung der Allgemeinheit $n_j > 0$ für $j = 1, \ldots, d$ angenommen. Für die Seitenflächen gilt dann $|S_j| = |S|n_j$, $j = 1, \ldots, d$; diese Beziehungen sind Gegenstand von Aufgabe 5.13. Anwendung des Impulserhaltungssatzes (5.4) und des Mittelwertsatzes der Differentialrechnung liefert

$$|V| \left(\frac{\partial}{\partial t} \big(\varrho(t,y)v_j(t,y)\big) + \nabla \cdot \big(\varrho(t,y)\, v_j(t,y)\, v(t,y)\big) - \varrho(t,y)f_j(t,y) \right)$$

$$= \sum_{k=1}^d |S_k|\, b_j\big(-e_k, x^{(k)}\big) + |S|\, b_j\big(n, x^{(0)}\big)$$

mit Punkten $y \in V$, $x^{(k)} \in S_k$, $x^{(0)} \in S$. Division durch $|S|$ und Grenzübergang $|S| \to 0$ liefert mit $\frac{|V|}{|S|} \to 0$ und $\frac{|S_k|}{|S|} = n_k$

$$0 = \sum_{k=1}^d n_k\, b(-e_k, x) + b(n, x).$$

Da b als glatt vorausgesetzt war, folgt aus den Grenzübergängen $n \to e_j$, $j = 1, \ldots, d$:

$$b(-e_j, x) = -b(e_j, x).$$

Dies impliziert das Kräftegleichgewicht $F_{\Omega_2 \to \Omega_1} = -F_{\Omega_1 \to \Omega_2}$. Insgesamt folgt damit für allgemeine $n \in S_d$

$$b(n, x) = \sum_{k=1}^d b(e_k, x)n_k = \sigma(x)n.$$

□

Wir kehren nun wieder zur Formulierung des Impulserhaltungssatzes zurück. Mit dem Spannungstensor und dem Satz von Gauß lässt sich die Oberflächen-kraftdichte in (5.4) schreiben als

$$\int_{\partial\Omega(t)} b(t,x)\, ds_x = \int_{\partial\Omega(t)} \sigma(t,x)\, n(t,x)\, ds_x = \int_{\Omega(t)} \nabla \cdot \sigma(t,x)\, dx\,,$$

dabei ist die „Matrixdivergenz" $\nabla \cdot \sigma$ definiert durch

$$\nabla \cdot \sigma(t,x) = \left(\sum_{k=1}^{d} \partial_{x_k} \sigma_{jk}(t,x) \right)_{j=1}^{d}\,.$$

Der Impulserhaltungssatz lautet dann

$$\int_{\Omega(t)} \left(\partial_t(\varrho\, v_j) + \nabla \cdot (\varrho\, v_j\, v) - \varrho f_j - (\nabla \cdot \sigma)_j \right) dx = 0\,.$$

Mit der Kontinuitätsgleichung folgt:

$$\int_{\Omega(t)} (\varrho\, \partial_t v_j + \varrho\, v \cdot \nabla v_j - (\nabla \cdot \sigma)_j - \varrho f_j)\, dx = 0\,;$$

denn

$$\partial_t(\varrho\, v_j) + \nabla \cdot (\varrho\, v_j\, v) = v_j(\partial_t \varrho + \nabla \cdot (\varrho\, v)) + \varrho(\partial_t v_j + v \cdot \nabla v_j)\,.$$

Für stetig differenzierbare ϱ, v, σ gibt es auch hier eine Formulierung als Differentialgleichung,

$$\varrho(\partial_t v_j + v \cdot \nabla v_j) - (\nabla \cdot \sigma)_j - \varrho\, f_j = 0\,.$$

Diese Formulierung in Komponenten kann man mit Hilfe des *Differentialope-rators* $v \cdot \nabla = \sum_{j=1}^{d} v_j\, \partial_{x_j}$ kompakt zusammenfassen als

$$\varrho(\partial_t v + (v \cdot \nabla)v) - \nabla \cdot \sigma = \varrho\, f\,. \tag{5.5}$$

Die **Drehimpulserhaltung** im dreidimensionalen euklidischen Raum ist für starre Körper beziehungsweise starr verbundene Massenpunkte gegeben durch

$$\frac{d}{dt}L(t) = M(t)\,,$$

mit dem *Drehimpuls* $L(t)$ und dem *Drehmoment* $M(t)$. Für einen Massen-punkt mit Position x, Geschwindigkeit v und Masse m sind Drehimpuls und Drehmoment bezüglich des Drehpunktes $x^{(0)}$ gegeben durch

$$L = \left(x - x^{(0)}\right) \times (mv) \quad \text{und} \quad M = \left(x - x^{(0)}\right) \times F,$$

dabei ist F die am Massenpunkt angreifende Kraft. Für starr verbundene Massenpunkte muss man die Summe dieser Terme für alle Massenpunkte bilden, bei starren Körpern hat man eine entsprechende Integraldarstellung.

In der Kontinuumsmechanik läßt sich die Drehimpulserhaltung formulieren als

$$\frac{d}{dt} \int_{\Omega(t)} \left(x - x^{(0)}\right) \times (\varrho v)(t, x)\, dx = \int_{\Omega(t)} \left(x - x^{(0)}\right) \times (\varrho f)(t, x)\, dx$$

$$+ \int_{\partial\Omega(t)} \left(x - x^{(0)}\right) \times (\sigma n)(t, x)\, ds_x.$$

Das erste Integral hier ist der Drehimpuls des Gebietes $\Omega(t)$, das zweite und dritte Integral beschreiben die von den Volumenkräften und den Oberflächenkräften erzeugten Drehmomente. Wir wenden nun das Reynoldssche Transporttheorem auf die linke Seite an. Für den Umgang mit Vektorprodukten ist die Notation (5.1) nützlich. Es gilt dann:

$$\nabla \cdot \left(\left(\left(x - x^{(0)}\right) \times (\varrho v)\right)_i v\right) = \sum_{j,k,\ell=1}^{3} \partial_{x_j}\left(\varepsilon_{ik\ell}\left(x_k - x_k^{(0)}\right)\varrho v_\ell v_j\right)$$

$$= \sum_{j,k,\ell=1}^{3} \varepsilon_{ik\ell}\,\delta_{jk}\,\varrho v_\ell v_j + \sum_{j,k,\ell=1}^{3} \varepsilon_{ik\ell}\left(x_k - x_k^{(0)}\right)\partial_{x_j}(\varrho v_\ell v_j)$$

$$= \left(\left(x - x^{(0)}\right) \times \left(\sum_{j=1}^{3} \partial_{x_j}(\varrho v_j v)\right)\right)_i$$

und das Reynoldssche Transporttheorem liefert

$$\frac{d}{dt} \int_{\Omega(t)} \left(x - x^{(0)}\right) \times (\varrho v)\, dx$$

$$= \int_{\Omega(t)} \left(x - x^{(0)}\right) \times \left(\partial_t(\varrho v) + \sum_{j=1}^{3} \partial_{x_j}(\varrho v_j v)\right) dx.$$

Der Drehimpulserhaltungssatz nimmt dann folgende Form an:

$$\int_{\Omega(t)} \left(x - x^{(0)}\right) \times \left(\partial_t(\varrho v) + \sum_{j=1}^{3} \partial_{x_j}(\varrho v_j v)\right) dx$$

$$= \int_{\Omega(t)} \left(x - x^{(0)}\right) \times (\varrho f)\, dx + \int_{\partial\Omega(t)} \left(x - x^{(0)}\right) \times (\sigma n)\, ds_x.$$

Eine Folgerung aus der Drehimpulserhaltung ist

Satz 5.6. *Es seien ϱ, v, f, b glatt genug und es gelte der Impulserhaltungs-satz und der Drehimpulserhaltungssatz. Dann ist der Spannungstensor sym-metrisch, d.h. $\sigma_{jk} = \sigma_{kj}$ für $j, k = 1, 2, 3$.*

Beweis. Es sei $a \in \mathbb{R}^3$. Dann folgt aus der Drehimpulserhaltung

$$a \cdot \int_{\Omega(t)} \left(x - x^{(0)}\right) \times \left(\partial_t(\varrho v) + (\nabla \cdot (\varrho v v_\ell))_{\ell=1}^3\right) dx$$

$$= a \cdot \int_{\Omega(t)} \left(x - x^{(0)}\right) \times (\varrho f) \, dx + a \cdot \int_{\partial\Omega(t)} \left(x - x^{(0)}\right) \times (\sigma n) \, ds_x.$$

Für den letzten Term gilt mit der Formel $a \cdot (b \times c) = (a \times b) \cdot c = \det(a\, b\, c)$

$$a \cdot \int_{\partial\Omega(t)} \left(x - x^{(0)}\right) \times (\sigma n) \, ds_x = \int_{\partial\Omega(t)} \left(a \times \left(x - x^{(0)}\right)\right) \cdot \sigma n \, ds_x$$

$$= \int_{\Omega(t)} \sum_{i,j=1}^3 \partial_{x_j} \left(\left(a \times \left(x - x^{(0)}\right)\right)_i \sigma_{ij}\right) dx$$

$$= \int_{\Omega(t)} \left(\left(a \times \left(x - x^{(0)}\right)\right) \cdot (\nabla \cdot \sigma) + \sum_{i,j=1}^3 \partial_{x_j}\left(a \times \left(x - x^{(0)}\right)\right)_i \sigma_{ij}\right) dx,$$

wobei wir den Satz von Gauß und die Produktregel benutzt haben. Insgesamt erhält man

$$\int_{\Omega(t)} a \times \left(x - x^{(0)}\right) \cdot \left(\partial_t(\varrho v) + (\nabla \cdot (\varrho v v_\ell))_{\ell=1}^3 - \varrho f - \nabla \cdot \sigma\right) dx$$

$$= \int_{\Omega(t)} \sum_{i,j=1}^3 \partial_{x_j}\left(a \times \left(x - x^{(0)}\right)\right)_i \sigma_{ij} \, dx.$$

Aus der Impulserhaltungsgleichung folgt, dass die linke Seite hier gleich Null ist. Dies gilt für *jedes* Gebiet Ω. Folglich ist (vgl. Aufgabe 5.5)

$$\sum_{i,j=1}^3 \partial_{x_j}\left(a \times \left(x - x^{(0)}\right)\right)_i \sigma_{ij} = 0.$$

Für $a = e_1$ gilt $e_1 \times \left(x - x^{(0)}\right) = \begin{pmatrix} 0 \\ -(x_3 - x_3^{(0)}) \\ x_2 - x_2^{(0)} \end{pmatrix}$ und

$$0 = \sum_{i,j=1}^3 \partial_{x_j}\left(e_1 \times \left(x - x^{(0)}\right)\right)_i \sigma_{ij} = -\sigma_{23} + \sigma_{32}$$

impliziert $\sigma_{23} = \sigma_{32}$. Analog zeigt man $\sigma_{13} = \sigma_{31}$ (mit $a = e_2$) und $\sigma_{12} = \sigma_{21}$ (mit $a = e_3$). $\qquad\square$

Bemerkung. Bei der Formulierung der Drehimpulserhaltung haben wir ein sogenanntes *nichtpolares* Medium vorausgesetzt, das keine inneren, d.h. mikroskopischen Drehimpulse aufnehmen kann. Medien mit internen Drehimpulsen heißen *polare* Medien oder *Cosserat–Kontinua*. In diesem Fall gilt der Drehimpulserhaltungssatz nicht in der oben formulierten Form und der Spannungstensor ist dann *nicht* notwendigerweise symmetrisch.

Zur Formulierung des **Energieerhaltungssatzes** benötigt man eine massenbezogene Dichte der inneren Energie $u = u(t, x)$, einen Wärmefluss $q = q(t, x)$ und eine massenbezogene Dichte $g(t, x)$ der Wärmequellen. Der Wärmefluss q ist eine flächenbezogene Energiestromdichte, konkret beschreibt

$$q \cdot n = \lim_{\substack{\Delta t \to 0 \\ \Delta A \to 0}} \frac{\Delta Q}{\Delta t \, \Delta A}$$

näherungsweise die Wärmemenge ΔQ, die pro Zeiteinheit Δt durch eine Fläche mit Normalenvektor n und Flächeninhalt ΔA fließt. Ein konkretes Beispiel für eine Wärmequelle g ist durch elektromagnetische Strahlung zugeführte Energie, etwa durch Mikrowellen. Der Energieerhaltungssatz lautet dann:

$$\frac{d}{dt} \int_{\Omega(t)} \varrho \big(\tfrac{1}{2} |v|^2 + u \big) \, dx = \int_{\Omega(t)} \varrho \, f \cdot v \, dx + \int_{\partial \Omega(t)} \sigma n \cdot v \, ds_x$$

$$- \int_{\partial \Omega(t)} q \cdot n \, ds_x \; + \int_{\Omega(t)} \varrho \, g \, dx \, .$$

Die linke Seite hier beschreibt die zeitliche Änderung der Energie, bestehend aus der kinetischen Energie $\int_{\Omega(t)} \tfrac{1}{2} \varrho |v|^2 \, dx$ und der inneren Energie $\int_{\Omega(t)} \varrho \, u \, dx$. Der erste und zweite Term auf der rechten Seite beschreibt die durch Volumenkräfte und Oberflächenkräfte zugeführte Leistung, der dritte Term die durch den Abfluss von Wärme über den Rand verlorene Wärmeenergie, der vierte Term die durch äußere Wärmequellen zugeführte Energie. Mit dem Reynoldsschen Transporttheorem und dem Satz von Gauß folgt:

$$\int_{\Omega(t)} \Big[\partial_t \big(\varrho \big(\tfrac{1}{2} |v|^2 + u \big) \big) + \nabla \cdot \big(\varrho \big(\tfrac{1}{2} |v|^2 + u \big) v \big)$$

$$- \varrho \, f \cdot v - \nabla \cdot (\sigma^\top v) + \nabla \cdot q - \varrho \, g \Big] \, dx = 0 \, .$$

Die entsprechende Formulierung als Differentialgleichung ist

$$\partial_t \big(\varrho \big(\tfrac{1}{2} |v|^2 + u \big) \big) + \nabla \cdot \big(\varrho \big(\tfrac{1}{2} |v|^2 + u \big) v \big) - \varrho \, f \cdot v - \nabla \cdot (\sigma^\top v) + \nabla \cdot q - \varrho \, g = 0 \, . \tag{5.6}$$

Durch Einsetzen der Kontinuitätsgleichung (5.3) kann man dies vereinfachen zu

$$\varrho \, \partial_t \big(\tfrac{1}{2} |v|^2 + u \big) + \varrho \, v \cdot \nabla \big(\tfrac{1}{2} |v|^2 + u \big) - \varrho \, f \cdot v - \nabla \cdot (\sigma^\top v) + \nabla \cdot q - \varrho \, g = 0 \, .$$

Die kinetische Energie kann man mit Hilfe der Impulserhaltungsgleichung (5.5) eliminieren:

$$\varrho \, \partial_t\big(\tfrac{1}{2}|v|^2\big) + \varrho \, v \cdot \nabla\big(\tfrac{1}{2}|v|^2\big) = \sum_{i=1}^{d} \left(\varrho \, v_i \, \partial_t v_i + \varrho \sum_{j=1}^{d} v_i \, v_j \, \partial_{x_i} v_j \right)$$

$$= v \cdot \big(\varrho \, \partial_t v + \varrho \, (v \cdot \nabla) v\big) = v \cdot \big(\nabla \cdot \sigma + \varrho \, f\big).$$

Es gilt

$$v \cdot (\nabla \cdot \sigma) - \nabla \cdot (\sigma^\top v) = \sum_{i,j=1}^{d} \big(v_i \, \partial_{x_j} \sigma_{ij} - \partial_{x_j}(\sigma_{ij} v_i)\big) = - \sum_{i,j=1}^{d} \sigma_{ij} \, \partial_{x_j} v_i$$

$$=: -\sigma : Dv \,,$$

dabei definiert $Dv = \big(\partial_{x_j} v_i\big)_{i,j=1}^{d}$ die Ableitungsmatrix von v und „$:$" das Skalarprodukt zweier Matrizen,

$$A : B := \sum_{j,k=1}^{d} a_{jk} b_{jk} \,.$$

Dadurch erhält man folgende Formulierung des Energieerhaltungssatzes:

$$\varrho \, \partial_t u + \varrho \, v \cdot \nabla u - \sigma : Dv + \nabla \cdot q - \varrho \, g = 0 \,. \tag{5.7}$$

Erhaltungsgleichungen für Mehrkomponentensysteme: Bei Mischungen aus mehreren Komponenten gilt zusätzlich eine Erhaltungsgleichung für jede dieser Komponenten. Die Zusammensetzung der Mischung kann durch *massenbezogene Konzentrationen* c_i der Komponenten $i \in \{1, \ldots, M\}$ beschrieben werden. Konkret gilt $c_i(x) = \lim_{r \to 0} \frac{m_i(B_r(x))}{m(B_r(x))}$, wobei m_i die Masse von Komponente i, m die Gesamtmasse aller Komponenten und $B_r(x)$ die Kugel mit Radius r und Mittelpunkt x bezeichnet. Offensichtlich ist

$$\sum_{i=1}^{M} c_i = 1 \,.$$

Außerdem benötigt man den (typischerweise durch Diffusion erzeugten) *Fluss* j_i der Komponente i und eine Rate r_i, mit der Komponente i produziert oder verbraucht wird, zum Beispiel durch chemische Reaktionen. Konkret gibt $j_i \cdot n$ die Masse von Komponente i an, die pro Zeiteinheit und Flächeneinheit durch eine Fläche mit Normalenvektor n fließt; r_i ist die volumenbezogene Änderung der Masse von Komponente i pro Zeit- und Masseneinheit (der gesamten Masse). Der Erhaltungssatz für Komponente i ist dann

$$\frac{d}{dt} \int_{\Omega(t)} \varrho \, c_i \, dx = \int_{\Omega(t)} \varrho \, r_i \, dx - \int_{\partial\Omega(t)} j_i \cdot n \, ds_x \,.$$

Das erste Integral beschreibt die Änderung der Gesamtmasse der Spezies i im Gebiet $\Omega(t)$, das zweite Integral die Produktion oder den Verbrauch von Spezies i und das dritte Integral den Fluss von Spezies i über den Rand des Gebietes. Anwendung des Reynoldsschen Transporttheorems und des Satzes von Gauß liefert

$$\int_{\Omega(t)} \left(\partial_t(\varrho\, c_i) + \nabla \cdot (\varrho\, c_i\, v) - \varrho\, r_i + \nabla \cdot j_i \right) dx = 0.$$

Unter Berücksichtigung der Kontinuitätsgleichung ergibt sich die folgende Formulierung als Differentialgleichung

$$\varrho\, \partial_t c_i + \varrho\, v \cdot \nabla c_i - \varrho\, r_i + \nabla \cdot j_i = 0\,.$$

Die Flüsse j_i und die Raten r_i müssen Nebenbedingungen erfüllen, so dass die Bedingung $\sum_{i=1}^M c_i = 1$ im Laufe der Evolution erfüllt bleibt. Wir fordern

$$\sum_{i=1}^M \nabla \cdot j_i = 0 \quad \text{und} \quad \sum_{i=1}^M r_i = 0\,.$$

Die erste Bedingung ist zum Beispiel erfüllt, falls $\sum_{i=1}^M j_i = 0$ gilt.

Zusammenfassung

Wir haben nun die wesentlichen Grundgleichungen der Kontinuumsmechanik in *Eulerschen* Koordinaten beisammen:

Die *Kontinuitätsgleichung*, die aus der Massenerhaltung folgt,

$$\partial_t \varrho + \nabla \cdot (\varrho\, v) = 0\,; \tag{5.8}$$

die *Impulserhaltungsgleichung*

$$\varrho\, \partial_t v + \varrho\, (v \cdot \nabla)v - \nabla \cdot \sigma = \varrho\, f\,; \tag{5.9}$$

die *Energieerhaltungsgleichung*

$$\varrho\, \partial_t u + \varrho\, v \cdot \nabla u - \sigma : Dv + \nabla \cdot q = \varrho\, g \tag{5.10}$$

und die *Spezieserhaltungsgleichungen*

$$\varrho\, \partial_t c_i + \varrho\, v \cdot \nabla c_i + \nabla \cdot j_i = \varrho\, r_i \quad \text{für } i = 1, \dots, M\,. \tag{5.11}$$

Die zu berechnenden Größen sind die Dichte ϱ, das Geschwindigkeitsfeld v, die Temperatur T und die Konzentrationen $c := (c_1, \dots, c_M)$. Weitere noch unbestimmte Größen sind der Spannungstensor σ, der Wärmefluss q und der Speziesfluss j_i. Diese Größen müssen durch *konstitutive Gesetze* festgelegt werden, die das Verhalten der unterschiedlichen Materialien modellieren, und in der Regel im Zusammenhang mit experimentellen Messungen bestimmt werden.

5.6 Konstitutive Gesetze

Die im vorhergehenden Kapitel hergeleiteten Grundgleichungen der Kontinuumsmechanik sind für *alle* Materialien gültig, und insbesondere auch für verschiedene Aggregatzustände, also für Feststoffe, Flüssigkeiten und Gase. Die
Eigenschaften eines bestimmten Materials werden durch *konstitutive Gesetze*
beschrieben. Ansatzpunkt hierfür sind noch unbestimmte Größen in diesen
Grundgleichungen, also

- der Spannungstensor σ,

- der Wärmefluss q,

- der Fluss j_i der Spezies i,

- eine thermodynamische Zustandsgleichung $F(T, \varrho, p) = 0$ mit der Temperatur T und dem Druck p sowie eine konstitutive Gleichung für die innere
  Energie, zum Beispiel von der Form $u = u(T, \varrho, c_1, \ldots, c_M)$.

Je nach betrachtetem Phänomen benötigt man manche der oben aufgeführten
Gleichungen, andere dagegen nicht.

Wir geben nun einige Beispiele für konstitutive Gesetze an und diskutieren in
den Abschnitten 5.7 und 5.8, welche Einschränkungen an konstitutive Gesetze
beachtet werden müssen.

- Das Fouriersche Gesetz der Wärmeleitung:

$$q = -K\nabla T \tag{5.12}$$

  mit der *Wärmeleitfähigkeit K*. Diese wird im allgemeinen eine Matrix aus
  $\mathbb{R}^{d,d}$ sein, in vielen Fällen auch eine skalare Größe. Sie kann, je nach Anwendung, von der Temperatur T, der Dichte ϱ, dem Temperaturgradienten
  ∇T, und dem Konzentrationsvektor $c = (c_i)_{i=1}^M$ abhängen. Das Fouriersche Gesetz folgt aus der Beobachtung, dass Wärme von Bereichen hoher
  Temperatur zu Bereichen niedriger Temperatur fließt; und $-\nabla T$ zeigt gerade in die Richtung des stärksten Abfalls der Temperatur. Bei *isotropen*
  Materialien, deren Eigenschaften in alle Richtungen des Raumes gleich
  sind, ist K ein skalarer Faktor; er wird dann oft auch mit λ bezeichnet.
  Bei anisotropen Materialien, zum Beispiel Faserverbundwerkstoffen, ist K
  eine Matrix, da die Wärmedurchlässigkeit von der Richtung abhängt.

- Für ein binäres System, d.h. $M = 2$ im Mehrkomponentensystem aus Abschnitt 5.5, können wir die Bedingung $c_1 + c_2 = 1$ nutzen, um den Zustand
  der Konzentrationen mit Hilfe von nur einer Variablen zu beschreiben.
  Wir setzen $c = c_1$ und $j = j_1$. Für c gilt dann im einfachsten Fall das
  Diffusionsgesetz

$$j = -D\nabla c$$

mit einer *Diffusionskonstanten D*. Diese kann von T, ϱ, c abhängen. Die Begründung dieses Gesetzes ist dieselbe wie beim Fourierschen Gesetz: Diffusion führt zum Fluss aus Bereichen höherer Konzentration zu Bereichen niedriger Konzentration. Das Diffusionsgesetz läßt sich auch stochastisch herleiten, dabei wird der Diffusionsprozess durch eine große Anzahl sogenannter „random walker" beschrieben; dies werden wir in Abschnitt 6.2.9 noch diskutieren.

Eine andere Möglichkeit, ein konstitutives Gesetz für den Fluss j zu formulieren, nutzt die Thermodynamik von Mischungen. In Abschnitt 3.8 hatten wir schon diskutiert, dass in isothermen, isobaren Situationen Mischungen danach streben, die freie Enthalpie oder äquivalent dazu die freie Energie zu minimieren. Das chemische Potential, das sich als Ableitung der freien Energie nach der Konzentration ergibt, ist dann die Triebkraft für die Diffusion. Ist die Dichte der freien Energie durch den funktionalen Zusammenhang $f = f(c)$ gegeben, so postuliert man in der irreversiblen Thermodynamik

$$j = -L\nabla\mu \quad \text{mit} \quad \mu(c) = f'(c)\,.$$

Dabei kann die Mobilität $L \geq 0$ von c abhängen. Löst $c : [0,T] \times \Omega \to \mathbb{R}$ die Gleichung

$$\partial_t c - \nabla \cdot (L\nabla\mu) = 0$$

und gilt $\nabla\mu \cdot n = 0$ auf $\partial\Omega$ mit der äußeren Normale n, so folgt

$$\frac{d}{dt} \int_\Omega f(c)\, dx \leq 0\,, \tag{5.13}$$

das bedeutet, die freie Energie kann nur abnehmen.

- Der Spannungstensor bei reibungsfreien Strömungen: Bei reibungsfreien Strömungen können nur Druckkräfte übertragen werden. Die Kraftdichte auf eine Fläche mit Normalenvektor n ist dann gerade $-p\,n$. Der entsprechende Spannungstensor ist also

$$\sigma = -p\,I \quad \text{mit der Einheitsmatrix } I \text{ und dem Druck } p. \tag{5.14}$$

Strömungen können als reibungsfrei angenommen werden, wenn atomare oder molekulare Wechselwirkungen benachbarter Teilchen vernachlässigbar sind. Dies ist insbesondere bei Gasen unter niedrigem Druck sinnvoll.

- Der Spannungstensor bei viskosen Strömungen mit innerer Reibung: Auf der mikroskopischen Skala diffundieren Moleküle vom schnelleren Teil einer Strömung in den langsameren und umgekehrt, wie in Abbildung 5.5 dargestellt. Wenn molekulare Wechselwirkungen nicht vernachlässigt werden können, dann beschleunigen schnelle Teilchen benachbarte langsame Teilchen und langsame Teilchen bremsen benachbarte schnelle Teilchen.

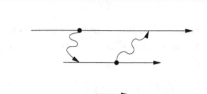

Abb. 5.5. Zur Erläuterung der Viskosität

Makroskopisch wird dies durch zusätzliche Kraftdichten sichtbar, die im Spannungstensor auftreten. Die zusätzlichen Terme hängen von Dv ab, da Dv die lokalen Geschwindigkeitsunterschiede beschreibt:

$$\sigma = \sigma(p, Dv, \ldots).$$

Durch eine genauere Analysis, die wir in Abschnitt 5.9 ausführlicher beschreiben werden, kann man zeigen:

– σ hängt nur vom *symmetrischen Anteil*

$$\varepsilon(v) = \tfrac{1}{2}\big(Dv + (Dv)^{\top}\big)$$

ab.

– Wenn σ affin linear von Dv abhängt, dann gilt

$$\sigma = 2\,\mu\,\varepsilon(v) + \lambda\,\operatorname{spur}\left(\varepsilon(v)\right)I - p\,I\,.$$

Man erhält dann den Spannungstensor

$$\sigma = \mu\big(Dv + (Dv)^{\top}\big) + \lambda\,\nabla\cdot v\,I - p\,I \tag{5.15}$$

mit der *Scherviskosität* μ. Der Parameter $\mu' = \lambda + \tfrac{2}{3}\mu$ heißt Volumenviskosität. Die Viskositäten können dabei von anderen Parametern abhängen, insbesondere von der Temperatur und eventuell dem Konzentrationsvektor.

Basierend auf diesen konstitutiven Gesetzen kann man einige für die Anwendungen wichtige Differentialgleichungsmodelle formulieren.

Die Wärmeleitungsgleichung

Einen Wärmediffusionsprozess ohne Strömung kann man mit der Energieerhaltungsgleichung beschreiben, wenn man dort $v = 0$ setzt und ϱ als konstante bekannte Größe annimmt. Da u die *massenspezifische* Dichte der inneren Energie ist, folgt aus der Thermodynamik

$$\partial_t u = c_V(T)\, \partial_t T$$

mit der spezifischen Wärme $c_V(T)$ bei konstantem Volumen. Die innere Energie einer Masse m mit Temperatur T ist nämlich gerade $U(T,m) = m\, u(T)$, und $c_V(T)$ ist definiert durch

$$\tfrac{\partial U}{\partial T}(T,m) = c_V(T)\, m\,.$$

Wenn man den Wärmefluss durch das Fouriersche Gesetz beschreibt, erhält man die Wärmeleitungsgleichung

$$\varrho\, c_V\, \partial_t T - \nabla \cdot (\lambda \nabla T) = \varrho\, g$$

mit Wärmeleitfähigkeit λ. Dies ist ein typisches Beispiel für eine *parabolische* Differentialgleichung. Die spezifische Wärme und die Wärmeleitfähigkeit können von T abhängen, werden aber in vielen Anwendungen als konstant angenommen. Die entdimensionalisierte Version der Wärmeleitungsgleichung für konstante ϱ, c_V, λ hat die Form

$$\partial_t T - \Delta T = g\,.$$

Bei zeitlich unabhängigen Randbedingungen konvergieren die Lösungen der Wärmeleitungsgleichung für große Zeit in der Regel gegen eine zeitunabhängige Funktion; wir werden das in Abschnitt 6.2.2 zeigen. Diese ist eine Lösung der *stationären* Wärmeleitungsgleichung

$$-\nabla \cdot (\lambda \nabla T) = \varrho\, g\,. \tag{5.16}$$

Dies ist ein typisches Beispiel für eine *elliptische Differentialgleichung*. Die entdimensionalisierte Version für konstante Wärmeleitfähigkeit ist die *Poisson-Gleichung*

$$-\Delta T = g\,.$$

Als einfaches Beispiel betrachten wir den Wärmefluss durch eine Wand der Dicke a mit Temperatur T_I an der Innenseite und T_A an der Außenseite. Wir nehmen an, dass die Temperatur nur in der Richtung senkrecht zur Wand variiert, so dass man bei einer geeigneten Wahl des Koordinatensystems $T = T(x_1)$ voraussetzen kann. Man erhält dann das Randwertproblem

$$T''(x_1) = 0 \ \text{ für } x_1 \in (0,a)\,, \quad T(0) = T_I\,, \quad T(a) = T_A$$

mit Lösung

$$T(x_1) = T_I + \frac{x_1}{a}(T_A - T_I)\,.$$

Der zugehörige Wärmefluss ist parallel zur x_1–Achse und lautet

$$q = -\lambda\, T'(x_1) = \frac{\lambda}{a}(T_I - T_A)\,.$$

Der Wärmeverlust ist also proportional zur Temperaturdifferenz und zur *Wärmedurchlässigkeit* $\frac{\lambda}{a}$ der Wand.

Die Eulerschen Gleichungen der Gasdynamik

Als erstes Beispiel aus der Strömungsmechanik betrachten wir Strömungen *ohne innere Reibung*, also mit dem Spannungstensor $\sigma = -pI$ aus (5.14). Es gilt dann

$$\nabla \cdot \sigma = -\nabla p \quad \text{und} \quad \sigma : Dv = \sum_{i,j=1}^{d} \sigma_{ij}\, \partial_{x_j} v_i = -p\, \nabla \cdot v\,.$$

Aus der Kontinuitätsgleichung sowie den Gleichungen für die Erhaltung von Impuls und Energie folgt:

$$\partial_t \varrho + \nabla \cdot (\varrho\, v) = 0\,,$$
$$\varrho\, \partial_t v + \varrho\,(v \cdot \nabla)v = -\nabla p + \varrho\, f\,,$$
$$\varrho\, \partial_t u + \varrho\, v \cdot \nabla u + p\, \nabla \cdot v - \nabla \cdot (K \nabla T) = \varrho\, g\,.$$

Dabei wird der Wärmefluss durch das Fouriersche Gesetz beschrieben. Die Dichte u der inneren Energie und der Druck p müssen als Funktionen der Variablen ϱ und T bekannt sein; diese Funktionen beschreiben die thermodynamischen Eigenschaften des betrachteten Materials. Für ideale Gase gilt zum Beispiel $u(\varrho, T) = c_V\, T$ mit der spezifischen Wärme c_V bei konstantem Volumen, die hier von T unabhängig ist, und $p(\varrho, T) = c_R\, \varrho\, T$ mit der Gaskonstanten $c_R = k_B/m_0$, wobei k_B die Boltzmann–Konstante und m_0 die Masse eines Gasteilchens ist. Die Gleichung für den Druck folgt aus der Zustandsgleichung in der Form $pV = N k_B T$ für ein System aus N Teilchen, wenn man $V = m/\varrho$ mit der Masse $m = N m_0$ setzt. Bei d Raumdimensionen hat man dann $d + 2$ Gleichungen für $d + 2$ Unbekannte ϱ, T, $v_1, \ldots, v_d$.

Ein Spezialfall der Eulerschen Gleichungen beschreibt *isotherme* kompressible reibungsfreie Strömungen, wo die Temperatur als konstant angenommen wird. Dies ist zulässig, wenn nur kleine Unterschiede der Dichte auftreten, und keine äußeren Wärmequellen (zum Beispiel durch Verbrennungsprozesse) vorhanden sind. Das System der Euler–Gleichungen vereinfacht sich dann zu

$$\partial_t \varrho + \nabla \cdot (\varrho\, v) = 0\,,$$
$$\varrho\, \partial_t v + \varrho\,(v \cdot \nabla)v = -\nabla p + \varrho\, f\,.$$

Der funktionale Zusammenhang $p = p(\varrho)$ folgt aus der thermodynamischen Zustandsgleichung für die vorgegebene Temperatur.

Ein weiterer Spezialfall sind *inkompressible* reibungsfreie Strömungen. Eine Strömung ist inkompressibel, wenn die Dichte an einem Materiepunkt sich mit der zeitlichen Entwicklung nicht ändert. Dies ist insbesondere bei vielen Flüssigkeiten sinnvoll, wo eine *kleine* Änderung der Dichte nur durch eine große Änderung des Drucks hervorgerufen werden kann. Für isotherme, inkompressible, reibungsfreie Strömungen erhält man die Gleichungen

$$\nabla \cdot v = 0 \,,$$
$$\partial_t v + (v \cdot \nabla)v = -\tfrac{1}{\varrho}\nabla p + f \,.$$

In d Raumdimensionen sind dies $d+1$ Gleichungen für $d+1$ unbekannte Funktionen $v_1, \ldots, v_d, p$. Man benötigt hier keine thermodynamische Zustandsgleichung für den Druck mehr.

Das Navier–Stokes–System für isotherme kompressible viskose Strömungen

Viskose Strömungen sind Strömungen, bei denen die innere Reibung nicht vernachlässigt werden kann. Der Spannungstensor ist dann durch (5.15) gegeben. Es folgt

$$(\nabla \cdot \sigma)_i = \sum_{j=1}^{d} \partial_{x_j}\sigma_{ij} = \sum_{j=1}^{d} \left(\mu(\partial_{x_j}\partial_{x_i}v_j + \partial_{x_j}^2 v_i) + \lambda\,\partial_{x_i}\partial_{x_j}v_j\right) - \partial_{x_i}p$$
$$= \mu\,\Delta v_i + (\lambda + \mu)\,\partial_{x_i}\nabla \cdot v - \partial_{x_i}p \,.$$

Zusammenfassung der Kontinuitätsgleichung und der Impulserhaltungsgleichung liefert das Navier–Stokes–System für kompressible, isotherme Strömungen

$$\partial_t \varrho + \nabla \cdot (\varrho\,v) = 0 \,,$$
$$\varrho\,\partial_t v + \varrho\,(v \cdot \nabla)\,v - \mu\,\Delta v - (\lambda + \mu)\nabla\nabla \cdot v = -\nabla p + \varrho\,f \,.$$

Hier wird ebenfalls eine thermodynamische Zustandsgleichung der Form $p = p(\varrho)$ benötigt. Man erhält dann $d + 1$ Gleichungen für $d + 1$ Unbekannte $\varrho, v_1 \ldots, v_d$.

Die Navier–Stokes–Gleichungen für inkompressible viskose Strömungen

Für konstante Dichte ϱ folgt aus der Kontinuitätsgleichung und der Impulserhaltungsgleichung das Navier–Stokes–System für inkompressible viskose Strömungen

$$\nabla \cdot v = 0 \,,$$
$$\partial_t v + (v \cdot \nabla)v - \eta\,\Delta v = -\tfrac{1}{\varrho}\nabla p + f \,. \tag{5.17}$$

Die Impulserhaltungsgleichung wurde hier durch die konstante Dichte geteilt, $\eta = \mu/\varrho$ ist die *kinematische* Viskosität, μ heißt *dynamische* Viskosität. In der Literatur findet man häufig auch Varianten der Navier–Stokes–Gleichungen mit ∇p anstelle von $\tfrac{1}{\varrho}\nabla p$; dies entspricht einer Reskalierung des Drucks. Der

Term $(\lambda + \mu)\,\nabla\,\nabla \cdot v$ fällt weg, da $\nabla \cdot v = 0$. Bei d Raumdimensionen hat man $d+1$ Gleichungen für die $d+1$ Unbekannten $v_1, \ldots, v_d$ und p. Man benötigt also insbesondere keine thermodynamische Zustandsgleichung für den Druck p. Trotzdem kann man dem Druck eine Bedeutung zuweisen, die mit der „Nebenbedingung" $\nabla \cdot v = 0$ zusammenhängt, dies wird in Abschnitt 6.5 noch näher erläutert werden.

Die Stokes–Gleichungen

Bei einer *stationären* inkompressiblen viskosen Strömung verschwindet die Zeitableitung $\partial_t v$ im Navier–Stokes–System und man erhält das System

$$\nabla \cdot v = 0\,,$$
$$(v \cdot \nabla)v - \eta\,\Delta v = -\tfrac{1}{\varrho}\nabla p + f\,. \tag{5.18}$$

Wir nehmen nun an, dass $|v|$ und $|Dv|$ klein sind, und man deshalb den Term zweiter Ordnung $(v \cdot \nabla)\,v$ vernachlässigen kann. Wir erhalten dann das Stokes–System

$$\nabla \cdot v = 0\,,$$
$$-\eta\,\Delta v = -\tfrac{1}{\varrho}\nabla p + f\,.$$

Wie beim zugrundeliegenden Navier–Stokes–System sind dies $d+1$ Gleichungen für $d+1$ Unbekannte.

Um den Anwendungsbereich des Stokes–Systems zu charakterisieren, führen wir eine *Entdimensionalisierung* der stationären Navier–Stokes–Gleichungen durch: Es seien V und ℓ charakteristische Größen für Geschwindigkeit und Länge in einer Strömung. Für $v(x) = V\tilde{v}(\ell^{-1}x)$ folgt mit $\tilde{x} = \ell^{-1}x$

$$(v \cdot \nabla)v = \frac{V^2}{\ell}(\tilde{v} \cdot \tilde{\nabla})\tilde{v}$$

und

$$\eta\,\Delta v = \frac{\eta V}{\ell^2}\tilde{\Delta}\tilde{v}\,,$$

wenn $\tilde{\nabla}$ und $\tilde{\Delta}$ über die partiellen Ableitungen bezüglich $\tilde{x}$ definiert sind. Man erhält dann die Bedingung

$$\frac{V^2}{\ell} \ll \eta\frac{V}{\ell^2}\,, \quad \text{oder} \quad \frac{\ell V}{\eta} \ll 1\,.$$

Die dimensionslose Zahl $\ell V/\eta$ heißt *Reynoldszahl*. Die Stokes–Gleichungen sind anwendbar für stationäre Strömungen mit sehr kleiner Reynoldszahl. Das ist der Fall bei Flüssigkeiten mit großer Viskosität, bei kleinen Strömungsgeschwindigkeiten und/oder bei Strömungen auf kleinen Gebieten.

Einfache Beispiele

Wir berechnen nun für zwei einfache, aber technisch wichtige Beispiele exakte
Lösungen der Navier–Stokes–Gleichungen.

Die Couette–Strömung

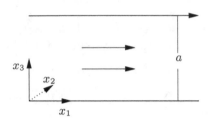

Abb. 5.6. Couette–Strömung

Bei der Couette–Strömung betrachtet man eine viskose Flüssigkeit zwischen
zwei parallelen Platten mit Abstand a, wie in Abbildung 5.6 dargestellt. Eine der Platten ruht, während sich die andere mit Geschwindigkeit $v_0 e_1$ bewegt. Da die Flüssigkeit viskos ist, hat man das Navier–Stokes–System in
$\Omega = \mathbb{R}^2 \times (0, a)$ zu lösen, die Randbedingungen sind $v(t, x_1, x_2, 0) = 0$ und
$v(t, x_1, x_2, a) = v_0 e_1$. Wir sind am stationären Fall interessiert und nehmen
an, dass die Stömung nur von der Reibung an der bewegten Platte getrieben wird, und nicht von zusätzlichen Druckunterschieden. Eine naheliegende
Vermutung ist dann, dass die Geschwindigkeit nur eine Komponente in e_1–
Richtung hat und nur von x_3 abhängt, und dass der Druck konstant ist. Dies
führt zum Ansatz

$$v(t, x) = u(x_3)e_1 \quad \text{und} \quad p(t, x) = q$$

mit einer Funktion $u : (0, a) \to \mathbb{R}$ und einer Konstanten q. Es gilt dann
$\nabla \cdot v = \partial_{x_1} u(x_3) = 0$, $\partial_t v = 0$, $(v \cdot \nabla)v = v_1 \partial_{x_1} v = 0$, $\Delta v = u''(x_3)e_1$ und
$\nabla p = 0$. Aus dem Navier–Stokes–System bleibt also die Gleichung

$$-\mu\, u''(x_3) = 0$$

übrig. Kombiniert mit den Randbedingungen $u(0) = 0$, $u(a) = v_0$ erhält man

$$u(x_3) = \frac{v_0}{a}x_3 \quad \text{und} \quad v(x) = \frac{v_0}{a}x_3 e_1\,.$$

Die Geschwindigkeit wächst also linear mit dem Abstand zur festen Platte,
wie in Abbildung 5.7 dargestellt.

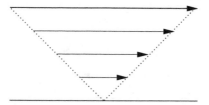

Abb. 5.7. Geschwindigkeitsfeld der Couette–Strömung

Die Poiseuille–Strömung

Wir betrachten wieder eine Strömung zwischen zwei parallelen Platten mit Abstand a, diese sollen nun aber beide fest sein. Die Strömung soll durch einen Druckunterschied getrieben werden, dazu gibt man zwei Druckwerte

$$p(t,x) = p_1 \text{ für } x_1 = 0, \quad p(t,x) = p_2 \text{ für } x_1 = L \text{ mit } p_1 > p_2$$

vor. Man ist an einer stationären Lösung interessiert und nimmt an, dass die Geschwindigkeit nur eine Komponente in x_1–Richtung hat, und nur von x_3 abhängt,

$$v(t,x) = u(x_3)e_1 \, .$$

Einsetzen in die Navier–Stokes–Gleichungen liefert

$$-\mu\, u''(x_3)e_1 = -\nabla p(x)$$

und die Randbedingungen für u sind $u(0) = u(a) = 0$. Es folgt zunächst, dass p nur von x_1 abhängen kann, da die zweite und dritte Komponente von ∇p gleich Null sind. Dann hängt die linke Seite der resultierenden Gleichung nur von x_3 ab, die rechte Seite nur von x_1; deshalb müssen beide Seiten gleich einer Konstanten c sein:

$$\mu\, u''(x_3) = p'(x_1) = c \, .$$

Aus $p'(x_1) = c$, $p(0) = p_1$, $p(L) = p_2$ folgt

$$p(x_1) = p_1 + \frac{p_2 - p_1}{L}x_1 \quad \text{und} \quad c = \frac{p_2 - p_1}{L} \, .$$

Aus $\mu\, u''(x_3) = c$ und $u(0) = u(a) = 0$ erhält man

$$u(x_3) = \frac{p_1 - p_2}{2\mu L}x_3(a - x_3) \, .$$

Man hat also ein parabolisches Profil der Geschwindigkeit in x_3–Richtung; die maximale Geschwindigkeit ist $v_{\max} = u\big(\frac{a}{2}\big) = \frac{p_1 - p_2}{8\mu L}a^2$.

Wir werden nun ein analoges Problem für die *inkompressiblen Euler–Gleichungen* lösen,

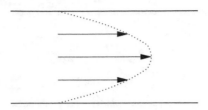

Abb. 5.8. Geschwindigkeitsprofil der Poiseuille–Strömung

$$\nabla \cdot v = 0\,,$$
$$\partial_t v + (v \cdot \nabla)v = -\tfrac{1}{\varrho}\nabla p\,.$$

Da die Euler–Gleichungen für Medien ohne innere Reibung gelten, ist die Randbedingung $v(t,x) = 0$ für $x_3 = 0$ und $x_3 = a$ nicht sinnvoll; es gibt keinen Grund, warum die Strömung in Randnähe kleiner sein soll als im Inneren. Wir suchen vielmehr eine Lösung, die in x_2- und x_3–Richtung konstant ist und nur eine Komponente in x_1–Richtung hat, also

$$v(t,x) = u(t,x_1)e_1\,.$$

Aus der Kontinuitätsgleichung

$$\nabla \cdot v(t,x) = \partial_{x_1}u(t,x_1) = 0$$

folgt, dass u nicht von x_1 abhängt. Die Impulserhaltungsgleichung liefert dann

$$\varrho\,\partial_t u(t) = -\partial_{x_1}p(t,x)\,.$$

Da hier die linke Seite nur von t abhängt, muss p bezüglich x_1 eine affine Funktion sein, $p(t,x_1) = c_1(t) + c_2(t)\,x_1$. Aus den Randbedingungen $p(t,0) = p_1$ und $p(t,L) = p_2$ folgt

$$p(t,x) = p_1 + \frac{p_2 - p_1}{L}x_1$$

und dann

$$u(t) = u(0) + \frac{p_1 - p_2}{\varrho\,L}t\,.$$

Falls $p_1 \neq p_2$ wächst die Geschwindigkeit also linear in der Zeit an und divergiert für $t \to +\infty$ gegen $+\infty$.

Der Unterschied zum Ergebnis der Navier–Stokes–Gleichungen erklärt sich aus der Vernachlässigung der Viskosität: Durch die Einspeisung von Flüssigkeit unter Druck wird dem System kontinuierlich Energie zugeführt. Bei den Navier–Stokes–Gleichungen wird im stationären Grenzfall diese Energie durch die innere Reibung der Strömung aufgebracht (beziehungsweise in Wärmeenergie umgewandelt). Bei den Euler–Gleichungen gibt es keine innere Reibung, es wird daher keine Energie verbraucht und die in der Strömung enthaltene kinetische Energie wächst kontinuierlich an.

Potentialströmungen

Eine Strömung ist eine *Potentialströmung*, wenn das Geschwindigkeitsfeld v ein Potential besitzt, also eine Funktion φ, so dass

$$v(t, x) = \nabla \varphi(t, x).$$

Potentialströmungen sind *rotationsfrei*, denn die Vertauschungseigenschaft für zweite partielle Ableitungen impliziert

$$\nabla \times v = \nabla \times \nabla \varphi = 0.$$

In einem einfach zusammenhängenden Gebiet ist *jede* rotationsfreie Strömung eine Potentialströmung. Für allgemeine Gebiete muss das nicht gelten, wie das folgende Beispiel zeigt: Das auf $\Omega = \mathbb{R}^2 \setminus B_\varepsilon(0)$, $\varepsilon > 0$ definierte Geschwindigkeitsfeld

$$v(x_1, x_2) = \begin{pmatrix} -\dfrac{x_2}{|x|^2} \\ \dfrac{x_1}{|x|^2} \end{pmatrix}$$

ist rotationsfrei,

$$\partial_{x_1} \left(\frac{x_1}{|x|^2} \right) + \partial_{x_2} \left(\frac{x_2}{|x|^2} \right) = \frac{|x|^2 - 2x_1^2}{|x|^4} + \frac{|x|^2 - 2x_2^2}{|x|^4} = 0.$$

Wir nehmen nun an, es gebe ein $\varphi : \Omega \to \mathbb{R}$ mit $\nabla \varphi = v$. Wir parametrisieren den Einheitskreis $C = \partial B_1(0)$ durch $\begin{pmatrix} x_1(s) \\ x_2(s) \end{pmatrix} = \begin{pmatrix} \cos s \\ \sin s \end{pmatrix}$. Im Folgenden bezeichnen wir mit

$$\int_\gamma f \cdot ds = \int_a^b f(\gamma(s)) \cdot \gamma'(s) \, ds$$

das Kurvenintegral zweiter Art über ein Vektorfeld $f : \mathbb{R}^d \to \mathbb{R}^d$ entlang einer Kurve $\gamma : [a, b] \to \mathbb{R}^d$. Es ergibt sich

$$\int_C \nabla \varphi \cdot ds = \int_0^{2\pi} \left(\partial_{x_1} \varphi \, x_1'(s) + \partial_{x_2} \varphi \, x_2'(s) \right) ds$$

$$= \int_0^{2\pi} \frac{d}{ds} \varphi(x_1(s), x_2(s)) \, ds = \varphi(1, 0) - \varphi(1, 0) = 0,$$

und andererseits

$$\int_C v \cdot ds = \int_0^{2\pi} \left(v_1 \, x_1' + v_2 \, x_2' \right) ds$$

$$= \int_0^{2\pi} (\sin^2 s + \cos^2 s) \, ds = 2\pi.$$

Damit kann die durch v beschriebene Strömung keine Potentialströmung sein.

Für Potentialströmungen ohne innere Reibung, die den Euler–Gleichungen genügen, gilt folgende Aussage:

Satz 5.7. *(Satz von Bernoulli)*
Es sei v das Geschwindigkeitsfeld einer Potentialströmung mit Potential φ, die der Impulserhaltung mit Spannungstensor $\sigma = -pI$ und äußeren Kräften $f = 0$ genügt. Sei C eine Kurve, die die Punkte a und b in Ω verbindet. Dann gilt

$$\left[\partial_t\varphi + \tfrac{1}{2}|v|^2\right]_a^b + \int_C \frac{\nabla p}{\varrho} \cdot ds = 0\,.$$

Beweis. Aus $\nabla \times v = 0$ folgt $\partial_{x_i} v_j = \partial_{x_j} v_i$ für alle i, j und damit

$$(v \cdot \nabla)v_i = \sum_{j=1}^d v_j\,\partial_{x_j} v_i = \sum_{j=1}^d v_j\,\partial_{x_i} v_j = \frac{1}{2}\partial_{x_i}\left(|v|^2\right)$$

und man erhält aus der Impulserhaltungsgleichung

$$0 = \int_C \left(\partial_t v + (v \cdot \nabla)v + \frac{\nabla p}{\varrho}\right) \cdot ds = \int_C \left(\partial_t \nabla\varphi + \nabla\left(\frac{|v|^2}{2}\right) + \frac{\nabla p}{\varrho}\right) \cdot ds$$

$$= \left[\partial_t\varphi + \frac{|v|^2}{2}\right]_a^b + \int_C \frac{\nabla p}{\varrho} \cdot ds\,.$$

$\square$

Die Verallgemeinerung des Satzes von Bernoulli auf den Fall $f \neq 0$ ist Gegenstand von Aufgabe 5.25. Man muss dabei fordern, dass f ein Potential besitzt; dies ist beispielsweise bei der Gravitationskraft der Fall.

Der Satz von Bernoulli impliziert folgende Spezialfälle:

(i) Hat die Strömung konstante Dichte ϱ, so gilt

$$\int_C \frac{\nabla p}{\varrho} \cdot ds = \frac{1}{\varrho}\int_C \nabla p \cdot ds = \frac{1}{\varrho}[p]_a^b\,.$$

Damit lässt sich die Identität im Satz von Bernoulli vereinfachen.

(ii) Ist v stationär, das heißt $v(t, x) = v(x)$, und ϱ konstant, so ist auch

$$\frac{1}{2}|v|^2 + \frac{p}{\varrho}$$

konstant. Dies impliziert, dass in Bereichen, in denen die Geschwindigkeit höher ist, der Druck niedriger ist und umgekehrt. Diese Eigenschaft wird als *Gesetz von Bernoulli* bezeichnet.

Für *inkompressible* Potentialströmungen folgt aus der Kontinuitätsgleichung

$$\nabla \cdot v = \Delta \varphi = 0 \,.$$

Das Potential ist also eine Lösung der *Laplace–Gleichung*. Wie wir in Abschnitt 6.1, Satz 6.4, sehen werden, ist eine solche Strömung eindeutig gegeben durch die *Normalkomponente* $v \cdot n$ des Geschwindigkeitsfeldes am Rand. Dabei muss $v \cdot n$ die Bedingung

$$\int_{\partial \Omega} v \cdot n \, ds_x = 0 \tag{5.19}$$

erfüllen. Diese Bedingung ist physikalisch leicht zu erklären: Wäre (5.19) verletzt, dann würde in der Gesamtbilanz Masse in das Gebiet hinein oder aus dem Gebiet herausfließen, und das ist bei *inkompressiblen* Strömungen nicht möglich.

Inkompressible, stationäre Potentialströmungen können sowohl bei den (inkompressiblen) Euler–Gleichungen als auch beim Navier–Stokes–System als spezielle Lösungen auftreten. Der vom *viskosen Anteil* des Spannungstensors stammende Term $-\Delta v$ im Navier–Stokes– System verschwindet wegen

$$-\Delta v_j = -\Delta \partial_j \varphi = -\partial_j \Delta \varphi = 0 \,.$$

Damit lautet die Impulserhaltungsgleichung

$$\varrho(v \cdot \nabla)v + \nabla p = 0 \,.$$

Der Druck muss also ein Potential von $\varrho(v \cdot \nabla)v$ sein. Dieses Potential ist gerade die negative *Dichte der kinetischen Energie*

$$p = -\tfrac{\varrho}{2}|v|^2 \,.$$

5.7 Der zweite Hauptsatz der Thermodynamik in der Kontinuumsmechanik

Der zweite Hauptsatz der Thermodynamik sagt aus, dass es nicht möglich ist, durch bloße Abkühlung eines Wärmereservoirs mechanisch nutzbare Energie zu gewinnen. Äquivalent dazu ist die Aussage, dass Wärme nicht von selbst aus einem kalten in einen warmen Bereich fließen kann. Hinter diesen Aussagen steckt eine Unterscheidung zwischen mechanisch nutzbarer und mechanisch nicht nutzbarer Energie. Zur präzisen Formulierung dieser Tatsachen wird eine weitere Zustandsgröße verwendet, die Entropie. Wir betrachten nun ein thermodynamisches System, das durch seine thermischen und mechanischen Eigenschaften beschrieben werden kann. Bei einer Evolution fordert das zweite Gesetz der Thermodynamik

$$\dot{S} \geq \frac{\dot{Q}}{T},$$

wobei T die absolute Temperatur und Q die dem System (bis zum betrachteten Zeitpunkt) zugeführte Wärmemenge bezeichnet. Ein System bezeichnet hier eine bestimmte Menge an Materie, das thermodynamische Gleichgewicht kennzeichnet den Zustand, den dieses System bei gegebenen makroskopischen Daten wie etwa Druck oder Temperatur für große Zeiten annimmt. Falls keine mechanisch nutzbare Energie verloren geht, gilt

$$\dot{S} = \frac{\dot{Q}}{T}, \tag{5.20}$$

solche Prozesse können dann auch *rückwärts* durchlaufen werden und heißen *reversibel*. Eine Zustandsänderung mit

$$\dot{S} > \frac{\dot{Q}}{T}$$

ist *irreversibel*. Die Entropie eines gegebenen Systems ist eine Funktion von makroskopisch beobachtbaren Größen wie etwa dem Druck und der Temperatur. Für Gase aus Atomen gilt bei geringer Dichte und geringem Druck

$$S = S(T,p) = \tfrac{5}{2} N k_B \ln \frac{T}{T_0} - N k_B \ln \frac{p}{p_0},$$

dabei ist N die Anzahl der Teilchen, k_B die Boltzmann–Konstante, T_0, p_0 sind Referenzwerte für Druck und Temperatur.

Die Entropie kann man auch als Maß für die Unordnung in einem System interpretieren. Wenn sich in einem Gas aus N Teilchen alle Teilchen mit derselben Geschwindigkeit in dieselbe Richtung bewegen, dann ist das größtmögliche Maß an Ordnung erreicht. Dies entspricht einer reinen Translationsbewegung des Gases, ohne jegliche Wärmeenergie. Die in dieser Bewegung enthaltene kinetische Energie kann man mechanisch gut nutzen, etwa in einer Turbine. Bei einer vollkommen unkorrelierten Bewegung der Teilchen ist keinerlei makroskopische kinetische Energie im Gas enthalten, sondern nur Wärmeenergie, die mechanisch sehr begrenzt nutzbar ist. Die Translationsbewegung hat eine niedrige, die unkorrelierte Bewegung eine hohe Entropie. Als Unordnung kann man die Anzahl der Mikrozustände interpretieren, die zu den entsprechenden makroskopisch beobachteten Daten führen. Bei der reinen Translationsbewegung sind die Mikrozustände eindeutig gegeben, bei einer unkorrelierten Bewegung gibt es sehr viele Mikrozustände, die zu denselben makroskopischen Daten wie Temperatur, Druck, Entropie führen. Man kann der Entropie auch eine informationstheoretische Deutung geben. Bei der Translationsbewegung mit niedriger Entropie kennen wir die Bewegung aller Teilchen, bei der unkorrelierten Bewegung mit hoher Entropie wissen wir nur etwas über wenige gemittelte Größen. Der zweite Hauptsatz der Thermodynamik sagt in dieser Interpretation aus, dass im Laufe der Zeit die Informationen über das System nicht zunehmen können.

Die Entropie ist eine sogenannte *extensive* Größe, deren Wert proportional zur Anzahl der Teilchen im betrachteten System ist, und damit auch proportional zur Masse. In der Kontinuumsmechanik verwendet man deshalb eine *massenbezogene* Dichte der Entropie, die mit s bezeichnet wird. Kontinuumsmechanische Modelle, die thermodynamische Prozesse wie zum Beispiel die Diffusion von Wärme oder Materie beinhalten, sollten möglichst kompatibel sein mit dem zweiten Hauptsatz der Thermodynamik. Modelle, für die das rigoros nachgewiesen werden kann, heißen *thermodynamisch konsistent*.

Clausius–Duhem–Ungleichung

Um den zweiten Hauptsatz zu formulieren, benötigen wir die absolute Temperatur $T > 0$, den Druck p, die massenspezifische Dichte s der Entropie und das spezifische Volumen $V = \frac{1}{\varrho}$. Der zweite Hauptsatz lautet in Worten:

$$\begin{array}{ccc} \text{Änderung der} \\ \text{Gesamtentropie} \end{array} \geq \begin{array}{c} \text{Entropiefluss} \\ \text{über dem Rand} \end{array} + \begin{array}{c} \text{Entropieproduktion} \\ \text{durch Wärmequellen.} \end{array}$$

Aus (5.20) kann man folgern, dass der Entropiefluss über den Rand gegeben ist durch Wärmefluss dividiert durch Temperatur. Außerdem ist der Entropieproduktionsterm, der von Wärmequellen stammt, gegeben durch den Ausdruck Wärmequellen dividiert durch die absolute Temperatur. Wir erhalten dadurch

$$\frac{d}{dt} \int_{\Omega(t)} \varrho s \, dx \geq - \int_{\partial\Omega(t)} \frac{q \cdot n}{T} \, ds_x + \int_{\Omega(t)} \frac{\varrho g}{T} \, dx \, .$$

Wir bemerken allerdings hier ausdrücklich, dass der Entropiefluss in allgemeineren Systemen, etwa wenn mehrere Komponenten vorhanden sind, weitere Terme enthalten kann. Mit Hilfe des Reynoldsschen Transporttheorems und unter Ausnutzung der Tatsache, dass $\Omega(t)$ beliebig ist, erhalten wir

$$\frac{\partial}{\partial t}(\varrho s) + \nabla \cdot (\varrho s v) \geq - \nabla \cdot \left(\frac{q}{T} \right) + \varrho \frac{g}{T} \quad \text{für alle } t \text{ und } x \, .$$

Dies ist die *Clausius–Duhem–Ungleichung*. Eine fundamentale Forderung der Kontinuumsmechanik ist nun, dass in Systemen, die sich allein durch ihre thermischen und mechanischen Eigenschaften beschreiben lassen, die Clausius–Duhem–Ungleichung für alle Lösungen der Erhaltungssätze gelten muss. Diese Forderung hat einige wichtige Konsequenzen für die Art und Weise, in der Größen voneinander abhängen können.

Dissipationsungleichung

Für unsere weiteren Überlegungen ist folgende Dissipationsungleichung wichtig.

Satz 5.8. *Die Erhaltungsgleichungen* (5.3), (5.7) *für Masse und Energie und die Clausius–Duhem–Ungleichung implizieren die folgende Dissipationsungleichung:*

$$\varrho\left(D_t u - T D_t s\right) - \sigma : Dv + \frac{1}{T} q \cdot \nabla T \leq 0\,,$$

wobei $D_t = \partial_t + v \cdot \nabla$ *die materielle Ableitung aus Definition 5.1 ist.*

Beweis. Aus der Clausius-Duhem-Ungleichung und der Massenerhaltung folgt:

$$\varrho\, D_t s \geq \frac{-\nabla \cdot q + \varrho g}{T} + \frac{1}{T^2} \nabla T \cdot q\,. \tag{5.21}$$

Multiplizieren wir (5.21) mit $(-T)$ und addieren wir das Ergebnis zur Energieerhaltungsgleichung

$$\varrho\, D_t u = -\nabla \cdot q + \sigma : Dv + \varrho g\,,$$

so erhalten wir die Behauptung. □

Satz 5.9. *Es gilt folgende Ungleichung für die freie Energie* $f := u - Ts$:

$$\varrho\, D_t f + \varrho s\, D_t T - \sigma : Dv + \frac{1}{T} q \cdot \nabla T \leq 0\,. \tag{5.22}$$

Diese Aussage ist eine einfache Konsequenz aus Satz 5.8.

Konsequenzen für konstitutive Beziehungen

In unserer Diskussion über den 2. Hauptsatz wollen wir uns auf sogenannte thermoviskoelastische Fluide beschränken. Ein thermoviskoelastisches Fluid ist ein wärmeleitfähiges Fluid mit viskoser Reibung. Modelle für thermoviskoelastische Fluide basieren auf der Massenerhaltung (5.3), der Impulserhaltung (5.5) und der Energieerhaltung (5.7) und konstitutiven Gesetzen, die viskose Reibung im Spannungstensor berücksichtigen. Die konstitutiven Beziehungen haben folgende Form:

$$u = \widehat{u}(\varrho, T, \nabla T, Dv)\,,$$
$$\sigma = \widehat{\sigma}(\varrho, T, \nabla T, Dv)\,,$$
$$s = \widehat{s}(\varrho, T, \nabla T, Dv)\,,$$
$$q = \widehat{q}(\varrho, T, \nabla T, Dv)\,.$$

Dabei seien $\widehat{u}, \widehat{\sigma}, \widehat{s}$ und $\widehat{q}$ glatte Funktionen. Über die Identität

$$f = u - Ts$$

gilt somit auch

$$f = \widehat{f}(\varrho, T, \nabla T, Dv) := \widehat{u}(\varrho, T, \nabla T, Dv) - T\,\widehat{s}(\varrho, T, \nabla T, Dv)\,.$$

Coleman–Noll–Prozedur

Der zweite Hauptsatz in der Formulierung als Clausius–Duhem–Ungleichung impliziert Einschränkungen an mögliche konstitutive Beziehungen. Diese Einschränkungen sind im folgenden Satz zusammengefasst. Im Folgenden bezeichnen wir die Variablen, die zu ∇T und Dv gehören, mit X und Y, wir schreiben also $q = \widehat{q}(\varrho, T, X, Y)$. Partielle Ableitungen von konstitutiven Beziehungen werden durch untere Indizes notiert, also etwa $\widehat{f}_{,T} = \frac{\partial \widehat{f}}{\partial T}$.

Satz 5.10. *Gilt die Clausius–Duhem–Ungleichung für alle Lösungen der Erhaltungssätze (5.8), (5.9), (5.10), so müssen die konstitutiven Beziehungen notwendigerweise die folgende Form haben:*

$$f = \widehat{f}(\varrho, T)\,,$$
$$s = \widehat{s}(\varrho, T) = -\widehat{f}_{,T}(\varrho, T)\,,$$
$$\sigma = -\widehat{p}(\varrho, T)I + \widehat{S}(\varrho, T, \nabla T, Dv)\,,$$
$$\widehat{p}(\varrho, T) = \varrho^2 \widehat{f}_{,\varrho}(\varrho, T)\,,$$
$$q = \widehat{q}(\varrho, T, \nabla T, Dv)\,.$$

Weiterhin muss gelten

$$-\widehat{S}(\varrho, T, X, Y) : Y + \frac{1}{T}\,\widehat{q}(\varrho, T, X, Y) \cdot X \leq 0$$

für alle (ϱ, T, X, Y) mit $\varrho, T > 0$.

Beweis. Aus der Ungleichung (5.22) für die freie Energie folgt:

$$\varrho \widehat{f}_{,\varrho}\, D_t \varrho + \varrho (\widehat{f}_{,T} + \widehat{s}) D_t T + \varrho \widehat{f}_{,X} \cdot D_t \nabla T$$
$$+ \varrho \widehat{f}_{,Y} : D_t Dv - \widehat{\sigma} : Dv + \frac{1}{T}\widehat{q} \cdot \nabla T \leq 0\,.$$

Dabei seien $\widehat{f}_{,X}$ beziehungsweise $\widehat{f}_{,Y}$ die Ableitungen von $\widehat{f}(\varrho, T, X, Y)$ nach der dritten beziehungsweise vierten Variablen. Aus der Massenerhaltung

$$D_t \varrho + \varrho \nabla \cdot v = 0$$

und der obigen Ungleichung erhalten wir

$$\varrho(\widehat{f}_{,T} + \widehat{s})D_t T + \varrho \widehat{f}_{,X} \cdot D_t \nabla T + \varrho \widehat{f}_{,Y} : D_t Dv$$
$$-(\widehat{\sigma} + \varrho^2 \widehat{f}_{,\varrho} I) : Dv + \frac{1}{T}\widehat{q} \cdot \nabla T \leq 0\,.$$

Die obige Ungleichung muss für alle Lösungen der Erhaltungsgleichungen gelten. Wenn wir ausnutzen, dass die äußeren Kräfte und Wärmequellen oder

-senken frei wählbar sind, können wir beliebige Funktionen für ϱ, T, ∇T, Dv als Lösungen realisieren. In einem festen Punkt (t, x) sind die Werte von ϱ, T, ∇T, Dv, $D_t T$, $D_t \nabla T$, $D_t Dv$ dann frei wählbar; dies kann lokal etwa durch eine geeignete endliche Taylorreihe realisiert werden. Da $\widehat{f}$ und $\widehat{s}$ Funktionen von $(\varrho, T, \nabla T, Dv)$ sind, müssen die Vorfaktoren der Terme $D_t T$, $D_t \nabla T$, $D_t Dv$ verschwinden. Ansonsten könnten wir durch Wahl von $D_t T$, $D_t \nabla T$, $D_t Dv$ bei festem $(\varrho, T, \nabla T, Dv)$ die Ungleichung verletzen. Ist zum Beispiel $(\widehat{f}_{,T} + \widehat{s}) < 0$, so wählen wir $D_t T$ negativ und groß und werden einen Widerspruch erhalten. Es gilt also

$$\widehat{f}_{,T} + \widehat{s} = 0\,, \quad \widehat{f}_{,X} = 0 \quad \text{und} \quad \widehat{f}_{,Y} = 0\,.$$

Insbesondere ist $\widehat{f}$ eine Funktion von T und ϱ, $\widehat{f} = \widehat{f}(T, \varrho)$. Setzen wir $\widehat{p}(\varrho, T) = \varrho^2 \widehat{f}_{,\varrho}(\varrho, T)$, $\widehat{S} = \widehat{\sigma} + \widehat{p}I$ und nutzen wir aus, dass $(\varrho, T, \nabla T, Dv)$ beliebig gewählt werden können, so folgt auch die im Satz behauptete Ungleichung.   □

Bemerkung. (i) Aus dem obigen Satz folgt, dass sich der Spannungstensor in einem Druckanteil und in einem Teil $\widehat{S} = \widehat{\sigma} + \widehat{p}I$ zerlegt. Für $\widehat{S}$ muss eine Ungleichung gelten.

ii) Ist $\widehat{\sigma}$ unabhängig von ∇T und $\widehat{q}$ unabhängig von Dv, so folgt

$$\widehat{S}(\varrho, T, Y) : Y \geq 0\,, \tag{5.23}$$

$$\widehat{q}(\varrho, T, X) \cdot X \leq 0 \tag{5.24}$$

für alle (ϱ, T, X, Y) mit $\varrho, T > 0$.

Die Gibbs–Identitäten und die thermodynamischen Potentiale

Die physikalischen Größen, die die makroskopischen Zustände der Körper charakterisieren, nennt man thermodynamische Größen. Wir wollen eine Reihe von Beziehungen zwischen diesen Größen einführen. Diese erlauben es zum Beispiel, die gesuchten Variablen, die zur Beschreibung des Zustands des Systems gewählt wurden, zu wechseln. Dies ist oft zweckmäßig und wir verweisen in diesem Zusammenhang auch auf die Abschnitte 3.5–3.7.

Im vorigen Abschnitt waren ϱ und T, neben der Geschwindigkeit v, die gesuchten Größen. Ausgehend von der freien Energie f konnten wir die Größen s, u und p bestimmen. Es gilt, wenn man diese Größen als Funktionen von ϱ und T schreibt,

$$\widehat{u} = \widehat{f} + T\widehat{s}\,, \tag{5.25}$$

$$\widehat{s} = -\widehat{f}_{,T}\,, \tag{5.26}$$

$$\widehat{p} = \varrho^2 \widehat{f}_{,\varrho}(\varrho, T)\,. \tag{5.27}$$

Wir lassen im Folgenden die Hütchen $\hat{\ }$ weg. Mit der Hilfe von totalen Differentialen (siehe dazu Abschnitt 3.7) schreiben sich die obigen Identitäten (5.26) und (5.27) wie folgt

$$df = -s\,dT + \frac{p}{\varrho^2}\,d\varrho\,.$$

In einigen Fällen möchte man von den unabhängigen Variablen (ϱ, T) zu anderen Variablen wechseln. Zwei Beispiele:

a) Nutzen wir $d(\frac{1}{\varrho}) = -\frac{1}{\varrho^2}\,d\varrho$ und definieren das *spezifische Volumen* $V = \frac{1}{\varrho}$, so erhalten wir

$$df = -s\,dT - p\,dV\,.$$

b) Nutzen wir die Identität $d(Ts) = T\,ds + s\,dT$, so erhalten wir

$$du = d(f + Ts) = df + d(Ts)$$
$$= -s\,dT - p\,dV + T\,ds + s\,dT = -p\,dV + T\,ds\,.$$

Damit haben wir jetzt Folgendes erreicht:

a) Für $f = \widetilde{f}(T, V)$ folgt $\widetilde{f}_{,T} = -s$ und $\widetilde{f}_{,V} = -p$.

b) Für $u = u^*(V, s)$ folgt $u^*_{,V} = -p$ und $u^*_{,s} = T$.

Eine andere Möglichkeit die Variablentransformation durchzuführen, benutzt die Legendre–Transformation aus Abschnitt 3.6.

Lagrange–Multiplikatoren

Zum Abschluss des Abschnitts über den zweiten Hauptsatz wollen wir ein Beispiel diskutieren, in dem allgemeinere Entropieflüsse auftreten. Wir betrachten dazu ein ruhendes System, es gilt also $v = 0$, mit konstanter Massendichte ϱ, in dem zwei Komponenten vorkommen. Als unabhängige Variablen wählen wir die Temperatur T und die Konzentration $c = c_1$ einer der beiden Komponenten. In dem so spezifizierten System gilt die Energiebilanz

$$\varrho\,\partial_t u + \nabla \cdot q_u = \varrho\,r_u \tag{5.28}$$

mit dem Energiefluss q_u und einem Quellterm r_u. Weiter erfüllt die Konzentration c die Bilanzgleichung

$$\varrho\,\partial_t c + \nabla \cdot q_c = \varrho\,r_c \tag{5.29}$$

mit dem Fluss q_c und einem Quellterm r_c. Wir wollen nun für den Entropiefluss q_s und den Entropiequellterm r_s keine bestimmten Annahmen machen. Wir fordern

$$\frac{d}{dt} \int_\Omega \varrho s \, dx \geq - \int_{\partial\Omega} q_s \cdot n \, ds_x + \int_\Omega \varrho \, r_s \, dx \, .$$

Da Ω beliebig gewählt werden kann, erhalten wir die lokale Form

$$\varrho \, \partial_t s + \nabla \cdot q_s \geq \varrho \, r_s \, . \tag{5.30}$$

Eine Möglichkeit, die Entropieungleichung auszunutzen, ohne a priori Annahmen an den Entropiefluss zu machen, benutzt Lagrange–Multiplikatoren und geht auf I-Shih Liu [86] und Ingo Müller [97] zurück. Wir subtrahieren dabei von der Ungleichung (5.30) die mit den Lagrange–Multiplikatoren λ_u beziehungsweise λ_c multiplizierten Gleichungen (5.28) beziehungsweise (5.29). Es ergibt sich

$$\begin{aligned} \varrho(\partial_t s - \lambda_u \, \partial_t u - \lambda_c \, \partial_t c) + \nabla \cdot q_s - \varrho \, r_s \\ - \lambda_u(\nabla \cdot q_u - \varrho \, r_u) - \lambda_c(\nabla \cdot q_c - \varrho \, r_c) \geq 0 \, . \end{aligned} \tag{5.31}$$

Wir setzen nun voraus, dass $s, u, \lambda_u, \lambda_c, q_u, q_c, q_s$ beliebige Funktionen in $(T, c, \nabla T, \nabla c)$ sind und r_u, r_c, r_s Funktionen sind, die von x, t, T und c abhängen können. Wählen wir nun

$$r_s = \lambda_u r_u + \lambda_c r_c \, ,$$

so verschwinden in der Ungleichung (5.31) alle Terme, die r_u, r_c oder r_s enthalten. Die Ungleichung (5.31) ergibt nun

$$\begin{aligned} \varrho\big((s_{,T} - \lambda_u u_{,T})\partial_t T + (s_{,c} - \lambda_u u_{,c} - \lambda_c)\partial_t c + (s_{,\nabla T} - \lambda_u u_{,\nabla T})\partial_t \nabla T \\ + (s_{,\nabla c} - \lambda_u u_{,\nabla c})\partial_t \nabla c\big) + \nabla \cdot q_s - \lambda_u \nabla \cdot q_u - \lambda_c \nabla \cdot q_c \geq 0 \, , \end{aligned} \tag{5.32}$$

dabei bezeichnet ein Index ∇T die partielle Ableitung nach der Variablen, die zu ∇T gehört und entsprechendes gilt für ∇c. Da wir die Werte von T, c und alle ihre Ableitungen wie bei der Coleman–Noll–Prozedur frei wählen können, erhalten wir, dass die Faktoren von $\partial_t T$, $\partial_t c$, $\partial_t \nabla T$ und $\partial_t \nabla c$ verschwinden müssen. Somit ergibt sich

$$s_{,T} - \lambda_u u_{,T} = 0 \, , \quad s_{,c} - \lambda_u u_{,c} - \lambda_c = 0 \, , \tag{5.33}$$

$$s_{,\nabla T} - \lambda_u u_{,\nabla T} = 0 \, , \quad s_{,\nabla c} - \lambda_u u_{,\nabla c} = 0 \, . \tag{5.34}$$

Klassisch gilt $u_{,T} = T s_{,T}$, vgl. Kapitel 3, und wir wählen daher

$$\lambda_u = \frac{1}{T} \, .$$

Die Gleichungen (5.33), (5.34) ergeben, wenn wir die freie Energie f beziehungsweise das chemische Potential μ durch $f := u - Ts$ beziehungsweise $\mu := f_{,c}$ definieren,

$$f_{,\nabla T} = f_{,\nabla c} = 0$$

und die Identität

$$\lambda_c = -\frac{\mu}{T}.$$

Die Gleichungen $f = u - Ts$ und $u_{,T} = Ts_{,T}$ implizieren $s = -f_{,T}$. Diese Tatsache und $u = f + Ts$ ergeben, dass auch s und u nicht von ∇T und ∇c abhängen. Aus (5.32) folgt dann

$$\nabla \cdot \left(q_s - \frac{1}{T}q_u + \frac{\mu}{T}q_c \right) + \nabla \left(\frac{1}{T} \right) \cdot q_u + \nabla \left(-\frac{\mu}{T} \right) \cdot q_c \geq 0.$$

Die Wahl

$$q_s = \frac{1}{T}q_u - \frac{\mu}{T}q_c$$

garantiert nun die Entropieungleichung, falls

$$\nabla \left(\frac{1}{T} \right) \cdot q_u + \nabla \left(-\frac{\mu}{T} \right) \cdot q_c \geq 0. \tag{5.35}$$

Die linke Seite hier ist die Entropieproduktion und (5.35) fordert also eine positive Entropieproduktion. Wir betrachten die Ableitung der Entropie nach den Erhaltungsgrößen, d.h.

$$ds = \frac{1}{T}du - \frac{\mu}{T}dc$$

beziehungsweise

$$\partial_u s = \frac{1}{T} \quad \text{und} \quad \partial_c s = -\frac{\mu}{T}.$$

Die Gradienten $\nabla(\frac{1}{T})$ und $\nabla(-\frac{\mu}{T})$ heißen thermodynamische Kräfte und die Entropieproduktion ist gerade die Summe der Produkte aus den thermodynamischen Kräften und den zugehörigen Flüssen.

Im einfachsten Fall postuliert man in der Thermodynamik einen linearen Zusammenhang zwischen den Flüssen und den thermodynamischen Kräften und wir erhalten für den Energiefluss und den Fluss der Komponente 1

$$q_u := L_{11}\nabla(\tfrac{1}{T}) + L_{12}\nabla(-\tfrac{\mu}{T}), \tag{5.36}$$

$$q_c := L_{21}\nabla(\tfrac{1}{T}) + L_{22}\nabla(-\tfrac{\mu}{T}). \tag{5.37}$$

Das Onsagersche Reziprozitätsgesetz impliziert die Symmetrie der Matrix $L := (L_{ij})_{i,j=1,2}$ und aus (5.35) ergibt sich zwangsläufig, dass die Matrix L positiv semidefinit sein muss. Die Tatsache, dass man in der Speziesbilanz in (5.29) eine rechte Seite zulassen muss, ist kritisch, da die Komponenten eventuell nicht beliebig erzeugt beziehungsweise vernichtet werden können. Auch haben wir eine bestimmte Form des Entropieflusses angenommen, und es ist durchaus möglich, die Entropieungleichung auch mit anderen Entropieflüssen zu erfüllen.

Für eine allgemeinere Diskussion verweisen wir zum Beispiel auf Müller [97] oder Alt und Pawlow [5]. Die von uns gefundenen Ergebnisse sind dort als Spezialfall enthalten.

5.8 Beobachterunabhängigkeit

Zwei Beobachter, die den gleichen Körper betrachten, werden unterschiedliche Bewegungen festhalten. Für jemanden, der sich mit einem Körper bewegt, wirkt dieser Körper stationär, während jemand, der sich nicht mit dem Körper bewegt, eine Bewegung feststellen wird. Ein Beobachter ist dabei charakterisiert durch ein *Koordinatensystem* mit Ursprung in der aktuellen Position des Beobachters und Koordinatenachsen, die aus der Orientierung des Beobachters folgen. Wir lassen dabei eine zeitliche Änderung dieses Koordinatensystems zu. Ein Beobachterwechsel entspricht demnach einem Wechsel im Koordinatensystem; er hat ganz bestimmte Effekte auf die grundlegenden Variablen der Kontinuumsmechanik. Die Art und Weise, wie sich Variablen und Gleichungen transformieren, wollen wir nun herausarbeiten.

Wir betrachten zunächst zwei orthonormale, positiv orientierte Koordinatensysteme im d–dimensionalen euklidischen Raum,

$$(O, e_1, \ldots, e_d) \quad \text{und} \quad (O^*, e_1^*, \ldots, e_d^*),$$

wobei O und O^* die Koordinatenursprünge und e_j, e_j^* die Koordinatenvektoren bezeichnen. Jeder Punkt P hat dann zwei Darstellungen

$$P = O + \sum_{j=1}^{d} x_j\, e_j = O^* + \sum_{j=1}^{d} x_j^*\, e_j^* \tag{5.38}$$

bezüglich dieser beiden Basen, mit Koordinatenvektoren $x = (x_1, \ldots, x_d)^\top$ und $x^* = (x_1^*, \ldots, x_d^*)^\top$. Die Beziehungen zwischen den Koordinaten sind

$$x^* = a + Qx$$

mit Verschiebungsvektor a und orthogonaler Matrix Q aus den Darstellungen

$$O - O^* = \sum_{j=1}^{d} a_j e_j^* \quad \text{und} \quad e_j = \sum_{i=1}^{d} Q_{ij} e_i^*. \tag{5.39}$$

Da beide Koordinatensysteme positiv orientiert sind, gilt $\det Q = 1$.

Im Folgenden nehmen wir an, dass a und Q ausreichend glatte Funktionen der Zeit t sind. Die Koordinaten x und x^* werden als Eulersche Koordinaten über *demselben* Referenzgebiet interpretiert,

$$(t, X) \mapsto x(t, X),$$
$$(t, X) \mapsto x^*(t, X).$$

Referenzkonfiguration (die X–Koordinaten)

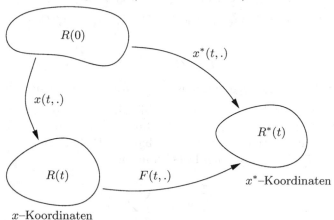

Abb. 5.9. Beobachterwechsel

Dabei gilt

$$x^* = F(t, x) \quad \text{mit} \quad F(t, x) = a(t) + Q(t)x.$$

Die zugehörigen Geschwindigkeitsfelder in Eulerschen Koordinaten v, v^* sind definiert durch

$$v(t, x(t, X)) = \partial_t x(t, X) \quad \text{und}$$
$$v^*(t, x^*(t, X)) = \partial_t x^*(t, X).$$

Damit folgt

$$D_X x^* = D_x F\, D_X x = Q D_X x,$$
$$v^*(t, x^*) = \partial_t x^* = \partial_t a(t) + \partial_t Q(t)\, x + Q\, v(t, x),$$
$$n^* = Qn, \tag{5.40}$$
$$D_{x^*} v^* = \partial_t Q\, D_{x^*} x + Q\, D_{x^*} v$$
$$= \partial_t Q\, Q^\top + Q\, D_x v\, Q^\top.$$

Die letzte Identität gilt, da

$$D_{x^*} x = Q^\top \quad \text{und} \quad D_{x^*} v = D_x v\, D_{x^*} x = D_x v\, Q^\top.$$

Das Prinzip der Beobachterunabhängigkeit macht nun eine Aussage darüber, wie sich skalare Größen wie die Temperatur T, Vektorgrößen wie der Wärmefluß q und Tensoren wie der Spannungstensor σ, unter Beobachterwechseln verhalten. Es seien T, ϱ, q, b, σ und T^*, ϱ^*, q^* , b^*, σ^* die zugehörigen Beschreibungen der Temperatur, der Dichte, des Wärmeflusses, der (flächen-bezogenen) Kraftdichte und des Spannungstensors. Das Prinzip der Beobach-terunabhängigkeit fordert

$$T(t,x) = T^*(t,x^*) = T^*(t,a(t) + Q(t)x)\,, \qquad (5.41)$$

$$q(t,x) = Q^\top q^*(t,x^*) = Q^\top q^*(t,a(t) + Q(t)x) \qquad (5.42)$$

und

$$\sigma(t,x) = Q^\top \sigma^*(t,x^*)Q = Q^\top \sigma^*(t,a(t) + Q(t)x)Q\,. \qquad (5.43)$$

Andere skalare, vektorielle und tensorielle Größen ändern sich entsprechend.

Warum stellen wir diese Forderungen? Die Masse und Temperatur an einem festen Materiepunkt ändern sich nicht durch Beobachterwechsel – es ändert sich nur die unabhängige Variable. Deshalb ist Bedingung (5.41) zu stellen. Bedingung (5.42) folgt aus den Darstellungen

$$\sum_{j=1}^{d} q_j e_j = \sum_{j=1}^{d} q_j^* e_j^*$$

desselben Vektors im Euklidischen Raum durch die beiden Koordinatensysteme mit Koeffizienten q_j und q_j^* und der Formel $e_j = \sum_{i=1}^{d} Q_{ij} e_i^*$. Bedingung (5.43) folgt aus (5.42), angewendet auf die Kraftdichten $b = \sigma n$ und $b^* = \sigma^* n^*$, und die Normalenvektoren n und n^*:

$$\sigma Q^\top n^* = \sigma n = b = Q^\top b^* = Q^\top \sigma^* n^*\,.$$

Isotropie

Insbesondere bei Feststoffen gibt es Materialien, deren Eigenschaften von der „Richtung" abhängen, in die man das Material dreht, oder äquivalent dazu, deren Antwort auf eine äußere Einwirkung, zum Beispiel eine mechanische Belastung, von der Richtung dieser Einwirkung abhängt. Ein Beispiel hierfür ist Holz, dessen Beanspruchbarkeit in Richtung der Holzfasern beziehungsweise der Maserung deutlich stärker ist als in Richtungen senkrecht zur Maserung, oder Faserverbundwerkstoffe wie etwa glasfaserverstärkte Kunststoffe, deren Eigenschaften von der Orientierung der Fasermatten abhängen. Ein solches Material heißt *anisotrop*. Ursache für Anisotropien bei Modellen in der Kontinuumsmechanik sind in der Regel mikroskopisch kleine Strukturen, die man nicht auflösen möchte und daher durch „makroskopische" konstitutive Gesetze modelliert. Materialien, deren Eigenschaften *nicht* von der Richtung abhängen, heißen *isotrop*, von den altgriechischen Wörtern „isos" für „gleich" und „tropos" für „Drehung", „Richtung".

Isotropes Material ist in der Kontinuumsmechanik dadurch charakterisiert, dass die *konstitutiven Gesetze* beobachterunabhängig sind. Als Beispiel betrachten wir die Abhängigkeit des Wärmeflusses vom Temperaturgradienten in einem isotropen Material:

$$q = \widehat{q}(\nabla T, \ldots).$$

Bei einem Beobachterwechsel ändern sich q und ∇T zu $q^* = Qq$ und $\nabla^* T^* = Q\nabla T$; die Form des konstitutiven Gesetzes ändert sich bei isotropem Material aber nicht:

$$q^* = \widehat{q}(\nabla^* T^*, \ldots).$$

Bei anisotropem Material ändert sich das konstitutive Gesetz bei einem Beobachterwechsel in der Regel:

$$q^* = \widehat{q}^*(\nabla^* T^*, \ldots) \quad \text{mit} \quad \widehat{q}^* \neq \widehat{q}.$$

Im Allgemeinen gilt nämlich $q^* = \widehat{q}^*(\nabla^* T^*) = Q\widehat{q}(Q^T \nabla^* T^*)$.

Beispiel: Wir betrachten ein konstitutives Gesetz für den Wärmefluss in zwei Raumdimensionen der Form

$$\widehat{q}(\nabla T) = \begin{pmatrix} \varepsilon & 0 \\ 0 & 1 \end{pmatrix} \nabla T$$

mit kleinem Parameter ε. Ein solches Gesetz kann man beispielsweise für ein geschichtetes Material gemäß Abbildung 5.10 bekommen, wo die Wärmeleitfähigkeit des „weißen" Materials sehr klein ist. Der Wärmefluss in x_2–Richtung findet dann im wesentlichen im „schwarzen" Material statt, so dass man gemittelt eine Wärmeleitfähigkeit der Ordnung 1 bekommt. Der Wärmefluss in x_1–Richtung wird dagegen durch die senkrechten Lamellen aus „weißem" Material behindert, so dass man in diese Richtung gemittelt nur eine deutlich kleinere Wärmeleitfähigkeit hat. Ein Beobachterwechsel von x nach $x^* = Qx$ mit $Q = \begin{pmatrix} 0 & 1 \\ -1 & 0 \end{pmatrix}$ dreht die Richtungen der Lamellen um 90 Grad; und man erhält das konstitutive Gesetz

$$\widehat{q}^*(\nabla^* T^*) = \begin{pmatrix} 1 & 0 \\ 0 & \varepsilon \end{pmatrix} \nabla^* T^*.$$

Konsequenzen aus Isotropie und Beobachterunabhängigkeit

Isotropie und Beobachterunabhängigkeit haben Konsequenzen für die Wahl von konstitutiven Gesetzen. Wir werden dies hier in verschiedenen Situationen untersuchen.

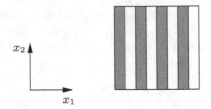

x_2

x_1

Abb. 5.10. Geschichtetes Material

a) Wir nehmen an, dass der *Spannungstensor* eine Funktion der Dichte und der Temperatur ist,

$$\sigma = \widehat{\sigma}(\varrho, T)$$

und zeigen, dass aus dieser Annahme, der Isotropie, und dem Prinzip der Beobachterunabhängigkeit folgt:

$$\sigma = -\widehat{p}(\varrho, T)I \,.$$

Es sei (ϱ, T) fest. Da σ symmetrisch ist, existiert eine orthogonale Matrix Q mit $\det Q = 1$ und eine Diagonalmatrix Λ, so dass

$$\widehat{\sigma}(\varrho, T) = Q^{\top} \Lambda Q \,.$$

Wählen wir dieses Q in der Formulierung der Beobachterunabhängigkeit, und verwenden wir dabei, dass sich die Form des konstitutiven Gesetzes beim Beobachterwechsel nicht ändert, so erhalten wir

$$\sigma = Q^{\top} \sigma^* Q$$

und damit

$$Q^{\top} \Lambda Q = \widehat{\sigma}(\varrho, T) = Q^{\top} \widehat{\sigma}(\varrho^*, T^*)Q = Q^{\top} \widehat{\sigma}(\varrho, T)Q \,.$$

Daraus folgt

$$\widehat{\sigma}(\varrho, T) = \Lambda \,.$$

Wählen wir die speziellen orthogonalen Matrizen

$$Q = \begin{pmatrix} 0 & 1 & 0 \\ -1 & 0 & 0 \\ 0 & 0 & 1 \end{pmatrix}, \ Q = \begin{pmatrix} 0 & 0 & 1 \\ 0 & 1 & 0 \\ -1 & 0 & 0 \end{pmatrix} \ \text{und} \ Q = \begin{pmatrix} 1 & 0 & 0 \\ 0 & 0 & 1 \\ 0 & -1 & 0 \end{pmatrix}$$

in der Formulierung des Prinzips der Beobachterunabhängigkeit, so erhalten wir, dass alle Diagonalelemente von Λ gleich sind. Somit existiert eine Funktion $\widehat{p}(\varrho, T)$, so dass

$$\sigma = -\widehat{p}(\varrho, T)I \,.$$

b) Wir nehmen an, dass der *Wärmefluss* q in einem isotropen Material abhängig ist von der Dichte ϱ, der Temperatur T und dem Temperaturgradienten ∇T,

$$q = \widehat{q}(\varrho, T, \nabla T).$$

Das Prinzip der Beobachterunabhängigkeit für ein isotropes Material fordert

$$q^* = Qq$$

und daher muss

$$\widehat{q}(\varrho^*, T^*, \nabla_{x^*} T^*) = Q\widehat{q}(\varrho, T, \nabla T)$$

erfüllt sein. Wegen

$$\nabla_{x^*} T^* = Q\nabla_x T$$

impliziert dies

$$\widehat{q}(\varrho, T, Q\nabla T) = Q\widehat{q}(\varrho, T, \nabla T).$$

Da ∇T beliebig ist, müssen wir

$$\widehat{q}(\varrho, T, QX) = Q\widehat{q}(\varrho, T, X) \tag{5.44}$$

für alle ϱ, T, X und alle Rotationen Q fordern. Aus dieser Eigenschaft lässt sich der folgende Satz zeigen.

Satz 5.11. *Alle konstitutiven Gesetze, die der Forderung (7.93) genügen, lassen sich auf die Form*

$$\widehat{q}(\varrho, T, X) = -\widehat{k}(\varrho, T, |X|)X$$

bringen.

Bemerkung. Dies ist eine Verallgemeinerung des Fourierschen Gesetzes für ein isotropes Material.

Beweis. Wir geben im Folgenden die Abhängigkeit des Wärmeflusses q von (ϱ, T) nicht explizit an. Es ist zu zeigen, dass $q(a)$ und a auf einer Geraden liegen. Zu jedem Vektor $a \in \mathbb{R}^3$ konstruieren wir die orthogonale Matrix Q so, dass $x \mapsto Qx$ gerade die Drehung mit Drehachse a um den Winkel π realisiert. Dann ist a Eigenvektor von Q zum Eigenwert 1 und der zugehörige Eigenraum hat die Dimension 1. Offensichtlich gilt

$$q(a) = q(Qa) = Qq(a),$$

es ist also auch $q(a)$ Eigenvektor von Q zum Eigenwert 1 und damit

$$q(a) = \alpha(a)a \text{ mit } \alpha(a) \in \mathbb{R}.$$

Für eine beliebige orthogonale Matrix Q mit $\det Q = 1$ gilt dann:

$$\alpha(a)Qa = Qq(a) = q(Qa) = \alpha(Qa)Qa$$

und damit, im Fall $a \neq 0$,

$$\alpha(Qa) = \alpha(a)\,.$$

Zu zwei Vektoren a und b mit gleicher Länge gibt es immer eine orthogonale Matrix mit $b = Qa$, deshalb hängt $\alpha(a)$ nur von $|a|$ ab.   □

5.9 Konstitutive Theorie für viskose Flüssigkeiten

In diesem Abschnitt wollen wir erläutern, warum der Spannungstensor für viskose Flüssigkeiten die in (5.15) postulierte Form hat. Dies ist insbesondere wichtig für die Herleitung der Navier–Stokes–Gleichungen. Eine Flüssigkeit heißt *viskos*, wenn die *innere Reibung* nicht vernachlässigt werden kann. Solche Flüssigkeiten werden durch Spannungstensoren modelliert, deren konstitutive Gesetze eine Abhängigkeit von Dv zulassen,

$$\sigma = \hat{\sigma}(\varrho, T, Dv)\,.$$

Dies spiegelt die Erfahrungstatsache wider, dass Geschwindigkeitsvariationen im Raum Reibung verursachen, siehe Seite 227. Wir nehmen an, dass der Spannungstensor isotrop ist. Dies ist sinnvoll, da Flüssigkeiten und Gase in der Regel keine Mikrostruktur aufweisen, die zu Anisotropien führen können. Das konstitutive Gesetz

$$\sigma = \hat{\sigma}(\varrho, T, Dv)$$

ist dann unabhängig vom Beobachter und muss dabei *invariant unter Beobachterwechseln* sein. Das bedeutet

$$\hat{\sigma}(\varrho^*, T^*, D_{x^*}v^*) = Q\hat{\sigma}(\varrho, T, D_x v)Q^\top$$

und mit Berücksichtigung von (5.40)

$$\hat{\sigma}\big(\varrho, T, \partial_t Q\, Q^\top + Q\, D_x v\, Q^\top\big) = Q\hat{\sigma}(\varrho, T, D_x v)Q^\top\,.$$

Im weiteren drücken wir die Abhängigkeit von (ϱ, T) nicht explizit aus. Damit das konstitutive Gesetz für σ beobachterinvariant und isotrop ist, muss gelten

$$\hat{\sigma}\big(\partial_t Q\, Q^\top + QAQ^\top\big) = Q\hat{\sigma}(A)Q^\top \qquad (5.45)$$

für jede Matrix $A \in \mathbb{R}^{d,d}$.

Lemma 5.12. *Es gilt*

$$\hat{\sigma}(A) = \hat{\sigma}\big(\tfrac{1}{2}\big(A + A^\top\big)\big)\,,$$

der Spannungstensor hängt also nur vom symmetrischen Anteil von Dv ab.

Beweis. Wir wählen eine *schiefsymmetrische* Matrix W mit $W + W^\top = 0$ und setzen

$$Q(t) = e^{-tW} \quad \text{für} \quad t \in \mathbb{R}.$$

Die linearen Abbildungen $Q(t)$ sind Drehungen. Dies folgt, da $WW^\top = W^\top W$, und daher gelten die Potenzgesetze für die Exponentialfunktion und es gilt

$$QQ^\top = e^{-tW} e^{-tW^\top} = e^{-t(W+W^\top)} = e^{-t0} = I\,,$$

$$(\det Q)^2 = \det\left(QQ^\top\right) = 1 \quad \text{und} \quad \det Q(0) = \det I = 1\,.$$

Es folgt also $\det Q(t) = 1$ für alle $t \in \mathbb{R}$. Weiterhin gilt

$$\partial_t Q(t) = -W e^{-tW}$$

und

$$Q(0) = I\,, \quad \partial_t Q(0) = -W\,.$$

Aus (5.45) folgt für $t = 0$

$$\widehat{\sigma}(-W + A) = \widehat{\sigma}(A)\,.$$

Setzen wir $W = \frac{1}{2}\left(A - A^\top\right)$, so folgt

$$\widehat{\sigma}\left(\tfrac{1}{2}\left(A + A^\top\right)\right) = \widehat{\sigma}(A)$$

und damit die Behauptung. $\qquad\qquad\qquad\qquad\qquad\qquad\qquad\qquad\qquad\square$

Es lässt sich zeigen, dass $\widehat{\sigma}$ in drei Raumdimensionen eine sehr spezielle Struktur haben muss. Dies ist Gegenstand des folgenden berühmten Satzes.

Satz 5.13. *(Satz von Rivlin–Ericksen)*
Eine Funktion

$$\widehat{\sigma} : \{A \in \mathbb{R}^{3,3} \mid A \text{ ist symmetrisch}, \ \det A > 0\}$$

$$\rightarrow \{B \in \mathbb{R}^{3,3} \mid B \ \text{ist symmetrisch}\}$$

besitzt genau dann die Eigenschaft

$$\widehat{\sigma}(QAQ^\top) = Q\widehat{\sigma}(A)Q^\top \quad \text{für alle Drehungen } Q\,, \tag{5.46}$$

wenn

$$\widehat{\sigma}(A) = a_0(i_A)I + a_1(i_A)A + a_2(i_A)A^2\,. \tag{5.47}$$

Dabei sind a_0, a_1 und a_2 Funktionen der Grundinvarianten i_A *von A.*

Die *Grundinvarianten* einer Matrix sind die *Koeffizienten des charakteristi-schen Polynoms* $\det(A - \lambda I)$. Eine Matrix $A \in \mathbb{R}^{3,3}$ hat drei Grundinvarianten, es ist also $i_A = (i_1(A), i_2(A), i_3(A))$ mit

$$\det(\lambda I - A) = \lambda^3 - i_1(A)\lambda^2 + i_2(A)\lambda - i_3(A).$$

Sind λ_1, λ_2, λ_3 die Eigenwerte von A, so gilt

$$i_1(A) = \operatorname{spur}(A) = \lambda_1 + \lambda_2 + \lambda_3,$$
$$i_2(A) = \tfrac{1}{2}\big((\operatorname{spur} A)^2 - \operatorname{spur} A^2\big) = \lambda_1\lambda_2 + \lambda_1\lambda_3 + \lambda_2\lambda_3,$$
$$i_3(A) = \det(A) = \lambda_1\lambda_2\lambda_3.$$

Sind die Grundinvarianten zweier Matrizen gleich, so sind auch die Eigenwerte gleich.

Es sei nun $\sigma = -\widehat{p}I + \widehat{S}$. Ist das konstitutive Gesetz für $\widehat{S}$ nicht nur beobach-terunabhängig und isotrop, sondern auch noch *linear*, so hängt $\widehat{S}$ aufgrund des Satzes von Rivlin–Ericksen nur von *zwei* Parametern ab und hat notwen-digerweise die Form

$$\widehat{S}(A) = 2\mu A + \lambda \operatorname{spur}(A)I, \tag{5.48}$$

siehe Aufgabe 5.32. Dabei heißt μ die *Scherviskosität* und $\lambda + \tfrac{2}{3}\mu$ ist die *Volumenviskosität*. Ein Fluid mit einem solchen Spannungstensor heißt *New-tonsches Fluid*.

Beweis des Satzes von Rivlin–Ericksen. Wir zeigen zunächst, dass aus (5.47) die Bedingung (5.46) folgt. Dies sieht man leicht aus der Beziehung

$$Q(a_0 I + a_1 A + a_2 A^2)Q^\top = a_0 I + a_1 Q A Q^\top + a_2 Q A A Q^\top$$
$$= a_0 I + a_1 Q A Q^\top + a_2 Q A Q^\top Q A Q^\top.$$

Dann nutzen wir, dass A und $QAQ^\top$ dieselben Eigenwerte haben. Es bleibt somit zu zeigen, dass (5.46) auch (5.47) impliziert. Sei A eine symmetrische Matrix und

$$A = Q\Lambda Q^\top$$

deren Transformation auf Diagonalform mit Diagonalmatrix Λ und orthogo-naler Matrix Q. Unter der Annahme, dass (5.47) für Diagonalmatrizen gilt, folgt

$$\widehat{\sigma}(A) = \widehat{\sigma}(Q\Lambda Q^\top) = Q\widehat{\sigma}(\Lambda)Q^\top = Q\big(i_0(\Lambda)I + i_1(\Lambda)\Lambda + i_2(\Lambda)\Lambda^2\big)Q^\top$$
$$= i_0(A)I + i_1(A)A + i_2(A)A^2,$$

denn $i_j(A)$ hängt nur von den Eigenwerten von A ab und somit gilt $i_j(A) = i_j(\Lambda)$. Deshalb genügt es, die Aussage für *Diagonalmatrizen* zu beweisen. Sei

$$A = \begin{pmatrix} \lambda_1 & 0 & 0 \\ 0 & \lambda_2 & 0 \\ 0 & 0 & \lambda_3 \end{pmatrix}$$

mit $\lambda_j \in \mathbb{R}$ und $\lambda = (\lambda_1, \lambda_2, \lambda_3)$. Wir zeigen, dass $\widehat{\sigma}(A)$ wieder eine Diagonalmatrix ist. Mit

$$Q = \begin{pmatrix} 1 & 0 & 0 \\ 0 & -1 & 0 \\ 0 & 0 & -1 \end{pmatrix}$$

gilt $Q^\top = Q$, $Q^\top Q = I$, $\det Q = 1$ und

$$\widehat{\sigma}(A)e_1 = QQ^\top\widehat{\sigma}(A)Qe_1 = Q\widehat{\sigma}(Q^\top AQ)e_1 = Q\widehat{\sigma}(A)e_1 \,.$$

Damit ist $\widehat{\sigma}(A)e_1$ ein Eigenvektor von Q zum Eigenwert 1. Da der Eigenraum zu diesem Eigenwert von e_1 erzeugt wird, gilt

$$\widehat{\sigma}(A)e_1 = t_1(\lambda)\, e_1$$

mit einer geeigneten Funktion t_1 von λ. Analog zeigt man

$$\widehat{\sigma}(A)e_j = t_j(\lambda)\, e_j \quad \text{für} \quad j = 2, 3\,.$$

Insgesamt folgt

$$\widehat{\sigma}(A) = \begin{pmatrix} t_1(\lambda) & 0 & 0 \\ 0 & t_2(\lambda) & 0 \\ 0 & 0 & t_3(\lambda) \end{pmatrix}.$$

Als nächstes zeigen wir, dass die Vertauschung der λ_j zu einer entsprechenden Vertauschung der t_j führt, dass also für jede Permutation π von $\{1, 2, 3\}$ gilt:

$$t_{\pi(j)}(\lambda_{\pi(1)}, \lambda_{\pi(2)}, \lambda_{\pi(3)}) = t_j(\lambda_1, \lambda_2, \lambda_3)\,. \tag{5.49}$$

Es genügt, dies für Elementarpermutationen nachzuweisen. Für die Permutation $(1, 2, 3) \to (2, 1, 3)$ folgt mit

$$Q = \begin{pmatrix} 0 & 1 & 0 \\ 1 & 0 & 0 \\ 0 & 0 & -1 \end{pmatrix}$$

und (5.46), dass

$$\widehat{\sigma}\begin{pmatrix} \lambda_2 & 0 & 0 \\ 0 & \lambda_1 & 0 \\ 0 & 0 & \lambda_3 \end{pmatrix} = Q\begin{pmatrix} t_1(\lambda_2, \lambda_1, \lambda_3) & 0 & 0 \\ 0 & t_2(\lambda_2, \lambda_1, \lambda_3) & 0 \\ 0 & 0 & t_3(\lambda_2, \lambda_1, \lambda_3) \end{pmatrix}Q^\top$$

$$= \begin{pmatrix} t_2(\lambda_1, \lambda_2, \lambda_3) & 0 & 0 \\ 0 & t_1(\lambda_1, \lambda_2, \lambda_3) & 0 \\ 0 & 0 & t_3(\lambda_1, \lambda_2, \lambda_3) \end{pmatrix}.$$

Analog zeigt man (5.49) für $(1, 2, 3) \rightarrow (3, 2, 1)$ und $(1, 2, 3) \rightarrow (1, 3, 2)$.

Im letzten Beweisschritt möchten wir folgern, dass (5.47) für geeignete Funktionen $a_j = a_j(\lambda)$ erfüllt ist. Diese Bedingung ist äquivalent zu

$$t_j(\lambda) = a_0(\lambda) + a_1(\lambda)\lambda_j + a_2(\lambda)\lambda_j^2 \quad \text{für} \quad j = 1, 2, 3. \tag{5.50}$$

Falls die Eigenwerte alle verschieden sind, kann man die Koeffizienten a_j durch Polynominterpolation bestimmen. Falls zwei der Eigenwerte gleich sind, zum Beispiel $\lambda_1 = \lambda_2 \neq \lambda_3$, dann folgt aus (5.49)

$$t_1(\lambda) = t_1(\lambda_1, \lambda_2, \lambda_3) = t_2(\lambda_2, \lambda_1, \lambda_3) = t_2(\lambda_1, \lambda_2, \lambda_3) = t_2(\lambda).$$

Man kann dann (5.50) erfüllen mit $a_2(\lambda) = 0$ und a_0, a_1 aus

$$t_j(\lambda) = a_0(\lambda) + a_1(\lambda)\lambda_j \quad \text{für} \quad j = 1, 3.$$

Wenn alle Eigenwerte gleich sind, dann gilt $t_1 = t_2 = t_3$ und

$$\widehat{\sigma}(A) = a_0(\lambda)I \quad \text{mit} \quad a_0(\lambda) = t_1(\lambda).$$

$\square$

5.10 Modellierung elastischer Feststoffe

Feststoffe unterscheiden sich von Flüssigkeiten und Gasen dadurch, dass die Atome oder Moleküle in einem „Feststoffgitter" angeordnet sind. Eine Verformung des Feststoffes deformiert zwar das Feststoffgitter, ändert aber typischerweise nicht die „Nachbarschaftsbeziehungen" der Atome und Moleküle. Die „Rückstellkräfte" im verformten Zustand werden durch *Verschiebungen* der Moleküle im Feststoffgitter und die dadurch resultierenden intermolekularen Anziehungs- oder Abstoßungskräfte verursacht. Dies gilt zumindest für elastische Festkörper, wo die einwirkenden Kräfte nicht so groß sind, dass sich der Körper dauerhaft *plastisch* verformt oder Risse und Brüche auftreten. Für elastische Verformungen ist es deshalb sinnvoll, eine Beschreibung in *Lagrangeschen* Koordinaten zu wählen, da man in Lagrangeschen Koordinaten leichter die „ursprünglichen" Nachbarschaftsbeziehungen im Feststoffgitter nachvollziehen kann. In Abbildung 5.11 werden Lagrangesche Koordinaten x und Eulersche Koordinaten y grafisch dargestellt. Die Notation ist gegenüber der bisherigen leicht verändert, weil man in der Elastizitätstheorie die Lagrangeschen Koordinaten üblicherweise mit Kleinbuchstaben bezeichnet. Die Lagrangeschen Koordinaten x beschreiben die Position eines Materiepunktes in der *Referenzkonfiguration*, das ist typischerweise die Konfiguration, die der feste Körper ohne äußere Kräfte einnimmt. Die Eulerschen Koordinaten y geben die Position des Materiepunktes im verformten Zustand zur Zeit t an.

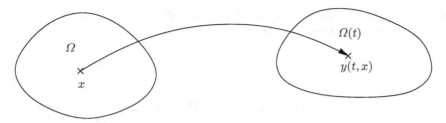

Abb. 5.11. Referenzkonfiguration, Lagrangesche und Eulersche Koordinaten

Die Verformung von Ω zu einem Zeitpunkt t kann man beschreiben durch das *Deformationsfeld*

$$y : (t, x) \mapsto y(t, x)$$

oder durch das *Verschiebungsfeld*

$$u : (t, x) \mapsto u(t, x) = y(t, x) - x \, .$$

Ein lokales Maß für die Deformation ist der *Deformationsgradient*

$$Dy(t, x) = \left(\frac{\partial y_i}{\partial x_j}(t, x) \right)^d_{i,j=1} \, .$$

Die Spalten des Deformationsgradienten enthalten die Tangentenvektoren an die Bilder der Koordinatenlinien im verformten Zustand, wie in Abbildung 5.12 dargestellt.

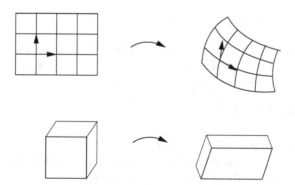

Abb. 5.12. Zur Definition des Deformationsgradienten

Die in verformten elastischen Körpern wirkenden Kräfte hängen von den durch die Verformung hervorgerufenen Längenänderungen ab, die auf der atomaren Skala Verschiebungen der Positionen von Atomen oder Molekülen im Feststoffgitter zur Folge haben. Zur Beschreibung der Längenänderung betrachten wir zwei Punkte x und $x + a$ mit kleinem Abstand a. Der Abstand vor der

Verformung ist $|a|$. Den Abstand im verformten Zustand kann man mit der Taylorentwicklung berechnen als

$$|y(x+a) - y(x)| \approx |Dy(x)a| = \left(a^\top (Dy(x))^\top Dy(x)\, a\right)^{1/2}.$$

Die Matrix
$$C := (Dy)^\top Dy = (I + Du)^\top (I + Du)$$

heißt *Cauchy–Greenscher Verzerrungstensor*, sie beschreibt die lokale Längen-änderung. Die Matrix

$$G := \tfrac{1}{2}(C - I) = \tfrac{1}{2}\left((Dy)^\top Dy - I\right) = \tfrac{1}{2}\left(Du + (Du)^\top + (Du)^\top Du\right)$$

heißt *Greenscher* oder *Green–St. Venantscher* Verzerrungstensor. Eine Verformung *ohne* Änderung des Abstandes von Punkten ist charakterisiert durch

$$C = I \quad \text{und} \quad G = 0.$$

Beispiele solcher Verformungen sind

Translationen: $y(x) = x + a$ oder $u(x) = a$ mit einem Translationsvektor $a \in \mathbb{R}^d$.

Rotationen: $y(x) = x_M + Q(x - x_M)$ mit einem Punkt x_M auf der Drehachse und einer Drehmatrix Q, das ist eine orthogonale Matrix mit Determinante 1. Das entsprechende Verschiebungsfeld ist $u(x) = (Q - I)(x - x_M)$.

Eine allgemeine *Starrkörperbewegung* ist gegeben durch

$$y(x) = Qx + a \quad \text{und} \quad u(x) = (Q - I)x + a.$$

Der Deformationsgradient einer Starrkörperbewegung ist $Dy = Q$, die Verzerrungstensoren sind $C = I$ und $G = 0$.

Der Spannungstensor

Der Spannungstensor beschreibt die Übertragung von Kräften im verformten Körper. Er kann wie in Abschnitt 5.5 beschrieben in Eulerschen Koordinaten formuliert werden; für die Anwendung auf elastische Feststoffe ist allerdings eine Beschreibung in Lagrangeschen Koordinaten besser geeignet. Wir betrachten einen Körper, der in der Referenzkonfiguration das Gebiet $\Omega \subset \mathbb{R}^d$ ausfüllt. Das Gebiet sei durch eine Fläche Γ in zwei Teile Ω_1 und Ω_2 unterteilt, wie in Abbildung 5.13 dargestellt. Wenn man den Körper verformt, dann wirken Kräfte innerhalb des Körpers, insbesondere übt dann das *verformte* Gebiet $y(\Omega_2)$ längs der *verformten* Fläche $y(\Gamma)$ auf das *verformte* Teilgebiet $y(\Omega_1)$ eine Kraft aus. Diese ist gegeben durch

$$F_{\Omega_2 \to \Omega_1} = \int_\Gamma \sigma n \, ds_x.$$

Diese Formel ist auf den ersten Blick dieselbe wie bei der Darstellung in Eulerschen Koordinaten, sie muss aber etwas anders interpretiert werden: Der Spannungstensor σ ist auf der Referenzkonfiguration Ω definiert und der Vektor n ist der Normalenvektor der Fläche Γ in der Referenzkonfiguration. Die Größe σn ist eine flächenbezogene Kraftdichte, und zwar bezogen auf die Fläche in der Referenzkonfiguration. Mit dieser Interpretation heißt σ der *1. Piola–Kirchhoffsche Spannungstensor*. Man findet in der Literatur auch andere Spannungstensoren, insbesondere gibt es auch bei elastischen Feststoffen eine Formulierung des Spannungstensors im deformierten Gebiet, also in Eulerschen Koordinaten; dieser heißt dann *Cauchyscher Spannungstensor*.

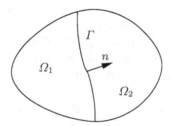

Abb. 5.13. Zur Definition des Spannungstensors

Die Elastizitätsgleichungen

Die Differentialgleichungen für elastische Feststoffe folgen aus dem *Impulserhaltungssatz*. In der Referenzkonfiguration lautet der Impulserhaltungssatz

$$\frac{d}{dt} \int_\Omega \varrho \, \partial_t u \, dx = \int_\Omega f \, dx + \int_{\partial\Omega} \sigma n \, ds_x \,.$$

Dabei ist ϱ die Dichte, bezogen auf die Referenzkonfiguration, und f ist eine *volumenbezogene* Kraftdichte, und zwar ebenfalls bezogen auf das Volumen der Referenzkonfiguration. Durch Anwendung des Satzes von Gauß erhält man

$$\int_\Omega \left(\varrho \, \partial_t^2 u - \nabla \cdot \sigma - f \right) dx = 0$$

und, da diese Gleichung auch für jedes Teilgebiet von Ω erfüllt sein muss, die Formulierung

$$\varrho \, \partial_t^2 u - \nabla \cdot \sigma = f \,. \tag{5.51}$$

Wegen der Formulierung in Lagrangeschen Koordinaten benötigt man das Reynoldsche Transporttheorem hier nicht. Man hat deshalb auch keinen konvektiven Anteil in den Differentialgleichungen.

Für eine vollständige Beschreibung der elastischen Verformung benötigt man nun ein *konstitutives Gesetz* zur Bestimmung des Spannungstensors aus dem Verschiebungsfeld u, oder alternativ der Deformation y. Charakteristisch für ein *elastisches* Material ist, dass sich das Material unter Belastung verformt, aber diese Verformung bei Wegnahme der Belastung wieder verschwindet. Die zur Verformung aufgewendete Arbeit wird dann im verformten Körper als *elastische Energie* gespeichert. Aus der Energieerhaltung kann man nun einen Zusammenhang zwischen Spannungstensor und elastischer Energie folgern. Wenn e die volumenbezogene Dichte der elastischen Energie bezeichnet, dann ist die Energieerhaltung gegeben durch

$$\frac{d}{dt} \int_\Omega \left(\tfrac{1}{2} \varrho |\partial_t u|^2 + e \right) dx = \int_\Omega f \cdot \partial_t u \, dx + \int_{\partial\Omega} \sigma n \cdot \partial_t u \, ds_x \, .$$

Dabei ist $\tfrac{1}{2}\varrho|\partial_t u|^2$ die volumenbezogene Dichte der kinetischen Energie, $\int_\Omega f \cdot \partial_t u \, dx$ die von den Volumenkräften und $\int_{\partial\Omega} \sigma n \cdot \partial_t u \, ds_x$ die von den Oberflächenkräften geleistete Arbeit. Da das Gebiet Ω hier nicht von der Zeit abhängt, kann man Zeitableitung und Integration vertauschen. Anwendung des Gaußschen Integralsatzes liefert dann

$$\int_\Omega \left(\varrho \, \partial_t u \cdot \partial_t^2 u + \partial_t e - f \cdot \partial_t u - (\nabla \cdot \sigma) \cdot \partial_t u - \sigma : \partial_t Du \right) dx = 0 \, .$$

Wegen der Impulserhaltungsgleichung fallen alle Terme weg mit Ausnahme von $\partial_t e - \sigma : \partial_t Du$. Es gilt also

$$\partial_t e - \sigma : \partial_t Du = 0 \, .$$

Da diese Gleichung für alle zulässigen Evolutionen von Verschiebungsfeldern gelten muss, kann man analog zur Argumentation bei der Coleman–Noll–Prozedur schließen, dass e nur von Du abhängt. Bezeichnen wir mit $X = (X_{ij})_{i,j=1}^d$ die Variablen, die zur Matrix Du gehören, so ergibt sich

$$\sum_{i,j=1}^d \frac{\partial e}{\partial X_{ij}}(Du) \partial_t \frac{\partial u_i}{\partial x_j} - \sigma : \partial_t Du = 0 \, .$$

Nutzen wir wieder, dass beliebige Verschiebungsfelder gewählt werden können, so ergibt sich

$$\sigma_{ij}(u) = \frac{\partial e}{\partial X_{ij}}(Du) \, .$$

Wir werden daher ein Material als *elastisch* bezeichnen, wenn der Spannungstensor nur vom Ortspunkt x und dem Verschiebungsgradienten Du abhängt,

$$\sigma = \sigma(x, Du(x)) \, ,$$

und es eine Energiefunktion $e = e(x; Du)$ gibt mit

$$\sigma_{ij}(u) = \frac{\partial e}{\partial X_{ij}}(Du).$$

Bemerkung. Wir haben hier außer mechanischen Kräften keine anderen Phänomene berücksichtigt, die zur Verformung des Körpers führen können oder zur Energiebilanz beitragen. Insbesondere ist die Verformung des Körpers durch Temperaturänderungen nicht berücksichtigt. Das Modell ist deshalb streng genommen nur für *isotherme* Situationen geeignet.

Linear elastisches Material

Um ein *lineares* Modell für elastische Materialien zu bekommen, sind analog zur Situation bei den elastischen Stabwerken in Abschnitt 2.2 *zwei* Linearisierungsschritte notwendig. Bei der *geometrischen Linearisierung* wird der Greensche Verzerrungstensor bezüglich Du linearisiert:

$$G = G(u) = \frac{1}{2}\big(Du + (Du)^\top + (Du)^\top Du\big) \approx \frac{1}{2}\big(Du + (Du)^\top\big).$$

Der Tensor

$$\varepsilon(u) = \frac{1}{2}\big(Du + (Du)^\top\big)$$

mit Komponenten

$$\varepsilon_{ij}(u) = \tfrac{1}{2}\big(\partial_{x_i} u_j + \partial_{x_j} u_i\big)$$

heißt *linearisierter Verzerrungstensor*. In der Praxis ist die Annahme kleiner Verzerrung sehr oft sinnvoll, bei vielen Anwendungen der Elastizitätstheorie ist die Deformation des Festkörpers so klein, dass sie mit „bloßem Auge" nicht zu erkennen ist; die übertragenen Kräfte sind dagegen relativ groß. Neben dieser geometrischen Linearisierung benötigt man ein lineares Materialgesetz, also eine lineare Beziehung zwischen σ und $\varepsilon(u)$:

$$\sigma_{ij}(u) = \sum_{k,\ell=1}^{d} a_{ijk\ell}\,\varepsilon_{k\ell}(u) \quad \text{für } i,j = 1,\ldots,d. \tag{5.52}$$

Diese Beziehung heißt *Hookesches Gesetz*, der Tensor vierter Stufe $A = (a_{ijk\ell})_{i,j,k,\ell=1}^{d} \in \mathbb{R}^{d,d,d,d}$ heißt *Hookescher Tensor*. Dieses Gesetz folgt aus einer quadratischen Funktion für die elastische Energiedichte

$$e(u) = \sum_{i,j,k,\ell=1}^{d} \tfrac{1}{2}\, a_{ijk\ell}\,\varepsilon_{ij}(u)\,\varepsilon_{k\ell}(u).$$

Die Koeffizienten $a_{ijk\ell}$ erfüllen die Symmetriebedingungen

$$a_{ijk\ell} = a_{jik\ell} = a_{k\ell ij}. \tag{5.53}$$

Dies ist *keine* Einschränkung an die elastische Energiedichte. Für drei Dimensionen hat A im allgemeinen Fall 21 verschiedene Parameter. Der linearisierte Verzerrungstensor hat nämlich 6 unabhängige Komponenten, und eine quadratische Form in $\mathbb{R}^6$ ist durch 21 unabhängige Koeffizienten gegeben. In zwei Dimensionen hat ε drei Komponenten und A sechs Koeffizienten. Damit die Energiedichte positiv ist, muss

$$\sum_{i,j,k,\ell=1}^{d} a_{ijk\ell}\xi_{ij}\xi_{k\ell} \geq a_0|\xi|^2 \quad \text{mit} \quad a_0 > 0 \tag{5.54}$$

für jede symmetrische Matrix $\xi \in \mathbb{R}^{d,d}$ mit $|\xi|^2 = \sum_{i,j=1}^{d} |\xi_{ij}|^2$ gelten. Für ein *isotropes* Material folgt aus der Beobachterunabhängigkeit und dem Satz von Rivlin–Ericksen, dass, vgl. (5.48)

$$\sigma_{ij}(u) = \lambda\,(\nabla \cdot u)\,\delta_{ij} + 2\mu\,\varepsilon_{ij}(u)$$

mit den *Lamé-Konstanten* λ und μ. Der entsprechende Hookesche Tensor lautet

$$a_{ijk\ell} = \lambda\,\delta_{ij}\delta_{k\ell} + \mu\,(\delta_{ik}\delta_{j\ell} + \delta_{i\ell}\delta_{jk})\,.$$

Anstelle der Lamé–Konstanten werden oft auch der *Elastizitätsmodul* (Youngscher Modul) E und die *Querkontraktionszahl* (Poisson-Zahl) ν verwendet:

$$E = \frac{\mu(3\lambda + 2\mu)}{\lambda + \mu}, \quad \nu = \frac{\lambda}{2(\lambda + \mu)},$$

beziehungsweise

$$\lambda = \frac{E\nu}{(1 + \nu)(1 - 2\nu)}, \quad \mu = \frac{E}{2(1 + \nu)}\,.$$

Im folgenden Abschnitt über Elastostatik werden wir die Bedeutung der Größen E und ν besser verstehen. Die Differentialgleichungen der linearen Elastizitätstheorie sind

$$\varrho\,\partial_t^2 u_i - \sum_{j,k,\ell=1}^{d} \partial_{x_j}(a_{ijk\ell}\varepsilon_{k\ell}) = f_i \quad \text{für} \quad i = 1,\dots,d\,.$$

Ein Material heißt *homogen*, wenn die Materialparameter nicht vom Ort x abhängen. Für isotropes, homogenes Material gilt

$$\varrho\,\partial_t^2 u - \mu\,\Delta u - (\lambda + \mu)\nabla\nabla \cdot u = f \tag{5.55}$$

mit den Lamé–Konstanten, beziehungsweise

$$\varrho\,\partial_t^2 u - \frac{E}{2(1 + \nu)}\Delta u - \frac{E}{2(1 + \nu)(1 - 2\nu)}\nabla\nabla \cdot u = f \tag{5.56}$$

mit Elastizitätsmodul und Querkontraktionszahl.

Elastostatik

Im statischen Grenzfall sind die Zeitableitungen gleich Null, $\partial_t^2 u = 0$, und man erhält die Gleichungen der statischen Elastizitätstheorie

$$-\nabla \cdot \sigma(u) = f\,. \tag{5.57}$$

Für homogenes, isotropes Material folgt daraus das Gleichungssystem

$$-\frac{E}{2(1+\nu)}\Delta u - \frac{E}{2(1+\nu)(1-2\nu)}\nabla\nabla \cdot u = f\,.$$

Um die Bedeutung der Konstanten E und ν zu illustrieren, konstruieren wir eine Lösung dieser Gleichungen für einen Zylinder

$$\Omega = \left\{ x \in \mathbb{R}^3 \,|\, 0 < x_1 < L,\ \sqrt{x_2^2 + x_3^2} \le R \right\}$$

mit Kraft $f = 0$ und den Randbedingungen

$$\sigma(u)(-e_1) = -e_1 \ \ \text{für}\ \ x_1 = 0,\ \sigma(u)e_1 = e_1 \ \text{für}\ x_1 = L$$

$$\text{und}\ \ \sigma(u)n = 0 \ \ \text{für}\ \ \sqrt{x_2^2 + x_3^2} = R\,.$$

Dies bedeutet, dass am Zylinder an der linken und rechten Seite jeweils mit einer Einheitskraft gezogen wird, während an den gekrümmten Seiten keine Kraft einwirkt. Wir verwenden den Ansatz

$$u(x) = \begin{pmatrix} a_1 x_1 \\ a_2 x_2 \\ a_2 x_3 \end{pmatrix}$$

mit noch unbekannten Koeffizienten a_1 und a_2. Da $\nabla\nabla \cdot u = 0$ und $\Delta u = 0$, ist die Differentialgleichung erfüllt. Der Spannungstensor ist

$$\sigma(u) = \frac{E}{2(1+\nu)}\left(Du + (Du)^\top\right) + \frac{E\nu}{(1+\nu)(1-2\nu)}\nabla \cdot u\, I$$

$$= \frac{E}{1+\nu}\left[\begin{pmatrix} a_1 & 0 & 0 \\ 0 & a_2 & 0 \\ 0 & 0 & a_2 \end{pmatrix} + \frac{\nu}{1-2\nu} \begin{pmatrix} a_1 + 2a_2 & 0 & 0 \\ 0 & a_1 + 2a_2 & 0 \\ 0 & 0 & a_1 + 2a_2 \end{pmatrix} \right].$$

Aus $\sigma(u)e_1 = e_1$ folgt

$$a_1 + \frac{\nu}{1-2\nu}(a_1 + 2a_2) = \frac{1+\nu}{E}\,,$$

aus $\sigma(u)e_2 = \sigma(u)e_3 = 0$ erhält man

$$a_2 + \frac{\nu}{1-2\nu}(a_1 + 2a_2) = 0\,.$$

Die Lösung dieses linearen Gleichungssystems ist

$$a_1 = \frac{1}{E} \quad \text{und} \quad a_2 = -\frac{\nu}{E}.$$

Das Verschiebungsfeld ist also

$$u(x) = \frac{1}{E} \begin{pmatrix} x_1 \\ -\nu x_2 \\ -\nu x_3 \end{pmatrix}.$$

Das bedeutet, dass sich der Zylinder verlängert um das $\frac{1}{E}$–fache seiner ursprünglichen Länge, und sich gleichzeitig der Radius um das $\frac{\nu}{E}$–fache reduziert, wie in Abbildung 5.14 skizziert. Die auf den Zylinder einwirkende Kraft ist gleich der Spannung am Rand, multipliziert mit der Randfläche. Der Elastizitätsmodul gibt also die Kraft pro Fläche an, mit der man an den beiden seitlichen Rändern ziehen muss, um die Länge des Zylinders zu verdoppeln; die Querkontraktionszahl gibt an, um welchen Anteil sich der Radius dabei reduziert. Wir sehen also, dass der Elastizitätsmodul in diesem Abschnitt dem Elastizitätsmodul bei den Stabwerken entspricht, vgl. Abschnitt 2.2.

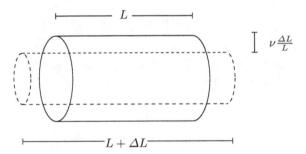

Abb. 5.14. Zur Bedeutung von Elastizitätsmodul und Querkontraktionszahl. Hier ist $\Delta L = \frac{F}{EA} L$ mit der am Zylinder angreifenden Kraft F und der Querschnittsfläche A des Zylinders.

Ebener Verzerrungszustand und ebener Spannungszustand

In manchen Anwendungen kann man mit Hilfe vorhandener *Symmetrien* die Raumdimension von Differentialgleichungsmodellen reduzieren. Die bekanntesten Beispiele in der Elastizitätstheorie sind der *ebene Verzerrungszustand* und der *ebene Spannungszustand* für homogene, isotrope elastische Materialien.

Beim *ebenen Verzerrungszustand* nimmt man an, dass der Verzerrungstensor ε in einer Raumrichtung konstant ist, die wir ohne Einschränkung der Allgemeinheit als x_3–Richtung wählen, und dass $\varepsilon_{i3}(u) = 0$ für $i = 1, 2, 3$ gilt. Ein ebener Verzerrungszustand liegt insbesondere für unendlich lange Zylinder mit Zylinderachse in x_3-Richtung vor, oder auch für endlich lange Zylinder mit Randbedingungen $\sigma_{13} = \sigma_{23} = 0$ und $u_3 = 0$ an der „oberen" und „unteren" Randfläche, wenn die einwirkenden Volumen- und Oberflächenkräfte nur Komponenten in x_1- und x_2-Richtung haben. In der Praxis verwendet man den ebenen Verzerrungszustand auch für endlich lange Zylinder, die oben und unten festgehalten sind; der ebene Verzerrungszustand ist dann näherungsweise für einen hinreichend großen Abstand von den oberen und unteren Randflächen erfüllt. Die Komponenten des Spannungstensors

$$\sigma = \lambda \operatorname{spur}(\varepsilon) I + 2\mu\varepsilon \qquad (5.58)$$

haben dann die Form

$$\sigma_{ij} = \lambda(\varepsilon_{11} + \varepsilon_{22})\delta_{ij} + 2\mu\,\varepsilon_{ij} \ \text{ für } \ i,j = 1,2,$$
$$\sigma_{i3} = \sigma_{3i} = 0 \ \text{ für } \ i = 1,2 \ \text{ und}$$
$$\sigma_{33} = \lambda(\varepsilon_{11} + \varepsilon_{22})\,.$$

Man beachte, dass hier die Komponente σ_{33} im allgemeinen *nicht* Null ist. Da ε und damit auch σ unabhängig von x_3 ist, gilt $\partial_{x_3}\sigma_{33} = 0$ und man erhält

$$(\nabla \cdot \sigma)_i = \sum_{j=1}^{2} \partial_{x_j}\sigma_{ij} = (\lambda + \mu)\partial_{x_i}(\partial_{x_1}u_1 + \partial_{x_2}u_2) + \mu\,\Delta u_i$$

für $i = 1,2$. Wenn man mit $\nabla_2 = (\partial_{x_1}, \partial_{x_2})^\top$ den Gradienten und mit $\Delta_2 = \partial_{x_1}^2 + \partial_{x_2}^2$ den Laplace–Operator bezüglich der zweidimensionalen Ortsvariablen $(x_1, x_2)^\top$ bezeichnet, dann erhält man für den ebenen Verzerrungszustand die Differentialgleichungen

$$\varrho\,\partial_t^2 \overline{u} - (\lambda + \mu)\nabla_2\nabla_2 \cdot \overline{u} - \mu\,\Delta_2\overline{u} = f$$

für die Komponenten $\overline{u} = (u_1, u_2)^\top$ des Verschiebungsfeldes. Dies entspricht der zweidimensionalen Version der Elastizitätsgleichungen (5.55) oder (5.56), mit denselben Werten der Lamé–Konstanten, beziehungsweise des Elastizitätsmoduls und der Querkontraktionszahl, wie in drei Raumdimensionen.

Im *ebenen Spannungszustand* nimmt man an, dass der Spannungstensor von x_3 unabhängig ist, und dass $\sigma_{i3} = 0$ für $i = 1,2,3$ gilt. Aus (5.58) folgt dann zunächst

$$\varepsilon_{13} = \varepsilon_{23} = 0 \ \text{ und } \ \varepsilon_{33} = -\frac{\lambda}{2\mu}\operatorname{spur}(\varepsilon)$$

und dann

$$\varepsilon_{33} = -\frac{\lambda}{\lambda + 2\mu}(\varepsilon_{11} + \varepsilon_{22})\,. \qquad (5.59)$$

Es folgt weiter

$$\sigma_{ij} = \frac{2\mu\lambda}{\lambda + 2\mu}(\varepsilon_{11} + \varepsilon_{22})\delta_{ij} + 2\mu\,\varepsilon_{ij} \quad \text{für} \quad i,j = 1,2\,;$$

dies entspricht der zweidimensionalen Version des Hookeschen Gesetzes, allerdings mit einer modifizierten Lamé–Konstanten

$$\widetilde{\lambda} = \frac{2\mu\lambda}{\lambda + 2\mu}\,.$$

Die Elastizitätsgleichungen für den ebenen Spannungszustand lauten

$$\varrho\,\partial_t^2\overline{u} - \frac{2\mu^2 + 3\lambda\mu}{\lambda + 2\mu}\,\nabla_2\nabla_2 \cdot \overline{u} - \mu\,\Delta_2\overline{u} = f \qquad (5.60)$$

beziehungsweise

$$\varrho\,\partial_t^2\overline{u} - \frac{E}{2(1 - \nu)}\nabla_2\nabla_2 \cdot \overline{u} - \frac{E}{2(1 + \nu)}\,\Delta_2\overline{u} = f\,.$$

Aus diesen Gleichungen kann man die Komponenten u_1 und u_2 des Verschiebungsfeldes ausrechnen; für die dritte Komponente folgt aus (5.59)

$$\partial_{x_3}u_3 = -\frac{\lambda}{\lambda + 2\mu}(\varepsilon_{11} + \varepsilon_{22}) = -\frac{\nu}{1 - \nu}(\partial_{x_1}u_1 + \partial_{x_2}u_2)\,.$$

Insbesondere ist die Verschiebung in x_3–Richtung im ebenen Spannungszustand *nicht* Null. Der ebene Spannungszustand ist sinnvoll für dünne, in x_1- und x_2–Richtung ausgedehnte Platten, die nur in x_1- und x_2–Richtung belastet werden. Tatsächlich ist Gleichung (5.60) Bestandteil des *Kirchhoffschen Plattenmodells*, das neben den im ebenen Spannungszustand modellierten Belastungen in Längsrichtungen allerdings auch Quer- und Biegelasten beschreiben kann.

Hyperelastisches Material

Klassische Beispiele für nichtlineare Elastizität sind *hyperelastische* Materialien. Ein Material heißt hyperelastisch, wenn es eine Energiedichtefunktion

$$W : \Omega \times M_+^d \to \mathbb{R}$$

gibt, wobei M_+^d die Menge der regulären Matrizen mit positiver Determinante ist, so dass die in einem verformten Körper gespeicherte elastische Energie ausgedrückt werden kann durch

$$\int_\Omega W(x, Dy(x))\,dx\,.$$

Dabei ist $y(x) = x + u(x)$ das Deformationsfeld. Der Spannungstensor eines hyperelastischen Materials ist gegeben durch (wir geben im Folgenden die x–Abhängigkeit nicht explizit an)

$$\sigma_{ij} = \frac{\partial W}{\partial X_{ij}}(Dy)\,,$$

wenn $\frac{\partial}{\partial X_{ij}}$ die partielle Ableitung von W nach der Komponente $X_{ij} = \partial_{x_j} y_i$ des Deformationsgradienten $X = Dy$ bezeichnet. Sinnvolle Eigenschaften der Energiedichtefunktion sind:

- Die *Rahmeninvarianz*

$$W(QF) = W(F)$$

  für alle orthogonalen Matrizen $Q \in \mathbb{R}^{d,d}$ mit $\det Q = 1$ und alle regulären Matrizen $F \in \mathbb{R}^{d,d}$ mit $\det F > 0$.

- Die Eigenschaft

$$W(F) \to +\infty \quad \text{für} \quad \det F \to 0\,.$$

  Diese Bedingung bedeutet, dass eine vollständige Komprimierung eines Materievolumens auf das Volumen 0 eine unendliche Energiedichte besitzt.

- Ein isotropes Material ist durch eine Energiedichtefunktion gekennzeichnet, die

$$W(FQ) = W(F)$$

  für alle orthogonalen Matrizen $Q \in \mathbb{R}^{d,d}$ mit $\det Q = 1$ und alle regulären Matrizen $F \in \mathbb{R}^{d,d}$ mit $\det F > 0$ erfüllt.

Beispiele für hyperelastische Materialien sind

- St. Venant–Kirchhoff–Material:

$$W(F) = \frac{\lambda}{2}(\operatorname{spur}(G))^2 + \mu \operatorname{spur}(G^2) \text{ mit } G = \frac{1}{2}\left(F^\top F - I\right),$$

  dabei sind λ und μ die Lamé–Konstanten. Dies entspricht gerade dem linearen Materialgesetz ohne geometrische Linearisierung. Dieses Gesetz erfüllt allerdings nicht die Bedingung $W(F) \to +\infty$ für $\det F \to 0$.

- Ogden–Material

$$W(F) = a \operatorname{spur}\left(F^\top F\right)^{\delta/2} + b \operatorname{spur}\left(\operatorname{kof}(F^\top F)\right) + \gamma(\det F)$$

  mit Koeffizienten $a, b > 0$, einem Exponenten $\delta \geq 1$ und einer konvexen Funktion $\gamma : (0, +\infty) \to \mathbb{R}$ mit $\lim\limits_{s \to 0} \gamma(s) = +\infty$. Mit kof wird hierbei die Kofaktor–Matrix bezeichnet,

$$(\operatorname{kof} A)_{ij} = (-1)^{i+j}\frac{1}{\det A}\det\left(A^{(i,j)}\right),$$

  dabei ist $A^{(i,j)}$ die Matrix A ohne die i–te Zeile und j–te Spalte.

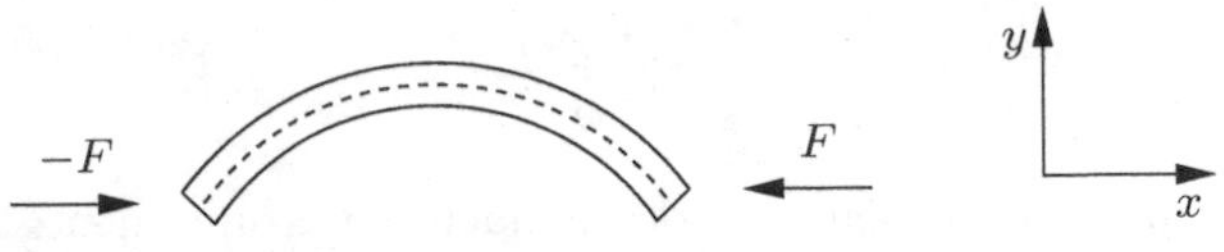

Abb. 5.15. Biegung eines Balkens

Bifurkation bei der Biegung von Balken

Wir betrachten nun ein bei elastischen Verformungen häufig auftretendes Phänomen, das zu nicht eindeutig lösbaren Problemen führt. Der Einfachheit halber ist die Darstellung auf die einfachste Modellklasse beschränkt, das ist der *Euler–Bernoulli–Balken.*

Prinzipiell lassen sich Modelle für Balken durch eine asymptotische Analysis bezüglich der als klein angenommenen Dicke des Balkens herleiten. Man berechnet dabei den Grenzwert für die Verformung des Balkens, wenn die Dicke gegen Null konvergiert. Dabei muss man die Belastung so skalieren, dass die Verformung des Balkens in einem geeigneten Sinn tatsächlich konvergiert. Diese Analysis ist schon im linearen Fall recht kompliziert. Wie wir später sehen werden, benötigen wir für eine aussagekräftige Analysis ein *geometrisch nichtlineares* Modell. Wir wollen deshalb das benutzte Balkenmodell heuristisch motivieren. Dazu betrachten wir die *Biegung* eines Balkens, der wie in Abbildung 5.15 belastet wird. Die Verformung des Balkens besteht im wesentlichen aus einer *Dehnung* der „Fasern" oberhalb einer in Abbildung 5.15 gepunktet eingezeichneten Mittellinie und einer *Stauchung* unterhalb dieser Linie. Neben der dort eingezeichneten Biegung wird der Balken auch in Richtung der angreifenden Kraft gestaucht; wir werden aber sehen, dass die entsprechende Verformung bei *kleiner Dicke* des Balkens um eine Ordnung geringer ist und deshalb vernachlässigt werden kann.

Für ein geometrisch nichtlineares Modell ist es sinnvoll, die Mittellinie durch einen *Bogenlängenparameter* darzustellen:

$$\{(x(s), y(s))^\top \mid s \in (0, L)\}.$$

Es genügt, die beiden Koordinaten $x(s)$ und $y(s)$ zu betrachten, wobei x die Koordinate in der Richtung der einwirkenden Kraft ist, die gleichzeitig der ursprünglichen Richtung der Mittellinie entspricht, und y die Koordinate in Richtung der Biegung ist. Die Längenänderung einer Faser mit Abstand a zur Mittellinie lässt sich mit Hilfe des Krümmungsradius r berechnen, man vergleiche dazu auch Abbildung 5.16. Der orientierte Abstand a wird dabei senkrecht zur „Mittelfaser" gemessen. Die „Mittelfaser" hat die Länge $\ell_0 = 2\pi r\,\Delta\psi$, eine Faser mit Abstand a hat vor der Verformung ebenfalls die Länge ℓ_0, nach der Verformung die Länge $2\pi(r+a)\,\Delta\psi$. Die Dehnung ist dann gegeben durch

$$\varepsilon(a) = \frac{\ell(a) - \ell_0}{\ell_0} = \frac{a}{r}.$$

Wählt man die Vorzeichen des orientierten Abstandes a und der Krümmung $\kappa = \pm\frac{1}{r}$ so, dass eine Faser oberhalb der Mittelfaser einen positiven Abstand hat und ein nach oben gekrümmter Balken eine positive Krümmung hat, dann gilt

$$\varepsilon(a) = -\kappa a \,.$$

Setzen wir $\nu = 0$, so lautet die Spannung

$$E\,\varepsilon(a)$$

mit dem Elastizitätsmodul E. Das an einer Querschnittsfläche $A(s)$ senkrecht zur Mittelfaser $(x(s), y(s))$ angreifende Drehmoment (das sich als Produkt zwischen Kraft und „Hebellänge" a berechnet) ist gegeben durch

$$M(s) = \int_{A(s)} E\,\varepsilon(a)a\,da = -E\,J(s)\,\kappa(s) \tag{5.61}$$

mit dem zweiten Flächenmoment

$$J(s) = \int_{A(s)} a^2\,da \,. \tag{5.62}$$

Die Größe $EJ(s)$ ist die Biegesteifheit des Balkens. Die auf das Ende des Stabes einwirkende Kraft erzeugt bezüglich der zum Punkt $(x(s), y(s))$ senkrechten, „kleinen" Schnittfläche das Drehmoment

$$-Fy(s) \,.$$

Aus dem Gleichgewicht der Drehmomente

$$M(s) - F\,y(s) = 0$$

folgt

$$\kappa(s) = -\lambda\,y(s) \quad \text{mit} \quad \lambda = \frac{F}{EJ} \,. \tag{5.63}$$

Wenn der Balken die Dicke δ hat, dann skaliert das zweite Flächenmoment J proportional zu δ^4, denn die Fläche A ist proportional zu δ^2 und die Integrationsvariable a ist proportional zu δ. Um eine vertikale Auslenkung der Größenordnung 1 zu bekommen, muss die Kraft also proportional zu δ^4 skaliert werden. Die durch eine solche Kraft erzeugte Stauchung des Balkens ist proportional zu δ^2, wie man aus der schematischen Formel

$$F = \sigma A = E\varepsilon A$$

mit Spannung σ und Dehnung ε erkennt. Die Stauchung des Balkens ist somit um zwei Ordnungen geringer als die Biegung. Dies rechtfertigt, dass wir die Stauchung in unserem Modell vernachlässigen.

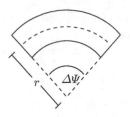

Abb. 5.16. Zur Herleitung des Drehmoments im Balken

Wir werden nun statt der Auslenkung $(x(s), y(s))$ der Mittellinie den *Winkel* $\varphi(s)$ als Variable benutzen, siehe auch Abbildung 5.17. Es gilt

$$\kappa(s) = \varphi'(s), \quad x'(s) = \cos\varphi(s) \quad \text{und} \quad y'(s) = \sin\varphi(s).$$

Differenzieren von Gleichung (5.63) nach s liefert die *Balkengleichung*

$$\varphi''(s) + \lambda \sin\varphi(s) = 0. \tag{5.64}$$

In der in Abbildung 5.15 skizzierten Situation wird diese Gleichung ergänzt durch die Randbedingungen

$$\varphi'(0) = \varphi'(L) = 0,$$

dies beschreibt ein nicht festgehaltenes Ende ohne einwirkendes Drehmoment. Wir betrachten zunächst das *linearisierte* Modell

$$\varphi''(s) + \lambda\,\varphi(s) = 0, \quad \varphi'(0) = \varphi'(L) = 0. \tag{5.65}$$

Die Differentialgleichung hat die allgemeine Lösung

$$\varphi(s) = a\cos\left(\sqrt{\lambda}s\right) + b\sin\left(\sqrt{\lambda}s\right)$$

mit Koeffizienten $a, b \in \mathbb{R}$. Es gibt genau dann eine nichttriviale Lösung des Randwertproblems, wenn

$$\sqrt{\lambda}L = n\pi$$

mit $n \in \mathbb{N}$ gilt. Wir haben also nichttriviale Lösungen für die Lasten $F_n = EJ\lambda_n$, siehe (5.63), mit

$$\lambda_n = \frac{n^2\pi^2}{L^2}.$$

Die zulässigen Werte für λ_n sind gerade die *Eigenwerte* des Differentialoperators $\varphi \mapsto -\varphi''$ mit Definitionsmenge $\{\varphi \in C^2([0, L]) \mid \varphi'(0) = \varphi'(L) = 0\}$. Der kleinste Eigenwert λ_1 beschreibt die *kleinste* Last, bei der eine Durchbiegung des Balkens auftreten kann, diese Last heißt *Eulersche Knicklast*. Unterhalb dieser Last wird der Balken lediglich gestaucht.

Das Ergebnis, dass eine Durchbiegung nur bei genau festgelegten diskreten Werten der Belastung vorliegen kann, widerspricht unseren Erfahrungen. Wir

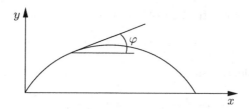

Abb. 5.17. Koordinaten im Balkenmodell

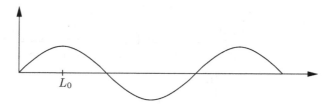

Abb. 5.18. Biegung des Balkens

werden daher das geometrisch nichtlineare Modell (5.64) untersuchen. Durch Multiplikation mit $\varphi'(s)$ und Integration bezüglich s erhält man die Gleichung erster Ordnung

$$\tfrac{1}{2}(\varphi'(s))^2 - \lambda \cos \varphi(s) = -\lambda \cos \varphi_0$$

mit einem noch unbekannten *Anfangswinkel* $\varphi_0 = \varphi(0)$, beziehungsweise

$$\varphi'(s) = \pm\sqrt{2\lambda\big(\cos\varphi(s) - \cos\varphi_0\big)}. \tag{5.66}$$

Wir nehmen hier an, dass $0 < \varphi_0 < \pi$ gilt. Dann muss $\varphi'(0) \le 0$ gelten, weil sonst das Argument der Wurzel in (5.66) negativ würde. Man muss also auf der rechten Seite von (5.66) das negative Vorzeichen wählen. Durch Trennung der Variablen erhält man

$$-\int_{\varphi_0}^{\varphi(s)} \frac{d\varphi}{\sqrt{\cos\varphi - \cos\varphi_0}} = \sqrt{2\lambda}\,s\,.$$

Wir berechnen nun in Abhängigkeit von φ_0 die Position L_0 auf dem Balken, an der der Winkel φ zum ersten Mal den Wert 0 erreicht. Dann kann man durch *symmetrische Fortsetzung* wie in Abbildung 5.18 skizziert die zu einem gegebenen Anfangswinkel φ_0 möglichen Längen $L_n = 2nL_0$ ermitteln. Die Länge L_0 ist gegeben durch

$$L_0(\varphi_0) = \frac{1}{\sqrt{2\lambda}} \int_0^{\varphi_0} \frac{d\varphi}{\sqrt{\cos\varphi - \cos\varphi_0}}\,.$$

Mit Hilfe des Additionstheorems $\cos\varphi = 1 - 2\sin^2\left(\tfrac{\varphi}{2}\right)$ folgt

$$L(\varphi_0) = \frac{1}{\sqrt{4\lambda}} \int_0^{\varphi_0} \frac{d\varphi}{\sqrt{\sin^2\left(\tfrac{\varphi_0}{2}\right) - \sin^2\left(\tfrac{\varphi}{2}\right)}}\,.$$

Das Integral auf der rechten Seite lässt sich vereinfachen mit der durch

$$\sin\left(\tfrac{\varphi(z)}{2}\right) = \sin\left(\tfrac{\varphi_0}{2}\right)\sin z$$

definierten Variablentransformation $\varphi = \varphi(z)$. Die Ableitung $\varphi'(z)$ berechnen wir aus

$$\tfrac{1}{2}\cos\left(\tfrac{\varphi(z)}{2}\right)\varphi'(z) = \sin\left(\tfrac{\varphi_0}{2}\right)\cos z\,,$$

es folgt

$$\varphi'(z) = 2\sin\left(\tfrac{\varphi_0}{2}\right)\frac{\sqrt{1-\sin^2 z}}{\sqrt{1-\sin^2\left(\tfrac{\varphi(z)}{2}\right)}} = 2\sin\left(\tfrac{\varphi_0}{2}\right)\frac{\sqrt{1-\sin^2\left(\tfrac{\varphi(z)}{2}\right)\big/\sin^2\left(\tfrac{\varphi_0}{2}\right)}}{\sqrt{1-\sin^2\left(\tfrac{\varphi(z)}{2}\right)}}$$

$$= 2\frac{\sqrt{\sin^2\left(\tfrac{\varphi_0}{2}\right)-\sin^2\left(\tfrac{\varphi(z)}{2}\right)}}{\sqrt{1-\sin^2\left(\tfrac{\varphi(z)}{2}\right)}}\,.$$

Wir erhalten damit

$$L_0(\varphi_0) = \frac{1}{\sqrt{\lambda}}\int_0^{\pi/2}\frac{dz}{\sqrt{1-\sin^2\left(\tfrac{\varphi_0}{2}\right)\sin^2 z}}\,.$$

Aus dieser Darstellung kann man leicht folgende Eigenschaften der Funktion $\varphi_0 \mapsto L_0(\varphi_0)$ ablesen:

- Die Funktion ist streng monoton steigend auf $(0,\pi)$.

- Für $\varphi_0 \to 0$ konvergiert die Funktion gegen

$$L_0(0) = \frac{\pi}{2\sqrt{\lambda}}\,.$$

Dies bedeutet, dass im Grenzfall die zulässigen Längen durch

$$L_n = \frac{n\pi}{\sqrt{\lambda}}$$

gegeben sind, oder dass für eine gegebene Länge eine nichttriviale Lösung im Fall

$$\lambda = \frac{n^2\pi^2}{L^2}$$

existiert. Das sind genau die Eigenwerte der linearisierten Gleichung (5.65).

- Für $\varphi_0 \to \pi$ divergiert die Länge gegen $+\infty$, da das Integral

$$\int_0^{\pi/2}\frac{dz}{\sqrt{1-\sin^2 z}} = \int_0^{\pi/2}\frac{dz}{\cos z}$$

gegen $+\infty$ divergiert.

Das bedeutet insbesondere, dass die Abbildung $L_0 : [0, \pi) \rightarrow \left[\frac{\pi}{2\sqrt{\lambda}}, \infty\right)$ *bijektiv* ist. Es gibt also für jede Länge $L > \frac{n\pi}{\sqrt{\lambda}}$ einen Anfangswinkel φ_0 mit zugehöriger Lösung des Problems (5.64), so dass der verformte Balken $\{(x(s), y(s)) \mid 0 < s < L\}$ die x–Achse $n - 1$ mal schneidet.

Insgesamt kann man die Lösungsmenge in Abhängigkeit von λ wie folgt beschreiben: Für kleine λ, nämlich $\lambda \leq \frac{\pi^2}{L^2}$, hat die Aufgabe nur die triviale Lösung $\varphi(s) = 0$. Für $\frac{\pi^2}{L^2} < \lambda \leq \frac{4\pi^2}{L^2}$ hat man zwei Lösungen, nämlich die triviale Lösung und die durch (5.64) und die Anfangsbedingungen $\varphi(0) = \varphi_0$ und $\varphi'(0) = 0$ mit der Lösung φ_0 der Gleichung $L_0(\varphi_0) = L/2$ gegebene Lösung. Bei jedem Eigenwert $\lambda_n = \frac{n^2\pi^2}{L^2}$ der linearisierten Gleichung bekommt man eine weitere Lösung dazu. Die Struktur der Lösungsmenge ist in Abbildung 5.19 skizziert. In unseren Überlegungen sind wir von positiven Anfangswinkeln ausgegangen. Natürlich kann man alle Lösungen an der λ–Achse spiegeln, man erhält dann die in Abbildung 5.19 skizzierten Lösungen in der Halbebene $\varphi_0 < 0$. In drei Raumdimensionen werden aus den skizzierten Kurven entsprechende Rotationsflächen, da sich der Balken nun nicht nur nach „unten" oder „oben", sondern in jede Richtung senkrecht zur Belastungsrichtung „wegbiegen" kann.

Das hier beschriebene Phänomen der „Verzweigung" von Lösungen nennt man *Bifurkation* oder *Verzweigung*. Die Punkte $\lambda_n = \frac{n^2\pi^2}{L^2}$ heißen Bifurkationspunkte oder Verzweigungspunkte. Diese Punkte sind in der Regel dadurch charakterisiert, dass die *linearisierte* Gleichung eine nichttriviale Lösung hat, und dass die triviale Lösung *nicht stabil* ist.

Verzweigungen treten auch bei der Belastung dünner Platten und sogenannter *Schalen*, das sind gekrümmte dünne Platten, auf. Die Platten und Schalen bilden „Beulen" aus, die resultierenden Deformationen können dabei deutlich komplizierter sein als bei Balken.

Eine systematische Einführung in die Verzweigungstheorie bieten die Bücher Chow und Hale [20] und Kielhöfer [72]. Anwendungen zur Bifurkation bei Balken und anderen Problemen der Elastizitätstheorie findet man auch in Antman [7].

5.11 Elektromagnetismus

Ein weiteres, in vielen technisch–naturwissenschaftlichen Anwendungen wichtiges Phänomen ist der Elektromagnetismus. Wir werden in diesem Abschnitt Modelle zur Beschreibung von elektrischen und magnetischen Wechselwirkungen in kontinuierlichen Medien kennenlernen. Insbesondere werden die Maxwellschen Gleichungen eingeführt, die wesentliche Grundlage zur mathematischen Beschreibung elektromagnetischer Prozesse in der klassischen Physik sind. Streng genommen zählt man den Elektromagnetismus zwar nicht zur

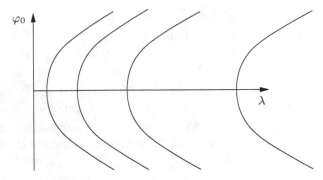

Abb. 5.19. Bifurkationsdiagramm

Mechanik, und damit auch nicht zur Kontinuumsmechanik; er wird jedoch ebenfalls durch eine kontinuierliche Feldtheorie beschrieben, so dass dieser Abschnitt methodisch trotzdem gut in dieses Kapitel passt.

Das elektrische Feld

Eine elektrische Punktladung q_0 an der Position x_0 übt auf eine andere Punktladung q an der Position x eine Kraft aus. Die Richtung dieser Kraft ist gleich der Richtung der Verbindungslinie beider Punkte und die Stärke nimmt mit der zweiten Potenz des Abstandes ab. Die Kraft ist anziehend, wenn q_0 und q unterschiedliche Vorzeichen haben, und abstoßend bei gleichen Vorzeichen von q_0 und q. Sie ist also gegeben durch

$$F = k \frac{q_0 q}{|x - x_0|^3}(x - x_0) \tag{5.67}$$

mit einer Proportionalitätskonstanten k. Diese Beziehung nennt man *Coulombsches Gesetz*. Die Wirkung der Punktladung q_0 auf andere Ladungen im Raum wird durch ein Kraftfeld beschrieben, das *elektrische Feld E*. Dieses ist so definiert, dass auf eine Ladung q an der Stelle x gerade die Kraft

$$F(x) = q\,E(x)$$

wirkt. Durch Vergleich mit (5.67) sieht man, dass das von der Punktladung q_0 an der Stelle x_0 erzeugte elektrische Feld gegeben ist durch

$$E(x) = \frac{k\,q_0}{|x - x_0|^3}(x - x_0)\,. \tag{5.68}$$

Die elektrischen Felder mehrerer Punktladungen $q_1, \ldots, q_n$ an den Positionen $x_1, \ldots, x_n$ erhält man durch Summe über die Felder der Einzelladungen,

$$E(x) = \sum_{j=1}^{n} k \frac{q_j}{|x - x_j|^3}(x - x_j)\,.$$

Die Funktion $w(x) = \frac{1}{|x-x_0|^3}(x - x_0)$ hat folgende wichtige Eigenschaften:

(i) Die Divergenz von w ist Null,

$$\nabla \cdot \left(\frac{1}{|x - x_0|^3}(x - x_0) \right) = 0 \quad \text{für} \ x \neq x_0 \,.$$

(ii) Für jede Kugel $B_R(x_0)$ mit Radius R um x_0 gilt

$$\int_{\partial B_R(x_0)} w \cdot n \, ds_x = 4\pi \,,$$

und zwar *unabhängig* vom Radius R. Wegen (i) gilt sogar für *jedes* C^1–Gebiet Ω mit $x_0 \in \Omega$

$$\int_{\partial \Omega} w \cdot n \, ds_x = 4\pi \,.$$

Es folgt nämlich mit einer Kugel $B_r(x_0)$, deren Radius so klein ist, dass $B_r(x_0) \subset \Omega$ gilt, durch Anwendung des Satzes von Gauß

$$\int_{\partial \Omega} w \cdot n \, ds_x = \int_{\Omega \setminus B_r(x_0)} \nabla \cdot w \, dx + \int_{\partial B_r(x_0)} w \cdot n \, ds_x = 4\pi \,,$$

wobei der Normalenvektor auf $\partial B_r(x_0)$ ins Außengebiet von $B_r(x_0)$, und damit ins Innere von $\Omega \setminus B_r(x_0)$ gerichtet ist. Für Gebiete mit $x_0 \notin \overline{\Omega}$ gilt wegen (i)

$$\int_{\partial \Omega} w \cdot n \, ds_x = 0 \,.$$

(iii) Die Rotation von w ist Null,

$$\nabla \times w = 0 \quad \text{für} \ x \neq x_0 \,.$$

Insbesondere besitzt w ein Potential

$$\varphi(x) = -\frac{1}{|x - x_0|} \quad \text{mit} \ \nabla \varphi(x) = w(x) \quad \text{für} \ x \neq x_0 \,.$$

Aus (ii) folgt für jede Ansammlung von Punktladungen an den Positionen $x_1, \ldots, x_n$ und jedes Gebiet, dessen Rand keinen der Punkte x_j enthält und glatt genug ist,

$$\int_{\partial \Omega} E(x) \cdot n(x) \, ds_x = 4\pi k \, Q(\Omega) \tag{5.69}$$

mit der in Ω enthaltenen Ladung

$$Q(\Omega) = \sum_{\substack{j=1 \\ x_j \in \Omega}}^{n} q_j \,.$$

Diese Beziehung nennt man *Gesetz von Gauß*. Statt der Konstanten k benutzt man die *Dielektrizitätskonstante* $\varepsilon = (4\pi k)^{-1}$. Diese Konstante ist material-abhängig, für das Vakuum gilt $\varepsilon = \varepsilon_0 \approx 8{,}854187817 \cdot 10^{-12} \mathrm{C}^2 \mathrm{N}^{-1} \mathrm{m}^{-2}$, wobei C für die Ladungseinheit „Coulomb" steht.

Aus (iii) folgt für jede *geschlossene* Kurve γ, die keinen der Punkte x_j enthält,

$$\int_\gamma E \cdot dx = 0\,. \tag{5.70}$$

In einem *Kontinuum* haben wir statt der Punktladungen eine *volumenbezogene Ladungsdichte* ϱ. Die rechte Seite von (5.69) hat dann die Form

$$Q(\Omega) = \int_\Omega \varrho\, dx,$$

die entsprechende kontinuierliche Formulierung des Gesetzes von Gauß ist

$$\int_{\partial\Omega} \varepsilon\, E(x) \cdot n(x)\, ds_x = \int_\Omega \varrho\, dx\,. \tag{5.71}$$

Da man keine isolierten Ladungsquellen mehr hat, gilt dies für *jedes* (genügend glatte) Gebiet Ω. Durch Anwendung des Satzes von Gauß erhalten wir

$$\nabla \cdot (\varepsilon\, E) = \varrho\,. \tag{5.72}$$

Aus der Gültigkeit von (5.70) für *jede* geschlossene Kurve folgt

$$\nabla \times E = 0\,. \tag{5.73}$$

Daraus schließen wir die Existenz eines Potentials V zu $-E$,

$$E = -\nabla V\,. \tag{5.74}$$

Einsetzen in (5.72) liefert die *Potentialgleichung*

$$-\nabla \cdot (\varepsilon\, \nabla V) = \varrho\,. \tag{5.75}$$

In einem homogenen Medium hängt die Dielektrizitätskonstante nicht von x ab und es folgt die Poisson–Gleichung

$$-\Delta V = \varepsilon^{-1}\varrho\,.$$

Dies sind die Grundgleichungen für das elektrische Feld in der Elektrostatik.

Alternativ zu diesem auf (5.70) und (5.71) basierenden Zugang kann man das von einer kontinuierlichen Ladungsverteilung erzeugte elektrische Feld auch durch eine Verallgemeinerung von (5.68) auf kontinuierliche Ladungsvertei-lungen herleiten:

$$E(x) = \int_{\mathbb{R}^3} \frac{1}{4\pi\varepsilon} \frac{\varrho(y)}{|x-y|^3} (x-y)\, dy\,.$$

Das zugehörige Potential ist

$$V(x) = \int_{\mathbb{R}^3} \frac{1}{4\pi\varepsilon} \frac{\varrho(y)}{|x-y|}\, dy\,. \tag{5.76}$$

Man kann zeigen, dass dies eine Darstellung einer Lösung der Poissongleichung ist, und zwar durch Faltung der rechten Seite $\varepsilon^{-1}\varrho$ mit der singulären Funktion $\varphi(x) = \frac{1}{4\pi}\frac{1}{|x|}$. Formel (5.76) liefert gerade die eindeutige Lösung, die in ganz $\mathbb{R}^3$ definiert ist, und deren Funktionswerte für $x \to +\infty$ gegen Null konvergieren. Die Funktion φ ist eine singuläre Lösung der Laplace–Gleichung, die man als *Fundamentallösung* bezeichnet. Näheres dazu werden wir in Abschnitt 6.1 diskutieren.

Ladungsbilanz

Für die Ladungsdichte ϱ gilt eine Bilanzgleichung derselben Art wie die Kontinuitätsgleichung für die Massendichte in der Kontinuumsmechanik. Es sei j die elektrische Stromdichte, also

$$j \cdot n = \lim_{\substack{\Delta A \to 0 \\ \Delta t \to 0}} \frac{\Delta q}{\Delta t\, \Delta A}\,,$$

wenn Δq die Ladung ist, die in einem Zeitintervall der Länge Δt durch ein Flächenstück ΔA mit Normalenvektor n fließt. Dann lautet die Ladungsbilanz

$$\frac{d}{dt} \int_\Omega \varrho\, dx = - \int_{\partial\Omega} j \cdot n\, ds_x\,.$$

Das Integral auf der rechten Seite beschreibt die Ladung, die aus dem Gebiet *herausfließt*. Anwendung des Satzes von Gauß liefert

$$\int_\Omega (\partial_t \varrho + \nabla \cdot j)\, dx = 0\,.$$

Da diese Gleichung für jedes Gebiet Ω gelten muss, erhält man

$$\partial_t \varrho + \nabla \cdot j = 0\,. \tag{5.77}$$

Diese Gleichung wird oft ebenfalls *Kontinuitätsgleichung* genannt.

Das ohmsche Gesetz

Ein elektrisches Feld übt eine Kraft auf Ladungen aus. Falls diese Ladungen beweglich sind, dann werden sie durch diese Kraft beschleunigt. Elektrisch leitfähige Materialien setzen der Bewegung von Ladungen einen Widerstand entgegen, so dass sich die Ladungen mit einer vom elektrischen Feld abhängigen Geschwindigkeit bewegen. Den daraus resultierenden Zusammenhang zwischen elektrischem Feld und elektrischer Stromdichte kann man formulieren als

$$j = \sigma E \,. \tag{5.78}$$

Die Proportionalitätskonstante σ heißt *elektrische Leitfähigkeit*. Bei sogenannten *ohmschen Materialien* ist σ konstant, bei *nichtohmschen Materialien* kann σ von E abhängen. Typischerweise ist σ auch von anderen physikalischen Größen abhängig, insbesondere von der Temperatur.

Elektrostatik in Leitern, Oberflächenladungen

Wir betrachten nun Prozesse mit *zeitlich konstanter* Ladungsverteilung in leitenden Medien. Die Kontinuitätsgleichung lautet dann

$$\nabla \cdot j = 0 \,.$$

Eine zeitlich konstante Ladungsverteilung muss nicht bedeuten, dass keine Ladung transportiert wird, sondern lediglich, dass sich die Ladungsdichte zeitlich nicht ändert; und dies wird gerade durch die Bedingung $\nabla \cdot j = 0$ für den Ladungstransport charakterisiert. Zusammen mit dem ohmschen Gesetz $j = \sigma E$ folgt für konstante Leitfähigkeit σ

$$\nabla \cdot E = 0 \,.$$

Ein Vergleich mit (5.72) zeigt $\varrho = 0$. Das bedeutet, dass die Ladungsdichte im Inneren eines leitfähigen Mediums bei einer stationären Ladungsverteilung gleich Null ist. In einem Körper aus einem leitenden Material, der von einem nicht leitenden Medium umgeben ist, wird sich Ladung im stationären Grenzfall also an der *Oberfläche* sammeln. In einem kontinuumsmechanischen Modell wird dies durch eine *flächenspezifische* Ladungsdichte an der Oberfläche beschrieben. Sei Γ die Oberfläche eines Leiters und ϱ_Γ die flächenspezifische Ladungsdichte auf dieser Oberfläche. Das Gesetz von Gauß lautet dann

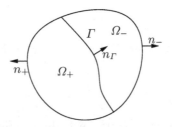

Abb. 5.20. Zur Illustration der Sprungbedingung bei Flächenladungen

$$\int_{\partial\Omega} \varepsilon\, E(x) \cdot n(x)\, ds_x = \int_{\Omega \cap \Gamma} \varrho_\Gamma\, ds_x\,. \qquad (5.79)$$

Dies gilt, wenn ϱ_Γ, Ω und Γ glatt genug sind, und die Schnittmenge $\partial\Omega \cap \Gamma$ das Flächenmaß 0 hat. Aus der Gültigkeit von (5.79) für beliebige Gebiete, deren Schnitt mit Γ leer ist, folgt zunächst

$$\nabla \cdot E(x) = 0 \quad \text{für} \quad x \notin \Gamma\,.$$

Wir betrachten nun ein Gebiet Ω, das von Γ in zwei Teile Ω_+ und Ω_- zerschnitten wird, wie in Abbildung 5.20 dargestellt. Es bezeichnen n_+ und n_- die jeweils nach außen gerichteten Normalenvektoren von $\partial\Omega_+$ und $\partial\Omega_-$. Auf Γ gilt dann $n_+ = -n_- =: n_\Gamma$. Wir nehmen an, dass die einseitigen Grenzwerte $E_+(x) = \lim_{\substack{s\to 0 \\ s>0}} E(x - sn_+)$ und $E_-(x) = \lim_{\substack{s\to 0 \\ s>0}} E(x - sn_-)$ von E für $x \in \Gamma$ existieren und integrierbar seien. Anwendung des Satzes von Gauß liefert dann

$$
\begin{aligned}
0 &= \int_{\Omega_+} \nabla \cdot (\varepsilon\, E)\, dx + \int_{\Omega_-} \nabla \cdot (\varepsilon\, E)\, dx \\
&= \int_{\partial\Omega_+} \varepsilon\, E \cdot n_+\, ds_x + \int_{\partial\Omega_-} \varepsilon\, E \cdot n_-\, ds_x \\
&= \int_{\partial\Omega} \varepsilon\, E \cdot n\, ds_x + \int_{\Gamma \cap \Omega} (\varepsilon_+ E_+ \cdot n_+ + \varepsilon_- E_- \cdot n_-)\, ds_x\,.
\end{aligned}
$$

Für den Sprung $[\varepsilon\, E \cdot n] = \varepsilon_+ E_+ \cdot n_+ + \varepsilon_- E_- \cdot n_-$ gilt also

$$\int_{\Omega \cap \Gamma} [\varepsilon\, E \cdot n]\, ds_x = -\int_{\Omega \cap \Gamma} \varrho_\Gamma\, ds_x\,.$$

Da Ω frei wählbar ist, folgt

$$[\varepsilon\, E \cdot n] = -\varrho_\Gamma\,. \qquad (5.80)$$

Auch im Fall flächenbezogener Ladungsdichten gilt Formel (5.70) für jede geschlossene Kurve γ, und man kann daraus die Existenz des elektrostatischen Potentials V mit $E = -\nabla V$ folgern. Falls E beschränkt ist, dann ist V stetig und außerhalb Γ differenzierbar, der Gradient ist wegen (5.80) jedoch nicht stetig fortsetzbar auf Γ. Die Normalenableitung des Potentials erfüllt die Sprungbedingung

$$[\varepsilon\, \nabla V \cdot n] = \varepsilon_+ \nabla V_+ \cdot n_+ + \varepsilon_- \nabla V_- \cdot n_- = -[\varepsilon\, E \cdot n] = \varrho_\Gamma\,.$$

Aus der Voraussetzung, dass E_+ und E_- jeweils stetig auf Γ fortsetzbar sind, folgt, dass V auf beiden Seiten von Γ stetig differenzierbar ist und dass der Gradient von beiden Seiten stetig fortsetzbar auf Γ ist. Da V außerdem als Potential einer beschränkten Funktion stetig ist, muss auch die *Tangentialableitung* von V stetig sein.

Falls ein mit einem leitenden Medium gefülltes Gebiet Ω im *statischen* Gleichgewicht ist, also $j = -\sigma\nabla V = 0$ gilt, dann muss V in Ω *konstant* sein. Insbesondere ist dann das elektrische Feld innerhalb des Leiters gleich Null.

Beispiel 1: Kondensator. Wir betrachten zwei parallele Platten mit Abstand a, wie in Abbildung 5.21 skizziert. Wir nehmen an, dass die Platten in Richtung der x_1–x_2–Ebene orientiert sind, Platte 1 den Nullpunkt und Platte 2 den Punkt $(0, 0, a)$ enthalte. Auf Platte 1 sei das Potential V_1, auf Platte 2 das Potential V_2 gegeben. Das elektrische Feld und das Potential zwischen den Platten hängen dann aus Symmetriegründen nur von x_3 ab. Aus

$$\Delta V = \partial_3^2 V = 0, \quad V(x_3 = 0) = V_1, \quad V(x_3 = a) = V_2$$

folgt $V(x) = V_1 + x_3(V_2 - V_1)/a$. Das elektrische Feld zwischen den Platten ist

$$E = -\nabla V = \frac{(V_1 - V_2)}{a}e_3 \,.$$

Außerhalb des von den Platten eingeschlossenen Gebietes sei V als konstant angenommen, damit gilt dort $E = 0$. Mit der Sprungbedingung (5.80) ist die Ladungsdichte ϱ_1 auf Platte 1 gegeben durch $\varrho_1 = \varepsilon\, E \cdot e_3 = \frac{\varepsilon}{a}(V_1 - V_2)$, auf Platte 2 gilt analog $\varrho_2 = \frac{\varepsilon}{a}(V_2 - V_1)$. Dabei ist ε die Dielektrizitätskonstante für das Medium *zwischen* den Platten.

Diese Formeln gelten auch näherungsweise für Platten endlicher Größe mit Flächeninhalt A, wenn der Abstand a sehr klein ist. In diesem Fall weicht das elektrische Feld nur nahe des Randes der Platten vom angegebenen Feld ab. Es gibt dann folgenden Zusammenhang zwischen der Potentialdifferenz $U = V_1 - V_2$ und der auf den Kondensatorplatten gespeicherten Ladung:

$$Q = \frac{\varepsilon\, A}{a}U \,.$$

Die Größe $C = \varepsilon A/a$ ist die *Kapazität* des Kondensators. Die Kapazität ist proportional zur Fläche und umgekehrt proportional zum Abstand der Kondensatorplatten.

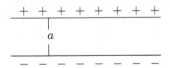

Abb. 5.21. Schematisches Bild eines Kondensators

Beispiel 2: Faradayscher Käfig. Wir betrachten ein von einem leitenden Medium ausgefülltes Gebiet Ω, das einen nichtleitenden Innenraum Ω_0 umschließe, wie in Abbildung 5.22 dargestellt. Im Außenraum $\mathbb{R}^3 \setminus \overline{\Omega \cup \Omega_0}$ sei ein stationäres elektrisches Feld E gegeben, das zu einer stationären Verteilung von Oberflächenladungen auf $\partial\Omega$ führt. Das Potential in Ω ist dann konstant $V = V_0$, das elektrische Feld ist $E = 0$. In Ω_0 haben wir die Potentialgleichung

$$\Delta V = 0$$

mit Randbedingung $V = V_0$ zu lösen. Die Lösung ist $V = V_0$, folglich ist auch das elektrische Feld in Ω_0 gleich Null. Die leitende Hülle Ω schirmt also das äußere elektrische Feld komplett ab. Ladungen verteilen sich so auf der äußeren Oberfläche von Ω, dass sie das äußere elektrische Feld kompensieren. An der inneren Fläche zwischen Ω_0 und Ω sind keine Oberflächenladungen vorhanden.

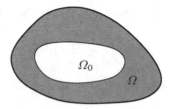

Abb. 5.22. Schematisches Bild eines Faradayschen Käfigs

Die Energie des elektrischen Feldes

Ein elektrisches Feld wird in der Elektrostatik durch Ladungen verursacht. Auf eine Ladung q in einem elektrischen Feld wirkt die Kraft $F = qE = -q\,\nabla V$. Die potentielle Energie der Ladung im elektrischen Feld ist demnach qV. In einer Ladungsverteilung im Raum ist deshalb eine kumulierte potentielle Energie der Ladungen in dem von „allen anderen" Ladungen erzeugten elektrischen Feld gespeichert. Zur Berechnung dieser Energie betrachten wir eine Ladungsdichte ϱ_0 im gesamten Raum mit kompaktem Träger, es gelte also $\varrho_0(x) = 0$ für $|x| > R$ mit einem geeigneten R. Wir nehmen an, dass diese Ladungsverteilung langsam aufgebaut werde, dies werde beschrieben durch eine Funktion $\varrho(t, x)$ mit $\varrho(0, x) = 0$, $\varrho(1, x) = \varrho_0(x)$ und $\varrho(t, x) = 0$ für $|x| > R$. Sei $E(t, x)$ das elektrische Feld, $V(t, x)$ das elektrostatische Potential und $W(t)$ die Energie des elektrischen Feldes zum Zeitpunkt t. Es gilt dann $E(0, x) = 0$, $W(0) = 0$ und

$$W'(t) = \int_{\mathbb{R}^3} V(t, x)\, \partial_t \varrho(t, x)\, dx\,.$$

Der Integrand hier beschreibt die Leistung, die benötigt wird, um die Ladungsänderung $\partial_t \varrho$ gegen das elektrische Feld E auszuführen, bildlich gesprochen muss die Ladung dazu aus dem „Unendlichen" herangeführt werden. Aus

$$\varrho = \nabla \cdot (\varepsilon\, E) = -\nabla \cdot (\varepsilon\, \nabla V)$$

folgt

$$W'(t) = -\int_{\mathbb{R}^3} V(t,x)\,\partial_t \nabla \cdot (\varepsilon\,\nabla V(t,x))\,dx = \int_{\mathbb{R}^3} \frac{\varepsilon}{2}\partial_t |\nabla V(t,x)|^2\,dx\,.$$

Die letzte Gleichung folgt durch partielle Integration bezüglich x. Die Randterme im „Unendlichen" verschwinden dabei, weil V sich für große $|x|$ wie $\mathcal{O}(|x|^{-1})$ und ∇V wie $\mathcal{O}(|x|^{-2})$ verhält; dies kann man beispielsweise aus der Darstellungsformel (5.76) ableiten. Integration liefert

$$W(1) = \int_{\mathbb{R}^3} \frac{\varepsilon}{2}|E(1,x)|^2\,dx\,.$$

Wir können also einem elektrischen Feld E die Energie

$$W = \int_{\mathbb{R}^3} \frac{\varepsilon}{2}|E(x)|^2\,dx \tag{5.81}$$

zuordnen. Diese Energie wird als *Energie des elektrischen Feldes* bezeichnet.

Magnetostatische Wechselwirkungen

Ein stromführender Leiter übt Kräfte auf in der Nähe befindliche Magnetpole aus. Dies äußert sich beispielsweise dadurch, dass sich Eisenspäne auf einer senkrecht zum Leiter stehenden Platte in konzentrischen Kreisen anordnen, oder dass sich drehbar gelagerte Magnetnadeln senkrecht zum Leiter ausrichten. Ursache hierfür ist eine Kraft, die mit unterschiedlichen Vorzeichen auf die beiden Pole eines Magneten wirkt und dadurch zu einem Drehmoment führt, das den Magneten ausrichtet. Die Stärke dieser Kraft ist proportional zur Stromstärke und zum reziproken Abstand, die Richtung ist senkrecht sowohl zum Leiter als auch zur Verbindungslinie zwischen dem betrachteten Magneten und der Projektion dieses Punktes auf den Leiter. Wir beschreiben dies durch ein Feld, der *magnetischen Induktion B*. Für einen Leiter in Form einer Geraden mit Richtungsvektor a der Länge 1 ist die magnetische Induktion gegeben durch

$$B(x) = \frac{kI}{|x-Px|^2}a \times (x - Px)\,,$$

wobei k eine Proportionalitätskonstante, I die Stromstärke und Px die Projektion von x auf den Leiter ist. Die Funktion $w(x) = \frac{1}{|x-Px|^2}a \times (x - Px)$ erfüllt für $x \neq x_0$ folgende wichtige Beziehungen:

Satz 5.14. *Es sei γ_0 eine Gerade mit Richtungsvektor a, Px die Projektion von $x \in \mathbb{R}^3$ auf γ_0 und $w(x) = \frac{1}{|x-Px|^2}a\times(x-Px)$ für $x \notin \gamma_0$. Sei γ eine glatte orientierte geschlossene Kurve mit $\gamma \cap \gamma_0 = \emptyset$, die γ_0 einmal in mathematisch* *positiver Richtung umläuft, und Ω ein beschränktes Gebiet mit glattem Rand $\partial\Omega$. Die Schnittmenge $\partial\Omega \cap \gamma_0$ bestehe aus isolierten Punkten, in denen die Tangentialebene von $\partial\Omega$ nicht parallel zu γ_0 sei. Dann gilt*

$$\int_\gamma w(x) \cdot dx = 2\pi\,, \tag{5.82}$$

$$\int_{\partial\Omega} w(x) \cdot n(x)\, ds_x = 0\,. \tag{5.83}$$

Beweis. Wir wählen ein Koordinatensystem mit Ursprung auf γ_0 und x_3–Achse in Richtung von γ_0. Es gilt dann für $(x_1, x_2) \neq (0, 0)$

$$w(x) = \frac{1}{x_1^2 + x_2^2}\, e_3 \times x = \frac{1}{x_1^2 + x_2^2} \begin{pmatrix} -x_2 \\ x_1 \\ 0 \end{pmatrix}\,,$$

$$\nabla \times w = 0\,,$$

$$\nabla \cdot w = 0\,.$$

Wir betrachten zunächst einen orientierten Kreis γ_1 in der x_1–x_2–Ebene mit Radius r, der γ_0 in positiver Richtung umlaufe. Mit Polarkoordinaten folgt

$$x(\varphi) = \begin{pmatrix} r\cos\varphi \\ r\sin\varphi \\ 0 \end{pmatrix} \text{ und } x'(\varphi) = \begin{pmatrix} -r\sin\varphi \\ r\cos\varphi \\ 0 \end{pmatrix} \text{ und damit}$$

$$\int_{\gamma_1} w(x) \cdot ds_x = \int_0^{2\pi} \frac{-x_2(\varphi)\, x_1'(\varphi) + x_1(\varphi)\, x_2'(\varphi)}{x_1^2(\varphi) + x_2^2(\varphi)}\, d\varphi = 2\pi\,.$$

Zur Kurve γ existiert eine Fläche Γ mit Rand $\gamma \cup \gamma_1$, wie in Abbildung 5.23 skizziert. Anwendung des Satzes von Stokes auf diese Fläche liefert

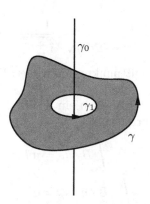

Abb. 5.23. Zum Beweis von (5.82)

$$0 = \int_{\Gamma} \nabla \times w \cdot n \, ds_x = \int_{\gamma} w \cdot ds - \int_{\gamma_1} w \cdot ds$$

und damit Beziehung (5.82). Zu Ω sei $\Omega_r := \{x \in \Omega \mid \text{dist}(x, \gamma_0) > r\}$ definiert, siehe Abbildung 5.24. Wegen $\nabla \cdot w = 0$ in Ω_r gilt

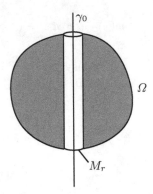

Abb. 5.24. Zum Beweis von (5.82)

$$0 = \int_{\Omega_r} \nabla \cdot w \, dx = \int_{\partial \Omega_r} w \cdot n \, ds_x \, .$$

Auf der Mantelfläche $M_r = \{x \in \partial \Omega_r \mid \text{dist}(x, \gamma_0) = r\}$ ist $n(x)$ parallel zu $x - Px = (x_1, x_2, 0)^\top$, somit gilt $w(x) \cdot n(x) = 0$. Die verbleibende Fläche $\partial \Omega \setminus \partial \Omega_r$ setzt sich zusammen aus den Umgebungen der Schnittpunkte von $\partial \Omega$ und γ_0. Diese lassen sich jeweils parametrisieren durch Graphen der Form $(x_1, x_2, h(x_1, x_2))$ mit glatter Funktion h für $x_1^2 + x_2^2 < r$. Sei c_1 eine obere Schranke für $\sqrt{1 + |\nabla h|^2}$. Dann gilt

$$\left| \int_{\partial \Omega \setminus \partial \Omega_r} w \cdot n \, dx \right| \le c_1 \ell \int_{x_1^2 + x_2^2 \le r^2} \frac{1}{|\sqrt{x_1^2 + x_2^2}|} \, dx_1 \, dx_2 \to 0 \text{ für } r \to 0 \, ,$$

wobei ℓ die Anzahl der Schnittpunkte bezeichnet. Damit ist (5.83) gezeigt. $\square$

Die von einem geraden Leiter, in dem ein Strom der Stärke I fließt, erzeugte magnetische Induktion B erfüllt nach Satz 5.14 folgende Beziehungen:

$$\int_{\gamma} B \cdot ds = \mu I \, , \tag{5.84}$$

$$\int_{\partial \Omega} B \cdot n \, ds_x = 0 \, . \tag{5.85}$$

Dabei ist $\mu := 2\pi k$ die *magnetische Permeabilität*. Im Vakuum ist $\mu = \mu_0 = 4\pi \, 10^{-7} \text{N}/\text{A}^2$. Diese Beziehungen gelten nicht nur für gerade Leiter, sondern für beliebige Leitergeometrien. In einer kontinuierlichen Formulierung der magnetischen Wechselwirkungen ersetzen wir die stromführenden Leiter durch eine Stromdichte j. Statt (5.84) formulieren wir die Beziehung

$$\int_\gamma B \cdot ds = \int_\Gamma \mu\, j \cdot n \, ds_x \,, \tag{5.86}$$

wobei Γ eine beliebige Fläche mit Rand γ ist. Das Integral auf der rechten Seite beschreibt gerade den von der Kurve γ umschlossenen Strom. Es ist von der Wahl von Γ unabhängig, falls $\nabla \cdot j = 0$ gilt, also gerade im *stationären* Fall. Sind nämlich Γ_1 und Γ_2 zwei verschiedene Flächen mit demselben Rand γ, so schließen diese Flächen ein Gebiet Ω ein, und durch Anwendung des Satzes von Gauß folgt

$$\int_{\Gamma_1} j \cdot n_1 \, ds_x - \int_{\Gamma_2} j \cdot n_2 \, ds_x = \int_{\partial\Omega} j \cdot n \, ds_x = \int_\Omega \nabla \cdot j \, dx = 0 \,.$$

Anwendung des Satzes von Stokes auf (5.86) liefert

$$\int_\Gamma (\nabla \times B - \mu j) \cdot n \, ds_x = 0 \,.$$

Dies gilt für *jede* glatte, beschränkte Fläche Γ mit glattem Rand. Falls B und j glatt genug sind, folgt

$$\nabla \times B = \mu\, j \,; \tag{5.87}$$

dies ist das *Ampèresche Gesetz*. Aus (5.85) folgt mit dem Satz von Gauß und der Möglichkeit, Ω beliebig zu wählen,

$$\nabla \cdot B = 0 \,. \tag{5.88}$$

Dies sind die Grundgleichungen der Magnetostatik.

Die Lorentz–Kraft

Magnetfelder üben Kräfte auf bewegte Ladungen aus. Die Kraft auf eine Punktladung q mit Geschwindigkeit v ist senkrecht zur Bewegungsrichtung und zur Richtung des magnetischen Feldes und proportional zur Ladung, zur Stärke des Magnetfeldes und zur Geschwindigkeit der Ladung:

$$F = q\, v \times B \,.$$

Diese Kraft heißt *Lorentz–Kraft*. Eine Proportionalitätskonstante gibt es hier nicht; die magnetische Induktion ist gerade durch diese Beziehung skaliert.

In einer kontinuierlichen Formulierung mit räumlich verteilten Ladungen wird qv durch eine elektrische Stromdichte j und F durch eine volumenbezogene

Kraftdichte f ersetzt. Die Kraft F_Ω auf die in dem Gebiet Ω enthaltene Ladung ist dann gegeben durch

$$F_\Omega = \int_\Omega f \, dx = \int_\Omega j \times B \, dx \, .$$

Daraus folgt die Gleichung

$$f = j \times B \, .$$

Im Fall von stromführenden Kurven kann man eine analoge Variante formulieren. Es sei $\gamma = \{x(s) \mid s \in (0,1)\}$ eine glatte Kurve, durch die der Strom I fließe. Den Strom I kann man sich realisiert denken durch eine *längenbezogene* Ladungsdichte ϱ_γ, die sich mit Geschwindigkeit v bewegt; $I = \varrho_\gamma v$. Die Lorentzkraft auf eine stromdurchflossene Kurve ist demnach

$$F_\gamma = -\int_\gamma I \, B \times ds = -\int_0^1 I \, B(x(s)) \times x'(s) \, ds \, .$$

Beispiel: Wir betrachten zwei parallele Leiter mit Abstand a. Durch die Leiter fließen Ströme der Stärke I_1 und I_2. Wir wählen ein Koordinatensystem so, dass beide Leiter in Richtung der x_3–Achse orientiert sind, Leiter 1 den Nullpunkt und Leiter 2 den Punkt $(a, 0, 0)^\top$ enthalte. Die von Leiter 1 erzeugte magnetische Induktion ist gegeben durch

$$B_1(x) = \frac{\mu}{2\pi} \frac{I_1}{x_1^2 + x_2^2} \begin{pmatrix} -x_2 \\ x_1 \\ 0 \end{pmatrix} \, .$$

Dieses Magnetfeld ist unabhängig von x_3. Es übt daher auf ein Teilstück γ_L der Länge L von Leiter 2 die Kraft

$$F_{1 \to 2}(L) = \int_{\gamma_L} I_2 \, e_3 \times B_1 \, dx = -\frac{\mu L I_1 I_2}{2\pi a} \, e_1$$

aus. Diese Kraft ist also anziehend, falls die Ströme dieselbe Richtung haben, und abstoßend bei unterschiedlicher Richtung.

Die Maxwellschen Gleichungen

Ein Meilenstein in der Entwicklung des Elektromagnetismus war die Erkenntnis, dass zeitlich veränderliche Magnetfelder elektrische Felder erzeugen und umgekehrt auch zeitlich veränderliche elektrische Felder magnetische Felder erzeugen. Basis dafür sind experimentell gefundene Beobachtungen folgender Art:

- In einer geschlossenen ebenen Leiterschleife in einem räumlich konstanten, aber zeitlich veränderlichen Magnetfeld B fließt ein Strom I. Dieser ist proportional zur *zeitlichen Änderung des Magnetfeldes* $\partial_t B$ und proportional zu $A_\perp$, dem senkrecht zum Magnetfeld orientierten Anteil der *von der Leiterschleife umschlossenen Fläche*:

$$I \propto \partial_t B \, A_\perp \, .$$

- In einer geschlossenen, zeitlich veränderlichen Leiterschleife in einem zeitlich und räumlich konstanten Magnetfeld B fließt ebenfalls ein Strom; dieser ist proportional zur *Änderung* von $A_\perp$ und zu B,

$$I \propto B \, \partial_t A_\perp \, .$$

Da die Proportionalitätskonstanten oben gleich sind, kann man schließen, dass der Strom proportional ist zur Änderung der Größe $B \, A_\perp$, dem sogenannten *magnetischen Fluss* durch die Leiterschleife. Der Strom wird nach dem ohmschen Gesetz durch ein elektrisches Feld erzeugt, das proportional zur Stromstärke ist. Für allgemeine Leiterschleifen mit Geometrie γ und allgemeine, auch räumlich veränderliche Magnetfelder kann man daher folgendes Gesetz für den Zusammenhang von elektrischen und magnetischen Feldern postulieren:

$$\frac{d}{dt} \int_\Gamma B \cdot n \, ds_x \propto \int_\gamma E \cdot dx \, .$$

Dabei ist Γ eine von γ umschlossene Fläche mit Normale n. Durch Anwendung des Satzes von Stokes folgt für zeitlich konstantes Γ

$$\int_\Gamma \partial_t B \cdot n \, ds_x \propto \int_\Gamma \nabla \times E \cdot n \, ds_x \, .$$

Es folgt also

$$\partial_t B \propto \nabla \times E \, .$$

Die magnetische Induktion B ist so skaliert, dass die Proportionalitätskonstante gerade gleich -1 ist. Insgesamt erhält man die *Maxwell–Faraday* Gleichungen

$$\partial_t B + \nabla \times E = 0 \, . \tag{5.89}$$

Maxwell hat auch ohne weitere experimentelle Basis vermutet, dass es eine ähnliche Beziehung zwischen der Zeitableitung des elektrischen Feldes und dem magnetischen Feld geben muss. Aus dem Gaußschen Gesetz (5.72) und der Ladungserhaltung (5.77) folgt

$$\nabla \cdot (\varepsilon \, \partial_t E + j) = 0 \, .$$

Demnach hat $\varepsilon \, \partial_t E + j$ ein Vektorpotential, es gilt also

$$\varepsilon \, \partial_t E + j = \nabla \times F$$

mit einem geeigneten Vektorfeld F. Im stationären Fall folgt aus (5.87)

$$\nabla \times B = \mu\, j\,,$$

so dass man $F = \mu^{-1}B$ vermuten kann. Man erhält dadurch das *Ampère–Maxwellsche* Gesetz

$$\varepsilon\mu\, \partial_t E - \nabla \times B + \mu\, j = 0\,. \tag{5.90}$$

Wir fassen nun alle Grundgleichungen des Elektromagnetismus zusammen:

$$\nabla \cdot (\varepsilon\, E) = \varrho\,, \tag{5.91}$$

$$\nabla \cdot B = 0\,, \tag{5.92}$$

$$\partial_t B + \nabla \times E = 0\,, \tag{5.93}$$

$$\varepsilon\mu\, \partial_t E - \nabla \times B + \mu\, j = 0\,. \tag{5.94}$$

Dies sind die *Maxwellschen Gleichungen*.

Elektromagnetismus in Materialien

In aus Atomen oder Molekülen zusammengesetzten Materialien gibt es auf der Skala der Moleküle ebenfalls elektromagnetische Wechselwirkungen, die in einer kontinuierlichen makroskopischen Beschreibung nicht direkt aufgelöst werden, aber trotzdem die makroskopischen elektromagnetischen Eigenschaften des Materials beeinflussen. Konkret handelt es sich dabei um

- Verschiebung von „gebundenen Ladungen" auf der molekularen Skala,
- durch Ströme auf der molekularen Skala erzeugte Magnetfelder.

Gebundene Ladungen sind Elektronen, die an Atome oder Moleküle gebunden sind. Diese Ladungen werden sich bei einem anliegenden äußeren elektrischen Feld innerhalb ihrer Moleküle verschieben, wodurch ein sogenannter elektrischer Dipol erzeugt wird. Diesen Effekt nennt man *Polarisierung*. Weiterhin können bestimmte Materialien aufgrund ihrer molekularen Zusammensetzung eine permanente Polarisierung auf der molekularen Skala besitzen. Diese ist makroskopisch zunächst in der Regel nicht sichtbar, da sich die vorhandenen elektrischen Dipole gleichverteilt ausrichten. Bei einem äußeren elektrischen Feld werden sich diese elektrischen Dipole jedoch in Richtung dieses Feldes orientieren und so einen makroskopisch sichtbaren Effekt erzeugen, der ebenfalls zur Polarisierung beiträgt.

Man unterscheidet nun zwischen gebundenen und freien Ladungen und modifiziert die Maxwellschen Gleichungen so, dass die Ladungsdichte ϱ und Stromdichte j sich nur auf die *freien* Ladungen beziehen. Die Polarisierung kann man makroskopisch durch eine Stromdichte j_g der gebundenen Ladungen beschreiben, die proportional zur *Änderung des elektrischen Feldes* ist,

$$j_g = \chi \, \varepsilon_0 \, \partial_t E \, .$$

Aus der Erhaltung der gebundenen Ladungen

$$\partial_t \varrho_g + \nabla \cdot j_g = 0$$

folgt dann

$$\partial_t \varrho_g + \partial_t \nabla \cdot (\chi \varepsilon_0 E) = 0$$

und durch Integration mit der hypothetischen Anfangsbedingung $\varrho_{g|t=0} = 0$, $E_{|t=0} = 0$

$$\varrho_g = -\nabla \cdot (\chi \varepsilon_0 E) \, .$$

Einsetzen in das Gaußsche Gesetz (5.91) mit $\varepsilon = \varepsilon_0$, also

$$\nabla \cdot (\varepsilon_0 E) = \varrho + \varrho_g,$$

liefert

$$\nabla \cdot (\varepsilon_0 (1 + \chi) E) = \varrho \, .$$

Durch diese Beziehung motiviert definiert man das Feld

$$D := \varepsilon_0 (1 + \chi) E \, ,$$

die *dielektrische Verschiebung*. Es gilt $D = \varepsilon E$ mit der *Dielektrizitätskonstanten* $\varepsilon = \varepsilon_0 (1 + \chi)$. Häufig wird ε dargestellt als $\varepsilon = \varepsilon_0 \varepsilon_r$ mit der *relativen Dielektrizitätskonstanten* $\varepsilon_r = 1 + \chi$.

Moleküle können neben elektrischen Dipolen auch magnetische Dipole besitzen. Diese werden erzeugt durch die von bewegten Elektronen generierten Ströme auf der molekularen Skala. Bei den meisten Materialien sind diese magnetischen Dipole makroskopisch zunächst nicht sichtbar, weil sich die Dipole statistisch gleichverteilt ausrichten, und in ihrer Wirkung somit gegenseitig aufheben. Eine Ausnahme hiervon sind sogenannte *ferromagnetische* Substanzen, bei denen sich die vorhandenen magnetischen Dipole durch gegenseitige Wechselwirkung aneinander ausrichten, und so ein permanentes magnetisches Feld erzeugen. Dieser Effekt führt zur Existenz von Permanentmagneten. In beiden Fällen werden die molekularen magnetischen Dipole durch äußere magnetische Felder beeinflusst, und erfahren dadurch eine makroskopisch sichtbare Magnetisierung. Diese wird durch eine *volumenbezogene Dichte des magnetischen Momentes* beschrieben, die auch als *Magnetisierungsvektor* bezeichnet und mit m notiert wird. Man unterscheidet nun zwischen dem äußeren magnetischen Feld und dem durch die molekularen magnetischen Dipole erzeugten Feld. Das äußere magnetische Feld wird durch die *magnetische Feldstärke H* beschrieben, die im Vakuum durch $H = \mu_0^{-1} B$ gegeben ist. Der Magnetisierungsvektor ist proportional zur magnetischen Feldstärke,

$$m = \psi H$$

mit einer Materialkonstanten ψ. Die magnetische Induktion B ergibt sich dann aus

$$B = \mu_0(H + m) = \mu_0(1 + \psi)H = \mu H$$

mit der *magnetischen Permeabilität* $\mu = \mu_0(1 + \psi)$. Häufig wird μ geschrieben als $\mu = \mu_0\mu_r$ mit der *relativen Permeabilität* μ_r.

Die Magnetisierung erzeugt nun ebenfalls Ströme der gebundenen Elektronen. In Analogie zu (5.94) erhält man die Stromdichte der gebundenen Ladungen aus

$$j_g = \chi\,\partial_t E + \nabla \times m\,.$$

Einsetzen in das Ampère–Maxwellsche Gesetz (5.94) mit Stromdichte $j + j_g$ liefert

$$\mu_0\,\partial_t(\varepsilon E) - \nabla \times (B - \mu_0 m) + \mu_0 j = 0$$

oder, nach Division durch μ_0,

$$\partial_t D - \nabla \times H + j = 0\,.$$

Insgesamt erhalten wir die Maxwellschen Gleichungen in der Form

$$\nabla \cdot D = \varrho\,, \tag{5.95}$$

$$\nabla \cdot B = 0\,, \tag{5.96}$$

$$\partial_t B + \nabla \times E = 0\,, \tag{5.97}$$

$$\partial_t D - \nabla \times H + j = 0\,. \tag{5.98}$$

Diese werden ergänzt durch die Gleichungen $D = \varepsilon E$ und $B = \mu H$ sowie der Kontinuitätsgleichung (5.77) und dem ohmschen Gesetz (5.78). Streng genommen sind dies dieselben Gesetze wie schon in (5.91)–(5.94). Wir haben in der Darstellung lediglich die Vorgänge auf der mikroskopischen Skala der Materie von den makroskopischen Feldern getrennt.

Die Energie des Magnetischen Feldes

Wir betrachten ein von einer im Raum verteilten, stationären elektrischen Stromdichte j erzeugtes Magnetfeld H. Beim „Einschalten" dieses Magnetfeldes ist dieses nicht sofort verfügbar, sondern wird in einer gewissen Zeit langsam aufgebaut. Dies kann durch „zeitabhängige" Funktionen $H = H(t, x)$ und $j = j(t, x)$ beschrieben werden. Die zeitliche Änderung des Magnetfeldes erzeugt dabei ein elektrisches Feld, dessen Wirkung auf die Stromdichte j zu einer Kraft führt. Als Konsequenz wird beim Aufbau des Magnetfeldes Energie benötigt, die beim Abbau wieder abgegeben wird. Diese Energie wird im Magnetfeld gespeichert.

Zur Berechnung dieser Energie betrachten wir zeitabhängige Lösungen der Maxwell–Gleichungen mit Ladungsdichte $\varrho = 0$ und gegebener, zeitabhängiger

Stromdichte j. Es gelte $j(0, x) = 0$, $H(0, x) = 0$, $E(0, x) = 0$, $j(t, x) = 0$ für $|x| > R$ mit geeignetem $R > 0$ und $\nabla \cdot j(t, x) = 0$. Die zum Zeitpunkt t notwendige Leistung zum Aufbau der Stromdichte und der elektrischen und magnetischen Felder ist

$$P(t) = -\int_{\mathbb{R}^3} E \cdot j \, dx = -\int_{\mathbb{R}^3} E \cdot (\nabla \times H - \varepsilon \, \partial_t E) \, dx$$

$$= \frac{d}{dt} \left(\int_{\mathbb{R}^3} \frac{\varepsilon}{2} |E|^2 \, dx \right) - \int_{\mathbb{R}^3} E \cdot (\nabla \times H) \, dx \, .$$

Es gilt nun $E \cdot (\nabla \times H) = \nabla \cdot (H \times E) + H \cdot (\nabla \times E)$ und $\nabla \times E = -\mu \, \partial_t H$. Das Integral über $\nabla \cdot (H \times E)$ verschwindet, wenn E und H für $|x| \to +\infty$ stark genug abklingen. Weiter gilt

$$-\int_{\mathbb{R}^3} E \cdot (\nabla \times H) \, dx = \int_{\mathbb{R}^3} \mu \, H \cdot \partial_t H \, dx = \frac{d}{dt} \int_{\mathbb{R}^3} \frac{\mu}{2} |H|^2 \, dx \, .$$

Insgesamt erhalten wir

$$P(t) = \frac{d}{dt} \left(\int_{\mathbb{R}^3} \frac{\varepsilon}{2} |E|^2 \, dx + \int_{\mathbb{R}^3} \frac{\mu}{2} |H|^2 \, dx \right) \, .$$

Die Energie des elektrischen Feldes entspricht nach Formel (5.81) gerade dem ersten Integral hier. Folglich hat das Magnetfeld die Energie

$$W(t) = \int_{\mathbb{R}^3} \frac{\mu}{2} |H|^2 \, dx = \int_{\mathbb{R}^3} \frac{1}{2\mu} |B|^2 \, dx \, .$$

Im stationären Grenzfall nach dem „Einschalten" des Magnetfeldes verschwindet das elektrische Feld wieder, denn das zugehörige Potential V löst $\nabla \cdot (\varepsilon \nabla V) = 0$ mit den Randbedingungen $V \to 0$ für $|x| \to \infty$. Folglich ist die gesamte Energie im dann stationären Magnetfeld gespeichert.

Beispiel: Wir betrachten den Einschaltvorgang einer Spule. Durch die Spule fließe ein Strom $I = I(t)$. Das von diesem Strom erzeugte stationäre Magnetfeld ist zwar räumlich inhomogen, aber proportional zur Stromstärke I. Für die im Magnetfeld gespeicherte Energie gilt also

$$W(t) = \frac{L}{2} |I(t)|^2$$

mit einer von der Spule abhängigen Konstanten L, der *Induktivität*. Diese ist gegeben durch

$$L = \int_{\mathbb{R}^3} \mu |B_1(x)|^2 \, dx \, ,$$

wenn B_1 die von einem Strom der Stärke 1 erzeugte magnetische Induktion ist. Wir betrachten nun eine Änderung des Stromes, die so langsam ist, dass die magnetischen und elektrischen Felder nahe an stationären Zuständen sind. Die der Spule zugeführte Leistung ist dann

$$P(t) = W'(t) = L\,I(t)\,\dot{I}(t)\,.$$

Diese Leistung wird durch die an der Spule anliegende Spannung $U(t)$ gemäß der Formel

$$P(t) = U(t)\,I(t)$$

zur Verfügung gestellt. Daraus folgt die Formel für den Spannungsabfall an der Spule

$$U(t) = L\,\dot{I}(t)\,.$$

Elektromagnetische Wellen

Die vielleicht wichtigste Anwendung des Elektromagnetismus sind elektromagnetische Wellen, die Grundlage des Funkens, der Radio- und Fernsehübertragung, des Radars, des Röntgengeräts und des Lichtes sind. Die Existenz von elektromagnetischen Wellen kann man aus den Maxwellschen Gleichungen schließen. Wir betrachten dazu die Gleichungen (5.91)–(5.94) für $\varrho = 0$ und $j = 0$ und konstante ε, μ. Addiert man die Zeitableitung von (5.94) und die Rotation von (5.93), so erhält man

$$\varepsilon\mu\,\partial_t^2 E + \nabla \times \nabla \times E = 0\,.$$

Mit den Formeln $\nabla \times \nabla \times E = \nabla\nabla \cdot E - \Delta E$ und $\nabla \cdot E = 0$ folgt die *Wellengleichung*

$$\partial_t^2 E - c^2\,\Delta E = 0 \tag{5.99}$$

mit der *Lichtgeschwindigkeit* $c = 1/\sqrt{\varepsilon\mu}$. Analog kann man die entsprechende Version für die magnetische Induktion herleiten,

$$\partial_t^2 B - c^2\,\Delta B = 0\,.$$

Gleichung (5.99) hat Lösungen in Form einer wandernden Welle der Art

$$E(t,x) = E_0 \sin(k \cdot x - t)$$

mit konstantem E_0 und Wellenvektor k, wobei $|k| = 1/c$ gelten muss. Aus $\nabla \cdot E = 0$ folgt $E_0 \cdot k = 0$, die Amplitude des elektrischen Feldes ist also senkrecht zur Ausbreitungsrichtung. Die zugehörige magnetische Induktion ist nach (5.93)

$$B(t,x) = k \times E_0 \sin(k \cdot x - t)\,,$$

sie steht also senkrecht zur Ausbreitungsrichtung und zum elektrischen Feld. Die Existenz von elektromagnetischen Wellen und die korrekte Bestimmung der Ausbreitungsgeschwindigkeit waren eine wichtige Bestätigung der Maxwellschen Gesetze.

5.12 Dispersion

Die *Dispersion* der Lösung einer partiellen Differentialgleichung beschreibt, wie sich harmonische Wellen der Form

$$u(t, x) = e^{i(k \cdot x - \omega t)} \tag{5.100}$$

mit Wellenvektor k und Kreisfrequenz ω ausbreiten. Als Beispiel betrachten wir die eindimensionale Konvektions–Diffusionsgleichung

$$\partial_t u + c \, \partial_x u - a \, \partial_x^2 u = 0 \, .$$

Einsetzen des Ansatzes $u(t, x) = e^{i(kx - \omega t)}$ liefert

$$\left(- \omega i + cki + ak^2 \right) e^{i(kx - \omega t)} = 0 \, .$$

Zwischen Wellenzahl k und Kreisfrequenz ω muss also die Beziehung

$$\omega = ck - a|k|^2 i$$

gelten. Die Beziehung $k \rightarrow \omega = \omega(k)$ wird *Dispersionsrelation* genannt. Man kann aus der Dispersionsrelation das qualitative Verhalten von Lösungen der betrachteten Differentialgleichung ablesen. Wenn $\omega(k)$ reell ist, dann beschreibt die Gleichung die Ausbreitung einer Welle mit Wellenlänge $2\pi/|k|$ und Ausbreitungsgeschwindigkeit

$$v = \frac{\omega(k)}{|k|} \, .$$

Falls ω linear von $|k|$ abhängt, dann ist die Ausbreitungsgeschwindigkeit für alle Wellenlängen gleich, das bedeutet, dass *jedes* Wellenpaket mit derselben Geschwindigkeit transportiert wird, unabhängig von seiner Form. Dies ist beispielsweise bei der Wellengleichung der Fall. Falls $\omega(k)/|k|$ *nicht* konstant ist, dann haben Wellen unterschiedlicher Wellenlänge unterschiedliche Ausbreitungsgeschwindigkeiten. Dieses Verhalten nennt man *Dispersion*, eine entsprechende Differentialgleichung nennt man *dispersiv*. Ein Wellenpaket oder ein „Puls" beliebiger Form läßt sich als Überlagerung harmonischer Wellen darstellen. Bei dispersiven Differentialgleichungen bewegen sich Anteile unterschiedlicher Wellenlänge unterschiedlich schnell, was zu einem *Auseinanderlaufen* des Wellenpaketes beziehungsweise des Pulses führt. Falls $\omega(k)$ *nicht* reell ist, dann nennt man die Differentialgleichung *diffusiv*. Für $\omega = \omega_1 + i \, \omega_2$ hat (5.100) die Form

$$u(t, x) = e^{\omega_2 t} e^{i(k \cdot x - \omega_1 t)} \, .$$

Im Fall $\omega_2 < 0$ bedeutet dies, dass sich die *Amplitude* der harmonischen Welle vermindert, die Oszillationen der Welle werden also *geglättet*, wie dies bei parabolischen Gleichungen der Fall ist. Im Fall $\omega_2 > 0$ ist die Gleichung *rückwärts parabolisch*, das bedeutet, Oszillationen und vorhandene Gradienten werden *verstärkt*.

5.13 Literaturhinweise

Eine ausführliche Darstellung der Kontinuumsmechanik findet man in [11], [55], [122], [124], [125], [126]. Die Mathematik elastischer und elastoplastischer Materialien wird in [7], [21] und [89] behandelt. Insbesondere sind dort auch Modelle für Balken, Platten und Schalen beschrieben, in [7] werden auch Bifurkationsphänomene für solche Strukturen studiert. Eine Einführung in die Bifurkationstheorie findet man in [20] und [72]. Weiterführende Literatur zum Thema Elektromagnetismus ist zum Beispiel [67] und [51]. Eine Referenz für den Abschnitt 5.2 ist das Vorlesungsskript [109].

5.14 Aufgaben

Aufgabe 5.1. (Divergenz–Theorem, Nabla–Kalkül)

Sei $\Omega \subset \mathbb{R}^3$ ein beschränktes Gebiet mit glattem Rand $\Gamma = \partial\Omega$. Die äußere Einheitsnormale auf Γ bezeichnen wir mit n. Seien f, g glatte Funktionen und $u = (u_1, u_2, u_3)$, $v = (v_1, v_2, v_3)$ glatte Vektorfelder auf Ω. Die Ableitungen aller auftretenden Funktionen seien stetig fortsetzbar auf Γ. Wir bezeichnen mit ∇f den Gradienten von f. Es ist $Du = (\partial_{x_j} u_i)_{i,j=1}^3$. Die Divergenz und die Rotation von u bezeichnen wir mit

$$\nabla \cdot u = \partial_{x_1} u_1 + \partial_{x_2} u_2 + \partial_{x_3} u_3 \quad \text{bzw.} \quad \nabla \times u = \begin{pmatrix} \partial_{x_2} u_3 - \partial_{x_3} u_2 \\ \partial_{x_3} u_1 - \partial_{x_1} u_3 \\ \partial_{x_1} u_2 - \partial_{x_2} u_1 \end{pmatrix}.$$

Der Laplace–Operator schreibt sich dann $\Delta f = \nabla \cdot (\nabla f)$.

a) Schreiben Sie $\nabla \times (\nabla \times u)$ sowie $\nabla \times (u \times v)$ nur unter Verwendung von ∇, D, $\nabla\cdot$, $+$ und $-$.

b) Zeigen Sie mit Hilfe des Gaußschen Integralsatzes:

$$\int_\Gamma (\nabla \times u) \cdot n \, ds_x = 0.$$

Berechnen Sie mit dem Gaußschen Satz außerdem den Flächeninhalt der Oberfläche des Balls mit Radius $a > 0$.

Aufgabe 5.2. (Tensor–Analysis)

a) Seien ϕ, v und S glatte Felder, ϕ skalar, $v \in \mathbb{R}^3$ und $S \in \mathbb{R}^{3,3}$. Zeigen Sie:

$$D(\phi v) = \phi \, Dv + v(\nabla\phi)^\top,$$

$$\nabla \cdot (S^\top v) = S : Dv + v \cdot (\nabla \cdot S),$$

$$\nabla \cdot (\phi S) = \phi \nabla \cdot S + S \nabla\phi.$$

Hierbei ist $A : B = \operatorname{spur}(A^\top B)$ das Skalarprodukt für zwei Tensoren $A, B \in \mathbb{R}^{3,3}$ und $\nabla \cdot A = \left(\sum_{j=1}^{3} \partial_{x_j} a_{ij} \right)_{i=1}^{3}$ die Matrixdivergenz für $A \in \mathbb{R}^{3,3}$.

b) Beweisen Sie folgende Aussage: Für $v \in C^2(\mathbb{R}^3; \mathbb{R}^3)$ gilt

$$\nabla \cdot (Dv^\top) = \nabla(\nabla \cdot v).$$

Aufgabe 5.3. Zeigen Sie mit Hilfe des Satzes von Gauß die folgenden Formeln für ein glattes Gebiet $\Omega \subset \mathbb{R}^3$ mit Rand Γ und glatten Funktionen $f, g : \Omega \to \mathbb{R}$, $u, v : \Omega \to \mathbb{R}^3$, $\sigma : \Omega \to \mathbb{R}^{3,3}$. Dabei ist die Divergenz einer Matrix definiert durch $(\nabla \cdot \sigma)_i = \sum_{j=1}^{3} \partial_{x_j} \sigma_{ij}$.

a) $\displaystyle\int_\Omega f(x) \, \nabla \cdot u(x) \, dx = \int_\Gamma f(x) \, u(x) \cdot n(x) \, ds_x - \int_\Omega \nabla f(x) \cdot u(x) \, dx \,,$

b) $\displaystyle\int_\Omega \nabla f(x) \cdot \nabla g(x) \, dx = \int_\Gamma f(x) \, \nabla g(x) \cdot n(x) \, ds_x - \int_\Omega f(x) \, \Delta g(x) \, dx \,,$

c) $\displaystyle\int_\Omega f(x) \, \nabla g(x) \, dx = - \int_\Omega \nabla f(x) \, g(x) \, dx + \int_\Gamma f(x) \, g(x) \, n(x) \, ds_x \,,$

d) $\displaystyle\int_\Omega \nabla \cdot \sigma(x) \, dx = \int_\Gamma \sigma(x) n(x) \, ds_x \,,$

e) $\displaystyle\int_\Omega (\nabla \times u(x)) \cdot v(x) \, dx = \int_\Gamma (u(x) \times v(x)) \cdot n(x) \, ds_x + \int_\Omega u(x) \cdot (\nabla \times v(x)) \, dx \,.$

Aufgabe 5.4. Wir betrachten eine Abbildung $x : \mathbb{R} \times \mathbb{R}^3 \to \mathbb{R}^3$ von Lagrangeschen zu Eulerschen Koordinaten der Form

$$x(t, X) = \begin{pmatrix} X_1 + t \\ e^t X_2 \\ X_3 + t X_1 \end{pmatrix}.$$

a) Berechnen Sie das zugehörige Geschwindigkeitsfeld $v(t, x)$ in Eulerschen Koordinaten.

b) Es sei die Funktion

$$\varrho(t, x) = x_1 + x_2 \sin t$$

gegeben. Verifizieren Sie die Formel

$$D_t \varrho(t, x) = \frac{d}{dt} \varrho(t, x(t, X))$$

mit der materiellen Ableitung D_t.

c) Es sei nun ein zweidimensionales Geschwindigkeitsfeld der Form

$$v(t, x) = \begin{pmatrix} x_2 \\ x_1 \end{pmatrix}$$

gegeben. Zeigen Sie, dass die Stromlinien Hyperbeln sind, und dass die Stromlinien und die Bahnlinien gleich sind.

Aufgabe 5.5. Es sei $\Omega \subset \mathbb{R}^d$ ein beschränktes Gebiet und $f : \Omega \to \mathbb{R}$ eine stetige Funktion. Zeigen Sie: Falls

$$\int_U f(x)\,dx = 0$$

für jedes beschränkte Teilgebiet $U \subset \Omega$ gilt, dann ist $f(x) = 0$ für jedes $x \in \Omega$.

Aufgabe 5.6. (Beobachter–Invarianz)

Ein Beobachter betrachtet die Bewegung eines Massenpunktes mit Masse m, die in seinen Koordinaten $x = (x_1, x_2, x_3)$ durch $m\,x''(t) = K$ beschrieben wird.

a) Ein anderer Beobachter habe die Koordinaten $y = (y_1, y_2, y_3)$, die durch $y(t) = Q(t)\,x(t) + a(t)$ mit glatten Abbildungen $t \mapsto Q(t)$ und $t \mapsto a(t)$ aus den Koordinaten des 1. Beobachters hervorgehen. Dabei sei $Q(t)$ für jedes t eine orthogonale Matrix mit Determinante 1. Zeigen Sie, dass dieser Beobachter ebenfalls eine Beschreibung der Bewegung in der Form $m\,y''(t) = \widetilde{K}$ findet, indem Sie $\widetilde{K}$ bestimmen.

b) Sei $\{e_1, e_2, e_3\}$ eine Orthonormalbasis von Beobachter 1. Die Basis von Beobachter 2 mit den Vektoren $\{b_1, b_2, b_3\}$ gehe durch Drehung der Vektoren $\{e_i\}_i$ um die e_3–Achse hervor; die Winkelgeschwindigkeit ω sei dabei konstant. Das bedeutet, der 2. Beobachter dreht sich mit konstanter Geschwindigkeit um die e_3–Achse.

Bestimmen Sie die Matrix $Q(t)$ aus a) und berechnen Sie, abhängig von K und ω, die Kraft $\widetilde{K}$.

Aufgabe 5.7. (Zwei–Körper–Problem)

Wir wollen die Bewegung eines Planeten der Masse m_P um eine Sonne der Masse m_S beschreiben. Dazu seien $x_P(t)$ und $x_S(t)$ die Positionen von Planeten und Sonne und

$$x(t) = x_P(t) - x_S(t)$$

der (orientierte) Abstand zwischen Sonne und Planeten.

a) Stellen Sie die Gleichungen zur Beschreibung der Bewegung von Sonne und Planeten auf. Berechnen Sie die kinetische Energie E_{kin}, die potentielle Energie E_{pot} und den Drehimpuls L des Zweikörpersystems und verifizieren Sie, dass die Gesamtenergie $E = E_{\mathrm{kin}} + E_{\mathrm{pot}}$ und der Drehimpuls Erhaltungsgrößen sind.

b) Zeigen Sie, dass sich die Bewegung des Planeten um die Sonne durch die Gleichung

$$m_P \, x''(t) = -G \, m_P \, m \frac{x(t)}{|x(t)|^3}$$

mit der Gravitationskonstanten G und der Gesamtmasse $m = m_S + m_P$ beschreiben lässt.

c) Beweisen Sie das 2. Keplersche Gesetz: Der Abstandsvektor x überstreicht in einem gegebenen Zeitintervall Δt stets die gleiche Fläche $A_{\Delta t}$. Nutzen und begründen Sie, dass für $\Delta t = t_2 - t_1$ gilt:

$$A_{\Delta t} = \frac{1}{2} \int_{t_1}^{t_2} |x(t) \times x'(t)| \, dt \,.$$

Aufgabe 5.8. (Keplersche Gesetze)

Zur Bewegung eines Planeten mit Masse m_P um eine Sonne mit Masse m_S wurde in Aufgabe 5.7 bereits die folgende Differentialgleichung angegeben:

$$m_P \, x''(t) = -G \, m_P \, m \frac{x(t)}{|x(t)|^3} \,,$$

mit $m = m_S + m_P$. Die Funktion $t \mapsto x(t)$ beschreibt die Bahn des Planeten relativ zur Sonne. Wir haben schon nachgerechnet, dass Energie und Drehimpuls,

$$E = \frac{-G \, m_P \, m}{|x|} + \frac{m_P}{2} |x'|^2 \quad \text{beziehungsweise} \quad L = m_P \, x \times x' \,,$$

Erhaltungsgrößen sind. Nehmen wir $L \neq 0$ an, dann liegt die Bahnkurve des Planeten in einer Ebene. Diese sei durch die Orthonormalbasis $\{e_1, e_2\}$ aufgespannt. Wir definieren zu einem Winkel φ

$$e_r := \cos\varphi \, e_1 + \sin\varphi \, e_2 \,,$$
$$e_\varphi := -\sin\varphi \, e_1 + \cos\varphi \, e_2 \,.$$

Nun betrachten wir die Bewegung in Polarkoordinaten und setzen $x = r e_r$.

a) Leiten sie aus den Erhaltungssätzen das folgende System her:

$$r^2 \dot\varphi = \frac{|L|}{m_P} \,, \tag{5.101}$$

$$(\dot r)^2 + r^2 (\dot\varphi)^2 - 2 \frac{G \, m}{r} = 2 \frac{E}{m_P} \,. \tag{5.102}$$

b) Betrachten Sie r als Funktion von φ und zeigen Sie, dass

$$r = \frac{p}{1 + e \cos(\varphi)} \quad \text{mit} \quad p = \frac{|L|^2}{G \, m \, m_P^2}, \quad e = \sqrt{1 + \frac{2E|L|^2}{G^2 \, m^2 \, m_P^3}}$$

den Gleichungen (5.101) und (5.102) genügt.

Wir betrachten nun den Fall $E < 0$ beziehungsweise $e < 1$.

c) Beweisen Sie mit Hilfe der Koordinaten $x_1 = r \cos\varphi$ und $x_2 = r \sin\varphi$ das erste Keplersche Gesetz: Der Planet bewegt sich auf einer elliptischen Bahn um die Sonne. Leiten Sie dazu die Ellipsengleichung

$$\frac{(x_1 + ea)^2}{a^2} + \frac{x_2^2}{b^2} = 1$$

mit geeigneten Konstanten a, b her.

d) Rechnen Sie außerdem die Formel

$$t = \frac{m_P}{|L|} \int_{\varphi(0)}^{\varphi(t)} r^2(\varphi)\, d\varphi$$

für die Zeit nach und leiten Sie für die Umlaufzeit T die Formel

$$\frac{T^2}{a^3} = \frac{4\pi^2}{G m}$$

her.

Unter Vernachlässigung der Planetenmasse m_P im Vergleich zur Sonnenmasse m_S erhält man dann das dritte Keplersche Gesetz $T^2/a^3 = \text{konst.}$ mit einer Konstanten, die nicht vom jeweiligen Planeten abhängt.

Aufgabe 5.9. (Piola–Identität)

Die Abbildung von Lagrange–Koordinaten in Euler–Koordinaten $X \mapsto x(t, X)$ mit $X \in E^3$ sei glatt und invertierbar. Wir schreiben $B(t, X) := \frac{\partial x}{\partial X}(t, X) = \left(\frac{\partial x_i}{\partial X_j}\right)_{i,j}$ für die Ableitung und setzen $J(t, X) := \det B(t, X)$.

Zeigen Sie: $\nabla_X \cdot (J B^{-\top}) = 0$, wobei $B^{-\top}$ die transponierte Inverse von B ist. Hinweis: Sei $V \subset E^3$ offen, beliebig vorgegeben und sei $U = x(V) \subset E^3$. Zu $\overline{\eta} \in C_0^\infty(U)$ sei $\eta(x(X)) := \overline{\eta}(X)$. Zeigen Sie

$$\int_V \nabla_X \cdot (J(t, X) B^{-\top}(t, X))\, \overline{\eta}(X)\, dX = -\int_U \nabla_x \eta(x)\, dx = 0\,.$$

Wie folgt nun die Behauptung?

Aufgabe 5.10. (Erhaltungsgleichungen in Lagrange–Koordinaten)

In Abschnitt 5.5 waren die Erhaltungsgleichungen für Masse und Impuls in Euler–Koordinaten formuliert worden. Bezüglich der Lagrange–Koordinaten X und der Euler–Koordinaten x benutzen wir hier dieselbe Notation wie in Aufgabe 5.9, dort wurden auch J und B definiert.

Zeigen Sie, dass die beiden Erhaltungsgleichungen in Lagrange–Koordinaten die folgende Form annehmen:

$$\partial_t(\overline{\varrho}J) = 0\,,$$
$$\varrho_0\,\partial_t V = \varrho_0 F + \nabla_X \cdot S\,,$$

wobei $\overline{\varrho}(t, X) = \varrho(t, x(t, X))$, $V(t, X) = v(t, x(t, X))$, $F(t, X) = f(t, x(t, X))$ und

$$\varrho_0(X) = (\overline{\varrho}J)(t, X) \quad \text{sowie} \quad S(t, X) = J(t, X)\sigma(t, x(t, X))B^{-\top}(t, X)\,.$$

Warum ist ϱ_0 wohldefiniert?

Aufgabe 5.11. (Charakteristiken–Methode)
Zur Lösung der Kontinuitätsgleichung

$$\partial_t\varrho + \partial_x(v\varrho) = 0 \quad \text{für } (t, x) \in (0, \infty) \times \mathbb{R}\,,$$
$$\varrho = \varrho_0 \quad \text{für } t = 0,\ x \in \mathbb{R}$$

in einer Raumdimension kann man die *Charakteristiken–Methode* verwenden:
Man bestimmt die Lösungen von

$$\partial_t s(t, x_0) = v(t, s(t, x_0)), \quad s(0, x_0) = x_0 \tag{5.103}$$

für alle $x_0 \in \mathbb{R}$ und setzt $z(t, x_0) := \varrho(t, s(t, x_0))$.

a) Zeigen Sie, dass $t \to z(t, x_0)$ dann folgendes Anfangswertproblem löst:

$$\partial_t z(t, x_0) = -\partial_x v(t, x)|_{x=s(t,x_0)}\, z(t, x_0), \quad z(0, x_0) = \varrho_0(x_0) \tag{5.104}$$

b) Es sei nun $v(t, x) = x/(1 + t)$ und $\varrho_0(x) = 1 - \tanh(x)$. Lösen Sie die Anfangswertprobleme (5.103) und (5.104) und skizzieren Sie die Charakteristiken $s(t, x_0)$ und die zugehörigen Lösungswerte $\varrho(t, s(t, x_0))$.

Aufgabe 5.12. (Charakteristikenverfahren für mehrdimensionale Transportgleichungen)
Es ist die Differentialgleichung

$$\partial_t u(t, x) + v(t, x) \cdot \nabla u(t, x) = f(t, x) \tag{5.105}$$

mit bekanntem Geschwindigkeitsfeld $v(t, x)$, bekanntem Quellterm $f(t, x)$ und Anfangsdaten $u(0, x) = u_0(x)$ gegeben.

a) Es sei $s(t, y)$ die Lösung der Charakteristikengleichung

$$\frac{d}{dt}s(t, y) = v(t, s(t, y)), \quad s(0, y) = y$$

und $u(t, x)$ eine Lösung von (5.105). Zeigen Sie, dass $w(t, y) = u(t, s(t, y))$ die Gleichung

$$\frac{d}{dt}w(t, y) = f(t, s(t, y))$$

löst, und ermitteln Sie daraus eine Darstellung der Lösung von (5.105).

b) Lösen Sie (5.105) für

$$v(t,x) = \begin{pmatrix} 1 \\ x_3 \\ -x_2 \end{pmatrix}, \quad f(t,x) = e^{-(t+x_1+x_2^2+x_3^2)} \quad \text{und} \quad u_0(x) = 0.$$

Aufgabe 5.13. Es sei V ein Tetraeder im $\mathbb{R}^d$ mit Seitenflächen $S_1, \ldots, S_d$ und S, wobei $S_j \subset \{x \in \mathbb{R}^d \mid x_j = 0\}$ gilt und S den Normalenvektor n hat. Dabei sei $n_j > 0$ für $j = 1, \ldots, d$ und $x_j \geq 0$ für $x \in V$ und $j = 1, \ldots, d$.

a) Zeigen Sie für $d = 3$ elementargeometrisch, dass $\frac{|S_j|}{|S|} = n_j$.

b) Zeigen Sie für alle d, dass $\frac{|S_j|}{|S|} = n_j$ gilt, indem Sie den Satz von Gauß verwenden.

Aufgabe 5.14. Bestimmen Sie die physikalischen Dimensionen der folgenden Größen: Spannungstensor σ, Wärmefluss q, Spezies–Fluss j_i, Wärmeleitfähigkeit K, Diffusionskonstante D, Viskositäten μ und λ bei viskosen Strömungen.

Aufgabe 5.15. Zeigen Sie unter den in Abschnitt 5.6 formulierten Voraussetzungen die Ungleichung (5.13). Sei nun $L > 0$. Für welche Anfangsdaten gilt in (5.13) Gleichheit?

Aufgabe 5.16. (Entdimensionalisierung der Wärmeleitungsgleichung)
Es sei die Lösung des Problems

$$\partial_t u(t,x) - \partial_x^2 u(t,x) = 0 \quad \text{für } t > 0, \ x \in (0,1)$$

mit $u(0,x) = 0$, $u(t,0) = 0$, $u(t,1) = 1$ bekannt.
Bestimmen Sie daraus die Lösung von

$$c_V \, \partial_t \widetilde{u}(t,x) - \lambda \, \partial_x^2 \widetilde{u}(t,x) = 0 \quad \text{für } t > 0, \ x \in (0,L)$$

mit $\widetilde{u}(0,x) = u_0$, $\widetilde{u}(t,0) = u_0$, $\widetilde{u}(t,L) = u_1$.
Hinweis: Verwenden Sie den Ansatz $\widetilde{u}(t,x) = a_0 + a_1 u(b_0 t, b_1 x)$ mit zu bestimmenden Konstanten a_0, a_1, b_0, b_1.

Aufgabe 5.17. Im Inneren eines kugelförmigen Hauses mit Außenradius $R = 10\,\text{m}$ und Wanddicke $a = 1\,\text{m}$ sei die Temperatur $T = 20°\text{C}$ und außerhalb der Kugel sei die Temperatur $T = 0°\text{C}$ gegeben.

a) Lösen Sie die stationäre Wärmeleitungsgleichung

$$\Delta T = 0$$

in der Wand mit Randbedingungen $T = 20°\text{C}$ für $|x| = R-a$ und $T = 0°\text{C}$ für $|x| = R$. Benutzen Sie dazu den radialsymmetrischen Ansatz $T(x) = u(|x|)$.

b) Berechnen Sie den Wärmefluss durch die Wand für die Wärmeleitfähigkeit $\lambda = 1{,}0\,\mathrm{W/(mK)}$ (Beton) und ermitteln Sie die zur Aufrechterhaltung der Temperatur notwendige Heizleistung.

Aufgabe 5.18. Es sei die Wärmeleitungsgleichung

$$\partial_t u(t,x) - \Delta u(t,x) = 0 \text{ für } t > 0\,,\ x \in \Omega \qquad (5.106)$$

mit $u(0,x) = u_0(x)$ für $x \in \Omega$ gegeben. Die Randbedingungen seien entweder

(i) $u(t,x) = 0$ für $t > 0$, $x \in \Gamma = \partial\Omega$, oder

(ii) $\nabla u(t,x) \cdot n(x) = 0$ für $t > 0$, $x \in \Gamma$.

Das Gebiet $\Omega \subset \mathbb{R}^d$ sei beschränkt und glatt genug und die Lösung u sei ebenfalls glatt genug.

a) Zeigen sie

$$\int_\Omega u^2(t,x)\,dx = \int_\Omega u_0^2(x)\,dx - \int_0^t \int_\Omega |\nabla u(s,x)|^2\,dx\,ds\,.$$

Hinweis: Multiplizieren Sie (5.106) mit $u(t,x)$ und integrieren Sie über Ω.

b) Zeigen Sie für den Fall (ii) auch

$$\int_\Omega u(t,x)\,dx = \int_\Omega u_0(x)\,dx\,.$$

c) Nehmen Sie an, dass $\lim\limits_{t\to+\infty} u(t,x) = w(x)$ und $\lim\limits_{t\to+\infty} \nabla u(t,x) = \nabla w(x)$, wobei die Konvergenz jeweils gleichmäßig bezüglich x sei, und ermitteln Sie den Grenzwert $w(x)$ für die Fälle (i) und (ii).

d) Betrachten Sie nun die Lösung von (5.106) mit $u(0,x) = u_0(x)$ für $x \in \Omega$ und $u(t,x) = U(x)$ für $x \in \Gamma$. Nehmen Sie an, dass $\lim\limits_{t\to+\infty} u(t,x) = w(x)$ und $\lim\limits_{t\to+\infty} \nabla u(t,x) = \nabla w(x)$ gleichmäßig bezüglich $x \in \Omega$ und dass u, w glatt genug sind.

Zeigen Sie, dass w eine Lösung ist von

$$\Delta w = 0 \ \text{ für } x \in \Omega\,, \quad w(x) = U(x) \text{ für } x \in \Gamma\,.$$

Hinweis: Benutzen Sie c) für ein geeignetes Hilfsproblem.

Aufgabe 5.19. (Wärmeleitung durch einen Verbundwerkstoff)
Wir betrachten einen aus dünnen Schichten zweier unterschiedlicher Materialien zusammengesetzten Werkstoff, wie in der Abbildung dargestellt. Die beiden Materialien haben die Wärmeleitfähigkeiten k_1 und k_2, die einzelnen Schichten haben die Dicken d_1 und d_2.

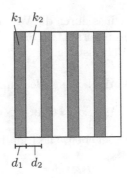

a) Wir wollen den Wärmefluss durch eine in zwei Richtungen unendlich ausgedehnte Wand berechnen, die aus dem oben beschriebenen Verbundwerkstoff besteht und die Dicke $d = n(d_1 + d_2)$ hat. Die Schichten seien (i) parallel zur Wand beziehungsweise (ii) senkrecht zur Wand angeordnet. An
   den beiden äußeren Seitenflächen der Wand seien konstante Temperaturen
   T_I und T_A vorgegeben. Berechnen Sie jeweils den Wärmefluss durch die
   Wand in Abhängigkeit der Temperaturdifferenz $T_I - T_A$.
   Hinweis: Überlegen Sie zunächst, welche Kopplungsbedingungen an den
   inneren Flächen zwischen zwei Schichten gelten müssen. Eine der Bedingungen folgt aus der Energieerhaltung.

b) Bestimmen Sie mit Hilfe von Teil a) eine *effektive Wärmeleitfähigkeit* des
   Verbundwerkstoffes, und zwar in Richtung (i) senkrecht zu den Schichten
   und (ii) parallel zu den Schichten.

c) Bestimmen Sie mit Hilfe von Teil b) die *Wärmeleitfähigkeitsmatrix*, das
   ist die 3×3–Matrix K für das Wärmediffusionsgesetz

$$q = -K\nabla T$$

in einem homogenen Ersatzwerkstoff für den Verbundwerkstoff.

Aufgabe 5.20. Wenn man äußere Kräfte und die Diffusion von Wärme vernachlässigt, dann haben die Euler–Gleichungen der Gasdynamik die Form

$$\partial_t \varrho + \nabla \cdot (\varrho v) = 0 \,,$$
$$\varrho \, \partial_t v + \varrho (v \cdot \nabla) v + \nabla p = 0 \,,$$
$$\partial_t u + v \cdot \nabla u + \tfrac{p}{\varrho} \nabla \cdot v = 0$$

mit allgemeiner Druckfunktion $p = p(\varrho, u)$.
Zeigen Sie, dass man diese Gleichungen in d Raumdimensionen schreiben kann
als *System von Erhaltungsgleichungen 1. Ordnung* für das Vektorfeld

$$w = (w_0, \ldots, w_{d+1}) = \left(\varrho, \varrho v, \varrho u + \tfrac{1}{2}\varrho |v|^2 \right),$$

also in der Form

$$\partial_t w_j + \nabla \cdot F_j(w) = 0 \quad \text{für} \quad j = 0, \ldots, d+1.$$

Wie muss man die Funktionen $F_j(w)$ wählen? Welche physikalische Bedeutung haben die Komponenten von w?

Aufgabe 5.21. Wir möchten die Strömung einer inkompressiblen viskosen Flüssigkeit durch ein Rohr

$$\Omega = \left\{ x \in \mathbb{R}^3 \,\middle|\, 0 < x_1 < L,\ x_2^2 + x_3^2 < R^2 \right\}$$

mit Länge L und Radius R beschreiben.

a) Lösen Sie das stationäre Navier–Stokes–System

$$\nabla \cdot v = 0,$$
$$\varrho(v \cdot \nabla)v - \mu\,\Delta v = -\nabla p$$

in Ω mit Randbedingungen $p(x) = p_1$ für $x_1 = 0$, $p(x) = p_2$ für $x_1 = L$, $v(x) = 0$ für $x_2^2 + x_3^2 = R^2$. Verwenden Sie dazu den Ansatz

$$v(x) = w(r(x))\,e_1 \text{ mit } r(x) = \sqrt{x_2^2 + x_3^2} \text{ und } p(x) = q(x_1).$$

b) Berechnen Sie die Durchflussrate durch das Rohr und verifizieren Sie so das Gesetz von Hagen–Poiseuille aus Aufgabe 2.16.

Aufgabe 5.22. (Rotationsfreie Strömung, Potentialströmung)

a) Sei v eine stationäre, inkompressible, rotationsfreie Strömung; die Dichte ϱ sei konstant. Zeigen Sie, dass v eine Lösung der Euler–Gleichungen ist, wobei der Druck durch $p = -\frac{\varrho}{2}|v|^2$ gegeben ist.

b) In $\mathbb{R}^2 \setminus \{(0,0)\}$ sei das Geschwindigkeitsfeld

$$v(x_1, x_2) = \frac{1}{x_1^2 + x_2^2}\begin{pmatrix} -x_2 \\ x_1 \end{pmatrix}$$

gegeben. Zeigen Sie, dass v den Voraussetzungen von Teil a) genügt.

c) Zeigen Sie weiterhin, dass das Geschwindigkeitsfeld v aus Teil b) keine Potentialströmung beschreibt.

Aufgabe 5.23. (Couette–Strömung)

Sei Ω die Region zwischen zwei konzentrischen Zylindern mit Radien R_1 und R_2, wobei $R_1 < R_2$. Ein Geschwindigkeitsfeld sei in Zylinderkoordinaten (r, φ, z) gegeben durch

$$v = \left(-\left(\tfrac{A}{r} + Br\right)\sin\varphi,\ \left(\tfrac{A}{r} + Br\right)\cos\varphi,\ 0 \right);$$

dabei ist

$$A = -\frac{R_1^2 R_2^2(\omega_2 - \omega_1)}{R_2^2 - R_1^2}, \quad B = -\frac{R_1^2\omega_1 - R_2^2\omega_2}{R_2^2 - R_1^2}.$$

a) Zeigen Sie: v ist stationäre Lösung der Euler–Gleichungen mit $\varrho \equiv 1$. Wie sieht der Druck aus?

b) Berechnen Sie $\nabla \times v$.

c) Welche Randwerte nimmt v an? Wie sind ω_1 und ω_2 zu interpretieren?

Aufgabe 5.24. (Navier–Stokes–Operator, Divergenz–Theorem)

In einem Gebiet Ω sei (v, p) eine glatte Lösung der homogenen Navier–Stokes–Gleichungen für inkompressible Fluide:

$$\varrho \, \partial_t v + \varrho \, (v \cdot \nabla) v - \mu \, \Delta v + \nabla p = 0 \quad \text{in } \Omega \,,$$
$$\nabla \cdot v = 0 \quad \text{in } \Omega \,,$$
$$v = 0 \quad \text{auf } \Gamma = \partial \Omega \,.$$

Wir nehmen dabei an, dass die Massendichte ϱ und die dynamische Viskosität μ positive Konstanten sind. Zeigen Sie

$$\frac{d}{dt} \left(\int_\Omega \frac{\varrho}{2} |v|^2 \, dx \right) + \int_\Omega \mu |Dv|^2 \, dx = 0 \,.$$

Dabei ist $|Dv|^2 = \sum_{i=1}^3 |\nabla v_i|^2$.

Bemerkung: Die Gleichung zeigt, dass die kinetische Energie in einem inkompressiblen Fluid, auf das keine äußeren Kräfte wirken, nicht zunehmen kann.

Aufgabe 5.25. (Satz von Bernoulli)

Wir betrachten eine Strömung beschrieben durch die Größen (v, ϱ, T), die den Erhaltungsgleichungen für Masse und Impuls genügt. Der Spannungstensor sei durch $\sigma = -p \, I$ mit dem Druck p, die Kraft in der Erhaltungsgleichung für den Impuls durch $f = -\nabla \beta$ gegeben; β ist dann das Potential der Kraft. Leiten Sie folgende Aussagen her:

a) Falls eine Potentialströmung vorliegt, falls also $v = \nabla \varphi$ gilt für eine reelle Funktion φ, dann ist

$$\nabla \left(\partial_t \varphi + \tfrac{1}{2} |v|^2 + \beta \right) + \tfrac{1}{\varrho} \nabla p = 0 \,.$$

Hinweis: In diesem Fall ist $\nabla \times v = 0$.

b) Falls der Fluss stationär ist, d.h. falls die partiellen Ableitungen nach der Zeit von (v, ϱ, σ) verschwinden, dann erhält man

$$v \cdot \nabla \left(\tfrac{1}{2} |v|^2 + \beta \right) + \tfrac{1}{\varrho} v \cdot \nabla p = 0 \,.$$

Aufgabe 5.26. (Gasdynamik)

Die Gleichungen für ein nichtviskoses (der Spannungstensor enthält nur den Druckanteil), nichtwärmeleitendes (dann ist $q = 0$) Gas in einer Raumdimension lauten in Eulerschen Koordinaten

$$\partial_t \varrho + \partial_x (\varrho v) = 0\,,$$
$$\partial_t (\varrho\, v) + \partial_x (\varrho v^2 + p) = 0\,,$$
$$\partial_t \big[\varrho\big(\tfrac{v^2}{2} + u\big)\big] + \partial_x \big[\varrho\, v\big(\tfrac{v^2}{2} + u\big) + p\, v\big] = 0\,.$$

Zeigen Sie, dass unter der Voraussetzung $\varrho = 1$ diese Gleichungen äquivalent sind zu folgender Formulierung in Lagrange–Koordinaten:

$$\partial_t C - \partial_X V = 0\,,$$
$$\partial_t V + \partial_X P = 0\,,$$
$$\partial_t \big(\tfrac{V^2}{2} + U\big) + \partial_X (PV) = 0\,.$$

Dabei ist $c(t,x) = 1/\varrho(t,x)$ das spezifische Volumen und die groß geschriebenen Variablen entsprechen den klein geschriebenen in Lagrange–Koordinaten (z.B. $V(t,X) = v(t,x(t,X))$).

Zeigen Sie weiterhin, dass die letzte Gleichung äquivalent ist zu $\partial_t S = 0$, wobei S die Entropie in Lagrangekoordinaten ist.

Bemerkung: Es ist vorausgesetzt, dass alle auftretenden Funktionen hinreichend glatt sind.

Aufgabe 5.27. (Variablentransformation)

Gegeben sei die Abbildung

$$\Phi : (\varrho, T) \mapsto (V, s) := \big(\tfrac{1}{\varrho}, -\partial_T f(\varrho, T)\big)\,,$$

wobei ϱ die Massendichte, T die Temperatur, V das spezifische Volumen, s die Entropiedichte und $f = f(\varrho, T)$ die Dichte der freien Energie sind. Wir nehmen an, dass für die freie Energiedichte gilt:

$$\partial_T f(\varrho, \cdot) \text{ ist streng monoton wachsend.}$$

Wir können Φ umkehren und so ϱ und T als Funktionen in V, s schreiben. Dann ist die innere Energiedichte

$$u(V, s) = f(\varrho(V, s), T(V, s)) + T(V, s)s$$
$$= f(\Phi^{-1}(V, s)) + (\Phi^{-1})_2(V, s)s\,.$$

Zeigen Sie unter Ausnutzung der bekannten thermodynamischen Beziehungen

$$\partial_V u(V, s) = -p(V, s)\,, \quad \partial_s u(V, s) = T(V, s)\,.$$

Aufgabe 5.28. (Gasdynamik)

Für Gase mit Temperatur nahe der Raumtemperatur und kleinen Dichten gelten zu erster Ordnung die beiden folgenden Beziehungen für den Druck p und die spezifische Wärmekapazität $c = \partial_T u$:

$$p = r\varrho T, \quad c = \frac{\alpha r}{2};$$

dabei ist r die Gaskonstante und α eine natürliche Zahl.
Zeigen Sie:

$$u(T, \varrho) = cT + d, \quad s(T, \varrho) = c\ln(T\,\varrho^{1-\gamma})$$

mit einer Konstanten d und $\gamma = 1 + \frac{r}{c}$.
Drücken Sie außerdem u und p als Funktionen von s, V aus, wobei $V = 1/\varrho$
das spezifische Volumen ist.

Aufgabe 5.29. (Entropie–Gleichung)
Vorausgesetzt seien die Erhaltungsgleichungen für Masse, Impuls und Energie

$$\partial_t \varrho + \nabla \cdot (\varrho v) = 0,$$

$$\partial_t(\varrho v) + \nabla \cdot (\varrho v v^\top - \sigma) = \varrho \overline{f},$$

$$\partial_t\left(\varrho\left(\frac{|v|^2}{2} + u\right)\right) + \nabla \cdot \left(\varrho v\left(\frac{|v|^2}{2} + u\right) + q - \sigma v\right) = \varrho \overline{f} \cdot v$$

mit Kraftdichte $\overline{f}$ und die thermodynamischen Beziehungen

$$s = -\partial_T f, \quad p = \varrho^2 \partial_\varrho f, \quad u = f + Ts. \qquad (5.107)$$

Diese Beziehungen gelten, wenn man s, p, u als Funktionen von T und ϱ
schreibt. Beweisen Sie die folgende Gleichung:

$$\partial_t(\varrho s) + \nabla \cdot \left(\frac{q}{T} + \varrho s v\right) = \frac{1}{T}(\sigma + pI) : Dv + q \cdot \nabla\left(\frac{1}{T}\right).$$

Aufgabe 5.30. (Transportgleichung)
Der Spannungstensor sei durch $\sigma = -pI$ mit einer Funktion $p = p(\varrho)$ für
den Druck gegeben. Weiterhin sei $q = 0$ (kein Wärmefluss) und $g = 0$ (keine
äußeren Wärmequellen). Wir betrachten die freie Energie f und die innere
Energie u als Funktionen von Dichte und Temperatur (ϱ, T). Weiterhin seien
die thermodynamischen Beziehungen (5.107) vorausgesetzt.

a) Zeigen Sie: $f(\varrho, T) = f_1(\varrho) + f_2(T)$ mit geeigneten Funktionen f_1 und f_2
   sowie $\partial_\varrho u = \partial_\varrho f$.

b) Leiten Sie aus der Energieerhaltungsgleichung unter Ausnutzung der Mas-
   sen- und Impulserhaltung und geeigneten Voraussetzungen an die Wärmekapazität $c = \partial_T u$ die folgende Transportgleichung für die Temperatur her:

$$\partial_t T + v \cdot \nabla T = 0.$$

c) Nehmen Sie an, dass die Geschwindigkeit durch $v(t, x) = x\,e^{-t}$, $x \in \mathbb{R}^3$,
   bereits gegeben ist. Außerdem sei die Temperatur zu einem Startzeitpunkt

$t = 0$ durch $T_0(x)$ gegeben.

Lösen Sie die Transportgleichung aus b) mit der Charakteristiken–Methode aus Aufgabe 5.12.

Hinweis: Beachten Sie, dass die Gleichung hier eine andere, einfachere Struktur hat als die aus Aufgabe 5.12.

Aufgabe 5.31. (Beobachter–Invarianz)

In Abschnitt 5.5 wurde gezeigt, dass der Spannungstensor nur vom symmetrischen Anteil $\varepsilon(v) = \frac{1}{2}\big(Dv + (Dv)^\top\big)$ von Dv abhängen kann. Wir nehmen an, dass $\sigma(\varrho, T, Dv) = -p(\varrho, T)I + S(\varepsilon(v))$ ist.

Mit dem Theorem von Rivlin–Ericksen wurde gezeigt, falls S linear und beobachterunabhängig ist, gilt:

$$S(E) = \lambda \operatorname{spur}(E)I + 2\mu E\,,$$

wobei μ und λ reelle Konstanten sind.

Nehmen wir nun an, dass der Scherkoeffizient μ nur von $|E| = \sqrt{E : E}$ abhängt, $\mu = \mu(|E|)$. Beweisen Sie, dass S dann auch beobachterunabhängig ist.

Aufgabe 5.32. Die Abbildung

$$\widehat{S} : \{A \in \mathbb{R}^{3,3} \mid A \text{ ist symmetrisch }\} \to \mathbb{R}^{3,3}$$

sei linear und erfülle eine der äquivalenten Aussagen aus dem Satz von Rivlin–Ericksen 5.13. Dann existieren $\lambda, \mu \in \mathbb{R}$, so dass

$$\widehat{S}(A) = 2\mu A + \lambda \operatorname{spur}(A)I\,.$$

Aufgabe 5.33. Es sind die Elastizitätsgleichungen

$$\varrho\, \partial_t^2 u - \nabla \cdot \sigma(u) = f$$

in einem beschränkten Gebiet $\Omega \subset \mathbb{R}^d$ mit Anfangsbedingungen $u(t_0, x) = u_0(x)$ und $\partial_t u(t_0, x) = u_1(x)$ für $x \in \Omega$ und Randbedingungen $\sigma(u; t, x)n(x) = b(t, x)$ für $t > 0$, $x \in \Gamma = \partial\Omega$ gegeben.

a) (Lineare Elastizität) Es sei

$$\sigma_{ij}(u) = \sum_{k,\ell=1}^{d} a_{ijk\ell}\partial_{x_\ell} u_k$$

mit Koeffizienten $a_{ijk\ell} \in \mathbb{R}$, die den Symmetriebedingungen $a_{ijk\ell} = a_{jik\ell} = a_{k\ell ij}$ genügen. Leiten Sie folgende *Energieerhaltungsgleichung* her:

$$\int_\Omega \left[\tfrac{\varrho}{2}|\partial_t u(t_1,x)|^2 + \tfrac{1}{2}\sigma(u;t_1,x) : Du(t_1,x) \right] dx$$

$$= \int_\Omega \left[\tfrac{\varrho}{2}|u_1(x)|^2 + \tfrac{1}{2}\sigma(u_0;x) : Du_0(x) \right] dx$$

$$+ \int_{t_0}^{t_1} \left[\int_\Omega f(t,x) \cdot \partial_t u(t,x)\, dx + \int_\Gamma b(t,x) \cdot \partial_t u(t,x)\, ds_x \right] dt$$

b) (Nichtlineare Elastizität) Wie lautet die Energieerhaltungsgleichung für

$$\sigma_{ij}(u) = \frac{\partial W}{\partial X_{ij}}(Du)$$

mit $W : \mathbb{R}^{d,d} \to \mathbb{R}$?

Aufgabe 5.34. a) Bestimmen Sie für ein isotropes, linear elastisches Material den Dehnungs- und den Spannungstensor für $u(x) = \gamma x_2 e_1$. Deuten Sie u geometrisch und diskutieren Sie, warum die Lamé–Konstante μ auch Schermodul heißt.

b) Bestimmen Sie für ein isotropes, linear elastisches Material den Dehnungs- und den Spannungstensor für $u(x) = \delta x$. Warum heißt der Ausdruck $K = \tfrac{2}{3}\mu + \lambda$ Kompressionsmodul?

Aufgabe 5.35. Berechnen Sie das elektrische Feld und das Potential für eine geladene Kugel mit Radius R und Ladung q, wobei

a) die Ladung gleichmäßig im Volumen der Kugel verteilt ist,

    oder

b) die Ladung gleichmäßig auf der Oberfläche der Kugel verteilt ist.

Aufgabe 5.36. Gegeben sei ein Kondensator aus zwei Kugelschalen mit Radien $0 < R - a < R$ und Potentialdifferenz U. Das Medium zwischen den Kugelschalen habe die Dielektrizitätskonstante ε. Berechnen Sie das elektrische Feld zwischen den Kugelschalen und die Ladungsdichten auf den Kugelschalen und ermitteln Sie daraus die Kapazität des Kondensators.

6

Partielle Differentialgleichungen

In diesem Kapitel werden wir die in der Kontinuumsmechanik aufgetretenen partiellen Differentialgleichungen näher diskutieren. Es werden die Grundzüge der Analysis dieser Gleichungen aufgezeigt, insbesondere mit dem Ziel, Zusammenhänge zwischen den eingesetzten mathematischen Methoden und den Eigenschaften der zugehörigen Anwendungsprobleme zu sehen. Dabei kann und soll dieses Kapitel kein Lehrbuch über partielle Differentialgleichungen ersetzen; die Analysis wird daher oft nur skizziert werden, Begründungen der Aussagen dienen der Motivation und werden häufig nicht die sonst notwendigen Ansprüche an mathematische Rigorosität erfüllen. Für ein tiefergehendes Verständnis partieller Differentialgleichungen wird auf die reichhaltig verfügbare Literatur zu diesem Thema verwiesen.

6.1 Elliptische Gleichungen

Elliptische Differentialgleichungen treten oft als *stationäre* Grenzfälle von dynamischen Problemen auf, wichtige Beispiele sind die stationäre Wärmeleitungsgleichung (5.16), die Stokes–Gleichungen (5.18) oder die Gleichungen der Elastostatik (5.57). Ein einfaches Beispiel einer elliptischen Differentialgleichung ist

$$-\nabla \cdot (\lambda \nabla u) = f \quad \text{für} \quad x \in \Omega \subset \mathbb{R}^d \tag{6.1}$$

mit einer möglicherweise vom Ort abhängigen Koeffizientenfunktion $\lambda : \Omega \to \mathbb{R}$. Ein Spezialfall ist die Poisson–Gleichung

$$-\Delta u = f.$$

Um Aussicht auf eine eindeutige Lösung zu haben, muss man zusätzlich Randbedingungen formulieren, typischerweise sind dies

Dirichlet–Randbedingungen, dabei werden die Werte von u auf dem Rand von Ω vorgeschrieben,

$$u = u_0 \quad \text{auf} \quad \partial\Omega \qquad\qquad (6.2)$$

oder

Neumann–Randbedingungen, wenn vorgegeben wird wieviel in Normalenrichtung ins Gebiet hineinfließt. Das heißt $-\lambda\nabla u \cdot (-n)$ wird vorgegeben und wir setzen

$$\lambda\nabla u \cdot n = g \quad \text{auf} \quad \partial\Omega, \qquad\qquad (6.3)$$

wobei $g : \partial\Omega \to \mathbb{R}$ den Fluss ins Gebiet angibt und n die äußere Einheitsnormale an $\partial\Omega$ ist.

Die Notwendigkeit von Randbedingungen kann man leicht am Beispiel der stationären Wärmeleitungsgleichung einsehen. Die Temperatur im Inneren eines Körpers hängt wesentlich davon ab, wie über den Rand Wärme zu- oder abgeführt wird. Konkret muss man entweder die Temperatur am Rand des Körpers oder aber den Wärmefluss am Rand des Körpers kennen. Neben den reinen Dirichlet- oder Neumann–Bedingungen gibt es auch Mischformen, beispielsweise können auf einem Teil des Randes Dirichlet- und auf dem restlichen Teil Neumann–Bedingungen vorgegeben werden. Eine andere Mischform sind *Randbedingungen der dritten Art*, oft auch *Robinsche Randbedingungen* genannt,

$$-\lambda\,\nabla u \cdot n = a(u - b) \qquad\qquad (6.4)$$

mit Funktionen $a, b : \partial\Omega \to \mathbb{R}$. Beim Beispiel der stationären Wärmeleitungsgleichung ist dies ein Modell für den Kontakt eines Körpers mit einem wärmeleitenden äußeren Medium gegebener Temperatur. In diesem Medium stellt sich nahe des Körpers eine diffusive Randschicht ein, so dass die Temperatur im Außenmedium nahe des betrachteten Körpers von der gegebenen äußeren Temperatur weiter entfernt abweicht. Ein sinnvoller konstitutiver Ansatz ist dann das *Newtonsche Abkühlungsgesetz*. Dieses besagt, dass der Wärmeverlust am Rand des betrachteten Körpers proportional ist zur Differenz zwischen der Temperatur am Rand und der Temperatur des Außenmediums. Die Funktion b beschreibt die Temperatur des umgebenden Mediums, a ist der sogenannte *Wärmetransferkoeffizient*, der insbesondere von den Materialdaten des Außenmediums abhängt.

6.1.1 Variationsrechnung

Die klassische Interpretation von Gleichung (6.1) verlangt, dass beide Seiten der Gleichung stetige Funktionen darstellen, und die Gleichung an jedem Punkt x des Gebietes Ω erfüllt ist. Dazu muss man voraussetzen, dass die Funktion u *zweimal stetig differenzierbar* ist, also $u \in C^2(\Omega)$ gilt. Man spricht in diesem Fall von einer *klassischen* Lösung.

Elliptische Differentialgleichungen beschreiben oft die Lösung eines äquivalenten Optimierungsproblems. Im folgenden Satz wird das für Dirichlet–Randbedingungen formuliert.

Satz 6.1. *Es sei Ω ein beschränktes Gebiet mit glattem Rand, die Funktionen $f : \overline{\Omega} \to \mathbb{R}$, $u_0 : \partial\Omega \to \mathbb{R}$ und $\lambda : \Omega \to \mathbb{R}$ seien glatt und es gelte $\lambda_0 \leq \lambda(x) \leq \lambda_1$ mit $0 < \lambda_0 \leq \lambda_1 < \infty$. Dann ist eine zweimal stetig differenzierbare Funktion $u : \overline{\Omega} \to \mathbb{R}$ Lösung der elliptischen Gleichung (6.1) mit Randbedingung $u(x) = u_0(x)$ für $x \in \partial\Omega$ genau dann wenn u Lösung des Optimierungsproblems*

$$\min_{u \in V} \left\{ \int_\Omega \left(\tfrac{\lambda}{2}|\nabla u|^2 - fu\right) dx \,\Big|\, u \in V \right\} \tag{6.5}$$

ist. Dabei sei $V = \{v \in C^2(\overline{\Omega}) \,|\, v(x) = u_0(x) \text{ für } x \in \partial\Omega\}$.

Beweis. Wir zeigen, dass (6.1) das notwendige Kriterium für ein Optimum von (6.5) ist. Sei u eine Lösung von (6.5) und $v \in C^2(\overline{\Omega})$ mit $v = 0$ auf $\partial\Omega$. Dann ist $u + \varepsilon v \in V$ für jedes $\varepsilon \in \mathbb{R}$ eine zulässige Vergleichsfunktion. Da u das Optimierungsproblem löst, muss gelten:

$$0 = \frac{d}{d\varepsilon} \int_\Omega \left(\lambda|\nabla(u + \varepsilon v)|^2 - 2f(u + \varepsilon v)\right) dx \Big|_{\varepsilon=0}$$

$$= \int_\Omega \left(2\lambda\nabla u \cdot \nabla v - 2fv\right) dx = -2 \int_\Omega \left[\nabla \cdot (\lambda\nabla u) + f\right] v \, dx\,.$$

Dabei folgt die letzte Identität durch Anwendung des Integralsatzes von Gauß auf das Vektorfeld $\lambda v \nabla u$. Da dies für alle v gilt, ist (6.1) erfüllt. Erfüllt nun u die Differentialgleichung (6.1) und gilt $u = u_0$ auf $\partial\Omega$, so folgt für alle $w \in V$:

$$\int_\Omega \left(\lambda|\nabla w|^2 - 2fw\right) dx = \int_\Omega \lambda|\nabla(w - u)|^2 \, dx + \int_\Omega \left(\lambda|\nabla u|^2 - 2fu\right) dx$$

$$+ 2 \int_\Omega \left(\lambda\nabla u \cdot \nabla(w - u) - f(w - u)\right) dx$$

$$\geq \int_\Omega \left(\lambda|\nabla u|^2 - 2fu\right) dx - 2 \int_\Omega \left(\nabla \cdot (\lambda\nabla u) + f\right)(w - u) \, dx$$

$$= \int_\Omega \left(\lambda|\nabla u|^2 - 2fu\right) dx\,.$$

Damit ist gezeigt, dass u Lösung des Minimierungsproblems (6.5) ist. $\square$

Im Optimierungsproblem (6.5) ist die Bedingung $u \in C^2(\overline{\Omega})$ unnötig, es genügt, dass der Gradient definiert und sein Quadrat integrierbar ist. Diese Beobachtung kann man zum Begriff der *schwachen Lösung* des Randwertproblems (6.1) ausbauen. Es sei

$$L_2(\Omega) := \left\{ [f] \,|\, f : \Omega \to \mathbb{R} \text{ messbar}, \int_\Omega f^2 \, dx \text{ existiert} \right\},$$

wobei $[f]$ die *Äquivalenzklasse* der Funktion f bezüglich der Äquivalenzrelation

$$f \sim g \Leftrightarrow f - g = 0 \text{ fast überall}$$

ist. Dieser Funktionenraum ist ein *Hilbertraum*, also ein vollständiger Raum mit Skalarprodukt, wenn man das Skalarprodukt definiert als

$$\langle f, g \rangle_{L_2(\Omega)} = \int_\Omega f \, g \, dx \, .$$

Des Weiteren sei

$$H^1(\Omega) := \{ f \in L_2(\Omega) \,|\, \partial_{x_i} f \in L_2(\Omega) \text{ für } i = 1, \ldots, d \} \, .$$

Dabei ist $\partial_{x_i} f$ die i–te *schwache* partielle Ableitung. Die schwache Ableitung $g = \partial_{x_i} f \in L_2(\Omega)$ existiert falls

$$\int_\Omega f \, \partial_{x_i} \varphi \, dx = - \int_\Omega g \, \varphi \, dx \text{ für alle } \varphi \in C_0^\infty(\Omega) \, .$$

Dabei bezeichnet $C_0^\infty(\Omega)$ die Menge aller beliebig oft differenzierbaren Funktionen mit kompaktem Träger $\operatorname{supp} \varphi = \overline{\{ x \in \Omega \,|\, \varphi(x) \neq 0 \}}$ in Ω. Da Ω offen ist, bedeutet dies, dass φ nahe des Randes von Ω gleich Null ist. Wenn f stetig differenzierbar ist, dann stimmt die schwache Ableitung mit der „klassischen" Ableitung überein, wie man leicht durch partielle Integration sieht. In diesem Sinn ist die schwache Ableitung eine Verallgemeinerung des klassischen Ableitungsbegriffes. Der Funktionenraum $H^1(\Omega)$ ist ebenfalls ein Hilbertraum, und zwar mit dem Skalarprodukt

$$\langle f, g \rangle_{H^1(\Omega)} = \int_\Omega \left(f \, g + \nabla f \cdot \nabla g \right) dx \, .$$

Den passenden Funktionenraum für das Optimierungsproblem (6.5) erhält man, wenn man in der Definition von V die Menge $C^2(\overline{\Omega})$ ersetzt durch $H^1(\Omega)$. Der Raum $H^1(\Omega)$ enthält nämlich gerade die Funktionen, deren erste partielle Ableitungen existieren (im Sinn einer schwachen Ableitung) und quadratintegrierbar sind. Der Raum $H^2(\Omega)$ besteht dann aus Funktionen, bei denen die ersten Ableitungen noch quadratintegrierbare partielle Ableitungen besitzen. Für weitere Details verweisen wir auf [4], [36].

Um Problem (6.1) ebenfalls für Funktionen aus $H^1(\Omega)$ zu definieren, kann man eine *schwache Formulierung* benutzen. Dazu multipliziert man die Differentialgleichung mit einer „Testfunktion" $v \in H^1(\Omega)$, für die $v = 0$ auf $\partial\Omega$ gelten muss, integriert über Ω und integriert partiell,

$$- \int_\Omega \nabla \cdot (\lambda \nabla u) \, v \, dx = \int_\Omega \lambda \, \nabla u \cdot \nabla v \, dx \, .$$

Wir führen außerdem eine Funktion $u_0 \in H^1(\Omega)$ ein, deren Werte auf $\partial\Omega$ die Randbedingungen festlegen.

Definition 6.2. *Eine Funktion $u \in H^1(\Omega)$ mit $u = u_0$ auf $\partial\Omega$ und*

$$\int_{\Omega} \lambda \nabla u \cdot \nabla v \, dx = \int_{\Omega} f \, v \, dx$$

für alle $v \in H^1(\Omega)$ mit $v = 0$ auf $\partial\Omega$ heißt schwache Lösung des Randwertproblems (6.1), (6.2).

Die Bedingung $u = u_0$ auf $\partial\Omega$ bedeutet, dass u und u_0 in einem geeigneten Sinn die gleichen Randwerte auf $\partial\Omega$ besitzen. Einer Funktion $u \in H^1(\Omega)$ Randwerte zuzuordnen, ist nicht trivial, denn die Werte $u(x)$ eines Elementes $u \in H^1(\Omega)$ müssen nicht wohldefiniert sein. Insbesondere können die Werte verschiedener *Repräsentanten* von u auf einer Nullmenge voneinander abweichen, und der Rand eines Gebietes ist typischerweise eine Nullmenge (zumindest, wenn er glatt genug ist). Trotzdem kann man zeigen, dass für Funktionen aus $H^1(\Omega)$ in eindeutiger Weise Randwerte identifiziert werden können; dafür wird in der Mathematik der Begriff *Spur* verwendet, siehe z.B. [4], [36]. Im Folgenden benutzen wir außerdem den Funktionenraum

$$H_0^1(\Omega) := \{ v \in H^1(\Omega) \mid v = 0 \quad \text{auf} \quad \partial\Omega \}.$$

Die Differentialgleichung (6.1) ist *elliptisch*, weil die Abbildung

$$(u, v) \to a(u, v) = \int_{\Omega} \lambda \nabla u \cdot \nabla v \, dx$$

positiv definit ist im folgenden Sinn: Es gilt

$$a(u, u) \geq 0, \quad a(u, u) = 0 \Leftrightarrow u = 0$$

für alle $u \in H_0^1(\Omega)$. Elliptische Differentialgleichungen kann man interpretieren als *unendlichdimensionale* Verallgemeinerungen von linearen Gleichungssystemen mit *positiv semidefiniter* Systemmatrix. Es gibt eine deutliche Analogie zwischen der stationären Wärmeleitungsgleichung (6.1) und den linearen Gleichungssystemen für elektrische Netzwerke, elastische Stabwerke und Rohrleitungssysteme aus Kapitel 2. Diese Gleichungssysteme haben eine gemeinsame Struktur, bestehend aus folgenden Komponenten:

- Einem Vektor $x \in \mathbb{R}^n$ der „primalen" Variablen. Der Vektor x enthält die elektrischen Potentiale im elektrischen Netzwerk, die Verschiebungen im elastischen Stabwerk, oder die Drücke im Rohrleitungssystem.

- Einem Vektor $e = -Ax \in \mathbb{R}^m$ der *Triebkräfte*. Dieser Vektor beschreibt die Spannungen im elektrischen Netzwerk, die Dehnungen im elastischen Stabwerk, oder die Druckdifferenzen im Rohrleitungssystem.

- Einem Vektor $y = Ce + b$ der „dualen" Variablen, bestehend aus den elektrischen Strömen im elektrischen Netzwerk, den elastischen Spannungen im elastischen Stabwerk, oder den Durchflussraten im Rohrleitungssystem.

- Dem Gleichungssystem $A^\top y = f$, das typischerweise aus einem Erhaltungssatz oder einer Gleichgewichtsbedingung resultiert. Für das elektrische Netzwerk beschreibt dieses System die Erhaltung von Ladung, beim elastischen Stabwerk das Kräftegleichgewicht, und beim Rohrleitungssystem die Erhaltung von Masse.

Bei der stationären Wärmeleitungsgleichung haben wir:

- Die Temperaturfunktion $u : \Omega \to \mathbb{R}$ als „primale Variable", also u entspricht x.

- Den negativen Temperaturgradienten $-\nabla u$ als „Triebkraft" für den Wärmefluss, also ∇u entspricht e und ∇ entspricht A. Diese Analogie ist durchaus sinnvoll: Die Matrix A beschreibt typischerweise die Differenz von Werten an den Endpunkten von Kanten des Netzwerkes, und ∇u setzt sich als Vektor der partiellen Ableitungen zusammen aus den „infinitesimalen Differenzenquotienten" der Werte von u.

- Den Wärmefluss $q = -\lambda \nabla T$ als „duale" Variable, also q entspricht y und λ entspricht C.

- Die Energieerhaltungsgleichung $-\nabla \cdot q = f$ als Erhaltungssatz, und damit $-\nabla\cdot$ entspricht $A^\top$. In der Tat kann die negative Divergenz „$-\nabla\cdot$" aufgefasst werden als adjungierter Operator zum Gradienten „∇" bezüglich des Skalarproduktes in $L_2(\Omega)$. Durch partielle Integration folgt nämlich

$$\langle -\nabla \cdot q, u\rangle_{L_2(\Omega)} = -\int_\Omega \nabla \cdot q\, u\, dx = \int_\Omega q \cdot \nabla u\, dx = \langle q, \nabla u\rangle_{L_2(\Omega)},$$

falls entweder $q \cdot n = 0$ oder $u = 0$ auf dem Rand $\partial\Omega$ gilt.

Aus der schwachen Formulierung und der Bedingung $0 < \lambda_0 \leq \lambda(x) \leq \lambda_1$ für (fast) alle $x \in \Omega$ kann man leicht eine sogenannte *Energieabschätzung* herleiten. Wir nehmen der Einfachheit halber an, dass die Randdaten u_0 im gesamten Gebiet Ω definiert und glatt genug sind. Einsetzen der Testfunktion $v = u - u_0$ in die schwache Formulierung liefert zunächst

$$\int_\Omega \lambda \nabla u \cdot \nabla (u - u_0)\, dx = \int_\Omega f(u - u_0)\, dx.$$

Mit der Cauchy–Schwarz–Ungleichung

$$\int_\Omega v\, w\, dx \leq \left(\int_\Omega v^2\, dx\right)^{1/2} \left(\int_\Omega w^2\, dx\right)^{1/2}$$

und der Youngschen Ungleichung $|2ab| \leq \eta|a|^2 + \eta^{-1}|b|^2$ mit beliebigem $\eta > 0$ folgt dann

$$\lambda_0 \int_\Omega |\nabla u|^2 \, dx \le \frac{\eta_1 \lambda_1}{2} \int_\Omega |\nabla u|^2 \, dx + \frac{\lambda_1}{2\eta_1} \int_\Omega |\nabla u_0|^2 \, dx$$
$$+ \frac{\eta_2}{2} \int_\Omega |f|^2 \, dx + \frac{1}{2\eta_2} \int_\Omega |u - u_0|^2 \, dx \, .$$

Unter Ausnutzung der *Poincaréschen Ungleichung* (vgl. [4], [36])

$$\int_\Omega |v|^2 \, dx \le c_P \int_\Omega |\nabla v|^2 \, dx \, ,$$

die für jedes $v \in H_0^1(\Omega)$ mit einer nur von Ω abhängigen Konstanten c_P gilt, sowie der Ungleichung $|(u - u_0)|^2 \le 2|u|^2 + 2|u_0|^2$ erhält man:

$$\left(\lambda_0 - \frac{\eta_1 \lambda_1}{2} - \frac{c_P}{\eta_2}\right) \int_\Omega |\nabla u|^2 \, dx \le \frac{\eta_2}{2} \int_\Omega |f|^2 \, dx$$
$$+ \left(\frac{\lambda_1}{2\eta_1} + \frac{c_P}{\eta_2}\right) \int_\Omega |\nabla u_0|^2 \, dx \, .$$

Dies lässt sich durch geeignete Wahl von η_1 und η_2 vereinfachen zu

$$\int_\Omega |\nabla u|^2 \, dx \le c \int_\Omega \left(|f|^2 + |\nabla u_0|^2\right) dx \tag{6.6}$$

mit einer nur vom Gebiet Ω und den Konstanten λ_0, λ_1 abhängigen Konstanten c.

Aus dieser Abschätzung kann man nun leicht die Eindeutigkeit schwacher Lösungen eines elliptischen Randwertproblems ableiten. Sind u_1 und u_2 zwei Lösungen von (6.1) zur gleichen Funktion f mit denselben Dirichlet–Randdaten $u_1 = u_2$ auf $\partial\Omega$, so ist die Differenz $u_1 - u_2$ eine Lösung von

$$-\nabla \cdot (\lambda \nabla(u_1 - u_2)) = 0 \ \text{ in } \ \Omega,$$
$$u_1 - u_2 = 0 \ \text{ auf } \ \partial\Omega \, .$$

Anwendung des Abschätzung (6.6) auf dieses Randwertproblem liefert

$$\int_\Omega |\nabla(u_1 - u_2)|^2 \, dx \le 0 \, .$$

Es folgt, dass $u_1 - u_2$ auf jeder Zusammenhangskomponente von Ω konstant sein muss. Da auf dem Rand von Ω die Gleichung $u_1 = u_2$ gilt, folgt $u_1 = u_2$ im gesamten Gebiet.

Man kann unter sehr allgemeinen Voraussetzungen auch die Existenz einer schwachen Lösung beweisen, siehe etwa [4], [36]. Insgesamt erhält man dann folgenden Satz.

Satz 6.3. *Es sei Ω ein beschränktes Gebiet mit glattem Rand, die Koeffizientenfunktion $\lambda : \Omega \to \mathbb{R}$ sei messbar und erfülle $0 < \lambda_0 \le \lambda(x) \le \lambda_1$ mit $0 < \lambda_0 \le \lambda_1 < \infty$ für fast alle $x \in \Omega$, es gelte $f \in L_2(\Omega)$ und $u_0 \in H^1(\Omega)$. Dann hat (6.1) mit der Randbedingung $u = u_0$ auf $\partial\Omega$ genau eine schwache Lösung $u \in H^1(\Omega)$.*

In der Formulierung dieses Satzes wurden die Randdaten u_0 als im gesamten Gebiet Ω definiert vorausgesetzt.

Wir werden nun Gleichung (6.1) mit *Neumann–Bedingungen* (6.3) diskutieren. Eine schwache Formulierung dieses Randwertproblems erhält man durch Multiplikation der Differentialgleichung mit einer Testfunktion v und Integration über Ω. Mit der partiellen Integration

$$-\int_\Omega \nabla \cdot (\lambda \nabla u)\, v\, dx = \int_\Omega \lambda\, \nabla u \cdot \nabla v\, dx - \int_{\partial\Omega} \lambda\, \nabla u \cdot n\, v\, ds_x$$

folgt unter Berücksichtigung der Randbedingungen

$$\int_\Omega \lambda\, \nabla u \cdot \nabla v\, dx = \int_\Omega f\, v\, dx + \int_{\partial\Omega} g\, v\, ds_x\,. \tag{6.7}$$

Ist nun (6.7) für alle $v \in H^1(\Omega)$ erfüllt, so sagen wir: u ist *schwache Lösung* der elliptischen Differentialgleichung (6.1) mit der Neumann–Randbedingung (6.3). Setzt man in (6.7) die Testfunktion $v = 1$ ein, so folgt

$$\int_\Omega f\, dx + \int_{\partial\Omega} g\, ds_x = 0\,. \tag{6.8}$$

Da hier die gesuchte Funktion u gar nicht mehr auftritt, handelt es sich bei (6.8) um eine Bedingung an die Daten f und g, die erfüllt sein muss, damit wir überhaupt auf die Existenz einer Lösung hoffen dürfen. Da (6.1), (6.3) nicht direkt von u, sondern nur von ∇u abhängt, und es keine weitere Bedingung an u gibt, ist zu jeder Lösung u und jeder Konstanten c auch $u + c$ eine Lösung. Im Gegensatz zum Dirichlet–Problem existiert also nicht für alle rechten Seiten eine Lösung, und die Lösung ist, falls sie existiert, nicht eindeutig. Man kann jedoch zeigen, dass die Bedingung (6.8) in Verbindung mit zusätzlichen Annahmen über die Glattheit des Gebietes Ω und der Daten f und g für die Existenz einer Lösung des Neumann–Problems ausreicht. Konkret gilt folgender Satz:

Satz 6.4. *Es sei Ω ein beschränktes Gebiet mit glattem Rand $\partial\Omega$, $f : \overline{\Omega} \to \mathbb{R}$ und $g : \partial\Omega \to \mathbb{R}$ seien gegebene, glatte Funktionen. Dann hat das Randwertproblem (6.1), (6.3) genau dann eine schwache Lösung, wenn die Bedingung (6.8) erfüllt ist. Die Lösung ist eindeutig bis auf eine Konstante: Sind u_1 und u_2 zwei Lösungen, dann ist $u_1 - u_2$ konstant.*

Den Beweis dieses Satzes findet man in Büchern über partielle Differentialgleichungen, zum Beispiel in [36]. Die Lösbarkeitsbedingung (6.8) ist analog zur Bedingung für die Lösbarkeit linearer Gleichungssysteme mit symmetrischer Matrix. Dies sieht man am besten über die schwache Formulierung (6.7) des Randwertproblems. Die linke Seite dort kann als *Operator A* aufgefasst werden, der jedem Element $u \in V = H^1(\Omega)$ des Funktionenraums V ein Element

Au des sogenannten *Dualraums* V^* von V zuordnet. Der Dualraum V^* ist die Menge der linearen, stetigen Abbildungen von V nach $\mathbb{R}$ (der sogenannten linearen *Funktionale* auf V). In der Tat definiert

$$v \mapsto \langle Au, v \rangle := \int_{\Omega} \lambda \, \nabla u \cdot \nabla v \, dx \tag{6.9}$$

ein lineares Funktional auf V. Die rechte Seite der schwachen Formulierung definiert ebenfalls ein lineares Funktional $b \in V^*$ wie folgt

$$v \mapsto \langle b, v \rangle := \int_{\Omega} f \, v \, dx + \int_{\Gamma} g \, v \, ds_x.$$

Die schwache Formulierung ist dann äquivalent zur Operatorgleichung

$$Au = b$$

im Dualraum V^*. Ein lineares Gleichungssystem $Ax = b$ mit symmetrischer Matrix $A \in \mathbb{R}^{n,n}$ hat bekanntlich genau dann eine Lösung, wenn b orthogonal zum Kern der Matrix A ist. Der Kern des in (6.9) definierten Operators A besteht gerade aus den *konstanten* Funktionen $u(x) = c$. In der Tat gilt für jede konstante Funktion $u(x) = c$ und jedes $v \in V$

$$\langle Au, v \rangle = \int_{\Omega} \lambda \, \nabla u \cdot \nabla v \, dx = 0 \,,$$

somit ist Au das „Nullfunktional" $Au = 0 \in V^*$ und u ein Element des Kernes von A. Ist umgekehrt u im Kern von A, dann gilt insbesondere

$$0 = \langle Au, u \rangle = \int_{\Omega} \lambda \, \nabla u \cdot \nabla u \, dx \,,$$

und da Ω zusammenhängend ist, folgt $u = c$ mit einer Konstanten c. Die Lösbarkeitsbedingung (6.8) entspricht gerade der *Orthogonalitätsbeziehung*

$$\langle b, c \rangle = 0$$

für jede Konstante c.

Wir werden nun die Aussage von Satz 6.4 für zwei verschiedene Anwendungen interpretieren und sehen, dass sich dahinter offensichtliche physikalische Tatsachen verbergen.

Bei der stationären Wärmeleitungsgleichung ist f die Volumendichte der zugeführten Wärme und g die Flächendichte des Wärmezuflusses über den Rand. Der Term

$$\int_{\Omega} f \, dx + \int_{\partial\Omega} g \, ds_x \tag{6.10}$$

beschreibt damit die insgesamt pro Zeiteinheit zugeführte Wärmemenge. Das stationäre Problem beschreibt aber gerade den Zustand, gegen den ein dynamisches Problem für sehr große Zeit konvergiert; dies wird noch in Abschnitt

6.2.2 diskutiert werden. Wenn man einem Körper aber kontinuierlich Wärme zuführt, oder Wärme entnimmt, dann wird die mittlere Temperatur entweder kontinuierlich steigen oder kontinuierlich fallen, und es gibt keinen stationären Grenzzustand. Deshalb muss die Bilanz der Wärmezufuhr (6.10) gleich Null sein, damit eine Lösung der stationären Wärmeleitungsgleichung existiert. Die Lösung ist nur bis auf eine Konstante eindeutig, weil die im Körper vorhandene mittlere Temperatur

$$\int_\Omega u\, dx$$

durch die Temperatur zu Beginn des dynamischen Prozesses gegeben ist; und die Information über die Anfangsbedingung geht beim Übergang zur stationären Gleichung verloren. Die Lösungen der stationären Gleichung beschreiben deshalb die stationären Grenzwerte für *alle* möglichen Anfangstemperaturen.

Bei einer *Potentialströmung* lösen wir $\Delta u = 0$ und u beschreibt das Potential eines Geschwindigkeitsfeldes $v = \nabla u$, g ist damit die Normalkomponente des Geschwindigkeitsfeldes am Rand, und $f = 0$. Damit gibt

$$\int_{\partial\Omega} g\, ds_x = \int_{\partial\Omega} v\cdot n\, ds_x$$

gerade an, wieviel Masse aus dem Gebiet herausfließt oder in das Gebiet hineinfließt (vgl. Abschnitt 5.6). Um in einem zeitabhängigen Strömungsmodell einen stationären Grenzwert zu bekommen, darf nicht kontinuierlich Masse in das Gebiet hinein- oder herausfließen. Die Lösung u ist nur bis auf eine Konstante eindeutig, da sie ein Potential beschreibt, und Potentiale nur bis auf eine Integrationskonstante eindeutig sind. Die Anwendung von Satz 6.4 auf Potentialströmungen zeigt auch die Aussage auf S. 237.

Auch die Minimaleigenschaft von Satz 6.1 kann auf das Problem mit Neumann–Randbedingungen übertragen werden.

Satz 6.5. *Es sei u eine Lösung von (6.1) mit Randbedingung $\lambda\nabla u\cdot n = g$ auf $\partial\Omega$. Die Funktionen f und g erfüllen die Lösbarkeitsbedingung (6.8). Dann ist u eine Lösung des Optimierungsproblems*

$$\min_{u\in H^1(\Omega)} \left(\int_\Omega \left(\tfrac{1}{2}\lambda|\nabla u|^2 - f u\right) dx - \int_{\partial\Omega} g u\, ds_x\right).$$

Das Minimum im obigen Minimierungsproblem wird nicht angenommen, wenn die Bedingung (6.8) nicht erfüllt ist. Ist (6.8) nicht erfüllt, so kann der Ausdruck $\int_\Omega \left(\tfrac{1}{2}\lambda|\nabla u|^2 - f u\right) dx - \int_{\partial\Omega} g u\, ds_x$ beliebig klein werden, wenn man u konstant wählt und, je nach Vorzeichen von $\int_\Omega f\, dx + \int_{\partial\Omega} g\, ds_x$, beliebig groß oder klein wählt.

Für stationäre inkompressible Strömungen kann man zeigen, dass bei vorgegebenem Normalanteil der Geschwindigkeit am Rand des betrachteten Gebietes das Minimum der kinetischen Energie nur für ein rotationsfreies Geschwindigkeitsfeld angenommen werden kann, also für eine Potentialströmung. Dies bedeutet, dass Wirbel die kinetische Energie nur vergrößern würden.

Satz 6.6. *Es sei Ω ein beschränktes Gebiet mit glattem Rand $\partial\Omega$, $g : \partial\Omega \to \mathbb{R}$ eine gegebene, glatte Funktion und $v = \nabla\varphi$ sei glatt mit $\Delta\varphi = 0$ in Ω sowie $v \cdot n = g$ auf $\partial\Omega$. Dann ist v auch Lösung des Optimierungsproblems*

$$\min\left\{ \int_\Omega \tfrac{1}{2}|v|^2\, dx \,\Big|\, v \in L_2(\Omega)^d,\ \nabla \cdot v = 0 \ \ in\ \Omega,\ v \cdot n = g \ \ auf\ \partial\Omega \right\}.$$

Die Bedingungen $\nabla \cdot v = 0$ in Ω und $v \cdot n = g$ auf $\partial\Omega$ für eine Funktion $v \in L_2(\Omega)^d$ müssen in einem verallgemeinerten, sogenannten *distributionellen* Sinn interpretiert werden. Beide Bedingungen zusammengenommen sind für glatte Funktionen v genau dann erfüllt, wenn

$$\int_\Omega v \cdot \nabla\psi\, dx = \int_{\partial\Omega} g\,\psi\, ds_x \quad \text{für alle } \psi \in H^1(\Omega)\,. \tag{6.11}$$

Für eine genügend glatte Funktion v gilt nämlich

$$\int_\Omega v \cdot \nabla\psi\, dx = -\int_\Omega \nabla \cdot v\,\psi\, dx + \int_{\partial\Omega} v \cdot n\,\psi\, ds_x\,.$$

Wir sagen nun $v \in L_2(\Omega)^d$ erfüllt $\nabla \cdot v = 0$ in Ω und $v \cdot n = g$ auf $\partial\Omega$ im schwachen Sinn genau dann, wenn (6.11) erfüllt ist.

Beweis von Satz 6.6. Es sei

$$J(w) := \int_\Omega \frac{1}{2}|w|^2\, dx$$

das zu minimierende Funktional. Es genügt zu zeigen, dass

$$J(v + w) \geq J(v)$$

für die gegebene Lösung v und jede Funktion $w \in L_2(\Omega)^d$ gilt, die im schwachen Sinn $\nabla \cdot w = 0$ in Ω und $w \cdot n = 0$ auf $\partial\Omega$ erfüllt. Es gilt

$$J(v + w) = \frac{1}{2} \int_\Omega |v + w|^2\, dx = \frac{1}{2} \int_\Omega \left(|v|^2 + 2\,v \cdot w + |w|^2 \right) dx$$

$$\geq J(v) + \int_\Omega v \cdot w\, dx\,.$$

Durch partielle Integration folgt aus $v = \nabla\varphi$ und (6.11)

$$\int_\Omega v \cdot w\, dx = \int_\Omega \nabla\varphi \cdot w\, dx = 0\,.$$

Damit ist die Aussage bewiesen. $\qquad\qquad\qquad\qquad\qquad\qquad\qquad\qquad\qquad\square$

In beschränkten Gebieten Ω gilt: Die einzige inkompressible, stationäre Potentialströmung mit $v \cdot n = 0$ auf $\partial\Omega$ ist $v = 0$. Dies folgt aus der Tatsache, dass $v \equiv 0$ die kinetische Energie minimiert.

6.1.2 Die Fundamentallösung

Wir werden in diesem Abschnitt eine wichtige spezielle Lösung der Laplace–Gleichung

$$\Delta u = 0 \quad \text{in } \mathbb{R}^d$$

für $d \geq 2$ kennenlernen. Wir machen dazu einen *radialsymmetrischen* Ansatz

$$u(x) = w(|x|) = w(r) \quad \text{mit } r = |x|.$$

Mit $\partial_{x_i}|x| = x_i/|x|$ folgt

$$\nabla u(x) = \frac{w'(|x|)}{|x|} x \quad \text{und} \quad \Delta u(x) = w''(|x|) + \frac{d-1}{|x|} w'(|x|). \tag{6.12}$$

Durch Trennung der Variablen erhält man

$$w'(r) = c\, r^{-(d-1)}$$

und, nach Integration,

$$w(r) = \begin{cases} a\, r^{2-d} + b & \text{für } d > 2, \\ a \ln r + b & \text{für } d = 2, \end{cases}$$

für geeignete Konstanten a, b. Wir interessieren uns für eine Lösung, die für $r \to +\infty$ verschwindet, und erhalten dies für $d > 2$, indem wir $b = 0$ wählen. Dies liefert die spezielle Lösung (wobei wir auch für $d = 2$ den Wert b auf 0 setzen)

$$u(x) = c_d \ln r \text{ für } d = 2 \text{ und } u(x) = c_d\, |x|^{2-d} \text{ für } d > 2.$$

Diese Lösung hat bei $r = 0$ eine Singularität.

Um den Faktor c_d festzulegen, verlangen wir die Bedingung

$$1 = -\lim_{r \to 0} \int_{|x|=r} \nabla u \cdot n\, ds_x, \tag{6.13}$$

wobei n der nach außen orientierte Normalenvektor auf der Oberfläche der Sphäre $\{|x| = r\}$ ist. Die Bedeutung dieser Bedingung wird uns im Beweis zu Satz 6.7 klar werden. Mit $n = x/|x|$ und $\nabla u(x) = w'(|x|)x/|x|$ folgt

$$\int_{|x|=r} \nabla u \cdot n\, ds_x = \omega_d\, r^{d-1} w'(r) = \begin{cases} c_2\, \omega_2 & \text{für } d = 2, \\ c_d\, \omega_d(2-d) & \text{für } d \geq 3, \end{cases}$$

wobei ω_d die Oberfläche der Einheitssphäre im $\mathbb{R}^d$ ist. Man erhält also

$$c_d = \begin{cases} -1/\omega_2 & \text{für } d = 2, \\ -1/((2-d)\omega_d) & \text{für } d \geq 3. \end{cases}$$

Damit lautet die Fundamentallösung

$$\Phi(x) = \begin{cases} -\frac{1}{2\pi} \ln |x| & \text{für } d = 2, \\ \frac{1}{(d-2)\omega_d} |x|^{2-d} & \text{für } d \geq 3 . \end{cases}$$

Die Bedeutung der Fundamentallösung besteht darin, dass man mit ihrer Hilfe eine Darstellungsformel für Lösungen der *Poisson–Gleichung*

$$-\Delta u = f \quad \text{in } \mathbb{R}^d \tag{6.14}$$

formulieren kann.

Satz 6.7. *Es sci* $f : \mathbb{R}^d \to \mathbb{R}$ *zweimal stetig differenzierbar und es gelte* $f = 0$ *außerhalb einer Kugel mit Radius* R. *Dann ist*

$$u(x) = \int_{\mathbb{R}^d} \Phi(y - x) \, f(y) \, dy \tag{6.15}$$

eine Lösung von (6.14).

Beweis. Durch eine einfache Variablentransformation folgt, da $\Phi(y) = \Phi(-y)$

$$u(x) = \int_{\mathbb{R}^d} \Phi(y - x) \, f(y) \, dy = \int_{\mathbb{R}^d} \Phi(y) \, f(x - y) \, dy .$$

Anwendung des Laplace–Operators liefert

$$-\Delta u(x) = -\int_{\mathbb{R}^d} \Phi(y) \, \Delta_x f(x - y) \, dy = \int_{\mathbb{R}^d} \Phi(y) \, \Delta_y f(x - y) \, dy .$$

Dass man hier Integration und Differentiation vertauschen darf, kann man durch die Definition der Ableitungen über Grenzwerte von Differenzenquotienten zeigen:

$$\begin{aligned} \partial_{x_i}^2 u(x) &= \lim_{h \to 0} \frac{u(x - he_i) - 2u(x) + u(x + he_i)}{h^2} \\ &= \lim_{h \to 0} \int_{\mathbb{R}^d} \Phi(y) \frac{f(x - he_i - y) - 2f(x - y) + f(x + he_i - y)}{h^2} \, dy \\ &= \int_{\mathbb{R}^d} \Phi(y) \lim_{h \to 0} \frac{f(x - he_i - y) - 2f(x - y) + f(x + he_i - y)}{h^2} \, dy \\ &= \int_{\mathbb{R}^d} \Phi(y) \, \partial_{x_i}^2 f(x - y) \, dy . \end{aligned}$$

Die Vertauschung von Grenzwert und Integral ist zulässig, da die Konvergenz $h^{-2}(f(x - he_i) - 2f(x) + f(x + he_i)) \to \partial_{x_i}^2 f$ gleichmäßig ist. Wir schneiden nun einen Ball $B_\varepsilon(0)$ um die Singularität $y = 0$ heraus und betrachten die beiden Anteile

$$I_\varepsilon(x) = \int_{B_\varepsilon(0)} \Phi(y)\,\Delta_y f(x-y)\,dy \quad \text{und} \quad J_\varepsilon(x) = \int_{\mathbb{R}^d \setminus B_\varepsilon(0)} \Phi(y)\,\Delta_y f(x-y)\,dy\,.$$

Da $\Delta_y f$ beschränkt ist, folgt aufgrund der speziellen Form der Fundamentallösung $\Phi(x) = \widetilde{\Phi}(r)$ mit $\widetilde{\Phi}(r) = -\frac{1}{2}\pi \ln r$ für $d=2$ und $\widetilde{\Phi}(r) = \frac{1}{(d-2)\omega_d} r^{2-d}$ für $d \geq 3$

$$|I_\varepsilon(x)| \leq C_1 \int_0^\varepsilon |\widetilde{\Phi}(r)|\, r^{d-1}\,dr \to 0 \quad \text{für} \ \ \varepsilon \to 0\,.$$

Durch Anwendung der Greenschen Formel folgt

$$J_\varepsilon(x) = \int_{\mathbb{R}^d \setminus B_\varepsilon(0)} \Delta_y \Phi(y)\, f(x-y)\,dy$$
$$+ \int_{\partial B_\varepsilon(0)} \left(\Phi(y)\,\nabla_y f(x-y)\cdot n - \nabla_y \Phi(y)\cdot n\, f(x-y) \right) ds_y\,.$$

Dabei ist n der nach außen orientierte Normalenvektor auf $\partial B_\varepsilon(0)$. Das erste Integral auf der rechten Seite verschwindet wegen $\Delta\Phi(y) = 0$ für $y \neq 0$. Den ersten Anteil am zweiten Integral kann man abschätzen durch

$$\left| \int_{\partial B_\varepsilon(0)} \Phi(y)\,\nabla_y f(x-y)\cdot n\, ds_y \right| \leq C\,|\widetilde{\Phi}(\varepsilon)|\,\varepsilon^{d-1} \to 0 \quad \text{für} \ \ \varepsilon \to 0\,.$$

Für den verbleibenden Term folgt

$$-\int_{\partial B_\varepsilon(0)} \nabla_y \Phi(y)\cdot n\, f(x-y)\, ds_y = -f(x) \int_{\partial B_\varepsilon(0)} \nabla_y \Phi(y)\cdot n\, ds_y$$
$$-\int_{\partial B_\varepsilon(0)} \nabla_y \Phi(y)\cdot n\, (f(x-y) - f(x))\, ds_y\,.$$

Das letzte Integral hier läßt sich mit $|f(x-y) - f(x)| \leq C\varepsilon$ für $y \in \partial B_\varepsilon(0)$ abschätzen durch

$$\left| \int_{\partial B_\varepsilon(0)} \nabla_y \Phi(y)\cdot n\, (f(x-y) - f(x))\, ds_y \right|$$
$$\leq C\varepsilon \int_{\partial B_\varepsilon(0)} |\nabla_y \Phi(y)\cdot n|\, ds_y \to 0 \ \text{für} \ \varepsilon \to 0\,.$$

Insgesamt folgt mit (6.13)

$$\lim_{\varepsilon \to 0} J_\varepsilon(x) = f(x)$$

und damit die Behauptung.   □

Bemerkungen

1. Die Abklingeigenschaft $\lim\limits_{|x|\to+\infty} \Phi(x) = 0$ für $d \geq 3$ impliziert, dass die Lösung (6.15) für $|x| \to +\infty$ ebenfalls abklingt. Formel (6.15) liefert also eine Lösung mit Randbedingung $\lim\limits_{|x|\to+\infty} u(x) = 0$ „im Unendlichen". Es kann gezeigt werden, dass es nur eine Lösung von $-\Delta u = f$ mit dieser Eigenschaft gibt.

2. Man kann die Darstellungsformel auch unter wesentlich schwächeren Voraussetzungen an die Funktion f beweisen, siehe etwa [47].

3. Die Darstellungsformel drückt aus, wie sich die Funktionswerte von f auf die Lösung der Poisson–Gleichung auswirken. Die Fundamentallösung kann man als *distributionelle* Lösung von

$$-\Delta\Phi = \delta$$

mit der *Dirac–Distribution* δ interpretieren. Die Funktion f läßt sich formal schreiben als

$$f(x) = \langle\delta(\cdot - x), f\rangle = \int_{\mathbb{R}^d} \delta(y - x)\, f(y)\, dy\,,$$

wobei das Integral hier streng genommen nur als formale Schreibweise für die Anwendung einer Distribution auf eine Funktion, im Sinne einer Verallgemeinerung des Skalarproduktes im $L_2(\mathbb{R}^3)$, gesehen werden darf. Die Darstellungsformel ergibt sich dann durch „Superposition" der Lösungen zu „allen" Werten $f(x)$,

$$u(x) = \int_{\mathbb{R}^d} \Phi(y - x)\, f(y)\, dx\,.$$

6.1.3 Mittelwertsatz und Maximumprinzip

Lösungen u der Laplace–Gleichung

$$\Delta u = 0$$

besitzen die interessante Eigenschaft, dass $u(x)$ gleich dem Mittelwert von u über jedem Ball mit Zentrum x ist. Es gilt:

Satz 6.8. *Es sei u eine zweimal stetig differenzierbare Lösung von $\Delta u = 0$ auf einem Gebiet Ω und $B_R(x) \subset \Omega$ ein Ball mit Radius R. Dann gilt*

$$\frac{1}{|B_R(x)|} \int_{B_R(x)} u(y)\, dy = \frac{1}{|\partial B_R(x)|} \int_{\partial B_R(x)} u(y)\, ds_y = u(x)\,,$$

wobei $|B_R(x)|$ das d–dimensionale Volumen und $|\partial B_R(x)|$ den $(d-1)$–dimensionalen Flächeninhalt bezeichnet.

Beweis. Es sei $\omega_d(r) := |\partial B_r(0)|$ und

$$\varphi(r) := \frac{1}{\omega_d(r)} \int_{\partial B_r(x)} u(y)\,ds_y = \frac{1}{\omega_d(1)} \int_{\partial B_1(0)} u(x+rz)\,ds_z\,.$$

Mit Hilfe des Satzes von Gauß folgt

$$\varphi'(r) = \frac{1}{\omega_d(1)} \int_{\partial B_1(0)} \nabla u(x+rz) \cdot z\,ds_z = \frac{1}{\omega_d(r)} \int_{\partial B_r(x)} \nabla u(y) \cdot n\,ds_y$$

$$= \frac{1}{\omega_d(r)} \int_{B_r(x)} \Delta u(y)\,dy = 0\,.$$

Folglich ist $r \mapsto \varphi(r)$ konstant. Grenzübergang $r \to 0$ liefert

$$\varphi(r) = u(x)\quad \text{für alle } r < R\,.$$

Mit verallgemeinerten Polarkoordinaten folgt

$$\int_{B_R(x)} u(y)\,dy = \int_0^R \int_{\partial B_r(x)} u(y)\,ds_y\,dr = \int_0^R \omega_d(r)\,\varphi(r)\,dr = u(x)|B_R(x)|\,.$$

$\square$

Aus dieser Eigenschaft der Lösungen der Laplace–Gleichung kann man nun leicht das *Maximumprinzip* für die Laplace–Gleichung herleiten. Dieses besagt, dass die Lösung ihr Maximum (und auch ihr Minimum) am *Rand* jedes betrachteten Gebietes annehmen muss.

Satz 6.9. *Es sei $\Omega \subset \mathbb{R}^d$ ein beschränktes Gebiet und $u : \overline{\Omega} \to \mathbb{R}$ eine zweimal stetig differenzierbare Lösung der Laplace-Gleichung in Ω. Dann gilt*

(i) u nimmt sein Maximum auf dem Rand an, $\max_{x\in\Omega} u(x) = \max_{x\in\partial\Omega} u(x)$.

(ii) Gibt es ein $x \in \Omega$ mit $u(x) = \max_{y\in\Omega} u(y)$, so ist u konstant.

Beweis. Es reicht aus, *(ii)* zu zeigen. Falls es ein $x \in \Omega$ mit $u(x) = \max_{y\in\Omega} u(y)$ gibt, dann folgt aus der Mittelwerteigenschaft für jedes $r > 0$ mit $B_r(x) \subset \Omega$

$$u(x) = \frac{1}{|B_r(x)|} \int_{B_r(x)} u(y)\,dy\,.$$

Wegen $u(y) \leq u(x)$ folgt daraus

$$u(y) = u(x)\quad \text{für alle } y \in B_r(x)\,. \tag{6.16}$$

Wir betrachten nun die Menge

$$M := \{y \in \Omega \,|\, u(y) = u(x)\}\,.$$

Diese Menge ist offen, da es zu jedem $y \in M$ einen Ball $B_r(y)$ gibt mit $B_r(y) \subset \Omega$ und wegen (6.16) dann auch $B_r(y) \subset M$ gilt. Andererseits ist M relativ zu Ω abgeschlossen, denn aus $y_n \in M$ mit $\lim_{n\to+\infty} y_n = y \in \Omega$ folgt wegen der Stetigkeit von u auch $y \in M$. Da Ω zusammenhängend ist, folgt $M = \Omega$.

$\square$

6.1.4 Ebene Potentialströmungen, die Methode der komplexen Variablen

Eine wichtige Anwendung der Laplace–Gleichung sind Potentialströmungen. Für zweidimensionale Potentialströmungen kann man mit Hilfsmitteln der komplexen Analysis einige interessante Folgerungen herleiten. In zwei Dimensionen sind die Bedingungen $\nabla \times v = 0$, $\nabla \cdot v = 0$ für wirbelfreie inkompressible Strömungen gegeben durch

$$\partial_{x_2} v_1 - \partial_{x_1} v_2 = 0\,,$$
$$\partial_{x_1} v_1 + \partial_{x_2} v_2 = 0\,.$$

Das Vektorfeld $(v_1, -v_2)$ löst deshalb die *Cauchy–Riemannschen* Differentialgleichungen

$$\partial_{x_1} v_1 = \partial_{x_2}(-v_2)\,,$$
$$\partial_{x_2} v_1 = -\partial_{x_1}(-v_2)\,.$$

Daraus folgt, dass

$$w : \mathbb{C} \mapsto \mathbb{C}, \quad w(x_1 + i\,x_2) := v_1(x_1, x_2) - i\,v_2(x_1, x_2)$$

eine *holomorphe* Funktion ist.

Definition 6.10. *Die Funktion w heißt* komplexe Geschwindigkeit.

Umgekehrt gilt, dass jede holomorphe Funktion w mittels $v_1 = \operatorname{Re} w$ und $v_2 = -\operatorname{Im} w$ eine inkompressible, stationäre Potentialströmung definiert. Man kann deshalb mit Mitteln der komplexen Analysis einige interessante Schlussfolgerungen über inkompressible Potentialströmungen gewinnen.

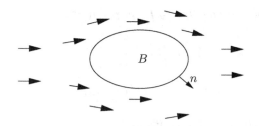

Abb. 6.1. Strömung um ein ebenes Hindernis

Wir betrachten nun eine *reibungsfreie* Strömung um ein Hindernis B, wie in Abbildung 6.1 dargestellt. Im Folgenden setzen wir stets voraus, dass sich ∂B durch eine glatte, geschlossene Kurve parametrisieren lässt. Die auf das

Hindernis wirkende Kraft f ist gegeben durch das Integral über die Normalspannung am Rand,

$$f = \int_{\partial B} \sigma(x)\, n(x)\, ds_x = -\int_{\partial B} p(x)\, n(x)\, ds_x\,. \tag{6.17}$$

Im Folgenden werden Vektoren $\begin{pmatrix} a_1 \\ a_2 \end{pmatrix} \in \mathbb{R}^2$ mit komplexen Zahlen $a_1 + i\, a_2$ identifiziert. Insbesondere fassen wir f als komplexe Zahl auf. Der folgende Satz liefert eine Möglichkeit, die Kraft f mittels der komplexen Geschwindigkeit w zu berechnen.

Satz 6.11. *(Satz von Blasius)*
Es sei B ein beschränktes Gebiet mit glattem Rand. Weiter sei v eine Potentialströmung, die den Euler–Gleichungen mit konstanter Dichte ϱ sowie den Bedingungen $\nabla \cdot v = 0$ außerhalb von B und $v \cdot n = 0$ auf ∂B genügt. Dann gilt:

$$f = \frac{-i\varrho}{2} \overline{\int_{\partial B} w^2\, dz}\,.$$

Beweis. Es sei $\gamma : [0, L] \to \partial B$ eine Bogenlängenparametrisierung des Randes ∂B. Nach Identifizierung von Vektoren im $\mathbb{R}^2$ mit komplexen Zahlen lassen sich die Tangente $t(s)$ und die Normale $n(s)$ an ∂B ausdrücken durch

$$t(s) = \gamma'(s) = \gamma_1'(s) + i\,\gamma_2'(s)\,,$$
$$n(s) = \gamma_2'(s) - i\,\gamma_1'(s)\,.$$

Dabei sei γ so orientiert, dass $n(s)$ äußere Normale an B ist. Aus dem Satz von Bernoulli folgt, dass der Druck p bis auf eine additive Konstante durch $p = -\frac{\varrho}{2}(v_1^2 + v_2^2)$ gegeben ist (siehe S. 236). Damit erhalten wir

$$
\begin{aligned}
f &= -\int_{\partial B} p(n_1 + i\, n_2)\, ds_x = \int_0^L p(\gamma(s))(-\gamma_2'(s) + i\,\gamma_1'(s))\, ds \\
&= i \int_0^L p(\gamma(s))(\gamma_1'(s) + i\,\gamma_2'(s))\, ds \\
&= -\frac{i\varrho}{2} \int_0^L (v_1^2 + v_2^2)(\gamma_1'(s) + i\,\gamma_2'(s))\, ds\,.
\end{aligned}
\tag{6.18}
$$

Die Randbedingung $v \cdot n = 0$ impliziert

$$0 = v_1 \gamma_2'(s) - v_2 \gamma_1'(s) \quad \text{auf} \quad \partial B$$

und somit folgt aus

$$w^2 = (v_1 - i\, v_2)^2 = v_1^2 - v_2^2 - 2i\, v_1 v_2\,,$$

dass

$$w^2(\gamma_1'(s) + i\,\gamma_2'(s)) = (v_1^2 - v_2^2 - 2i\,v_1 v_2)(\gamma_1'(s) + i\,\gamma_2'(s))$$
$$= (v_1^2 + v_2^2)(\gamma_1'(s) - i\,\gamma_2'(s)).$$

Mit (6.18) folgt

$$f = -\frac{i\varrho}{2}\overline{\int_0^L w^2\,\gamma'(s)\,ds} = -\frac{i\varrho}{2}\overline{\int_{\partial B} w^2\,dz}\,.$$

Dies zeigt die Behauptung.   □

Wir betrachten jetzt eine Situation, in der die Strömung für $|x| \to +\infty$ einen konstanten Wert V annimmt, siehe Abbildung 6.2. Dies entspricht zum Beispiel einer Situation, in der ein Körper sich durch ein ruhendes Fluid bewegt, also etwa der Umströmung eines Flugzeuges, wobei man das Koordinatensystem mit dem Körper bewegt.

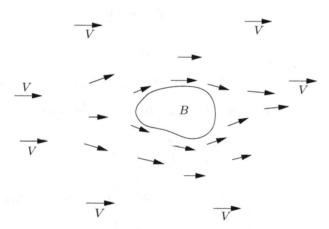

Abb. 6.2. Strömung um ein ebenes Hindernis

Der folgende Satz sagt aus, dass die Kraft, die auf B wirkt, stets orthogonal zur Richtung von V ist.

Satz 6.12. *(Satz von Kutta–Joukowski)*
Gegeben sei eine inkompressible Potentialströmung v außerhalb eines glatt berandeten Gebietes B. Es gelte $v \cdot n = 0$ auf ∂B und

$$v(x) \to V \quad \text{für } |x| \to \infty$$

mit $V \in \mathbb{R}^2$. Dann ist die Kraft, die auf den Körper B wirkt, gegeben durch

$$f = \varrho \Gamma_{\partial B} |V| \widehat{n}$$

mit der Zirkulation

$$\Gamma_{\partial B} = \int_{\partial B} v \cdot t \, ds_x$$

des Vektorfeldes v um B und der Einheitsnormalen $\widehat{n} = \frac{(V_2, -V_1)}{|V|}$ *zu* V.

Beweis. Die komplexe Geschwindigkeit $w = v_1 - i\,v_2$ ist analytisch außerhalb B. Daher können wir w außerhalb jeder Kreisscheibe, die B enthält, in eine Laurentreihe

$$w(z) = \sum_{k=-\infty}^{\infty} a_k z^k, \ z = x_1 + i\,x_2$$

mit $a_k \in \mathbb{C}$ entwickeln. Aus

$$w \to V_1 - iV_2 \ \text{für} \ |z| \to \infty$$

folgt

$$a_k = 0 \ \text{für alle} \ k > 0$$

und

$$a_0 = V_1 - iV_2 \,.$$

Integrieren wir die Reihe $\sum_{k=-\infty}^{0} a_k z^k$ über den Rand eines großen Kreises $B_R(0)$, so erhalten wir, da wir Term für Term integrieren dürfen,

$$\int_{\partial B_R(0)} w(z) \, dz = \sum_{k=-\infty}^{0} a_k \int_{\partial B_R(0)} z^k \, dz$$

$$= \sum_{k=-\infty}^{0} a_k \int_0^{2\pi} R^k e^{iks} R\,i\, e^{is} \, ds = a_{-1} 2\pi i \,.$$

Dabei haben wir die Parametrisierung $\gamma : [0, 2\pi] \to \mathbb{C}, \ s \to R\,e^{is}$ verwendet und ausgenutzt, dass für $\ell \neq 0$

$$\int_0^{2\pi} e^{i\ell s} \, ds = 0$$

gilt. Aus dem Cauchyschen Integralsatz folgt, dass Integration bezüglich $\partial B_R(0)$ und ∂B das gleiche Ergebnis liefert. Somit folgt

$$\int_{\partial B} w(z) \, dz = 2\pi i \, a_{-1} \,.$$

Weiter gilt, da $v_1 \gamma_2' = v_2 \gamma_1'$ auf ∂B,

$$\int_{\partial B} w \, dz = \int_0^{2\pi} (v_1 - i\,v_2)(\gamma_1' + i\,\gamma_2') \, ds$$

$$= \int_0^{2\pi} (v_1\gamma_1' + v_2\gamma_2' + i\,v_1\gamma_2' - i\,v_2\gamma_1') \, ds$$

$$= \int_0^{2\pi} (v_1\gamma_1' + v_2\gamma_2') \, ds = \int_{\partial B} v \cdot t \, ds_x = \Gamma_{\partial B} \, .$$

Daraus folgt

$$a_{-1} = \frac{\Gamma_{\partial B}}{2\pi i} \, .$$

Quadrieren wir w, so erhalten wir die Laurent-Reihe

$$w^2 = a_0^2 + \frac{2\,a_0\,a_{-1}}{z} + \frac{2\,a_0\,a_{-2} + a_{-1}^2}{z^2} + \cdots .$$

Aus Satz 6.11 folgt

$$f = -\frac{i\varrho}{2} \overline{\int_{\partial B} w^2 \, dz} = -\frac{i\varrho}{2} \overline{2\pi i\,2\,a_0\,a_{-1}} = \varrho\Gamma_{\partial B}(V_2 - iV_1) \, .$$

Dies beweist den Satz. $\qquad\qquad\qquad\qquad\qquad\qquad\qquad\qquad\qquad\qquad\qquad$ $\square$

Bemerkung. Der Satz von Kutta–Joukowski beschreibt das sogenannte *d'Alembertsche Paradox* in zwei Dimensionen. Es besagt, dass kein Kraftanteil in Richtung der Geschwindigkeit V auf den Körper B wirkt, es gibt also keinen Luftwiderstand. Das d'Alembertsche Paradox in drei Dimensionen besagt sogar, dass die Kraft auf einen umströmten Körper gleich Null ist. Es gibt also weder einen Luftwiderstand noch einen Auftrieb, da auch die Komponenten orthogonal zur Anströmgeschwindigkeit Null sind. Dies widerspricht unserer Erfahrung, beispielsweise wenn uns beim Fahrrad fahren ein starker Wind gegen den Körper weht. Realistischere Modelle wie die Navier–Stokes–Gleichungen berücksichtigen Reibung. Welche Auswirkungen die Reibung bei der Umströmung eines Körpers hat, wird in Abschnitt 6.6 betrachtet; dort werden Grenzschichten untersucht, die in der Nähe von B auftreten.

Komplexe Potentiale und Stromfunktionen

Wir nehmen nun an, dass die komplexe Geschwindigkeit $w = v_1 - i\,v_2$ einer inkompressiblen, wirbelfreien Strömung $v = \begin{pmatrix} v_1 \\ v_2 \end{pmatrix}$ eine Stammfunktion W besitzt,

$$w = \frac{dW}{dz} \, .$$

Diese Stammfunktion heißt *komplexes Geschwindigkeitspotential* zu w. Definieren wir φ und ψ durch

$$W = \varphi + i\,\psi,$$

dann gilt

$$v_1 = \partial_{x_1}\varphi = \partial_{x_2}\psi,$$
$$v_2 = \partial_{x_2}\varphi = -\partial_{x_1}\psi.$$

Daraus folgt

$$v = \nabla\varphi,$$

und es kann gezeigt werden, dass ψ eine sogenannte *Stromfunktion* ist. Eine Funktion ψ heißt Stromfunktion, wenn die Stromlinien der Strömung gerade Niveaulinien von ψ sind. Wir geben ein einfaches Beispiel an, etwas interessantere Beispiele findet man in den Aufgaben.

Beispiel: Es sei $U = \begin{pmatrix} U_1 \\ U_2 \end{pmatrix} \in \mathbb{R}^2$ eine *konstante* Geschwindigkeit. Setzen wir $w = U_1 - i\,U_2$, dann gilt

$$\begin{aligned} W(z) = wz &= (w_1 + i\,w_2)(x_1 + i\,x_2) \\ &= (w_1 x_1 - w_2 x_2) + i(w_2 x_1 + w_1 x_2). \end{aligned}$$

Damit ist

$$\varphi = w_1 x_1 - w_2 x_2 \quad \text{ein Potential und}$$
$$\psi = w_2 x_1 + w_1 x_2 \quad \text{eine Stromfunktion.}$$

Für $U = \begin{pmatrix} 1 \\ 0 \end{pmatrix}$ erhalten wir die in Abbildung 6.3 dargestellte Situation.

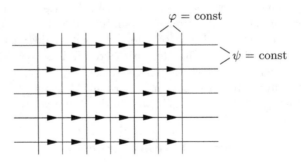

Abb. 6.3. Potential und Stromfunktion für eine einfache Strömung

6.1.5 Die Stokes–Gleichungen

Wir betrachten nun ein Dirichlet–Randwertproblem für die Stokes–Gleichungen (vgl. Kapitel 5.6),

$$\nabla \cdot v = 0\,,$$
$$-\mu\,\Delta v + \nabla p = \varrho\,f \tag{6.19}$$

in einem beschränkten Gebiet $\Omega \subset \mathbb{R}^d$ mit vorgegebenen Randdaten $v = b$ auf dem Rand $\partial\Omega$ von Ω. Wir werden zeigen, dass dieses System gerade die notwendigen Kriterien für eine Lösung des Optimierungsproblems

$$\min\left\{ J(v) \,\big|\, v \in H^1(\Omega)^d,\ \nabla \cdot v = 0 \text{ in } \Omega,\ v = b \text{ auf } \partial\Omega \right\} \tag{6.20}$$

mit dem Funktional

$$J(v) := \int_\Omega \left(\frac{\mu}{2}\,|Dv|^2 - \varrho\,f \cdot v \right) dx$$

beschreibt. Es handelt sich hierbei um ein Optimierungsproblem in einem *unendlichdimensionalen* Raum. Man kann die Technik der Lagrange–Multiplikatoren auf unendlichdimensionale Hilberträume übertragen, wenn man geeignete Skalarprodukte benutzt. Hier kann die Nebenbedingung $\nabla \cdot v = 0$ mit einem Lagrange–Multiplikator $-p \in L_2(\Omega)$ mittels des Skalarproduktes in $L_2(\Omega)$ angekoppelt werden. Das entsprechende Lagrange–Funktional ist

$$L(v,p) = J(v) + \langle -p, \nabla \cdot v \rangle_{L_2(\Omega)} = \int_\Omega \left(\frac{\mu}{2}\,|Dv|^2 - \varrho\,f \cdot v - p\,\nabla \cdot v \right) dx\,.$$

Das $L_2(\Omega)$-Skalarprodukt ersetzt hier also das Skalarprodukt zweier Vektoren im $\mathbb{R}^m$, das man bei einem Optimierungsproblem mit m Nebenbedingungen hätte. Die Optimalitätskriterien muss man nun mit *Richtungsableitungen* formulieren:

$$\left\langle \frac{\delta L(v,p)}{\delta v}, w \right\rangle := \frac{d}{d\varepsilon} L(v + \varepsilon\,w, p)\Big|_{\varepsilon=0} = 0 \ \text{ und}$$

$$\left\langle \frac{\delta L(v,p)}{\delta p}, q \right\rangle := \frac{d}{d\varepsilon} L(v, p + \varepsilon\,q)\Big|_{\varepsilon=0} = 0\,.$$

Dies muss für alle $w \in H^1(\Omega)^d$ mit $w = 0$ auf $\partial\Omega$ und alle $q \in L_2(\Omega)$ gelten. Die Ableitung $\langle \frac{\delta L(v)}{\delta v}, w \rangle$ kann man mit der Formel

$$\frac{1}{2}\frac{d}{d\varepsilon}|D(v + \varepsilon w)|^2\Big|_{\varepsilon=0} = \frac{1}{2}\frac{d}{d\varepsilon}\sum_{i,j=1}^{d}|\partial_{x_i}(v_j + \varepsilon w_j)|^2\Big|_{\varepsilon=0} = \sum_{i,j=1}^{d}\partial_{x_i}v_j\,\partial_{x_i}w_j$$

$$= \sum_{i,j=1}^{d}\left[\partial_{x_i}(\partial_{x_i}v_j\,w_j) - \partial_{x_i}^2 v_j\,w_j\right]$$

und unter Ausnutzung der Identität

$$-\int_\Omega \Delta v \cdot w\,dx = -\int_\Omega \sum_{i,j=1}^{d}\partial_{x_i}^2 v_j\,w_j\,dx = \int_\Omega \sum_{i,j=1}^{d}\partial_{x_i}v_j\,\partial_{x_i}w_j\,dx$$

$$= \int_\Omega Dv : Dw\,dx \tag{6.21}$$

formulieren als

$$\frac{d}{d\varepsilon} \int_\Omega \left(\frac{\mu}{2} |D(v + \varepsilon \, w)|^2 - \varrho \, f \cdot (v + \varepsilon \, w) - p \, \nabla \cdot (v + \varepsilon \, w) \right) dx \, \bigg|_{\varepsilon=0}$$

$$= \int_\Omega (-\mu \, \Delta v - \varrho \, f + \nabla p) \cdot w \, dx \overset{!}{=} 0 \, .$$

Da dies für *alle* geeigneten Testfunktionen w gelten muss, folgt

$$-\mu \, \Delta v = -\nabla p + \varrho \, f \, .$$

Die Richtungsableitung nach p lautet

$$\frac{d}{d\varepsilon} \int_\Omega \left(\frac{\mu}{2} |Dv|^2 - \varrho \, f \cdot v - (p + \varepsilon \, q) \, \nabla \cdot v \right) dx = - \int_\Omega q \, \nabla \cdot v \, dx = 0 \, ,$$

und, da dies ebenfalls für alle Testfunktionen q gelten muss,

$$\nabla \cdot v = 0 \, .$$

Dies zeigt, dass das Stokes–System notwendige Bedingungen für einen kritischen Punkt von (6.20) darstellen. Der Druck spielt dabei die Rolle eines *Lagrange–Parameters* der Nebenbedingung $\nabla \cdot v = 0$.

Diese Eigenschaft deutet an, dass es sich beim Stokes–System ebenfalls um ein elliptisches System handelt. Dies ist in der Tat der Fall. Bei der Herleitung der schwachen Formulierung ist es sinnvoll, die Nebenbedingung $\nabla \cdot v = 0$ in die Definition des zugrundeliegenden Funktionenraums einzubauen. Sei also

$$V = \left\{ v \in H^1(\Omega)^d \, | \, \nabla \cdot v = 0 \text{ in } \Omega, \, v = 0 \text{ auf } \partial\Omega \right\} \, .$$

Skalarmultiplikation des Stokes–Systems (6.19) mit einer Testfunktion $w \in V$ und partielle Integration liefert mit (6.21) und

$$\int_\Omega \nabla p \cdot w \, dx = - \int_\Omega p \, \nabla \cdot w \, dx = 0$$

die Gleichung

$$\int_\Omega \mu \, Dv : Dw \, dx = \int_\Omega \varrho f \cdot w \, dx \, .$$

Der Druck verschwindet hier völlig aus der schwachen Formulierung, da wir die Nebenbedingung in die Funktionenmenge V integriert haben und deshalb auch den Lagrange–Parameter nicht mehr benötigen. Man kann nun leicht sehen, dass die Bilinearform

$$a(v, w) = \int_\Omega Dv : Dw \, dx$$

symmetrisch und positiv definit ist und das Stokes–System in diesem Sinne elliptisch ist.

6.1.6 Homogenisierung

In vielen Anwendungen tauchen Medien mit komplexer Struktur auf, in denen Parameter, wie zum Beispiel Diffusionskonstanten, stark variieren können. Ein einfaches Beispiel ist etwa ein aus verschiedenen Materialien zusammengesetzter, geschichteter Körper. In solchen Situationen spielen verschiedene Längenskalen eine Rolle. Ziel der Homogenisierung ist es, aus Gleichungen für Prozesse, bei denen kleine Skalen eine Rolle spielen, Gesetze auf größeren Skalen herzuleiten. Dabei ergeben sich in der Regel einfachere Gleichungen, da über mikroskopische Informationen geeignet gemittelt wird. Wir wollen nun ein einfaches Beispiel diskutieren, bei dem zwei Skalen auftauchen, eine mikroskopische der Ordnung ε und eine makroskopische der Ordnung 1, wobei wir voraussetzen, dass die Abhängigkeit von der mikroskopischen Variablen periodisch ist.

Es sei $\Omega \subset \mathbb{R}^d$ ein glattes Gebiet und $f : \Omega \to \mathbb{R}$ glatt. Dann betrachten wir

$$(P^\varepsilon) \quad \begin{cases} -\nabla \cdot (\lambda(\tfrac{x}{\varepsilon})\nabla u^\varepsilon) = f & \text{für} \quad x \in \Omega, \\ \qquad\qquad u^\varepsilon = 0 & \text{für} \quad x \in \partial\Omega. \end{cases}$$

Dabei sei $\lambda : \mathbb{R}^d \to \mathbb{R}$ bezüglich aller Koordinatenrichtungen *periodisch* mit der Periode 1 und es sei weiter vorausgesetzt, dass $\lambda_0, \lambda_1 \in \mathbb{R}$ existieren mit

$$0 < \lambda_0 < \lambda(y) \leq \lambda_1 \quad \text{für alle} \quad y \in \mathbb{R}^d.$$

Der Diffusionskoeffizient in (P^ε) variiert also für kleine ε, und wir wollen ein Grenzproblem für $\varepsilon \to 0$ identifizieren.

Dazu betrachten wir folgenden Zweiskalenansatz (wie schon in Aufgabe 1.10)

$$u^\varepsilon(x) = u_0\big(x, \tfrac{x}{\varepsilon}\big) + \varepsilon\, u_1\big(x, \tfrac{x}{\varepsilon}\big) + \varepsilon^2\, u_2\big(x, \tfrac{x}{\varepsilon}\big) + \cdots \qquad (6.22)$$

mit

$$u_i : \Omega \times \mathbb{R}^d \to \mathbb{R}, \quad i = 0, 1, 2, \ldots$$

wobei $u_i(x, y)$ für alle $x \in \Omega$ periodisch bezüglich aller Koordinaten in y mit Periode 1 sei. Wir setzen diesen Ansatz in (P^ε) ein und da

$$\nabla\big[u_i\big(x, \tfrac{x}{\varepsilon}\big)\big] = \frac{1}{\varepsilon}\nabla_y u_i\big(x, \tfrac{x}{\varepsilon}\big) + \nabla_x u_i\big(x, \tfrac{x}{\varepsilon}\big)$$

gilt, erhalten wir zu den Ordnungen $\mathcal{O}(\varepsilon^{-2}), \mathcal{O}(\varepsilon^{-1})$ und $\mathcal{O}(1)$

$$0 = -\nabla_y \cdot (\lambda(y)\nabla_y u_0(x, y)), \qquad\qquad\qquad (6.23)$$

$$\begin{aligned} 0 = &-\nabla_y \cdot (\lambda(y)\nabla_y u_1(x, y)) - \nabla_y \cdot (\lambda(y)\nabla_x u_0(x, y)) \\ &-\nabla_x \cdot (\lambda(y)\nabla_y u_0(x, y)), \end{aligned} \qquad (6.24)$$

$$\begin{aligned} f(x) = &-\nabla_y \cdot (\lambda(y)\nabla_y u_2(x, y)) - \nabla_y \cdot (\lambda(y)\nabla_x u_1(x, y)) \\ &-\nabla_x \cdot (\lambda(y)\nabla_y u_1(x, y)) - \nabla_x \cdot (\lambda(y)\nabla_x u_0(x, y)). \end{aligned} \qquad (6.25)$$

Die Gleichung (6.23) besitzt, da $u_0(x, \cdot)$ periodisch ist, nur Lösungen, die bezüglich y konstant sind. Das folgt zum Beispiel mit Hilfe eines Energiearguments: Multiplizieren wir (6.23) mit $u_0(x, \cdot)$, so erhalten wir nach Integration über $Y = [0, 1]^d$ und Anwendung des Satzes von Gauß

$$\int_Y \lambda(y)|\nabla_y u_0(x, y)|^2 dy = 0 \quad \text{für alle} \quad x \in \Omega. \tag{6.26}$$

Die Randintegrale bei der partiellen Integration verschwinden hier wegen der periodischen Randbedingungen. Da λ positiv ist, folgt also

$$u_0(x, y) = u(x) \quad \text{für alle} \quad x \in \Omega$$

mit einer Funktion $u : \Omega \to \mathbb{R}$. Unser Ziel ist es, eine Gleichung für u herzuleiten.

Die Gleichung (6.24) vereinfacht sich zu

$$-\nabla_y \cdot (\lambda(y)\nabla_y u_1(x, y)) = \nabla_y \lambda(y) \cdot \nabla_x u(x) = \sum_{i=1}^d \partial_{y_i}\lambda(y)\, \partial_{x_i} u(x).$$

Für alle $x \in \Omega$ haben wir also eine lineare partielle Differentialgleichung zu lösen, um $u_1(x, \cdot)$ zu bestimmen. Da die rechte Seite der Differentialgleichung sich als Summe schreiben lässt, machen wir für u_1 den Ansatz

$$u_1(x, y) = \sum_{i=1}^d v^{(i)}(x, y),$$

wobei $v^{(i)}$ für alle $x \in \Omega$ die Gleichung

$$-\nabla_y \cdot \left(\lambda(y)\nabla_y v^{(i)}(x, y)\right) = \partial_{y_i}\lambda(y)\, \partial_{x_i} u(x) \tag{6.27}$$

in Y mit periodischen Randbedingungen löst. Die Produktstruktur der rechten Seite legt nahe, $v^{(i)}$ wie folgt zu wählen

$$v^{(i)}(x, y) = g^{(i)}(x)\, h^{(i)}(y) + f^{(i)}(x)$$

mit

$$g^{(i)}(x) = -\partial_{x_i} u(x)$$

und Lösungen $h^{(i)}$, $i = 1, \dots, d$, der Differentialgleichungen

$$-\nabla_y \cdot \left(\lambda(y)\nabla_y h^{(i)}(y)\right) = -\partial_{y_i}\lambda(y). \tag{6.28}$$

Der Differentialoperator auf der linken Seite besitzt konstante Funktionen als einzige periodische homogene Lösungen. Aus der Fredholmschen Alternative (siehe Alt [4] und Evans [36]) folgt, dass es nur dann eine periodische Lösung von (6.28) gibt, falls die rechte Seite bezüglich des L_2–Skalarprodukts senkrecht auf allen homogenen Lösungen steht. Dies impliziert die Forderung

$$\int_Y \partial_{y_i} \lambda(y)\, dy = 0 \quad \text{mit} \quad Y = [0,1]^d.$$

Da λ periodisch ist, verschwindet das Integral, und die Existenz einer Lösung ist gesichert. Wir erhalten somit eine Lösung

$$u_1(x,y) = -\sum_{i=1}^{d} h^{(i)}(y)\, \partial_{x_i} u(x) + \widetilde{u}_1(x)$$

mit einer beliebigen Funktion $\widetilde{u}_1 : \Omega \to \mathbb{R}$.

Aus Gleichung (6.25) folgt dann

$$-\nabla_y \cdot (\lambda(y)\nabla_y u_2(x,y)) = f(x) + \nabla_y \cdot (\lambda(y)\nabla_x u_1(x,y))$$
$$+ \nabla_x \cdot (\lambda(y)\nabla_y u_1(x,y)) + \nabla_x \cdot (\lambda(y)\nabla_x u(x)).$$

Als Lösbarkeitsbedingung ergibt sich wieder, dass das Integral der rechten Seite über Y verschwinden muss. Wir erhalten unter Ausnutzung der Periodizität von λ und $u_1(x,\cdot)$

$$f(x) = \int_Y f(x)\, dy$$
$$= -\int_Y \nabla_x \cdot (\lambda(y)\nabla_y u_1(x,y))\, dy - \int_Y \nabla_x \cdot (\lambda(y)\nabla_x u(x))\, dy$$
$$= \sum_{i=1}^{d} \nabla_x \cdot \left(\partial_{x_i} u(x) \int_Y \lambda(y)\nabla_y h^{(i)}(y)\, dy \right) - \int_Y \lambda(y)\, dy\, \Delta u(x).$$

Definieren wir eine Matrix $K = (k_{ij})$ mit

$$k_{ij} = \int_Y \lambda(y)\, (\delta_{ij} - \partial_{y_i} h^j(y))\, dy$$

mit dem Kronecker–Symbol δ_{ij}, so löst u

$$(P^0) \quad \begin{cases} -\nabla \cdot (K\nabla u(x)) = f(x) & \text{in } \Omega, \\ u = 0 & \text{auf } \partial\Omega. \end{cases}$$

(P^0) heißt *homogenisiertes Problem* zu (P^ε). Die Lösung $u = u_0$ des homogenisierten Problems ist eine gute Approximation der Lösung u^ε des Problems mit Skala ε, falls ε klein ist. Die elliptische Differentialgleichung (6.28) zusammen mit periodischen Randbedingungen nennt man das zugehörige *Korrektorproblem*. Aus den Lösungen des Korrektorproblems kann man eine verbesserte Approximation

$$u_1^\varepsilon(x) = u_0(x) + \varepsilon\, u_1(x, x/\varepsilon)$$

der Lösung des ursprünglichen Problems konstruieren. Insbesondere approximieren partielle Ableitungen erster Ordnung von u_1^ε die entsprechenden partiellen Ableitungen von u^ε,

$$\partial_{x_j} u_1^\varepsilon(x) \approx \partial_{x_j} u^\varepsilon(x) \,,$$

was für u_0 im Allgemeinen nicht gelten kann. Dies wird schon durch den Ansatz (6.22) angedeutet: Für

$$u^\varepsilon(x) \approx u_0(x) + \varepsilon\, u_1(x, x/\varepsilon)$$

gilt

$$\partial_{x_i} u^\varepsilon(x) \approx \partial_{x_i} u_0(x) + \partial_{y_i} u_1(x, y)_{|y=x/\varepsilon} \,,$$

so dass u_1 für eine Approximation der Ableitungen wesentlich ist.

Bemerkungen

1. K hängt nicht von x ab und ist im Allgemeinen nicht diagonal.

2. Betrachten wir Medien, die nur in einer Richtung variieren, etwa

$$\lambda(y) = \overline{\lambda}(y_1) \quad \text{für alle} \quad y = (y_1, \dots, y_d) \in \mathbb{R}^d \,,$$

so liefert das Korrektorproblem (6.28) nur für h^1 nichtkonstante Lösungen. Wir erhalten $h^1(y_1, \dots, y_d) = h(y_1)$, wobei eine h periodische Lösung von

$$-(\overline{\lambda} h')' = -\overline{\lambda}'$$

ist. Es folgt

$$h(y_1) = y_1 - c \int_0^{y_1} \frac{1}{\overline{\lambda}(z)}\, dz \quad \text{mit} \quad c = \left(\int_0^1 \frac{1}{\overline{\lambda}(z)}\, dz \right)^{-1} \,.$$

Folglich ist K eine Diagonalmatrix mit

$$K_{11} = \left(\int_0^1 \frac{1}{\overline{\lambda}(z)}\, dz \right)^{-1} \quad \text{und} \quad K_{ii} = \int_0^1 \overline{\lambda}(z)\, dz \quad \text{für} \quad i = 2, \dots, d \,.$$

In der x_1-Richtung erhalten wir also nicht den arithmetischen Mittelwert, sondern den harmonischen Mittelwert. Dieses Resultat erhält man mit etwas anderen Überlegungen auch aus Aufgabe 5.19. Tatsächlich ist die Diffusionskonstante K_{11} im Allgemeinen *kleiner* als der Mittelwert. Dies folgt mit Hilfe der Cauchy–Schwarz–Ungleichung wie folgt

$$1 = \int_0^1 \sqrt{\overline{\lambda}(z)} \frac{1}{\sqrt{\overline{\lambda}(z)}}\, dz \le \left(\int_0^1 \overline{\lambda}(z)\, dz \right)^{1/2} \left(\int_0^1 \frac{1}{\overline{\lambda}(z)}\, dz \right)^{1/2} \,.$$

Da in der Cauchy–Schwarz–Ungleichung die Gleichheit nur dann gilt, wenn die Faktoren linear abhängig sind, folgt im Fall eines nicht konstanten $\overline{\lambda}$

$$K_{11} = \left(\int_0^1 \frac{1}{\overline{\lambda}(z)}\, dz \right)^{-1} < \int_0^1 \overline{\lambda}(z)\, dz = K_{ii} \quad \text{für} \quad i = 2, \dots, d \,.$$

Die Diffusion in x_1-Richtung ist demnach *langsamer* als die Diffusion in den anderen Koordinatenrichtungen.

6.1.7 Optimale Steuerung elliptischer Differentialgleichungen

In Abschnitt 4.8 haben wir die optimale Steuerung gewöhnlicher Differentialgleichungen behandelt. Wie wir gesehen haben, führen viele Anwendungen allerdings auf Modelle, die mit Hilfe partieller Differentialgleichungen formuliert werden. Daher ist die Steuerung von Prozessen, die durch partielle Differentialgleichungen modelliert werden, von großem praktischen Interesse. In diesem Buch werden nur einige wenige Aspekte dargestellt, und wir verweisen auf die Bücher von Tröltzsch [123] und Lions [85] für weitere Informationen über die optimale Steuerung partieller Differentialgleichungen.

Wir wollen einfache Steuerungsprobleme behandeln, bei denen es darum geht, die Temperaturverteilung in einer Menge $\Omega \subset \mathbb{R}^d$ zu steuern. Die Temperatur sei durch eine geeignet skalierte Variable $y : \Omega \to \mathbb{R}$ beschrieben, und wir wollen die Temperatur in Ω steuern, indem wir den Körper Ω etwa durch elektromagnetische Induktion oder Mikrowellen aufheizen. Die gezielte Steuerung der Temperatur durch Mikrowellen ist zum Beispiel eine Möglichkeit der Wärmebehandlung (Hyperthermie) von Tumoren.

In einem einfachen Fall wollen wir eine gegebene Temperaturverteilung $z : \Omega \to \mathbb{R}$ erreichen. Es sei nun möglich, Wärmequellen im Körper gezielt zu erzeugen, wobei die Wärmequellen durch eine Funktion $u : \Omega \to \mathbb{R}$ gegeben seien. Unser Ziel ist es, folgendes Problem zu lösen

(P$_1$) Minimiere

$$\mathcal{F}(y, u) := \tfrac{1}{2} \int_\Omega (y(x) - z(x))^2 \, dx + \tfrac{\alpha}{2} \int_\Omega u^2(x) \, dx$$

unter den Nebenbedingungen

$$-\Delta y = u \quad \text{in} \quad \Omega \,, \tag{6.29}$$

$$y = 0 \quad \text{auf} \quad \partial\Omega \,, \tag{6.30}$$

$$u_-(x) \le u(x) \le u_+(x) \quad \text{für alle } x \in \Omega \,.$$

Dabei seien $u_-, u_+ : \Omega \to \mathbb{R} \cup \{-\infty, \infty\}$ mit $u_- \le u_+$ gegebene Funktionen. Der Term $\frac{\alpha}{2} \int_\Omega u^2(x) \, dx$ berücksichtigt anfallende Energiekosten für Heizen und Abkühlen. Die Ungleichungsnebenbedingungen an die Steuerung $u : \Omega \to \mathbb{R}$ spiegeln beschränkte Aufheizungs- beziehungsweise Abkühlungskapazitäten wieder. Tatsächlich sind in der Praxis auch Ungleichungsnebenbedingungen an den Zustand y sinnvoll – man denke etwa an den Krebspatienten, der sich einer Wärmebehandlung unterzieht. Diese Nebenbedingungen führen auf maßwertige Lagrange–Multiplikatoren und sollen hier nicht weiter behandelt werden, sie werden z.B. in Casas [17] betrachtet.

Häufig ist es realistischer, die Temperatur durch eine Steuerung am Rand zu kontrollieren. In diesem Fall geben wir eine Temperatur im umgebenden Medium vor und nehmen an, dass der Wärmeverlust am Rand proportional zur Temperaturdifferenz am Rand ist, vgl. (6.4). Es sei $u : \partial\Omega \to \mathbb{R}$ die Temperatur des umgebenden Mediums am Rand von Ω und $a : \partial\Omega \to \mathbb{R}$ sei der Wärmetransferkoeffizient, vgl. (6.4). Wir betrachten $u : \partial\Omega \to \mathbb{R}$ als Steuergröße und wollen folgende Aufgabe lösen.

(P$_2$) Minimiere

$$\mathcal{F}(y, u) := \tfrac{1}{2} \int_\Omega (y(x) - z(x))^2 \, dx + \tfrac{\alpha}{2} \int_{\partial\Omega} u^2(x) \, ds_x$$

unter den Nebenbedingungen

$$-\Delta y = 0 \qquad\qquad \text{in } \Omega \,, \qquad\qquad (6.31)$$

$$-\nabla y \cdot n = a(y - u) \qquad \text{auf } \partial\Omega \,, \qquad\qquad (6.32)$$

$$u_-(x) \le u(x) \le u_+(x) \quad \text{für alle } x \in \partial\Omega \,.$$

Dabei sind $u_-, u_+ : \partial\Omega \to \mathbb{R} \cup \{-\infty, \infty\}$ mit $u_- \le u_+$ gegebene Funktionen auf $\partial\Omega$.

Wir wollen wie im Fall der optimalen Steuerung bei gewöhnlichen Differentialgleichungen nun notwendige Bedingungen für Lösungen obiger Steuerungsprobleme herleiten. Dabei werden wir auf formalem Niveau argumentieren und wir verweisen auf das Buch von Tröltzsch [123] für eine rigorose Herleitung.

Wir leiten die notwendigen Bedingungen zunächst für das Problem (P$_1$) her. Analog zum Fall der optimalen Steuerung gewöhnlicher Differentialgleichungen multiplizieren wir die Nebenbedingung $\Delta y + u = 0$ mit einem Lagrange–Multiplikator p, integrieren und addieren den entstehenden Term zum Funktional $\mathcal{F}$. Wir erhalten die Lagrange–Funktion

$$\mathcal{L}(y, u, p) = \mathcal{F}(y, u) - \int_\Omega (-\Delta y - u) \, p \, dx \,.$$

Setzen wir nun voraus, dass p einmal differenzierbar ist und am Rand verschwindet, so ergibt sich nach partieller Integration

$$\mathcal{L}(y, u, p) = \mathcal{F}(y, u) - \int_\Omega (\nabla y \cdot \nabla p - up) \, dx \,.$$

Dabei kann $\mathcal{L}$ als Funktional auf der Menge $H_0^1(\Omega) \times L_2(\Omega) \times H_0^1(\Omega)$ definiert werden. Motiviert durch unsere Überlegung im Fall gewöhnlicher Differentialgleichungen vermuten wir, dass wir die notwendigen Bedingungen an eine Lösung $(\bar{y}, \bar{u})$ von (P$_1$) mit Hilfe eines adjungierten Zustands (Lagrange–Multiplikators) $\bar{p}$ sowie mit Hilfe der ersten Variation der Lagrange–Funktion formulieren können.

Wir erhalten in Analogie zum Fall bei gewöhnlichen Differentialgleichungen:

$$\frac{\delta\mathcal{L}}{\delta y}(\overline{y},\overline{u},\overline{p})(y) = 0 \quad \text{für alle} \quad y \in H_0^1(\Omega), \tag{6.33}$$

$$\frac{\delta\mathcal{L}}{\delta u}(\overline{y},\overline{u},\overline{p})(u-\overline{u}) \geq 0 \quad \text{für alle} \quad u \in L_2(\Omega) \text{ mit } u_- \leq u \leq u_+, \tag{6.34}$$

$$\frac{\delta\mathcal{L}}{\delta p}(\overline{y},\overline{u},\overline{p})(p) = 0 \quad \text{für alle} \quad p \in H_0^1(\Omega). \tag{6.35}$$

Es folgt

$$\frac{\delta\mathcal{L}}{\delta y}(\overline{y},\overline{u},\overline{p})(y) = \int_\Omega \left[(\overline{y}(x) - z(x))\,y(x) - \nabla\overline{p}\cdot\nabla y\right]dx = 0$$

für alle $y \in H_0^1(\Omega)$. Da wir $\overline{p} \in H_0^1(\Omega)$ fordern, ist $\overline{p}$ also gerade eine schwache Lösung des Randwertproblems

$$-\Delta\overline{p} = \overline{y} - z \quad \text{in} \quad \Omega, \tag{6.36}$$

$$\overline{p} = 0 \quad \text{auf} \quad \partial\Omega. \tag{6.37}$$

Die Bedingung $\frac{\delta\mathcal{L}}{\delta p}(\overline{y},\overline{u},\overline{p}) = 0$ liefert

$$\int_\Omega (\nabla\overline{y}\cdot\nabla p - \overline{u}\,p) = 0$$

für alle $p \in H_0^1(\Omega)$ und somit eine schwache Formulierung des Randwertproblems (6.29), (6.30).

Schließlich ergibt (6.34)

$$\int_\Omega (\alpha\,\overline{u}(x) + \overline{p}(x))(u(x) - \overline{u}(x))\,dx \geq 0 \tag{6.38}$$

für alle u mit $u_-(x) \leq u(x) \leq u_+(x)$, $x \in \Omega$. Diese Variationsungleichung besagt gerade, dass die zulässige Kontrolle u sich gerade als L_2–Projektion von $\frac{1}{\alpha}p$ auf die Menge der zulässigen Kontrollen ergibt, vgl. Aufgabe 6.7. Es kann nun gezeigt werden (siehe Aufgabe 6.9), dass (6.38) genau dann gilt, wenn punktweise die folgende Variationsungleichung erfüllt ist:

$$(\alpha\,\overline{u}(x) + \overline{p}(x))(v - \overline{u}(x)) \geq 0 \quad \text{für alle} \quad v \in [u_-(x), u_+(x)]. \tag{6.39}$$

Nun lässt sich die letzte Aussage wie folgt uminterpretieren (Aufgabe 6.8). Die Abbildung

$$v \mapsto \overline{p}(x)v + \tfrac{\alpha}{2}v^2 \tag{6.40}$$

nimmt ihr Minimum im Punkte $\overline{u}(x)$ an. Im Fall einer Maximierungsaufgabe bei der optimalen Steuerung gewöhnlicher Differentialgleichungen haben wir das *Pontrjaginsche Maximumprinzip* diskutiert. Hätten wir statt eines Maximums ein Minimum gesucht, so hätten wir ein entsprechendes Minimumprinzip formulieren können. Im Fall des Steuerungsproblems (P_1) gilt nun analog ein Minimumprinzip. Um die Analogie herauszuarbeiten, definieren wir die Hamiltonfunktion $H(u,p) = pu + \frac{\alpha}{2}u^2$.

Satz 6.13. *Eine schwache Lösung* $(\overline{y}, \overline{u}) \in H_0^1(\Omega) \times U$ *von* (6.29), (6.30) *mit* $U = \{u \in L_2(\Omega) \mid u_-(x) \leq u(x) \leq u_+(x)$ *für fast alle* $x \in \Omega\}$ *löst* (P_1), *genau dann wenn ein adjungierter Zustand* $\overline{p} \in H_0^1(\Omega)$ *existiert, der das Randwertproblem*

$$-\Delta \overline{p} = \overline{y} - z \quad \text{in } \Omega \, ,$$
$$\overline{p} = 0 \quad \text{auf } \partial\Omega$$

im schwachen Sinne löst und das Minimumprinzip

$$H(\overline{u}(x), \overline{p}(x)) = \min_{v \in [u_-(x), u_+(x)]} H(v, \overline{p}(x))$$

gilt.

Für einen Beweis dieser Aussage verweisen wir auf das Buch von Tröltzsch [123]. In diesem Fall sind die formulierten Bedingungen sogar hinreichend. Das Problem (P_1) ist aufgefasst als Minimierungsaufgabe für u strikt konvex und diese Tatsache ist dafür verantwortlich, dass die obige Charakterisierung von kritischen Punkten nur eine Lösung zulässt, die dann ein Minimierer sein muss. Die Steuerungsprobleme für gewöhnliche Differentialgleichungen, wie wir sie in Kapitel 4 behandelt haben, sind im Allgemeinen nicht konvex und die Menge der kritischen Punkte kann groß sein. Insbesondere können viele Maxima beziehungsweise Minima auftreten.

Zum Abschluss wollen wir noch kurz skizzieren, wie wir das Problem (P_2) behandeln können. Wir wollen an $\mathcal{F}_2$ die Nebenbedingungen (6.31) und (6.32) mittels Lagrange–Multiplikatoren anbinden. Dazu wählen wir eine Funktion $p_1 : \Omega \to \mathbb{R}$ und berechnen

$$\int_\Omega \Delta y \, p_1 \, dx = -\int_\Omega \nabla y \cdot \nabla p_1 \, dx + \int_{\partial\Omega} (\nabla y \cdot n) \, p_1 \, ds_x \, .$$

Die zweite Nebenbedingung binden wir mit einer Funktion $p_2 : \partial\Omega \to \mathbb{R}$ mit Hilfe des Ausdrucks

$$\int_{\partial\Omega} (-\nabla y \cdot n - a(y - u)) p_2 \, ds_x$$

an. Als Lagrange-Funktion ergibt sich

$$\mathcal{L}(y, u, p_1, p_2) = \mathcal{F}(y, u) - \int_\Omega \nabla y \cdot \nabla p_1 \, dx + \int_{\partial\Omega} (\nabla y \cdot n)(p_1 - p_2) \, ds_x$$
$$- \int_{\partial\Omega} a(y - u) p_2 \, ds_x \, .$$

Die Bedingung $\frac{\delta \mathcal{L}}{\delta y}(\overline{y}, \overline{u}, \overline{p}_1, \overline{p}_2)(y) = 0$ für $y \in C_0^\infty(\Omega)$ liefert

$$\int_\Omega (\overline{y}(x) - z(x)) \, y(x) \, dx - \int_\Omega \nabla p_1 \cdot \nabla y \, dx = 0 \, .$$

Demnach ist p_1 schwache Lösung der elliptischen Differentialgleichung

$$-\Delta p_1 = \overline{y} - z \quad \text{in} \quad \Omega \,.$$

Betrachten wir $\frac{\delta \mathcal{L}}{\delta y}(\overline{y}, \overline{u}, \overline{p}_1, \overline{p}_2)(y) = 0$ für Funktionen y, für die $y \neq 0$ oder $\nabla y \cdot n \neq 0$ auf $\partial \Omega$ gilt, so ergibt sich, falls p_1 glatt genug ist, mittels partieller Integration

$$\int_{\Omega} \big(\overline{y}(x) - z(x) + \Delta p_1(x)\big) y(x)\, dx - \int_{\partial \Omega} (\nabla p_1 \cdot n)\, y \, ds_x$$
$$+ \int_{\partial \Omega} (\nabla y \cdot n)(p_1 - p_2)\, ds_x - \int_{\partial \Omega} a\, y\, p_2 \, ds_x = 0 \,. \tag{6.41}$$

Das erste Integral verschwindet, da der Integrand Null ist. Wählen wir Testfunktionen y mit $y = 0$ auf $\partial \Omega$, so können wir immer noch $\nabla y \cdot n$ frei wählen und es folgt

$$p_1 = p_2 \quad \text{auf} \quad \partial \Omega \,.$$

Wir definieren nun $p := p_1$ und es gilt $p = p_2$ auf $\partial \Omega$. Da y auf $\partial \Omega$ frei gewählt werden kann, folgt aus (6.41)

$$-\nabla p \cdot n = ap \quad \text{auf} \quad \partial \Omega \,.$$

Der adjungierte Zustand ist also schwache Lösung des Randwertproblems

$$-\Delta p = \overline{y} - z \quad \text{in} \quad \Omega \,,$$
$$-\nabla p \cdot n = ap \qquad \text{auf } \partial \Omega \,.$$

Für Problem (P$_2$) kann nun ein Minimumprinzip analog zu Satz 6.13 formuliert werden. Die Details sind in Aufgabe 6.10 auszuarbeiten.

6.1.8 Parameteridentifizierung und inverse Probleme

In den in diesem Buch diskutierten mathematischen Modellen tauchen stets ein oder mehrere Parameter auf. In vielen Anwendungsgebieten lassen sich die auftretenden Parameter selten quantitativ oder qualitativ befriedigend a priori bestimmen. So ist die genaue Struktur eines Mediums, sei es der Erdboden, der menschliche Körper oder ein aus der Schmelze gegossenes Metallstück, unbekannt. Es ist daher notwendig, die Parameter eines Modells zu identifizieren beziehungsweise möglichst genau zu schätzen. Wir wollen in diesem Abschnitt kurz relevante Fragestellungen diskutieren und Probleme, die bei ihrer mathematischen Behandlung auftreten, aufzeigen.

Wir betrachten einen stationären Wärmeleitungsprozess in einem Körper, der ein Gebiet $\Omega \subset \mathbb{R}^d$ einnimmt, auf den eine Wärmequelle $f : \Omega \to \mathbb{R}$ wirkt und deren Temperatur am Rand durch $u_0 : \partial \Omega \to \mathbb{R}$ vorgegeben sei. Dies wird durch folgendes Randwertproblem beschrieben:

$$-\nabla \cdot (\lambda(x)\nabla u(x)) = f(x) \qquad \text{für } x \in \Omega\,,$$
$$u(x) = u_0(x) \qquad \text{für } x \in \partial\Omega\,.$$

Wir gehen nun davon aus, dass wir den Wärmeleitungskoeffizienten $\lambda : \Omega \to \mathbb{R}$ nicht kennen. Da der betrachtete Körper im Allgemeinen nicht räumlich homogen ist, wird λ von der Raumvariablen x abhängen. Kennen wir bei gegebenem f und u_0 eine Temperaturverteilung z durch Messungen, so stellt sich die Frage, ob der Wärmeleitungskoeffizient λ durch z schon bestimmt ist. Im Allgemeinen ist die Antwort negativ wie das Beispiel $u_0 \equiv 0$, $f \equiv 0$ zeigt. In diesem Fall ist $u \equiv 0$ Lösung für beliebige Wärmeleitungskoeffizienten λ.

Die Fragestellung, die Daten eines Problems aus der Kenntnis einer oder mehrerer Lösungen zu rekonstruieren, ist ein typisches *inverses Problem*. Die Lösung der Wärmeleitungsgleichung zu bestimmen, ist das *direkte Problem* beziehungsweise das ursprünglich studierte Problem und die Umkehrung dieses Problems, nämlich aus der Lösung etwas über die Problemstellung zu schließen, wird dann das inverse Problem genannt. Inverse Probleme sind häufig *schlecht gestellte Probleme*, das bedeutet, eine der folgenden Bedingungen

- es existiert eine Lösung,
- die Lösung ist eindeutig,
- die Lösung hängt stetig von den Daten ab

ist verletzt. Diese drei Bedingungen forderte Hadamard, damit man von einem *gut gestellten Problem* sprechen kann. Auf einen Aspekt sei hier noch hingewiesen. Existiert stets eine eindeutige Lösung, hängt diese aber unstetig von den Daten ab, so hat dies schwerwiegende Konsequenzen. Wollen wir diese Lösung approximativ, zum Beispiel mit Hilfe eines numerischen Verfahrens, berechnen, so sind wir zum Scheitern verurteilt, da Lösungen zu leicht veränderten Daten weit von der gesuchten Lösung entfernt liegen können, das Problem ist instabil. In diesem Fall werden sogenannte Regularisierungstechniken angewendet, die das Problem „leicht" verändern und dabei Stabilität liefern sollen.

Wir wollen die unstetige Abhängigkeit von den Daten an einem Beispiel erläutern. Dazu betrachten wir folgendes eindimensionales Diffusionsproblem auf $\Omega = (0,1)$ und erinnern uns an die Überlegungen in Abschnitt 6.1.4 über Homogenisierung:

$$\frac{d}{dx}(\lambda(x)u'(x)) = 0 \qquad \text{für } x \in (0,1)\,,$$
$$u(0) = 0\,, \quad u(1) = 1\,.$$

Der Fluss $q(x) = -\lambda(x)u'(x)$ ist also konstant in Ω und wir bezeichnen diese Konstante mit $\overline{q}$. Wir erhalten

$$u'(x) = -\frac{\overline{q}}{\lambda(x)}$$

und somit unter Ausnutzung der Randbedingung für $x = 0$

$$u(x) = -\overline{q} \int_0^x \frac{1}{\lambda(y)} \, dy \, .$$

Da $u(1) = 1$ gelten muss, folgt

$$\overline{q} = - \left(\int_0^1 \frac{1}{\lambda(y)} \, dy \right)^{-1} .$$

Betrachten wir nun wie im Kapitel über Homogenisierung für $\varepsilon = \frac{1}{n}$, $n \in \mathbb{N}$, Funktionen

$$\lambda^\varepsilon(x) = \lambda\left(\tfrac{x}{\varepsilon}\right) \quad \text{mit} \quad \lambda : \mathbb{R} \to \mathbb{R} \quad 1\text{–periodisch}$$

so erhalten wir als Lösung von

$$\frac{d}{dx}\left(\lambda^\varepsilon(x)\frac{d}{dx}u^\varepsilon(x)\right) = 0 \qquad \text{für} \quad x \in (0,1) \, ,$$
$$u^\varepsilon(0) = 0 \, , \quad u^\varepsilon(1) = 1 \, ,$$

die Funktion

$$u^\varepsilon(x) = \frac{\int_0^x \frac{1}{\lambda^\varepsilon(y)} \, dy}{\int_0^1 \frac{1}{\lambda^\varepsilon(y)} \, dy} = \frac{\int_0^{nx} \frac{1}{\lambda(y)} \, dy}{\int_0^n \frac{1}{\lambda(y)} \, dy} = x + \frac{\int_0^{nx} \frac{1}{\lambda(y)} \, dy - xn \int_0^1 \frac{1}{\lambda(y)} \, dy}{n \int_0^1 \frac{1}{\lambda(y)} \, dy} \, .$$

Da λ periodisch ist, bleibt $\int_0^{nx} \frac{1}{\lambda(y)} \, dy - xn \int_0^1 \frac{1}{\lambda(y)} \, dy$ beschränkt, und wir erhalten mit $u(x) = x$

$$u^\varepsilon \to u \quad \text{für} \quad \varepsilon \to 0 \quad \text{gleichmäßig im Intervall} \quad [0,1] \, .$$

Das bedeutet, u^ε konvergiert gleichmäßig, obwohl λ^ε, falls λ nicht konstant ist, noch nicht einmal punktweise fast überall konvergiert.

Ob ein Problem schlecht gestellt ist oder nicht, hängt auch von der Wahl der Normen beziehungsweise Funktionenräume ab, oder noch allgemeiner der Topologien, bezüglich der die stetige Abhängigkeit gemessen wird. Im obigen Beispiel gilt zum Beispiel $\lim\limits_{\varepsilon \to 0} u^\varepsilon = u$ im Raum $L_\infty(0,1)$, jedoch nicht in $H^1(0,1)$. Weiterhin kann man zeigen, dass λ^ε zwar nicht in $L_2(\Omega)$, wohl aber im *Dualraum* zu $H^1(0,1)$ konvergiert. Inverse Probleme zeichnen sich jedoch dadurch aus, dass die Normen, bezüglich derer das Problem gut gestellt ist, im Vergleich zu den in der Praxis vorhandenen Datenfehlern viel zu stark sind, da letztere höchstens in der L_2– oder der L_∞–Norm abgeschätzt werden können.

Wie kann das Problem der Parameteridentifikation behandelt werden? Eine Variante führt auf Problemstellungen ganz ähnlich wie im Abschnitt über optimale Steuerung. Ein erster Vorschlag wäre das folgende Problem zu lösen.

(Q) Minimiere

$$\mathcal{F}(u, \lambda) = \tfrac{1}{2} \int_\Omega (u(x) - z(x))^2 \, dx$$

unter den Nebenbedingungen

$$-\nabla \cdot (\lambda(x) \nabla u(x)) = f(x) \quad \text{für } x \in \Omega \,,$$
$$u(x) = u_0(x) \quad \text{für } x \in \partial\Omega$$

bezüglich $\lambda \in \{\mu \in L_\infty(\Omega) \,|\, \mu \text{ gleichmäßig positiv}\}$. Dabei übernimmt λ die Rolle der Steuerung und z ist eine gegebene Funktion.

Da es sich hier nur um eine äquivalente Umformulierung der ursprünglichen Aufgabenstellung handelt, ist Problem (Q) im Allgemeinen ebenfalls schlecht gestellt. Eine Strategie, trotzdem eine Lösung zu ermitteln, besteht darin, zu einem „benachbarten" Problem überzugehen, das korrekt gestellt ist. Dies nennt man *Regularisierung*. Dadurch wird der Modell- beziehungsweise Approximationsfehler zwar vergrößert, die Fortpflanzung von Datenfehlern aber vermindert. Es wird also darauf ankommen, einen optimalen „Ausgleich" zwischen den Fehlergrößen zu erreichen. Regularisierung bei (Q) erfolgt etwa durch Einschränkung der zulässigen Menge für λ. Hilfreich sind hier zum Beispiel die Kenntnis von Schranken $0 < \underline{\lambda}, \overline{\lambda}$ so dass

$$\underline{\lambda} \leq \lambda(x) \leq \overline{\lambda} \quad \text{für fast alle } x \in \Omega \tag{6.42}$$

oder weitere qualitative *a priori Informationen*. Regularisierung kann auch durch Diskretisierung erfolgen, also durch Einschränkung von λ auf einen endlichdimensionalen Vektorraum. Verwandt zur Einschränkung durch L_∞-Schranken ist die sogenannte *Tichonov–Regularisierung*. Diese addiert zum Zielfunktional $\mathcal{F}$ einen quadratischen Term. Wir erhalten zum Beispiel

$$\mathcal{F}_r(u, \lambda) = \tfrac{1}{2} \int_\Omega (u(x) - z(x))^2 dx + \tfrac{\alpha}{2} \|\lambda\|^2 \,,$$

wobei $\|\cdot\|$ eine geeignete Norm ist. Im Fall des obigen Diffusionsproblems muss die Norm so stark gewählt werden, dass sie die Supremumsnorm von λ kontrolliert. Eine mögliche Norm ist die L_∞-Norm und in drei Raumdimensionen kann die Sobolevnorm $\|.\|_{H^2}$ gewählt werden. Die Norm $\|u\|_{H^2}$ ist äquivalent zur Summe der L_2-Normen von $u, \nabla u, D^2 u$. Tatsächlich ist die Regularisierung mit solch hohen Sobolevnormen nur eine Krücke und kann in der Praxis nur eingeschränkt empfohlen werden. Wichtig ist die Positivität des Wärmeleitkoeffizienten zu garantieren. Das kann zum Beispiel durch eine Nebenbedingung (6.42) erfolgen und in diesem Fall reicht als Tichonov–Regularisierung schon die L_2-Norm, da die Beschränktheit von λ durch die Nebenbedingungen garantiert wird. Auf Grund der obigen Bemerkungen über das Verhalten der verschiedenen Fehlertypen ist keine Konvergenz für $\alpha \to 0$ zu erwarten. Vielmehr gibt es zu gegebenem Datenfehlerniveau einen optimalen Regularisierungsparameter α. Für weitere Informationen über Parameterschätzung

bei partiellen Differentialgleichungen verweisen wir auf das Buch von Banks
und Kunisch [10]. Regularisierungstechniken werden ausführlich im Buch von
Engl, Hanke und Neubauer [33] behandelt.

6.1.9 Lineare Elastizitätstheorie

Wir wollen nun einige Aspekte der Analysis der Grundgleichungen der linearen
Elastostatik diskutieren. Dazu betrachten wir ein Randwertproblem

$$-\nabla \cdot \sigma(u) = f \qquad (6.43)$$

in einem beschränkten Gebiet $\Omega \subset \mathbb{R}^d$ mit Randbedingungen $u = u_0$ auf dem
Rand $\partial \Omega$. Dabei ist u das Verschiebungsfeld, σ der Spannungstensor und f
eine volumenbezogene Dichte der äußeren Kräfte. Der Spannungstensor sei
durch das Hookesche Gesetz gegeben,

$$\sigma_{ij}(u) = \sum_{k,\ell=1}^{d} a_{ijk\ell}\, \varepsilon_{k\ell}(u) \,,$$

wobei $\varepsilon_{ij}(u) = \frac{1}{2}(\partial_i u_j + \partial_j u_i)$ die Komponenten des linearisierten Verzer-
rungstensors sind. Die Koeffizienten $a_{ijk\ell}$ seien beschränkt und erfüllen die
Symmetriebeziehung $a_{ijk\ell} = a_{jik\ell} = a_{k\ell ij}$. Weitere Informationen zum Modell sind in Abschnitt 5.10 zu finden.

Durch Skalarmultiplikation der Gleichung (6.43) mit einer Testfunktion v und
Integration über Ω erhält man nach partieller Integration die *schwache Formulierung*:

*Finde ein $u \in H^1(\Omega)^d$ mit $u = u_0$ auf $\partial\Omega$, so dass für alle $v \in H^1(\Omega)^d$ mit
$v = 0$ auf $\partial\Omega$ gilt*

$$\int_\Omega \sigma(u) : Dv\, dx = \int_\Omega f \cdot v\, dx \,.$$

Die linke Seite hier lautet für ein linear elastisches Material

$$a(u,v) = \int_\Omega \sigma(u) : Dv\, dx = \int_\Omega \sum_{i,j,k,\ell=1}^{d} a_{ijk\ell}\, \varepsilon_{k\ell}(u)\partial_{x_j} v_i\, dx$$

$$= \int_\Omega \sum_{i,j,k,\ell=1}^{d} a_{ijk\ell}\, \varepsilon_{k\ell}(u)\, \varepsilon_{ij}(v)\, dx = \int_\Omega \sum_{i,j,k,\ell=1}^{d} a_{ijk\ell}\, \partial_{x_\ell} u_k\, \partial_{x_j} v_i\, dx \,.$$

Die letzten beiden Gleichungen folgen aus der Symmetrie $a_{ijk\ell} = a_{jik\ell} = a_{ij\ell k}$.
Es handelt sich bei der Abbildung $(u,v) \mapsto a(u,v)$ um eine *Bilinearform* auf
dem Raum $H^1(\Omega)^d$. Eine Bilinearform ist eine Funktion, die zwei Elemente
eines Vektorraums V auf eine reelle Zahl abbildet, und die linear in jedem der
beiden Argumente ist, das heißt

$a(\alpha u + \beta v, w) = \alpha\, a(u, w) + \beta\, a(v, w)$ und $a(u, \alpha v + \beta w) = \alpha\, a(u, v) + \beta\, a(u, w)$

für alle $u, v, w \in V$ und alle $\alpha, \beta \in \mathbb{R}$. Aufgrund der Symmetriebedingung $a_{ijk\ell} = a_{k\ell ij}$ ist die Bilinearform der linearen Elastizität *symmetrisch*, es gilt also $a(u, v) = a(v, u)$.

Wie wir schon gesehen haben, ist eine wichtige mögliche Eigenschaft einer Bilinearform die positive Definitheit

$$a(u, u) \geq 0, \ a(u, u) = 0 \Leftrightarrow u = 0\,.$$

Eine symmetrische, positiv definite Bilinearform definiert ein *Skalarprodukt*. Die positive Definitheit der Bilinearform aus der schwachen Formulierung eines Differentialgleichungssystems ist die charakteristische Eigenschaft eines *elliptischen* Systems: Ein Differentialoperator

$$u \to \left(-\sum_{j,k,\ell=1}^{d} \partial_{x_j}\left(b_{ijk\ell}\partial_{x_\ell}u_k\right) \right)_{i=1}^{d}$$

ist genau dann elliptisch, wenn die zugehörige Bilinearform

$$b(u, v) = \int_{\Omega} \sum_{i,j,k,\ell=1}^{d} b_{ijk\ell}\, \partial_{x_\ell}u_k\, \partial_{x_j}u_i\, dx$$

positiv definit ist. Die Bilinearform der Elastostatik ist positiv definit, wenn die Koeffizienten a_{ijkl} des Hookeschen Tensors die Bedingung (5.54) erfüllen: Es folgt dann

$$a(u, u) \geq a_0 \int_{\Omega} \sum_{i,j=1}^{d} |\varepsilon_{ij}(u)|^2\, dx$$

und die positive Definitheit von $a(\cdot, \cdot)$ ist dann äquivalent zur Eigenschaft

$$\int_{\Omega} \sum_{i,j=1}^{d} |\varepsilon_{ij}(u)|^2\, dx = 0 \quad \text{genau dann wenn} \quad u = 0\,.$$

Die Bedingung auf der linken Seite ist äquivalent zu $\varepsilon_{ij}(u) = 0$ für alle $i, j = 1, \ldots, d$. Dies ist wiederum äquivalent dazu, dass u ein Element der Menge der *linearisierten Starrkörperverschiebungen* ist,

$$\mathcal{R} = \left\{ x \mapsto Bx + a \,\middle|\, B \in \mathbb{R}^{d,d},\ B^\top = -B,\ a \in \mathbb{R}^d \right\}\,.$$

Ist nämlich $u \in \mathcal{R}$, dann gilt offensichtlich $\varepsilon_{ij}(u) = \frac{1}{2}(b_{ij} + b_{ji}) = 0$. Gilt umgekehrt $\varepsilon_{ij}(u) = 0$ für alle i, j, dann folgt $\partial_i u_j = -\partial_j u_i$ und damit

$$\partial_i \partial_j u_k = -\partial_i \partial_k u_j = \partial_k \partial_j u_i = -\partial_j \partial_i u_k\,.$$

Es folgt also $\partial_i\partial_j u_k = -\partial_i\partial_j u_k$ und $\partial_i\partial_j u_k = 0$ für alle i,j,k. Ist Ω zusammenhängend, so ist u dann eine *affine* Funktion,

$$u(x) = Bx + a \quad \text{mit} \quad B \in \mathbb{R}^{d,d},\ a \in \mathbb{R}^d.$$

Aus $\varepsilon_{ij}(u) = \frac{1}{2}(b_{ij}+b_{ji}) = 0$ für alle i,j folgt dann, dass B schiefsymmetrisch ist, $B^\top = -B$. Aus diesen Überlegungen kann man mit einigen Hilfsmitteln aus der Funktionalanalysis das folgende wichtige Resultat erhalten:

Satz 6.14. *(Kornsche Ungleichung) Es sei $\Omega \subset \mathbb{R}^d$ ein beschränktes Gebiet mit glattem Rand $\partial\Omega$. Dann existieren positive Konstanten c_0, c_1, c_2, so dass*

(i) $\displaystyle\int_\Omega \sum_{i,j=1}^d |\varepsilon_{ij}(u)|^2\,dx \geq c_0 \int_\Omega \left(|u|^2 + |Du|^2\right) dx$ *für alle* $u \in H^1(\Omega)^d$ *mit* $u = 0$ *auf $\partial\Omega$,*

(ii) $\displaystyle\int_\Omega \sum_{i,j=1}^d |\varepsilon_{ij}(u)|^2\,dx + c_1 \int_\Omega |u|^2\,dx \geq c_2 \int_\Omega |Du|^2\,dx$ *für alle* $u \in H^1(\Omega)^d$.

Die Konstanten c_0, c_1, c_2 hängen dabei vom Gebiet Ω ab.

Beweis. Wir zeigen die Kornsche Ungleichung für den Fall (i) unter der vereinfachenden Annahme, dass u in $H^2(\Omega)$ liegt, siehe Zeidler [130] für einen Beweis in der allgemeinen Situation. Durch zweifache partielle Integration folgt wegen der Randbedingung $u = 0$ auf $\partial\Omega$ leicht

$$\int_\Omega \partial_i u_j\, \partial_j u_i\,dx = \int_\Omega \partial_i u_i\, \partial_j u_j\,dx.$$

Damit gilt

$$\int_\Omega \sum_{i,j=1}^d |\varepsilon_{ij}(u)|^2\,dx = \int_\Omega \frac{1}{4} \sum_{i,j=1}^d \left((\partial_i u_j)^2 + (\partial_j u_i)^2 + 2\,\partial_i u_j\,\partial_j u_i\right) dx$$

$$= \int_\Omega \frac{1}{2}\left[\sum_{i,j=1}^d (\partial_i u_j)^2 + \left(\sum_{i=1}^d \partial_i u_i\right)\left(\sum_{j=1}^d \partial_j u_j\right)\right] dx$$

$$= \tfrac{1}{2}\left(\|Du\|^2_{L_2(\Omega)} + \|\nabla\cdot u\|^2_{L_2(\Omega)}\right) \geq \tfrac{1}{2}\|Du\|^2_{L_2(\Omega)}.$$

Aus der *Poincaré–Ungleichung*

$$\|\varphi\|_{L_2(\Omega)} \leq c_P \|D\varphi\|_{L_2(\Omega)} \quad \text{für alle} \quad \varphi \in H_0^1(\Omega)$$

mit einer vom Gebiet Ω abhängigen Konstante c_P folgt dann:

$$\|\varepsilon(u)\|^2_{L_2(\Omega)} \geq \frac{1}{2}\|Du\|^2_{L_2(\Omega)} \geq \frac{1}{2(1+c_P^2)}\left(\|u\|^2_{L_2(\Omega)} + \|Du\|^2_{L_2(\Omega)}\right),$$

das ist die Kornsche Ungleichung mit $c_0 = \sqrt{1/(2(1+c_P^2))}$. $\qquad\square$

Wie der Name schon andeutet, kann die Menge $\mathcal{R}$ der linearisierten Starrkörperverschiebungen aufgefasst werden als Menge der Linearisierungen aller
„echten" Starrkörperverschiebungen

$$x \mapsto (Q - I)x\,,$$

wo Q eine orthogonale Matrix mit Determinante $\det Q = 1$ ist. Zur Erläuterung des Zusammenhangs zwischen der Matrix Q und der schiefsymmetrischen
Matrix B betrachten wir eine Schar von orthogonalen Matrizen Q_δ, $\delta \in \mathbb{R}$, die
für $\delta \to 0$ gegen die Einheitsmatrix I konvergieren und sich dabei asymptotisch wie $Q_\delta = I + \delta B + O(\delta^2)$ verhalten. Aus der Orthogonalitätsbeziehung
$Q_\delta^\top Q_\delta = I$ folgt

$$0 = \lim_{\delta \to 0} \frac{1}{\delta}\big(Q_\delta^\top Q_\delta - I\big) = \lim_{\delta \to 0} \frac{1}{\delta}\big(\delta B^\top I + \delta I B + O(\delta^2)\big) = B^\top + B\,.$$

In diesem Sinne können schiefsymmetrische Matrizen als Linearisierung von
Drehmatrizen aufgefasst werden.

Das Randwertproblem der Elastostatik ist äquivalent zum Optimierungsproblem

$$\min\big\{J(u) \,\big|\, u \in H^1(\Omega)^d,\ u = u_0 \ \text{auf}\ \partial\Omega\big\}$$

mit dem Funktional

$$J(u) = \int_\Omega \left[\frac{1}{2} \sum_{i,j,k,\ell=1}^d a_{ijk\ell}\,\varepsilon_{k\ell}(u)\,\varepsilon_{ij}(u) - f \cdot u\right] dx\,.$$

Dabei ist

$$\int_\Omega \frac{1}{2} \sum_{i,j,k,\ell=1}^d a_{ijk\ell}\,\varepsilon_{k\ell}(u)\,\varepsilon_{ij}(u)\,dx$$

die im verformten Körper gespeicherte elastische Energie und

$$\int_\Omega f \cdot u\,dx$$

die durch die Volumenkräfte aufgewendete Arbeit.

6.2 Parabolische Gleichungen

In diesem Abschnitt untersuchen wir als Modellbeispiel für eine parabolische
Gleichung die *Wärmeleitungsgleichung*

$$\partial_t u - D\Delta u = f \tag{6.44}$$

mit einer Diffusionskonstanten $D > 0$. Diese Gleichung beschreibt allgemeine *Diffusionsprozesse*. Diese sind dadurch gekennzeichnet, dass eine durch u beschriebene physikalische Größe, zum Beispiel die Temperatur oder die Konzentration einer Substanz, von Gebieten fließt, in denen sie große Werte annimmt, zu Gebieten fließt, in denen sie kleine Werte annimmt. Die spezielle Form (6.44) erhält man aus dem konstitutiven Gesetz

$$q = -D\nabla u$$

für den *Fluss* q der Größe; man nimmt also an, dass der Fluss direkt proportional zum Gefälle der Größe ist, man vergleiche dazu auch (5.12). Es sind hier physikalisch auch andere, insbesondere nichtlineare konstitutive Gesetze denkbar, die auf möglicherweise nichtlineare Varianten von (6.44) führen können; die entsprechenden Gleichungen heißen dann ebenfalls *parabolisch* solange garantiert ist, dass der Fluss in dieselbe Richtung wie der Gradient zeigt. Der Term f kann eine Wärmequelle beschreiben, die zum Beispiel durch elektromagnetische Strahlung (wie in der Mikrowelle), durch elektrische Ströme oder durch chemische Reaktionen hervorgerufen wird. Bei der Spezies–Diffusion gibt f einen Quellterm für die diffundierende Substanz an, Ursache könnten ebenfalls chemische Reaktionen sein.

Bei den elliptischen Gleichungen im vorhergehenden Kapitel waren *Randbedingungen* notwendig, um eine sinnvolle Aufgabenstellung zu haben. Bei parabolischen Problemen sind ebenfalls Randbedingungen notwendig, zusätzlich benötigt man noch *Anfangsbedingungen*, die den Zustand des betrachteten Systems zu einem gegebenen Zeitpunkt beschreiben. Um den zeitlichen Verlauf der Temperatur in einem Gebiet zu bestimmen, muss man sowohl die Temperaturverteilung zu Beginn kennen als auch Daten zur Beschreibung der Wärmezufuhr über den Rand im Verlauf des Prozesses. Die Anfangsbedingung gibt die Werte der Lösung u zum festen Zeitpunkt t_0 für jeden Ort des Gebietes an,

$$u(t_0, x) = u_0(x), \ x \in \Omega \,.$$

Als Randbedingungen kommen dieselben Bedingungen in Frage, die wir auch schon bei den elliptischen Gleichungen hatten, nämlich:

- Dirichletsche Randbedingungen

$$u(t, x) = u_{\partial\Omega}(t, x) \ \text{ für alle } \ x \in \partial\Omega \,, \ t > t_0$$

  mit einer fest vorgegebenen Funktion $u_{\partial\Omega}$. Dies beschreibt Vorgaben für die Temperatur oder die Konzentration am Rand des betrachteten Gebietes.

- Neumannsche Randbedingungen

$$-D\nabla u \cdot n = g \ \text{ für alle } \ x \in \partial\Omega \,, \ t > t_0 \,.$$

  Dies sind Vorgaben für den *Fluss* der Temperatur oder der Spezies. Häufig wird hier $g = 0$ sein; das Gebiet ist dann am Rand *isoliert*.

- Mischformen, insbesondere Randbedingungen der dritten Art

$$-D\nabla u \cdot n = a(u - b) \quad \text{für alle} \quad x \in \partial\Omega \text{ und } t > t_0 \,.$$

Beim Beispiel der Wärmeleitungsgleichung bedeutet diese Bedingung, dass der Wärmeverlust am Rand proportional zur Differenz der Temperatur und einer vorgegebenen Umgebungstemperatur b ist; dies entspricht dem *Newtonsche Abkühlungsgesetz*.

Es stellt sich nun die Frage, ob die oben spezifizierten Randbedingungen die *Existenz und Eindeutigkeit der Lösung* garantieren. Es könnte ja auch sein, dass mehr oder weniger Bedingungen gestellt werden müssen. Solche Fragen zu beantworten ist natürlich eine wichtige Aufgabe im Zusammenhang mit der Mathematischen Modellierung, da in der realen naturwissenschaftlichen Situation eben genau ein Zustand auftritt.

Es ist für alle drei Randbedingungen möglich, die Existenz einer eindeutigen Lösung zu zeigen. Die Existenz von Lösungen zu zeigen ist etwas aufwendiger, wir werden aber im folgenden Abschnitt einen Eindeutigkeitssatz nachweisen.

6.2.1 Eindeutigkeit von Lösungen, die Energiemethode

Satz 6.15. *Es sei $\Omega \subset \mathbb{R}^d$ ein beschränktes Gebiet mit glattem Rand, die Funktionen $f : \mathbb{R}_+ \times \Omega \to \mathbb{R}$, $u_0 : \Omega \to \mathbb{R}$, $a, b : \mathbb{R}_+ \times \partial\Omega \to \mathbb{R}$ seien glatt und es gelte $a \geq 0$. Dann hat die Wärmeleitungsgleichung*

$$\partial_t u - D\Delta u = f$$

mit der Anfangsbedingung

$$u(0, x) = u_0(x) \quad \text{für alle} \quad x \in \Omega$$

und einer der drei Randbedingungen

$$u(t, x) = b(t, x) \quad \text{für alle} \quad x \in \partial\Omega \,, \ t > 0 \,, \ \text{oder}$$

$$-D\nabla u(t, x) \cdot n(x) = b(t, x) \quad \text{für alle} \quad x \in \partial\Omega \,, \ t > 0 \,, \ \text{oder}$$

$$-D\nabla u(t, x) \cdot n(x) = a(t, x)(u(t, x) - b(t, x)) \quad \text{für alle} \quad x \in \partial\Omega \,, \ t > 0$$

höchstens eine Lösung.

Bemerkung. Wir haben hier weder spezifiziert, in welchem Sinn die Wärmeleitungsgleichung und die Randbedingungen gelten sollen, noch die genauen Bedingungen an die gegebenen Daten f, u_0, a, b. Der Einfachheit halber gehen wir von klassischen Lösungen aus. Dies bedeutet, dass alle auftauchenden Ableitungen existieren und die Differentialgleichungen und die Randbedingungen punktweise erfüllt sind. Es gibt aber auch einen Eindeutigkeitssatz für verallgemeinerte (sogenannte schwache) Lösungen in einem ähnlichen Sinn, wie dies für die elliptischen Gleichungen im vorherigen Abschnitt beschrieben worden ist.

Beweis. Der Beweis beruht auf der sogenannten *Energiemethode*. Die dabei auftretenden Größen müssen jedoch nichts mit der physikalischen Energie zu tun haben.

Wir nehmen an, es gäbe zwei Lösungen u_1 und u_2. Für deren Differenz

$$w = u_1 - u_2$$

gilt dann wegen der Linearität des Problems ebenfalls eine parabolische Gleichung,

$$\partial_t w = D\Delta w \quad \text{für alle } x \in \Omega, \, t > 0,$$
$$w(0,x) = 0 \quad \text{für alle } x \in \Omega,$$

sowie eine der drei folgenden Bedingungen

$$w = 0 \qquad \text{für alle } x \in \partial\Omega, \, t > 0, \text{ oder} \qquad (6.45)$$
$$\nabla w \cdot n = 0 \qquad \text{für alle } x \in \partial\Omega, \, t > 0, \text{ oder} \qquad (6.46)$$
$$-D\nabla w \cdot n = a\,w \qquad \text{für alle } x \in \partial\Omega, \, t > 0. \qquad (6.47)$$

Multiplizieren wir die Gleichung $\partial_t w - D\Delta w = 0$ mit w und integrieren über $Q_s = (0,s) \times \Omega$, so erhalten wir

$$\int_{Q_s} \left(\partial_t w\, w - D\Delta w\, w \right) dx\, dt = 0.$$

Mit Hilfe der Gleichung $\partial_t w\, w = \frac{1}{2}\partial_t w^2$, des Satzes von Gauß und der Identität $\nabla \cdot (\nabla w\, w) = \Delta w\, w + |\nabla w|^2$ folgt

$$\int_{Q_s} \left(\frac{1}{2}\partial_t\left(w^2\right) + D|\nabla w|^2 \right) dx\, dt - \int_0^s \int_{\partial\Omega} w\, D\nabla w \cdot n\, ds_x\, dt = 0.$$

Der Hauptsatz der Differential- und Integralrechnung und die Gleichung $w(0,x) \equiv 0$ implizieren

$$\frac{1}{2}\int_\Omega |w(s,x)|^2\, dx + D\int_{Q_s} |\nabla w|^2\, dx\, dt$$
$$= \begin{cases} 0 & \text{für Bedingung (6.45) oder (6.46),} \\ -\displaystyle\int_0^s \int_{\partial\Omega} aw^2\, ds_x\, dt & \text{für Bedingung (6.47).} \end{cases}$$

Es gilt also für alle $s \in [0,T]$:

$$\frac{1}{2}\int_\Omega |w(s,x)|^2\, dx \leq 0$$

und damit

$$w \equiv 0.$$

Dies impliziert

$$u_1 = u_2$$

und damit die Eindeutigkeit der Lösung. $\qquad\qquad\square$

Bemerkung. Die Bedingung $a \geq 0$ war in unserer Beweisführung notwendig. Durch gewisse Verfeinerungen der Techniken kann man den Eindeutigkeitssatz allerdings auch ohne diese Bedingung zeigen.

6.2.2 Verhalten für große Zeiten

Wenn man bei der Diffusionsgleichung zeitlich konstante Daten a, b, f vorgibt, dann konvergiert die Lösung für $t \to \infty$ gegen eine Lösung der *stationären* Diffusionsgleichung

$$-D\Delta u = f$$

mit der entsprechenden Randbedingung. Wir wollen diese Eigenschaft nun mathematisch rigoroser begründen und dabei insbesondere auch Informationen über die *Konvergenzgeschwindigkeit* in Abhängigkeit von D und der Größe von Ω erhalten. Als Beispiel untersuchen wir ein Dirichletproblem auf einem beschränkten Gebiet mit vorgegebenen Anfangsdaten $u(0, x) = u_0(x)$ für $x \in \Omega$ und Randdaten $u(t, x) = b(t, x)$ für $x \in \partial\Omega$, $t > 0$. Das zeitabhängige parabolische Problem ist dann

$$\partial_t u(t, x) - D\Delta u(t, x) = f(x) \quad \text{für } x \in \Omega, \, t > 0, \tag{6.48}$$

$$u(0, x) = u_0(x) \quad \text{für } x \in \Omega, \tag{6.49}$$

$$u(t, x) = b(x) \quad \text{für } x \in \partial\Omega, \tag{6.50}$$

der stationäre Grenzwert ist definiert durch

$$-D\Delta \overline{u}(x) = f(x) \quad \text{für } x \in \Omega, \tag{6.51}$$

$$\overline{u}(x) = b(x) \quad \text{für } x \in \partial\Omega. \tag{6.52}$$

Die Differenz $w(t, x) = u(t, x) - \overline{u}(x)$ ist offensichtlich eine Lösung des parabolischen Problems

$$\partial_t w(t, x) - D\Delta w(t, x) = 0 \quad \text{für } x \in \Omega, \, t > 0, \tag{6.53}$$

$$w(0, x) = u_0(x) - \overline{u}(x) \quad \text{für } x \in \Omega, \tag{6.54}$$

$$w(t, x) = 0 \quad \text{für } x \in \partial\Omega. \tag{6.55}$$

Durch Multiplikation der Differentialgleichung mit w und Integration über $Q_T = (0, T) \times \Omega$ folgt wie beim Beweis des Eindeutigkeitssatzes

$$\frac{d}{dt}\frac{1}{2}\int_\Omega w^2 \, dx = -D\int_\Omega |\nabla w|^2 \, dx.$$

Da $w = 0$ auf $\partial\Omega$ gilt, können wir die Poincaré–Ungleichung ausnutzen,

$$\int_\Omega w^2 \, dx \leq c_P \int_\Omega |\nabla w|^2 \, dx$$

mit einer vom Gebiet Ω abhängigen Konstanten c_P, siehe zum Beispiel [4]. Dabei soll c_P die *kleinste* Konstante sein, für die diese Ungleichung für alle Funktionen mit Nullranddaten richtig ist. Es folgt dann

$$\frac{d}{dt} \int_\Omega w^2 \, dx \leq -\frac{2D}{c_P} \int_\Omega w^2 \, dx \,,$$

oder, mit $y(t) = \int_\Omega w^2(t, x) \, dx$,

$$y'(t) \leq -\frac{2D}{c_P} y(t) \,.$$

Multiplikation mit e^{2Dt/c_P} ergibt

$$\frac{d}{dt} \left(y(t) \, e^{2Dt/c_P} \right) \leq 0 \,.$$

Nach Integration bezüglich t folgt

$$\int_\Omega w^2(t, x) \, dx \leq \left(\int_\Omega w^2(0, x) \, dx \right) e^{-2Dt/c_P} \,. \tag{6.56}$$

Bemerkung. Es läßt sich zeigen, dass die Gleichheit in der Poincaré–Ungleichung

$$\int_\Omega w^2 \, dx \leq c_P \int_\Omega |\nabla w|^2 \, dx$$

gerade für die *Eigenfunktionen* w zum *kleinsten Eigenwert* μ_1 des Laplace-Operators gilt. Dabei ist $w \not\equiv 0$ Eigenfunktion, falls

$$\begin{aligned} -\Delta w &= \mu \, w &&\text{in } \Omega \,, \\ w &= 0 &&\text{auf } \partial\Omega \,. \end{aligned}$$

Sei nun μ_1 die kleinste Zahl, für die obiges Problem eine Lösung $\overline{w} \not\equiv 0$ besitzt. Dann gilt

$$\int_\Omega \overline{w}^2 \, dx = -\frac{1}{\mu_1} \int_\Omega \overline{w} \, \Delta\overline{w} \, dx = \frac{1}{\mu_1} \int_\Omega |\nabla \overline{w}|^2 \, dx$$

und damit

$$c_P = \frac{1}{\mu_1} \,.$$

Gilt

$$w(0, x) = \overline{w}(x) \,,$$

so folgen für

$$w(t, x) = e^{-D\mu_1 t} \, \overline{w}(x)$$

die Identitäten

$$\partial_t w = -D\mu_1 w \,,$$
$$-D\Delta w = D\mu_1 w$$

und damit

$$\partial_t w - D\Delta w = 0 \,.$$

Außerdem gilt

$$\int_\Omega w^2(t,x)\,dx = e^{-2D\mu_1 t} \int_\Omega w^2(0,x)\,dx \,.$$

Da $c_P = \frac{1}{\mu_1}$ ist, zeigt dies, dass die Abschätzung (6.56) scharf ist. Die Konvergenz gegen Null ist also im Allgemeinen nicht schneller.

Insgesamt haben wir gezeigt, dass die Wärmeleitungsgleichung tatsächlich Temperaturunterschiede ausgleicht und Lösungen für große Zeiten gegen ein Gleichgewichtsprofil konvergieren. Tatsächlich müssen die Zeiten gar nicht so „groß" sein, da die Konvergenz exponentiell schnell ist.

Wir wollen nun diskutieren, wie die Konvergenzgeschwindigkeit von D und der Größe von Ω abhängt. Dazu bemerken wir, dass wir auch c_P eine *Dimension* zuordnen können. In der Ungleichung

$$\int_\Omega w^2 \,dx \le c_P \int_\Omega |\nabla w|^2 \,dx$$

hat w^2 hat Dimension $[w]^2$ und $|\nabla w|^2$ die Dimension $[w]^2/[L]^2$. Daraus folgt, dass c_P die Dimension $[L]^2$ besitzen muss. Eine etwas mathematischere Sichtweise folgt aus einer *Streckung* des Gebietes Ω nach $\Omega_L = L\Omega$, die man durch die Variablentransformation $x^{\text{alt}} = x^{\text{neu}}/L$ realisieren kann. Es gilt dann

$$w_L(x) = w\big(\tfrac{x}{L}\big) \,,$$
$$\nabla w_L(x) = \tfrac{1}{L}\nabla w\big(\tfrac{x}{L}\big)$$

und die Ungleichung

$$\int_\Omega w^2(x)\,dx \le c_P \int_\Omega |\nabla w(x)|^2 \,dx$$

transformiert sich zu

$$\int_{\Omega_L} w_L^2(x)\,dx \le c_P L^2 \int_{\Omega_L} |\nabla w_L(x)|^2 \,dx \,.$$

Es folgt $c_{PL} = c_P L^2$, wenn c_{PL} die Poincaré–Konstante des Gebiets Ω_L bezeichnet. Die Rate, mit der die Lösung mit homogenen Randwerten gegen Null strebt, ist also

$$-\frac{2D}{c_P}$$

mit Dimension $1/[T]$. Skalieren wir das Gebiet mit L, so erhält man die neue Konvergenzrate

$$-\frac{2D}{c_P L^2} \, .$$

Die Konvergenzrate nimmt also *quadratisch* mit dem Durchmesser des Gebiets ab. Zur Diffusionskonstante ist die Rate *proportional*. Mit größerem Gebiet nimmt die Konvergenzrate also drastisch ab.

Entdimensionalisierung   Dass die Größe $\frac{D}{L^2}$ für das zeitliche Verhalten wichtig ist, können wir auch durch *Entdimensionalisierung* der Gleichung erkennen. Es sei $u(t, x)$ eine Lösung von

$$\begin{aligned}
\partial_t u - D\Delta u &= 0 &&\text{für } x \in \Omega \, , \ t > 0 \, , \\
u(t, x) &= 0 &&\text{für } x \in \partial\Omega \, , \ t > 0 \, , \\
u(0, x) &= u_0(x) &&\text{für } x \in \Omega \, .
\end{aligned}$$

Wir führen die folgenden entdimensionalisierten Größen ein:

$$\widetilde{x} = \frac{x}{L} \, ,$$

$$\widetilde{t} = \frac{t}{\tau} \, ,$$

wobei L eine *charakteristische Länge*, zum Beispiel der Durchmesser des Gebietes Ω, und τ eine charakteristische Zeit ist. Da D die Dimension $[L^2]/[T]$ besitzt, liegt es nahe, $\tau = \frac{L^2}{D}$ zu wählen. Weiter setzen wir

$$w = \frac{u}{\overline{u}} \quad \text{mit einer Referenzgröße } \overline{u} \, .$$

Es gilt dann

$$\overline{u}\, w(\widetilde{t}, \widetilde{x}) = u(t, x) \, .$$

Die Gleichung

$$\partial_t u - D\Delta u = 0$$

impliziert

$$\frac{\overline{u}}{\tau}\partial_{\widetilde{t}} w - \frac{D\overline{u}}{L^2}\Delta_{\widetilde{x}} w = 0$$

und damit

$$\partial_{\widetilde{t}} w - \frac{\tau}{L^2} D\Delta_{\widetilde{x}} w = 0 \, .$$

Die Wahl $\tau = \frac{L^2}{D}$ liefert die entdimensionalisierte Wärmeleitungsgleichung

$$\partial_{\widetilde{t}} w - \Delta_{\widetilde{x}} w = 0 \, .$$

Alle Aussagen für die entdimensionalisierte Gleichung gelten auf der um $\frac{L^2}{D}$ modifizierten Zeitskala auch für die dimensionsbehaftete Gleichung.

6.2.3 Separation der Variablen und Eigenfunktionen

Wir werden nun eine elementare Technik kennenlernen, um Lösungen der Wärmeleitungsgleichung auf speziellen Gebieten auszurechnen. Dieselbe Technik ist auch für viele andere Gleichungen unterschiedlichen Typs nützlich. Wir demonstrieren diese Technik am Beispiel des Anfangswertproblems mit Dirichlet–Randdaten

$$
\begin{aligned}
\partial_t u - \Delta u &= 0 && \text{für } x \in \Omega,\ t > 0, \\
u(t, x) &= 0 && \text{für } x \in \partial\Omega,\ t > 0, \\
u(0, x) &= u_0(x) && \text{für } x \in \Omega.
\end{aligned}
\tag{6.57}
$$

Die Separation der Variablen basiert auf einem Lösungsansatz der Form

$$
u(t, x) = v(t)\, w(x)
$$

mit Funktionen $v : \mathbb{R}_+ \to \mathbb{R}$, $w : \Omega \to \mathbb{R}$. Dies führt auf

$$
v'(t)\, w(x) - v(t)\, \Delta w(x) = 0,
$$

oder, nach Division durch $v(t)\, w(x)$,

$$
\frac{v'(t)}{v(t)} = \frac{\Delta w(x)}{w(x)}.
$$

Da die linke Seite hier nur von t, die rechte Seite nur von x abhängt, müssen beide Seiten gleich einer festen Konstanten sein, die wir im Folgenden $-\mu$ nennen. Die Gleichung zerfällt dann in zwei Teile,

$$
\begin{aligned}
v' &= -\mu\, v, \\
\Delta w &= -\mu\, w.
\end{aligned}
$$

Für w muss außerdem die Randbedingung erfüllt sein, d.h.

$$
w(x) = 0 \quad \text{für } x \in \partial\Omega.
$$

Funktionen $w \neq 0$ mit

$$
-\Delta w = \mu\, w \ \text{ in } \ \Omega \ \text{ und } \ w(x) = 0 \ \text{ auf } \ \partial\Omega
\tag{6.58}
$$

sind gerade die *Eigenfunktionen* des Laplace–Operators mit Dirichlet–Randdaten 0. Mit Hilfe des *Spektralsatzes für kompakte, selbstadjungierte Operatoren* aus der Funktionalanalysis, siehe zum Beispiel [4], kann man zeigen, dass Folgen

$$
\{w_n\}_{n \in \mathbb{N}}, \ \{\mu_n\}_{n \in \mathbb{N}} \ \text{ mit } 0 < \mu_1 \leq \mu_2 \leq \mu_3 \leq \cdots, \ \mu_n \to +\infty \ \text{für } n \to +\infty
$$

aus Eigenfunktionen w_n mit Eigenwerten μ_n existieren. Die lineare Hülle der Eigenfunktionen

$$\{w_1, w_2, w_3, \dots\}$$

liegt dabei *dicht* in $L_2(\Omega)$ (und auch in $H_0^1(\Omega)$), d.h. Funktionen in $L_2(\Omega)$ bzw. $H_0^1(\Omega)$ lassen sich beliebig gut durch endliche Linearkombinationen der Eigenfunktionen approximieren. Für $a_n \in \mathbb{R}$ ist

$$a_n e^{-\mu_n t} w_n(x)$$

eine Lösung von

$$\partial_t u - \Delta u = 0. \tag{6.59}$$

Dies bedeutet, dass Anfangsdaten $u(0, x) = w_n(x)$ exponentiell mit Rate μ_n abklingen. Weiterhin ist jede endliche Linearkombination

$$\sum_{n=1}^{N} a_n e^{-\mu_n t} w_n(x)$$

ebenfalls eine Lösung von (6.59). Allgemein kann man zeigen, dass für alle $u_0 \in L_2(\Omega)$ eine Darstellung

$$u_0(x) = \sum_{n=1}^{\infty} a_n w_n(x)$$

existiert. Die Lösung des Anfangs–Randwertproblems (6.57) ist dann gegeben durch

$$u(t, x) = \sum_{n=1}^{\infty} a_n e^{-\mu_n t} w_n(x). \tag{6.60}$$

Dies ist eine Verallgemeinerung einer Methode, die Fourier entwickelt hat, um die Wärmeleitungsgleichung zu lösen. Dieses Vorgehen führte zur *Fourieranalysis*, also den Fourierreihen und der Fouriertransformation.

Die einzelnen Terme in der Entwicklung (6.60) klingen unterschiedlich schnell ab. Am langsamsten klingt der Term $a_1 e^{-\mu_1 t} w_1(x)$ ab. Wir hatten ja vorher schon gesehen, dass der kleinste Eigenwert des Laplace–Operators für das langsamste Abklingverhalten verantwortlich war.

Bemerkung. Falls man zeigen kann, dass

$$\sum_{n=1}^{\infty} a_n e^{-\mu_n t} w_n(x)$$

die Gleichung $\partial_t u - \Delta u = 0$ löst, hat man die Wärmeleitungsgleichung tatsächlich für beliebige Anfangsdaten $u_0 \in L_2(\Omega)$ und Randbedingung $u = 0$ gelöst. Um dies rigoros durchzuführen, benötigt man ein wenig Funktionalanalysis, siehe z.B. Evans [36].

Will man Lösungen konkret angeben, muss man die Eigenfunktionen des Laplace–Operators ausrechnen. Dies ist für spezielle Gebiete leicht möglich.

Beispiel: Es sei $d = 1$ und $\Omega = (0,1)$. Dann gilt

$$w_n(x) = \sin(n\pi x) \quad \text{und} \quad \mu_n = (n\pi)^2 \,.$$

Die Lösung der Wärmeleitungsgleichung ist dann gegeben durch

$$u(t,x) = \sum_{n=1}^{\infty} a_n \, e^{-(n\pi)^2 t} \sin(n\pi x) \,,$$

wobei die Koeffizienten a_n aus der Fourierreihe der Anfangsdaten

$$u(0,x) = \sum_{n=1}^{\infty} a_n \sin(n\pi x)$$

stammen. Je niedriger die „Frequenz" n eines Terms ist, desto langsamer klingt der entsprechende Lösungsanteil ab. Terme mit vielen Oszillationen werden schnell gedämpft.

6.2.4 Das Maximumprinzip

Die charakteristische Eigenschaft der Diffusionsgleichung ist, dass der (Wärme- oder Spezies-) Fluss stets in Richtung des negativen (Temperatur- oder Konzentrations-) *Gradienten* zeigt. Dies hat zur Folge, dass im Fall verschwindender Volumenquellen $f = 0$ der Maximalwert der Temperatur oder Konzentration stets am „parabolischen Rand"

$$\Gamma = ([0,T] \times \partial\Omega) \cup (\{0\} \times \Omega)$$

des Raum–Zeit–Gebietes $Q_T = (0,T) \times \Omega$ angenommen wird, also zum Anfangszeitpunkt oder am Rand der räumlichen Gebietes („there are no hot spots in the interior").

Satz 6.16. *Es sei Ω ein beschränktes Gebiet und u eine klassische Lösung der Wärmeleitungsgleichung*

$$\partial_t u = D\Delta u \quad \text{für} \quad x \in \Omega, \; 0 < t \le T \,. \tag{6.61}$$

Dann nimmt u sein Maximum (und sein Minimum) entweder zur Zeit $t = 0$ oder auf $[0,T] \times \partial\Omega$ an.

Beweis. Falls u sein Maximum nicht auf dem parabolischen Rand annimmt, so existiert ein Punkt $(t_0, x_0) \in Q_T \setminus \Gamma$, so dass

$$B = u(t_0, x_0) = \max_{(t,x)\in \overline{Q}_T} u(t,x) > \max_{(t,x)\in\Gamma} u(t,x) = A \,,$$

und es folgt

$$\nabla u(t_0, x_0) = 0\,,$$

$D^2 u(t_0, x_0)$ ist negativ semidefinit und damit

$$\Delta u(t_0, x_0) = \text{spur } D^2 u(t_0, x_0) \le 0\,.$$

Außerdem folgt aus $t_0 > 0$ und $u(t,x) \le u(t_0, x)$ für $t < t_0$

$$\partial_t u(t_0, x_0) \ge 0\,.$$

Würde

$$\Delta u(t_0, x_0) < 0 \quad \text{oder} \quad \partial_t u(t_0, x_0) > 0 \tag{6.62}$$

gelten, so hätten wir einen Widerspruch zur Gleichung (6.61). Allerdings können wir aus den bisherigen Überlegungen nicht die Gültigkeit von (6.62) für u schließen. Deshalb betrachten wir

$$w(t,x) = u(t,x) - \varepsilon(t - t_0)\,.$$

Es gilt

$$\max_{(t,x)\in Q_{t_0}} w(t,x) \ge u(t_0, x_0) = B$$

und

$$\max_{(t,x)\in\Gamma} w(t,x) = \max_{(t,x)\in\Gamma}(u(t,x) - \varepsilon(t - t_0)) \le \max_{(t,x)\in\Gamma} u(t,x) + \varepsilon t_0 = A + \varepsilon t_0\,.$$

Wählen wir ε so klein, dass

$$B > A + \varepsilon t_0\,, \quad \text{das bedeutet} \quad \frac{B - A}{t_0} > \varepsilon\,,$$

so nimmt w sein Maximum nicht auf Γ, sondern im Inneren an einer Stelle (t_1, x_1) an. Dies impliziert für ε klein genug

$$\partial_t w(t_1, x_1) \ge 0\,,$$
$$\Delta w(t_1, x_1) \le 0\,,$$

und damit

$$\partial_t w(t_1, x_1) - D\Delta w(t_1, x_1) \ge 0\,.$$

Wir erhalten einen Widerspruch zu

$$\partial_t w(t_1, x_1) - D\Delta w(t_1, x_1) = \partial_t u(t_1, x_1) - \varepsilon - D\Delta u(t_1, x_1) = -\varepsilon < 0\,.$$

Damit ist die Aussage bewiesen. $\qquad\qquad\qquad\qquad\qquad\qquad\qquad\qquad\square$

6.2.5 Die Fundamentallösung

Wir wollen nun überlegen, was passiert, wenn zu einer bestimmten Zeit an einer Stelle konzentriert Wärme an ein System abgegeben wird. Dazu suchen wir eine Lösung von

$$\partial_t u = D \, \Delta u \quad \text{für} \quad t > 0 \,, \; x \in \mathbb{R}^d \,,$$

mit den Eigenschaften

$$u(0, x) = 0 \quad \text{für} \quad x \neq 0 \,,$$

$$\int_{\mathbb{R}^d} u(t, x) = Q \quad \text{für} \quad t > 0 \,.$$

Dabei sei Q eine Konstante, die proportional zur zugegebenen Gesamtwärmemenge ist. Eine solche Lösung kann dazu genutzt werden, um Lösungen zu Problemstellungen mit allgemeineren Wärmezugaben durch allgemeinere Anfangswerte beziehungsweise Wärmequellen zu konstruieren, indem wir alle Einflüsse mittels Faltung „addieren".

Wir wollen nun einen Lösungsansatz mittels Dimensionsanalyse finden. Eine Lösung u kann von (t, x) und den Parametern D und Q abhängen. Wir suchen dimensionslose Kombinationen und, falls möglich, typische Längen- und Zeitskalen. Da das Gebiet, auf dem wir die Gleichung lösen wollen, unbeschränkt ist, gibt es keinen Parameter, der etwas über die Größe des Gebietes aussagt und sich als Längenskala anbietet. Die auftretenden Größen haben folgende Dimensionen

Größe	x	t	D	Q	u
Dimension	L	T	L^2/T	KL^d	K

wobei K für die Dimension einer Temperatur steht. Für eine dimensionslose Größe

$$\Pi = x^a t^b D^c Q^e, \; a, b, c, e \in \mathbb{Z}$$

der unabhängigen „Variablen" gilt

$$\text{Dimension von } \Pi = L^a T^b L^{2c} T^{-c} K^e L^{de}$$

und somit folgt $e = 0$, $a + 2c = 0$, $b = c$. Wir erhalten also

$$\Pi = \left(\frac{x}{\sqrt{Dt}} \right)^a$$

und bis auf Potenzen ist $\frac{x}{\sqrt{Dt}}$ die einzige dimensionslose Kombination der unabhängigen „Variablen". Eine dimensionslose Kombination der *unabhängigen* „Variablen" im Lösungsansatz

$$u(t, x, D, Q)$$

kann Q demnach nicht enthalten. Was ist nun eine gute Skalierung der abhängigen Variablen u? Da nur die Größe Q die Einheit Kelvin enthält, bieten sich die Skalierungsterme

$$\frac{Q}{x^d} \quad \text{beziehungsweise} \quad \frac{Q}{(Dt)^{d/2}}$$

an. Die Wärmeausbreitung der Punktquelle sollte eine Lösungsdarstellung besitzen, die invariant unter dem Wechsel der Dimension sein sollte. Daher machen wir den Ansatz

$$u(t, x) = \frac{Q}{(Dt)^{d/2}} U\left(\frac{x}{\sqrt{Dt}}\right). \tag{6.63}$$

Eine solche Lösung nennen wir *selbstähnlich*. Die Form von $u(t, \cdot)$ ändert sich bezüglich der Zeit im Wesentlichen nicht. Kennt man die Lösung zu einem Zeitpunkt, so kennt man sie zu allen anderen Zeitpunkten, indem man eine einfache Skalierung (Ähnlichkeitstransformation) vornimmt. Insbesondere ist das Problem um eine Dimension reduziert.

Wir wollen nun eine Gleichung für U herleiten. Setzen wir $y = \frac{x}{\sqrt{Dt}}$ und bezeichnen mit D_y beziehungsweise D_y^2 Differentiationen nach der Variablen y, so folgt für eine Funktion u der Form (6.63)

$$\nabla u = \frac{Q}{(Dt)^{d/2}} \frac{1}{\sqrt{Dt}} \nabla_y U\left(\frac{x}{\sqrt{Dt}}\right),$$

$$D^2 u = \frac{Q}{(Dt)^{d/2}} \frac{1}{Dt} D_y^2 U\left(\frac{x}{\sqrt{Dt}}\right),$$

$$\Delta u = \operatorname{spur} D^2 u = \frac{Q}{(Dt)^{(d+2)/2}} \Delta_y U\left(\frac{x}{\sqrt{Dt}}\right),$$

$$\partial_t u = -\frac{d\, Q\, U}{2\, t^{d/2+1}\, D^{d/2}} - \frac{Q}{2\, D^{(d+1)/2}\, t^{(d+3)/2}}\, x \cdot \nabla_y U.$$

Aus $-\partial_t u + D\Delta u = 0$ folgt

$$\frac{d\, Q}{2\, (Dt)^{d/2}\, t} U + \frac{Q}{2\, (Dt)^{d/2}\, t}\, y \cdot \nabla_y U + \frac{Q}{(Dt)^{d/2}\, t}\, \Delta_y U = 0$$

und damit

$$\tfrac{d}{2} U + \tfrac{1}{2}\, y \cdot \nabla_y U + \Delta_y U = 0. \tag{6.64}$$

Außerdem ist die Gesamtwärmemenge zu allen Zeiten gegeben durch die am Anfang zugegebene Wärmemenge und wir erhalten aus

$$\int_{\mathbb{R}^d} u(t, x)\, dx = Q$$

indem wir $Dt = 1$ setzen

$$\int_{\mathbb{R}^d} U(y)\,dy = 1\,.$$

Da die Gleichung, oder physikalisch gesprochen der betrachtete Körper, isotrop ist, vermuten wir, dass sich die Wärme in alle Richtungen gleich ausbreitet und machen den Ansatz

$$U(y) = v(|y|)\,.$$

Aus (6.64) folgt mit $r = |y|$ und (6.12)

$$\tfrac{d}{2}v + \tfrac{1}{2}v'r + v'' + \tfrac{d-1}{r}v' = 0\,.$$

Multiplizieren wir mit r^{d-1}, so ergibt sich

$$(r^{d-1}v')' + \tfrac{1}{2}(r^d v)' = 0\,.$$

Integration liefert

$$r^{d-1}v' + \tfrac{1}{2}r^d v = a \quad \text{mit} \quad a \in \mathbb{R}\,. \tag{6.65}$$

Damit wir eine Lösung u erhalten, die in 0 glatt ist, fordern wir $v'(0) = 0$.
Setzen wir $r = 0$ in (6.65), so folgt $a = 0$ und somit

$$v' + \tfrac{1}{2}rv = 0\,.$$

Als Lösung erhält man

$$v(r) = b\, e^{-\frac{r^2}{4}}\,.$$

Aus der Gleichung

$$1 = \int_{\mathbb{R}^d} U(y)\,dy = b \int_{\mathbb{R}^d} e^{-|y|^2/4}dy$$

bestimmen wir b und erhalten mit $\int_{\mathbb{R}^d} e^{-|y|^2/4}dy = (4\pi)^{d/2}$ die Lösung

$$u(t,x) = \frac{Q}{(4\pi Dt)^{d/2}}e^{-|x|^2/(4Dt)} \quad \text{für} \quad t > 0,\, x \in \mathbb{R}^d\,.$$

Es gilt

$$\lim_{t \searrow 0} u(t,x) = 0 \qquad \text{für} \quad x \neq 0\,,$$

$$\int_{\mathbb{R}^d} u(t,x)\,dx = Q \qquad \text{für} \quad t > 0\,.$$

Tatsächlich gilt im Distributionssinn

$$\partial_t u - D\Delta u = Q\delta_{(0,0)}\,,$$

wobei $\delta_{(0,0)}$ die in $(0,0)$ konzentrierte Dirac–Distribution im Raum $\mathbb{R} \times \mathbb{R}^d$
ist.

6.2.6 Diffusionszeiten

In diesem Abschnitt wollen wir die Zeit abschätzen, die der Diffusionsprozess benötigt, damit Wärme beziehungsweise Stoff eine gegebene Distanz diffundiert. Wir werden eine Aussage herleiten, die nach dem klassischen Buch von Lin und Segel [84], ein „fundamental fact concerning diffusion" ist.

Bemerkung. Wir untersuchen im Folgenden ganz bestimmte Anfangsdaten. Indem man eine Lösungsdarstellung aus einem der folgenden Abschnitte verwendet, kann man das Resultat aber in einem allgemeineren Kontext interpretieren.

Sei nun u die selbstähnliche Lösung aus dem vorigen Abschnitt. Wir möchten wissen, wieviel Zeit vergeht, bis 50% der Wärmemenge aus einem Ball mit Radius L herausdiffundiert sind. Diese Dauer wollen wir mit $t_{L,D}$ bezeichnen. Wir wissen, dass die selbstähnliche Lösung die Form

$$u(t,x) = \frac{1}{(Dt)^{d/2}} U\left(\frac{x}{\sqrt{Dt}}\right) = \frac{1}{(4\pi Dt)^{d/2}} e^{-|x|^2/(4Dt)}$$

besitzt. Sei nun L_{ref} so gewählt, dass

$$\int_{\mathbb{R}^d \setminus B_{L_{\mathrm{ref}}}(0)} U(y)\, dy = \tfrac{1}{2}\,.$$

Wir suchen $t_{L,D}$, so dass

$$\int_{\mathbb{R}^d \setminus B_L(0)} \frac{1}{(Dt_{L,D})^{d/2}} U\left(\frac{x}{\sqrt{Dt_{L,D}}}\right) dx = \frac{1}{2}$$

gilt. Mit der Variablentransformation $y = \frac{x}{\sqrt{Dt_{L,D}}}$ folgt

$$\int_{\mathbb{R}^d \setminus B_{L/\sqrt{Dt_{L,D}}}(0)} U(y)\, dy = \frac{1}{2}\,.$$

Damit ergibt sich

$$L = L_{\mathrm{ref}} \sqrt{Dt_{L,D}} \quad \text{und} \quad t_{L,D} = \frac{1}{L_{\mathrm{ref}}^2} \frac{L^2}{D}\,.$$

Wir fassen das Ergebnis zusammen:

1. Diffusion über eine Distanz L benötigt eine zu $\frac{L^2}{D}$ proportionale Zeit.

2. In einer Zeit t diffundiert Wärme proportional zu $\sqrt{Dt}$ Ortseinheiten. Diese Aussagen ergeben sich auch als einfache Folgerungen aus dem Skalierungsverhalten, also den Invarianztransformationen, der Wärmeleitungsgleichung. Im folgenden Abschnitt wollen wir das Skalierungsverhalten der Wärmeleitungsgleichung daher näher untersuchen.

6.2.7 Invariante Transformationen

Ein weiterer Zugang, der auf die Fundamentallösung führt, benutzt invariante Transformationen. Wir fragen uns dabei, wann eine Streckung, also eine einfache Transformation, der Variablen u, x beziehungsweise t das Problem

$$\partial_t u = D\Delta u \quad \text{für} \quad x \in \mathbb{R}^d, \ t > 0,$$
$$u(0, x) = 0 \quad \text{für} \quad x \in \mathbb{R}^d, \ x \neq 0,$$
$$\int_{\mathbb{R}^d} u(t, x)\, dx = Q$$

invariant lässt. Es sei

$$u^*(t^*, x^*) = \gamma\, u(t, x), \ t^* = \alpha t, \ x^* = \beta x.$$

In den neuen Variablen erhalten wir

$$\partial_{t^*} u^* = \frac{\gamma}{\alpha} \partial_t u = \frac{\gamma}{\alpha} D\Delta_x u = \frac{\beta^2}{\alpha} D\Delta_{x^*} u^*.$$

Es gilt

$$u^*(0, x^*) = 0 \quad \text{für} \quad x^* \neq 0,$$
$$\int_{\mathbb{R}^d} u^*(t^*, x^*)\, dx^* = \int_{\mathbb{R}^d} \gamma\, u\left(\frac{t^*}{\alpha}, \frac{x^*}{\beta}\right) dx^* = \int_{\mathbb{R}^d} \beta^d \gamma\, u(t, x)\, dx = \beta^d \gamma Q.$$

Es ergibt sich also, dass die Gleichung $\partial_t u = D\Delta u$ invariant bleibt, falls $\alpha = \beta^2$ gilt, und die Integralnebenbedingung invariant bleibt, falls $\beta^d \gamma = 1$ erfüllt ist. Mögliche invariante Streckungstransformationen sind also

$$u^* = \alpha^{-d/2} u, \quad t^* = \alpha, \quad x^* = \sqrt{\alpha}\, x \quad \text{mit} \quad \alpha \in \mathbb{R}.$$

Wäre die Lösung eindeutig, so müsste gelten

$$u(t, x) = \gamma\, u\left(\frac{t}{\alpha}, \frac{x}{\beta}\right)$$

mit α, β, γ so, dass

$$\beta = \sqrt{\alpha} \quad \text{und} \quad \gamma = \alpha^{-d/2}.$$

Setzen wir $t = \alpha$, so erhalten wir

$$u(t, x) = t^{-d/2} u\left(1, \frac{x}{\sqrt{t}}\right).$$

Wir haben das Problem also um eine Variable reduziert und sehen, dass $U(y) = u(1, y)$ der Funktion U aus Abschnitt 6.2.5 entspricht.

6.2.8 Allgemeine Anfangswerte

Das Anfangstemperaturprofil sei nun durch eine Funktion g gegeben und wir setzen zur Vereinfachung $d = 1$, d.h. wir betrachten die Wärmeleitung in einem Stab. Welche Funktion u erfüllt

$$\partial_t u - \partial_{xx} u = 0\,,$$
$$u(0, x) = g(x)\,?$$

Um dies zu erreichen, betrachten wir Wärmequellen an den Punkten

$$y_i = ih, \quad i = 0, \pm 1, \cdots, \pm M\,,$$

die jeweils die Wärmemenge $g(y_i)\,h$ besitzen sollen. Dabei sei $h > 0$ gegeben. Diese endlich vielen Wärmequellen sollen die kontinuierliche Verteilung g annähern. Würden wir nur eine Wärmequelle der Wärmemenge 1 in y_i betrachten, so wäre die Lösung

$$v(t, x - y_i) = \frac{1}{\sqrt{4\pi t}}\, e^{-(x - y_i)^2/(4t)}\,.$$

Wir können nun diese Lösungen linear kombinieren und erhalten

$$\sum_{i=-M}^{M} v(t, x - y_i)\, g(y_i)\, h \tag{6.66}$$

als Lösung zu Anfangsdaten mit endlich vielen Wärmequellen, die wir oben vorgegeben hatten. Die Darstellung (6.66) kann aber nun als Näherungsformel für ein Integral aufgefasst werden. Im Limes $M \to \infty$, $h \to 0$ erhalten wir, falls g für $|x| \to \infty$ genügend schnell abklingt und stetig ist, die folgende Funktion

$$u(t, x) = \int_{-\infty}^{\infty} v(t, x - y) g(y)\, dy\,. \tag{6.67}$$

Die Gesamtheit der Wärmequellen konvergiert, im Sinne von Maßen beziehungsweise als Distributionen, gegen die Funktion g. Wir erwarten also, dass u die Wärmeleitungsgleichung mit Anfangswerten g löst. Für einen Beweis dieser Tatsache verweisen wir auf das Buch von Evans [36]. An der Darstellungsformel (6.67) kann abgelesen werden, dass die Wärmeleitungsgleichung die Eigenschaft der *unendlichen Ausbreitungsgeschwindigkeit* besitzt. Starten wir mit Anfangswerten g mit $g \geq 0$, $g \neq 0$, die kompakten Träger besitzen, so folgt:

$$u(t, x) > 0 \quad \text{für alle} \quad t > 0, \; x \in \mathbb{R}\,.$$

Eine Wärmequelle, die zum Zeitpunkt $t = 0$ in der Nähe des Ursprungs lokalisiert ist, spüren wir für positive Zeiten sofort im ganzen Raum.

6.2.9 Brownsche Bewegung

Die scheinbar völlig regellose Bewegung kleinster, in einer Flüssigkeit oder einem Gas suspendierter Teilchen nennt man *Brownsche Molekularbewegung*. Ist die Gesamtheit der Teilchen zunächst in bestimmten Regionen konzentriert, so werden sich die Teilchen wegen der ungeordneten Bewegung der einzelnen Partikel ausbreiten. Dieser sogenannte Diffusionsprozess ist ein mikroskopischer Prozess. Die makroskopische Größe „Dichte der Partikel" genügt unter gewissen Voraussetzungen einer Diffusionsgleichung.

Wir wollen hier ein sehr vereinfachtes Modell für einen stochastischen mikroskopischen Prozess betrachten und eine deterministische makroskopische Beschreibung herleiten. Wir machen folgende Annahmen:

- Die Partikel springen zufällig auf der Zahlengeraden um einen Schritt h vor und zurück.

- Nach einem Zeitintervall τ wird ein neuer Schritt ausgeführt.

- Sprünge nach links oder rechts sind gleich wahrscheinlich.

Nach einer Zeit $n\tau$ kann ein Partikel, der im Punkt $x = 0$ startet, in einem der Punkte

$$-nh, \ldots, -h, 0, h, \ldots, nh$$

liegen. Die Punkte werden allerdings mit unterschiedlichen Wahrscheinlichkeiten „angelaufen". Es sei $p(n, m)$ die Wahrscheinlichkeit, dass ein bei $x = 0$ gestartetes Partikel nach n Zeitschritten den Punkt $x = mh$ einnimmt. Ein Partikel erreicht den Punkt mh durch a Sprünge nach rechts und b Sprünge nach links, wobei

$$\left.\begin{array}{r} m = a - b, \\ n = a + b \end{array}\right\} \quad \text{und damit} \quad \left\{\begin{array}{l} a = \frac{n+m}{2}, \\ b = n - a. \end{array}\right.$$

Die Anzahl möglicher Pfade, um den Punkt $x = mh$ zu erreichen, berechnet sich mit etwas Kombinatorik als

$$\binom{n}{a} = \frac{n!}{a!\,(n-a)!} = \frac{n!}{a!\,b!} = \frac{n!}{b!\,(n-b)!} = \binom{n}{b}.$$

Die Gesamtanzahl aller Pfade ist 2^n. Es folgt

$$p(n, m) = \frac{1}{2^n}\binom{n}{a}$$

mit $a = \frac{n+m}{2}$, falls $n + m$ gerade ist. Die Größe p beschreibt bei festem n in Abhängigkeit von a gerade die Wahrscheinlichkeiten der *Binomialverteilung*. Für große n besagt die Stirlingsche Formel

$$n! \approx (2\pi n)^{1/2} n^n e^{-n} \quad \text{für} \quad n \to \infty,$$

d.h. $n!/(\sqrt{2\pi n}\, n^n e^{-n}) \to 1$ für $n \to \infty$.

Der Beweis nutzt die Integraldarstellung der Γ-Funktion; genauer ausgedrückt ergibt sich: Für jedes $n \in \mathbb{N}$ existiert ein $\vartheta(n) \in (0,1)$, so dass

$$n! = (2\pi n)^{1/2} n^n e^{-n} e^{\vartheta(n)/(12n)}\,.$$

Sind $n, n+m, n-m$ groß und $m+n$ gerade, so folgt

$$p(n,m) = \frac{1}{2^n} \binom{n}{\frac{m+n}{2}} \simeq \left(\tfrac{2}{\pi n}\right)^{1/2} e^{-m^2/(2n)}\,.$$

Dies ist Teil der Aussage des Grenzwertsatzes von de Moivre–Laplace und kann mit Hilfe der Stirlingschen Formel bewiesen werden. Jetzt setzen wir

$$n\tau = t\,,\ mh = x\,.$$

Wir wollen formal den Grenzübergang $\tau, h \to 0$ vollziehen. Dazu führen wir die Dichte

$$u_{\tau,h}(n\tau, mh) = \frac{p(n,m)}{2h}$$

mit $m+n$ gerade ein. Dann ist die Wahrscheinlichkeit dafür, das Teilchen zur Zeit $t = n\tau$ im Intervall $[ih, kh]$ zu finden, gegeben durch

$$\sum_{m=i}^{k}{}'' u_{\tau,h}(n\tau, mh)\, 2h\,.$$

Dabei summiert $\sum''$ nur über jeden Index m, für den $m+n$ gerade ist und i und k seien beide gerade, falls n gerade ist, und beide ungerade, falls n ungerade ist. Es gilt für $t = n\tau$, $x = mh$ und $m+n$ gerade

$$u_{\tau,h}(t,x) = \frac{p(\frac{t}{\tau}, \frac{x}{h})}{2h} \approx \frac{1}{2h}\left(\frac{2\tau}{\pi t}\right)^{1/2} e^{-\frac{x^2}{2t}\frac{\tau}{h^2}} = \left(\frac{\tau}{h^2}\frac{1}{2\pi t}\right)^{1/2} e^{-\frac{x^2}{2t}\frac{\tau}{h^2}}\,.$$

Nun betrachten wir den Grenzwert $\tau, h \to 0$, wobei τ und h so gewählt sein sollen, dass

$$\lim_{\tau,h\to 0} \frac{h^2}{2\tau} = D \neq 0 \tag{6.68}$$

gilt. Dann folgt

$$u_{\tau,h} \to \left(\frac{1}{4\pi Dt}\right)^{1/2} e^{-x^2/(4Dt)}\,.$$

Als Grenzwert erhalten wir also die Fundamentallösung zur Wärmeleitungsgleichung. Die Fundamentallösung kann demnach als Wahrscheinlichkeitsdichte dafür interpretiert werden, dass Teilchen, die im Ursprung starten, nach der Zeit t am Ort x sind. Der Diffusionskoeffizient D mit der Einheit $\frac{L^2}{T}$ gibt an, wie effizient Partikel diffundieren. Falls die Zeitintervalle, in denen Partikel springen, klein sind im Vergleich zum Quadrat der Ortsintervalle, dann ist D groß.

Im Folgenden wollen wir heuristisch begründen, warum wir für $\tau, h \to 0$ die Bedingung (6.68) fordern. Um die Stirlingsche Formel anwenden zu können, benötigen wir, dass $n, n + m$ und $n - m$ groß sind. Also muss $\frac{m}{n}$ klein sein und für festes $(t, x) = (n\tau, mh)$ ergibt sich, falls wir $\frac{m}{n} \to 0$ fordern,

$$\frac{m}{n} = \frac{m}{n} \frac{h}{\tau} \frac{\tau}{h} = \frac{x}{t} \frac{\tau}{h} \to 0 \qquad \text{für } n \to \infty. \tag{6.69}$$

Wählen wir nun $\frac{h^2}{2\tau} = D$ mit $D > 0$ fest, so folgt

$$\frac{\tau}{h} = \frac{1}{D} \frac{h}{2} \to 0,$$

und da $\frac{x}{t}$ fest ist, ergibt sich der Grenzübergang in (6.69). Die Verschiebung $x = mh$ vom Ursprung muss also klein sein im Vergleich zum insgesamt zurückgelegten Weg. Diese Voraussetzung lässt genügend stochastische Variationen zu. Genauer lässt sich diese Überlegung mit etwas Statistik begründen. Die Varianz der Auslenkung zum Zeitpunkt $t = n\tau$ beträgt

$$nh^2 = t \frac{h^2}{\tau}$$

und die Voraussetzung $h^2/2\tau \to D$ besagt, dass die Varianz, und damit auch die Standardabweichung $\sqrt{n}\, h$, einen wohldefinierten Grenzwert besitzt. Falls die Varianz gegen 0 oder ∞ streben würde, würde sich im Grenzwert keine wohldefinierte Verteilungsfunktion ergeben.

Wir wollen zum Abschluss noch eine weitere Möglichkeit angeben, die Diffusionsgleichung heuristisch aus einem einfachen Modell einer Brownschen Bewegung herzuleiten. Wir betrachten wieder Gitterpunkte $0, \pm h, \pm 2h, \ldots$ und bezeichnen mit $u(t, x)$ die Wahrscheinlichkeit, ein Partikel zum Zeitpunkt t am Ort x zu finden. Es sei α die Wahrscheinlichkeit, in einem Zeitschritt τ um einen Punkt nach links beziehungsweise rechts zu springen, das heißt, beide Richtungen werden als gleichwahrscheinlich angenommen. Weiter sei $1 - 2\alpha$ die Wahrscheinlichkeit im bisherigen Punkt zu verharren. Dann ergibt sich nach einem Zeitschritt τ

$$u(t + \tau, x) = \alpha\, u(t, x - h) + (1 - 2\alpha)\, u(t, x) + \alpha\, u(t, x + h)$$

für alle $x = 0, \pm h, \pm 2h, \ldots$. Daraus folgt

$$u(t + \tau, x) - u(t, x) = \alpha(u(t, x - h) - 2\, u(t, x) + u(t, x + h)).$$

Wir wählen nun $\alpha = \frac{\tau}{h^2} D$ und nehmen an, dass u zu einer kontinuierlichen glatten Funktion fortgesetzt werden kann. Dann folgt mittels Taylorentwicklung in der Identität

$$\frac{u(t+\tau, x) - u(t,x)}{\tau} = D\frac{u(t, x-h) - 2\, u(t,x) + u(t, x+h)}{h^2}$$

die Gleichung

$$\partial_t u = D\,\partial_x^2 u + \mathcal{O}\big(|\tau| + |h|^2\big)\,.$$

Zu führender Ordnung in τ und h ist demnach die Wärmeleitungsgleichung erfüllt.

6.2.10 Laufende Wellen - „Travelling Waves"

Viele nichtlineare parabolische Differentialgleichungen besitzen „laufende Wellen" („travelling waves") als Lösungen. Solche Lösungen besitzen die Form

$$u(t,x) = U(x \cdot n - Vt)\,, \quad U : \mathbb{R} \to \mathbb{R}$$

wobei V die Geschwindigkeit der Welle ist und $n \in \mathbb{R}^d$ mit $|n| = 1$ die Richtung angibt, in die die Welle läuft. Solche Lösungen werden also durch ein Profil beschrieben, das durch die Funktion U gegeben ist, und dieses Profil bewegt sich mit Geschwindigkeit V. Derartige Lösungen tauchen insbesondere in vielen biologischen und chemischen Anwendungen auf. So gibt es zum Beispiel Modelle in der Mathematischen Biologie, bei denen „travelling wave" Lösungen die Ausbreitung von Infektionen oder die Heilung von Wunden beschreiben. Die Funktion u beschreibt dabei etwa eine chemische Konzentration, ein elektrisches Signal, die Dichte einer Population oder eine mechanische Deformation. Laufenden Wellen kommt auch deshalb eine so große Bedeutung zu, weil Lösungen zu allgemeinen Anfangsdaten häufig für große Zeiten gegen eine travelling–wave–Lösung konvergieren.

Wir betrachten nun travelling waves für die Gleichung

$$\partial_t u + \partial_x f(u) = \eta\,\partial_{xx} u\,, \quad \eta > 0\,. \tag{6.70}$$

Im Fall $f(u) = u^2/2$ ist dies die *viskose Burgers–Gleichung*, die sich in der Strömungsmechanik als einfaches räumlich eindimensionales Modell ergibt. In diesem Fall ist u die Geschwindigkeit, $\partial_x(u^2/2)$ der Konvektionsterm und $\eta\,\partial_{xx} u$ der viskose Term.

Wir suchen nun eine Lösung der Form

$$u(t,x) = U(x - Vt)\,, \quad V \in \mathbb{R} \tag{6.71}$$

mit

$$\lim_{x \to -\infty} u(t,x) = u_- \quad \text{und} \quad \lim_{x \to \infty} u(t,x) = u_+\,. \tag{6.72}$$

Diese laufende Welle realisiert einen Übergang zwischen den Werten u_- und u_+. Setzen wir den Ansatz (6.71) in (6.70) ein, so ergibt sich für $U(z)$ mit $z = x - Vt$:

$$-VU' + f(U)' = \eta\, U''. \tag{6.73}$$

Integration liefert

$$\eta U' = -VU + f(U) + Vu_- - f(u_-)\,. \tag{6.74}$$

Dabei haben wir ausgenutzt, dass eine Lösung von (6.73) nur dann $\lim\limits_{z\to-\infty} U(z) = u_-$ erfüllen kann, wenn auch $\lim\limits_{z\to-\infty} U'(z) = 0$ gilt.

Eine notwendige Bedingung für die Existenz einer Lösung dieser gewöhnlichen Differentialgleichung mit der Eigenschaft $\lim\limits_{z\to\infty} U(z) = u_+$ ist die Gültigkeit von $\lim\limits_{z\to\infty} U'(z) = 0$ und somit

$$0 = -Vu_+ + f(u_+) + Vu_- - f(u_-)$$

und damit, falls $u_- \neq u_+$,

$$V = \frac{f(u_+) - f(u_-)}{u_+ - u_-}\,.$$

Betrachten wir nun den Fall

$$u_- > u_+\,,$$

so muss eine Lösung von (6.72), (6.74) notwendigerweise

$$U'(z) < 0\,,\ z \in \mathbb{R}$$

erfüllen. Wäre $U'(z) = 0$ für ein $z \in \mathbb{R}$, so würde die eindeutige Lösbarkeit des Anfangswertproblems (6.74) mit gegebenem $U(z)$ liefern, dass U konstant sein müsste, was im Widerspruch zu den Randbedingungen steht. Daraus erhalten wir die notwendige Bedingung

$$-Vu + f(u) + Vu_- - f(u_-) < 0 \quad \text{für alle}\quad u \in (u_+, u_-)$$

beziehungsweise

$$\frac{f(u) - f(u_-)}{u - u_-} > V = \frac{f(u_+) - f(u_-)}{u_+ - u_-} \quad \text{für alle}\quad u \in (u_+, u_-)\,. \tag{6.75}$$

Ist die Bedingung (6.75) erfüllt, dann folgt leicht die Existenz einer laufenden Welle, indem wir das Anfangswertproblem

$$\eta U' = -VU + f(U) + Vu_- - f(u_-)\,, \quad U(0) = \frac{u_- + u_+}{2}$$

lösen. Da die rechte Seite in der Differentialgleichung für $u \in (u_+, u_-)$ positiv ist, ist U streng monoton und $\lim\limits_{z\to\pm\infty} U(z) = u_\pm$ folgt dann aus einem Monotonieargument und der Tatsache, dass die rechte Seite in der obigen Differentialgleichung im Intervall (u_+, u_-) keine Nullstelle besitzt.

Die Bedingung (6.75) charakterisiert also im Fall $u_- \geq u_+$ die Existenz einer monotonen, u_- und u_+ verbindenden laufenden Welle, im Folgenden kurz *Wellenfront* genannt. Die Sekante der Funktion f zwischen den Punkten u_- und u_+ muss also oberhalb des Graphen von f liegen, damit eine travelling–wave–Lösung existiert. Hinreichend dafür ist die strikte Konvexität von f.

In der Abbildung 6.4 sehen wir links ein Beispiel für eine Situation in der eine laufende Welle existiert. In der Situation im rechten Bild können die Punkte u_- und u_+ nicht durch eine laufende Welle verbunden werden. Es existiert allerdings eine laufende Welle, die u_- und u_* verbindet. Eine analoge Diskussion kann für den Fall $u_+ > u_-$ durchgeführt werden, und wir erhalten travelling–wave–Lösungen, falls die Sekante unterhalb des Graphen liegt.

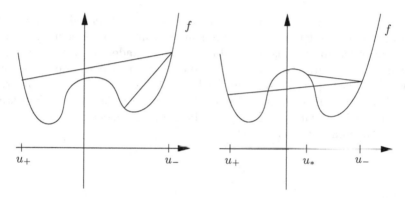

Abb. 6.4. Zur Existenz von travelling waves

6.2.11 Reaktions–Diffusions–Gleichung und Laufende Wellen

In Kapitel 3 haben wir chemische Reaktionen in Mehrspeziessystemen behandelt und gesehen, dass sich die Änderung der Molzahlen durch gewöhnliche Differentialgleichungen beschreiben lässt. Betrachten wir nun Konzentrationen $u(t, x) \in \mathbb{R}^N$ von diffundierenden und reagierenden chemischen Substanzen im Raum, so ergibt sich durch Kombination der Überlegungen aus den Abschnitten über Reaktionskinetik und Diffusion das System von Reaktions–Diffusionsgleichungen

$$\partial_t u = D \Delta u + F(u), \tag{6.76}$$

wobei D eine $N \times N$-Matrix mit Diffusionskoeffizienten und $F : \mathbb{R}^N \to \mathbb{R}^N$ eine Funktion ist, die wie in Kapitel 3 die auftretenden Reaktionen beschreibt. Setzen wir $D = 0$, so erhalten wir die Reaktionsgleichungen aus Kapitel 3 und im Fall $F \equiv 0$ ergeben sich einfache Diffusionsgleichungen.

Ähnliche Gleichungen findet man in der Mathematischen Biologie. Berücksichtigen wir etwa im Populationsmodell mit beschränkten Ressourcen oder im Räuber–Beute–Modell ungeordnete Wanderungsbewegungen der Populationen, so ergeben sich für die Dichte u der Population Gleichungen der Form (6.76). Wir können an dieser Stelle nicht auf weitere Details bei der Modellierung eingehen und verweisen Interessierte auf das exzellente Buch von Murray [98]. Dort werden auch viele Situationen geschildert, in denen laufende Wellen für Reaktions–Diffusionssysteme eine wichtige Rolle in den Anwendungen spielen.

Wir wollen jetzt für den Fall der *Fisher–Gleichung*

$$\partial_t u = D\partial_{xx} u + qu(1-u)\,, \quad D, q, u, x, t \in \mathbb{R} \tag{6.77}$$

die Existenz von travelling waves diskutieren. Die Fisher–Gleichung wurde ursprünglich als Modell für die Ausbreitung von mutierten Genen eingeführt. Sie hat aber darüberhinaus Anwendungen, unter anderem in der Neurophysiologie, bei autokatalytischen chemischen Reaktionen und, wie schon oben angedeutet, als Populationsmodell bei beschränktem Wachstum. Wir erhalten im Fall $D = 0$ die Gleichung des beschränkten Wachstums oder logistische Differentialgleichung und im Fall $q = 0$ die Diffusionsgleichung. Zur Vereinfachung reskalieren wir (6.77) durch

$$t^* = qt\,, \quad x^* = x\left(\tfrac{q}{D}\right)^{1/2}$$

und erhalten

$$\partial_t u = \partial_{xx} u + u(1-u) \tag{6.78}$$

wobei wir die Sternchen zur Vereinfachung weggelassen haben. Die stationären konstanten Lösungen

$$u \equiv 0 \quad \text{und} \quad u \equiv 1$$

kennen wir schon aus Kapitel 1. Wir suchen nun eine Lösung mit

$$u(t, x) = U(z)\,, \quad z = x - Vt$$

und

$$\lim_{z \to -\infty} U(z) = 0\,, \quad \lim_{z \to \infty} U(z) = 1$$

mit der Wellengeschwindigkeit V. In den Anwendungen beschreibt eine solche Lösung u wie und mit welcher Geschwindigkeit sich eine Front, zum Beispiel der Bereich der schon mutierten Gene, ausbreitet. Setzen wir den travelling–wave–Ansatz in (6.78) ein, so erhalten wir

$$U'' + VU' + U(1-U) = 0\,.$$

Mit $W = U'$ gilt demnach das System von gewöhnlichen Differentialgleichungen

$$U' = W\,, \tag{6.79}$$

$$W' = -VW - U(1 - U)\,. \tag{6.80}$$

Das Problem, eine die stationären Werte verbindende laufende Welle zu finden, ist also äquivalent dazu, eine Kurve in der (U, W)–Ebene zu finden, die die Punkte $(0,0)$ und $(1,0)$ verbindet, so dass eine geeignete Parametrisierung (6.79), (6.80) erfüllt. In der Sprache der dynamischen Systeme heißt dies: Wir suchen einen *heteroklinen Orbit*, der die stationären Punkte $(0,0)$ und $(1,0)$ verbindet, man vergleiche dazu auch [6]. Wir wollen uns nun das Phasenportrait zu (6.79), (6.80) ansehen, siehe dazu auch Abschnitt 4.4. Dazu linearisieren wir die Gleichung zunächst in der Nähe der stationären Punkte.

Betrachten wir den Punkt $(0,0)$, so erhalten wir

$$\begin{pmatrix} U' \\ W' \end{pmatrix} = \begin{pmatrix} 0 & 1 \\ -1 & -V \end{pmatrix} \begin{pmatrix} U \\ W \end{pmatrix}\,. \tag{6.81}$$

Die Eigenwerte der obigen Matrix sind

$$\lambda_{1,2} = \tfrac{1}{2}\left(-V \pm \sqrt{V^2 - 4}\right)\,.$$

Besitzt die Linearisierung um einen stationären Punkt nur Eigenwerte, deren Realteil verschieden von Null ist, so nennt man den stationären Punkt *hyperbolisch*. Die qualitative Theorie gewöhnlicher Differentialgleichungen besagt, dass das Phasenportrait in der Nähe hyperbolischer stationärer Punkte die gleiche Struktur besitzt wie die linearisierte Gleichung, wie etwa in Amann [6] beschrieben. Wir schauen uns nun das Phasenportrait von (6.81) für $V \neq 0$ an. In Aufgabe 6.12 zeigen Sie, dass im Fall $V = 0$ keine travelling–wave–Lösung existiert.

Fall 1: $0 < V^2 < 4$.

In diesem Fall sind alle komplexen Lösungen der linearen Gleichung gegeben durch (vgl. Abschnitt 4.6)

$$e^{\lambda_1 z} \begin{pmatrix} \widetilde{u}_1 \\ \widetilde{w}_1 \end{pmatrix} + e^{\lambda_2 z} \begin{pmatrix} \widetilde{u}_2 \\ \widetilde{w}_2 \end{pmatrix} = e^{-\frac{1}{2}Vz} \left(e^{\frac{1}{2}i\sqrt{4 - V^2}z} \begin{pmatrix} \widetilde{u}_1 \\ \widetilde{w}_1 \end{pmatrix} + e^{-\frac{1}{2}i\sqrt{4 - V^2}z} \begin{pmatrix} \widetilde{u}_2 \\ \widetilde{w}_2 \end{pmatrix} \right)\,,$$

wobei $(\widetilde{u}_1, \widetilde{w}_1)^\top, (\widetilde{u}_2, \widetilde{w}_2)^\top \in \mathbb{C}^2$ Eigenvektoren zu den Eigenwerten λ_1 und λ_2 sind. Als reelle Lösungen ergeben sich, wie man leicht nachrechnet

$$e^{-\frac{1}{2}Vz} \left[\alpha \begin{pmatrix} \cos(\omega z) \\ \sin(\omega z) \end{pmatrix} + \beta \begin{pmatrix} -\sin(\omega z) \\ \cos(\omega z) \end{pmatrix} \right] \quad \text{mit} \quad \omega = \tfrac{1}{2}\sqrt{4 - V^2}\,.$$

Ein Anfangswert $(\alpha, \beta)^\top$ wird demnach mit dem Faktor $e^{-\frac{1}{2}Vz}$ gestreckt und um den Winkel ωz mit $\omega = \frac{1}{2}\sqrt{4 - V^2}$ gedreht. Daher ergibt sich für $V > 0$ ein Phasenportrait wie in Abbildung 6.5 dargestellt. Einen hyperbolischen Punkt mit konjugiert komplexen Eigenwerten der Linearisierung nennt man *stabile*

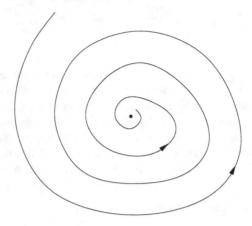

Abb. 6.5. Das Phasenportrait eines stabilen Strudels

Spirale beziehungsweise *instabile Spirale*, je nachdem, ob die Lösungen gegen Null konvergieren oder aus der Null herauslaufen.

Fall 2: $V^2 \geq 4$.

In diesem Fall ergeben sich zwei reelle Eigenwerte mit gleichem Vorzeichen, man spricht von einem *Knoten*. Die Darstellungsformel aus Abschnitt 4.6 liefert uns, dass alle Lösungen gegen Null streben, falls die Eigenwerte negativ sind. Dabei muss der Fall $V^2 = 4$ gesondert behandelt werden, vgl. Satz 4.4. Falls beide Eigenwerte positiv sind, streben alle Lösungen von Null weg, siehe dazu Abbildung 6.6. Da wir Lösungen mit $\lim_{z \to -\infty} U(z) = 0$ und $U(z) \geq 0$, $z \in \mathbb{R}$ suchen, können wir uns auf den Fall

$$V \leq -2$$

beschränken. Falls $V^2 \in (0,4)$ liegt, können wir wegen des um Null oszillierenden Verhaltens von Lösungen keine nichtnegativen Lösungen erhalten. Für $V > 2$ ist die Bedingung $\lim_{z \to -\infty} U(z) = 0$ nicht erfüllbar, da alle Lösungen für $z \to -\infty$ von Null weg streben.

Linearisierung um den Punkt $(U, W) = (1, 0)$ ergibt

$$\begin{pmatrix} U' \\ W' \end{pmatrix} = \begin{pmatrix} 0 & 1 \\ 1 & -V \end{pmatrix} \begin{pmatrix} U \\ W \end{pmatrix}$$

und wir erhalten die Eigenwerte

$$\lambda_{1,2} = \tfrac{1}{2}\left(-V \pm \sqrt{V^2 + 4}\right).$$

Demnach besitzen die Eigenwerte verschiedene Vorzeichen und eine Analyse der Lösungsdarstellung aus Abschnitt 4.6 ergibt ein Phasenportrait wie in

Abbildung 6.7. Einen stationären Punkt, dessen Linearisierung Eigenwerte verschiedenen Vorzeichens hat, nennt man *Sattel*.

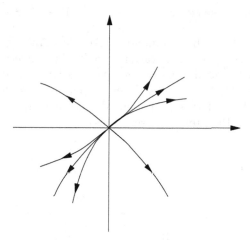

Abb. 6.6. Phasenportrait eines Knotens

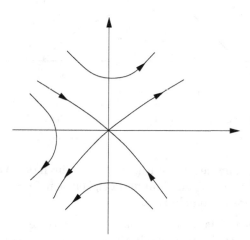

Abb. 6.7. Phasenportrait eines Sattels

In einem Sattelpunkt in der Ebene gibt es eine eindimensionale Kurve M_s durch den stationären Punkt, so dass alle Lösungen zu Anfangsdaten auf dieser Kurve asymptotisch für große positive Zeiten gegen den stationären Punkt laufen (siehe Amann [6]). Diese Kurve heißt *stabile Mannigfaltigkeit* des stationären Punktes. Sie trifft den Punkt $(1,0)$ mit einer Tangente, die durch die Richtung des Eigenvektors zum negativen Eigenwert gegeben ist. In unserem Fall erhalten wir im Punkt $(1,0)$

$$(1, \lambda_2) \quad \text{ist Eigenvektor von} \quad \lambda_2 = \tfrac{1}{2}\left(-V - \sqrt{V^2 + 4}\right) < 0\,.$$

Analog existiert eine instabile Mannigfaltigkeit aus Anfangsdaten zu Lösungen, die für $t \to -\infty$ gegen den stationären Punkt konvergieren. Unser Ziel ist es nun, eine Lösungskurve zu finden, die den Knoten $(0,0)$ mit dem hyperbolischen Punkt $(1,0)$ verbindet. Eine Inspektion des Phasenportraits in der Nähe des Punktes $(1,0)$ ergibt, dass die Lösungskurve Teil der stabilen Mannigfaltigkeit des Punktes $(1,0)$ sein muss.

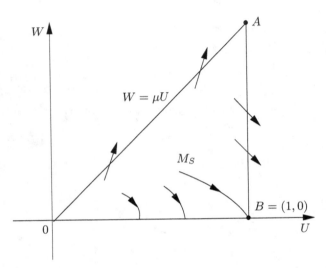

Abb. 6.8. Phasenportrait zur Konstruktion der travelling–wave–Lösung

Da der Eigenraum zum negativen Eigenwert λ_2 durch den Vektor $(1, \lambda_2)$ aufgespannt wird, trifft die stabile Mannigfaltigkeit den Punkt $(1,0)$ also wie in Abbildung 6.8 skizziert von „links oben".

Wir wollen nun zeigen, dass die instabile Mannigfaltigkeit den Ursprung $(0,0)$ trifft. Wenn wir die stabile Mannigfaltigkeit in Abbildung 6.8 zurückverfolgen, so gibt es zwei Möglichkeiten. Entweder konvergiert M_s gegen einen stationären Punkt im abgeschlossenen Dreieck $\Delta(0, A, B)$ oder M_s verlässt das Dreieck. Weitere Möglichkeiten kann es nicht geben, weil $U'(z) = W(z) \geq 0$ gilt, solange eine Lösung (U, W) im Dreieck liegt. In diesem Zusammenhang verweisen wir auf den Satz von Poincaré–Bendixson, siehe [6].

Wir wollen nun zeigen, dass es ein $\mu > 0$ gibt, so dass die stabile Mannigfaltigkeit zu B das Dreieck nicht verlassen kann. Sei $(U, W)(z)$ eine Lösung von (6.79), (6.80), deren Bild auf der stabilen Mannigfaltigkeit liegt. Da $U'(z) \geq 0$

in $\Delta(0, A, B)$ gilt, kann die stabile Mannigfaltigkeit das Dreieck nicht über die Strecke $\overline{AB}$ verlassen. Solange $U'(z) = W(z) > 0$ können wir W als Funktion von U schreiben und erhalten

$$\frac{dW}{dU} = \frac{W'}{U'} = -V - \frac{U(1-U)}{W} < 0 \quad \text{für} \quad W \text{ klein}, \ U \in (0,1).$$

Lösungskurven in der (U, W)–Ebene können sich deshalb Punkten $(U, 0)$ mit $U \in (0,1)$ nur von links nähern, und damit kann die stabile Mannigfaltigkeit die Strecke $\overline{0B}$ nicht durch einen Punkt mit $U > 0$ verlassen.

Auf der Strecke $\overline{0A}$ gilt

$$\frac{dW}{dU} = -V - \frac{U(1-U)}{W} = -V - \frac{1}{\mu}(1-U).$$

Wir wollen nun μ so wählen, dass auf der Strecke $\overline{0A}$

$$\frac{dW}{dU} > \mu$$

gilt. Diese Bedingung ist äquivalent zu

$$-V - \tfrac{1}{\mu}(1-U) > \mu \quad \text{für alle } U \in (0,1)$$

und

$$U > \mu^2 + V\mu + 1 \quad \text{für alle } U \in (0,1).$$

Da $V \le -2$ können wir z.B. $\mu = 1$ wählen. Für dieses μ können wir schließen, dass die stabile Mannigfaltigkeit zu B das Dreieck $\Delta(0, A, B)$ nicht durch einen Punkt (U, W) auf $\overline{0A}$ mit $U > 0$ verlassen kann.

Als einzige Möglichkeit verbleibt, dass die instabile Mannigfaltigkeit den Punkt $(0,0)$ trifft und damit ist die Existenz einer travelling wave für alle $V \le -2$ gezeigt. Die Existenz einer travelling wave kann auch elementarer ohne Resultate über stabile Mannigfaltigkeiten gezeigt werden, siehe Aufgabe 6.14.

Die Lösung mit $V = -2$ besitzt eine besondere Bedeutung. Starten wir etwa mit Anfangsdaten mit kompaktem Träger, so breitet sich die Lösung asymptotisch für große Zeiten mit zwei laufenden Wellen mit Geschwindigkeit -2 bzw. 2 aus (siehe Abbildung 6.9). Eine Welle strebt gegen $-\infty$ und die andere gegen ∞ und beide Wellen haben asymptotisch das travelling–wave–Profil der oben diskutierten Lösung mit $V = -2$, wobei sich die nach rechts laufende Welle durch Spiegelung der oben diskutierten Welle ergibt. Dieses Beispiel macht deutlich, dass travelling–wave–Lösungen auch für allgemeine Anfangsdaten relevant sind. Für weitere Details verweisen wir auf Murray [98], Band 1, Seite 443.

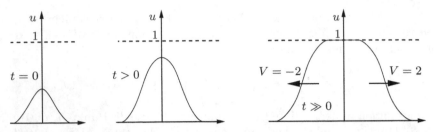

Abb. 6.9. Für große Zeiten bilden sich bei Lösungen der Fisher–Gleichung mit kompakten Anfangsdaten Wellen aus, deren Geschwindigkeit -2 beziehungsweise 2 ist. Das Profil der einzelnen Wellen entspricht der in Abschnitt 6.2.11 betrachteten travelling–wave–Lösung.

6.2.12 Turing–Instabilität und Musterbildung

Wir betrachten zunächst lineare Systeme gewöhnlicher Differentialgleichungen der Form

$$x'(t) = Ax(t), \quad x'(t) = Bx(t) \quad \text{mit} \quad x(t) \in \mathbb{R}^2, \ A, B \in \mathbb{R}^{2 \times 2}.$$

Ist $x \equiv 0$ stabile Lösung für beide Differentialgleichungssysteme, so würden wir naiverweise erwarten, dass $x \equiv 0$ auch stabile Lösung von

$$x' = (A + B)x$$

ist. Dies ist allerdings nicht der Fall, wie wir nun sehen werden. Falls die Matrizen A beziehungsweise B Eigenwerte mit negativen Realteilen haben, so ist $x \equiv 0$ stabile Lösung. Existiert dagegen ein Eigenwert mit positivem Realteil, so ist $x \equiv 0$ instabil. Diese Aussagen haben wir in Abschnitt 4.6 diskutiert.

Wir können den Fall von Eigenwerten λ_1, λ_2 mit negativem Realteil durch die Bedingungen

$$\lambda_1 + \lambda_2 = \operatorname{spur} B < 0 \quad \text{und} \quad \lambda_1 \lambda_2 = \det B > 0$$

charakterisieren. Wir wollen nun zeigen, dass folgender Fall möglich ist

$$\left. \begin{matrix} \operatorname{spur} A < 0, \ \det A > 0 \\ \operatorname{spur} B < 0, \ \det B > 0 \end{matrix} \right\} \quad \text{aber} \quad \det (A + B) < 0. \tag{6.82}$$

In diesem Fall muss einer der Eigenwerte von $A + B$ einen positiven Realteil besitzen.

Zur Vereinfachung betrachten wir

$$A = \begin{pmatrix} -1 & 0 \\ 0 & -d \end{pmatrix} \quad \text{mit} \quad d > 0 \quad \text{und} \quad B = \begin{pmatrix} a & e \\ c & b \end{pmatrix}, \ a, b, c, e \in \mathbb{R}.$$

Damit (6.82) gilt, verlangen wir

$$a + b < 0\,,\ ab > ce \quad \text{und} \quad (a - 1)(b - d) < ce\,.$$

Diese Bedingungen können wir auf vielfältige Weise erfüllen. Es ergibt sich zum Beispiel im Fall

$$A = \begin{pmatrix} -1 & 0 \\ 0 & -8 \end{pmatrix}\,,\ B = \begin{pmatrix} 2 & 3 \\ -3 & -3 \end{pmatrix}\,,$$

dass $x \equiv 0$ für $x' = (A + B)x$ instabil ist.

Die Beobachtung, dass Systeme, die für sich alleine genommen stabil sind, zu Instabilitäten führen können, wenn sie zusammengeführt werden, ist der Kern einer Idee von Turing aus dem Jahre 1952. Turing betrachtete ein ähnliches Phänomen für Reaktions–Diffusionssysteme und leitete vielfältige Musterbildungsszenarien her. Instabilitäten vom oben diskutierten Charakter werden Turing–Instabilitäten genannt, und wir wollen im Folgenden diese Überlegungen für Reaktions–Diffusionssysteme skizzieren.

Wir betrachten dazu ein schon entdimensionalisiertes Reaktions–Diffusionssystem in einem beschränkten Gebiet Ω von der Form

$$\partial_t u = \Delta u + \gamma\, f(u, v) \quad \text{für } x \in \Omega\,,\ t \geq 0\,, \tag{6.83}$$

$$\partial_t v = d\Delta v + \gamma\, g(u, v) \quad \text{für } x \in \Omega\,,\ t \geq 0 \tag{6.84}$$

mit Neumann–Randbedingungen

$$\nabla u \cdot n = 0\,, \quad \nabla v \cdot n = 0 \quad \text{für } x \in \partial\Omega\,,\ t \geq 0\,.$$

Die Diffusionskonstante d sei positiv und die Funktionen f und g beschreiben die Reaktionskinetik oder etwa andere Wechselwirkungen zwischen u und v. Die Konstante $\gamma > 0$ gibt die relative Stärke der Reaktionsterme im Vergleich zu den Diffusionstermen wieder.

Im Fall $\gamma = 0$ entkoppeln die Gleichungen und Lösungen konvergieren für $t \to \infty$ gegen einen konstanten Zustand (vergleiche dazu Aufgabe 6.15). Der konstante Wert der für $t \to \infty$ angenommen wird, ist gerade der Mittelwert der Anfangsdaten. Das würden wir auch erwarten, da Diffusion Unterschiede in der Konzentration ausgleicht. Wir erhalten also, dass stationäre Lösungen $(u, v) \equiv (u_0, v_0) \in \mathbb{R}^2$ stabil sind.

Turing beobachtete nun, dass es Zustände $(u_0, v_0) \in \mathbb{R}^2$ geben kann, die instabil für das volle System (6.83), (6.84) sind, obwohl sie stabile Lösungen des Differentialgleichungssystems

$$\partial_t u = \gamma\, f(u, v)\,, \quad \partial_t v = \gamma\, g(u, v) \tag{6.85}$$

sind. Es liegt also eine ähnliche Situation vor, wie am Anfang dieses Abschnitts diskutiert. Der Zustand (u_0, v_0) ist stabil für die einzelnen Systeme, kombinieren wir aber Reaktion und Diffusion, so wird (u_0, v_0) instabil. Diese *diffusionsgetriebene Instabilität* führt zu räumlich inhomogenen Mustern (siehe z.B.

Murray [98]). Man spricht von *Selbstorganisation*, da die Neumannrandbedingungen implizieren, dass kein Einfluss von außen auf das System genommen wird. Wir wollen nun im Einzelnen diskutieren, wann es zu solchen Instabilitäten kommen kann.

Wir betrachten $(u_0, v_0) \in \mathbb{R}^2$ mit

$$f(u_0, v_0) = 0 \,, \quad g(u_0, v_0) = 0 \,.$$

Damit (u_0, v_0) stabile Lösung von (6.85) ist, verlangen wir, dass

$$A = \begin{pmatrix} f_{,u}(u_0, v_0) & f_{,v}(u_0, v_0) \\ g_{,u}(u_0, v_0) & g_{,v}(u_0, v_0) \end{pmatrix}$$

nur Eigenwerte mit negativem Realteil besitzt. Dabei bezeichnen $f_{,u}, f_{,v}$, usw. partielle Ableitungen nach den Variablen u beziehungsweise v. Nach unseren Überlegungen weiter oben ist dies garantiert, falls

$$\operatorname{spur} A = f_{,u} + g_{,v} < 0 \,, \quad \det A = f_{,u}\, g_{,v} - f_{,v}\, g_{,u} > 0 \,.$$

Linearisieren wir nun das volle System (6.83), (6.84) um (u_0, v_0), so erhalten wir das System linearer partieller Differentialgleichungen

$$\partial_t W = D \Delta W + \gamma A W \quad \text{mit} \quad D = \begin{pmatrix} 1 & 0 \\ 0 & d \end{pmatrix}$$

für

$$W = \begin{pmatrix} u - u_0 \\ v - v_0 \end{pmatrix} \,.$$

Zur Vereinfachung wollen wir uns im Folgenden auf den räumlich eindimensionalen Fall $\Omega = (0, a)$, $a > 0$ beschränken. Mit dem Separationsansatz

$$W(t, x) = h(t)\, g(x)\, c \quad \text{mit} \quad c \in \mathbb{R}^2 \tag{6.86}$$

und reellwertigen Funktionen h und g erhalten wir eine Lösung der linearisierten Gleichung, genau dann wenn

$$h' g c = h g'' D c + \gamma h g A c \,. \tag{6.87}$$

Im Fall $h(t) \neq 0$, $g(x) \neq 0$ ist diese Identität äquivalent zu

$$\frac{h'(t)}{h(t)} c = \frac{g''(x)}{g(x)} D c + \gamma A c \,.$$

Da die linke Seite nur von t und die rechte Seite nur von x abhängt, müssen Konstanten $\lambda, \mu \in \mathbb{R}$ existieren, so dass

$$
\begin{aligned}
h' &= \lambda h \,, \\
g'' &= -\mu g \,, \quad g'(0) = g'(a) = 0 \,.
\end{aligned}
\tag{6.88}
$$

Die letzte Gleichung besitzt Lösungen, falls

$$\mu = \mu_k = \left(\frac{k\pi}{a}\right)^2, \quad k = 0, 1, 2, 3, \ldots$$

und die Lösungen sind Vielfache von

$$g_k(x) = \cos\left(\frac{k\pi x}{a}\right).$$

Gleichung (6.87) besitzt Lösungen, falls für $k \in \mathbb{N}$ Werte $\lambda \in \mathbb{R}$ und Vektoren $c \in \mathbb{R}^2$ existieren mit

$$(-\mu_k D + \gamma A)c = \lambda c. \tag{6.89}$$

Damit eine Lösung W der Darstellung (6.86) im Lauf der Zeit wächst, muss diese Gleichung Lösungen mit $\operatorname{Re}\lambda > 0$ besitzen. Gleichung (6.89) besitzt nichttriviale Lösungen, falls λ die Gleichung

$$\det(\lambda\operatorname{Id} - \gamma A + \mu_k D) = 0$$

löst. Dies entspricht der quadratischen Gleichung

$$\lambda^2 + a_1(\mu_k)\,\lambda + a_0(\mu_k) = 0 \tag{6.90}$$

mit Koeffizienten

$$a_0(s) = d\,s^2 - \gamma(d\,f_{,u} + g_{,v})s + \gamma^2 \det A\,,$$
$$a_1(s) = s(1 + d) - \gamma(f_{,u} + g_{,v})\,.$$

Als Lösung erhalten wir

$$\lambda_{1,2} = -\frac{a_1(\mu_K)}{2} \pm \tfrac{1}{2}\sqrt{(a_1(\mu_K))^2 - 4a_0(\mu_K)}\,.$$

Die Bedingungen $f_{,u} + g_{,v} < 0$ und $d > 0$ implizieren

$$a_1(\mu_K) \geq 0 \quad \text{für} \quad \mu_K \geq 0\,.$$

Eine Lösung von (6.90) mit positivem Realteil kann deshalb nur dann existieren, wenn $a_0(\mu_K) < 0$ gilt. Wegen $\det A > 0$, $\mu_K \geq 0$ und $d > 0$ kann dieser Fall aber nur eintreten, wenn

$$d\,f_{,u} + g_{,v} > 0 \tag{6.91}$$

gilt. Da $f_{,u} + g_{,v} < 0$ ist, erhalten wir die notwendige Bedingung

$$d \neq 1\,.$$

Gilt nun

$$f_{,u} > 0 \quad \text{und} \quad g_{,v} < 0,$$

so können wir hoffen (6.91) zu erfüllen, falls $d > 1$.

Damit wir Lösungen mit positivem Realteil erhalten, muss $a_0(s)$ für mindestens ein positives s negativ sein. Als Minimierer von a_0 erhalten wir

$$s_{\min} = \gamma \frac{d\, f_{,u} + g_{,v}}{2d} \quad \text{mit} \quad a_0(s_{\min}) = \gamma^2 \left[\det A - \frac{(d\, f_{,u} + g_{,v})^2}{4d} \right],$$

wobei der letzte Term negativ werden muss, damit wir Lösungen λ mit $\operatorname{Re} \lambda > 0$ erhalten. Da $\det A = f_{,u} g_{,v} - f_{,v} g_{,u}$ gilt, haben wir insgesamt also die folgenden Bedingungen zu erfüllen, um eine Turing–Instabilität zu erhalten

$$f_{,u} + g_{,v} < 0, \qquad f_{,u}\, g_{,v} - f_{,v}\, g_{,u} > 0,$$
$$d\, f_{,u} + g_{,v} > 0, \quad (d\, f_{,u} + g_{,v})^2 - 4d\,(f_{,u}\, g_{,v} - f_{,v}\, g_{,u}) > 0.$$

Falls die Bedingungen der ersten Zeile hier erfüllt sind, dann gelten die Bedingungen der zweiten Zeile im Fall $f_{,u} > 0$ und $g_{,v} < 0$ genau dann, wenn d groß genug ist. Eine genauere Untersuchung ergibt die Existenz eines kritischen Diffusionskoeffizienten d_c, so dass für alle $d > d_c$ Instabilitäten vorkommen. In Abbildung 6.11 zeigen wir, wie a_0 für verschiedene Diffusionskoeffizienten d aussieht. In Abbildung 6.12 stellen wir den größeren der beiden Realteile der Lösungen von (6.90) als Funktion von μ dar und wir sehen, dass es für $d > d_c$ ein ganzes Intervall mit instabilen Wellenzahlen gibt. Für eine detailliertere Analyse verweisen wir auf Murray [98].

Ein einfaches Reaktions–Diffusionssystem mit einer Turing–Instabilität ist das *Schnakenberg–System*

$$\partial_t u = \Delta u + \gamma(\alpha - u + u^2 v), \tag{6.92}$$

$$\partial_t v = d\Delta v + \gamma(\beta - u^2 v), \ \alpha, \beta \in \mathbb{R}, \ d > 0, \tag{6.93}$$

das in Aufgabe 6.16 diskutiert wird. Dort wird auch die Frage untersucht, wie groß Ω sein muss, damit eine Turing–Instabilität beobachtet werden kann. Es muss nämlich garantiert sein, dass ein $k \in \mathbb{N}$ existiert, so dass $\mu_k = \left(\frac{k\pi}{a}\right)^2$ im instabilen Bereich liegt, siehe dazu Abbildung 6.12. Allgemeinere Lösungen des linearisierten Systems können durch unendliche Linearkombinationen von Lösungen der Form (6.86) erhalten werden. Nach einer gewissen Zeit werden Anteile der Lösung, die einem μ entsprechen, für das $\operatorname{Re} \lambda > 0$ groß ist, besonders verstärkt werden, wohingegen die Anteile mit $\operatorname{Re} \lambda < 0$ gedämpft werden. Die Anteile, die besonders verstärkt werden, prägen der allgemeinen Lösung dann ihr Muster auf. Das Muster entsteht dadurch, dass die Wellenlänge, die besonders verstärkt wird, für große Zeiten die Form der Lösung dominiert, wie in Abbildung 6.13 angedeutet. Wir werden dieses Phänomen im nächsten Abschnitt am Beispiel einer skalaren Gleichung verdeutlichen.

Im Buch von Murray [98] wird auch der zweidimensionale Fall diskutiert und es wird gezeigt, wie die Turing-Instabilität zu einer Vielfalt von Mustern führen kann. Als Beispiele werden die Entstehung von Fellmustern bei Tieren

(Zebras, Leoparden,...), Schmetterlingsflügel, chemische Reaktionsmuster und Muster auf Schneckengehäusen diskutiert. Komplexe Muster entstehen zum Beispiel dadurch, dass auf komplizierteren Gebieten die Eigenfunktionen zum Randwertproblem, vgl. (6.88),

$$\Delta g = -\mu g \text{ in } \Omega, \quad \nabla g \cdot n = 0 \text{ auf } \partial\Omega$$

vielfältige Nullniveaulinien (sogenannte Knotenlinien) haben können. Diese können Streifen- beziehungsweise Punktmuster oder Kombinationen aus solchen aufweisen. Gehören die Eigenfunktionen zu einem Eigenwert μ, der besonders verstärkt wird, so werden wir gerade dieses Muster als Ergebnis des Reaktions–Diffusionsprozesses beobachten. Abbildung 6.10 zeigt in (a)–(c) numerische Simulationen von Murray [98] für das Reaktions–Diffusions–System

$$\partial_t u = \Delta u + \gamma f(u, v), \quad \partial_t v = d\Delta v + \gamma g(u, v), \tag{6.94}$$

$$f(u, v) = a - u - h(u, v), \quad g(u, v) = \alpha(b - v) - h(u, v), \tag{6.95}$$

$$h(u, v) = \frac{\varrho u v}{1 + u + K u^2} \tag{6.96}$$

mit positiven Konstanten a, b, α, ϱ, K und $d > 1$.

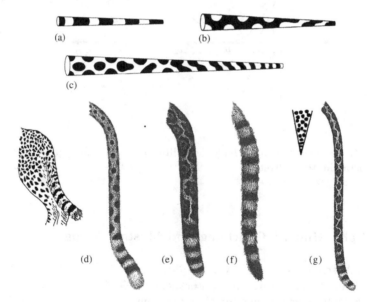

Abb. 6.10. (aus Murray [98]). Die Abbildungen (a)–(c) zeigen numerische Simulationen für das System (6.94)–(6.96) mit Neumann–Randbedingungen. Die Abbildungen (d)–(g) zeigen typische Fellzeichnungen: (d) erwachsener Cheetah (e) erwachsener Jaguar (f) Kleinfleck–Ginsterkatze (pränatal) (g) erwachsener Leopard.

Das System wurde mit Neumann–Randbedingungen für die Parameter $\alpha = 1,5$, $K = 0,1$, $\varrho = 18,5$, $a = 92$, $b = 64$ und $d = 10$ gelöst. Mit diesen

Werten ist $(u_0, v_0) = (10, 9)$ eine stationäre Lösung. Als Anfangsdaten wurde eine Störung der stationären Lösung (u_0, v_0) gewählt und für positive Zeiten wurden Bereiche mit $u > u_0$ (in den Abbildungen (a) und (b)) beziehungsweise mit $u < u_0$ (in Abbildung (c)) dunkel dargestellt. Es zeigt sich klar, dass sich in Abhängigkeit von der Gebietsgröße verschiedene Muster bilden, die an Fellmuster von unterschiedlichen Großkatzen erinnern.

Wir verweisen in diesem Zusammenhang auch auf einen Artikel von Fiedler [37], in dem Fragen zur Turing–Instabilität und zur Selbstorganisation in Zusammenhang mit Romeo und Julia gebracht werden und auf Arbeiten von Gierer und Meinhardt [46] und Meinhardt [90], die eine Reihe schöner Computersimulationen von Turing–Systemen zeigen und die entstehenden Muster mit denen von Schneckengehäusen vergleichen.

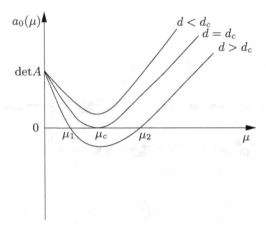

Abb. 6.11. Turing–Instabilität: Falls der Diffusionskoeffizient d größer als d_c wird, können Instabilitäten auftreten.

6.2.13 Cahn–Hilliard–Gleichung und Musterbildung

In diesem Abschnitt wollen wir Musterbildungsprozesse am Beispiel einer skalaren Gleichung vierter Ordnung untersuchen. Die *Cahn–Hilliard–Gleichung* beschreibt Diffusionsvorgänge für eine zweikomponentige Mischung. Es seien c_1 und c_2 die Konzentrationen der beiden auftretenden Komponenten und wir setzen voraus, dass das betrachtete System isotherm und isobar ist und ein Gebiet $\Omega \subset \mathbb{R}^d$ einnimmt. Dann gelten wie in Abschnitt 5.5 die Erhaltungssätze

$$\partial_t c_i + \nabla \cdot j_i = 0 \ , \ i = 1, 2 \, , \tag{6.97}$$

wobei wir zur Vereinfachung ohne Einschränkung $\varrho \equiv 1$ setzen. In (5.11) setzen wir dabei $M = 2$, $v = 0$, $r_1 = r_2 = 0$ und $\varrho = 1$. Die Konzentrationen

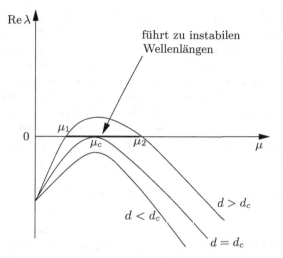

Abb. 6.12. Turing–Instabilität: Für große d gibt es Eigenwerte λ in (6.89) mit positivem Realteil, so dass instabile Wellenlängen auftreten können.

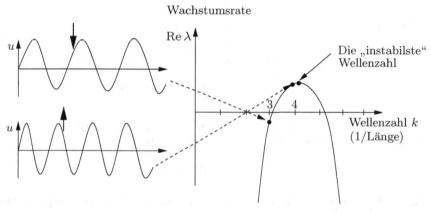

Abb. 6.13. Diese Abbildung zeigt ein typisches Resultat einer linearen Stabilitäts-analyse. Gewisse Wellenlängen werden gedämpft, andere verstärkt.

c_1, c_2 geben den lokalen Anteil der Konzentrationen an, und daher fordern wir $c_1 + c_2 = 1$ und, damit $\partial_t(c_1 + c_2) = 0$ gewährleistet ist, $j_1 + j_2 = 0$. Wir können das System dann auf die unabhängigen Variablen

$$c = c_1 - c_2 \quad \text{und} \quad j = j_1 - j_2$$

reduzieren. In Abschnitt 5.6 haben wir schon diskutiert, dass das chemische Potential die treibende Kraft für die Evolution ist. Betrachten wir nun freie Energien der Form $\int_\Omega f(c)\, dx$, so ergibt sich der Fluss $j = -L\nabla\mu$ mit

$\mu = f'(c)$ und einer Mobilität $L \geq 0$. Ist $f''(c) < 0$, so fließt Masse von Bereichen niedriger Konzentration in Bereiche hoher Konzentration („uphill"–Diffusion). Es zeigt sich, dass Lösungen zu der entstehenden partiellen Differentialgleichung $\partial_t c = \nabla \cdot (L f''(c) \nabla c)$ nicht mehr stetig von den Anfangsdaten abhängen, siehe z.B. Aufgabe 6.20. Für nichtkonvexe Energiedichten f ist die Gleichung nicht mehr parabolisch und kann im Allgemeinen nicht gelöst werden, vgl. [36], [69], [103]. In vielen Fällen und insbesondere immer dann, wenn Phasenübergänge zu modellieren sind, treten allerdings nichtkonvexe freie Energien auf. Cahn und Hilliard schlugen vor, die gesamte freie Energie in solchen Situationen durch

$$\mathcal{F}(c) = \int_\Omega \left(f(c) + \frac{\gamma}{2} |\nabla c|^2 \right) dx \quad \text{mit} \quad \gamma > 0 \quad \text{konstant}$$

zu modellieren. Es zeigt sich, dass der zusätzliche Gradiententerm als Energie von Phasengrenzen interpretiert werden kann, vgl. Abschnitt 7.9. In diesem Fall definieren wir das chemische Potential als Variationsableitung wie folgt

$$\langle \mu, v \rangle_{L^2(\Omega)} := \delta\mathcal{F}(c)(v) = \frac{d}{d\varepsilon} \mathcal{F}(c + \varepsilon v)|_{\varepsilon=0} \quad \text{für alle} \quad v \in C_0^1(\Omega) \, .$$

Wir erhalten

$$\langle \mu, v \rangle_{L^2(\Omega)} = \int_\Omega \left(f'(c)v + \gamma \nabla c \cdot \nabla v \right) dx$$

$$= \int_\Omega \left(f'(c) - \gamma \Delta c \right) v \, dx$$

wobei sich die letzte Identität aus dem Satz von Gauß ergibt. Die obige Identität ist genau dann richtig für alle $v \in C_0^\infty(\Omega)$, wenn

$$\mu = -\gamma \Delta c + f'(c) \, .$$

Im Folgenden sei f ein nichtkonvexes Potential, wie zum Beispiel das sogenannte *Doppelmuldenpotential*

$$f(c) = \alpha \left(c^2 - a^2 \right)^2 , \quad \alpha, a \in \mathbb{R}_+ \, .$$

Insgesamt ergibt sich die Cahn–Hilliard–Gleichung als

$$\partial_t c = L \Delta(-\gamma \Delta c + f'(c)) \, . \tag{6.98}$$

Wir betrachten nun die Cahn–Hilliard–Gleichung im Quader

$$\Omega = [0, \ell]^d , \quad \ell > 0 \, ,$$

mit periodischen Randbedingungen. Dann prüfen wir einfach nach (Aufgabe 6.17)

$$\frac{d}{dt} \int_\Omega c \, dx = 0 \,, \tag{6.99}$$

$$\frac{d}{dt} \int_\Omega \left(\frac{\gamma}{2} |\nabla c|^2 + f(c) \right) dx \leq 0 \,. \tag{6.100}$$

Der Integralausdruck in (6.100) ist die freie Energie und (6.100) bedeutet also, dass die freie Energie nicht wachsen kann. Wir betrachten homogene stationäre Lösungen

$$c \equiv c_m \,, \quad c_m \in \mathbb{R}$$

mit

$$f''(c_m) < 0$$

und werden sehen, dass diese Lösungen instabil sein können. Tatsächlich kann eine kleine Störung zu einer Bildung von Mustern im Cahn–Hilliard–Modell führen. Da die Gesamtmasse erhalten bleiben muss, betrachten wir Störungen

$$c = c_m + u$$

mit

$$\int_\Omega u \, dx = 0 \,. \tag{6.101}$$

Linearisierung von (6.98) um c_m ergibt für $L = 1$

$$\partial_t u = (-\Delta)\big(\gamma \Delta u - f''(c_m)u\big) \,. \tag{6.102}$$

Die Eigenfunktionen des Operators

$$u \mapsto (-\Delta)\big(\gamma \Delta u - f''(c_m)u\big)$$

sind bei periodischen Randbedingungen gegeben durch

$$\varphi_k(x) = e^{ik \cdot x}$$

mit $k \in \frac{2\pi}{\ell}\mathbb{Z}^d \setminus \{0\}$, siehe zum Beispiel Courant, Hilbert [24]. Die zugehörigen Eigenwerte sind

$$\lambda_k = |k|^2\big(-\gamma|k|^2 - f''(c_m)\big) \,. \tag{6.103}$$

Allgemeine Lösungen von (6.102) mit der Eigenschaft (6.101) lassen sich durch unendliche Linearkombinationen wie folgt konstruieren

$$u(t,x) = \sum_{k \in \frac{2\pi}{\ell}\mathbb{Z}^d \setminus \{0\}} \alpha_k \, e^{\lambda_k t} e^{ik \cdot x}, \ \alpha_k \in \mathbb{C} \,. \tag{6.104}$$

Die Funktion $u \equiv 0$ ist nun instabile Lösung von (6.102), falls der größte Eigenwert positiv ist. Wir sehen schon, dass dies nicht auftreten kann, wenn $f''(c_m) > 0$ gilt.

Es folgt aus (6.103)

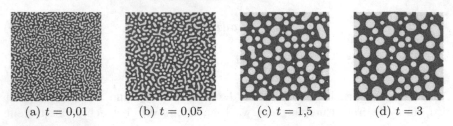

(a) $t = 0{,}01$ (b) $t = 0{,}05$ (c) $t = 1{,}5$ (d) $t = 3$

Abb. 6.14. Lösung der Cahn–Hilliard–Gleichung mit Neumann–Randdaten für c und Δc mit einer leichten Störung eines instabilen stationären Zustandes als Startwert.

$$\lambda_k = -\gamma \left[|k|^2 + \frac{f''(c_m)}{2\gamma} \right]^2 + \frac{f''(c_m)^2}{4\gamma} \qquad (6.105)$$

und wir erhalten aus (6.103) und (6.104), dass die instabilste Wellenlänge $\bar{\ell} = 2\pi/|k|$ im Fall $f''(c_m) < 0$ durch

$$\bar{\ell} = 2\pi \sqrt{-\frac{2\gamma}{f''(c_m)}} \qquad (6.106)$$

gegeben ist. Tatsächlich beobachtet man diese Längenskala in numerischen Simulationen. In Abbildung 6.14 ist eine numerische Simulation der Cahn–Hilliard–Gleichung dargestellt. Dort wurde zum Zeitpunkt $t = 0$ eine leichte Störung einer konstanten instabilen Lösung als Anfangsdaten gegeben, und die Lösung wird zu verschiedenen positiven Zeiten gezeigt. Die Werte von c sind auf einer Grauskala angedeutet. Die Längenskala, die im ersten Bild (a) zu sehen ist, ergibt sich aus Formel (6.106). In Abbildung 6.15 ist λ_k gegen $|k|^2$ aufgetragen. Wir sehen insbesondere, dass es ein Intervall von Werten von $|k|^2$ gibt, die zu Instabilitäten führt. Wir sehen auch, dass λ_k genau dann stabil ist, wenn

$$-\frac{f''(c_m)}{\gamma} < |k|^2 \,.$$

Falls also für ℓ gilt

$$-\frac{f''(c_m)}{\gamma} < \frac{4\pi^2}{\ell^2} \quad \text{beziehungsweise} \quad \ell < 2\pi \sqrt{-\frac{\gamma}{f''(c_m)}} \,,$$

dann werden wir die Instabilität nicht beobachten. Insbesondere folgt also, dass das Gebiet Ω groß genug sein muss, um die Instabilität zuzulassen.

6.3 Hyperbolische Erhaltungsgleichungen

Die dritte wichtige Klasse partieller Differentialgleichungen sind *hyperbolische* Differentialgleichungen. In Kapitel 5 hatten wir zwei leicht unterschied-

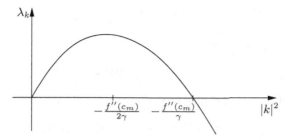

Abb. 6.15. Zur linearen Stabilitätsanalyse der Cahn–Hilliard–Gleichung: die Abhängigkeit der Eigenwerte von der Wellenzahl.

liche Typen hyperbolischer Gleichungen kennengelernt: Das Euler–System ist ein Beispiel für ein hyperbolisches System *erster* Ordnung, während die Wellengleichung eine hyperbolische Gleichung *zweiter* Ordnung ist. Die Analysis beider Systeme weist deutliche Unterschiede auf. In diesem Abschnitt betrachten wir ausschließlich hyperbolische Gleichungen erster Ordnung. Wir beschränken uns dabei auf den einfachsten Fall einer skalaren Gleichung.

Wir betrachten die nichtlineare skalare hyperbolische Erhaltungsgleichung

$$\partial_t u(t,x) + \partial_x\big(F(u(t,x))\big) = 0 \qquad \text{für } t > 0, \ x \in \mathbb{R},$$
$$u(0,x) = g(x) \qquad \text{für } x \in \mathbb{R} \tag{6.107}$$

mit einer im Allgemeinen *nichtlinearen* Funktion $F : \mathbb{R} \to \mathbb{R}$. Für $F(u) = \frac{1}{2}u^2$, d.h. $\partial_x F(u) = u\,\partial_x u$, spricht man von der Burgers–Gleichung. Diese Gleichung kann man als stark vereinfachte skalare Variante der Euler–Gleichungen

$$\partial_t \varrho + \nabla \cdot (\varrho\, v) = 0\,,$$
$$\partial_t v + v \cdot \nabla v = -\nabla(p(\varrho))$$

für isotherme inkompressible Gase auffassen.

Lösung mit der Methode der Charakteristiken

Partielle Differentialgleichungen erster Ordnung können mit der Charakteristikenmethode gelöst werden. Eine *Charakteristik* $s \mapsto x(s)$ ist in diesem Fall eine Kurve, längs derer sich eine Lösung u einer partiellen Differentialgleichung durch die Lösung einer gewöhnlichen Differentialgleichung für die Funktion $s \mapsto z(s) = u\big(s, x(s)\big)$ darstellen lässt. Im Fall der hyperbolischen Erhaltungsgleichung (6.107) gilt

$$z'(s) = \partial_t u\big(s, x(s)\big) + \partial_x u\big(s, x(s)\big)\, x'(s)\,.$$

Wählt man $s \mapsto x(s)$ als Lösung von

$$x'(s) = F'(z(s)),\qquad\qquad(6.108)$$

dann ist $z'(s) = 0$; es gilt also

$$z(s) = u(s, x(s)) = z(0) = g(x(0)).$$

Man erhält dadurch die Lösungsformel

$$u(t, x(t)) = g(x(0)) \quad \text{für alle } t > 0.$$

Dies bedeutet, dass die Lösung entlang einer charakteristischen Kurve $s \mapsto x(s)$ *konstant* ist. Die charakteristischen Kurven selbst sind dann affin linear.

Beispiel 1: Die Transportgleichung. Für $F(u) = cu$ gilt $F'(u) = c$, damit folgt

$$x'(s) = c, \text{ also } x(s) = cs + x_0$$

mit $x_0 = x(0)$. Die Lösung der Gleichung lautet also

$$u(t, ct + x_0) = g(x_0)$$

oder, mit der Rücktransformation $x_0 = x - ct$,

$$u(t, x) = g(x - ct).\qquad\qquad(6.109)$$

Beispiel 2: Die Burgersgleichung. Für $F(u) = \frac{1}{2}u^2$ erhält man die Charakteristikengleichung

$$x'(s) = z(s) = z(0) = g(x_0),$$

also $x(s) = x_0 + s\,g(x_0)$ und damit

$$u(t, x_0 + t\,g(x_0)) = g(x_0).\qquad\qquad(6.110)$$

Die Charakteristiken sind Geraden in der (x, t)–Ebene mit Steigung $1/g(x_0)$. Zur Herleitung einer Lösungsformel $(t, x) \mapsto u(t, x)$ muss man hier die Gleichung $x = x_0 + t\,g(x_0)$ nach $x_0 = x_0(t, x)$ auflösen. Wir betrachten im Folgenden ein sogenanntes *Riemann–Problem*, das ist ein Problem mit stückweise konstanten Anfangsdaten

$$g(x) = \begin{cases} a & \text{für } x < 0, \\ b & \text{für } x > 0. \end{cases}$$

Die zugehörigen Charakteristiken sind in Abbildung 6.16 skizziert. Im Fall $a > b$ gibt es einen Bereich, in dem sich die Charakteristiken schneiden. Für jeden Punkt aus diesem Bereich schlägt die Formel (6.110) zwei *verschiedene* Werte der Lösung vor. Im Fall $a < b$ gibt es einen Bereich, in dem Formel (6.110) überhaupt keine Werte für die Lösung liefert, da es keine Charakteristiken gibt, die Punkte aus diesem Bereich mit Anfangsdaten verbinden. Bei *nichtlinearen* hyperbolischen Erhaltungsgleichungen liefern die Charakteristiken also nur ein unvollständiges Bild der Lösung. Ein Grund hierfür ist, dass die Gleichung

$$x = x_0 + t\, g(x_0)$$

im Allgemeinen nicht nach x_0 aufgelöst werden kann. Die durch sich schneidende Charakteristiken entstehenden Schwierigkeiten treten im übrigen auch bei *glatten* Anfangsdaten auf. Beispielsweise werden sich für die Anfangsdaten

$$g(x) = \begin{cases} 1 & \text{für } x < -1\,, \\ -1 & \text{für } x > 1 \end{cases}$$

eine Charakteristik mit Anfangspunkt $(0, x_1)$ für $x_1 < -1$ und eine Charakteristik mit Anfangspunkt $(0, x_2)$ für $x_2 > 1$ *immer* schneiden, unabhängig davon, wie die Anfangsdaten auf dem fehlenden Intervall $(-1, 1)$ definiert sind.

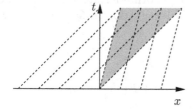 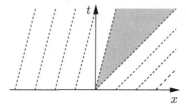

Abb. 6.16. Charakteristiken des Riemann–Problems zur Burgers–Gleichung für Anfangsdaten $a > b$ (links) und $a < b$ (rechts). Die Steigung der Charakteristiken ist reziprok zu den entsprechenden Anfangsdaten.

Dieses Beispiel zeigt, dass für nichtlineare hyperbolische Gleichungen der klassische Lösungsbegriff nicht ausreichend ist.

Schwache Lösungen, die Rankine–Hugoniot–Bedingung

Einen schwächeren Lösungsbegriff bekommt man, wenn man Gleichung (6.107) mit einer glatten *Testfunktion* multipliziert, bezüglich Raum und Zeit integriert, und bezüglich aller auftretenden Ableitungen partiell integriert. Die Voraussetzungen an die Lösungen kann man dann darauf reduzieren, dass die gesuchte Funktion lokal integrierbar sein muss, die Funktion also im Raum $L_{1,\mathrm{loc}}(\mathbb{R}_+ \times \mathbb{R})$ liegt.

Definition 6.17. *Eine Funktion* $u \in L_{1,\mathrm{loc}}(\mathbb{R}_+ \times \mathbb{R})$ *heißt* schwache Lösung *von* (6.107), *wenn für alle* $w \in C_0^1([0, \infty) \times \mathbb{R})$

$$\int_{\mathbb{R}_+} \int_{\mathbb{R}} \big(u\,\partial_t w + F(u)\,\partial_x w\big)\,dx\,dt + \int_{\mathbb{R}} g\,w(0,\cdot)\,dx = 0\,.$$

Diese Formulierung läßt *Unstetigkeiten* der Lösung zu. Wir werden nun zeigen, dass an Unstetigkeiten eine spezielle Bedingung erfüllt sein muss, die sogenannte *Rankine-Hugoniot-Bedingung*. Wir betrachten dazu eine schwache Lösung u, die längs einer Kurve Γ unstetig sein kann, außerhalb Γ aber glatt genug ist. Die Kurve Γ sei gegeben durch

$$\Gamma = \big\{(t,s(t))\,|\,t \in \mathbb{R}_+\big\}$$

mit einer geeigneten, glatten Funktion $t \mapsto s(t)$. Insbesondere teilt die Kurve das Gebiet $\mathbb{R}_+ \times \mathbb{R}$ in die drei Mengen Γ,

$$Q_- = \big\{(t,x)\,|\,x < s(t), t \in \mathbb{R}_+\big\} \quad \text{und} \quad Q_+ = \big\{(t,x)\,|\,x > s(t), t \in \mathbb{R}_+\big\}\,.$$

Es sei vorausgesetzt, dass $u_{|Q_-}$ und $u_{|Q_+}$ sich stetig differenzierbar auf $\overline{Q}_-$ bzw. $\overline{Q}_+$ fortsetzen lassen. Aus der schwachen Formulierung folgt für eine Testfunktion w mit $w(0,x) = 0$ durch partielle Integration in Q_- und in Q_+

$$
\begin{aligned}
0 &= \int_{\mathbb{R}_+} \int_{\mathbb{R}} \big(u\,\partial_t w + F(u)\,\partial_x w\big)\,dx\,dt \\
&= \int_{Q_-} \big(u\,\partial_t w + F(u)\,\partial_x w\big)\,dx\,dt + \int_{Q_+} \big(u\,\partial_t w + F(u)\,\partial_x w\big)\,dx\,dt \\
&= -\int_{Q_-} \big(\partial_t u + \partial_x F(u)\big)w\,dx\,dt + \int_{\Gamma} \big(u_- n_{t,-} + F(u_-)n_{x,-}\big)\,ds_{(t,x)} \\
&\quad -\int_{Q_+} \big(\partial_t u + \partial_x F(u)\big)w\,dx\,dt + \int_{\Gamma} \big(u_+ n_{t,+} + F(u_+)n_{x,+}\big)\,ds_{(t,x)}\,.
\end{aligned}
$$

Dabei bezeichnen u_- und u_+ die Grenzwerte von u aus Q_- und Q_+ auf Γ und $n_\pm = (n_{t,\pm}, n_{x,\pm})$ sind die Normalenvektoren auf Γ, orientiert ins Außengebiet von $Q_\pm$. Diese Normalenvektoren lassen sich darstellen als

$$n_- = \frac{1}{\sqrt{1+\dot{s}^2(t)}}\begin{pmatrix} -\dot{s}(t) \\ 1 \end{pmatrix} \quad \text{und} \quad n_+ = -n_-\,.$$

Wählen wir Testfunktionen, die auf Γ verschwinden, so folgt, dass die Differentialgleichung $\partial_t u + \partial_x F(u) = 0$ in Q_- und Q_+ gilt. Da die Volumenintegrale in obiger Formel also gleich Null sind, folgt

$$0 = \int_{\Gamma} \big((u_- - u_+)n_{t,-} + (F(u_-) - F(u_+))n_{x,-}\big)w\,ds_{(t,x)}$$

für *jede* Testfunktion w. Es gilt also punktweise auf Γ

$$(u_- - u_+)n_{t,-} + (F(u_-) - F(u_+))n_{x,-}\,.$$

Bezeichnet man mit

$$V := \dot{s}$$

die *Geschwindigkeit*, mit der sich die Unstetigkeitsstelle fortbewegt, so folgt die Bedingung

$$F(u_+) - F(u_-) = V(u_+ - u_-). \tag{6.111}$$

Das ist die *Rankine–Hugoniot–Bedingung*. Sie besagt, dass der Sprung im Fluss $F(u)$ gleich der Geschwindigkeit der Unstetigkeitsstelle mal dem Sprung der Lösung ist. In diesem Zusammenhang verweisen wir auf (7.50) für eine Variante der Rankine–Hugoniot–Bedingung in höheren Raumdimensionen.

Bedingung (6.111) hatten wir schon einmal formuliert, siehe (6.75). Dort wurde gezeigt, dass sich als notwendige Bedingung dafür, dass sich zwei konstante Grenzwerte $\lim\limits_{x \to \pm\infty} u(t, x)$ der Lösung der Gleichung

$$\partial_t u + \partial_x(f(u)) = \eta\, \partial_x^2 u \tag{6.112}$$

durch eine wandernde Welle verbinden lassen, die Rankine–Hugoniot Bedingung gelten muss. Aus (6.112) erhalten wir (6.107) durch einen Grenzübergang $\eta \to 0$. In diesem Sinne läßt sich die hyperbolische Erhaltungsgleichung als *singulärer* Limes einer Familie von Gleichungen parabolischen Typs interpretieren. Wie wir auch später noch sehen werden, hängen die meisten Schwierigkeiten bei der Analysis hyperbolischer Erhaltungsgleichungen damit zusammen, dass der Viskositätsterm $\eta\, \partial_x^2 u$ nicht berücksichtigt wird. Für Details verweisen wir auf das Buch von Smoller [112].

Mit Hilfe der Rankine–Hugoniot–Bedingung können wir nun eine eindeutige Lösung für das Riemannproblem zur Burgersgleichung im Fall $a > b$ finden. Wir erwarten eine Unstetigkeit der Lösung entlang einer Kurve, die Lösungswerte $u_- = a$ und $u_+ = b$ trennt. Aus der Rankine–Hugoniot–Bedingung folgt daraus die *Geschwindigkeit* der Unstetigkeitsstelle

$$V = \frac{F(u_+) - F(u_-)}{u_+ - u_-} = \frac{1}{2}\frac{b^2 - a^2}{b - a} = \frac{a + b}{2}.$$

Die zugehörige Lösung lautet

$$u(t, x) = \begin{cases} a & \text{für } x < \frac{a+b}{2}t, \\ b & \text{für } x > \frac{a+b}{2}t. \end{cases} \tag{6.113}$$

Die Unstetigkeit einer solchen Lösung nennt man einen *Schock*.

Die Entropiebedingung

Wir betrachten nun die Burgers–Gleichung mit Anfangsbedingungen $u(0, x) = a$ für $x < 0$ und $u(0, x) = b$ für $x > 0$ mit $a < b$. In diesem Fall kann man mit der Rankine–Hugoniot–Bedingung eine unstetige Lösung konstruieren, die Geschwindigkeit des entsprechenden Schocks lautet $V = \frac{a+b}{2}$:

$$u(t,x) = \begin{cases} a & \text{für } x < \frac{a+b}{2}t\,, \\ b & \text{für } x > \frac{a+b}{2}t\,. \end{cases}$$

Die Charakteristiken dieser Lösung sind in Abbildung 6.17 rechts skizziert. Neben dieser unstetigen Lösung existiert aber auch eine stetige Lösung, die man durch lineare Interpolation der Werte $u(t, at) = a$ und $u(t, bt) = b$ für $x \in (at, bt)$ erhält:

$$u(t,x) = \begin{cases} a & \text{für } x < at\,, \\ \frac{x}{t} & \text{für } at < x < bt\,, \\ b & \text{für } x > bt\,. \end{cases} \tag{6.114}$$

Man prüft leicht nach, dass diese Lösung für $x \notin \{at, bt\}$ die Differentialgleichung erfüllt und dass auf den Linien $x = at$ und $x = bt$ wegen $u_+ = u_-$ und $F(u_+) = F(u_-)$ die Rankine–Hugoniot–Bedingung gilt. Die Charakteristiken der Lösung sind in Abbildung 6.17 links skizziert. Die Lösung hat eine *Verdünnungswelle* im Bereich $x \in (at, bt)$. Es gibt noch viele weitere Lösungen, beispielsweise kann man eine weitere unstetige Lösung mit zwei Schocks konstruieren, indem man einen weiteren Lösungswert $c \in (a, b)$ auswählt und einen Bereich mit konstanter Lösung $u(t, x) = c$ bestimmt. Aus der Rankine–Hugoniot–Bedingung folgen die Schockgeschwindigkeiten

$$V_{a,c} = \frac{a+c}{2} \quad \text{und} \quad V_{c,b} = \frac{c+b}{2}\,.$$

Die entsprechende Lösung lautet also

$$u(t,x) = \begin{cases} a & \text{für } x < \frac{a+c}{2}t\,, \\ c & \text{für } \frac{a+c}{2}t < x < \frac{c+b}{2}t\,, \\ b & \text{für } x > \frac{c+b}{2}t\,. \end{cases} \tag{6.115}$$

Durch analoge Konstruktionsprinzipien kann man Lösungen durch Kombinationen beliebiger Anzahlen von Schocks und auch Verdünnungswellen konstruieren.

Wir stehen nun vor der Frage, aus dieser Vielzahl von Lösungen eine *sinnvolle* Lösung auszuwählen. Eine naheliegende Vermutung ist, dass die *stetige* Lösung (6.114) die sinnvollste ist. Wir werden dafür nun einige Argumente vorbringen.

- Die Charakteristiken sind die Kurven, längs derer die *Informationen* über die Anfangsdaten transportiert werden. Bei der unstetigen Lösung (6.113) für $a > b$ *enden* die Charakteristiken im Schock, und der Verlauf des Schocks ergibt sich aus den Informationen über die Anfangsdaten, die

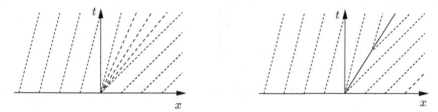

Abb. 6.17. Verdünnungswelle (links) und unphysikalischer Schock (rechts). Abgebildet sind die Schocklinie und ausgewählte Charakteristiken. Der unphysikalische Schock erfüllt die Entropiebedingung nicht.

durch die Charakteristiken in den Schock hineintransportiert werden. Bei allen unstetigen Lösungen für $a < b$ laufen Charakteristiken aus dem Schock heraus. Das bedeutet, dass der Schock keine Informationen erhält, sondern Informationen quasi aus „nichts" erzeugt.

- Wir können die Anfangsdaten durch stetige Anfangsdaten approximieren, wie etwa in Abbildung 6.18 skizziert dargestellt durch

$$u_0(x) = \begin{cases} a & \text{für } x < -\frac{\varepsilon}{2}, \\ \frac{a+b}{2} + \frac{b-a}{\varepsilon}x & \text{für } -\frac{\varepsilon}{2} < x < \frac{\varepsilon}{2}, \\ b & \text{für } x > \frac{\varepsilon}{2}. \end{cases}$$

Mit der Methode der Charakteristiken erhält man dann die eindeutige stetige Lösung

$$u(t,x) = \begin{cases} a & \text{für } x < at - \frac{\varepsilon}{2}, \\ \frac{a+b}{2}\left(1 - \frac{t}{t+\varepsilon/(b-a)}\right) + \frac{x}{t+\varepsilon/(b-a)} & \text{für } at - \frac{\varepsilon}{2} < x < bt + \frac{\varepsilon}{2}, \\ b & \text{für } x > bt + \frac{\varepsilon}{2}. \end{cases}$$

Diese Lösung konvergiert für $\varepsilon \to 0$ gegen die stetige Lösung (6.114). Dies liefert auch eine sinnvolle Interpretation für die Schar der Charakteristiken, die bei der Verdünnungswelle aus dem Nullpunkt herauslaufen: Diese Schar transportiert die Information über die unstetigen Anfangsdaten in das Gebiet $\{(t,x)\,|\,t > 0,\ at < x < bt\}$ hinein.

Wir stellen also an eine sinnvolle Lösung die Bedingung, dass aus vorhandenen Schocks keine Charakteristik herauslaufen darf. Im Fall der skalaren hyperbolischen Erhaltungsgleichung (6.107) lässt sich diese Bedingung sehr einfach präzisieren. Eine Charakteristik, längs derer der Lösungswert u transportiert wird, hat nach Gleichung (6.108) die Form $\{(t, F'(u(t)))\,|\,t > 0\}$. Für einen Schock mit Ausbreitungsgeschwindigkeit V und Funktionswerten u_- und u_+ links und rechts des Schocks muss also gelten:

$$F'(u_-) \geq V \geq F'(u_+). \tag{6.116}$$

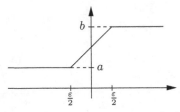

Abb. 6.18. Approximation unstetiger Anfangsdaten.

Diese Bedingung heißt *Entropiebedingung*. Man kann zeigen, dass eine skalare hyperbolische Erhaltungsgleichungen mit konvexer, ausreichend regulärer Flussfunktion F für beschränkte Anfangsdaten genau eine schwache Lösung hat, die gleichzeitig die Entropiebedingung längs jeder Schockkurve erfüllt.

Es gibt ein weiteres wichtiges Argument für die Entropiebedingung. Bei der Herleitung der Euler–Gleichungen, also des physikalisch wichtigsten Beispiels eines Systems hyperbolischer Erhaltungsgleichungen, hatten wir den Einfluss der *Viskosität* des Gases vernachlässigt. Die Viskosität eines Gases ist zwar oft sehr klein, nie jedoch Null. Bei den Navier–Stokes–Gleichungen führte die Viskosität zu einem zusätzlichen Term mit *zweiten* Ableitungen. Wenn man dies auf unsere skalaren Gleichungen in einer Raumdimension übersetzt, dann bekommt man die Differentialgleichung

$$\partial_t u + \partial_x(F(u)) - \varepsilon\,\partial_x^2 u = 0 \tag{6.117}$$

mit *kleinem* Parameter ε. Der Parameter ε steht in (6.117) gerade vor dem Term mit der *höchsten (Ableitungs-) Ordnung*. Weglassen dieses Terms ändert den *Typ* der partiellen Differentialgleichung von parabolisch zu hyperbolisch; man erhält die Gleichung

$$\partial_t u + \partial_x(F(u)) = 0\,. \tag{6.118}$$

Die Lösungen von Gleichung (6.117) sind *stetig* und, bei sinnvollen Rand- und Anfangsdaten *eindeutig*, während dies bei Lösungen von (6.118) offensichtlich nicht der Fall ist. Dadurch motiviert können wir an Lösungen von (6.118) die Forderung stellen, dass diese als *Grenzwerte* von Lösungen der Gleichung (6.117) für $\varepsilon \to 0$ auftreten müssen. Eine solche Lösung von (6.118) nennt man *Viskositätslösung*. Man kann zeigen, dass jede Viskositätslösung eine *Entropiebedingung* erfüllen muss, die im Fall einer skalaren Gleichung die Form (6.116) hat.

Eine Unstetigkeitskurve, bei der die Charakteristiken auf mindestens einer Seite der Unstetigkeit die gleiche Steigung haben wie die Unstetigkeitskurve selbst, heißt auch eine *Kontaktunstetigkeit*. Das einfachste Beispiel einer Kontaktunstetigkeit erhält man für die Transportgleichung mit unstetigen Anfangsbedingungen, zum Beispiel $u(0,x) = a$ für $x < 0$ und $u(0,x) = b$ für $x > 0$. Aus der Lösungsformel (6.109) folgt dann

$$u(t,x) = \begin{cases} a & \text{für } x < ct\,, \\ b & \text{für } x > ct\,. \end{cases}$$

Die Flussfunktion ist $F(u) = cu$, die Lösung erfüllt also die Rankine–Hugoniot–Bedingung $F(u_+) - F(u_-) = c(u_+ - u_-)$ und die Entropiebedingung in der Form $F'(u_-) = c = F'(u_+)$. Die Charakteristiken haben hier auf *beiden* Seiten der Unstetigkeit die gleiche Steigung wie die Unstetigkeitskurve. Durch die Kontaktunstetigkeit werden hier lediglich unstetige Anfangsdaten transportiert. Kontaktunstetigkeiten mit unterschiedlichen Steigungen der Charakteristiken auf den beiden Seiten des Schocks kann man für nichtlineare Gleichungen mit nichtkonvexer Flussfunktion bekommen. Ein Kriterium dafür kann man aus der Rankine–Hugoniot–Bedingung und der Entropiebedingung herauslesen. Für eine Kontaktunstetigkeit, bei der die Charakteristik links der Unstetigkeitskurve die gleiche Steigung wie die Unstetigkeit hat, muss gelten:

$$F'(u_-) = V = \frac{F(u_+) - F(u_-)}{u_+ - u_-} \geq F'(u_+)\,.$$

Für $F'(u_+) < V$ folgt aus dieser Formel und dem Mittelwertsatz der Differentialrechnung, dass F nicht konvex sein kann. In Abbildung 6.19 sind die Flussfunktionen und die Werte der Lösung links und rechts der Unstetigkeit für eine zulässige (links) und eine nicht zulässige (rechts) Kontaktunstetigkeit dargestellt; die nicht zulässige Kontaktunstetigkeit verletzt die Entropiebedingung.

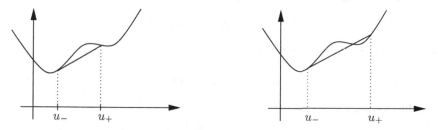

Abb. 6.19. Nichtkonvexe Flussfunktion und Anfangsdaten einer zulässigen (links) und einer nicht zulässigen (rechts) Kontaktunstetigkeit.

6.4 Die Wellengleichung

Wellenphänomene treten in Anwendungen häufig auf, zum Beispiel in kompressiblen Strömungen bei der Ausbreitung von Schall in Gasen und Flüssigkeiten, bei elektromagnetischen Wellen, oder als elastische Wellen in Festkörpern. Wellen werden häufig durch *Systeme* von Differentialgleichungen modelliert. Um die Eigenschaften von Wellengleichungen zu diskutieren, betrachten wir jedoch nur die mathematisch einfachste, skalare Version,

$$\partial_t^2 u - \Delta u = f\,.$$
(6.119)

Diese Gleichung beschreibt zum Beispiel

- eine in einer Ebene schwingende Seite, oder die Ausbreitung einer Longitudinalwelle oder einer ebenen Transversalwelle in einem elastischen Stab, oder die Welle einer Luftsäule in einem Rohr für Raumdimension $d = 1$, beziehungsweise

- eine schwingende Membran für Raumdimension $d = 2$.

Das eindimensionale Cauchy–Problem

Wir betrachten zunächst die Wellengleichung in einer Raumdimension mit Anfangsbedingungen auf der gesamten reellen Achse:

$$\partial_t^2 u - \partial_x^2 u = 0 \quad \text{für} \ (t,x) \in (0,\infty) \times \mathbb{R}\,,$$
(6.120)

$$u = g \ \text{und} \ \partial_t u = h \ \text{für} \ t = 0,\ x \in \mathbb{R}\,.$$
(6.121)

Eine Lösung von (6.120) kann man aus folgender Beobachtung gewinnen: Der Differentialoperator $\partial_t^2 - \partial_x^2$ lässt sich faktorisieren,

$$\partial_t^2 - \partial_x^2 = (\partial_t + \partial_x)(\partial_t - \partial_x)\,.$$

Ist u eine Lösung von (6.120), dann ist

$$v(t,x) = (\partial_t - \partial_x)u(t,x)$$

eine Lösung der *Transportgleichung*

$$\partial_t v(t,x) + \partial_x v(t,x) = 0$$

mit der Anfangsbedingung

$$v(0,x) = \partial_t u(0,x)|_{t=0} - \partial_x u(0,x) = h(x) - \partial_x g(x) =: a(x)\,.$$

Die Transportgleichung wurde bereits in (6.109) gelöst. Es gilt

$$v(t,x) = w(x - t)$$

mit einer beliebigen Funktion $w : \mathbb{R} \to \mathbb{R}$. Aus der Anfangsbedingung folgt $v(t,x) = a(x - t)$, also

$$\partial_t u(t,x) - \partial_x u(t,x) = a(x - t)\,.$$

Dies ist eine *inhomogene* Transportgleichung mit der Lösung

$$u(t,x) = u(0, x+t) + \int_0^t a(x + t - 2s)\, ds = g(x+t) + \frac{1}{2}\int_{x-t}^{x+t} a(y)\, dy\,.$$

Einsetzen von a liefert

$$u(t,x) = g(x+t) + \frac{1}{2}\int_{x-t}^{x+t} h(y)\,dy - \frac{1}{2}\big(g(x+t) - g(x-t)\big)\,,$$

also

$$u(t,x) = \frac{1}{2}\big(g(x+t) + g(x-t)\big) + \frac{1}{2}\int_{x-t}^{x+t} h(y)\,dy\,. \qquad (6.122)$$

Dies ist die *d'Alembertsche Formel.*

Eindeutigkeit der Lösung

Die Eindeutigkeit der Lösung kann man, wie bei parabolischen Gleichungen, über eine Energieabschätzung nachweisen.

Satz 6.18. *Es sei $\Omega \subset \mathbb{R}^d$ ein beschränktes Gebiet mit glattem Rand. Weiter seien $f : \mathbb{R}_+ \times \Omega \to \mathbb{R}$, $g, h : \Omega \to \mathbb{R}$ und $u_{\partial\Omega} : (0,T) \times \partial\Omega \to \mathbb{R}$ glatt. Dann gibt es höchstens eine Lösung $u \in C^2\big([0,T] \times \overline{\Omega}\big)$ des Anfangsrandwertproblems*

$$\left.\begin{aligned}
\partial_t^2 u - \Delta u &= f && in\ (0,T) \times \Omega\,, \\
u &= u_{\partial\Omega} && auf\ (0,T) \times \partial\Omega\,, \\
u = g \quad und \quad \partial_t u &= h && auf\ \{0\} \times \Omega\,.
\end{aligned}\right\} \qquad (6.123)$$

Beweis. Angenommen, u_1 und u_2 lösen (6.123). Dann ist $w := u_1 - u_2$ eine Lösung von

$$\begin{aligned}
\partial_t^2 w - \Delta w &= 0 && in\ (0,T) \times \Omega\,, \\
w &= 0 && auf\ (0,T) \times \partial\Omega\,, \\
w &= 0 && auf\ \{0\} \times \Omega\,.
\end{aligned}$$

Für die „Energie"

$$E(t) := \frac{1}{2}\int_\Omega \big(|\partial_t w|^2 + |\nabla w|^2\big)dx$$

folgt mit partieller Integration und unter Ausnutzung der Tatsache, dass $\partial_t w = 0$ auf $(0,T) \times \partial\Omega$,

$$\begin{aligned}
\frac{d}{dt}E(t) &= \int_\Omega \big(\partial_t w \cdot \partial_t^2 w + \nabla w \cdot \partial_t \nabla w\big)\,dx \\
&= \int_\Omega \partial_t w\big(\partial_t^2 w - \Delta w\big)\,dx + \int_{\partial\Omega} \partial_t w\,\nabla w \cdot n\,ds_x = 0\,.
\end{aligned}$$

Damit ist

$$E(t) = E(0) = 0$$

für alle $t > 0$. Also folgt $\nabla w = 0$, $\partial_t w = 0$ und weil $w = 0$ auf $(0,T) \times \partial\Omega$ gilt, folgt $w = 0$ und $u_1 = u_2$. $\qquad\square$

Bemerkungen

1. Bei der hier abgeschätzten Größe $E(t)$ kann es sich, je nach betrachteter Anwendung, tatsächlich um die physikalische Energie des betrachteten Systems handeln; im Gegensatz zur Diffusionsgleichung, wo die entsprechende Größe in der Regel keine Energie ist. Der Anteil $\frac{1}{2}\int_\Omega |\partial_t w|^2\, dx$ ist die kinetische Energie, $\frac{1}{2}\int_\Omega |\nabla w|^2\, dx$ beschreibt eine „Deformationsenergie".

2. Die Bedingung $u \in C^2([0,T] \times \overline{\Omega})$ entspricht einer Voraussetzung an die Regularität der Lösung. Streng genommen haben wir also nur die Eindeutigkeit einer Lösung mit ausreichender Regularität formuliert. Man kann diese Bedingung aber noch abschwächen und die Eindeutigkeit einer Lösung unter der Bedingung zeigen, dass die Energie zu fast jedem Zeitpunkt beschränkt sein muss.

Abhängigkeitsgebiet

Eine charakteristische Eigenschaft der Wellengleichung ist die *endliche Ausbreitungsgeschwindigkeit* von „Informationen".

Satz 6.19. *Es sei* $u \in C^2(\mathbb{R}_+ \times \mathbb{R}^d)$ *eine Lösung von*

$$\partial_t^2 u - \Delta u = 0 \quad in\ \mathbb{R}_+ \times \mathbb{R}^d$$

mit Anfangsbedingung

$$u(0,x) = \partial_t u(0,x) = 0 \quad f\ddot{u}r\ x \in B_{t_0}(x_0)\,,$$

wobei $B_{t_0}(x_0)$ *ein Ball mit Radius* t_0 *um den Mittelpunkt* x_0 *ist. Dann gilt*

$$u(t,x) = 0 \quad f\ddot{u}r\ (t,x) \in C := \big\{ (t,x)\,|\, 0 \le t \le t_0,\ |x - x_0| < t_0 - t \big\}.$$

Beweis. Für

$$E(t) = \frac{1}{2} \int_{B_{t_0 - t}(x_0)} \big(|\partial_t u(t,x)|^2 + |\nabla u(t,x)|^2 \big)\, dx$$

gilt

$$\frac{d}{dt}E(t) = \int_{B_{t_0-t}(x_0)} \left(\partial_t u\, \partial_t^2 u + \nabla u \cdot \nabla \partial_t u \right) dx$$

$$- \frac{1}{2} \int_{\partial B_{t_0-t}(x_0)} \left(|\partial_t u|^2 + |\nabla u|^2 \right) ds_x$$

$$= \int_{B_{t_0-t}(x_0)} \partial_t u\, (\partial_t^2 u - \Delta u)\, dx$$

$$+ \int_{\partial B_{t_0-t}(x_0)} \left(\partial_t u\, \nabla u \cdot n - \frac{1}{2}(|\partial_t u|^2 + |\nabla u|^2) \right) ds_x$$

$$\leq 0\,.$$

Die letzte Ungleichung hier folgt mit der Cauchy–Schwarz Ungleichung

$$|\partial_t u||\nabla u \cdot n| \leq |\partial_t u|\,|\nabla u| \leq \tfrac{1}{2}\left(|\partial_t u|^2 + |\nabla u|^2 \right)\,.$$

Damit ist $E(t) \leq E(0) = 0$, und wegen $E(t) \geq 0$ folgt $E(t) = 0$ und damit $u = 0$ in C. □

Die Wellengleichung ist ein einfaches Beispiel für eine *hyperbolische* Differentialgleichung zweiter Ordnung. Charakteristisch für hyperbolische Gleichungen ist, dass die Lösung *nicht* glatter ist als die Anfangs- beziehungsweise Randdaten (vgl. (6.122)), wie dies insbesondere bei parabolischen Gleichungen der Fall ist, und dass sich die „Information" der Anfangs- und Randdaten mit *endlicher* Geschwindigkeit ausbreitet.

Akustische Approximation der Euler–Gleichungen

Die Ausbreitung von Schall in Gasen zeigt, dass Wellen auch in Gasen auftreten. In der Tat kann man durch eine geeignete Linearisierung der Euler–Gleichungen eine Wellengleichung herleiten. Wir nehmen dazu an, dass die *Geschwindigkeit* und die *Schwankung der Dichte* um ihren Mittelwert ϱ_0 sehr klein sind. Die Euler–Gleichungen für isotherme Strömungen lauten

$$\partial_t \varrho + \nabla \cdot (\varrho v) = 0\,,$$

$$\partial_t v + (v \cdot \nabla)v + \frac{1}{\varrho}\nabla(p(\varrho)) = 0\,.$$

Der Ansatz

$$\varrho = \varrho_0(1 + g)$$

mit einer kleinen, dimensionslosen Größe g ergibt

$$\partial_t g + (1 + g)\nabla \cdot v + v \cdot \nabla g = 0\,,$$

$$\partial_t v + (v \cdot \nabla)v + \frac{1}{\varrho_0(1 + g)}\nabla(p(\varrho)) = 0\,.$$

Wir nehmen an, dass g, ∇g, v und ∇v klein sind, und linearisieren das System. Die Terme zweiter Ordnung $g \nabla \cdot v$, $v \cdot \nabla g$ und $(v \cdot \nabla)v$ treten im linearisierten System nicht mehr auf. Der Gradient des Drucks wird linearisiert durch $\nabla p(\varrho) = p'(\varrho_0)\nabla g$, und da dieser Term von erster Ordnung ist, bleibt vom Vorfaktor $\frac{1}{\varrho_0(1+g)}$ nur der Term $\frac{1}{\varrho_0}$ nullter Ordnung übrig. Man erhält also

$$\partial_t g + \nabla \cdot v = 0\,,$$
$$\partial_t v + c^2 \nabla g = 0$$

mit der *Schallgeschwindigkeit*

$$c = \sqrt{\frac{p'(\varrho_0)}{\varrho_0}}\,.$$

Subtrahiert man die Divergenz der zweiten Gleichung von der Zeitableitung der ersten Gleichung, so erhält man die *akustische Approximation* der Euler–Gleichungen

$$\partial_t^2 g - c^2 \, \Delta g = 0\,.$$

Im Fall eines idealen Gases unter adiabatischen Nebenbedingungen gilt die Zustandsgleichung

$$p(\varrho) = K\varrho^\gamma\,.$$

Die Schallgeschwindigkeit ist dann gegeben durch

$$c^2 = \frac{p'(\varrho_0)}{\varrho_0} = \frac{\gamma K \varrho_0^{\gamma-1}}{\varrho_0} = \frac{\gamma\,p(\varrho_0)}{\varrho_0^2}\,.$$

Sphärische Wellen

Die Ausbreitung von Wellen, die von einer Punktquelle erzeugt werden, kann man aus der dreidimensionalen Wellengleichung

$$\partial_t^2 u - c^2 \Delta u = 0$$

durch Verwendung eines radialsymmetrischen Ansatzes ausrechnen. Für

$$u(t,x) = w(t,|x|) \quad \text{mit} \quad w : \mathbb{R}_+ \times \mathbb{R}_+ \to \mathbb{R}$$

folgt mit (6.12)

$$\Delta u = \partial_r^2 w + \tfrac{2}{r}\,\partial_r w$$

und damit

$$\partial_t^2 w - c^2 \left(\partial_r^2 w + \tfrac{2}{r}\,\partial_r w \right) = 0\,.$$

Diese Gleichung kann man auf die eindimensionale Wellengleichung transformieren durch den Ansatz

$$w(t,r) = \frac{z(t,r)}{r}\,.$$

Es folgt

$$\partial_t^2 z - c^2\,\partial_r^2 z = 0\,.$$

Die allgemeine Lösung ist gegeben durch

$$z(t,r) = f(r - ct) - g(r + ct)$$

mit beliebigen Funktionen f und g. Dabei beschreibt f eine herauslaufende Welle und g eine hereinlaufende Welle. Rücktransformation liefert

$$u(t,x) = \frac{f(|x| - ct)}{|x|} + \frac{g(|x| + ct)}{|x|}\,.$$

Diese Lösung hat bei $|x| = 0$ eine Singularität. Die auf einer Kugeloberfläche verteilte Energiedichte einer in den Nullpunkt hineinlaufenden Welle konzentriert sich beim Erreichen des Nullpunktes auf einem einzigen Punkt. Im Fall der auslaufenden Welle kann man diese Singularität durch die Bedingung $f(r) = 0$ für $r \le 0$ vermeiden.

Streuung von Wellen

Wir wollen nun eine eindimensionale Welle betrachten, die von einem homogenen Medium mit Dichte ϱ_- und Elastizitätskonstante a_- in ein anderes Medium mit Dichte ϱ_+ und Elastizitätskonstante a_+ wechselt. An der Trennfläche beider Medien, die bei $x = 0$ liegen soll, müssen die *Verschiebungen* und die übertragenen *Kräfte* beziehungsweise die *Spannungen* gleich sein. Dies liefert die Differentialgleichung

$$\partial_t^2 u - c_-^2\,\partial_x^2 u = 0 \ \text{ für } x < 0, \quad \partial_t^2 u - c_+^2 \partial_x^2 u = 0 \ \text{ für } x > 0$$

mit den Schallgeschwindigkeiten $c_- = \sqrt{\frac{a_-}{\varrho_-}}$ und $c_+ = \sqrt{\frac{a_+}{\varrho_+}}$ und die *Kopplungsbedingungen*

$$u(t,0-) = u(t,0+) \ \text{ und } \ a_-\,\partial_x u(t,0-) = a_+\,\partial_x u(t,0+)\,.$$

Dabei bezeichnet $u(t,0\pm)$ den Grenzwert $\lim\limits_{\substack{x \to 0 \\ x > 0}} u(t,\pm x)$. Eine von links einlaufende Welle ist dann gegeben durch

$$u(t,x) = f(x - c_- t) \ \text{ für } t < 0,\ x \in \mathbb{R}\,,$$

wobei $f(x) = 0$ für $x > 0$ gelte. Die zugehörigen Anfangsbedingungen sind

$$u(0,x) = f(x),\ \partial_t u(0,x) = -c_-\,f'(x)\,.$$

Ein sinnvoller Lösungsansatz ist

$$u(t,x) = \begin{cases} f(x - c_- t) + g(x + c_- t) & \text{für } x < 0, \\ h(x - c_+ t) & \text{für } x > 0. \end{cases}$$

Dabei beschreibt die Funktion g eine durch Reflexion an der Trennfläche erzeugte, nach links laufende Welle, und h den nach rechts weiterlaufenden Anteil der Welle. Die Differentialgleichungen sind durch diese Ansätze natürlicherweise erfüllt. Aus den Kopplungsbedingungen erhält man das lineare Gleichungssystem

$$\begin{aligned} f(-c_- t) + g(c_- t) &= h(-c_+ t), \\ a_- \, f'(-c_- t) + a_- \, g'(c_- t) &= a_+ \, h'(-c_+ t). \end{aligned} \tag{6.124}$$

Wenn man die erste Gleichung nach t ableitet, das Ergebnis mit a_- multipliziert und vom c_--fachen der zweiten Gleichung subtrahiert, dann erhält man

$$2 \, a_- \, c_- \, f'(-c_- t) = (a_- \, c_+ + a_+ \, c_-) \, h'(-c_+ t).$$

Wegen $f(0) = h(0) = 0$ folgt durch Integration

$$h(x) = \frac{2 \, a_- \, c_+}{a_- \, c_+ + a_+ \, c_-} f\left(\frac{c_-}{c_+} x\right).$$

Aus der ersten Gleichung in (6.124) erhält man dann

$$g(x) = \frac{a_- \, c_+ - a_+ \, c_-}{a_- \, c_+ + a_+ \, c_-} f(-x).$$

Die Faktoren hier geben an, welche Anteile der Welle reflektiert werden und welche durch die Trennfläche hindurchlaufen.

6.5 Die Navier–Stokes–Gleichungen

Die Navier–Stokes–Gleichungen beschreiben Strömungen mit viskoser Reibung. Sie basieren auf der Massenerhaltung und der Impulserhaltung sowie einem konstitutiven Gesetz für den Spannungstensor, der neben dem Druck auch viskose Kräfte modelliert. Wir betrachten hier die Variante für *inkompressible* Strömungen,

$$\nabla \cdot v = 0, \tag{6.125}$$

$$\partial_t v + (v \cdot \nabla) v - \eta \, \Delta v = -\nabla p + f. \tag{6.126}$$

Verglichen mit der ursprünglichen Version (5.17) der Navier–Stokes Gleichungen haben wir hier den Faktor $1/\varrho$ vor ∇p in die Definition des Drucks integriert. Diese Gleichung hat zwei charakteristische Eigenheiten: Die Nebenbedingung der Divergenzfreiheit des Geschwindigkeitsfeldes und den *konvektiven*

Term $(v \cdot \nabla)v$. Der Druck hängt, wie schon beim Stokes–System, eng mit der Bedingung $\nabla \cdot v = 0$ zusammen, was wir im Folgenden noch erläutern werden. Der konvektive Term führt zu erheblichen Schwierigkeiten bei der Analysis des Systems. Er ist *nichtlinear* und, was weitaus größere Probleme bereitet, es handelt sich dabei um den Term mit dem *stärksten Wachstum* für große Geschwindigkeiten: Skaliert man das Geschwindigkeitsfeld mit einer Konstanten α, so wächst der konvektive Term *quadratisch* in α, während alle anderen Terme linear sind.

Die Impulserhaltungsgleichung (6.126) kann man als Evolutionsgleichung für das Geschwindigkeitsfeld sehen,

$$\partial_t v = -(v \cdot \nabla)v + \eta \, \Delta v + f - \nabla p \,. \tag{6.127}$$

Wenn das Geschwindigkeitsfeld zu einem Zeitpunkt t_0 divergenzfrei ist, also $\nabla \cdot v(t_0, \cdot) = 0$ gilt, dann muss im weiteren Verlauf der Evolution noch $\nabla \cdot \partial_t v = 0$ sichergestellt werden, um die Nebenbedingung $\nabla \cdot v = 0$ für alle $t > t_0$ zu erhalten. Diese Beobachtung führt auf eine *Poisson–Gleichung* für den Druck,

$$-\Delta p = \nabla \cdot \big((v \cdot \nabla)v - \eta \, \Delta v - f \big) \,.$$

Wenn man geeignete Randbedingungen für p vorgibt, dann kann man aus dieser Gleichung für ein gegebenes Geschwindigkeitsfeld den dazu „passenden" Druck ausrechnen, dieser ist typischerweise bis auf eine additive Konstante eindeutig. Der Gradient des Drucks realisiert hier eine *Projektion* auf die Menge der divergenzfreien Funktionen. Den mathematischen Hintergrund hierfür liefert der folgende Satz.

Satz 6.20. *(Helmholtz–Hodge Zerlegung)*
Es sei $\Omega \subset \mathbb{R}^d$ ein beschränktes Gebiet mit glattem Rand. Jedes Vektorfeld

$$w \in C^2\big(\overline{\Omega}, \mathbb{R}^d\big)$$

erlaubt eine eindeutige orthogonale Zerlegung in $L_2\big(\Omega; \mathbb{R}^d\big)$ der Form

$$w = u + \nabla p \,,$$

wobei $\nabla \cdot u = 0$ in Ω und $u \cdot n = 0$ auf $\partial\Omega$. Diese Zerlegung heißt Helmholtz–Hodge–Zerlegung.

Beweis. Zunächst zeigen wir, dass u und ∇p orthogonal zueinander sind. Es gilt

$$\nabla \cdot (p \, u) = p \, \nabla \cdot u + u \cdot \nabla p = u \cdot \nabla p \,.$$

Der Satz von Gauß liefert dann

$$\int_\Omega u \cdot \nabla p \, dx = \int_\Omega \nabla \cdot (p \, u) \, dx = \int_{\partial\Omega} p \, u \cdot n \, ds_x = 0 \,.$$

Wir zeigen nun die Eindeutigkeit der Zerlegung und nehmen dazu an, w erlaube zwei Zerlegungen

$$w = u_1 + \nabla p_1 = u_2 + \nabla p_2$$

mit den Eigenschaften aus der Helmholtz–Hodge–Zerlegung. Dann gilt

$$0 = u_1 - u_2 + \nabla(p_1 - p_2)\,.$$

Dies impliziert nach Multiplikation mit $u_1 - u_2$ und Integration über Ω

$$0 = \int_\Omega |u_1 - u_2|^2\, dx + \int_\Omega (u_1 - u_2) \cdot \nabla(p_1 - p_2)\, dx\,.$$

Das zweite Integral ist Null wegen der Orthogonalität von $u_1 - u_2$ und $\nabla(p_1 - p_2)$. Es folgt $u_1 = u_2$ und damit auch $\nabla p_1 = \nabla p_2$. Es bleibt die Existenz der Zerlegung nachzuweisen. Anwendung des Divergenzoperators auf $w = u + \nabla p$ liefert die Poisson–Gleichung

$$\Delta p = \nabla \cdot w \quad \text{in } \Omega\,.$$

Versehen mit der Randbedingung

$$\nabla p \cdot n = w \cdot n$$

hat diese Gleichung nach Satz 6.4 eine Lösung p. Diese ist bis auf eine Konstante eindeutig ist, falls Ω zusammenhängend ist. Die dazu notwendige Lösbarkeitsbedingung

$$\int_\Omega \nabla \cdot w\, dx - \int_{\partial\Omega} w \cdot n\, ds_x = 0$$

ist durch die Wahl der Randdaten erfüllt. Regularitätstheorie [47] liefert $p \in C^2(\overline{\Omega})$. Definieren wir nun $u = w - \nabla p$, so folgt

$$\nabla \cdot u = 0 \quad \text{in } \Omega\,,$$
$$u \cdot n = 0 \quad \text{auf } \partial\Omega\,.$$

Dies zeigt die Behauptung des Satzes. $\square$

Wir wollen nun eine Energieabschätzung für die Navier–Stokes–Gleichungen zeigen.

Satz 6.21. *Es sei Ω ein beschränktes Gebiet mit glattem Rand und v eine genügend glatte Lösung der Navier–Stokes–Gleichungen in Ω mit Dirichlet-Randbedingungen $v = 0$ auf $\partial\Omega$. Dann gilt:*

$$\int_\Omega \tfrac{1}{2}|v(t,x)|^2\, dx + \int_0^t \int_\Omega \eta\, |Dv(s,x)|^2\, dx\, ds$$
$$\leq C\left(\int_\Omega \tfrac{1}{2}|v(0,x)|^2 dx + \int_0^t \int_\Omega |f(s,x)|^2\, dx\, ds\right)$$

mit einer nur von t abhängigen Konstanten C.

Beweis. Wir multiplizieren Gleichung (6.126) mit v und integrieren über das Gebiet Ω. Mit

$$\int_\Omega (v \cdot \nabla) v \cdot v \, dx = \int_\Omega \sum_{i,j=1}^d v_j \, \partial_{x_j} v_i \, v_i \, dx = \int_\Omega \sum_{i,j=1}^d \frac{1}{2} v_j \, \partial_{x_j} \left(v_i^2 \right) dx$$

$$= -\int_\Omega \sum_{i,j=1}^d \frac{1}{2} \partial_{x_j} v_j \, v_i^2 \, dx = -\int_\Omega (\nabla \cdot v) \frac{1}{2} |v|^2 \, dx = 0$$

und der partiellen Integration

$$-\int_\Omega \eta \, \Delta v \, v \, dx = -\int_\Omega \eta \sum_{i,j=1}^d \partial_{x_i}^2 v_j \, v_j \, dx = \int_\Omega \eta \sum_{i,j=1}^d \partial_{x_i} v_j \, \partial_{x_i} v_j \, dx$$

$$= \int_\Omega \eta \, |Dv|^2 \, dx$$

folgt

$$\frac{1}{2} \frac{d}{dt} \int_\Omega |v|^2 \, dx + \int_\Omega \eta \, |Dv|^2 \, dx = \int_\Omega f \cdot v \, dx. \qquad (6.128)$$

Diese Gleichung drückt die Erhaltung der Energie aus: Die zeitliche Änderung der kinetischen Energie plus die zur Zeit t durch viskose Reibung dissipierte Energie ist gleich der von außen zugeführten Leistung. Anwendung der elementaren Ungleichung

$$\int_\Omega f \cdot v \, dx \leq \frac{1}{2} \left(\int_\Omega |f|^2 \, dx + \int_\Omega |v|^2 \, dx \right) \qquad (6.129)$$

liefert für $y(t) = \frac{1}{2} \frac{d}{dt} \int_\Omega |v|^2 dx$

$$y' \leq y + \frac{1}{2} \int_\Omega |f|^2 dx.$$

Mit der Gronwallschen Ungleichung, siehe Satz 4.5, folgt

$$\frac{1}{2} \int_\Omega |v(t,x)|^2 \, dx \leq e^t \left(\int_\Omega |v(0,x)|^2 \, dx + \int_0^t \int_\Omega \frac{1}{2} |f(s,x)|^2 \, dx \, ds \right).$$

Die Behauptung folgt nun zusammen mit (6.128) und (6.129).   □

Diese Abschätzung liefert die wesentliche Voraussetzung für den Beweis der Existenz von schwachen Lösungen der Navier–Stokes–Gleichungen mit Methoden aus der Funktionalanalysis. Für *genügend glatte* Lösungen kann man auch die Eindeutigkeit der Lösung beweisen.

Satz 6.22. *Es sei Ω ein beschränktes Gebiet mit glattem Rand. Dann gibt es höchstens eine zweimal stetig differenzierbare Lösung der Navier–Stokes-Gleichungen zu denselben Anfangsdaten und denselben Dirichlet-Randbedingungen.*

Beweis. Wir nehmen an, dass $v^{(1)}$ und $v^{(2)}$ zwei Lösungen seien. Multipliziert man die Gleichung für $v^{(1)}$ mit $v^{(1)} - v^{(2)}$, die Gleichung für $v^{(2)}$ mit $v^{(2)} - v^{(1)}$, addiert beide Gleichungen, integriert dann über Ω und integriert den viskosen Term partiell, so erhält man die Gleichung

$$\int_\Omega \Bigg[\partial_t \big(v^{(1)} - v^{(2)}\big) \cdot \big(v^{(1)} - v^{(2)}\big)$$
$$\cdot \quad + \Big(\big((v^{(1)} \cdot \nabla)v^{(1)} - (v^{(2)} \cdot \nabla)v^{(2)}\big) \cdot \big(v^{(1)} - v^{(2)}\big)$$
$$+ \eta \, D\big(v^{(1)} - v^{(2)}\big) : D\big(v^{(1)} - v^{(2)}\big) \Bigg] dx = 0\,.$$

Den konvektiven Term kann man mit Hilfe der Zerlegung

$$\big(v^{(1)} \cdot \nabla\big)v^{(1)} - \big(v^{(2)} \cdot \nabla\big)v^{(2)} = \big(v^{(1)} \cdot \nabla\big)\big(v^{(1)} - v^{(2)}\big)$$
$$+ \big((v^{(1)} - v^{(2)}) \cdot \nabla\big)v^{(2)}$$

abschätzen durch

$$\Big| \big(v^{(1)} \cdot \nabla\big)v^{(1)} - \big(v^{(2)} \cdot \nabla\big)v^{(2)} \Big|$$
$$\leq \big|v^{(1)}\big|\big|D\big(v^{(1)} - v^{(2)}\big)\big| + \big|Dv^{(2)}\big|\big|v^{(1)} - v^{(2)}\big|\,.$$

Man erhält dann

$$\left| \int_\Omega \Big(\big(v^{(1)} \cdot \nabla\big)v^{(1)} - \big(v^{(2)} \cdot \nabla\big)v^{(2)} \Big) \cdot \big(v^{(1)} - v^{(2)}\big) \, dx \right|$$
$$\leq C_1 \int_\Omega \big(\big|D\big(v^{(1)} - v^{(2)}\big)\big| + \big|v^{(1)} - v^{(2)}\big| \big)\big|v^{(1)} - v^{(2)}\big| \, dx$$
$$\leq \frac{\eta}{2} \int_\Omega \big|D\big(v^{(1)} - v^{(2)}\big)\big|^2 \, dx + \frac{C_1^2}{2\eta} \int_\Omega \big|v^{(1)} - v^{(2)}\big|^2 \, dx\,.$$

Insgesamt folgt

$$\frac{1}{2}\frac{d}{dt} \int_\Omega \big|v^{(1)} - v^{(2)}\big|^2 \, dx + \int_\Omega \frac{\eta}{2}\big|D\big(v^{(1)} - v^{(2)}\big)\big|^2 \, dx$$
$$\leq C \int_\Omega \big|v^{(1)} - v^{(2)}\big|^2 \, dx\,.$$

Anwendung der Gronwall–Ungleichung mit $y(0) = 0$ und $\beta(t) = 0$ liefert $v^{(1)} = v^{(2)}$. □

Die im Eindeutigkeitsbeweis verlangten Anforderungen an die Glattheit der Lösung lassen sich noch deutlich abschwächen. Insbesondere kann man zeigen, dass nur *eine* Lösung glatt genug sein muss, um die Existenz einer weiteren schwachen Lösung auszuschließen. Trotzdem ist es bisher nicht gelungen, unter hinreichend allgemeinen Voraussetzungen an die Daten die im Existenzbeweis benötigte Regularität der Lösung in drei Raumdimensionen rigoros zu beweisen. Grund hierfür ist der konvektive Term $(v \cdot \nabla)v$, der für große v stärker wächst als alle anderen Terme. Für weitere Details verweisen wir auf das Buch von Temam [121].

6.6 Grenzschichten

In Kapitel 5 haben wir zwei Modelle für Strömungen kennengelernt, die *Euler–Gleichungen* und die *Navier–Stokes–Gleichungen*. Die Modelle unterscheiden sich dadurch, dass die „innere Reibung" der Strömung in den Euler–Gleichungen vernachlässigt wird, in den Navier–Stokes–Gleichungen dagegen durch die Viskosität modelliert wird. Wenn die Viskosität sehr klein ist, dann erwarten wir, dass Lösungen der Navier–Stokes–Gleichungen denen der Euler–Gleichungen immer ähnlicher werden. Wir werden dies im Folgenden näher untersuchen.

Wir betrachten die Navier–Stokes–Gleichungen in entdimensionalisierter Form

$$\left.\begin{array}{r} \partial_t v + (v \cdot \nabla)v - \frac{1}{\mathrm{Re}}\,\Delta v + \nabla p = 0\,, \\ \nabla \cdot v = 0 \end{array}\right\} \text{ in } \Omega\,,$$

$$v = 0 \qquad\qquad \text{auf } \partial\Omega\,,$$

und die Euler–Gleichungen für inkompressible Strömungen, ebenfalls entdimensionalisiert

$$\left.\begin{array}{r} \partial_t v + (v \cdot \nabla)v + \nabla p = 0 \\ \nabla \cdot v = 0 \end{array}\right\} \text{ in } \Omega\,,$$

$$v \cdot n = 0 \qquad\qquad \text{auf } \partial\Omega\,.$$

Es zeigt sich, dass Lösungen der Navier–Stokes–Gleichungen *Grenzschichten* ausbilden. Zum Rand des betrachteten Gebietes hin verändert sich das Strömungsprofil drastisch, um zu gewährleisten, dass die Randbedingungen angenommen werden. In den Euler–Gleichungen finden sich diese Randschichten nicht. Der Grund für das unterschiedliche Verhalten beider Gleichungen liegt in der Tatsache, dass in den Navier–Stokes–Gleichungen Terme auftreten, die von höherer Differenzierbarkeitsordnung sind als die höchsten Ableitungen in den Euler–Gleichungen. Die Navier–Stokes–Gleichungen sind eine *singuläre Störung* der Euler–Gleichungen.

Die Auswirkungen verschiedener Ableitungsordnungen auf das qualitative Verhalten von Lösungen wollen wir zunächst an einem einfachen Beispiel diskutieren.

Beispiel 1: Wir betrachten das Randwertproblem

$$y'(x) = a\,, \quad y(1) = 1\,,$$

wobei $a \in \mathbb{R}$ konstant ist und $x \in (0,1)$. Die Lösung ist

$$y(x) = a(x-1) + 1\,.$$

Jetzt addieren wir einen „kleinen" Term $\varepsilon y''$ mit kleinem $\varepsilon > 0$ zu obiger Differentialgleichung und verlangen eine weitere Bedingung am Rande. Wir betrachten nun

$$\varepsilon\,y'' + y' = a \quad \text{mit} \quad y(0) = 0\,, \ y(1) = 1\,.$$

Wir rechnen einfach nach, dass

$$y_\varepsilon(x) = \frac{1-a}{1-e^{-1/\varepsilon}}\bigl(1 - e^{-x/\varepsilon}\bigr) + ax$$

dieses Problem löst. Für $0 < a < 1$ ist die Lösung in Abbildung 6.20 skizziert.

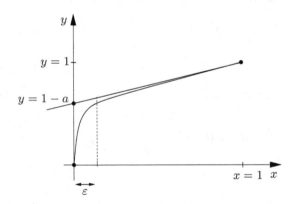

Abb. 6.20. Eine Grenzschicht in der Lösung eines Randwertproblems

Die Lösung y_ε des gestörten Problems unterscheidet sich von y wesentlich nur auf einem Streifen mit der Dicke $\mathcal{O}(\varepsilon)$ um den Punkt $x = 0$.

Beispiel 2: Strömung über einer Platte
Im folgenden Beispiel berechnen wir eine Grenzschicht für die Navier–Stokes–Gleichungen. Wir betrachten eine zweidimensionale Strömung in der oberen

Halbebene $\{x \in \mathbb{R}^2 \,|\, x_2 \geq 0\}$ und nehmen an, dass der untere Rand, die „Platte", fest ist, siehe Abbildung 6.21. Weiter nehmen wir an, dass

$$v(t, x_1, x_2) \to \begin{pmatrix} U_1 \\ 0 \end{pmatrix} \quad \text{für} \quad x_2 \to \infty$$

gilt.

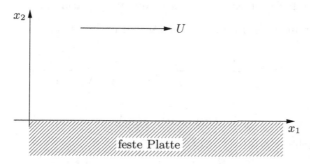

Abb. 6.21. Strömung über einer festen Platte

Wir suchen eine Lösung mit den folgenden Eigenschaften

$$v(t, x_1, x_2) = \begin{pmatrix} u(t, x_2) \\ 0 \end{pmatrix}, \ \nabla p(t, x_1, x_2) = 0\,.$$

Dann gilt, da $(v \cdot \nabla)v = v_1 \partial_{x_1} v + v_2 \partial_{x_2} v = 0$ und $\nabla p = 0$, die Gleichung

$$\partial_t u = \frac{1}{\mathrm{Re}} \partial_{x_2}^2 u\,,$$
$$u(t, 0) = 0\,, \tag{6.130}$$
$$u(t, x_2) \to U_1 \text{ für } x_2 \to \infty\,.$$

Dieses Problem hat folgende Skalierungseigenschaft: Ist u eine Lösung, so erfüllt

$$w(t, x_2) = u\big(\tfrac{t}{T}, \tfrac{x_2}{L}\big) \ \text{mit festen} \ T, L \in \mathbb{R}$$

die Differentialgleichung

$$\partial_t w = \frac{\partial_t u}{T} = \frac{1}{\mathrm{Re}} \frac{1}{T} \partial_{x_2}^2 u = \frac{1}{\mathrm{Re}} \frac{L^2}{T} \partial_{x_2}^2 w\,.$$

Gilt $L^2 = T$, so erfüllt w das System (6.130). Insbesondere gelten dieselben Randbedingungen.

Wir nehmen nun an, dass (6.130) eine eindeutige Lösung besitzt. Dann müssen w und u übereinstimmen. Somit haben wir

$$u\left(\tfrac{t}{T}, \tfrac{x_2}{L}\right) = u(t, x_2)\,, \quad \text{falls } L^2 = T\,.$$

Setzen wir für festes t die Werte $T = t$ und $L = \sqrt{t}$ ein, so erhalten wir

$$u\left(1, \tfrac{x_2}{\sqrt{t}}\right) = u(t, x_2)\,.$$

Dies impliziert also, dass eine Lösung *selbstähnlich* sein müßte: Kennen wir die Lösung zu einem Zeitpunkt, so ergibt sich die Lösung zu anderen Zeitpunkten durch eine einfache Streckung der unabhängigen Variablen.

Wir führen nun die Variable $\eta = \frac{\sqrt{\mathrm{Re}}}{2}\frac{x_2}{\sqrt{t}}$ ein und definieren

$$f(\eta) = \frac{1}{U_1}\, u\left(1, \frac{2}{\sqrt{\mathrm{Re}}}\eta\right) = \frac{1}{U_1}\, u\left(t, \frac{2\sqrt{t}\,\eta}{\sqrt{\mathrm{Re}}}\right)\,.$$

Es gilt dann

$$f(0) = 0\,, \quad f(\infty) = 1\,.$$

Welche Gleichung erfüllt f? Mit

$$\frac{\partial}{\partial t}\eta = -\frac{1}{4}\,\sqrt{\mathrm{Re}}\,\frac{x_2}{t^{3/2}} = -\frac{1}{2}\frac{\eta}{t}$$

und

$$\frac{\partial}{\partial x_2}\eta = \frac{\sqrt{\mathrm{Re}}}{2\sqrt{t}}$$

erhalten wir

$$0 = \frac{1}{U_1}\left(\partial_t u - \frac{1}{\mathrm{Re}}\,\partial_{x_2}^2 u\right) = f'(\eta)\left(-\frac{\eta}{2t}\right) - \frac{1}{\mathrm{Re}}f''(\eta)\frac{\mathrm{Re}}{4t}\,.$$

Es gilt somit

$$0 = 2\eta\, f'(\eta) + f''(\eta)\,, \quad f(0) = 0\,, \quad f(\infty) = 1\,.$$

Daraus folgt

$$f'(\eta) = c\, e^{-\eta^2}$$

und Integration liefert mit $f(\infty) = 1$

$$f(\eta) = \mathrm{erf}(\eta) = \frac{2}{\sqrt{\pi}}\int_0^\eta e^{-s^2}\, ds\,.$$

Dabei haben wir

$$\int_0^\infty e^{-s^2}\, ds = \frac{\sqrt{\pi}}{2}$$

benutzt. Für u erhalten wir

$$u(t, x_2) = U_1\, \mathrm{erf}\left(\frac{\sqrt{\mathrm{Re}}}{2}\frac{x_2}{\sqrt{t}}\right) = U_1\frac{2}{\sqrt{\pi}}\int_0^{\frac{\sqrt{\mathrm{Re}}}{2}\frac{x_2}{\sqrt{t}}} e^{-s^2}\, ds\,.$$

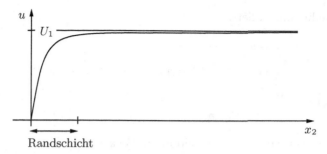

Abb. 6.22. Randschicht für die Strömung über einer festen Platte

Wir sagen, wir befinden uns in der Randschicht, falls

$$u < (1 - \varepsilon)U_1 \quad \text{mit einem fest gewählten } \varepsilon .$$

Es gibt genau ein η_0 mit

$$\mathrm{erf}\,(\eta_0) = 1 - \varepsilon .$$

Dann ist die Randschicht durch alle x_2 gegeben, für die

$$\frac{\sqrt{\mathrm{Re}}}{2} \frac{x_2}{\sqrt{t}} < \eta_0$$

oder, äquivalent dazu,

$$x_2 < 2\eta_0 \sqrt{t/\mathrm{Re}}$$

gilt. Die Randschichtdicke ist demnach proportional zur Wurzel des „kleinen"
Parameters $\frac{1}{\mathrm{Re}}$.

Asymptotische Entwicklungen für Grenzschichten

Wir wollen nun an Hand eines einfachen Beispiels eine Methode kennenlernen,
die es erlaubt, auch für sehr komplexe Probleme Grenzschichten auszurechnen.
Wir betrachten das Problem

$$\varepsilon y'' + 2y' + 2y = 0 \quad \text{für } x \in (0,1) \quad \text{mit } y(0) = 0,\ y(1) = 1 . \qquad (6.131)$$

Dabei sei $\varepsilon > 0$ ein kleiner Parameter. Die Lösung hat die Form

$$y(x) = a\,e^{\alpha x/\varepsilon} + b\,e^{\beta x/\varepsilon}$$

mit

$$\alpha = -1 + \sqrt{1 - 2\varepsilon} \approx -\varepsilon \quad \text{und}$$
$$\beta = -1 - \sqrt{1 - 2\varepsilon} \approx -2 + \varepsilon .$$

Die Randbedingungen liefern

$$0 = a + b\,,$$

$$1 = a\left(e^{\alpha/\varepsilon} - e^{\beta/\varepsilon}\right) \approx a\left(e^{-1} - e^{-2/\varepsilon}\right) \approx a\,e^{-1}\,.$$

Daraus folgt

$$y(x) \approx e^{1-x} - e^{1-2x/\varepsilon}\,.$$

Diese Näherungslösung ist in Abbildung 6.23 skizziert.

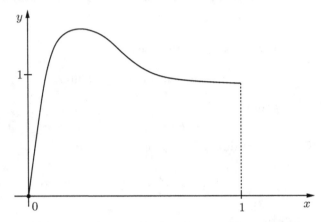

Abb. 6.23. Lösung des Randwertproblems (6.131)

In diesem einfachen Fall kann man das Lösungsverhalten ohne großen Aufwand erkennen. Anhand dieses Beispiels wollen wir nun eine asymptotische Analyse vornehmen, die Entwicklungen in der Grenzschicht und in Bereichen entfernt von der Grenzschicht beinhaltet. Dabei wollen wir natürlich ausnutzen, dass der Parameter ε klein ist.

Bemerkung. Für $\varepsilon = 0$ erhalten wir

$$y_0' + y_0 = 0 \quad \text{und damit} \quad y_0(x) = a\,e^{-x}\,.$$

Wir können somit nicht beide Randbedingungen erfüllen. Es liegt eine singuläre Störung vor, und wir werden mit einem Reihenansatz, der dem Auftreten von Randschichten keine Beachtung zukommen lässt, nicht weiterkommen.

Unser Ansatz für die asymptotische Entwicklung ist nun wie folgt: Wir versuchen, für $x \geq \delta(\varepsilon) > 0$ und für $x \in [0, \delta(\varepsilon)]$ getrennt Entwicklungen zu konstruieren. Diese müssen dann geeignet zusammengesetzt werden. Wir gehen in mehreren Schritten vor:

1. Schritt: Die äußere Entwicklung.

Wir nehmen an, dass die Lösung im größten Teil des Intervalls $[0,1]$ eine Entwicklung der Form

$$y(x) = y_0(x) + \varepsilon\, y_1(x) + \cdots$$

besitzt. Setzen wir diesen Ansatz in die Differentialgleichung (6.131) ein, so erhalten wir

$$2(y_0' + y_0) + \varepsilon(\cdots) + \varepsilon^2(\cdots)t\cdots = 0\,.$$

Zur Ordnung $\mathcal{O}(1)$ muss die Gleichung

$$y_0' + y_0 = 0$$

zusammen mit den Randbedingungen

$$y_0(0) = 0 \quad\text{und}\quad y_0(1) = 1$$

erfüllt sein. Wir können nur eine Randbedingung erfüllen und entscheiden uns für die Randbedingung an der Stelle $x = 1$. Es ergibt sich als Lösung der Differentialgleichung:

$$y_0(x) = a\,e^{-x}\,.$$

Es läßt sich zeigen, dass das nachfolgende Vorgehen keine sinnvolle Lösung liefert, wenn wir eine Randschicht an der Stelle $x = 1$ voraussetzen. Damit ergibt sich $y_0(1) = 1$ und

$$y_0(x) = e^{1-x}\,.$$

Diese Lösung ist in Abbildung 6.24 dargestellt.

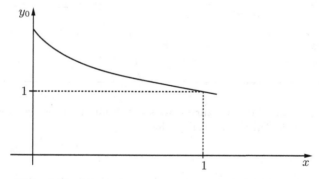

Abb. 6.24. Die äußere Lösung zu niedrigster Ordnung

2. Schritt: Die innere Entwicklung.

Wir führen neue Koordinaten $z = \frac{x}{\varepsilon^{\alpha}}$ für ein $\alpha > 0$ ein, und setzen $Y(z) = y(x)$. Es folgt nach Einsetzen in die Differentialgleichung

$$\varepsilon^{1-2\alpha}\frac{d^2}{dz^2}Y + 2\varepsilon^{-\alpha}\frac{d}{dz}Y + 2Y = 0 \quad \text{und} \quad Y(0) = 0.$$

Der Ansatz

$$Y(z) = Y_0(z) + \varepsilon^\gamma Y_1(z) + \cdots \quad \text{mit} \quad \gamma > 0$$

liefert

$$\varepsilon^{1-2\alpha}\left(Y_0'' + \varepsilon^\gamma Y_1'' + \cdots\right) + 2\varepsilon^{-\alpha}\left(Y_0' + \varepsilon^\gamma Y_1' + \cdots\right)$$
$$+ 2\left(Y_0 + \varepsilon^\gamma Y_1 + \cdots\right) = 0. \tag{6.132}$$

Als Terme niedrigster Ordnung ergeben sich $\varepsilon^{1-2\alpha}Y_0''$ und/oder $2\varepsilon^{-\alpha}Y_0'$. Eine Balance für diese Terme ist nur möglich, falls $\alpha = 1$. Würden die Terme nicht zur gleichen Ordnung auftauchen, so würde sich $Y_0'(0) = 0$ ergeben und zusammen mit $Y_0(0) = 0$ erhalten wir $Y_0 \equiv 0$. Dieser Ansatz würde beim 3. Schritt zu einem Widerspruch führen. Wir erhalten dann zur Ordnung ε^{-1} in (6.132)

$$Y_0'' + 2Y_0' = 0 \quad \text{für} \quad 0 < z < \infty$$

und

$$Y_0(0) = 0.$$

Dies ergibt

$$Y_0(z) = a\left(1 - e^{-2z}\right),$$

wobei die Zahl a noch zu bestimmen ist.

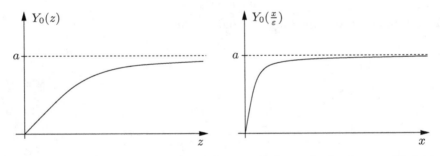

Abb. 6.25. Die innere Lösung zur niedrigsten Ordnung in den inneren Variablen (links) und in den äußeren Variablen (rechts)

3. Schritt: „Matching", Anpassen der inneren und äußeren Entwicklungen Wir suchen nun ein a so, dass Y_0 und y_0 zusammenpassen, wie in Abbildung 6.26 skizziert.

Dazu führen wir eine „Zwischenvariable" $x_\eta = \frac{x}{\varepsilon^\beta} = z\varepsilon^{1-\beta}$ ein mit $0 < \beta < \alpha = 1$. Wir betrachten für festes aber beliebiges x_η den Limes $\varepsilon \to 0$; dies bedeutet dann $z \to \infty$ und $x \to 0$. Die inneren und äußeren Entwicklungen sollen übereinstimmen, wenn sie durch x_η ausgedrückt werden. Wir definieren

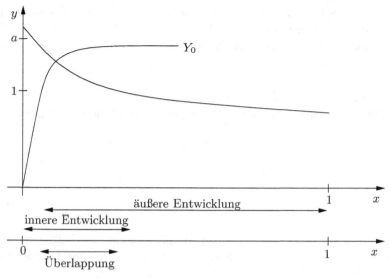

Abb. 6.26. In einem Übergangsbereich müssen beide Entwicklungen übereinstimmen

$$\widetilde{y}_0(x_\eta) = y_0\big(\varepsilon^\beta x_\eta\big) \quad \text{und}$$
$$\widetilde{Y}_0(x_\eta) = Y_0\big(\varepsilon^{\beta-1} x_\eta\big)\,.$$

Es gilt dann

$$\widetilde{y}_0(x_\eta) = e^{1-\varepsilon^\beta x_\eta} \to e^1 \quad \text{für } \varepsilon \to 0 \quad \text{und}$$
$$\widetilde{Y}_0(x_\eta) = a\big(1 - e^{-2\varepsilon^{\beta-1} x_\eta}\big) \to a \quad \text{für } \varepsilon \to 0\,.$$

Daraus folgt

$$a = e\,.$$

4. Schritt: Zusammensetzen
Jetzt wollen wir die beiden Teile zusammensetzen. Dies tun wir dadurch, dass wir beide Lösungen addieren und einen geeigneten gemeinsamen Teil wieder abziehen. Da $y_0(\varepsilon^\beta x_\eta) \to e$ und $Y_0(\varepsilon^{\beta-1} x_\eta) \to e$ für $\varepsilon \to 0$, ist ein geeigneter gemeinsamer Anteil $e = y_0(0)$. Wir erhalten

$$y(x) \approx y_0(x) + Y_0\big(\tfrac{x}{\varepsilon}\big) - y_0(0)$$
$$= e^{1-x} + e\big(1 - e^{-2x/\varepsilon}\big) - e$$
$$= e^{1-x} - e^{1-2x/\varepsilon}\,.$$

Wir addieren Lösungen, die wir in unterschiedlichen Teilbereichen gewonnen haben. Nun gilt aber, dass y_0 in der Nähe des Randes nahe bei $y_0(0)$ liegt.

Diesen Teil ziehen wir ab. Weiter entfernt vom Rand ist Y_0 aber gerade nicht weit von $e = y_0(0)$ entfernt. Diesen Teil ziehen wir aber gerade wieder ab. Es zeigt sich, dass die so gewonnene Näherungslösung sehr gut mit der exakten Lösung übereinstimmt.

5. Schritt: Zweiter Term in der Entwicklung
Wenn die Gleichung $y_0' + y_0 = 0$ erfüllt ist, dann lautet die äußere Entwicklung

$$\varepsilon(y_0'' + 2y_1' + 2y_1) + \varepsilon^2(\cdots) = 0.$$

Zur Ordnung $\mathcal{O}(\varepsilon)$ erhalten wir

$$y_1' + y_1 = -\frac{1}{2}y_0'' = -\frac{1}{2}e^{1-x}, \tag{6.133}$$

sowie die Randbedingung $y_1(1) = 0$. Um eine Lösung zu erhalten, kann man die Methode der „Variation der Konstanten" benutzen. Eine Lösung der homogenen Gleichung ist $x \mapsto e^{-x}$. Mit dem Ansatz

$$y_1(x) = e^{-x}h(x)$$

folgt aus (6.133) dann die Identität

$$-e^{-x}h(x) + e^{-x}h'(x) + e^{-x}h(x) = -\frac{1}{2}e^{1-x}.$$

Es folgt

$$h'(x) = -\frac{1}{2}e$$

und mit $h(1) = 0$

$$h(x) = \frac{1}{2}e(1-x).$$

Gleichung (6.133) besitzt also die Lösung

$$y_1(x) = \tfrac{1}{2}(1-x)\,e^{1-x}.$$

In der *inneren Entwicklung* erhält man

$$\varepsilon^{-1}\big(Y_0'' + \varepsilon^\gamma Y_1'' + \cdots\big) + 2\varepsilon^{-1}\big(Y_0' + \varepsilon^\gamma Y_1' + \cdots\big) + 2\big(Y_0 + \varepsilon^\gamma Y_1 + \cdots\big) = 0.$$

Da Y_0 schon so bestimmt wurde, dass die Terme der Ordnung $\mathcal{O}(\varepsilon^{-1})$ wegfallen, ist der Term niedrigster Ordnung nun entweder von der Ordnung $\mathcal{O}(\varepsilon^{\gamma-1})$ oder von der Ordnung $\mathcal{O}(1)$. Diese beiden Terme müssen sich ausbalancieren, da sonst $Y_1 \equiv 0$ folgen würde. Somit folgt $\gamma = 1$ und wir erhalten

$$Y_1'' + 2Y_1' = -2Y_0 = -2e\big(1 - e^{-2z}\big) \quad \text{und} \quad Y_1(0) = 0.$$

Es folgt

$$Y_1(z) = c(1 - e^{-2z}) - z\,e(1 + e^{-2z}).$$

Die Konstante c ist durch Anpassen („matching") zu bestimmen. Es gilt

$$\widetilde{y}_0(x_\eta) + \varepsilon\,\widetilde{y}_1(x_\eta) = y_0(\varepsilon^\beta x_\eta) + \varepsilon\,y_1(\varepsilon^\beta x_\eta)$$
$$= e(1 - \varepsilon^\beta x_\eta) + \frac{\varepsilon}{2}(1 - \varepsilon^\beta x_\eta)e(1 - \varepsilon^\beta x_\eta) + \cdots$$
$$= e - e\,\varepsilon^\beta x_\eta + \frac{\varepsilon}{2}e - \varepsilon^{1+\beta}e\,x_\eta + \frac{1}{2}\varepsilon^{1+2\beta}e\,x_\eta^2 + \cdots$$

und

$$\widetilde{Y}_0(x_\eta) + \varepsilon\,\widetilde{Y}_1(x_\eta) = Y_0(\varepsilon^{-1+\beta}x_\eta) + \varepsilon\,Y_1(\varepsilon^{-1+\beta}x_\eta)$$
$$= e\left(1 - e^{-2\varepsilon^{\beta-1}x_\eta}\right) + \varepsilon\left[c\left(1 - e^{-2\varepsilon^{\beta-1}x_\eta}\right) - \frac{x_\eta e}{\varepsilon^{1-\beta}}\left(1 + e^{-2\varepsilon^{\beta-1}x_\eta}\right)\right]$$
$$\approx e + \varepsilon c - \varepsilon^\beta e\,x_\eta.$$

Es folgt

$$c = \frac{e}{2}.$$

Diese Entwicklungen können wir nun wieder zusammensetzen:

$$y(x) \approx y_0(x) + \varepsilon\,y_1(x) + Y_0\left(\tfrac{x}{\varepsilon}\right) + \varepsilon\,Y_1\left(\tfrac{x}{\varepsilon}\right) - \left[e - \varepsilon^\beta e\,x_\eta + \tfrac{\varepsilon}{2}e\right]$$
$$\approx e^{1-x} - (1+x)e^{1-2x/\varepsilon} + \frac{\varepsilon}{2}\left((1-x)e^{1-x} - e^{1-2x/\varepsilon}\right).$$

Der Term in den eckigen Klammern ist dabei der gemeinsame Teil beider Entwicklungen.

Die Prandtlschen Grenzschichtgleichungen

Wir wollen jetzt asymptotische Entwicklungen für die Navier–Stokes–Gleichungen in der Nähe eines festen Körpers machen. Zur Vereinfachung betrachten wir einen flachen Körper. Außerdem beschränken wir uns auf den räumlich zweidimensionalen Fall. Eine Verallgemeinerung auf drei Dimension ist möglich. In diesem Abschnitt sei der Geschwindigkeitsvektor durch $(u, v)^\top \in \mathbb{R}^2$ gegeben und die räumlichen Variablen seien $(x, y)^\top \in \mathbb{R}^2$. Dann lauten die Navier–Stokes–Gleichungen in entdimensionalisierter Form wie folgt:

$$\partial_t u + u\,\partial_x u + v\,\partial_y u = -\partial_x p + \frac{1}{\mathrm{Re}}\Delta u,$$
$$\partial_t v + u\,\partial_x v + v\,\partial_y v = -\partial_y p + \frac{1}{\mathrm{Re}}\Delta v,$$
$$\partial_x u + \partial_y v = 0$$

für $y > 0$ und

$$u = v = 0 \;\; \text{für} \;\; y = 0 \,.$$

Wir betrachten Strömungen für große Reynoldszahlen Re. In den meisten praktischen Anwendungen bei Gasströmungen ist die Reynoldszahl tatsächlich sehr groß. Der Parameter

$$\varepsilon = \frac{1}{\text{Re}}$$

wird im Folgenden unser kleiner Parameter sein.

1. Schritt: Die äußere Entwicklung.

In Bereichen weit entfernt von der Grenzschicht betrachten wir eine äußere Entwicklung für $(u, v)^\top$ der Form

$$u = u_0 + \varepsilon\, u_1 + \varepsilon^2 u_2 + \cdots \,,$$
$$v = v_0 + \varepsilon\, v_1 + \varepsilon^2 v_2 + \cdots \,,$$
$$p = p_0 + \varepsilon\, p_1 + \varepsilon^2 p_2 + \cdots \,.$$

Zur niedrigsten Ordnung erhalten wir für u_0, v_0 die *Euler–Gleichungen*

$$\partial_t u_0 + u_0\, \partial_x u_0 + v_0\, \partial_y u_0 = -\partial_x p_0 \,,$$
$$\partial_t v_0 + u_0\, \partial_x v_0 + v_0\, \partial_y v_0 = -\partial_y p_0 \,, \tag{6.134}$$
$$\partial_x u_0 + \partial_y v_0 = 0 \,.$$

2. Schritt: Die innere Entwicklung.

In y–Richtung ändert sich die Lösung vermutlich stark. Die Geschwindigkeit $(u, v)^\top$ verschwindet für $y = 0$ und ändert ihren Wert schnell in y–Richtung. Deshalb machen wir für die innere Entwicklung nahe $\{y = 0\}$ den Ansatz

$$t = t, \; X = x, \; Y = \frac{y}{\varepsilon^k}$$

und

$$U(t, X, Y) = u\bigl(t, X, \varepsilon^k Y\bigr) \,,$$
$$V(t, X, Y) = v\bigl(t, X, \varepsilon^k Y\bigr) \,,$$
$$P(t, X, Y) = p\bigl(t, X, \varepsilon^k Y\bigr) \,.$$

Für die gesuchten Funktionen U, V, P nehmen wir eine asymptotische Entwicklung der folgenden Form an:

$$U = U_0 + \varepsilon^m U_1 + \varepsilon^{2m} U_2 + \cdots \,,$$
$$V = V_0 + \varepsilon^m V_1 + \varepsilon^{2m} V_2 + \cdots \,,$$
$$P = P_0 + \varepsilon^m P_1 + \varepsilon^{2m} P_2 + \cdots \,.$$

Die Divergenzgleichung $\partial_x u + \partial_y v = 0$ liefert

$$\partial_X U_0 + \varepsilon^m \partial_X U_1 + \cdots + \varepsilon^{-k}\left(\partial_Y V_0 + \varepsilon^m \partial_Y V_1 + \cdots\right) = 0\,.$$

Dies impliziert

$$\partial_Y V_0 = 0\,,$$

und da $V_0(t, x, 0) = 0$ gilt, folgt

$$V_0 \equiv 0\,.$$

Eine sinnvolle Gleichung zur nächsthöheren Ordnung erhalten wir nur, falls $m = k$. Nur dann ergibt sich eine sinnvolle Balance zwischen $\partial_X U_0$ und anderen Termen in der Gleichung. Diese lautet dann

$$\partial_X U_0 + \partial_Y V_1 = 0\,. \tag{6.135}$$

Die Impulserhaltung liefert

$$\partial_t U_0 + U_0\,\partial_X U_0 + \varepsilon^k V_1\,\partial_Y U_0\,\varepsilon^{-k} + \cdots$$
$$= -\partial_X P_0 + \varepsilon\,\partial_X^2 U_0 + \varepsilon^{1-2k}\partial_Y^2 U_0 + \cdots,$$
$$\varepsilon^k \partial_t V_1 + \varepsilon^k U_0\,\partial_X V_1 + \varepsilon^{2k} V_1\,\partial_Y V_1\,\varepsilon^{-k} + \cdots$$
$$= -\varepsilon^{-k}\partial_Y P_0 + \varepsilon^{k+1}\partial_X^2 V_1 + \varepsilon^{k+1-2k}\partial_Y^2 V_1 + \cdots.$$

In der ersten Gleichung wird der Term $\varepsilon^{1-2k}\partial_Y^2 U_0$ nur dann sinnvoll balanciert, wenn $k = \frac{1}{2}$ ist. Dies liefert uns insbesondere, dass Reibungsterme zu niedrigster Ordnung auftreten. Wir vermuteten ja schon, dass Reibung am festen Körper für die Grenzschichtbildung verantwortlich ist. Daher ist es sinnvoll, einen Reibungsterm so zu skalieren, dass er zu niedrigster Ordnung erhalten bleibt. Eine weitere Motivation ergibt sich aus unseren vorherigen Überlegungen zu Grenzschichten in den Navier–Stokes–Gleichungen. Wir hatten schon gesehen, dass der Term $\varepsilon^{1/2} = \left(\frac{1}{\mathrm{Re}}\right)^{1/2}$ die Grenzschichtdicke bestimmt. Würden wir $k > \frac{1}{2}$ wählen, so wäre der Term $\partial_Y^2 U_0$ dominierend und wir erhielten

$$\partial_Y^2 U_0 = 0\,.$$

In diesem Fall würden nur viskose Terme berücksichtigt werden und die Beschleunigungsterme würden vernachlässigt werden. Wir würden die Strömung zu nahe am festen Körper betrachten und Reibungsterme würden zu sehr dominieren. Die Potenz k definiert ja über

$$Y = \varepsilon^k y\,,$$

wie weit wir uns vom Rand weg befinden. Für $k < \frac{1}{2}$ würden wir die viskosen Terme vernachlässigen und in diesem Fall wären wir zu weit weg vom Rand, um die Reibung zu spüren. Insgesamt erhalten wir, wenn wir $k = \frac{1}{2}$ wählen, zu niedrigster Ordnung

$$\partial_t U_0 + U_0\,\partial_X U_0 + V_1\,\partial_Y U_0 = -\partial_X P_0 + \partial_Y^2 U_0\,,$$
$$\partial_Y P_0 = 0\,.$$

Diese Gleichungen müssen zusammen mit der Gleichung (6.135) gelöst werden. Als Randbedingungen am unteren Rand erhalten wir

$$U_0 = V_1 = 0 \ \text{ für } \ Y = 0\,.$$

Insbesondere gilt

$$P_0 = P_0(t, x)\,.$$

3. Schritt: Matching
Es sei

$$y_\eta = \frac{y}{\varepsilon^\beta} = \varepsilon^{1/2-\beta} Y$$

mit $y = \varepsilon^{1/2} Y$ und

$$0 < \beta < \frac{1}{2}\,.$$

Im Folgenden drücken wir die Abhängigkeit von t und x nicht explizit aus. Wir definieren

$$\tilde{u}_0(y_\eta) = u_0\big(\varepsilon^\beta y_\eta\big)\,,$$
$$\tilde{v}_0(y_\eta) = v_0\big(\varepsilon^\beta y_\eta\big)\,,$$
$$\tilde{p}_0(y_\eta) = p_0\big(\varepsilon^\beta y_\eta\big)$$

und

$$\tilde{U}_0(y_\eta) = U_0\big(\varepsilon^{\beta-1/2} y_\eta\big)\,,$$
$$\tilde{V}_0(y_\eta) = V_0\big(\varepsilon^{\beta-1/2} y_\eta\big) \equiv 0\,,$$
$$\tilde{P}_0(y_\eta) = P_0\big(\varepsilon^{\beta-1/2} y_\eta\big)\,.$$

Wir verlangen nun, dass $(\tilde{u}_0, \tilde{v}_0, \tilde{p}_0)$ und $(\tilde{U}_0, \tilde{V}_0, \tilde{P}_0)$ im Limes $\varepsilon \to 0$ übereinstimmen. Daraus folgt:

$$\lim_{y \to 0} v_0(y) = 0 \ \text{ für alle } t \text{ und } x\,.$$

Aus (6.134) folgt dann

$$\partial_t u_0(t, x, 0) + u_0(t, x, 0)\, \partial_x u_0(t, x, 0) = -\partial_x p_0(t, x, 0)\,.$$

Außerdem gilt

$$u_0(t, x, 0) = U_0(t, x, \infty)\,,$$
$$p_0(t, x, 0) = P_0(t, x, \infty)\,.$$

Wegen

$$\partial_Y P_0 = 0$$

folgt
$$p_0(t,x,0) = P_0(t,x,Y) \quad \text{für alle } Y > 0.$$

In der Grenzschicht erhalten wir somit die *Prandtlschen Grenzschichtgleichungen*

$$\partial_t U_0 + U_0\,\partial_X U_0 + V_1\,\partial_Y U_0 = \partial_t u_0 + u_0\,\partial_x u_0 + \partial_Y^2 U_0\,,$$
$$\partial_X U_0 + \partial_Y V_1 = 0\,.$$

Als Randbedingungen haben wir

$$U_0 = V_1 = 0 \quad \text{für } Y = 0,$$

und

$$U_0(t,x,Y) = u_0(t,x,0) \quad \text{für } Y = \infty.$$

Dies ist ein System von Gleichungen für U_0, V_1. Für V_1 ergibt sich nur eine Randbedingung. Dies ist jedoch ausreichend, da nur erste Ableitungen von V_1 auftreten, und nach unseren Erfahrungen reicht dann eine Randbedingung aus. Für die äußere Entwicklung lösen wir die Euler–Gleichungen mit den Randbedingungen

$$v_0 = 0\,.$$

Dies entspricht der üblichen Randbedingung für die Euler–Gleichungen, die ja gerade fordert, dass die *Normalkomponente der Geschwindigkeit* verschwindet.

Zusammenfassung: Außerhalb einer Grenzschicht sind die Euler–Gleichungen

$$\partial_t u_0 + u_0\,\partial_x u_0 + v_0\,\partial_y u_0 = -\partial_x p_0\,,$$
$$\partial_t v_0 + u_0\,\partial_x v_0 + v_0\,\partial_y v_0 = -\partial_y p_0\,,$$
$$\partial_x u_0 + \partial_y v_0 = 0$$

mit der üblichen Randbedingung

$$\begin{pmatrix} u_0 \\ v_0 \end{pmatrix} \cdot n = 0 \quad \text{für } y = 0$$

zu lösen. In der Grenzschicht gelten die *Prandtlschen Grenzschichtgleichungen*

$$\partial_t U_0 + U_0\,\partial_X U_0 + V_1\,\partial_Y U_0 = \partial_Y^2 U_0 + \partial_t u_0 + u_0\,\partial_x u_0\,,$$
$$\partial_X U_0 + \partial_Y V_1 = 0$$

für $t, Y > 0$ mit den Randbedingungen

$$U_0 = V_1 = 0 \quad \text{für } Y = 0$$

und

$$U_0(t,X,Y=\infty) = u_0(t,x,0) \quad \text{für alle } t, X = x.$$

Bemerkungen

1. Leichte Krümmungen des Gebietsrandes können wir vernachlässigen; bei stärkeren Krümmungen treten zusätzliche Terme in den Gleichungen auf.

2. Der Fehler zwischen den Navier–Stokes–Gleichungen und den Grenzschichtgleichungen in der Grenzschicht ist, gemessen in einer geeigneten Norm, von der Ordnung $\mathcal{O}(\varepsilon^{1/2})$.

6.7 Literaturhinweise

Einen guten Überblick über die mathematische Analysis partieller Differentialgleichungen geben [36] und [69]. Zu verschiedenen Klassen von Differentialgleichungen gibt es spezielle Literatur, wie etwa [47] für elliptische Gleichungen und [43], [113] und [121] zur Analysis der Navier–Stokes–Gleichungen. Ein Panoptikum von Anwendungen für partielle Differentialgleichungen ist in [88] zu finden. Anwendungen der asymptotischen Analysis auf partielle Differentialgleichungen findet man in [63] und [71]. Die Homogenisierung partieller Differentialgleichung ist ausführlich beschrieben in [22], [23], [65] und [131]. Numerische Verfahren zur Lösung partieller Differentialgleichungen werden in [53], [58], [68], [75], [93], [102] beschrieben und analysiert. Für manche Gleichungen gibt es spezielle numerische Verfahren, etwa die in [50] beschriebenen für die Navier–Stokes–Gleichungen und die aus [79], [82] für hyperbolische Probleme.

6.8 Aufgaben

Aufgabe 6.1. Es ist folgende elliptische Differentialgleichung mit Robin–Randbedingungen gegeben:

$$-\nabla \cdot (\lambda \nabla u) = f \qquad \text{in } \Omega\,,$$
$$\lambda \nabla u \cdot n = b - au \qquad \text{auf } \partial\Omega\,.$$

Dabei sei Ω ein beschränktes Gebiet mit glattem Rand und λ, f, a, b seien glatte Funktionen mit $\lambda \geq \lambda_0 > 0$ und $a \geq a_0 > 0$.

a) Leiten Sie ein zu dieser Randwertaufgabe äquivalentes Minimierungsproblem her.

b) Zeigen Sie, dass das zu optimierende Funktional J aus Aufgabenteil a) koerzitiv ist im folgenden Sinn:

$$J(u) \geq c_1 \|u\|_{H^1(\Omega)}^2 - c_2 \quad \text{mit} \quad c_1, c_2 > 0\,.$$

Benutzen Sie dazu die folgende Version der Poincaréschen Ungleichung:

$$\int_{\Omega} |\nabla u|^2 \, dx + \int_{\partial \Omega} |u|^2 \, ds_x \geq c_P \|u\|^2_{H^1(\Omega)} \,.$$

Diese Ungleichung muss nicht bewiesen werden.

c) Gilt die Aussage aus Teil b) auch, wenn man auf die Bedingung $a \geq a_0 > 0$ verzichtet?

Aufgabe 6.2. (Existenz von Potentialen)

Sei Ω ein einfach zusammenhängendes Gebiet des $\mathbb{R}^3$ und f ein rotationsfreies Vektorfeld. Wir wollen zeigen, dass ein Potential φ mit $\nabla \varphi = f$ existiert.

Sei $a \in \Omega$ beliebig vorgegeben. Wir wählen $\varphi(a) = 0$; offenbar ändert sich die Potential–Eigenschaft einer Funktion φ nicht durch Hinzuaddieren einer Konstanten, deswegen ist diese Wahl zulässig. Zu $b \in \Omega$ wählen wir einen C^{∞}–Weg

$$c : [0, 1] \to \Omega \,, \quad c(0) = a \,, \quad c(1) = b$$

von a nach b und setzen

$$\varphi(b) := \int_0^1 f(c(t)) \cdot c'(t) \, dt \,.$$

Zeigen Sie: Diese Definition ist unabhängig vom gewählten Weg und es gilt $\nabla \varphi = f$.

Hinweis: Benutzen Sie den Integralsatz von Stokes.

Aufgabe 6.3. (Komplexes Geschwindigkeitspotential I)

Außerhalb der Scheibe $B_a(0)$ mit Radius $a > 0$ um 0 sei das komplexe Potential

$$w(z) := U \left(z + \frac{a^2}{z} \right)$$

mit $U \in \mathbb{R}$ gegeben.

a) Es sei $w = \varphi + i\psi$ mit dem reellen Potential φ und der Stromfunktion ψ. Geben Sie φ und ψ in Zylinderkoordinaten $(r, \beta) \in [a, \infty) \times [0, 2\pi)$ an. Nutzen Sie dabei $z = r \exp(i\beta) = r(\cos \beta + i \sin \beta)$.

b) Berechnen Sie die komplexe Geschwindigkeit F und geben Sie Real- und Imaginärteil v_1 beziehungsweise v_2 in Zylinderkoordinaten an.

c) Betrachten Sie nun den Rand $\partial B_a(0)$. In welchen Punkten ist der Betrag von F am größten beziehungsweise am kleinsten? Was gilt in diesen Punkten für den Druck?

d) Skizzieren Sie die Stromlinien sowie die Linien, auf denen φ konstant ist.

e) Zeigen Sie, dass keine Kraft auf die Scheibe ausgeübt wird.

Aufgabe 6.4. (Komplexes Geschwindigkeitsspotential II)

a) Betrachten Sie nun außerhalb von $B_a(0)$ das komplexe Potential

$$\widetilde{w}(z) := \frac{\Gamma}{2\pi i} \ln z$$

mit $\Gamma \in \mathbb{R}$ und lösen Sie a) und b) aus Aufgabe 6.3.

b) Nun sei das folgende komplexe Potential gegeben:

$$\widehat{w}(z) := w(z) + \widetilde{w}(z) = U\left(z + \frac{a^2}{z}\right) + \frac{\Gamma}{2\pi i} \ln z \,.$$

Bestimmen Sie alle Staupunkte mit $\widehat{F} = 0$. Dabei ist $\widehat{F}$ die zu $\widehat{w}$ gehörende komplexe Geschwindigkeit.
Hinweis: Es ist $\widehat{v} = \nabla_x \widehat{\varphi}$; es reicht offenbar, $\partial_r \widehat{\varphi} = 0$ und $\partial_\beta \widehat{\varphi} = 0$ zu untersuchen.

Aufgabe 6.5. (Stromlinien)
Sei $F = v_1 - iv_2$ eine komplexe Geschwindigkeit mit komplexem Potential w in einem Gebiet $\Omega \subset \mathbb{C}$. Weiterhin sei $c : [0,1] \to \Omega$ eine glatt eingebettete Kurve. Eine solche Kurve wird *Segment* einer Stromlinie s genannt, falls es eine Umparametrisierung β von $[0,1]$ auf den Definitionsbereich von s gibt, so dass $s(\beta(\tau)) = c(\tau)$ ist.
Wir nehmen an, dass F auf c nicht verschwindet. Zeigen Sie, dass die folgenden Aussagen äquivalent sind:

(i) $v_1(c(\tau))\, c_2'(\tau) = v_2(c(\tau))\, c_1'(\tau)$ für $0 \leq \tau \leq 1$,

(ii) $v(c(\tau)) = (v_1, v_2)(c(\tau))$ ist parallel zu $c'(\tau) = (c_1', c_2')(\tau)$ für $0 \leq \tau \leq 1$,

(iii) c ist ein Segment einer Stromlinie,

(iv) die Stromfunktion ψ ist auf c konstant.

Aufgabe 6.6. (D'Alembertsches Paradox)
Zeigen Sie, dass durch das Potential

$$\varphi(x) = \left(\frac{a^3}{2|x|^3} + 1\right) U \cdot x$$

in $\mathbb{R}^3 \setminus B_a(0)$, $a > 0$ eine divergenzfreie Strömung gegeben ist, die den stationären Euler-Gleichungen genügt. Dabei ist U die Geschwindigkeit für $|x| \to \infty$. Verifizieren sie außerdem, dass die auf die Kugel wirkende Kraft

$$f = -\int_{\partial B_a(0)} \varphi\, n\, ds$$

verschwindet.

Aufgabe 6.7. Es seien $u_-, u_+, w \in L_2(\Omega)$ mit $u_- \leq u_+$ gegeben. Weiter sei

$$K = \{v \in L_2(\Omega) \mid u_-(x) \leq v(x) \leq u_+(x) \quad \text{fast überall}\}.$$

Gesucht sei die Lösung Pw des Minimierungsproblems

$$\min\{\|v - w\|_{L_2(\Omega)} \mid v \in K\}.$$

Zeigen Sie: Es existiert genau eine Lösung des Minimierungsproblems und es gilt $(v - Pw, w - Pw)_{L_2(\Omega)} \leq 0$ für alle $v \in K$. Die Lösung Pw heißt orthogonale Projektion von w auf K.

Zusatz: Formulieren und beweisen Sie ein entsprechendes Resultat für allgemeine Hilberträume H. Ersetzen Sie dabei $L_2(\Omega)$ durch H und K durch eine abgeschlossene, konvexe Menge.

Aufgabe 6.8. Zeigen Sie, dass die Variationsungleichung (6.39) äquivalent ist zur Aussage, dass die Abbildung (6.40) ihr Minimum in $\overline{u}(x)$ annimmt.

Aufgabe 6.9. Es seien $\overline{u}, \overline{p}, u_-, u_+ : \overline{\Omega} \to \mathbb{R}$ stetig und $u_-(x) < u_+(x)$ für alle $x \in \overline{\Omega}$. Zeigen Sie: Es gilt

$$\int_\Omega (\alpha\,\overline{u}(x) + \overline{p}(x))(u(x) - \overline{u}(x))\,dx \geq 0$$

für alle stetigen $u : \overline{\Omega} \to \mathbb{R}$ mit $u_-(x) \leq u(x) \leq u_+(x)$ genau dann, wenn für alle $x \in \Omega$ die folgende Variationsungleichung erfüllt ist:

$$(\alpha\,\overline{u}(x) + \overline{p}(x))(v - \overline{u}(x)) \geq 0 \quad \text{für alle} \quad v \in [u_-(x), u_+(x)].$$

Zusatzfrage: Wie lautet die entsprechende Aussage, falls alle auftretenden Funktionen nur quadratintegrierbar sind?

Aufgabe 6.10. Formulieren Sie ein Minimumprinzip für Problem (P$_2$) aus Abschnitt 6.1.7 analog zu Satz 6.13.

Aufgabe 6.11. a) Es sei $u(t, x)$ die Wahrscheinlichkeit, ein Partikel zum Zeitpunkt $t = 0, \tau, 2\tau, \ldots$ an einem Gitterpunkt $x = 0, \pm h, \pm 2h, \ldots$ zu finden. Es sei angenommen, dass von einem Zeitschritt zum nächsten Partikel mit einer Wahrscheinlichkeit α_1 nach links und mit einer Wahrscheinlichkeit α_2 nach rechts springen können. Die Wahrscheinlichkeit im bisherigen Punkt zu verharren sei $(1 - \alpha_1 - \alpha_2)$. Welche partielle Differentialgleichung ergibt sich zu führender Ordnung in τ und h, falls wir α_1, α_2 so wählen, dass

$$\frac{(\alpha_2 - \alpha_1)h}{\tau} = E \quad \text{und} \quad \frac{(\alpha_1 + \alpha_2)h^2}{2\tau} = D$$

gilt?

Anleitung: Gehen Sie vor wie am Ende von Abschnitt 6.2.9.

b) Verallgemeinern Sie das Vorgehen am Ende von Abschnitt 6.2.9 auf den Fall von mehreren Raumdimensionen.

Aufgabe 6.12. Es sei $V \leq -2$. Zeigen Sie: Es existiert keine Funktion U : $\mathbb{R} \to \mathbb{R}$, so dass

$$U'' + V U' + U(1 - U) = 0,$$

$$\lim_{z \to -\infty} U(z) = 0, \quad \lim_{z \to \infty} U(z) = 1.$$

Hinweis: Multiplizieren Sie die Differentialgleichung mit $U'(z)$.

Aufgabe 6.13. Es sei A eine reelle (2×2)-Matrix ohne reelle Eigenwerte und $u + iv$, $u, v \in \mathbb{R}^2$ sei Eigenvektor zum Eigenwert $\gamma + i\omega$.

a) Zeigen Sie: Die Vektoren u und v sind linear unabhängig und alle Lösungen von $x' = Ax$ sind gegeben durch

$$c_1 x_1(t) + c_2 x_2(t), \quad c_1, c_2 \in \mathbb{R}$$

mit

$$x_1(t) = e^{\gamma t}(\cos(\omega t)\, u - \sin(\omega t)\, v)$$
$$x_2(t) = e^{\gamma t}(\sin(\omega t)\, u + \cos(\omega t)\, v).$$

b) Zeichnen Sie das Phasenportrait des Differentialgleichungssystems $x' = Ax$ für

$$A = \begin{pmatrix} -1 & -1 \\ 1 & -1 \end{pmatrix}.$$

Aufgabe 6.14. Zeigen Sie die Existenz einer Lösung (U, W) zu (6.79), (6.80) mit

$$\lim_{z \to -\infty} (U, W)(z) = (0, 0), \quad \lim_{z \to \infty} (U, W)(z) = (1, 0), \qquad (6.136)$$

indem Sie wie folgt vorgehen:

a) Zeigen Sie mit Stetigkeitsargumenten, dass ein $\overline{W} \in \mathbb{R}_+$ existiert, so dass das Anfangswertproblem

$$\frac{dW}{dU}(U) = -V - \frac{U(1 - U)}{W}, \quad W(\tfrac{1}{2}) = \overline{W} \qquad (6.137)$$

eine Lösung $W : [\tfrac{1}{2}, 1] \to [0, \infty)$ besitzt mit $W(1) = 0$.

b) Zeigen Sie, dass sich dieses W zu einer Lösung $W^* : [0, 1] \to [0, \infty)$ mit $W^*(0) = 0$ fortsetzen lässt.

c) Weisen Sie nach, dass die Lösung von

$$U'(z) = W^*(U(z)), \quad U(0) = \tfrac{1}{2}$$

nun eine Lösung $(U(z), W^*(U(z)))$ von (6.79), (6.80) mit (6.136) liefert.

Aufgabe 6.15. Es sei $u : [0, \infty) \times \Omega \to \mathbb{R}$ eine glatte Lösung des Anfangs-randwertproblems

$$\begin{aligned}
\partial_t u &= d\, \Delta u && \text{für } x \in \Omega,\ t \geq 0, \\
\nabla u \cdot n &= 0 && \text{für } x \in \partial \Omega,\ t \geq 0, \\
u(0, x) &= u_0(x) && \text{für } x \in \Omega.
\end{aligned}$$

Zeigen Sie:

a) $\dfrac{d}{dt} \displaystyle\int_\Omega u(t, x)\, dx = 0.$

b) Es existiert eine Konstante $\bar{c} > 0$, so dass

$$\int_\Omega (u(t, x) - \bar{c})^2\, dx \to 0 \quad \text{für} \quad t \to \infty.$$

Hinweis: Es existiert eine Konstante $C_0 > 0$, so dass für alle Funktionen $v \in H^1(\Omega)$ mit $\int_\Omega v(x)\, dx = 0$ die folgende Variante der Poincaré–Ungleichung gilt:

$$\int_\Omega v^2(x)\, dx \leq C_0 \int_\Omega |\nabla v(x)|^2\, dx. \tag{6.138}$$

Diese Aussage gilt damit insbesondere für Funktionen $v \in C^1(\overline{\Omega})$ mit $\int_\Omega v(x)\, dx = 0$. Die Ungleichung (6.138) muss nicht bewiesen werden.

Aufgabe 6.16. Betrachten Sie das Schnakenbergsystem (6.92), (6.93) mit periodischen Randbedingungen und bestimmen Sie die positiven stationären Lösungen (U_0, V_0). Geben Sie notwendige Bedingungen dafür an, dass eine Turing–Instabilität auftritt. Wie groß muss $\Omega = (0, a)$ sein, damit wir in Ω eine Turing–Instabilität beobachten können?

Aufgabe 6.17. Zeigen Sie für periodische Lösungen der Cahn–Hilliard–Gleichung (6.98) auf $\Omega = [0, \ell]^d$, $\ell > 0$ die Massenerhaltung (6.99) und die Ungleichung für die freie Energie (6.100). Gibt es andere Randbedingungen für die (6.99) und (6.100) richtig sind?

Aufgabe 6.18. Berechnen Sie die Entropielösungen der hyperbolischen Erhaltungsgleichung

$$\partial_t u + u\, \partial_x u = 0 \quad \text{auf } \mathbb{R}_+ \times \mathbb{R}$$

mit den Anfangsbedingungen

a) $u(0, x) = \begin{cases} 0 & \text{für } x < -1, \\ x + 1 & \text{für } -1 \leq x \leq 1, \\ 2 & \text{für } x > 1, \end{cases}$

b) $u(0,x) = \begin{cases} 2 & \text{für } x < -1, \\ 1 - x & \text{für } -1 \leq x \leq 1, \\ 0 & \text{für } x > 1. \end{cases}$

Aufgabe 6.19. Berechnen Sie zu den folgenden Differentialgleichungen jeweils alle möglichen Lösungen $u = u(t,x)$, $t > 0$, $x \in \mathbb{R}$, vom Typ einer „travelling wave", also $u(t,x) = w(x - vt)$ mit einer geeigneten Funktion $w : \mathbb{R} \to \mathbb{R}$ und einer passenden Ausbreitungsgeschwindigkeit $v \in \mathbb{R}$:

a) $\partial_t u + \partial_x u = 0$,

b) $\partial_t u - \partial_x^2 u = 0$,

c) $\partial_t^2 u - \partial_x^2 u = 0$,

d) $\partial_t^2 u + \partial_x^2 u = 0$.

Bei welchen Gleichungen gibt es Lösungen für *jede* Wahl der Funktion w?

Aufgabe 6.20. Konstruieren Sie eine Folge $u_n : [0,\infty) \times [0,1] \to \mathbb{R}$ von Lösungen der Gleichung $\partial_t u + \partial_{xx} u = 0$ mit $u(t,0) = u(t,1) = 0$ für alle $t > 0$, so dass

$$\lim_{n \to \infty} \left(\sup_{x \in [0,1]} |u_n(0,x)| \right) = 0$$

und

$$\lim_{n \to \infty} \left(\sup_{x \in [0,1]} |u_n(t,x)| \right) = \infty \quad \text{für alle } t > 0.$$

Dies zeigt, dass Lösungen des Problems $\partial_t u + \partial_{xx} u = 0$ mit $u(t,0) = u(t,1) = 0$ für alle $t > 0$ nicht stetig von den Anfangsdaten abhängen.

Hinweis: Machen Sie einen Separationsansatz $u(t,x) = v(t)\, w(x)$.

Probleme mit freiem Rand

Viele Anwendungen in Naturwissenschaften und Technik führen auf Problemstellungen, bei denen die Geometrie des Gebietes, auf dem eine Gleichung gelöst werden soll, a priori unbestimmt ist. Ist eine partielle Differentialgleichung in einem Gebiet zu lösen, von dem ein Teil des Randes unbekannt ist, so spricht man von einem Problem mit freiem Rand. Zusätzlich zu den üblichen Randbedingungen, die gebraucht werden, um die partielle Differentialgleichung zu lösen, sind in diesem Fall weitere Bedingungen am freien Rand zu stellen. Probleme mit freiem Rand tauchen unter anderem bei folgenden Fragestellungen auf: Schmelz- und Erstarrungsphänomene (Stefan–Problem), Hindernisprobleme für elastische Membranen, Kontaktprobleme bei elastischen Verformungen, Wachstum von Tumoren, Strömungen mit freien Oberflächen und Bewertung von Finanzderivaten.

Wir wollen in diesem Kapitel einige klassische Probleme mit freiem Rand diskutieren, die viele der Entwicklungen auf diesem Gebiet angeregt haben. Zum einen behandeln wir Hindernisprobleme für elastische Membranen und Kontaktprobleme für elastische Körper und werden dabei lernen, dass Variationszugänge auch für Probleme mit freiem Rand sehr erfolgreich sind. Außerdem diskutieren wir das Stefan–Problem, das unter anderem Schmelzvorgänge und Kristallwachstum beschreibt, als Beispiel für ein zeitabhängiges Problem mit freiem Rand. Weitere Probleme mit freiem Rand, die in diesem Kapitel diskutiert werden, entstammen der Modellierung von Strömungen in porösen Medien und dem Gebiet der Strömungen mit freien Oberflächen.

In Kapitel 6 haben wir Randwertprobleme für elliptische Differentialgleichungen behandelt. Für ein festes Gebiet $\Omega \subset \mathbb{R}^d$ mit Rand $\Gamma = \partial\Omega$ und einer gegebenen Funktion $f : \Omega \to \mathbb{R}$ haben wir dort folgende Aufgabe betrachtet: Finde ein $u : \overline{\Omega} \to \mathbb{R}$, so dass

$$-\Delta u = f \quad \text{in} \ \ \Omega\,,$$
$$u = 0 \quad \text{auf} \ \ \Gamma = \partial\Omega\,.$$

Ein Problem mit freiem Rand erhalten wir, wenn das Gebiet Ω und damit der Rand $\Gamma = \partial\Omega$ a priori unbekannt sind. In diesem Fall ist etwa eine Funktion $f : \mathbb{R}^d \to \mathbb{R}$ gegeben, und wir suchen eine Menge Γ, die ein Gebiet $\Omega \subset \mathbb{R}^d$ berandet und eine Funktion $u : \overline{\Omega} \to \mathbb{R}$, so dass

$$\begin{cases} -\Delta u = f & \text{in } \Omega\,, \\ \quad u = 0 & \text{auf } \Gamma = \partial\Omega\,, \\ \nabla u \cdot n = 0 & \text{auf } \Gamma = \partial\Omega\,. \end{cases} \qquad (7.1)$$

Dabei sei n der nach außen orientierte Normalenvektor von $\partial\Omega$. Da wir mit dem Rand einen weiteren Freiheitsgrad in der Problemstellung haben, fordern wir eine weitere Randbedingung, um diesen Freiheitsgrad festzulegen.

In diesem Kapitel werden an einigen Stellen Kenntnisse über Hyperflächen im $\mathbb{R}^d$ vorausgesetzt. Insbesondere wird Vertrautheit mit folgenden Begriffen und Konzepten vorausgesetzt: Tangentialraum, tangentiale Ableitung beziehungsweise Ableitung längs eines Vektorfeldes, Integration auf Mannigfaltigkeiten. Wir verweisen in diesem Zusammenhang auf die Analysis–Grundvorlesungen beziehungsweise auf die Bücher von Hildebrandt [62] und Königsberger [77].

7.1 Hindernisprobleme und Kontaktprobleme

Wir betrachten eine elastische Membran, die sich als Graph einer Funktion $u : \Omega \to \mathbb{R}$ mit einem Gebiet $\Omega \subset \mathbb{R}^d$ schreiben lässt und die am Rand fest fixiert sei, d.h. $u(x) = u_0(x)$ für $x \in \partial\Omega$ mit einer gegebenen Funktion $u_0 : \partial\Omega \to \mathbb{R}$. Wir nehmen weiter an, dass auf die Membran Kräfte wirken. Diese Kräfte seien durch eine Funktion $f : \Omega \to \mathbb{R}$ gegeben, die angibt, wie stark die Kräfte in vertikaler Richtung wirken. Dabei ist $f > 0$ falls eine Kraft von unten auf die Membran „drückt". Wir wollen nun die potentielle Energie der Membran angeben. Um die Oberfläche der Membran zu vergrößern, muss Energie aufgewendet werden, so dass die potentielle Energie sich bis auf eine additive Konstante durch den Term

$$\int_\Omega \left[\lambda\left(\sqrt{1 + |\nabla u|^2} - 1 \right) - fu \right] dx$$

beschreiben lässt. Dabei ist $\lambda > 0$ ein Parameter, der die Dichte der Oberflächenenergie beschreibt. Der Term $\int_\Omega fu\,dx$ beschreibt die durch die äußeren Kräfte verrichtete Arbeit. Setzen wir voraus, dass $|\nabla u|$ klein ist, so können wir nach Taylorentwicklung und Vernachlässigung von Termen höherer Ordnung die Energie

$$\int_\Omega \left(\frac{\lambda}{2} |\nabla u|^2 - fu \right) dx$$

betrachten (vgl. Abschnitt 4.7 für den Fall $d = 1$). Wir suchen nun Zustände minimaler potentieller Energie, denn diese werden wir in der Natur beobachten. Diese Aufgabe führt auf das Minimierungsproblem

$$\min \left\{ \int_\Omega \left(\frac{\lambda}{2} |\nabla u|^2 - fu \right) dx \mid u \in V \right\} \tag{7.2}$$

mit $V = \{v \in H^1(\Omega) \mid v = u_0 \text{ auf } \partial\Omega\}$. Dieses Problem haben wir schon in Abschnitt 6.1 behandelt.

Ist die Bewegung der Membran nun nach unten durch ein Hindernis eingeschränkt, das durch eine Funktion $\psi : \Omega \to \mathbb{R}$ beschrieben ist, so ergibt sich folgendes Problem

$$\min \left\{ \int_\Omega \left(\frac{\lambda}{2} |\nabla u|^2 - fu \right) dx \mid u \in V \text{ und } u \geq \psi \right\}. \tag{7.3}$$

Wir setzen im Folgenden $\psi \in L_2(\Omega)$ voraus und definieren eine Menge von zulässigen Funktionen

$$K = \{v \in H^1(\Omega) \mid v = u_0 \text{ auf } \partial\Omega \text{ und } v \geq \psi\},$$

wobei $u_0 \in H^1(\Omega)$ die Randwerte definiert und $u_0 \geq \psi$ vorausgesetzt sei. Weiter sei

$$E(v) := \int_\Omega \left(\frac{\lambda}{2} |\nabla v|^2 - fv \right) dx$$

und $u \in K$ ein Minimierer von E auf K, d.h.

$$E(u) = \min_{v \in K} E(v).$$

Für $v \in K$ folgt nun, da K konvex ist, dass $(1 - \varepsilon)u + \varepsilon v = u + \varepsilon(v - u)$ für $\varepsilon \in [0, 1]$ in K liegt. Daher gilt $E(u + \varepsilon(v - u)) \geq E(u)$ und wir erhalten für alle $v \in K$

$$0 \leq \frac{d}{d\varepsilon} E(u + \varepsilon(v - u))_{|\varepsilon=0} = \int_\Omega \left(\lambda \nabla u \cdot \nabla(v - u) - f(v - u) \right) dx. \tag{7.4}$$

Wir nennen nun eine Funktion $u \in K$ Lösung der *Variationsungleichung* zu E und K, falls die Ungleichung (7.4) für alle $v \in K$ erfüllt ist. Es gilt nun folgendes Lemma (siehe auch [4]).

Lemma 7.1. *Es sei $\lambda \geq 0$. Dann sind die absoluten Minima von E auf K genau die Lösungen der Variationsungleichung (7.4) von E auf K.*

Beweis. Wir haben schon gezeigt, dass jeder Minimierer Lösung der Variationsungleichung ist. Ist nun $u \in K$ Lösung der Variationsungleichung, so gilt für alle $v \in K$

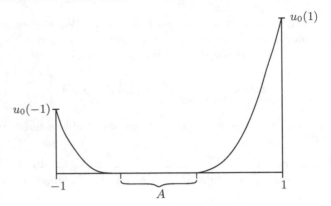

Abb. 7.1. Lösung eines Hindernisproblems mit f negativ, $\Omega = (-1,1)$ und $\psi \equiv 0$. Die aktive Menge ist gegeben durch $A = \{x \in (-1,1) \mid u(x) = 0\}$.

$$E(v) = E(u) + \int_\Omega \left(\lambda \nabla u \cdot \nabla(v-u) - f(v-u)\right) dx + \int_\Omega \frac{\lambda}{2} |\nabla(v-u)|^2 \, dx$$

$$\geq E(u) + \int_\Omega \frac{\lambda}{2} |\nabla(v-u)|^2 \, dx \, .$$

Da λ nichtnegativ ist folgt somit die Behauptung. $\square$

Im Weiteren setzen wir stets voraus, dass Konstanten λ_0 und λ_1 existieren, so dass $0 < \lambda_0 \leq \lambda(x) < \lambda_1 < \infty$ für alle $x \in \Omega$. Unter geeigneten Glattheitsvoraussetzungen an λ, f, ψ, u_0 und $\partial\Omega$ kann gezeigt werden (siehe [41] und [73]), dass Lösungen u der obigen Variationsungleichung in $H^2(\Omega)$ liegen. Das bedeutet, es existieren auch zweite Ableitungen im schwachen Sinn und diese sind quadratintegrierbar. Tatsächlich gilt sogar, dass zweite Ableitungen in $L_\infty(\Omega)$ liegen und erste Ableitungen klassisch existieren und Lipschitzstetig sind. Dann ergibt sich aus der Variationsungleichung und der Tatsache, dass u und v dieselben Randdaten besitzen

$$\int_\Omega [\nabla \cdot (\lambda \nabla u) + f](v-u) \, dx \leq 0 \quad \text{für alle } \; v \in K \, . \tag{7.5}$$

Falls u und ψ stetig sind, ist die Menge $N := \{x \in \Omega \mid u(x) > \psi(x)\}$ offen. Für Funktionen $\zeta \in C_0^\infty(N)$ und ε klein genug liegen dann die Funktionen $v = u \pm \varepsilon\zeta$ in K. Setzen wir diese v in (7.5) ein, so folgt

$$\int_\Omega [\nabla \cdot (\lambda \nabla u) + f] \cdot \zeta \, dx = 0 \quad \text{für alle } \; \zeta \in C_0^\infty(N)$$

und damit, da $\zeta \in C_0^\infty(N)$ beliebig gewählt werden kann,

$$\nabla \cdot (\lambda \nabla u) + f = 0 \quad \text{in } \; N \, .$$

Hat nun $\zeta \in C_0^\infty(\Omega)$ einen Träger, der nicht ganz in N liegt, so folgt im Allgemeinen $v = u + \zeta \in K$ nur falls $\zeta \geq 0$ gilt. Wir erhalten

$$\int_\Omega [\nabla \cdot (\lambda \nabla u) + f] \cdot \zeta \, dx \leq 0 \quad \text{für alle} \quad \zeta \in C_0^\infty(\Omega) \quad \text{mit} \quad \zeta \geq 0$$

und somit

$$\nabla \cdot (\lambda \nabla u) + f \leq 0 \quad \text{für fast alle} \quad x \in \Omega \,.$$

Da Lösungen der Variationsungleichung im Fall glatter Daten in $C^1(\Omega)$ liegen, gilt dann $u = \psi$ und $\nabla u = \nabla \psi$ auf $A := \Omega \setminus N$. Falls

$$\Gamma := \partial N \cap \partial A$$

eine Normale n besitzt, folgt somit insbesondere

$$u = \psi \,, \quad \lambda \nabla u \cdot n = \lambda \nabla \psi \cdot n \quad \text{auf} \quad \Gamma \,.$$

Insgesamt erhalten wir

$$\left. \begin{aligned} \nabla \cdot (\lambda \nabla u) + f &\leq 0 \\ u &\geq \psi \\ (\nabla \cdot (\lambda \nabla u) + f)(u - \psi) &= 0 \end{aligned} \right\} \quad \text{in} \quad \Omega \,,$$

$$\begin{aligned} u &= u_0 && \text{auf } \partial\Omega \,, \\ u &= \psi && \text{auf } \Gamma \,, \\ \lambda \nabla u \cdot n &= \lambda \nabla \psi \cdot n && \text{auf } \Gamma \,. \end{aligned}$$

Diese Formulierung des Hindernisproblems wird auch als *Komplementaritäts-formulierung* bezeichnet. Für die Namensgebung sind die ersten drei Bedingungen verantwortlich (siehe dazu auch die Literatur zur Optimierung, z.B. [123]). Da das Hindernis in $A := \Omega \setminus N$ aktiv ist, nennen wir A die *aktive Menge* und N ist die inaktive („nicht aktive") Menge. Einige Autoren nennen A auch Koinzidenzmenge. Der gemeinsame Rand $\Gamma = \partial A \cap \partial N$ wird als freier Rand bezeichnet, da er a priori unbekannt ist.

Definieren wir einen sogenannten Lagrange–Multiplikator $\mu \in L_2(\Omega)$ durch

$$\mu(x) = \begin{cases} 0 & \text{falls } x \in N \,, \\ -\nabla \cdot (\lambda(x) \nabla u(x)) - f(x) & \text{falls } x \in A \,, \end{cases}$$

so können wir die ersten drei Bedingungen des Komplementaritätssystems wie folgt umformulieren:

$$\left. \begin{aligned} \nabla \cdot (\lambda \nabla u) + f + \mu &= 0 \\ u &\geq \psi \\ \mu &\geq 0 \\ \mu(u - \psi) &= 0 \end{aligned} \right\} \quad \text{in} \quad \Omega \,.$$

Im Folgenden wollen wir eine Umformulierung des Hindernisproblems als *Problem mit freiem Rand* für den Operator $\nabla \cdot (\lambda \nabla u)$ angeben.

Gesucht ist ein Gebiet $N \subset \Omega$, ein freier Rand $\Gamma = \partial N \cap \Omega$ und einé Funktion $u : N \to \mathbb{R}$, so dass

$$
\begin{aligned}
\nabla \cdot (\lambda \nabla u) + f &= 0 && \text{in } N\,, \\
u &= u_0 && \text{auf } \partial \Omega\,, \\
u = \psi,\ \lambda \nabla u \cdot n &= \lambda \nabla \psi \cdot n && \text{auf } \Gamma\,, \\
u &\geq \psi && \text{in } N\,, \\
\nabla \cdot (\lambda \nabla \psi) + f &\leq 0 && \text{in } \Omega \setminus N\,.
\end{aligned}
$$

Das Hindernisproblem kann also als

- *Minimierungsproblem,*

- *Variationsungleichung,*

- *Komplementaritätsproblem,*

- *Problem mit freiem Rand*

oder mit Hilfe von

- *Lagrange–Multiplikatoren*

formuliert werden. In Aufgabe 7.2 werden Sie darüberhinaus eine weitere Formulierung kennenlernen, die ganz ohne Ungleichungen auskommt.

Setzen wir $\psi \equiv 0$, $\lambda \equiv 1$ und $\Omega = \mathbb{R}^d$, so erhalten wir mit einer Lösung des Hindernisproblems gerade eine Lösung des zu Anfang des Kapitels formulierten Problems (7.1). Dabei spielt Ω die Rolle der inaktiven Menge und $\mathbb{R}^d \setminus \Omega$ die Rolle der aktiven Menge; die Funktion u muss dazu durch $u = 0$ auf $\mathbb{R}^d \setminus \Omega$ fortgesetzt werden. Betrachten wir in diesem Fall die notwendigen Bedingungen, so sehen wir, dass alle in (7.1) formulierten Bedingungen erfüllt sind.

Für die Analysis eines Hindernisproblems sind insbesondere die Formulierungen (7.3) als Optimierungsproblem und (7.4) als Variationsungleichung nützlich. Die Eindeutigkeit einer Lösung kann man einfach aus der Variationsungleichung (7.4) ableiten: Sind u_1 und u_2 zwei Lösungen, so setzen wir $v = u_2$ in die Variationsungleichung mit Lösung u_1 und $v = u_1$ in die Variationsungleichung mit Lösung u_2 ein und addieren die Ergebnisse. Es folgt

$$
\begin{aligned}
0 &\leq \int_\Omega \left(\lambda \, \nabla u_1 \cdot \nabla(u_2 - u_1) + \lambda \, \nabla u_2 \cdot \nabla(u_1 - u_2) \right) dx \\
&= - \int_\Omega \lambda |\nabla(u_1 - u_2)|^2 \, dx
\end{aligned}
$$

und mit $\lambda(x) \geq \lambda_0 > 0$ folgt $\nabla u_1 = \nabla u_2$ in Ω. Da u_1 und u_2 auf dem Rand von Ω dieselben Werte annehmen, folgt $u_1 = u_2$. Die Existenz von Lösungen kann man durch Anwendung der direkten Methode der Variationsrechnung auf (7.3) nachweisen; für Details verweisen wir auf [41], [73].

Eine weitere Problemklasse, die auf Variationsungleichungen sehr ähnlicher Struktur führt, sind *Kontaktprobleme* für elastische Körper. Wir betrachten einen Körper aus linear elastischem Material, dessen Verformung durch das Verschiebungsfeld u beschrieben wird. Die Materialeigenschaften seien durch das Hookesche Gesetz

$$\sigma_{ij}(u) = \sum_{k,\ell=1}^{d} a_{ijk\ell}\,\varepsilon_{k\ell}(u)$$

mit dem linearisierten Verzerrungstensor $\varepsilon_{ij}(u) = \frac{1}{2}(\partial_i u_j + \partial_j u_i)$ gegeben. Wirkt auf den Körper eine durch die volumenbezogene Kraftdichte f beschriebene äußere Kraft, und sind die Verschiebungen am Rand $\partial\Omega$ des Körpers durch eine Funktion u_0 vorgegeben, dann ist der Gleichgewichtszustand eine Lösung des Minimierungsproblems

$$\min\left\{ J(u)\,|\, u - u_0 \in H_0^1(\Omega)^d \right\}$$

mit dem Funktional

$$J(u) = \int_{\Omega} \left(\tfrac{1}{2}a(u,u) - f\cdot u \right) dx\,,$$

wobei

$$a(u,v) = \sigma(u):\varepsilon(v) = \sum_{i,j,k,\ell=1}^{d} a_{ijk\ell}\,\varepsilon_{ij}(u)\,\varepsilon_{k\ell}(v)\,.$$

Die Randbedingung u_0 sei dabei auf das gesamte Gebiet Ω fortgesetzt, und es gelte $u_0 \in H^1(\Omega)^d$.

Bei einem *Kontaktproblem* ist auf einem Teil Γ_C des Randes ein Hindernis gegeben, so dass die Komponente u_ν in Richtung des Hindernisses durch eine Funktion g beschränkt ist,

$$u_\nu := u\cdot\nu \le g \quad\text{auf}\ \ \Gamma_C\,.$$

Dabei sei ν ein Einheitsvektor, der die Richtung des kürzesten Abstandes zum Hindernis beschreibt; häufig wählt man ν auch als Normalenvektor von $\partial\Omega$. Auf dem restlichen Teil $\Gamma_U = \partial\Omega \setminus \Gamma_C$ sei weiterhin das Verschiebungsfeld $u = u_0$ vorgeschrieben. Das statische Gleichgewicht des elastischen Körpers ist dann gegeben durch eine Lösung des Minimierungsproblems

$$\min\left\{ J(u)\,|\, u \in K \right\} \tag{7.6}$$

mit *demselben* Funktional J, aber einer anderen Menge zulässiger Funktionen

$$K := \left\{ u \in H^1(\Omega)^d\,|\, u = u_0 \ \text{auf}\ \ \Gamma_U,\ u_\nu \le g \ \text{auf}\ \ \Gamma_C \right\}.$$

Diese Menge ist, wie man leicht überprüft, konvex. Ist u eine Lösung von (7.6) und $v \in K$, dann ist für jedes $\delta \in (0,1)$ auch $u + \delta(v - u) \in K$ und es folgt mit derselben Rechnung wie beim Hindernisproblem

$$0 \leq \frac{d}{d\delta} J(u + \delta(v - u)) \Big|_{\delta=0} = \int_\Omega \big(\sigma(u) : \varepsilon(v - u) - f \cdot (v - u) \big) \, dx \,. \quad (7.7)$$

Dies ist die Formulierung des Kontaktproblems als *Variationsungleichung*. Man kann mit einer zum Beweis von Lemma 7.1 analogen Rechnung zeigen, dass die Formulierungen (7.6) und (7.7) äquivalent sind.

Wir leiten nun eine äquivalente Formulierung als Komplementaritätsproblem her. Für $w \in C_0^\infty(\Omega)^d$ gilt offensichtlich $u \pm w \in K$, deshalb folgt

$$\int_\Omega \big(\sigma(u) : \varepsilon(w) - f \cdot w \big) \, dx = 0$$

und nach partieller Integration

$$\int_\Omega \big(-\nabla \cdot \sigma(u) - f \big) \cdot w \, dx = 0 \,.$$

Da dies für beliebige $w \in C_0^\infty(\Omega)^d$ gilt, erhalten wir das Gleichungssystem der statischen linearen Elastizität

$$-\nabla \cdot \sigma(u) = f \quad \text{in} \quad \Omega \,. \quad (7.8)$$

Weiterhin folgt mit partieller Integration für eine allgemeine Testfunktion $v \in K$

$$0 \leq \int_\Omega \big(-\nabla \cdot \sigma(u) - f \big) \cdot (v - u) \, dx + \int_\Gamma \sigma^n(u) \cdot (v - u) \, ds_x = \int_{\Gamma_C} \sigma^n(u) \cdot (v - u) \, ds_x$$

mit der Randspannung $\sigma^n(u) = \sigma(u)n$. Dabei ist n der Normalenvektor von $\partial\Omega$. Das Integral über Γ_U ist Null wegen $u = v = u_0$ auf Γ_U. Setzen wir hier eine Testfunktion $v = u \pm w$ mit $w_\nu = 0$ auf Γ_C ein, so folgt

$$\int_{\Gamma_C} \sigma_\tau^n(u) \cdot w \, ds_x = 0 \,,$$

wobei $\sigma_\tau^n = \sigma^n - \sigma^n \cdot \nu \, \nu$ der Anteil von $\sigma^n(u)$ ist, der senkrecht zu ν steht. Da w mit $w_\nu = 0$ beliebig gewählt werden kann, folgt

$$\sigma_\tau^n = 0 \quad \text{auf} \quad \Gamma_C \,. \quad (7.9)$$

Für eine allgemeine Testfunktion haben wir nun mit $\sigma_\nu^n := \sigma^n \cdot \nu$

$$\int_{\Gamma_C} \sigma_\nu^n(u) \cdot (v_\nu - u_\nu) \, ds_x \geq 0 \,.$$

Wählen wir nun ζ mit $\zeta \cdot \nu \leq 0$ auf Γ_C und setzen $v = u + \zeta$, so gilt $v \cdot \nu \leq g$ und wir erhalten

$$\sigma_\nu^n(u) \cdot \zeta_\nu \geq 0 \quad \text{auf} \quad \Gamma_C$$

für alle ζ mit $\zeta \cdot \nu \leq 0$. Falls in einem Punkt $u_\nu < g$ gilt, dann kann ζ_ν ein beliebiges Vorzeichen annehmen und in diesem Punkt gilt $\sigma_\nu^n(u) = 0$. Im Fall $u_\nu = g$ folgt lediglich $\sigma_\nu^n(u) \leq 0$. Insgesamt gilt die Komplementaritätsbedingung

$$u_\nu \leq g \,, \quad \sigma_\nu^n \leq 0 \,, \quad \sigma_\nu^n(u_\nu - g) = 0 \,. \tag{7.10}$$

Das Kontaktproblem ist damit gegeben durch die Gleichungen (7.8), (7.9), die Komplementaritätsbedingung (7.10) und die Randbedingung $u = u_0$ auf Γ_U.

Die Eindeutigkeit einer Lösung des Kontaktproblems kann mit demselben Beweis wie beim Hindernisproblem mit Hilfe der Kornschen Ungleichung gezeigt werden, siehe Aufgabe 7.4. Die Existenz einer Lösung folgt durch Anwendung der direkten Methode der Variationsrechnung.

7.2 Freie Ränder in porösen Medien

In diesem Abschnitt sollen Fließ- und Transportprozesse in porösen Medien betrachtet werden. Das wichtigste Beispiel für ein *poröses Medium* ist der Erdboden. Es handelt sich dabei um ein *Mehrphasensystem*, bestehend aus dem Feststoffskelett, der sogenannten *Matrix*, und den die Hohlräume, den sogenannten *Porenraum*, ausfüllenden Fluiden. Die auftretenden fluiden Phasen sind als flüssige Phase das *Bodenwasser* und als gasförmige Phase die *Bodenluft*. Wegen der inhärenten mikroskopischen Inhomogenität eines porösen Mediums muss mindestens zwischen zwei Ebenen der Betrachtungsweise unterschieden werden. Die erste ist die *mikroskopische Ebene* oder Mikroskala, in der ein aus einzelnen zusammenhängenden Poren bestehendes geometrisches Gebilde das Gebiet darstellt. Bei kontinuierlicher Betrachtungsweise können nun etwa die strömungsmechanischen Gesetze formuliert werden. Diese Ebene ist aber nicht ausreichend, da weder die Porengeometrie mit den hochkomplexen Rändern zwischen Porenraum und Porenmatrix beschrieben werden kann noch die in einer solchen mikroskopischen Beschreibung auftretenden Größen den messbaren Größen entsprechen. Die Messgrößen sind vielmehr als Mittel der entsprechenden mikroskopischen Größen über kleine Volumina zu interpretieren, die immer Anteile aus Porenraum und Porenmatrix enthalten. Um zur Übereinstimmung zwischen Modellierungs- und Messgrößen zu gelangen, muss durch Übergang auf eine zweite, *makroskopische Ebene* (Makroskala) dieser Mittelungsprozess nachvollzogen werden. Dies kann unter verschiedenen Voraussetzungen und mit unterschiedlicher Rigorosität mit *Volumenmittelung* oder mit Homogenisierung (siehe Abschnitt 6.1.6) ausgeübt werden. Auftretende Größen müssen also interpretiert werden als Mittel über ein sogenanntes *repräsentatives Elementarvolumen* (REV), dessen Größe klein ist in Relation zum gesamten makroskopischen Gebiet, aber groß im Vergleich zu einer Kenngröße der Mikroskala, wie Korngröße oder dem Volumen einer Pore.

Ein makroskopisches Modell für Strömungen in porösen Medien ist das *Gesetz von Darcy*

$$v = -K\nabla(p + G) \qquad (7.11)$$

mit einer gemittelten Geschwindigkeit v, der sogenannten *Darcy–Geschwindigkeit*, dem Druck p, einem Leitfähigkeitstensor K, der im Allgemeinen eine symmetrische, positiv definite Matrix ist, und einem Gravitationspotential

$$G = \varrho g x_3 \,,$$

wobei $x = (x_1, x_2, x_3)$ die Ortskoordinaten bezeichnet. Die gemittelte Geschwindigkeit v kann man auch als flächenspezifische Durchflussrate interpretieren, konkret gibt $v \, \Delta A \, \Delta t$ das Flüssigkeitsvolumen an, das in der Zeiteinheit Δt durch ein Flächenstück senkrecht zur Flussrichtung mit Flächeninhalt ΔA strömt. Statt v wird oft auch die Notation q verwendet. Für ein homogenes, isotropes poröses Medium ist K ein Skalar, den wir im Folgenden mit λ bezeichnen. Das Gesetz von Darcy wurde schon im 19. Jahrhundert aus experimentellen Daten gefolgert. Man kann es auch mathematisch rigoros durch Methoden der Homogenisierung aus einem Differentialgleichungssystem zur Beschreibung der Strömung auf der Skala der Porenstruktur herleiten; dies ist zum Beispiel in [65], Kapitel 1 und Kapitel 3 mit dem Stokes–System als Modell für die Strömung in der Porengeometrie ausgeführt. Eine weitere heuristische Rechtfertigung können wir aus dem Gesetz von Hagen–Poiseuille für die Strömung durch ein Rohr ableiten, das wir in Aufgabe 5.21 hergeleitet haben. In einem idealisierten Sinn kann man sich das poröse Medium als ein mehr oder weniger gleichmäßiges Netzwerk aus Rohren vorstellen, wobei jeweils ein Drittel der Rohre in eine der drei Koordinatenrichtungen orientiert sind. Die Durchflussrate durch die Rohre ist nach dem Gesetz von Hagen–Poiseuille proportional zum Verhältnis aus Druckdifferenz und Länge. Nimmt man eine kontinuierliche, differenzierbare Druckverteilung im porösen Medium an, dann folgt daraus für die Flussrate q_j in Koordinatenrichtung j gerade die Beziehung

$$q_j = -k_j' \, \partial_j(p + G)$$

mit einer Konstanten k_j, die von der Porengeometrie und der Viskosität des Fluides abhängt. Bei einer gleichmäßig in alle Richtungen verteilten Porengeometrie ist k_j nicht von der Koordinatenrichtung j abhängig, und die Flussrate q_j in Richtung j ist proportional zur Komponente v_j der Geschwindigkeit in Richtung j. Es folgt also das Gesetz von Darcy (7.11). Da die charakteristische Länge der Porenstruktur sehr klein ist, und der Porendurchmesser mit der vierten Potenz in das Gesetz von Hagen–Poiseuille eingeht, sind K und damit auch v sehr klein. Dies rechtfertigt auch die Verwendung der Stokes–Gleichungen als Modell für die Strömung in der Porengeometrie selbst für

Gasströmungen, da die Reynoldszahl LV/η mit charakteristischer Länge L, charakteristischer Geschwindigkeit V und kinematischer Viskosität η selbst für kleine Viskositäten noch klein sein kann.

Wir betrachten nun die Strömung eines *Gases* in einem porösen Medium und vernachlässigen dabei das Gravitationspotential. Bei näherungsweise als konstant angenommener Temperatur sind klassische Zustandsgleichungen für Gase gegeben durch

$$p = k\varrho^\gamma, \quad k > 0, \ \gamma > 0,$$

wobei ϱ die Dichte bezeichnet. Mit dem Massenerhaltungsgesetz

$$\partial_t \varrho + \nabla \cdot (\varrho v) = 0$$

und dem Gesetz von Darcy $v = -\lambda \nabla p$ erhalten wir die Gleichung

$$\partial_t \varrho - \lambda k \nabla \cdot (\varrho \nabla \varrho^\gamma) = 0.$$

Wählen wir die normierte Dichte $u = c\varrho$ mit $c^\gamma = \lambda k \frac{\gamma}{\gamma+1}$ als zu berechnende Funktion, so erhalten wir

$$\partial_t u - \Delta u^m = 0, \quad m = \gamma + 1 > 1. \tag{7.12}$$

Die Gleichung (7.12) heißt *Poröse–Medien–Gleichung* und wir wollen uns nun überzeugen, dass diese Gleichung auf ein Problem mit freiem Rand führt. Wir suchen eine Lösung, die invariant ist unter einfachen Streckungstransformationen. Analog zu Abschnitt 6.2.7 über invariante Transformationen der Wärmeleitungsgleichung machen wir den Ansatz

$$u(t,x) = t^{-\alpha} U(t^{-\beta} x) \quad \text{für} \ x \in \mathbb{R}^n, \, t > 0$$

mit $\alpha, \beta > 0$.

Wir wollen Lösungen suchen, welche die Gesamtmasse erhalten, und verlangen daher

$$\int_{\mathbb{R}^d} t^{-\alpha} U(t^{-\beta} x) \, dx = \int_{\mathbb{R}^d} U(x) \, dx \quad \text{für alle} \ t > 0.$$

Aus der Transformationsformel folgt $t^{-\alpha + d\beta} = 1$ und damit

$$\alpha = d\beta.$$

Setzen wir $y = t^{-\beta} x$ und bezeichnen wir mit ∇_y den Gradienten bezüglich y, so ergibt sich

$$\nabla u^m(t,x) = t^{-\alpha m} t^{-\beta} \nabla_y U^m(t^{-\beta} x),$$
$$\Delta u^m(t,x) = t^{-\alpha m} t^{-2\beta} \Delta_y U^m(t^{-\beta} x),$$
$$\partial_t u(t,x) = (-\alpha) t^{-\alpha-1} U(t^{-\beta} x) + t^{-\alpha}(-\beta) t^{-\beta-1} x \cdot \nabla_y U(t^{-\beta} x).$$

Damit $u(t,x) = t^{-\alpha}U(t^{-\beta}x)$ die Poröse–Medien–Gleichung erfüllt, fordern wir

$$0 = \alpha\, t^{-(\alpha+1)}U(y) + \beta\, t^{-(\alpha+1)}y \cdot \nabla_y U(y) + t^{-(\alpha m+2\beta)}\Delta_y U^m(y)\,.$$

Diese Gleichung kann nur dann für alle $t > 0$ richtig sein, wenn alle t–Potenzen übereinstimmen. Daher fordern wir

$$\alpha + 1 = \alpha m + 2\beta\,.$$

Suchen wir nun eine radialsymmetrische Lösung $U(y) = v(|y|)$, so folgt aus den Identitäten

$$\nabla_y U(y) = v'(|y|)\frac{y}{|y|}\,, \quad \Delta_y U^m(y) = (v^m)''(|y|) + \frac{d-1}{|y|}(v^m)'(|y|)\,,$$

und $\alpha = d\beta$ mit der Notation $r := |y|$

$$0 = \beta d\, v(r) + \beta r\, v'(r) + (v^m)''(r) + \frac{d-1}{r}(v^m)'(r)\,.$$

Nach Multiplikation mit r^{d-1} erhalten wir

$$0 = \beta(r^d v)' + (r^{d-1}(v^m)')'\,.$$

Integration liefert die Existenz einer Konstanten a mit

$$a = \beta r^d v + r^{d-1}(v^m)'\,.$$

Wollen wir Lösungen erhalten, die glatt im Ursprung sind, so ergibt sich $a = 0$ und damit erhalten wir

$$0 = \beta r v + (v^m)'$$

und wegen $(v^m)' = \frac{m}{m-1}v(v^{m-1})'$

$$(v^{m-1})' = -\frac{m-1}{m}\beta r\,.$$

Elementare Integration liefert eine Konstante $b > 0$, so dass

$$v^{m-1}(r) = b - \frac{m-1}{2m}\beta r^2,$$

solange v positiv bleibt. Wir setzen diese Lösung durch Null fort und erhalten

$$v(r) = \left(b - \frac{m-1}{2m}\beta r^2\right)_+^{1/(m-1)}\,.$$

Dabei sei

$$(a)_+ := \max(a, 0)\,.$$

Wir betrachten nur den positiven Anteil der Klammer, um die Nichtnegativität der Lösung zu garantieren.

Es kann leicht verifiziert werden, dass die entstehende Lösung

$$u(t,x) = \frac{1}{t^\alpha}\left(b - \frac{m-1}{2m}\beta\frac{|x|^2}{t^{2\beta}}\right)_+^{1/(m-1)} \qquad (7.13)$$

die Poröse–Medien–Gleichung im Distributionssinn erfüllt (siehe Aufgabe 7.5). Die Funktion (7.13) heißt *Barenblattlösung* und sie besitzt einen kompakten Träger. Die Lösung zeigt, dass die Poröse–Medien–Gleichung Lösungen mit endlicher Ausbreitungsgeschwindigkeit produziert. Dies steht im Gegensatz zur Wärmeleitungsgleichung, bei der wir gesehen haben, dass Lösungen zu Anfangsdaten mit kompaktem Träger für alle positiven Zeiten echt positiv sind. Die Poröse–Medien–Gleichung lässt dagegen Lösungen mit kompaktem Träger zu, da die Gleichung für u beziehungsweise $\varrho \to 0$ degeneriert. Dies drückt sich darin aus, dass der Fluss $-\nabla u^m = -m\,u^{m-1}\,\nabla u$ für $u \to 0$ verschwindet, weil der entsprechende, lösungsabhängige Diffusionskoeffizient $m\,u^{m-1}$ gegen Null konvergiert. „Außergewöhnliches" Verhalten von Lösungen u ist also höchstens bei $u = 0$ zu erwarten. Wegen des bei $u = 0$ verschwindenden Diffusionskoeffizienten spricht man bei solchen Gleichungen auch von *langsamer Diffusion*.

Für eine allgemeine Lösung u von (7.12) nennen wir

$$\Gamma(t) = \partial\big\{x \in \mathbb{R}^d \mid u(t,x) > 0\big\}$$

den freien Rand der Poröse–Medien–Gleichung. Die Barenblattlösung besitzt den freien Rand

$$\Gamma(t) = \partial B_{r(t)}(0) \quad \text{mit} \quad r(t) = t^\beta\left(\frac{2m}{m-1}\frac{b}{\beta}\right)^{1/2}.$$

Die Bedeutung spezieller Lösungen mit endlicher Ausbreitungsgeschwindigkeit liegt darin, dass durch Vergleich einer allgemeinen Lösung mit einer geeigneten speziellen diese Eigenschaft auch allgemein verifiziert werden kann. Dazu muss für die Differentialgleichung ein *Vergleichsprinzip* gelten, das besagt, dass eine (punktweise) Ordnung der Anfangs- und Dirichlet–Randdaten eine entsprechende Ordnung der Lösungen nach sich zieht. Für die Wärmeleitungsgleichung (auch mit einem konvektiven Anteil) folgt ein Vergleichsprinzip sofort aus dem gültigen Maximumsprinzip (siehe Abschnitt 6.2.4). Auch für (7.12) und die weiteren in diesem Abschnitt noch zu behandelnden Differentialgleichungen gelten Vergleichsprinzipien, so dass die Eigenschaften spezieller Lösungen hinsichtlich endlicher Ausbreitungsgeschwindigkeit im Wesentlichen schon das allgemeine Bild darstellen. Für Lösungen von (7.12) zu allgemeinen Anfangsdaten mit kompaktem Träger gilt, dass sich der Träger mit endlicher Geschwindigkeit ausbreitet, und dass die Geschwindigkeit des

Trägers für große Zeiten die gleiche Zeitasymptotik wie die Barenblattlösung besitzt. Außerdem entspricht auch das Abklingverhalten bezüglich der L_∞-Norm dem der Barenblattlösung.

Um eine aufwendige Existenz- und Regularitätstheorie zu vermeiden (die für die allgemeineren zu diskutierenden Differentialgleichungen für $d > 1$ noch nicht vollständig ist), diskutieren wir im Folgenden nur spezielle Lösungen. Noch einfacher als (7.13) sind (für $d = 1$ beziehungsweise in ebener Ausbreitung) laufende Wellen, wie sie in Form von Wellenfronten in Abschnitt 6.2.10 behandelt worden sind. Für (7.12) (und $d = 1$) liefert der Ansatz $u(t, x) = U(x - Vt)$ zunächst

$$-VU' - (U^m)'' = 0$$

und unter Berücksichtigung von

$$\lim_{x \to \infty} u(t, x) = u_+ = 0 \tag{7.14}$$

folgt nach Integration die Gleichung

$$VU + (U^m)' = 0. \tag{7.15}$$

Wellenfronten, d.h. Lösungen, die auch für $x \to -\infty$ beschränkt bleiben, können also höchstens für $V = 0$ existieren, für die genannten Vergleichszwecke reichen aber auch *Semiwellenfronten*, das sind monotone laufende Wellen, die (7.14) erfüllen. Aufgrund der Interpretation von U als Dichte beschränken wir uns auf nichtnegative Lösungen. Für $V \geq 0$ erhalten wir eine solche Semiwellenfront explizit durch

$$U(\xi) := \begin{cases} \left(-\frac{m-1}{m} V \xi\right)^{1/(m-1)} & \text{für } \xi < 0, \\ 0 & \text{für } \xi \geq 0. \end{cases} \tag{7.16}$$

Somit ist U eine Lösung mit dem freien Rand $x = Vt$, die dort stetig ist, mit stetigem Fluss wegen

$$\left(U^{(m)}\right)'(0-) = 0,$$

die aber wegen

$$U'(0-) = \frac{V}{m} \left(-\frac{m-1}{m} V \xi\right)^{(2-m)/(m-1)} \tag{7.17}$$

für $m \geq 2$ keine klassische Lösung mit stetiger Ortsableitung u_x darstellt. Eine implizite Darstellung von U aus (7.15) ist für $V > 0$

$$-\frac{m}{V} \int_0^{U(\xi)} s^{m-2} ds = \xi \quad \text{für } \xi < 0,$$

so dass das Auftreten des freien Randes hier der Integrierbarkeit bei 0 der Funktion $f(s) = s^{m-2}$ für $m > 1$ geschuldet ist. Da Gleichungen von genau dieser Form für andere Fließ- und Transportprobleme in porösen Medien auftreten, betrachten wir die *verallgemeinerte Poröse–Medien–Gleichung mit Konvektion* in einer Raumdimension:

$$\partial_t u - \partial_{xx}(a(u)) - \partial_x(b(u)) = 0 \,. \tag{7.18}$$

Typische Beispiele für a und b sollen sein

$$a(u) = u^m \,, \; m > 1 \,, \; b(u) = \lambda u^n \,, \; \lambda \in \mathbb{R} \,, \; n > 0 \,, \tag{7.19}$$

so dass wir voraussetzen

$$a, b \text{ sind stetig für } u \geq 0, \text{ stetig differenzierbar für } u > 0 \,,$$
$$a(0) = b(0) = 0 \,, \; a'(u) > 0 \; \text{ für } u > 0 \,, \tag{7.20}$$

denn wir interessieren uns weiterhin nur für nichtnegative Lösungen und die Auswirkung von $a'(0) = 0$ auf das Lösungsverhalten bei $u = 0$. Eine Semiwellenfront für (7.18) bei $u_+ = 0$ muss erfüllen

$$VU + (a(U))' + b(U) = 0 \,. \tag{7.21}$$

Um eine monotone Lösung zu erhalten, muss

$$Vs + b(s) > 0 \; \text{ für } \; 0 < s \leq \delta \tag{7.22}$$

mit einer Konstanten $\delta > 0$ gelten. Monotone Semiwellenfronten können also nur für

$$V > V^* := \limsup_{s \to 0+} \left(-\frac{b(s)}{s} \right) \tag{7.23}$$

existieren und tun dies auch immer für $V > V^*$. Eine implizite Lösungsdarstellung ist dann für $U(\xi) > 0$ für $\xi < 0$:

$$-\int_0^{U(\xi)} \frac{a'(s)}{Vs + b(s)}\, ds = \xi \,, \tag{7.24}$$

so dass eine Semiwellenfront mit freiem Rand dann auftritt, wenn der Integrand auf der linken Seite von (7.24) nahe bei 0 integrierbar ist, bzw. hier äquivalent dazu (siehe Satz 5.2 in [49])

$$\int_0^\delta \frac{a'(s)}{\max(s, b(s))}\, ds < \infty \; \text{ für } \; \delta > 0 \,. \tag{7.25}$$

Für den Modellfall (7.19) bedeuten diese Resultate:

$$\text{Es gibt eine Wellenfront für } V > 0 \; \Leftrightarrow \; n > 1 \text{ und } \lambda < 0 \,. \tag{7.26}$$

Es gilt dann

$$u_- = (-V/\lambda)^{1/(n-1)} \,.$$

Unbeschränkte Semiwellenfronten für $V > 0$ gibt es zusätzlich für

$$n \neq 1, \ \lambda > 0 \ \text{ oder } \ n = 1, \ \lambda > -V.$$

Die Wellenfront hat einen freien Rand $U = 0$, genau dann wenn $m > 1$; die unbeschränkte Semiwellenfront genau dann, wenn $m > 1$ für $n > 1$, $\lambda > 0$ beziehungsweise $m > n$ sonst.

Wenden wir uns dem Fließen von Wasser oder Wasser und Luft in einem porösen Medium zu. In der Hydrologie wird Druck gewöhnlich in Längeneinheiten angegeben, d.h. mit $1/(\varrho g)$ skaliert, im Folgenden mit Ψ bezeichnet, wobei ϱ die (konstante) Dichte des Wassers und g die Erdbeschleunigung bezeichnet. Wenn nicht der gesamte Porenraum mit Wasser gefüllt (*gesättigt*) ist, man aber vereinfachend annimmt, dass die Gasphase zusammenhängend ist und konstanten atmosphärischen Druck hat, so muss die Gasphase nicht explizit weiter betrachtet werden. Man muss aber (7.11) erweitern für die *ungesättigte* Situation, in der mikroskopisch Luft und Wasser vorhanden sind. Wir nehmen an, dass der Druck der Gasphase auf $\Psi = 0$ skaliert wird. Durch Kapillareffekte tritt eine Saugspannung auf, die zu einem negativen Druck Ψ im ungesättigten Bereich führt; es gilt also

$$
\begin{aligned}
\text{gesättigt} \quad &\Leftrightarrow \quad \Psi \geq 0, \\
\text{ungesättigt} \quad &\Leftrightarrow \quad \Psi < 0.
\end{aligned}
$$

Durch das sukzessive Entleeren der Poren für kleiner werdendes $\Psi < 0$ nimmt auch die Leitfähigkeit ab, so dass K zu einer monoton wachsenden Funktion von Ψ wird für $\Psi \leq 0$. Dadurch nimmt das Darcy–Gesetz die Form

$$q = -K k(\Psi)\big(\nabla(\Psi + x_3)\big) \tag{7.27}$$

für die volumetrische Fließrate q an, die die Dimension einer Geschwindigkeit hat, und mit einem festen Leitfähigkeitstensor K und einer skalaren *ungesättigten* Leitfähigkeitsfunktion k. Letztere erfüllt

$$k \text{ ist strikt monoton wachsend für } \Psi < 0, \ \lim_{\Psi \to -\infty} k(\Psi) = 0. \tag{7.28}$$

Für $\Psi \geq 0$ wird k mit $k_s := k(0)$ konstant fortgesetzt und wir erhalten wieder (7.11).

Massenerhaltung nimmt hier die Form von Volumenerhaltung an und lautet

$$\partial_t \theta + \nabla \cdot q = 0, \tag{7.29}$$

wobei θ den *Wassergehalt*, d.h. den Volumenanteil des Wassers in einem repräsentativen Elementarvolumen in Relation zum Gesamtvolumen bezeichnet. Da Absenken von $\Psi < 0$ mit sukzessiver Entleerung der Poren verbunden ist, erweist sich θ als Funktion von Ψ,

$$\theta = \Theta(\Psi),$$

so dass gilt:

Θ ist strikt monoton wachsend für $\Psi < 0$, $\displaystyle\lim_{\Psi\to-\infty} \Theta(\Psi) := \theta_r \geq 0$.   (7.30)

Für $\Psi \geq 0$ wird Θ mit $\theta_s := \Theta(0)$, was gerade der *Porosität* entspricht, fortgesetzt. Im Folgenden wird (durch Skalierung) $\theta_r = 0$ angenommen. Zusammenfassend erhalten wir als Modell für gesättigt–ungesättigtes Fließen die *Richards-Gleichung*

$$\partial_t\big(\Theta(\Psi)\big) - \nabla \cdot \big(K\,k(\Psi)\,\nabla(\Psi + x_3)\big) = 0\,.$$ (7.31)

Neben der Darcy–Geschwindigkeit q ist auch die *Porengeschwindigkeit*

$$v := q/\theta$$

von Bedeutung, womit (7.29) eine zu (5.3) analoge Form erhält. Die Gleichung (7.31) ist nicht gleichmäßig parabolisch aus zwei Gründen: Beim Übergang von $\Psi < 0$ zu $\Psi \geq 0$ reduziert sie sich auf die elliptische Gleichung

$$-\nabla \cdot \big(Kk_s\nabla(\Psi + x_3)\big) = 0\,,$$ (7.32)

das Modell für Grundwasserfließen.

Formales Ausdifferenzieren zeigt, dass

$$\partial_t\Psi - \big(\Theta'(\Psi)\big)^{-1}\nabla \cdot \big(Kk(\Psi)\nabla(\Psi + x_3)\big) = 0\,,$$

d.h. dass für $\Psi \to 0$ im Allgemeinen ein unbeschränkter Diffusionskoeffizient vorliegt. Man spricht daher beim Übergang von ungesättigt zu gesättigt auch von *schneller Diffusion*.

Wir betrachten nun den Übergang von ungesättigt zu trocken, also den Grenzübergang $\Psi \to -\infty$, und beschränken uns auf $\Psi < 0$. Dann bietet es sich an, θ statt Ψ als abhängige Variable zu betrachten und man erhält die Form einer nichtlinearen Diffusions–Konvektions–Gleichung

$$\partial_t\theta - \nabla \cdot \Big(K\big(D(\theta)\,\nabla\theta + \widetilde{k}(\theta)\,e_3\big)\Big) = 0\,,$$ (7.33)

wobei

$$\widetilde{k}(\theta) := k\big(\Theta^{-1}(\theta)\big)$$

$$D(\theta) := \widetilde{k}(\theta)\frac{d}{d\theta}\Theta^{-1}(\theta)\,.$$

Experimente legen nahe, dass $\widetilde{k}$ nicht nur strikt monoton wachsend ist (mit $\widetilde{k}(0) = 0$, $\widetilde{k}(\theta_s) = k_s$), sondern auch konvex. Für den Übergang von ungesättigt zu trocken ist das Verhalten bei $\theta \to 0$ zu untersuchen, was wieder für ebene laufende Wellen, also für Lösungen der Form

$$\theta(t, x) = \theta(x \cdot n - Vt)$$ (7.34)

bei einer Richtung $n \in \mathbb{R}^d$ der Länge 1 erfolgen soll. Dies ist äquivalent dazu, laufende Wellen für ein eindimensionales Problem zu untersuchen, das die Form (7.18) hat mit

$$a'(u) = n \cdot (K \, D(u) \, n) = (n \cdot Kn) \, \widetilde{k}(u) \, \tfrac{d}{du} \Theta^{-1}(u) =: \widetilde{D}(u)$$
$$b(u) = \lambda \widetilde{k}(u) \quad \text{mit} \quad \lambda = n \cdot Ke_3 \,. \tag{7.35}$$

Im isotropen Fall $K = I$ ist also

$$\lambda = \sin \alpha \,,$$

wobei α der Winkel zwischen Fließrichtung und horizontaler Ebene ist, d.h.

$$\lambda > 0 \ \Leftrightarrow \ \text{entgegen Gravitationsrichtung}$$
$$\lambda < 0 \ \Leftrightarrow \ \text{in Gravitationsrichtung}$$
$$\lambda = 0 \ \Leftrightarrow \ \text{horizontal}$$

Es reicht, Wellengeschwindigkeiten $V > 0$ zu betrachten. Anwendung der obigen Ergebnisse über Semiwellenfronten (mit freiem Rand), hier kurz *Befeuchtungsfront* genannt, zeigt dass:

- Für $\lambda > 0$: Befeuchtungsfronten existieren, genau dann wenn

$$\widetilde{D}(\theta) / \max \big(\theta, \widetilde{k}(\theta) \big) \text{ integrierbar ist in der Nähe von } \theta = 0 \,. \tag{7.36}$$

- Für $\lambda = 0$: Befeuchtungsfronten existieren, genau dann wenn

$$\widetilde{D}(\theta)/\theta \text{ integrierbar ist in der Nähe von } \theta = 0 \,. \tag{7.37}$$

- Für $\lambda < 0$: Befeuchtungsfronten existieren, genau dann wenn:

$$\widetilde{D}(\theta) / \max(\theta, \widetilde{k}(\theta)) \text{ integrierbar ist}$$
$$\text{und } -\lambda \widetilde{k}(\theta) < V\theta \text{ für ein } V > 0 \text{ in der Nähe von } \theta = 0 \,.$$

Die letzte Bedingung ist erfüllt, wenn $\widetilde{k}'(0) = 0$, was bei Konvexität nahegelegt ist.

Zusammenfassend können wir also unter der Voraussetzung (7.36) in alle Richtungen mit Befeuchtungsfronten rechnen, auch in allgemeinen Situationen. Voraussetzung (7.37) ist hinreichend dafür und besonders einfach:

$$\widetilde{D}(\theta)/\theta = n \cdot Kn \, \frac{k(\Psi)}{\Theta'(\Psi)} \quad \text{für} \quad \theta = \Theta(\Psi) \,.$$

Über die Eigenschaften des freien Randes $\Gamma(t)$ in allgemeinen Situationen ist noch wenig bekannt. In einer Raumdimension ist $x = \Gamma(t)$ stetig und die naheliegende Freie–Rand–Bedingung

$$\Gamma'(t) = \lim_{x \to \Gamma(t)+} q(t, x)/\theta(t, x)$$

gilt im Wesentlichen (siehe [48]).

Fronten treten auch bei reaktivem Stofftransport in porösen Medien auf, wobei dann laufende Wellen ähnlich zu Abschnitt 6.2.11 entstehen, und zusätzlich die fehlende Lipschitzstetigkeit der Nichtlinearität die Endlichkeit der Ausbreitungsgeschwindigkeit zur Folge haben kann.

Wird ein gelöster Stoff durch eine zugrunde liegende Strömung mit Volumenfluss q (etwa beschrieben durch die Richards–Gleichung (7.31)) transportiert, so ergibt sich im Fall ohne chemischen Reaktionen auf der makroskopischen Ebene die lineare *Konvektions–Diffusionsgleichung*

$$\partial_t(\theta c) - \nabla \cdot (\theta D \nabla c - qc) = 0 \qquad (7.38)$$

für die gelöste Konzentration c (bezogen auf den wassergefüllten Anteil eines REV). Dabei ist θ der Wassergehalt und der mittlere Term beinhaltet neben der molekularen Diffusion das makroskopische Phänomen der *Dispersion*, durch das D von q abhängig und matrixwertig wird. Eine nichtlineare Variante dieses Gleichungstyps in einer Raumdimension ist (6.70). Bei einer chemischen Reaktion nur in Lösung und im Gleichgewicht, die nur in der einen Spezies mit Konzentration c beschreibbar ist, wird die rechte Seite durch eine (nichtlineare) Funktion $F(c)$ ersetzt in Verallgemeinerung von (6.70). Wichtiger sind (Gleichgewichts-) Reaktionen, die die fluide und die feste Phase betreffen. Ein solcher für die Ausbreitung etwa von Schadstoffen im Grundwasser wesentlicher Prozess ist die (Gleichgewichts-)*Sorption*, d.h. die Anlagerung des gelösten Stoffs an den inneren Oberflächen des Feststoffskeletts, wofür gilt

$$F(c) = -\partial_t \varphi(c), \qquad (7.39)$$

wobei $\varphi(c)$, die *Sorptions–Isotherme*, die (auf das Gesamtvolumen eines REV bezogene) sorbierte Masse darstellt. Dabei wird vorausgesetzt, dass die Massendichte des Feststoffes konstant ist. Die Funktion φ ist monoton wachsend mit $\varphi(0) = 0$. Eine viele Datensätze beschreibende Form von φ ist die *Freundlich*-Isotherme

$$\varphi(c) = a\,c^p, \ a > 0, \ 0 < p < 1. \qquad (7.40)$$

Also lautet die entstehende Differentialgleichung für $d = 1$ und konstantes $\theta(= 1)$, q und D in der Variablen $u = c$:

$$\partial_t\big(u + \varphi(u)\big) + q\,\partial_x u - D\,\partial_{xx} u = 0. \qquad (7.41)$$

Analog zu Abschnitt 6.2.10 besitzt diese Gleichung Wellenfronten, die $u_- > u_+$ verbinden: Die Wellengeschwindigkeit V ist dann notwendigerweise

$$V = \frac{u_+ - u_-}{u_+ - u_- + \varphi(u_+) - \varphi(u_-)}\, q,$$

woraus die retardierende Wirkung von Sorption ersichtlich ist, was die Bedeutung dieses Prozesses ausmacht. Eine Wellenfront mit Geschwindigkeit V existiert genau dann, wenn die Bedingung (6.75) gilt. Analog zu den obigen Überlegungen gilt für $u_- = 0$ (und ebenso im Abschnitt 6.2.10): Die Wellenfront hat einen freien Rand $u = 0$ genau dann, wenn $1/\varphi$ integrierbar ist in der Nähe von $u = 0$. Dies schließt also bei $u = 0$ Lipschitzstetige φ aus, ist aber für (7.40) erfüllt. Analoge Aussagen können auch für kinetische oder Mehrkomponentenreaktionsprozesse entwickelt werden (siehe z.B. [74]).

Allgemein sind laufende Wellen (mit oder ohne freien Rand) ein einfaches Werkzeug, um die aus dem Zusammenspiel konkurrierender Prozesse entstehende Ausbreitungsgeschwindigkeit abschätzen zu können.

7.3 Das Stefan–Problem

Im Kapitel über Kontinuumsmechanik haben wir die Wärmeleitungsgleichung

$$\varrho c_V \partial_t T - \nabla \cdot (\lambda \nabla T) = 0$$

für die absolute Temperatur $T > 0$ hergeleitet. Die Wärmeleitungsgleichung muss allerdings modifiziert werden, wenn Phasenübergänge, wie zum Beispiel Schmelz- und Erstarrungsvorgänge, auftreten. Verschiedene Phasen unterscheiden sich durch den konstitutiven Zusammenhang zwischen innerer Energie und Temperatur. Wir wollen diesen Aspekt nun für den fest–flüssig Phasenübergang mit einfachen konstitutiven Beziehungen diskutieren. Wir setzen für die innere Energie

$$u(T) = \begin{cases} c_V T & \text{in der festen Phase}, \\ c_V T + L & \text{in der flüssigen Phase}. \end{cases} \tag{7.42}$$

Dieser konstitutive Zusammenhang spiegelt folgende experimentell verifizierbare Tatsache wider. Es gibt Temperaturen, bei denen einem physikalischen System Wärmeenergie zugeführt werden kann, ohne dass ein Temperaturanstieg beobachtet wird. Bei einer solchen Temperatur findet ein Phasenübergang statt. Die Wärmemenge, die benötigt wird, um eine Einheit Masse von einer Phase in die andere überzuführen, heißt *latente Wärmemenge*, oder kurz *latente Wärme*; sie ist in der obigen konstitutiven Gleichung mit L bezeichnet worden. Beim Übergang von fest nach flüssig am Schmelzpunkt muss die latente Wärmemenge aufgebracht werden, damit der Körper schmilzt, und damit seine Phase ändert. Dieser Effekt wird beim Kühlen von Flüssigkeiten mit Eiswürfeln ausgenutzt, da der schmelzende Eiswürfel der Umgebung Wärmeenergie entzieht. Wir betrachten nun einen ruhenden Körper konstanter Dichte und nehmen an, dass es keine Wärme- oder Kraftquellen gibt. Dann lautet der Energieerhaltungssatz aus Abschnitt 5.5

$$\frac{d}{dt} \int_\Omega \varrho\, u \, dx + \int_{\partial\Omega} q \cdot n \, ds_x = 0 \,, \tag{7.43}$$

wobei wir die Annahme machen, dass keine innere Energie auf dem freien Rand konzentriert ist. Wir wollen nun untersuchen, welche lokalen Gleichungen aus dem Energieerhaltungssatz folgen. In Punkten x, die in der flüssigen beziehungsweise der festen Phase liegen, können wir unter Glattheitsannahmen an ϱ, T und q wie in Kapitel 6 die Differentialgleichung

$$\partial_t(\varrho u) + \nabla \cdot q = 0$$

herleiten. Im Folgenden sei jetzt stets

$$q = -\lambda \nabla T \tag{7.44}$$

vorausgesetzt. Außerdem nehmen wir vereinfachend an, dass λ und die spezifische Wärmemenge c_V konstant sind und insbesondere jeweils in beiden Phasen gleich sind. Somit folgt also, dass die Wärmeleitungsgleichung

$$\varrho c_V \partial_t T = \lambda \Delta T \tag{7.45}$$

in beiden Phasen erfüllt ist.

Welche Gleichungen sind aber nun an der Phasengrenze, die wir mit Γ bezeichnen wollen, zu fordern? Finden Phasenübergänge nicht zu schnell statt, so hat das System Zeit, am Phasenübergang ins thermodynamische Gleichgewicht zu finden. Motiviert durch die Überlegungen in Abschnitt 3 fordern wir daher

$$\textit{die Temperatur } T \textit{ ist an der Phasengrenze stetig.} \tag{7.46}$$

Die innere Energie und damit der Integrand ϱu sind an der Phasengrenze unstetig, siehe (7.42), und wir können im Term $\frac{d}{dt} \int_\Omega \varrho u \, dx$ die Zeitableitung und das Integral nicht mehr vertauschen.

Wir wollen nun eine weitere Bedingung am freien Rand aus der Energieerhaltung herleiten. Dazu benötigen wir ein Transporttheorem, das wir im Folgenden herleiten wollen. Es sei nun

$$Q := (0, \mathcal{T}) \times \Omega = Q_\ell \cup \Gamma \cup Q_s \,,$$

wobei die Mengen Q_ℓ, Γ und Q_s paarweise disjunkt seien. Weiter seien $\Omega \subset \mathbb{R}^d$ und $Q_\ell, Q_s \subset \mathbb{R}^{d+1}$ Gebiete mit Lipschitzrand und Γ sei eine glatte evolvierende Hyperfläche des $\mathbb{R}^d$.

Definition 7.2. Γ *heißt* glatte evolvierende Hyperfläche *des* $\mathbb{R}^d$, *falls ein* $\mathcal{T} > 0$ *existiert, so dass*

(i) Γ *eine glatte Hyperfläche des* $\mathbb{R} \times \mathbb{R}^d$ *ist,*

(ii) glatte Hyperflächen $\Gamma(t)$ des $\mathbb{R}^d$ existieren, so dass

$$\Gamma = \{(t,x) \mid t \in (0,\mathcal{T}),\ x \in \Gamma(t)\}\,,$$

(iii) die Tangentialräume $T_{(t,x)}\Gamma$ von Γ nirgends raumartig sind, d.h.

$$T_{(t,x)}\Gamma \neq \{0\} \times \mathbb{R}^d \quad \text{für alle} \quad (t,x) \in \Gamma\,.$$

Zur Vereinfachung setzen wir im Folgenden stets voraus, dass Γ eine glatte evolvierende Hyperfläche ist und $\Gamma(t) \subset\subset \Omega$ für alle $t \in (0,\mathcal{T})$ gilt. Dabei bedeutet $\Gamma(t) \subset\subset \Omega$, dass $\Gamma(t)$ beschränkt ist und der Abschluss $\overline{\Gamma(t)}$ von $\Gamma(t)$ in Ω enthalten ist. Da Ω offen ist, bedeutet dies insbesondere $\overline{\Gamma(t)} \cap \partial\Omega = \emptyset$. Um die Aussage des Transporttheorems zu formulieren, benötigen wir die in das Gebiet $\Omega_\ell(t) := \{x \mid (t,x) \in Q_\ell\}$ zeigende Einheitsnormale ν an $\Gamma(t)$ und die *Normalgeschwindigkeit* V. Um die Normalgeschwindigkeit in einem Punkt $(t_0,x_0) \in \Gamma$ definieren zu können, wählen wir eine Kurve $x : (t_0 - \delta, t_0 + \delta) \to \mathbb{R}^d$ mit $x(t) \in \Gamma(t)$ und $x(t_0) = x_0$. Mit diesem x definieren wir

$$V(t_0, x_0) = \nu(t_0, x_0) \cdot \frac{dx}{dt}(t_0)\,. \tag{7.47}$$

Dabei hängt V nicht von der Wahl der Kurve ab (siehe Aufgabe 7.6).

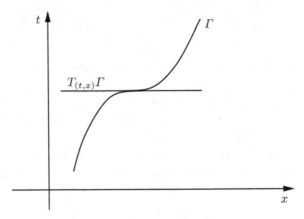

Abb. 7.2. Diese Situation einer raumartigen Tangentialebene ist in der Definition einer glatten evolvierenden Hyperfläche ausgeschlossen.

Satz 7.3. *(Transporttheorem) Es sei $u : Q \to \mathbb{R}$, so dass $u_{|Q_\ell}$ beziehungsweise $u_{|Q_s}$ stetig differenzierbar auf $\overline{Q}_\ell$ beziehungsweise $\overline{Q}_s$ fortgesetzt werden können. Dann gilt*

$$\frac{d}{dt} \int_\Omega u(t,x)\, dx = \int_{\Omega_\ell(t)} \partial_t u(t,x)\, dx + \int_{\Omega_s(t)} \partial_t u(t,x)\, dx$$

$$- \int_{\Gamma(t)} [u]_s^\ell V\, ds_x\,.$$

(7.48)

Dabei sei für $x \in \Gamma(t)$

$$[u]_s^\ell(t,x) := \lim_{\substack{y \to x \\ y \in \Omega_\ell(t)}} u(t,y) - \lim_{\substack{y \to x \\ y \in \Omega_s(t)}} u(t,y)\,.$$

Beweis. Die Aussage (7.48) folgt aus dem Hauptsatz der Differential- und Integralrechnung, falls wir

$$\int_\Omega u(t_2,x)\, dx - \int_\Omega u(t_1,x)\, dx = \int_{t_1}^{t_2} \int_{\Omega_\ell(t)} \partial_t u(t,x)\, dx\, dt$$

$$+ \int_{t_1}^{t_2} \int_{\Omega_s(t)} \partial_t u(t,x)\, dx\, dt - \int_{t_1}^{t_2} \int_{\Gamma(t)} [u]_s^\ell V\, ds_x\, dt$$

(7.49)

zeigen können. Die Identität (7.49) muss dafür nach t_2 differenziert werden. Wenden wir den Satz von Gauß auf die Menge

$$\{(t,x) \mid t \in (t_1,t_2),\ x \in \Omega_s(t)\}$$

und das Vektorfeld $F = (u,0,\ldots,0)$ an, so erhalten wir

$$\int_{t_1}^{t_2} \int_{\Omega_s(t)} \partial_t u(t,x)\, dx\, dt = \int_{\Omega_s(t_2)} u(t_2,x)\, dx - \int_{\Omega_s(t_1)} u(t_1,x)\, dx$$

$$+ \int_{\Gamma_{t_1,t_2}} u(t,x)\, \nu_t\, ds_{(t,x)}\,.$$

Dabei ist

$$\Gamma_{t_1,t_2} = \{(t,x) \mid t \in (t_1,t_2),\ x \in \Gamma(t)\}\,,$$

$\nu_\Gamma = (\nu_t,\nu_x) \in \mathbb{R} \times \mathbb{R}^d$ die in Richtung Q_ℓ zeigende Raum–Zeit–Einheitsnormale an Γ und $ds_{(t,x)}$ bezeichne die Integration bezüglich des d–dimensionalen Flächenmaßes im $\mathbb{R}^{d+1}$. Wir wollen nun dem Integral über Γ_{t_1,t_2} eine etwas andere Form geben. Eventuell nach einer orthogonalen Transformation können wir Γ lokal in der Nähe eines Punktes $(t_0,x_0) \in \Gamma$ als Graph einer Funktion

$$h : (t_1,t_2) \times D \to \mathbb{R}\,,\ t_1 < t_0 < t_2\,,\ D \subset \mathbb{R}^{d-1}\ \text{offen}\,,$$

darstellen. Das bedeutet, ein Punkt $(t,x',x_d) \in \mathbb{R} \times \mathbb{R}^{d-1} \times \mathbb{R}$ aus einer geeigneten Umgebung von (t_0,x_0) liegt genau dann auf Γ, wenn

$$x_d = h(t,x')\ \ \text{mit}\ \ t \in (t_1,t_2)\,,\ x' \in D\,.$$

Ohne Einschränkung sei die flüssige Phase oberhalb des Graphen. Somit folgt

$$\nu_\Gamma = \frac{1}{\sqrt{1 + |\partial_t h|^2 + |\nabla_{x'} h|^2}} (-\partial_t h, -\nabla_{x'} h, 1)^\top .$$

Außerdem ist das Flächenelement von Γ bezüglich der durch h gegebenen Parametrisierung gegeben durch $\sqrt{1 + |\partial_t h|^2 + |\nabla_{x'} h|^2}$. Es sei nun $(t_0, x', h(t_0, x')) \in \Gamma$. Dann gilt im Punkt $(x', h(t_0, x'))$

$$\nu = \frac{1}{\sqrt{1 + |\nabla_{x'} h|^2}} (-\nabla_{x'} h, 1)^\top , \quad V = \partial_t h / \sqrt{1 + |\nabla_{x'} h|^2} .$$

Dabei folgt die zweite Identität indem wir die Kurve

$$x(t) = (x', h(t, x'))$$

betrachten. Es folgt

$$\frac{d}{dt} x(t) = (0, \partial_t h(t, x'))$$

und mit (7.47)

$$V = \partial_t h / \sqrt{1 + |\nabla_{x'} h|^2} .$$

Daraus folgt für Funktionen u, die einen Träger lokal um (t_0, x_0) haben

$$\int_{\Gamma_{t_1, t_2}} u(t, x)\, \nu_t\, ds_{(t,x)} = -\int_{t_1}^{t_2} \int_D u(t, x', h(t, x'))\, \partial_t h(t, x')\, dx'\, dt$$

$$= -\int_{t_1}^{t_2} \int_{\Gamma(t)} uV\, ds_x\, dt .$$

Dabei folgt die letzte Identität aus der Tatsache, dass $V = \partial_t h / \sqrt{1 + |\nabla_{x'} h|^2}$ gilt und das Oberflächenelement bezüglich der Integration auf $\Gamma(t)$ durch $\sqrt{1 + |\nabla_{x'} h|^2}$ gegeben ist. Mittels einer Partition der Eins können wir dieses lokale Resultat nun zu einer globalen Identität zusammensetzen. Führen wir dasselbe Argument für $\Omega_\ell(t)$ aus, so müssen wir berücksichtigen, dass sich das Vorzeichen von ν_t umdreht. Somit ist (7.49) und damit das Transporttheorem bewiesen. □

Aus der Identität

$$\frac{d}{dt} \int_\Omega \varrho u\, dx + \int_{\partial \Omega} q \cdot n\, ds_x = 0$$

folgt nun mit dem eben bewiesenen Transporttheorem, dem Satz von Gauß und der Energieerhaltung in der festen und flüssigen Phase

$$0 = \int_\Omega (\varrho\, \partial_t u + \nabla \cdot q)\, dx + \int_{\Gamma(t)} \left(-\varrho[u]_s^\ell V + [q]_s^\ell \cdot \nu \right) ds_x$$

$$= \int_{\Gamma(t)} \left(-\varrho[u]_s^\ell V + [q]_s^\ell \cdot \nu \right) ds_x .$$

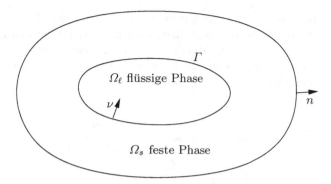

Abb. 7.3. Zur Illustration der Geometrie beim Stefan–Problem

Die obige Identität gilt auch für geeignete Teilvolumina eines gegebenen Volumens und daher können wir Teilflächen von $\Gamma(t)$ wählen und erhalten die folgende lokale Form der Energieerhaltung auf dem freien Rand

$$\varrho[u]_s^\ell V = [q]_s^\ell \cdot \nu \quad \text{auf} \ \Gamma(t) \,. \tag{7.50}$$

Diese Bedingung entspricht der Rankine–Hugoniot–Bedingung für hyperbolische Erhaltungsgleichungen und im Kontext von Phasenübergängen heißt sie *Stefan–Bedingung*. Es gilt nun

$$[u]_s^\ell = (c_V T + L - c_V T) = L \,.$$

Seien nun q_s beziehungsweise q_ℓ der Fluss in $\overline{\Omega}_s$ beziehungsweise $\overline{\Omega}_\ell$ und $\nu_s = \nu$ beziehungsweise $\nu_\ell = -\nu$ die äußeren Einheitsnormalen an Ω_s beziehungsweise Ω_ℓ, so erhalten wir

$$q_\ell \cdot \nu_\ell + q_s \cdot \nu_s = -\varrho L V \,.$$

Dabei gibt der Ausdruck auf der linken Seite die Wärmemenge an, die in die Phasengrenze fließt. Je mehr Wärmemenge in die Phasengrenze fließt, desto schneller kann der Schmelzvorgang vor sich gehen, in diesem Fall ist V negativ, und die Geschwindigkeit der Phasengrenze ist dann proportional zum Betrag des Gesamtenergieflusses. Die Wärmemenge, die in die Phasengrenze fließt, liefert die latente Wärmemenge der entstehenden flüssigen Phase. Ist der Gesamtenergiefluss in die Phasengrenze allerdings negativ, wird also der Phasengrenze Wärmeenergie entzogen, so kommt es zur Erstarrung. Dadurch wird latente Wärme frei, die den negativen Gesamtenergiefluss kompensiert.

Wir haben nun zwei Bedingungen am freien Rand hergeleitet, nämlich die Bedingungen (7.46) und (7.50). Für die Wärmeleitungsgleichung in der flüssigen und in der festen Phase benötigen wir jeweils eine Bedingung auf dem freien Rand. Ein weiterer Freiheitsgrad ergibt sich, weil die Phasengrenze sich bewegen kann.

Beim klassischen Stefan–Problem fordert man, dass in jedem Punkt die Phase angenommen wird, für die die freie Energie kleiner ist. Wir wollen im Folgenden den Fall betrachten, in dem die Dichten der inneren Energie u, der freien Energie f und der Entropie s für die feste ($\alpha = s$) und flüssige ($\alpha = \ell$) Phase wie folgt gegeben sind:

$$u(T) = c_V T + L^\alpha \,,$$

$$f(T) = -c_V T \left(\ln \frac{T}{T_M} - 1 \right) - L^\alpha \frac{T - T_M}{T_M} \,,$$

$$s(T) = c_V \ln \frac{T}{T_M} + \frac{L^\alpha}{T_M} \,.$$

Dabei ist $T_M > 0$ und L^ℓ und L^s seien Wärmemengen in der flüssigen und der festen Phase. Diese Wahl von u, f und s entspricht der Definition der inneren Energie u in (7.42) und den Gibbs–Identitäten $s = -f_{,T}$ und $u = f + Ts$. Da nur die latente Wärmemenge $L = L^\ell - L^s$ des Phasenübergangs im Folgenden eine Rolle spielt, setzen wir wie oben $L^\ell = L$ und $L^s = 0$. Da $L = L^\ell > L^s = 0$ ist, besitzt die feste Phase für $T < T_M$ eine kleinere freie Energie und für $T > T_M$ besitzt die flüssige Phase die kleinere freie Energie. Folglich ist T_M die Schmelztemperatur, Punkte mit $T > T_M$ sind in der flüssigen Phase und Punkte mit $T < T_M$ sind in der festen Phase. Weiter gilt

$$T = T_M \quad \text{auf} \ \Gamma(t) \,,$$

an der Phasengrenze wird also die Schmelztemperatur angenommen.

Insgesamt erhalten wir folgendes Problem: Finde die flüssige Phase Q_ℓ, die feste Phase Q_s, den freien Rand Γ und die Temperatur $T : Q \to \mathbb{R}$, so dass

$$\varrho c_V \partial_t T - \lambda \Delta T = 0 \quad \text{in } Q_s \text{ und } Q_\ell, \tag{7.51}$$

$$\varrho L V + [\lambda \nabla T]_s^\ell \cdot \nu = 0 \quad \text{auf } \Gamma(t), \tag{7.52}$$

$$T = T_M \text{ auf } \Gamma(t). \tag{7.53}$$

Außerdem müssen Anfangsbedingungen für T und Γ gesetzt werden und für T müssen Randbedingungen auf $\partial\Omega$ gefordert werden. Wir setzen im Folgenden den Wärmefluss durch den Rand Null,

$$-\lambda \nabla T \cdot n = 0 \quad \text{auf } \partial\Omega \times (0, T) \,.$$

An der Bedingung (7.52) lesen wir ab, dass ∇T über Γ springen muss, falls $V \neq 0$ gilt, also immer dann, wenn die Phasengrenze sich bewegt.

Das aus (7.51)–(7.53) bestehende freie Randwertproblem ist das klassische Stefan–Problem für Schmelz- und Erstarrungsvorgänge. Bei diesem Modell wird verlangt, wie oben ausgeführt, dass in der festen Phase $T < T_M$ gilt und in der flüssigen Phase $T > T_M$ erfüllt ist. In diesem Fall lässt sich das Stefan–Problem kompakt in der sogenannten *Enthalpieformulierung*

$$\partial_t\big(\varrho\big(c_V T + L\chi_{\{T>T_M\}}\big)\big) = \lambda\, \Delta T \qquad (7.54)$$

schreiben. Der Ausdruck $\chi_{\{T>T_M\}}$ bezeichnet die charakteristische Funktion der Menge $\{(t,x) \mid T(t,x) > T_M\}$, das bedeutet, $\chi_{\{T>T_M\}}$ ist 1 in der flüssigen Phase und 0 in der festen Phase. Diese Formulierung folgt aus $u(T) = c_V T + L\chi_{\{T>T_M\}}$. Da der Term $\chi_{\{T>T_M\}}$ nicht differenzierbar ist, kann die Gleichung (7.54) nicht klassisch interpretiert werden. Daher fassen wir die Identität (7.54) im Distributionssinn auf, d.h. für alle $\zeta \in C_0^\infty(Q)$, $Q = (0,\infty) \times \Omega$, soll gelten

$$\int_Q \big(\varrho\big(c_V T + L\chi_{\{T>T_M\}}\big)\partial_t\zeta + \lambda T\Delta\zeta\big)\, dx\, dt = 0\,. \qquad (7.55)$$

Gesucht ist nun eine Funktion $T(t,x)$, die der Gleichung (7.54) im Distributionssinn genügt. Haben wir T gefunden, so ergeben sich die feste und flüssige Phase a posteriori als die Mengen $\Omega_\ell(t) = \{x \mid T(t,x) > T_M\}$ und $\Omega_s(t) = \{x \mid T(t,x) < T_M\}$. Die Phasengrenze wird beschrieben durch $\Gamma(t) = \{x \mid T(t,x) = T_M\}$. Es gibt allerdings Situationen, in denen $\Gamma(t)$ keine Hyperfläche mehr ist und stattdessen ein Inneres ausbildet. Dieses Phänomen nennt man die Bildung von „mushy regions" .

Führen wir die Größe

$$e = \begin{cases} \varrho c_V T & \text{für } T \le T_M\,, \\ \varrho(c_V T + L) & \text{für } T > T_M \end{cases}$$

ein und definieren

$$\beta(e) := \begin{cases} e/(\varrho c_V) & \text{für } e < \varrho c_V T_M\,, \\ T_M & \text{für } \varrho c_V T_M \le e \le \varrho(c_V T_M + L)\,, \\ (e/\varrho - L)/c_V & \text{für } e > \varrho(c_V T_M + L)\,, \end{cases}$$

so können wir die Gleichung (7.54) formal umschreiben als

$$\partial_t e = \lambda\, \Delta\beta(e)\,. \qquad (7.56)$$

Wichtig dabei ist, dass β nicht streng monoton steigend ist. Dadurch wird die Formulierung (7.56) eine degeneriert parabolische Gleichung. Für die numerische Approximation von Lösungen des Stefan–Problems bietet die Formulierung (7.56) aber viele Vorteile. So kann etwa schon eine einfache explizite Zeitdiskretisierung benutzt werden, um Näherungslösungen zu konstruieren.

7.4 Entropieungleichung für das Stefan–Problem

Es sei nun stets

$$q \cdot n = 0 \quad \text{auf} \quad \partial\Omega$$

vorausgesetzt, d.h. es gibt keinen Wärmefluss in das Gebiet Ω. Dann ergibt sich die folgende Gesamtbilanz für die innere Energie, siehe (7.43),

$$\frac{d}{dt} \int_\Omega \varrho u \, dx = 0 \,.$$

Wir wollen nun außerdem eine Entropieungleichung herleiten. Für die Gesamtentropie $\int_\Omega \varrho s \, dx$ ergibt sich mit Hilfe des Transporttheorems (Satz 7.3) und partieller Integration

$$
\begin{aligned}
\frac{d}{dt} \int_\Omega \varrho s \, dx &= \int_{\Omega_\ell(t)} \varrho c_V \frac{\partial_t T}{T} \, dx + \int_{\Omega_s(t)} \varrho c_V \frac{\partial_t T}{T} \, dx - \int_{\Gamma(t)} [\varrho s]_s^\ell V \, ds_x \\
&= \int_{\Omega_\ell(t)} \frac{\lambda \Delta T}{T} \, dx + \int_{\Omega_s(t)} \frac{\lambda \Delta T}{T} \, dx - \int_\Gamma [\varrho s]_s^\ell V \, ds_x \\
&= -\int_{\Omega_\ell(t)} \lambda \nabla T \cdot \nabla \left(\tfrac{1}{T}\right) dx - \int_{\Omega_s(t)} \lambda \nabla T \cdot \nabla \left(\tfrac{1}{T}\right) dx \\
&\quad - \int_{\Gamma(t)} \lambda \tfrac{1}{T} [\nabla T]_s^\ell \cdot \nu \, ds_x - \int_{\Gamma(t)} [\varrho s]_s^\ell V \, ds_x \\
&= \int_\Omega \lambda T^2 |\nabla(\tfrac{1}{T})|^2 \, dx + \int_{\Gamma(t)} \varrho \left[\tfrac{u}{T} - s\right]_s^\ell V \, ds_x \\
&= \int_\Omega \lambda T^2 |\nabla(\tfrac{1}{T})|^2 \, dx \geq 0 \,.
\end{aligned}
$$

Dabei geht die freie–Rand–Bedingung (7.52) ein und die letzte Identität folgt, da auf dem freien Rand die freie Energie $f = u - Ts$ stetig ist, d.h.

$$\left[\tfrac{u}{T} - s\right]_s^\ell = \left[\tfrac{f}{T}\right]_s^\ell = \frac{c_V T_M + L}{T_M} - \frac{L}{T_M} - \frac{c_V T_M}{T_M} = 0 \,.$$

Wir haben also nachgewiesen, dass die Gesamtentropie nicht abnehmen kann. Diese Bedingung ist notwendig, um den zweiten Hauptsatz der Thermodynamik zu erfüllen. Tatsächlich gilt aber noch eine weitere, für die Analysis oft wichtigere Abschätzung. Mit dem Transporttheorem folgt

$$
\begin{aligned}
\frac{d}{dt} \int_\Omega \varrho c_V \tfrac{1}{2}(T - T_M)^2 \, dx &= \int_{\Omega_\ell(t)} \varrho c_V (T - T_M) \, \partial_t T \, dx \\
&\quad + \int_{\Omega_s(t)} \varrho c_V (T - T_M) \, \partial_t T \, dx - \int_{\Gamma(t)} \left[\varrho c_V \tfrac{1}{2}(T - T_M)^2\right]_s^\ell V \, ds_x \\
&= \int_{\Omega_\ell(t)} \lambda (T - T_M)\Delta T \, dx + \int_{\Omega_s(t)} \lambda (T - T_M)\Delta T \, dx \\
&= -\int_{\Omega_\ell(t)} \lambda |\nabla T|^2 \, dx - \int_{\Omega_s(t)} \lambda |\nabla T|^2 \, dx - \int_{\Gamma(t)} \lambda [\nabla T]_s^\ell \cdot \nu \, (T - T_M) \, ds_x \,.
\end{aligned}
$$

Die Integrale bezüglich $\Gamma(t)$ verschwinden jeweils, da $T = T_M$ auf $\Gamma(t)$ gilt. Insgesamt erhalten wir also

$$\frac{d}{dt} \int_{\Omega} \varrho c_V \tfrac{1}{2}(T - T_M)^2 \, dx + \int_{\Omega} \lambda |\nabla T|^2 \, dx = 0 \, .$$

Diese Abschätzung ist die Grundlage für den Nachweis einer schwachen Lösung des Stefan–Problems mit Techniken aus der Funktionalanalysis.

7.5 Unterkühlte Flüssigkeiten

Bisher sind wir davon ausgegangen, dass in der flüssigen Phase $T > T_M$ gilt und für $T < T_M$ die feste Phase angenommen wird. Tatsächlich ist es möglich, Flüssigkeiten zu unterkühlen und Festkörper zu überhitzen. Es kann zum Beispiel vorkommen, dass eine Flüssigkeit auch bei Temperaturen unterhalb der Schmelztemperatur noch in der flüssigen Phase bleibt.

Wir wollen diese Situation nun an einem idealisierten Modellproblem studieren. Es sei $u = T - T_M$, wobei also u hier und in den Abschnitten 7.5–7.7 *nicht* die Dichte der inneren Energie bezeichnet. Wir betrachten das Wachstum eines Kristallkeims, der zum Zeitpunkt $t = 0$ nur aus einem Punkt besteht, und machen dazu folgende Annahmen:

- Temperaturschwankungen gibt es nur in einer Raumrichtung und es sei $u = u(t, x)$ mit $x \in [0, 1]$.

- Die Phasengrenze ist orthogonal zur x-Achse.

- Die Phasengrenze sei mit $y(t) \in [0, 1]$ bezeichnet und es gelte $y(0) = 0$. Im Bereich $x < y(t)$ liege die feste Phase und in $x > y(t)$ die flüssige Phase vor.

- Die Diffusionskonstante sei groß, oder, um genau zu sein, $\frac{\varrho c_V}{\lambda}$ sei klein. In diesem Fall können wir approximativ statt der Wärmeleitungsgleichung die quasistationäre Gleichung

$$u_{xx}(t, x) = 0 \, , \quad x \in (0, 1) \, , \quad x \neq y(t) \, , \quad t > 0$$

  betrachten.

- Der linke Rand sei isoliert und am rechten Rand sei eine konstante Temperatur U vorgegeben, d.h. für ein $U \in \mathbb{R}$ sei

$$u_x(t, 0) = 0 \, , \quad u(t, 1) = U \, , \quad t > 0 \, .$$

Bezeichnen wir mit $u(t, x-)$ beziehungsweise $u(t, x+)$ die linksseitigen beziehungsweise rechtsseitigen Grenzwerte bezüglich x, so erhalten wir folgendes Problem:

$$u_{xx}(t,x) = 0 \ \text{ für } \ x \in (0,1) \,, \ x \neq y(t) \,, \ t > 0 \,,$$
$$u(t, y(t)) = 0 \ \text{ für } \ t > 0 \,,$$
$$\varrho LV = \varrho Ly'(t) = \lambda(u_x(t, y(t)-) - u_x(t, y(t)+)) \ \text{ für } \ t > 0 \,,$$
$$y(0) = 0 \,,$$
$$u_x(t, 0) = 0 \,, \ u(t, 1) = U \,.$$

Die Lösung lautet

$$u(t, x) = 0 \quad \text{ für } \quad 0 \leq x \leq y(t) \,,$$
$$u(t, x) = U \frac{x - y(t)}{1 - y(t)} \quad \text{ für } \quad y(t) < x \leq 1 \,.$$

Weiter gilt

$$\varrho Ly'(t) = -\lambda \frac{U}{1 - y(t)} \,,$$
$$y(0) = 0 \,.$$

Ist also $U = 0$, so bewegt sich die Phasengrenze nicht. Gilt $U > 0$, so folgt $y'(0) \leq 0$ und keine Bewegung der Phasengrenze in die Flüssigkeit ist möglich. Ist dagegen $U < 0$, so folgt

$$y(t) = 1 - \left(1 + 2\frac{\lambda}{\varrho L}Ut\right)^{1/2} \,.$$

Wir beobachten also, dass der Kristallisationskeim nur wachsen kann, wenn die Flüssigkeit unterkühlt ist.

Bei der Erstarrung spielt die Form der Phasengrenze eine wichtige Rolle. Ist die Phasengrenze gekrümmt, so weicht die Temperatur an der Phasengrenze wegen Kapillareffekten von der Schmelztemperatur T_M ab. Für einen runden Erstarrungskeim ist die Erstarrungstemperatur unterhalb der Schmelztemperatur. Tatsächlich hängt die Temperatur an der Phasengrenze von der Krümmung der Phasengrenze ab (Gibbs–Thomson–Effekt). Wir werden sehen, dass der Gibbs–Thomson–Effekt einen stabilisierenden Effekt hat. Um die Gibbs–Thomson–Bedingung an der Phasengrenze formulieren zu können, benötigen wir den Begriff der mittleren Krümmung, der im Anhang B eingeführt ist.

7.6 Gibbs–Thomson–Effekt

Wir wollen jetzt Unterkühlungs- beziehungsweise Überhitzungsphänomene zulassen und dabei berücksichtigen, dass die Schmelztemperatur an der Phasengrenze von der Krümmung abhängen kann. Dazu untersuchen wir das *Mullins–Sekerka–Problem* für die skalierte Temperatur $u = \frac{\lambda}{\varrho L}(T - T_M)$

$$\begin{cases} \Delta u = 0 & \text{in } \Omega_s(t) \cup \Omega_\ell(t)\,, \\ V = -[\nabla u]_s^\ell \cdot \nu & \text{auf } \Gamma(t)\,, \\ u = \gamma \kappa & \text{auf } \Gamma(t)\,. \end{cases} \qquad (7.57)$$

Dabei ist γ eine geeignet skalierte Oberflächenspannung beziehungsweise Oberflächenenergiedichte und κ die Summe der Hauptkrümmungen, die wir im Folgenden auch als mittlere Krümmung bezeichnen, siehe Anhang B. Das Vorzeichen von κ sei so gewählt, dass $\kappa < 0$ für einen strikt konvexen Feststoffanteil gilt. Die Laplace–Gleichung ergibt sich als quasistationäre Variante des in den vorigen Abschnitten hergeleiteten Stefan–Problems, d.h. wir nehmen wieder an, dass $\frac{\varrho c_V}{\lambda}$ klein ist, so dass wir die Zeitableitung in der Wärmeleitungsgleichung vernachlässigen können. Die letzte Gleichung in (7.57) ist die *Gibbs–Thomson–Bedingung* und sie lässt nun eine Krümmungsunterkühlung zu. Das bedeutet zum Beispiel, dass die Temperatur an der Phasengrenze für einen konvexen Keim einer festen Phase unterhalb der Schmelztemperatur sein kann.

Wir wollen untersuchen, unter welchen Bedingungen ein Kristallisationskeim wachsen kann. Dazu betrachten wir das Mullins–Sekerka–Problem (7.57) mit

$$\Omega = B_R(0) \subset \mathbb{R}^3\,, \ \Omega_s(0) = B_{r_0}(0)\,, \ \Gamma(0) = \partial B_{r_0}(0)\,, \ \Omega_\ell(0) = B_R(0) \backslash \overline{B_{r_0}(0)}\,,$$

wobei $0 < r_0 < R < \infty$. Auf dem äußeren Rand geben wir eine feste Unterkühlungstemperatur vor

$$u(t,x) = u_0 \equiv \text{konst} < 0 \quad \text{für} \quad x \in \partial \Omega,\ t > 0\,. \qquad (7.58)$$

Wir suchen nun eine radialsymmetrische Lösung $u(t,x) = v(t,|x|)$ mit $\Gamma(t) = \partial B_{r(t)}(0)$. Da $\kappa(t) = -\frac{2}{r(t)}$ auf $\Gamma(t)$, erhalten wir in der festen Phase

$$v(t,r) = -\frac{2\gamma}{r(t)} \quad \text{für} \quad r \in [0, r(t)]\,.$$

Für $d = 3$ gilt $\Delta_x v(|x|) = v''(|x|) + \frac{2}{|x|} v'(|x|)$, vgl. (6.12), und aus (7.57) folgt

$$0 = v'' + \tfrac{2}{r} v' \quad \text{beziehungsweise} \quad 0 = (r^2 v')'\,.$$

Wir erhalten also

$$v(t,r) = c_1(t)\tfrac{1}{r} + c_2(t)\,, \ c_1(t), c_2(t) \in \mathbb{R}\,.$$

Die Gibbs–Thomson–Bedingung und die Randbedingung (7.58) liefern die folgenden Randbedingungen in der flüssigen Phase

$$c_1(t)\tfrac{1}{R} + c_2(t) = u_0 \quad \text{und} \quad c_1(t)\tfrac{1}{r(t)} + c_2(t) = -\tfrac{2\gamma}{r(t)}\,.$$

Daraus berechnen wir

$$c_1(t) = \left(u_0 + \frac{2\gamma}{r(t)}\right) / \left(\frac{1}{R} - \frac{1}{r(t)}\right) = (\gamma\,\kappa(t) - u_0)/\left(\frac{1}{r(t)} - \frac{1}{R}\right),$$
$$c_2(t) = -\frac{1}{r(t)}(2\gamma + c_1).$$

Da $V = \dot{r}(t)$ folgt aus der Stefan–Bedingung in (7.57)

$$\dot{r}(t) = c_1(t)\frac{1}{r(t)^2} = (\gamma\,\kappa(t) - u_0)/\left(r(t)^2\left(\frac{1}{r(t)} - \frac{1}{R}\right)\right). \qquad (7.59)$$

Die rechte Seite wird Null genau dann, wenn

$$\gamma\kappa = u_0 \quad \text{und damit} \quad r = -\frac{2\gamma}{u_0}.$$

Der Radius $r_{\text{krit}} = -\frac{2\gamma}{u_0}$ heißt *kritischer Radius*. Für $r_0 < r_{\text{krit}}$ ist die rechte Seite in (7.59) zum Anfangszeitpunkt negativ und ein zu kleiner Kristallisationskeim verschwindet in endlicher Zeit. Ist $r_0 > r_{\text{krit}}$ so wächst der Keim. Weiter gilt

für starke Unterkühlung ist r_{krit} klein,

für kleinere Unterkühlung ist r_{krit} groß.

Ein Kristallisationskeim muss eine gewisse Größe besitzen, um wachsen zu können, und bei starker Unterkühlung können auch schon kleinere Keime wachsen.

7.7 Mullins–Sekerka–Instabilität

Im vorigen Abschnitt haben wir gesehen, dass ein Kristallisationskeim nur wächst, wenn die umgebende Flüssigkeit unterkühlt ist. Wie die Analysis in diesem Abschnitt zeigt, ist eine Phasengrenze, die sich in eine unterkühlte Flüssigkeit hinein bewegt, instabil.

Wir betrachten einen Erstarrungsprozess im $\mathbb{R}^2$, wobei wir die Koordinaten mit $(x, y)^\top$ bezeichnen. Gegeben sei eine zur x–Achse parallele Erstarrungsfront, die sich mit Geschwindigkeit V_0 in Richtung der y-Achse bewegt. Für $y \to +\infty$ und $y \to -\infty$ geben wir die Wärmeflüsse

$$-\nabla u = -g_\ell \begin{pmatrix} 0 \\ 1 \end{pmatrix} \quad \text{und} \quad -\nabla u = -g_s \begin{pmatrix} 0 \\ 1 \end{pmatrix}$$

vor. Wir betrachten ein sich mit der Erstarrungsfront bewegendes Koordinatensystem, so dass

$$\Omega_\ell(t) = \{(x,y)^\top \mid y > 0\},$$
$$\Omega_s(t) = \{(x,y)^\top \mid y < 0\}.$$

In dieser Geometrie betrachten wir folgende Lösung des Mullins–Sekerka–
Problems (7.57)

$$u_s(x,y) = g_s\, y \text{ für } y < 0\,,$$
$$u_\ell(x,y) = g_\ell\, y \text{ für } y > 0\,.$$

Mit $\nabla u_s = (0, g_s)^\top$ für $y < 0$, $\nabla u_\ell = (0, g_\ell)^\top$ für $y > 0$ und $\nu = (0,1)^\top$ ergibt
sich

$$[\nabla u]_s^\ell \cdot \nu = g_\ell - g_s\,,$$

und damit

$$V_0 = g_s - g_\ell\,.$$

Außerdem gilt die Bedingung $u = 0$ auf der Phasengrenze $\Gamma = \{(x,y) \mid y = 0\}$.

Wir wollen nun untersuchen, ob diese Phasengrenze stabil ist gegen kleine
Störungen. Im mitbewegten Koordinatensystem sei eine gestörte Phasengrenze durch

$$y = h(t,x) = \delta(t)\sin(\omega x) \quad \text{mit} \quad \omega > 0$$

gegeben. Wir stören also die flache Phasengrenze zum Anfangszeitpunkt mit
einer Sinusschwingung der kleinen Amplitude $\delta(0)$ und der Periode $\frac{2\pi}{\omega}$. Da
wir die Phasengrenze mit einer gewissen Wellenlänge gestört haben, machen
wir einen Lösungsansatz mit der gleichen Wellenlänge. Dieser Ansatz würde
sich allerdings auch aus einem Ansatz mit Separation der Variablen ergeben.
Wir setzen also

$$u_s(t,x,y) = g_s\, y + c_s(t)\, e^{\omega y} \sin(\omega x)\,,$$
$$u_\ell(t,x,y) = g_\ell\, y + c_\ell(t)\, e^{-\omega y} \sin(\omega x)\,.$$

Diese Funktionen lösen die Laplace–Gleichung $\Delta u = 0$ und geben für großes
$|y|$ das Verhalten der ungestörten Lösung wieder. Wir geben damit weit weg
von der Phasengrenze den Temperaturgradienten und dadurch den Wärmefluss vor.

Wir wollen garantieren, dass u_ℓ und u_s die Bedingungen am freien Rand
näherungsweise erfüllen. Um die Gleichung $u = \gamma\kappa$ auf Γ approximativ zu
lösen, berechnen wir u_s und u_ℓ auf der Phasengrenze als

$$u_s(t,x,h(t,x)) = g_s\, h(t,x) + c_s(t)\, e^{\omega h(t,x)} \sin(\omega x)$$
$$= g_s\, \delta(t)\sin(\omega x) + c_s(t)\, e^{\omega h(t,x)} \sin(\omega x)\,,$$
$$u_\ell(t,x,h(t,x)) = g_\ell\, h(t,x) + c_\ell(t)\, e^{-\omega h(t,x)} \sin(\omega x)$$
$$= g_\ell\, \delta(t)\sin(\omega x) + c_\ell(t)\, e^{-\omega h(t,x)} \sin(\omega x)\,.$$

Bezeichnen wir mit $\kappa(t,x)$ die Krümmung in $(x, h(t,x))$, so erhalten wir (vgl.
Anhang B)

$$\kappa(t,x) = \frac{\partial_{xx} h}{(1 + (\partial_x h)^2)^{3/2}} = \partial_{xx} h + \mathcal{O}(\delta^2) \approx -\delta(t)\, \omega^2 \sin(\omega x)\,.$$

Um $u = \gamma \kappa$ bis auf einen Fehler der Ordnung δ^2 zu erfüllen, verlangen wir

$$c_s(t) = -(\gamma \omega^2 + g_s)\delta(t)\,, \tag{7.60}$$

$$c_\ell(t) = -(\gamma \omega^2 + g_\ell)\delta(t)\,. \tag{7.61}$$

Wir werten nun die Sprungbedingung $V = -[\nabla u]_s^\ell \cdot \nu$ aus. Mit dem Normalenvektor

$$\nu = \left(1/(1 + (\partial_x h)^2)^{1/2}\right)(-\partial_x h, 1)^\top$$

folgt zunächst

$$\nabla u_s = \left(\omega\, c_s(t)\, e^{\omega y} \cos(\omega x)\,,\; g_s + \omega\, c_s(t)\, e^{\omega y} \sin(\omega x)\right)^\top$$

und dann mit (7.60)

$$\nabla u_s \cdot \nu_{|y=h} = g_s - \delta(t)(\gamma\omega^2 + g_s)\omega \sin(\omega x) + \mathcal{O}(\delta^2)\,.$$

Analog berechnen wir mit (7.61)

$$\nabla u_\ell \cdot \nu_{|y=h} = g_\ell + \delta(t)(\gamma\omega^2 + g_\ell)\omega \sin(\omega x) + \mathcal{O}(\delta^2)\,.$$

Es folgt

$$-[\nabla u]_s^\ell \cdot \nu = g_s - g_\ell - \delta(2\gamma\omega^2 + g_s + g_\ell)\omega \sin(\omega x)\,. \tag{7.62}$$

Außerdem ergibt sich wie in Abschnitt 7.3 für die Normalgeschwindigkeit $V(t,x)$ im Punkte $(x, h(t,x))$

$$\begin{aligned}
V(t,x) &= \begin{pmatrix} 0 \\ V_0 + \partial_t h \end{pmatrix} \cdot \begin{pmatrix} -\partial_x h \\ 1 \end{pmatrix} \frac{1}{(1 + (\partial_x h)^2)^{1/2}} \\
&= \frac{V_0 + \partial_t h}{(1 + (\partial_x h)^2)^{1/2}} = V_0 + \delta'(t)\sin(\omega x) + \mathcal{O}(\delta^2)\,.
\end{aligned}$$

Zusammen mit (7.62) erhalten wir

$$\delta'(t) = -\lambda(\omega)\,\delta(t)$$

mit

$$\lambda(\omega) = \omega\{2\gamma\omega^2 + g_s + g_\ell\}\,.$$

Die Störungen werden also exponentiell in der Zeit verstärkt, falls $\lambda(\omega) < 0$ und gedämpft, falls $\lambda(\omega) > 0$. Jetzt sei $g_s \geq 0$, d.h. die Temperatur in der festen Phase sei negativ. Ist nun $g_\ell \geq 0$, so ist die Flüssigkeit nicht unterkühlt, und wir erhalten $\lambda(\omega) > 0$ und somit Stabilität.

Im Fall $g_\ell < 0$ ist die Flüssigkeit unterkühlt.

(i) Der Fall $\gamma = 0$ ohne Kapillaritätsterm. Im Fall von Unterkühlung

$$g_\ell + g_s < 0$$

werden alle Wellenlängen verstärkt und wir erhalten eine stark instabile Situation. Ist

$$g_\ell + g_s > 0\,,$$

so erhalten wir eine stabile Situation.

(ii) Der Fall $\gamma > 0$. In diesem Fall werden kleine Wellenlängen, also Störungen mit großem ω, gedämpft. Im Fall starker Unterkühlung, wenn g_ℓ sehr negativ ist, sind allerdings gewisse große Wellenlängen instabil. Die am stärksten instabilen Wellenlängen $\frac{2\pi}{\omega}$ ergeben sich für ω in der Nähe des positiven lokalen Minimierers ω_{si} von λ. Wir erhalten

$$\omega_{si} = \sqrt{\frac{-(g_s + g_\ell)}{6\gamma}}$$

und wir würden nach unseren Erfahrungen in den Abschnitten 6.2.12 und 6.2.13 erwarten, dass die durch ω_{si}^{-1} definierte Längenskala in realen Erstarrungsszenarien für planare Fronten eine wichtige Rolle spielt.

Zusammenfassend beobachten wir im Fall ohne Kapillaritätsterm $\gamma\kappa$ bei starker Unterkühlung eine sehr instabile Phasengrenze. Da die Bildung neuer Oberfläche Energie kostet, hat der Kapillaritätsterm eine stabilisierende Wirkung, so dass kleine Wellenlängen gedämpft werden.

Die Tatsache, dass unterkühlte Flüssigkeiten sehr instabile Phasengrenzen besitzen, führt zu sehr stark verzweigten Phasengrenzen. Viele Erstarrungsfronten bilden dendritische (baumartige) Strukturen aus. Varianten der Mullins–Sekerka–Stabilitätsanalyse werden sogar als Erklärung für die vielfältigen Muster bei Schneekristallen herangezogen (siehe zum Beispiel Libbrecht [83]).

7.8 A priori Abschätzungen für das Stefan–Problem mit Gibbs–Thomson–Bedingung

Wir haben die Gibbs–Thomson–Bedingung eingeführt, die eine Krümmungsunterkühlung zulässt. Außerdem wird häufig eine kinetische Unterkühlung betrachtet, die berücksichtigt, dass das System an der Phasengrenze eventuell Zeit benötigt, die lokalen Gleichgewichtsbedingungen $T = T_M$ beziehungsweise $T - T_M = \gamma\kappa$ zu erreichen. Daher betrachten wir nun die Relaxierungsdynamik

$$\beta V = \gamma\kappa - \varrho L(T - T_M) \quad \text{mit} \quad \beta \geq 0. \tag{7.63}$$

Dabei ist γ eine geeignet skalierte Oberflächenenergiedichte, wobei die Skalierung hier anders ist als in Abschnitt 7.6, und β ist ein Parameter, der die Stärke der kinetischen Unterkühlung widerspiegelt. Es ist leicht nachzuprüfen, dass auch mit der Bedingung (7.63) die Energieerhaltung (7.43) richtig ist. Wir wollen nun den regularisierenden Effekt der Terme βV und $\gamma\kappa$ besser verstehen. Dazu zeigen wir, dass das Gesetz (7.63) die Abschätzung des Oberflächeninhalts der Phasengrenze erlaubt. Daher kann die Phasengrenze nicht beliebig irregulär werden. Überhaupt beobachten wir in der Natur häufig einen glättenden Effekt der Kapillarität. Wir benötigen zunächst das folgende Resultat.

Satz 7.4. *Für eine glatte, kompakte evolvierende Hyperfläche ohne Rand gilt*

$$\frac{d}{dt} \int_{\Gamma(t)} 1 \, ds_x = - \int_{\Gamma(t)} \kappa V \, ds_x \, .$$

Beweis. Wir wollen diese Aussage zunächst für geschlossene Kurven in der Ebene zeigen, da sich der Beweis in diesem Fall elementar führen lässt. Es sei dazu für $t_1 < t_2$ und $a < b$

$$y : [t_1, t_2] \times [a, b] \to \mathbb{R}^2 \, , \ (t, p) \mapsto y(t, p)$$

glatt, so dass $y(t, \cdot)$ eine reguläre Parametrisierung von $\Gamma(t)$ ist. Dann gilt, da das Längenelement durch $|\partial_p y|$ gegeben ist und da $\frac{1}{|\partial_p y|} \partial_p \left(\frac{\partial_p y}{|\partial_p y|} \right) = \kappa \nu$, vgl. Anhang B

$$\frac{d}{dt} \int_{\Gamma(t)} 1 \, ds_x = \frac{d}{dt} \int_a^b |\partial_p y(t, p)| \, dp = \int_a^b \left(\frac{\partial_p y}{|\partial_p y|} \cdot \partial_t \partial_p y \right) (t, p) \, dp$$

$$= - \int_a^b \left(\partial_p \frac{\partial_p y}{|\partial_p y|} \cdot \partial_t y \right) (t, p) \, dp = - \int_a^b \left(\kappa \nu \cdot \partial_t y \, |\partial_p y| \right) (t, p) \, dp$$

$$= - \int_{\Gamma(t)} \kappa V \, ds_x \, .$$

Im allgemeinen Fall wählen wir eine Partition der Eins $\{\zeta_i\}_{i=1}^M$ des $\mathbb{R}^{1+d}$, so dass sich die Flächenstücke $\Gamma \cap \operatorname{supp} \zeta_i$ als Graph wie im Beweis von Satz 7.3 schreiben lassen. Es gilt dann

$$\frac{d}{dt} \int_{\Gamma(t)} 1 \, ds_x = \sum_{i=1}^M \frac{d}{dt} \int_{\Gamma(t)} \zeta_i(t, x) \, ds_x \, .$$

Da sich $\operatorname{supp} \zeta_i \cap \Gamma$ als Graph

$$h : (t_1, t_2) \times D \to \mathbb{R} \, , \ t_1 < t_2 \, , \ D \subset \mathbb{R}^{d-1} \quad \text{offen}$$

schreiben lässt, berechnen wir:

$$\frac{d}{dt} \int_{\Gamma(t)} \zeta_i(t,x)\, ds_x = \frac{d}{dt} \int_D \zeta_i(t,x',h(t,x'))\sqrt{1+|\nabla_{x'}h(t,x')|^2}\, dx'$$

$$= \int_D (\partial_t \zeta_i + \partial_{x_d}\zeta_i\, \partial_t h)\sqrt{1+|\nabla_{x'}h|^2}\, dx'$$

$$+ \int_D \frac{\zeta_i}{\sqrt{1+|\nabla_{x'}h|^2}} \nabla_{x'}h \cdot \nabla_{x'}\partial_t h\, dx'$$

$$= \int_D (\partial_t \zeta_i + \partial_{x_d}\zeta_i\, \partial_t h)\sqrt{1+|\nabla_{x'}h|^2}\, dx'$$

$$- \int_D \partial_t h\, \zeta_i\, \nabla_{x'} \cdot \left(\frac{\nabla_{x'}h}{\sqrt{1+|\nabla_{x'}h|^2}} \right) dx'$$

$$- \int_D (\nabla_{x'}\zeta_i + \partial_{x_d}\zeta_i\, \nabla_{x'}h) \cdot \frac{\nabla_{x'}h}{\sqrt{1+|\nabla_{x'}h|^2}} \partial_t h\, dx'\,.$$

Aus $\nu = \frac{1}{\sqrt{1+|\nabla_{x'}h|^2}}(-\nabla_{x'}h,1)^\top$, $\kappa = \nabla_{x'} \cdot \left(\frac{\nabla_{x'}h}{\sqrt{1+|\nabla_{x'}h|^2}} \right)$ und $V = \frac{\partial_t h}{\sqrt{1+|\nabla_{x'}h|^2}}$ folgt

$$\frac{d}{dt} \int_{\Gamma(t)} \zeta_i(t,x)\, ds_x = \int_{\Gamma(t)} (\nabla \zeta_i \cdot \nu\, V + \partial_t \zeta_i - \zeta_i V \kappa)\, ds_x\,.$$

Summieren wir über i, so erhalten wir die Behauptung, da $\sum_{i=1}^M \zeta_i = 1$. $\qquad\square$

Um eine Abschätzung für das Stefan–Problem (7.51), (7.52), mit Gibbs–Thomson–Bedingung und kinetischer Unterkühlung (7.63) zu erhalten, berechnen wir zunächst

$$\frac{d}{dt} \int_{\Gamma(t)} \gamma\, ds_x = - \int_{\Gamma(t)} \gamma \kappa V\, ds_x$$

$$= - \int_{\Gamma(t)} \beta V^2\, ds_x - \int_{\Gamma(t)} \varrho L V (T - T_M)\, ds_x\,.$$

Hier und im Folgenden setzen wir stets voraus, dass die Phasengrenze den äußeren Rand Γ nicht trifft. Wie in Abschnitt 7.4 ergibt sich, da T stetig auf $\Gamma(t)$ ist,

$$\frac{d}{dt} \int_\Omega \varrho c_V \tfrac{1}{2}(T - T_M)^2\, dx = - \int_\Omega \lambda |\nabla T|^2\, dx - \int_{\Gamma(t)} (T - T_M)\lambda[\nabla T]_s^\ell \cdot \nu\, ds_x\,.$$

Kombinieren wir die beiden letzten Identitäten so erhalten wir mit (7.52)

$$\frac{d}{dt} \left(\int_\Omega \varrho c_V \tfrac{1}{2}(T - T_M)^2\, dx + \int_{\Gamma(t)} \gamma\, ds_x \right)$$

$$= - \int_{\Gamma(t)} \beta V^2\, ds_x - \int_\Omega \lambda |\nabla T|^2\, dx\,. \tag{7.64}$$

Der Kapillaritätsterm in der Gibbs–Thomson–Gleichung liefert also die Oberfläche der Phasengrenze als zusätzlichen Term in der a–priori Abschätzung. Als weiterer dissipativen Term erhalten wir neben dem Dirichletintegral der Temperatur das Quadrat der L_2–Norm der Geschwindigkeit auf dem Rand.

Wir haben hier nur eine einfache Variante des Stefan–Problems mit Unterkühlungsregularisierung durch Kapillarität und kinetische Beiträge diskutiert. Für eine systematische Herleitung auch allgemeinerer Modelle verweisen wir auf das Buch von Gurtin [56].

Die bisher formulierte Variante des Stefan–Problems mit Gibbs–Thomson–Bedingung wird üblicherweise in der Praxis verwendet. Die oben skizzierte Version ist allerdings nur eine approximative Theorie und erfüllt insbesondere nicht den zweiten Hauptsatz der Thermodynamik. Eine einfache Modifizierung, die dann dem zweiten Hauptsatz genügt, ergibt sich wie folgt. Die Relaxierungsdynamik (7.63) wird ersetzt durch

$$\widehat{\beta} V = \widehat{\gamma} \kappa + \varrho L \left(\frac{1}{T} - \frac{1}{T_M} \right) \tag{7.65}$$

wobei $\widehat{\beta}, \widehat{\gamma}$ Konstanten sind, die jetzt eine andere physikalische Dimension haben als die Größen β und γ in (7.63). Es kann gezeigt werden (Aufgabe 7.13)

$$\frac{d}{dt} \left(\int_{\Omega} \varrho s \, dx - \int_{\Gamma(t)} \widehat{\gamma} \, ds_x \right) \geq 0 \,, \tag{7.66}$$

wobei s die Entropiedichte aus Abschnitt 7.3 ist. Die Konstante $-\widehat{\gamma}$ ist in diesem Fall eine flächenbezogene Entropiedichte. Wir haben also gezeigt, dass mit der modifizierten Bedingung am freien Rand die Gesamtentropie nur zunehmen kann.

7.9 Die Phasenfeldgleichungen

Beim Stefan–Problem wird die Phasengrenze durch einen freien Rand in Form einer Hyperfläche beschrieben. Falls der freie Rand seine Topologie ändert, etwa wenn sich zwei Bereiche fester Phase vereinigen oder wenn beim Aufschmelzen eine zusammenhängende feste Phase sich in zwei oder mehr Teile aufspaltet, so hat dieser Ansatz Nachteile. Egal wie wir die Hyperfläche beschreiben, werden wir eine Singularität in der Beschreibungsform beobachten, wenn sich der topologische Typ ändert. Daher werden in letzter Zeit zunehmend Phasenfeldgleichungen verwendet, um Erstarrungsphänomene zu beschreiben. Im Phasenfeldmodell wird eine glatte Phasenfeldvariable φ eingeführt, die in der festen Phase Werte nahe -1 und in der flüssigen Phase Werte nahe bei 1 annimmt. In Bereichen, in denen die Phase wechselt, bilden sich innere Grenzschichten aus, an denen sich der Wert von φ stark ändert. Außerdem bleiben Lösungen der Phasenfeldgleichungen glatt, selbst wenn sich die topologische Struktur der Phasengrenzen ändert.

Die innere Energie ist im Phasenfeldmodell gegeben durch $u(T, \varphi) = c_V T + L\frac{\varphi+1}{2}$, d.h. wir interpolieren die latente Wärmemenge linear. Wir erhalten dann folgende Energiebilanz

$$\partial_t \left(\varrho c_V T + \varrho L \frac{\varphi + 1}{2} \right) = \lambda \, \Delta T \,. \tag{7.67}$$

Die Gleichung (7.63) für den freien Rand wird ersetzt durch die Gleichung

$$\varepsilon \beta \, \partial_t \varphi = \varepsilon \gamma \, \Delta \varphi - \frac{\gamma}{\varepsilon} \psi'(\varphi) + \frac{\varrho L}{2} (T - T_M) \,. \tag{7.68}$$

Dabei sei $\psi(\varphi) = \frac{9}{32}(\varphi^2 - 1)^2$ und $\varepsilon > 0$ ist ein Parameter, von dem sich später herausstellen wird, dass er proportional zur Grenzschichtdicke ist. Wir werden außerdem sehen, dass in einer asymptotischen Entwicklung für $\varepsilon \to 0$ der Term $\partial_t \varphi$ geeignet skaliert auf die negative Normalgeschwindigkeit führt und der Term $\varepsilon \Delta \varphi - \frac{1}{\varepsilon} \psi'(\varphi)$ wird die negative mittlere Krümmung liefern.

Setzen wir für T und φ homogene Neumann–Randbedingungen $\nabla T \cdot n = \nabla \varphi \cdot n = 0$ voraus, so erhalten wir für glatte Lösungen von (7.67), (7.68)

$$\begin{aligned}
\frac{d}{dt} &\left(\int_\Omega \varrho c_V \tfrac{1}{2}(T - T_M)^2 \, dx + \int_\Omega \gamma \big(\tfrac{\varepsilon}{2}|\nabla \varphi|^2 + \tfrac{1}{\varepsilon}\psi(\varphi) \big) \, dx \right) \\
&= \int_\Omega \varrho c_V (T - T_M) \, \partial_t T \, dx + \int_\Omega \gamma \big(\varepsilon \nabla \varphi \cdot \partial_t \nabla \varphi + \tfrac{1}{\varepsilon}\psi'(\varphi) \partial_t \varphi \big) \, dx \\
&= - \int_\Omega \varrho (T - T_M) \frac{L}{2} \partial_t \varphi \, dx + \int_\Omega \lambda \Delta T \, (T - T_M) \, dx \\
&\quad + \int_\Omega \gamma \big(-\varepsilon \Delta \varphi + \tfrac{1}{\varepsilon}\psi'(\varphi) \big) \partial_t \varphi \, dx \\
&= - \int_\Omega \varepsilon \beta |\partial_t \varphi|^2 \, dx - \int_\Omega \lambda |\nabla T|^2 \, dx \,.
\end{aligned} \tag{7.69}$$

Vergleichen wir diese Identität mit (7.64) so vermuten wir, dass der Term

$$\int_\Omega \gamma \left(\frac{\varepsilon}{2}|\nabla \varphi|^2 + \frac{1}{\varepsilon}\psi(\varphi) \right) dx \tag{7.70}$$

dem Kapillaritätsterm $\int_\Gamma \gamma \, ds_x$ entspricht. Dies lässt sich tatsächlich durch eine geeignete Grenzbetrachtung zeigen, siehe [95]. Wir bemerken an dieser Stelle, dass der Gradiententerm $\frac{\varepsilon}{2}|\nabla \varphi|^2$ in (7.70) starke räumliche Änderungen in den Phasenfeldvariablen bestraft. Der Term $\frac{1}{\varepsilon}\psi(\varphi)$ in (7.70) wird für kleine ε groß, falls φ Werte annimmt, die sich stark von ± 1 unterscheiden, siehe Abbildung 7.4. Lösungen (T, φ) des Phasenfeldsystems (7.67), (7.68) bilden daher typischerweise „unscharfe "Phasengrenzen aus, siehe Abbildungen 7.5 und 7.6.

Wir wollen mit Hilfe von formaler asymptotischer Analysis zeigen, dass Lösungen von (7.67)–(7.68) gegen Lösungen des Stefan–Problems mit Gibbs–Thomson–Bedingung und kinetischer Unterkühlung konvergieren. Es seien also $(T^\varepsilon, \varphi^\varepsilon)$ Lösungen von (7.67), (7.68). Zur Vereinfachung sei $\Omega \subset \mathbb{R}^2$ und wir nehmen an, dass die Mengen

$$\Gamma^\varepsilon = \{(t,x) \in [0,T] \times \Omega \mid \varphi^\varepsilon(t,x) = 0\} \quad \text{für} \quad \varepsilon > 0$$

evolvierende Hyperflächen sind, die zu jedem Zeitpunkt den Rand von Ω nicht berühren. Weiter sei angenommen, dass Γ^ε gegen eine evolvierende Hyperfläche Γ^0 in einem Sinne konvergiert, den wir weiter unten konkretisieren. Es sei nun $y(t,s)$ eine glatte Funktion, die für jedes t eine Bogenlängenparametrisierung von $\Gamma^0(t)$ darstellt. Weiter sei $\nu(t,s)$ die Einheitsnormale im Punkt $y(t,s)$ an $\Gamma^0(t)$, die in die flüssige Phase zeigt. Die Parametrisierung durchlaufe die Kurve $\Gamma^0(t)$ so, dass das Vektorsystem (ν, τ) mit der Tangente

$$\tau(t,s) = \partial_s y(t,s)$$

positiv orientiert ist.

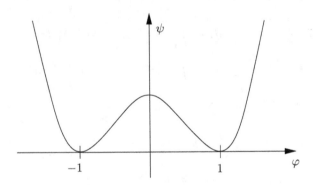

Abb. 7.4. Der Energieanteil $\psi(\varphi)$ in (7.70) bestraft Werte von φ, die stark von ± 1 abweichen.

Wir nehmen weiter an, dass wir $\Gamma^\varepsilon(t)$ über $\Gamma^0(t)$ wie folgt parametrisieren können

$$y^\varepsilon(t,s) = y(t,s) + d^\varepsilon(t,s)\,\nu(t,s)\,.$$

Die Hyperflächen $\Gamma^\varepsilon(t)$ konvergieren gegen $\Gamma^0(t)$, falls $d^\varepsilon \to 0$ für $\varepsilon \to 0$. Wir machen den Ansatz

$$d^\varepsilon(t,s) = d_0(t,s) + \varepsilon\, d_1(t,s) + \cdots.$$

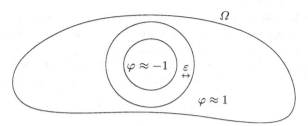

Abb. 7.5. Typisches Verhalten der Phasenfeldvariable φ. Bereiche, in denen $\varphi \approx$ ± 1 ist, werden von einer „unscharfen" Phasengrenze mit Dicke proportional zu ε getrennt.

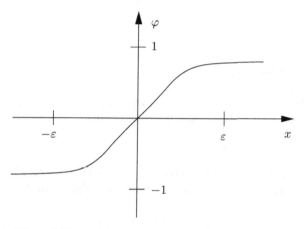

Abb. 7.6. Die Phasenfeldvariable bildet eine Phasengrenze aus, deren Dicke proportional zu ε ist.

Die Konvergenz von Γ^ε gegen Γ^0 für $\varepsilon \to 0$ bedeutet nun

$$d_0 \equiv 0 \,.$$

Wir wollen nun in $\Omega \setminus \Gamma^0(t)$ eine äußere Entwicklung ansetzen und in der Nähe von Γ^0 eine innere Entwicklung wie in Abschnitt 6.6. Für die äußere Entwicklung machen wir den Ansatz

$$T^\varepsilon(t,x) = T_0(t,x) + \varepsilon\, T_1(t,x) + \cdots,$$
$$\varphi^\varepsilon(t,x) = \varphi_0(t,x) + \varepsilon\, \varphi_1(t,x) + \cdots.$$

Gehen wir mit diesem Ansatz in die Gleichung (7.68), so erhalten wir nach Taylorentwicklung zu führender Ordnung

$$\psi'(\varphi_0) = 0 \,.$$

Wir erhalten die Lösungen $\varphi_0 = -1$, $\varphi_0 = 0$ und $\varphi_0 = 1$. Die Lösungen $\varphi_0 = 1$ und $\varphi_0 = -1$ entsprechen der flüssigen und der festen Phase. Die Lösung $\varphi_0 = 0$ ist wegen $\psi''(0) < 0$ eine instabile Lösung von $\varepsilon\beta\,\partial_t\varphi = -\frac{\gamma}{\varepsilon}\psi'(\varphi)$, und da wir nicht erwarten, instabile Lösungen in der Natur zu beobachten, betrachten wir diese Lösung nicht weiter. Die flüssige Phase zur Zeit t entspricht der Menge

$$\Omega_\ell(t) := \{x \in \Omega \mid \varphi_0(t,x) = 1\}$$

und der festen Phase zur Zeit t entspricht die Menge

$$\Omega_s(t) := \{x \in \Omega \mid \varphi_0(t,x) = -1\}\,.$$

Sowohl in der festen als auch in der flüssigen Phase liefert (7.67) zu führender Ordnung

$$\varrho c_V\,\partial_t T_0 = \lambda\Delta T_0\,.$$

Innere Entwicklung

In der Nähe der Phasengrenze Γ^0 führen wir nun ein neues Koordinatensystem ein. Wir betrachten die Parametertransformationen

$$F^\varepsilon(t,s,z) := (t, y(t,s) + \varepsilon z\,\nu(t,s))\,.$$

Die Variable z gibt die mit ε skalierte orientierte Distanz zu Γ^0 an, wobei wir ein negatives Vorzeichen für Punkte in der festen Phase wählen (vgl. Aufgabe 7.14). Es sei nun

$$V = \partial_t y \cdot \nu \quad \text{und} \quad V_{\tan} = \partial_t y \cdot \tau$$

die Normalgeschwindigkeit beziehungsweise Tangentialgeschwindigkeit der Parametrisierung der evolvierenden Kurve Γ^0 und κ deren Krümmung. Es gilt (vgl. Aufgabe 7.15)

$$\partial_s \tau = \kappa\nu \quad \text{und} \quad \partial_s \nu = -\kappa\tau \quad \text{(Frenet–Formeln)}\,. \tag{7.71}$$

Damit ergibt sich

$$D_{(t,s,z)}F^\varepsilon(t,s,z) = \begin{pmatrix} 1 & 0 & 0 \\ \partial_t y + \varepsilon z\,\partial_t\nu & (1 - \varepsilon z\kappa)\tau & \varepsilon\nu \end{pmatrix}\,. \tag{7.72}$$

Aus $\nu \cdot \partial_t \nu = \frac{1}{2}\partial_t |\nu|^2 = \frac{1}{2}\partial_t 1 = 0$ folgt mit $(t,x) = F^\varepsilon(t,s,z)$ beziehungsweise $(F^\varepsilon)^{-1}(t,x) =: (t, s(t,x), z(t,x))$

$$\begin{pmatrix} \partial_t t(t,x) & D_x t(t,x) \\ \partial_t s(t,x) & D_x s(t,x) \\ \partial_t z(t,x) & D_x z(t,x) \end{pmatrix} = (DF_\varepsilon)^{-1}(t, s(t,x), z(t,x))$$

$$= \begin{pmatrix} 1 & (0,0) \\ -\frac{1}{1-\varepsilon\kappa z}(V_{\tan} + \varepsilon z\,\tau \cdot \partial_t\nu) & \frac{1}{1-\varepsilon\kappa z}\tau^\top \\ -\frac{1}{\varepsilon}V & \frac{1}{\varepsilon}\nu^\top \end{pmatrix}\,. \tag{7.73}$$

Damit ergibt sich für eine Funktion $b(t,s,z)$ und ein Vektorfeld $j(t,s,z)$ mit der Kettenregel

$$\frac{d}{dt}b(t,s(t,x),z(t,x)) = -\tfrac{1}{\varepsilon}V\partial_z b + \mathcal{O}(1),$$

$$\nabla_x b(t,s(t,x),z(t,x)) = \tfrac{1}{\varepsilon}\partial_z b\,\nu + \big(1 + \varepsilon\kappa z + \mathcal{O}(\varepsilon^2)\big)\partial_s b\,\tau,$$

$$\nabla_x \cdot j(t,s(t,x),z(t,x)) = \tfrac{1}{\varepsilon}\partial_z j \cdot \nu + (1 + \varepsilon\kappa z)\partial_s j \cdot \tau + \mathcal{O}(\varepsilon^2),$$

$$\Delta_x b(t,s(t,x),z(t,x)) = \nabla_x \cdot \big(\nabla_x b(t,s(t,x),z(t,x))\big)$$

$$= \frac{1}{\varepsilon^2}\partial_{zz} b - \frac{1}{\varepsilon}\kappa\,\partial_z b - \kappa^2 z\,\partial_z b + \partial_{ss} b + \mathcal{O}(\varepsilon).$$

In der Nähe der Phasengrenze führen wir die neuen Koordinaten ein und definieren Funktionen Θ^ε und Φ^ε, so dass

$$T^\varepsilon(t,x) = \Theta^\varepsilon(t,s(t,x),z(t,x)),$$

$$\varphi^\varepsilon(t,x) = \Phi^\varepsilon(t,s(t,x),z(t,x)).$$

Wir entwickeln nun Θ^ε und Φ^ε in diesen neuen Variablen

$$\Theta^\varepsilon(t,s,z) = \Theta_0(t,s,z) + \varepsilon\,\Theta_1(t,s,z) + \cdots,$$

$$\Phi^\varepsilon(t,s,z) = \Phi_0(t,s,z) + \varepsilon\,\Phi_1(t,s,z) + \cdots.$$

Die Phasenfeldgleichung (7.68) liefert zu führender Ordnung

$$0 = \partial_{zz}\Phi_0 - \psi'(\Phi_0). \tag{7.74}$$

Jetzt und auch später benötigen wir „matching"-Bedingungen (Kopplungsbedingungen) zwischen innerer und äußerer Lösung, um Randbedingungen für $z \to \pm\infty$ zu erhalten. Wir wollen diese Bedingungen nun gleich für alle benötigten Ordnungen herleiten.

Matching–Bedingungen

Wir führen nun die Variable $r = z\varepsilon$ ein und schreiben die Funktionen φ_k in den Variablen (t,s,r) wie folgt

$$\varphi_k(t,x) = \widehat{\varphi}_k(t,s,r), \quad k = 0,1,2,\ldots.$$

Weiter nehmen wir an, dass sich die Funktionen φ_k jeweils von beiden Seiten glatt auf Γ^0 fortsetzen lassen. Taylorentwicklung nahe $r = 0$ liefert

$$\widehat{\varphi}_k(t,s,r) = \widehat{\varphi}_k(t,s,0+) + \partial_r\widehat{\varphi}_k(t,s,0+)r + \cdots \quad \text{für} \quad r > 0 \quad \text{klein},$$

$$\widehat{\varphi}_k(t,s,r) = \widehat{\varphi}_k(t,s,0-) + \partial_r\widehat{\varphi}_k(t,s,0-)r + \cdots \quad \text{für} \quad r < 0 \quad \text{klein}.$$

Von den Funktionen $\Phi_k(t,s,z)$ nehmen wir an, dass sie sich für große z durch ein Polynom in z annähern lassen, d.h. für alle $k \in \mathbb{N}_0$ existiert ein $n_k \in \mathbb{N}$, so dass

$$\Phi_k(t,s,z) \approx \Phi_{k,0}^{\pm}(t,s) + \Phi_{k,1}^{\pm}(t,s)\, z + \cdots + \Phi_{k,n_k}^{\pm}(t,s)\, z^{n_k} \quad \text{für} \quad z \to \pm\infty\,.$$

Dabei gilt $f \approx g$ für $z \to \pm\infty$, falls $f - g$ samt aller Ableitungen nach der Variablen z für $z \to \pm\infty$ gegen Null strebt. Um die Kopplungsbedingung herzuleiten betrachten wir wie in Abschnitt 6.6 eine „Zwischenvariable" $r_\eta = \frac{r}{\varepsilon^\alpha} = \varepsilon^{1-\alpha} z$ mit $0 < \alpha < 1$ und untersuchen für festes r_η den Limes $\varepsilon \to 0$. Um die Notation zu vereinfachen, unterdrücken wir für den Rest dieses Abschnitts die Abhängigkeit von t und s. Wir erhalten auf der Seite der flüssigen Phase

$$\widehat{\varphi}^\varepsilon(\varepsilon^\alpha r_\eta) = \widehat{\varphi}_0(0+) + \varepsilon^\alpha \partial_r \widehat{\varphi}_0(0+)\, r_\eta + \mathcal{O}(\varepsilon^{2\alpha}) + \varepsilon\, \widehat{\varphi}_1(0+) + \mathcal{O}(\varepsilon^{1+\alpha}) + \cdots$$

und

$$\widehat{\Phi}^\varepsilon(\varepsilon^{\alpha-1} r_\eta) = \Phi_{0,0}^+ + \varepsilon^{\alpha-1}\Phi_{0,1}^+ r_\eta + \cdots + \varepsilon^{n_0(\alpha-1)}\Phi_{0,n_0}^+ (r_\eta)^{n_0}$$
$$+ \varepsilon\,\Phi_{1,0}^+ + \varepsilon^\alpha\,\Phi_{1,1}^+ r_\eta + \cdots + \varepsilon^{1+n_1(\alpha-1)}\Phi_{1,n_1}^+ (r_\eta)^{n_1} + \cdots\,.$$

Wir sagen, dass die Entwicklungen zusammenpassen, falls $\widehat{\varphi}^\varepsilon$ und $\widehat{\Phi}^\varepsilon$ in allen Ordnungen in ε und r_η übereinstimmen. Koeffizientenvergleich in den Entwicklungen ergibt:

$$\Phi_{0,0}^+ = \widehat{\varphi}_0(0+)\,, \quad \Phi_{0,i}^+ = 0 \ \text{ für } \ 1 \le i \le n_0\,,$$
$$\widehat{\Phi}_{1,0}^+ = \widehat{\varphi}_1(0+)\,, \quad \Phi_{1,1}^+ = \partial_r\widehat{\varphi}_0(0+)\,, \quad \Phi_{1,i}^+ = 0 \ \text{ für } \ 2 \le i \le n_1\,.$$

Entsprechende Gleichungen gelten für die feste Phase.

Für $x \in \Gamma_t$ bezeichnen $\varphi_0(x\pm)$, $\nabla\varphi_0(x\pm)$, usw. die Grenzwerte der Größen φ_0, $\nabla\varphi_0$, usw. von der flüssigen beziehungsweise festen Phase, wobei wir zur Vereinfachung der Notation die t–Abhängigkeit unterdrücken. Da $\partial_r\widehat{\varphi}_0(0\pm) = (\nabla\varphi_0(x\pm)\cdot\nu)$ gilt und da

$$\Phi_1(t,s,z) \approx \Phi_{1,0}^{\pm}(t,s) + \Phi_{1,1}^{\pm}(t,s)\, z \quad \text{für} \quad z \to \pm\infty$$

gilt, folgen die matching–Bedingungen

$$\Phi_0(z) \approx \varphi_0(x\pm),\, \partial_z\Phi_0(z) \approx 0\,,$$
$$\Phi_1(z) \approx \varphi_1(x\pm) + (\nabla\varphi_0(x\pm)\cdot\nu)z\,,$$
$$\partial_z\Phi_1(z) \approx \nabla\varphi_0(x\pm)\cdot\nu$$

jeweils für $z \to \pm\infty$. Analoge Bedingungen lassen sich für die Temperatur zeigen.

Bedingungen an der Phasengrenze

Für Φ_0 ergeben sich die Bedingungen

$$\Phi_0(t,s,z) \to \pm 1 \quad \text{für} \quad z \to \pm\infty\,.$$

Multiplizieren wir (7.74) mit $\partial_z \Phi_0$, so erhalten wir

$$0 = \frac{d}{dz}\left(\tfrac{1}{2}(\partial_z \Phi_0)^2 - \psi(\Phi_0)\right).$$

Nutzen wir die Randbedingung, so folgt

$$\tfrac{1}{2}(\partial_z \Phi_0)^2 = \psi(\Phi_0)$$

und da Φ_0 monoton steigend sein muss, erhalten wir

$$\partial_z \Phi_0 = \sqrt{2\psi(\Phi_0)}.$$

Wählen wir nun, wie oben angegeben $\psi(\varphi) = \frac{9}{32}(\varphi^2 - 1)^2$, so lautet eine Lösung

$$\Phi_0(t, s, z) = \tanh\left(\tfrac{3}{4}z\right).$$

Prinzipiell ist auch jede Translationen in z dieser Funktion eine Lösung; wir werden jedoch sehen, dass unser Ergebnis unabhängig ist von der Wahl dieser Translation. Betrachten wir (7.67) zu führender Ordnung, so ergibt sich

$$0 = \partial_{zz}\Theta_0.$$

Die matching–Bedingungen liefern, dass $\Theta_0(z)$ für $z \to \pm\infty$ beschränkt bleibt. Folglich ist $\Theta_0(z)$ konstant und die matching–Bedingung liefert

$$T_0 \text{ ist stetig über } \Gamma_0.$$

Die Gleichung (7.68) liefert zur Ordnung $\mathcal{O}(1)$ folgende Bedingung

$$\partial_{zz}\Phi_1 - \psi''(\Phi_0)\Phi_1 = \left(\kappa - \frac{\beta}{\gamma}V\right)\partial_z \Phi_0 - \frac{\varrho L}{2\gamma}(T_0 - T_M). \tag{7.75}$$

Die linke Seite ist die Linearisierung des Operators auf der rechten Seite in (7.74). Die Gleichung (7.74) ist translationsinvariant und diese Tatsache impliziert, dass die Linearisierung einen nichttrivialen Kern besitzt: Ist $\Phi_0(z)$ eine Lösung von (7.74), so ist auch $\Phi_0(z + y)$ für alle $y \in \mathbb{R}$ eine Lösung. Daraus folgt

$$0 = \frac{d}{dy}\left[\partial_{zz}\Phi_0(z + y) - \psi'(\Phi_0(z + y))\right]$$

$$= \partial_{zz}(\partial_z \Phi_0(z + y)) - \psi''(\Phi_0(z + y))\partial_z \Phi_0(z + y).$$

Setzen wir $y = 0$ so folgt: $\partial_z \Phi_0$ liegt im Kern des Differentialoperators $\partial_{zz}\Phi - \psi''(\Phi_0)\Phi$. Wir erhalten für jede Lösung Φ_1 von (7.75) mit $\Phi_1(\pm\infty) = 0$ mittels partieller Integration, dass

$$\int_{\mathbb{R}} \left(\partial_{zz}\Phi_1 - \psi''(\Phi_0)\Phi_1\right)\partial_z \Phi_0\, dz = \int_{\mathbb{R}} \Phi_1\left(\partial_{zz}(\partial_z \Phi_0) - \psi''(\Phi_0)\partial_z \Phi_0\right)dz = 0$$

gilt. Also muss die rechte Seite in (7.75) eine Lösbarkeitsbedingung erfüllen. Diese lautet

$$\left(\kappa - \frac{\beta}{\gamma} V\right) \int_{\mathbb{R}} |\partial_z \Phi_0|^2 \, dz - \frac{\varrho L}{2\gamma} (T_0 - T_M) \int_{\mathbb{R}} \partial_z \Phi_0 \, dz = 0 \, .$$

Nutzen wir

$$\int_{\mathbb{R}} |\partial_z \Phi_0|^2 \, dz = \int_{\mathbb{R}} \partial_z \Phi_0 \sqrt{2\psi(\Phi_0)} \, dz$$

$$= \int_{-1}^{1} \sqrt{2\psi(y)} \, dy = \int_{-1}^{1} \tfrac{3}{4}(1 - y^2) \, dy = 1 \, ,$$

so folgt

$$\gamma \kappa - \beta V - \varrho L (T_0 - T_M) = 0 \, .$$

Wir wollen nun noch die Stefan–Bedingung an der Phasengrenze herleiten. Die Energieerhaltung (7.67) ergibt zur Ordnung $\mathcal{O}(\frac{1}{\varepsilon})$

$$-V \varrho \frac{L}{2} \partial_z \Phi_0 = \lambda \, \partial_{zz} \Theta_1 \, .$$

Es folgt

$$-V \frac{\varrho L}{2} \Phi_0 = \lambda \, \partial_z \Theta_1 + \alpha(t, s) \, .$$

Aus $\Phi_0(z) \to \pm 1$ und $\partial_z \Theta_1(z) \to \nabla T_0(x\pm) \cdot \nu$ für $z \to \pm\infty$ folgt

$$-\varrho L V = [\lambda \nabla T_0 \cdot \nu]_s^\ell \, .$$

Damit sind alle Bedingungen nachgewiesen, die beim Stefan–Problem gefordert werden.

Die Abschätzung (7.69) entspricht analog zum Stefan–Problem nicht der Entropieabschätzung. Wollen wir eine Entropieabschätzung sicherstellen, so muss die Phasenfeldgleichung durch

$$\varepsilon \widehat{\beta} \, \partial_t \varphi = \varepsilon \widehat{\gamma} \, \Delta\varphi - \frac{\widehat{\gamma}}{\varepsilon} \psi'(\varphi) - \frac{\varrho L}{2} \left(\frac{1}{T} - \frac{1}{T_M} \right) \tag{7.76}$$

ersetzt werden (vgl. Aufgabe 7.18). Das System (7.67), (7.76) wurde von Penrose und Fife vorgeschlagen, siehe [100], [14].

Die Phasenfeldmethode hat inzwischen viele Anwendungen gefunden und wir verweisen auf Chen [18], Eck, Garcke und Stinner [30], Garcke, Nestler und Stinner [45] und Garcke [44] für weitere Details.

7.10 Freie Oberflächen in der Strömungsmechanik

Wir wollen nun die Bewegung einer Flüssigkeit mit einer freien Oberfläche studieren. Zur Vereinfachung betrachten wir folgende Geometrie: Die Flüssigkeit füllt zum Zeitpunkt t das Gebiet

$$\Omega(t) = \left\{ (x', x_3) = (x_1, x_2, x_3) \in \mathbb{R}^3 \mid x' \in \Omega', \ 0 < x_3 < h(t, x') \right\} \qquad (7.77)$$

aus, wobei $\Omega' \subset \mathbb{R}^2$ ein beschränktes Gebiet sei und $h : [0, T] \times \Omega' \to \mathbb{R}$ eine glatte Funktion, die nur positive Werte annimmt. Die Flüssigkeit nimmt also einen Teil eines zylinderförmigen Volumens mit Grundfläche Ω' ein. In

$$Q = \{(t, x) \mid x \in \Omega(t)\}$$

seien die Navier–Stokes–Gleichungen für inkompressible Strömungen erfüllt,

$$\varrho(\partial_t v + (v \cdot \nabla)v) = \mu \Delta v - \nabla p + \varrho f\,, \qquad (7.78)$$

$$\nabla \cdot v = 0\,. \qquad (7.79)$$

Wir müssen nun noch Bedingungen auf $\partial\Omega(t)$ spezifizieren. Auf dem festen Rand, d.h für Punkte $x = (x', x_3)$ mit $x' \in \partial\Omega'$ oder $x_3 = 0$, verlangen wir die no–slip Bedingung

$$v(t, x', x_3) = 0\,, \quad \text{falls} \ \ x' \in \partial\Omega' \ \text{oder} \ \ x_3 = 0\,. \qquad (7.80)$$

Die Flüssigkeit haftet also am Containerrand. Diese Bedingung ist nicht immer sinnvoll und in der Literatur werden auch slip–Bedingungen diskutiert, die zulassen, dass die Geschwindigkeit am Rande verschieden von Null ist, vgl. Aufgabe 7.24.

An der freien Oberfläche

$$\Gamma(t) = \left\{ (x', x_3) \in \mathbb{R}^3 \mid x' \in \Omega', \ x_3 = h(t, x') \right\}$$

verlangen wir eine kinematische Bedingung. Diese besagt, dass sich der freie Rand mit der Geschwindigkeit der Flüssigkeit bewegt. Ein Punkt auf der Oberfläche, der sich mit der Geschwindigkeit der Flüssigkeit bewegt, lässt sich beschreiben durch $(x'(t), h(t, x'(t)))$, so dass

$$\partial_t x'(t) = (v_1, v_2)(t, x'(t), h(t, x'(t)))\,,$$

$$\frac{d}{dt} h(t, x'(t)) = v_3(t, x'(t), h(t, x'(t)))\,.$$

Wir erhalten also die *kinematische Randbedingung*

$$v_3 = \partial_t h + v_1\,\partial_1 h + v_2\,\partial_2 h \quad \text{auf} \ \ \Gamma(t)\,. \qquad (7.81)$$

Die Kräfte, die von der Flüssigkeit auf $\Gamma(t)$ wirken, sind, wie wir in den Abschnitten 5.5 und 5.6 gesehen haben, gegeben durch $\sigma(-\nu)$ mit dem Spannungstensor

$$\sigma = \mu(Dv + (Dv)^\top) - pI \tag{7.82}$$

und dem Normalenvektor $\nu = \frac{1}{\sqrt{1+|\nabla_{x'}h|^2}}\big(-\nabla_{x'}h, 1\big)^\top$. Diese Kräfte müssen an der freien Oberfläche durch die Kapillarkräfte ausgeglichen werden. Die Kapillarkräfte versuchen die Gesamtoberfläche zu verringern. Sie wirken in Richtung der Normalen ν und sind proportional zur mittleren Krümmung. Wir erhalten also die Kraftbilanz

$$\sigma\nu = \gamma\kappa\nu. \tag{7.83}$$

Die tangentialen Anteile von $\sigma\nu$ sind also Null und der Normalanteil ist proportional zur mittleren Krümmung. Wir wollen nun zeigen, dass für Lösungen der Navier–Stokes–Gleichungen in Ω mit den Randbedingungen (7.80)–(7.83) eine Energieungleichung gilt, falls für den Winkel zwischen der freien Oberfläche und dem Rand des Containers, in dem sich die Flüssigkeit befindet

$$\sphericalangle(\Gamma(t), \partial\Omega) = 90° \tag{7.84}$$

gilt. Die Bedingung (7.84) kann als Randbedingung für den Krümmungsoperator κ aufgefasst werden. Aus Anhang B folgt

$$\kappa = \nabla_{x'} \cdot \left(\frac{\nabla_{x'}h}{\sqrt{1 + |\nabla_{x'}h|^2}}\right).$$

Die Bedingung (7.84) bedeutet

$$\nabla_{x'}h \cdot n_{\partial\Omega'} = 0 \tag{7.85}$$

und kann als Randbedingung für den Operator $\nabla_{x'} \cdot \left(\frac{\nabla_{x'}h}{\sqrt{1+|\nabla_{x'}h|^2}}\right)$ aufgefasst werden. In Aufgabe 7.21 werden Sie diskutieren, wie sich allgemeinere Winkelbedingungen modellieren lassen.

Satz 7.5. *Eine glatte Lösung von (7.78)–(7.84) erfüllt im Fall $f = 0$ die Identität*

$$\frac{d}{dt}\left[\int_{\Omega(t)} \frac{\varrho}{2}|v(t,x)|^2\,dx + \int_{\Gamma(t)} \gamma\,ds_x\right] = -\int_{\Omega(t)} \sigma : Dv\,dx$$

$$= -\int_{\Omega(t)} \frac{\mu}{2}\big(Dv + Dv^\top\big) : \big(Dv + Dv^\top\big)\,dx$$

$$\leq 0.$$

Beweis. Wir geben hier nur einen Beweis für den Fall, dass sich $\Gamma(t)$ für alle relevanten Zeitpunkte t als Graph wie in (7.77) schreiben lässt. Da $\nabla \cdot \sigma = \mu\Delta v - \nabla p$ gilt, folgt mit Satz 7.3

$$\frac{d}{dt}\int_{\Omega(t)}\frac{\varrho}{2}|v|^2\,dx = \int_{\Omega(t)}\varrho\,v\cdot\partial_t v\,dx + \int_{\Gamma(t)}\frac{\varrho}{2}|v|^2 V\,ds_x$$

$$= \int_{\Omega(t)}\big(-\varrho\,v\cdot(v\cdot\nabla)v + (\nabla\cdot\sigma)\cdot v\big)\,dx + \int_{\Gamma(t)}\frac{\varrho}{2}|v|^2 V\,ds_x\,.$$

Dabei übernimmt Ω die Rolle von Ω_s in Satz 7.3 und $\mathbb{R}^3\setminus\Omega$ die Rolle von Ω_ℓ, und $\frac{\varrho}{2}|v|^2$ sei durch Null auf $\mathbb{R}^3\setminus\Omega$ fortgesetzt. Es gilt $v\cdot(v\cdot\nabla)v = \frac{1}{2}v\cdot\nabla|v|^2$ und da v divergenzfrei ist, erhalten wir nach partieller Integration und unter Ausnutzung der Randbedingungen

$$\frac{d}{dt}\int_{\Omega(t)}\frac{\varrho}{2}|v|^2\,dx = -\int_{\Omega(t)}\sigma:Dv\,dx + \int_{\Gamma(t)}\frac{\varrho}{2}|v|^2(V - v\cdot\nu)\,ds_x$$

$$+ \int_{\Gamma(t)}v\cdot\sigma\nu\,ds_x$$

$$= -\int_{\Omega(t)}\sigma:Dv\,dx + \int_{\Gamma(t)}(v\cdot\nu)\gamma\kappa\,ds_x\,.$$

Hier wurde im letzten Schritt benutzt, dass aus $\nu = \dfrac{1}{\sqrt{1+|\nabla_{x'}h|^2}}(-\nabla_{x'}h,1)$ folgt

$$v\cdot\nu = \frac{1}{\sqrt{1+|\nabla_{x'}h|^2}}(-v_1\partial_1 h - v_2\partial_2 h + v_3) = \frac{\partial_t h}{\sqrt{1+|\nabla_{x'}h|^2}} = V\,.$$

Unter Ausnutzung der Winkelbedingung (7.84) beziehungsweise (7.85) ergibt sich

$$\frac{d}{dt}\int_{\Gamma(t)}\gamma\,ds_x = \frac{d}{dt}\int_{\Omega'}\gamma\sqrt{1+|\nabla_{x'}h|^2}\,dx'$$

$$= \int_{\Omega'}\frac{\gamma}{\sqrt{1+|\nabla_{x'}h|^2}}\nabla_{x'}h\cdot\nabla\partial_t h\,dx' = -\int_{\Omega'}\gamma\,\nabla_{x'}\cdot\left(\frac{\nabla_{x'}h}{\sqrt{1+|\nabla_{x'}h|^2}}\right)\partial_t h\,dx'$$

$$= -\int_{\Omega'}\gamma\,\kappa\frac{\partial_t h}{\sqrt{1+|\nabla_{x'}h|^2}}\sqrt{1+|\nabla_{x'}h|^2}\,dx' = -\int_{\Gamma(t)}\gamma\kappa V\,ds_x\,.$$

Insgesamt erhalten wir mit (7.79), (7.82)

$$\frac{d}{dt}\left[\int_{\Omega(t)}\frac{\varrho}{2}|v|^2\,dx + \int_{\Gamma(t)}\gamma\,ds_x\right] = -\int_{\Omega(t)}\sigma:Dv\,dx$$

$$= \int_{\Omega(t)}p\,\nabla\cdot v\,dx - \int_{\Omega(t)}\mu(Dv + Dv^\top):Dv\,dx$$

$$= -\int_{\Omega(t)}\frac{\mu}{2}(Dv + Dv^\top):(Dv + Dv^\top)\,dx,$$

wobei wir bei der letzten Identität ausgenutzt haben, dass $Dv^\top:Dv^\top = Dv:Dv$. $\qquad\square$

Berücksichtigen wir also bei freien Oberflächen in der Strömungsmechanik Kapillaritätsterme, so erhalten wir wie eben gesehen ähnlich wie beim Stefan–Problem einen Oberflächenterm als zusätzlichen Beitrag in der Energie.

Betrachten wir freie Oberflächen für die Euler–Gleichungen, so setzen wir in (7.78) $\mu = 0$ und die Randbedingung (7.83) vereinfacht sich dann zu

$$p = -\gamma\kappa \, . \tag{7.86}$$

Außerdem wird die Bedingung (7.80) zu

$$v(t, x', x_3) \cdot n = 0 \ \text{ falls } \ x' \in \partial\Omega' \ \text{ oder } \ x_3 = 0 \, , \tag{7.87}$$

wobei n die äußere Einheitsnormale ist. In diesem Fall ergibt sich für das Problem mit freier Oberfläche für die Euler–Gleichungen (siehe Aufgabe 7.22)

$$\frac{d}{dt}\left[\int_{\Omega(t)} \frac{\varrho}{2}|v|^2\, dx + \int_{\Gamma(t)} \gamma\, ds_x\right] = 0 \, . \tag{7.88}$$

7.11 Dünne Filme und Lubrikationsapproximation

In vielen Anwendungen ist die Höhe eines Flüssigkeitsfilms klein im Vergleich zu seiner horizontalen Ausdehnung. Dies gilt zum Beispiel für benetzende Filme oder Farbanstriche. In diesem Fall ist es häufig möglich, das Problem mit freier Oberfläche, das wir im letzten Abschnitt betrachtet haben, deutlich zu vereinfachen.

Es sei H eine typische Höhe des Films, L eine typische Längenskala in horizontaler Richtung und $\overline{V}$ eine typische Größenordnung der vertikalen Geschwindigkeitskomponente. Es sei weiter

$$\varepsilon := \frac{H}{L} \ll 1 \, .$$

Wir setzen die dimensionsbehafteten Variablen wie folgt mit entdimensionalisierten Variablen, die durch ein $\widehat{}$ gekennzeichnet sind, in Beziehung:

$$\begin{aligned}
(x_1, x_2) &= L(\widehat{x}_1, \widehat{x}_2) \, , & x_3 &= H\widehat{x}_3 \, , & t &= (L/\overline{V})\widehat{t} \, , \\
(v_1, v_2)(t, x) &= \overline{V}(\widehat{v}_1, \widehat{v}_2)(\widehat{t}, \widehat{x}) \, , & v_3(t, x) &= \varepsilon\overline{V}\widehat{v}_3(\widehat{t}, \widehat{x}) \, , \\
h(t, x_1, x_2) &= H\widehat{h}(\widehat{t}, \widehat{x}_1, \widehat{x}_2) \, , & p(t, x) &= \overline{p}\,\widehat{p}(\widehat{t}, \widehat{x}) \, .
\end{aligned}$$

Dabei legen wir einen typischen Wert $\overline{p}$ für den Druck später fest.

Im Folgenden sind alle Differentialoperatoren mit einem $\widehat{}$ bezeichnet, falls sie sich auf die Variablen $\widehat{x}$ und $\widehat{t}$ beziehen. Wir bezeichnen

$$\partial_t v_i = \overline{V}\frac{\overline{V}}{L}\partial_{\hat{t}}\widehat{v}_i\,, \qquad\qquad i = 1, 2\,,$$

$$\partial_t v_3 = \varepsilon\overline{V}\frac{\overline{V}}{L}\partial_{\hat{t}}\widehat{v}_3\,,$$

$$\partial_{x_i} v_j = \frac{\overline{V}}{L}\partial_{\hat{x}_i}\widehat{v}_j\,, \qquad\qquad i, j = 1, 2\,,$$

$$\partial_{x_3} v_j = \frac{\overline{V}}{L}\varepsilon^{-1}\partial_{\hat{x}_3}\widehat{v}_j\,, \qquad\qquad j = 1, 2\,,$$

$$\partial_{x_i} v_3 = \frac{\overline{V}}{L}\varepsilon\,\partial_{\hat{x}_i}\widehat{v}_3\,, \qquad\qquad i = 1, 2\,,$$

$$\partial_{x_3} v_3 = \varepsilon\,\overline{V}\frac{1}{H}\,\partial_{\hat{x}_3}\widehat{v}_3 = \frac{\overline{V}}{L}\partial_{\hat{x}_3}\widehat{v}_3\,,$$

$$\partial_{x_i x_i} v_j = \frac{\overline{V}}{L^2}\partial_{\hat{x}_i \hat{x}_i}\widehat{v}_j\,, \qquad\qquad i, j = 1, 2\,,$$

$$\partial_{x_3 x_3} v_j = \frac{\overline{V}}{L^2}\varepsilon^{-2}\partial_{\hat{x}_3 \hat{x}_3}\widehat{v}_j\,, \qquad\qquad j = 1, 2\,,$$

$$\partial_{x_i x_i} v_3 = \frac{\overline{V}}{L^2}\varepsilon\,\partial_{\hat{x}_i \hat{x}_i}\widehat{v}_3\,, \qquad\qquad i = 1, 2\,,$$

$$\partial_{x_3 x_3} v_3 = \frac{\overline{V}}{L^2}\varepsilon^{-1}\partial_{\hat{x}_3 \hat{x}_3}\widehat{v}_3\,,$$

$$\partial_{x_i} p = \frac{\overline{p}}{L}\partial_{\hat{x}_i}\widehat{p}\,, \qquad\qquad i = 1, 2\,,$$

$$\partial_{x_3} p = \frac{\overline{p}}{L}\varepsilon^{-1}\partial_{\hat{x}_3}\widehat{p}\,.$$

Weiter gilt

$$\nabla h = \frac{H}{L}\widehat{\nabla}\widehat{h} = \varepsilon\,\widehat{\nabla}\widehat{h}\,,$$

$$\nu = \frac{1}{\sqrt{1 + |\nabla h|^2}}\begin{pmatrix} -\nabla h \\ 1 \end{pmatrix} = \begin{pmatrix} 0 \\ 0 \\ 1 \end{pmatrix} + \mathcal{O}(\varepsilon)\,,$$

$$\kappa = \nabla \cdot \left(\frac{\nabla h}{\sqrt{1 + |\nabla h|^2}}\right) = \frac{1}{L}\varepsilon\,\widehat{\Delta}\widehat{h} + \mathcal{O}(\varepsilon^2)\,.$$

Wir werden nun Terme höherer Ordnung in ε vernachlässigen. Dabei müssen auch $\overline{V}$ und $\overline{p}$ geeignet skaliert werden. In der Navier–Stokes–Gleichung müssen der viskose Anteil des Spannungstensors und der Druck gleich skalieren, d.h.

$$\mu\,\Delta v = \nabla p + \mathcal{O}(\varepsilon)\,.$$

Aus den ersten beiden Komponenten können wir schließen, dass die Skalierung

$$\mu\frac{\overline{V}}{L^2}\varepsilon^{-2} = \frac{\overline{p}}{L}$$

sinnvoll ist; also

$$\overline{V} = \frac{\varepsilon^2 L}{\mu}\overline{p}\,.$$

Die tangentiale Komponente der Kraftbilanz (7.83) am oberen Rand ergibt zu führender Ordnung

$$\partial_{\widehat{x}_3}\widehat{v}_j = 0 \quad \text{für} \quad j = 1, 2\,.$$

In (7.83) haben die Terme der niedrigsten Ordnung die Faktoren $\gamma\varepsilon/L$ und $\overline{p}$, so dass wir

$$\overline{p} = \frac{\varepsilon\gamma}{L}$$

wählen. Aus der Normalkomponente von (7.83) folgt dann

$$\widehat{p} = -\widehat{\Delta}\widehat{h} + \mathcal{O}(\varepsilon) \quad \text{für} \quad \widehat{x}_3 = \widehat{h}(\widehat{t}, \widehat{x}_1, \widehat{x}_2)\,.$$

Die Navier–Stokes–Gleichungen liefern nach Multiplikation mit $\frac{L^2\varepsilon^2}{\overline{V}\mu}$

$$\varepsilon^2 \operatorname{Re}\left(\partial_{\widehat{t}}\widehat{v}_1 + \widehat{v}_1\,\partial_{\widehat{x}_1}\widehat{v}_1 + \widehat{v}_2\,\partial_{\widehat{x}_2}\widehat{v}_1 + \widehat{v}_3\,\partial_{\widehat{x}_3}\widehat{v}_1\right)$$
$$= -\partial_{\widehat{x}_1}\widehat{p} + \varepsilon^2\partial_{\widehat{x}_1\widehat{x}_1}\widehat{v}_1 + \varepsilon^2\partial_{\widehat{x}_2\widehat{x}_2}\widehat{v}_1 + \partial_{\widehat{x}_3\widehat{x}_3}\widehat{v}_1$$

mit Reynoldszahl $\operatorname{Re} = \varrho L\overline{V}/\mu$ und eine analoge Gleichung für $\widehat{v}_2$. Für $\widehat{v}_3$ gilt

$$\varepsilon^3 \operatorname{Re}\left(\partial_{\widehat{t}}\widehat{v}_3 + \widehat{v}_1\,\partial_{\widehat{x}_1}\widehat{v}_3 + \widehat{v}_2\,\partial_{\widehat{x}_2}\widehat{v}_3 + \widehat{v}_3\,\partial_{\widehat{x}_3}\widehat{v}_3\right)$$
$$= -\varepsilon^{-1}\partial_{\widehat{x}_3}\widehat{p} + \varepsilon^3\partial_{\widehat{x}_1\widehat{x}_1}\widehat{v}_3 + \varepsilon^3\partial_{\widehat{x}_2\widehat{x}_2}\widehat{v}_3 + \varepsilon\,\partial_{\widehat{x}_3\widehat{x}_3}\widehat{v}_3\,.$$

Die Gleichung $\nabla \cdot v = 0$ ergibt nach Multiplikation mit $L/\overline{V}$

$$\widehat{\nabla} \cdot \widehat{v} = 0\,.$$

Unter den Annahmen

$$\varepsilon^2 \operatorname{Re} \ll 1 \quad \text{und} \quad \varepsilon \ll 1$$

erhalten wir als Gleichungen zu führender Ordnung in der Flüssigkeit

$$\partial_{\widehat{x}_3\widehat{x}_3}\widehat{v}_i = \partial_{\widehat{x}_i}\widehat{p} \quad \text{für} \quad i = 1, 2\,,$$
$$0 = \partial_{\widehat{x}_3}\widehat{p}\,,$$

und auf dem freien Rand $\widehat{x}_3 = \widehat{h}(\widehat{t}, \widehat{x}_1, \widehat{x}_2)$ erhalten wir

$$\partial_{\widehat{x}_3}\widehat{v}_i = 0 \quad \text{für} \quad i = 1, 2\,,$$
$$\widehat{p} = -\widehat{\Delta}\widehat{h}\,, \tag{7.89}$$
$$\widehat{v}_3 = \partial_{\widehat{t}}\widehat{h} + (\partial_{\widehat{x}_1}\widehat{h})\widehat{v}_1 + (\partial_{\widehat{x}_2}\widehat{h})\widehat{v}_2\,,$$

wobei die letzte Bedingung die kinematische Randbedingung (7.81) ist, die sich unter der angegebenen Skalierung in ihrer Form nicht ändert. Wir werden von nun an die Hütchen $\widehat{}$ in der Notation weglassen. Da p nicht von x_3 abhängt, erhalten wir

$$p(t, x_1, x_2, x_3) = -\Delta h(t, x_1, x_2)\,.$$

Integrieren wir die Gleichung $\nabla \cdot v = 0$ bezüglich x_3, so erhalten wir

$$0 = \int_0^{h(t,x_1,x_2)} (\partial_{x_1} v_1 + \partial_{x_2} v_2)\, dx_3 + v_3(t,x_1,x_2,h(t,x_1,x_2)) - v_3(t,x_1,x_2,0)\,.$$

Da $v_3 = 0$ für $x_3 = 0$ gilt, folgt aus der kinematischen Randbedingung (7.89)

$$\partial_t h = -\int_0^{h(t,x_1,x_2)} (\partial_{x_1} v_1 + \partial_{x_2} v_2)\, dx_3 - (\partial_{x_1} h) v_1 - (\partial_{x_2} h) v_2$$

$$= -\nabla \cdot \left(\int_0^{h(t,x_1,x_2)} \begin{pmatrix} v_1 \\ v_2 \end{pmatrix} dx_3 \right)\,.$$

Die Gleichungen $\partial_{x_3 x_3} v_i = \partial_{x_i} p$, $i = 1,2$, lassen sich unter Ausnutzung der Randbedingungen $v_i = 0$ für $x_3 = 0$ und $\partial_{x_3} v_i = 0$ für $x_3 = h(t,x_1,x_2)$ wie folgt lösen

$$v_i(t,x_1,x_2,x_3) = \partial_{x_i} p(t,x_1,x_2) \left[\frac{x_3^2}{2} - h(t,x_1,x_2) x_3 \right]\,.$$

Es folgt

$$\int_0^{h(t,x_1,x_2)} v_i\, dx_3 = \partial_{x_i} p(t,x_1,x_2) \left(-\frac{h^3}{3} \right)\,.$$

Wir erhalten

$$\partial_t h = \nabla \cdot \left(\frac{h^3}{3} \nabla p \right)$$

beziehungsweise

$$\partial_t h = -\nabla \cdot \left(\frac{h^3}{3} \nabla \Delta h \right)\,. \tag{7.90}$$

Wir haben das Problem mit freier Oberfläche also zurückgeführt auf eine Gleichung allein für die Höhe. Die Gleichung (7.90) heißt *Dünnfilmgleichung*. Gleichungen der Form

$$\partial_t h = -\nabla \cdot (c h^n \nabla \Delta h) \quad \text{mit} \quad c > 0,\ n > 0,$$

lassen wie die Poröse–Medien–Gleichung Lösungen mit kompaktem Träger zu (siehe Aufgabe 7.25). Solche Lösungen beschreiben Flüssigkeitsfilme auf einer horizontalen Fläche, die einen Teil der unteren Begrenzung unbenetzt lassen. Der Rand des Trägers kann dabei wie bei der Poröse–Medien–Gleichung als *freier Rand* aufgefasst werden.

7.12 Literaturhinweise

Klassische Lehrbücher zu Problemen mit freiem Rand und Variationsungleichungen sind die Bücher von Duvaut und Lions [29], Friedman [41], Kinderlehrer und Stampacchia [73] und Elliott und Ockendon [32]. Eine gute Referenz zur Analyse von konvexen Optimierungsproblemen mit Nebenbedingungen ist das Buch von Ekeland und Temam [31]. Weitere Informationen zum Stefan–Problem und zu den Phasenfeldgleichungen enthalten die Bücher von Brokate und Sprekels [14], Davis [25] und Visintin [128]. Eine schöne Einführung in die Theorie der Phasenübergänge bietet Gurtin [56]. Für Informationen über die Geometrie von Kurven und Flächen verweisen wir auf die Lehrbücher zur Differentialgeometrie [9], [17], [34]. Weitere Informationen zu freien Oberflächen findet man im Buch von Segel [111].

7.13 Aufgaben

Aufgabe 7.1. Bestimmen Sie die Lösung des Minimierungsproblems

$$\min \left\{ \int_{-1}^{1} \left((u')^2 + 2u\right) dx \mid u \in H^1(-1,1),\ u \geq 0,\ u(-1) = a,\ u(1) = b \right\}.$$

Geben Sie die aktive und inaktive Menge sowie den freien Rand in Abhängigkeit von a und b an und bestimmen Sie den zugehörigen Lagrange–Multiplikator μ.

Aufgabe 7.2. Wir betrachten das Minimierungsproblem

$$\min \left\{ \int_{\Omega} \left(\frac{\lambda}{2}|\nabla u|^2 - fu\right) dx \mid u \in V \text{ und } u \geq \psi \right\} \tag{7.91}$$

mit $V = \{v \in H^1(\Omega) \mid v = u_0 \text{ auf } \partial\Omega\}$ unter der Voraussetzung, dass f, λ, ψ, u_0 glatt sind, Ω glatt berandet ist, und $\lambda(x) \geq \lambda_0 > 0$ für alle $x \in \Omega$ gilt. Zeigen Sie: $u \in H^2(\Omega) \cap C^0(\overline{\Omega}) \cap K$ mit $K = \{v \in V \mid v \geq \psi\}$ ist Lösung von (7.91), genau dann wenn ein $\mu \in L_2(\Omega)$ existiert, so dass

$$\int_{\Omega} \lambda \nabla u \cdot \nabla v \, dx + \int_{\Omega} fv \, dx + \int_{\Omega} \mu v \, dx = 0 \text{ für alle } v \in H_0^1(\Omega),$$

$$\mu = \max(0, \mu - c(u - \psi)) \text{ fast überall in } \Omega,$$

wobei $c > 0$ vorausgesetzt sei.
Bemerkung: Diese Formulierung kommt ganz ohne Ungleichungen aus.

Aufgabe 7.3. Wir betrachten das Minimierungsproblem

$$\min \left\{ \int_{\Omega} \left(\frac{\lambda}{2}|\nabla u|^2 - fu\right) dx \mid u \in V \text{ und } u \geq \psi \right\}$$

mit $V = \{v \in H^1(\Omega) \mid v = u_0 \text{ auf } \partial\Omega\}$ unter der Voraussetzung, dass f, λ, ψ, u_0 glatt sind und Ω glatt berandet ist. Mit den Bezeichnungen aus Abschnitt

7.1 sei angenommen, dass $\Gamma = \partial A \cap \partial N$ eine glatte Hyperfläche ist, die ganz in Ω liegt. Weiter sei angenommen, dass $u_{|\overline{N}} \in C^2(\overline{N})$. Zeigen Sie unter diesen Voraussetzungen:

$$u = \psi, \quad \lambda \nabla u \cdot n = \lambda \nabla \psi \cdot n \quad \text{auf } \Gamma.$$

Bemerkung: $u \in C^1(\Omega)$ darf hier nicht vorausgesetzt werden.

Aufgabe 7.4. Es sei $\Omega \subset \mathbb{R}^d$ ein Gebiet mit glattem Rand, der aus zwei glatten Teilflächen Γ_U und Γ_C zusammengesetzt sei, beide Teilflächen haben positiven Flächeninhalt. Weiter seien $f, u_0 : \Omega \to \mathbb{R}^d$, $g : \Gamma_C \to \mathbb{R}$, $\nu : \Gamma_C \to \mathbb{R}^d$ glatt genug. Wir betrachten folgendes Kontaktproblem: Finde $u \in K = \left\{ v \in H^1(\Omega)^d \,|\, v = u_0 \text{ auf } \Gamma_U, \, v \cdot \nu \le g \text{ auf } \Gamma_C \right\}$, so dass für alle $v \in K$

$$\int_\Omega \sigma(u) : \varepsilon(v - u) \, dx \ge \int_\Omega f \cdot (v - u) \, dx.$$

Dabei gelte das Hookesche Gesetz (5.52) mit Koeffizienten, die beschränkt, symmetrisch und positiv definit im Sinn von (5.53), (5.54) sind.
Zeigen Sie: Das Kontaktproblem hat höchstens eine Lösung.
Hinweis: Verwenden Sie, dass der Schnitt der Menge der Starrkörperverschiebungen $\mathcal{R} := \left\{ u \in H^1(\Omega)^d \,|\, \varepsilon(u) = 0 \right\}$ mit $\left\{ u \in H^1(\Omega)^d \,|\, u = 0 \text{ auf } \Gamma_U \right\}$ nur die Funktion $v = 0$ enthält. Dies folgt daraus, dass Γ_U positiven Flächeninhalt hat und Ω zusammenhängend ist.

Aufgabe 7.5. Zeigen Sie: Die Barenblattlösung (7.13) löst die Poröse–Medien–Gleichung $\partial_t u = \Delta u^m$ im Distributionssinn, d.h. es gilt

$$\int_0^\infty \int_{\mathbb{R}^d} (u \, \partial_t \zeta + u^m \Delta \zeta) \, dx \, dt = 0$$

für alle $\zeta \in C_0^\infty\big((0, \infty) \times \mathbb{R}^d\big)$.

Aufgabe 7.6. Es sei Γ eine evolvierende Hyperfläche im $\mathbb{R}^d$. Zeigen Sie: Die Definition (7.47) der Normalgeschwindigkeit in Abschnitt 7.3 hängt nicht von der zur Definition gewählten Kurve ab.
Hinweis: Stellen Sie Γ lokal um (t_0, x_0) als Niveaumenge einer Funktion $v : \mathbb{R} \times \mathbb{R}^d \to \mathbb{R}$ dar.

Aufgabe 7.7. Zeigen Sie, dass die kleinste und größte Hauptkrümmung κ_1 und κ_{d-1} einer Hyperfläche im $\mathbb{R}^d$ die zweite Fundamentalform minimiert beziehungsweise maximiert.

Aufgabe 7.8. Es sei $\Omega \subset \mathbb{R}^d$ ein Gebiet und $T : (0, T) \times \Omega \to \mathbb{R}$ eine stetige distributionelle Lösung von

$$\partial_t \big(\varrho (c_V T + L \chi_{\{T > T_M\}}) \big) = \lambda \Delta T,$$

vgl. (7.55). Die Menge $\Gamma = \{(t,x) \mid T(t,x) = T_M\}$ sei eine glatte evolvierende Hyperfläche mit $\Gamma(t) \subset\subset \Omega$ für alle $t \in (0,T)$. Weiter sei $\Omega_s(t) = \{x \in \Omega \mid T < T_M\}$ und $\Omega_\ell(t) = \{x \in \Omega \mid T > T_M\}$. Wir setzen voraus, dass $T_{|\Omega_s}$ beziehungsweise $T_{|\Omega_\ell}$ sich zweimal stetig differenzierbar auf $\Gamma(t)$ fortsetzen lassen.

Zeigen Sie: Es gilt

$$\varrho L V = [-\lambda \nabla T]_s^\ell \cdot \nu \quad \text{auf} \quad \Gamma(t) \,.$$

Aufgabe 7.9. Eine Flüssigkeit in einem Halbraum $\Omega = (0,\infty) \times \mathbb{R}$ mit Schmelzpunkt T_M und Anfangstemperatur T_M werde am Rand von Ω auf die Temperatur $T_0 < T_M$ unterhalb des Schmelzpunktes gekühlt. Finden Sie eine Lösung des zugehörigen Stefan–Problems

$$\begin{aligned}
\varrho c_V \, \partial_t T - \lambda \, \partial_x^2 T &= 0 && \text{für } 0 < x < a(t) \,, \\
T &= T_M && \text{für } x = a(t) \,, \\
\lambda \, \partial_x T &= \varrho L \dot{a}(t) && \text{für } x = a(t) \,,
\end{aligned}$$

wobei $a(t)$ die Position der Phasengrenze beschreibt. Benutzen Sie dazu einen Ansatz der Form

$$T(t,x) = T_0 + (T_M - T_0)\, u(s)$$

mit reskalierter Variablen $s = \sqrt{\frac{c_V \varrho}{4\lambda t}}\, x$.

Aufgabe 7.10. Sei u Lösung des folgenden eindimensionalen einseitigen Stefan–Problems

$$\begin{aligned}
\partial_t u &= \partial_{xx} u && \text{für } 0 < x < s(t) \,, \\
u &= 0 && \text{für } x \geq s(t) \,, \\
\partial_x u &= -s'(t) && \text{für } x = s(t) \,, \\
\partial_x u &= 0 && \text{für } x = 0 \,, \\
s(0) = s_0 \,, \ u(0,x) &= u_0(x) < 0 && \text{für } 0 < x < s_0 \,.
\end{aligned}$$

Dabei liegt in $0 < x < s(t)$ eine unterkühlte Flüssigkeit und in $x > s(t)$ ein Feststoff vor. Zeigen Sie:

a) Es gilt

$$\frac{d}{dt}\left(\int_0^{s(t)} u(t,x)\, dx + s(t) \right) = 0 \,.$$

Bemerkung: $s(t)$ ist die Länge der von der flüssigen Phase eingenommenen Menge zum Zeitpunkt t.

b) Es gilt außerdem:

$$\frac{d}{dt} \int_0^{s(t)} u^2 \, dx + \int_0^{s(t)} 2|\partial_x u|^2 \, dx = 0 \,.$$

Aufgabe 7.11. Sei u eine Lösung des eindimensionalen einseitigen Stefan–Problems aus Aufgabe 7.10. Zeigen Sie

a) Es gilt

$$u(t, x) \leq 0 \ \text{ für alle } t > 0, \ 0 < x < s(t).$$

Hinweis: Berechnen Sie $\frac{d}{dt} \int_0^{s(t)} u_+^2 \, dx$ mit $u_+ = \max(u, 0)$.

b) Zeigen Sie $s'(t) \leq 0$.

c) Zeigen Sie

$$\frac{d}{dt} \left(\frac{1}{2}(s(t))^2 + \int_0^{s(t)} x \, u(t, x) \, dx \right) = u(t, 0) \leq 0$$

und folgern Sie daraus: Falls

$$\frac{1}{2}s_0^2 + \int_0^{s_0} x \, u_0(x) \, dx < 0 \tag{7.92}$$

gilt, so existiert kein Zeitpunkt t_0, für den entweder $u(t_0, x) \equiv 0$ oder $s(t_0) = 0$ gilt.

d) Führen Sie unter der Voraussetzung (7.92) folgende Konvergenzen

$$s(t) \to s_\infty \quad \text{für } t \to \infty,$$
$$u(t, \cdot) \to u_\infty \quad \text{für } t \to \infty \text{ in der } H^1 - \text{Norm}$$

zum Widerspruch.

Hinweis: Benutzen Sie die über die Zeit aufintegrierte Aussage aus Aufgabe 7.10, Teil b).

Aufgabe 7.12. Betrachten Sie das Mullins–Sekerka–Problem (7.57) auf dem Gebiet $\Omega = B_R(0)$. Auf $\partial\Omega$ seien Neumannranddaten $\nabla u \cdot n = 0$ vorgegeben und zum Zeitpunkt $t = 0$ sei die flüssige Phase durch $\Omega_\ell(0) = B_{r_2}(0) \setminus \overline{B_{r_1}(0)}$ mit $0 < r_1 < r_2 < R$ gegeben. Die flüssige Phase hat für positive Zeiten die Form $\Omega_\ell(t) = B_{r_2(t)}(0) \setminus \overline{B_{r_1(t)}(0)}$.

Welche gewöhnlichen Differentialgleichungen erfüllen $r_1(t)$ und $r_2(t)$?

Hinweis: Nehmen Sie an, dass u radialsymmetrisch ist.

Aufgabe 7.13. Zeigen Sie für das Stefan–Problem die Entropieungleichung (7.66) analog zur Gleichung (7.64) im Fall, dass die Relaxierungsdynamik (7.63) durch (7.65) ersetzt wird.

Aufgabe 7.14. Es sei $y : [a, b] \to \mathbb{R}^2$ eine C^2-Bogenlängenparametrisierung einer geschlossenen glatten Kurve Γ, die injektiv ist, und $\nu : [a, b] \to \mathbb{R}^2$ eine Einheitsnormale an Γ.
Zeigen Sie:

a) Die Abbildung

$$F : [a,b] \times (-\varepsilon, \varepsilon) \to \mathbb{R}^2$$
$$(s,d) \mapsto y(s) + d\,\nu(s)$$

ist für ε genügend klein einmal stetig differenzierbar,

b) F ist auf seinem Bild invertierbar,

c) Gilt $x = F(s,d)$, so ist $|d|$ der Abstand von x zu Γ.

Aufgabe 7.15. a) Zeigen Sie die Frenet–Formeln (7.71).

b) Weisen Sie die Gleichungen (7.72) und (7.73) nach.

Aufgabe 7.16. Betrachten Sie den mittleren Krümmungsfluss in der Ebene $\mathbb{R}^2$

$$V = \kappa \quad \text{auf} \ \Gamma(t)\,,$$

wobei $\Gamma = \cup_{t \geq 0}\Gamma(t)$ evolvierende Kurve in $\mathbb{R}^2$ sei. Wir wollen eine Lösung in Form einer „travelling–wave" finden. Machen Sie dazu den Ansatz

$$\Gamma(t) = \{(x, u(t,x)) \mid x \in I\}$$

mit einer Funktion u der Form

$$u(t,x) = h(x) + ct\,, \ c \in \mathbb{R}\,.$$

Stellen Sie eine Differentialgleichung für h auf und lösen Sie diese.

Aufgabe 7.17. a) Wir suchen eine radialsymmetrische Lösung des mittleren Krümmungsflusses

$$V = \kappa \quad \text{auf} \ \Gamma(t)\,,$$

wobei $\Gamma = \cup_{t \geq 0}\Gamma(t)$ evolvierende Fläche in $\mathbb{R}^d$ ist. Machen Sie dazu einen Ansatz $\Gamma(t) = \partial B_{r(t)}(0)$, stellen Sie eine Differentialgleichung für $r(t)$ auf und lösen Sie diese. Wie verhält sich die Lösung für wachsende t?

b) Betrachten Sie nun mit dem Ansatz aus a) folgendes Evolutionsgesetz:

$$V = \kappa + c \quad \text{auf} \ \Gamma(t)\,,$$

wobei $c \in \mathbb{R}$ konstant sei. Machen Sie qualitative Aussagen über das Verhalten der Lösung für wachsende t abhängig von c. Unterscheiden Sie dazu die Fälle: Es existiert beziehungsweise es existiert keine Lösung für $t \to \infty$.

Aufgabe 7.18. Es sei $s(T,\varphi) := c_V \ln \frac{T}{T_M} + \frac{L}{T_M}\frac{1+\varphi}{2}$ und T,φ sei Lösung von (7.67), (7.76) mit Neumannrandbedingungen für T und φ. Zeigen Sie die Abschätzung

$$\frac{d}{dt}\left(\int_\Omega \left[\varrho s - \widehat{\gamma}\left(\frac{\varepsilon}{2}|\nabla\varphi|^2 + \frac{1}{\varepsilon}\psi(\varphi)\right)\right] dx\right) \geq 0\,.$$

Aufgabe 7.19. Führen Sie für (7.67), (7.76) eine formale asymptotische Entwicklung analog zum Vorgehen in Abschnitt 7.9 durch.

Aufgabe 7.20. Führen Sie für die Cahn–Hilliard–Gleichung

$$\partial_t c = L\Delta w\,,$$

$$w = -\gamma\varepsilon\Delta c + \frac{\gamma}{\varepsilon}f'(c)$$

mit $f(c) = \alpha(c^2 - a^2)^2$ eine formale asymptotische Entwicklung analog zum Phasenfeldmodell durch.

Aufgabe 7.21. Sei $\Omega \subset \mathbb{R}^d$ beschränktes Gebiet mit glattem Rand. Weiter seien $\gamma_1, \gamma_2, \gamma_3 > 0$ mit $|\gamma_1 - \gamma_2| < \gamma_3$, $m \in \mathbb{R}$ und

$$K = \left\{h \in C^2(\overline{\Omega}) \mid \int_\Omega h\,dx = m\right\}.$$

Betrachten Sie das Funktional

$$E(h) = \gamma_3 \int_\Omega \sqrt{1 + |\nabla h|^2}\,dx + (\gamma_2 - \gamma_1)\int_{\partial\Omega} h\,ds_x \quad \text{für} \quad h \in K\,.$$

Zeigen Sie: Falls $h \in K$ ein Minimierer von E ist, so hat der Graph von h, also die Fläche

$$\Gamma = \{(x, h(x)) \mid x \in \Omega\} \subset \mathbb{R}^{d+1}$$

konstante mittlere Krümmung und trifft auf dem Zylinder

$$Z = \{(x, z) \mid x \in \partial\Omega\,, \ z \in \mathbb{R}\} = \partial\Omega \times \mathbb{R}$$

mit Winkel $\arccos\frac{\gamma_1 - \gamma_2}{\gamma_3}$ auf.

Hinweis: Schreiben Sie die Randbedingung aus der Euler–Lagrange–Gleichung um in eine Bedingung für die Normalen an Z und Γ.

Aufgabe 7.22. Weisen Sie für die Euler–Gleichungen mit freier Oberfläche die Identität (7.88) her. Dabei seien die in Abschnitt 7.10 spezifizierten Randbedingungen (7.81), (7.86), (7.87) und die Winkelbedingung (7.85) vorausgesetzt.

Aufgabe 7.23. Betrachten Sie eine Strömung mit freier Oberfläche wie in Abschnitt 7.10, wobei die Winkelbedingung (7.84) durch die Bedingung

$$\sphericalangle(\Gamma(t), \partial\Omega) = \varphi$$

mit $\varphi = \arccos\left(\frac{\gamma_1 - \gamma_2}{\gamma_3}\right)$ und das Kräftegleichgewicht an der freien Oberfläche durch $\sigma\nu = \gamma_3\kappa\nu$ ersetzt sei. Dabei seien $\gamma_1, \gamma_2, \gamma_3 > 0$, so dass $|\gamma_1 - \gamma_2| < \gamma_3$ gilt.

Zeigen Sie im Fall, dass sich $\Gamma(t)$ für alle t als Graph schreiben lässt, die Ungleichung

$$\frac{d}{dt}\left(\int_{\Omega(t)} \frac{\varrho}{2}|v(t,x)|^2\,dx + \int_{\Gamma(t)} \gamma_3\,ds_x + (\gamma_2 - \gamma_1)\int_{\partial\Omega'} h(t,x')\,ds_{x'}\right) \leq 0\,.$$

Wie ist der Beweis zu führen, falls Γ eine evolvierende Hyperfläche ist, sich aber nicht notwendigerweise global als Graph schreiben lässt? Diskutieren Sie darüber hinaus den Fall allgemeinerer Containergeometrien.

Bemerkung: Die Größen γ_1 und γ_2 sind die Oberflächenenergiedichten der Grenzflächen zwischen fester und gasförmiger beziehungsweise fester und flüssiger Phase. Der Term $(\gamma_2 - \gamma_1)\int_{\partial\Omega'} h(t,x')\,ds_{x'}$ beschreibt somit einen Beitrag zur Energie, der sich aus den Grenzflächen zwischen fester und gasförmiger beziehungsweise fest und flüssiger Phase ergibt.

Aufgabe 7.24. Betrachten Sie das Problem aus der Strömungsmechanik aus Abschnitt 7.10 mit einer „slip"–Bedingung, das heißt ersetzen Sie in (7.78)–(7.85) die no–slip Bedingung (7.80) durch

$$(\sigma n)_\tau(t, x', x_3) = -\beta v(t, x', x_3) \quad \text{für} \quad x' \in \partial\Omega' \text{ oder } x_3 = 0\,. \quad (7.93)$$

Dabei ist $\beta > 0$ eine Konstante und für ein Vektorfeld j auf $\partial\Omega(t)$ definieren wir $(j)_\tau = j - (j \cdot n)n$, wobei n die äußere Normale an $(x', x_3) \in \partial\Omega(t)$ für $x' \in \partial\Omega'$ oder $x_3 = 0$ ist. Zeigen Sie für den Fall $f = 0$ die Energieungleichung

$$\frac{d}{dt}\left(\int_{\Omega(t)} \frac{\varrho}{2}|v(t,x)|^2\,dx + \int_{\Gamma(t)} \gamma\,ds_x\right) \leq 0\,.$$

Hinweis: (7.93) impliziert $(v \cdot n)(t, x', x_3) = 0$ falls $x' \in \partial\Omega'$ oder $x_3 = 0$.

Aufgabe 7.25. Zeigen Sie: Die Funktion

$$h(t, x) = t^{-d\beta} f(r) \quad \text{mit} \quad r = \frac{|x|}{t^\beta}\,, \quad \beta = \frac{1}{4+d}$$

und

$$f(r) = \begin{cases} \frac{1}{8(2+d)(4+d)}\left(a^2 - r^2\right)^2\,, & \text{falls} \quad 0 \leq r < a\,, \\ 0\,, & \text{sonst} \end{cases}$$

löst die Gleichung $\partial_t h + \nabla \cdot (h \nabla \Delta h) = 0$ auf $\mathbb{R}_+ \times \mathbb{R}^d$ im schwachen Sinn, d.h.

$$\int_0^\infty \int_{\mathbb{R}^d} (h\,\partial_t \varphi + h\,\nabla \Delta h \cdot \nabla \varphi)\,dx\,dt = 0$$

für alle $\varphi \in C_0^\infty((0,\infty) \times \mathbb{R}^d)$. Dabei ist $\nabla \Delta h$ stückweise zu definieren. Zeigen Sie: Es existiert ein $\alpha > 0$, so dass $h(t, \cdot) \to \alpha \delta_0$ für $t \searrow 0$ im Distributionssinne, d.h. für alle $\zeta \in C_0^\infty(\mathbb{R}^d)$ gilt

$$\int_{\mathbb{R}^d} h(t, x)\,\zeta(x)\,dx \to \alpha\,\zeta(0) \quad \text{für} \quad t \searrow 0\,.$$

Berechnen Sie ein $a > 0$, so dass $\int_{\mathbb{R}^d} h(t, x)\,dx = 1$.

Aufgabe 7.26. (Filme auf einer vertikalen bzw. einer schiefen Ebene)
Führen Sie eine Lubrikationsapproximation wie in Abschnitt 7.11 für die Gleichungen der Strömungsmechanik aus Abschnitt 7.10 unter folgenden Veränderungen durch: In den Navier–Stokes Gleichungen wird Gravitation in eine feste Richtung $(\ell_1, \ell_2, \ell_3) \in \mathbb{R}^3$ mitberücksichtigt, d.h. für $g > 0$ konstant gilt:

$$\varrho(\partial_t v + (v \cdot \nabla)v) = \mu \Delta v - \nabla p - \varrho g(\ell_1, \ell_2, \ell_3)^\top\,,$$
$$\nabla \cdot v = 0\,.$$

Die Kräftebilanz am freien Rand sei nun

$$\sigma \nu = 0\,,$$

d.h. es wird in (7.83) $\gamma = 0$ gesetzt. Die no–slip Bedingung (7.80) und die kinematische Bedingung (7.81) bleiben unverändert.

Mit den Bezeichnungen aus Abschnitt 7.11 setzen Sie nun $\bar{p} = \frac{\mu \bar{V}}{\varepsilon^2 L}$ und multiplizieren die Navier–Stokes Gleichungen mit $\frac{L^2 \varepsilon^2}{\bar{V} \mu}$ und die Kräftebilanz mit $\frac{L\varepsilon^2}{\bar{V}\mu}$. Leiten Sie in den folgenden beiden Fällen die Gleichungen zu führender Ordnung her, wobei die Divergenzfreiheit, die no–slip Bedingung und die kinematische Bedingung jeweils erhalten bleiben (das $\hat{\ }$ aus Abschnitt 7.11 wird weggelassen):

(i) Für $\bar{V} = \frac{\varepsilon^3 L^2 \varrho g}{\mu}$:
   In der Flüssigkeit:

$$\partial_{x_3 x_3} v_i = \partial_{x_i} p\,, \quad i = 1, 2\,,$$
$$-\partial_{x_3} p = \ell_3\,.$$

Am freien Rand ($x_3 = h(t, x_1, x_2)$):

$$\partial_{x_3} v_i = 0\,, \quad i = 1, 2\,,$$
$$p = 0\,.$$

(ii) Für $\overline{V} = \frac{\varepsilon^2 L^2 \varrho g}{\mu}$:

In der Flüssigkeit:

$$\partial_{x_3 x_3} v_i = \partial_{x_i} p + \ell_i \,, \ i = 1, 2 \,,$$
$$-\partial_{x_3} p = 0 \,.$$

Am freien Rand ($x_3 = h(t, x_1, x_2)$):

$$\partial_{x_3} v_i = 0 \,, \ i = 1, 2 \,,$$
$$p = 0 \,.$$

Aufgabe 7.27. Leiten Sie für die beiden in Aufgabe 7.26 betrachteten Skalierungen eine Differentialgleichung für die Höhe h her.

A

Funktionenräume

Wir bezeichnen den Vektorraum der reellwertigen stetigen Funktionen auf einer offenen Menge $\Omega \subset \mathbb{R}^d$ mit $C^0(\Omega)$. Stetige Funktionen mit Definitionsbereich Ω und Werten in $\mathbb{R}^m$, $\mathbb{C}$ oder $\mathbb{C}^m$ bezeichnen wir mit $C^0(\Omega, \mathbb{R}^m)$, $C^0(\Omega, \mathbb{C})$ beziehungsweise $C^0(\Omega, \mathbb{C}^m)$ und eine entsprechende Schreibweise werden wir für die folgenden Funktionenräume verwenden. Für jede Zahl $k \in \mathbb{N}$ definieren wir $C^k(\Omega)$ als den Raum der k–mal stetig differenzierbaren reellwertigen Funktionen auf Ω. Die Menge aller beliebig oft differenzierbaren Funktionen bezeichnen wir mit $C^\infty(\Omega)$. Für eine Funktion $\varphi : \Omega \to \mathbb{R}$ definieren wir ihren Träger als

$$\operatorname{supp} \varphi := \overline{\{x \in \Omega \mid \varphi(x) \neq 0\}}.$$

Die Menge $C_0^\infty(\Omega)$ sei nun die Menge aller beliebig oft differenzierbaren Funktionen, deren Träger eine kompakte Teilmenge von Ω ist.

Wir verwenden außerdem die Funktionenräume

$$C^k(\overline{\Omega}) := \big\{ u : \overline{\Omega} \to \mathbb{R} \mid u \text{ ist stetig, } u_{|\Omega} \in C^k(\Omega)$$

$$\text{und alle partiellen Ableitungen bis zur}$$

$$\text{Ordnung } k \text{ lassen sich stetig auf } \overline{\Omega} \text{ fortsetzen} \big\}.$$

Ist $\overline{\Omega}$ beschränkt, so sind die Räume $C^k(\overline{\Omega})$ Banachräume, d.h. vollständige normierte Räume. Ein *normierter Raum* ist ein Vektorraum X mit einer Abbildung, die jedem $x \in X$ eine reelle Zahl $\|x\|$ zuordnet, so dass

(1) $\|x\| = 0$ genau dann, wenn $x = 0$,

(2) $\|\alpha x\| = |\alpha| \, \|x\|$ für alle Skalare α und alle $x \in X$,

(3) $\|x + y\| \leq \|x\| + \|y\|$ für alle $x, y \in X$ (*Dreiecksungleichung*).

Eine Folge $(x_k)_{k \in \mathbb{N}}$ in einem normierten Raum X konvergiert genau dann, wenn ein $x \in X$ existiert, so dass folgendes gilt: Für alle $\varepsilon > 0$ existiert ein $M \in \mathbb{N}$, so dass

$$\|x_k - x\| < \varepsilon \quad \text{für alle} \quad k > M \, .$$

Eine Folge $(x_k)_{k \in \mathbb{N}}$ in einem normierten Raum X ist eine Cauchyfolge, genau dann wenn für alle $\varepsilon > 0$ ein $M \in \mathbb{N}$ existiert, so dass

$$\|x_k - x_\ell\| < \varepsilon \quad \text{für alle} \quad k, \ell > M \, .$$

Ein normierter Raum X ist vollständig und damit ein Banachraum, falls jede Cauchyfolge in X gegen einen Grenzwert $x \in X$ konvergiert. Ist $\overline{\Omega}$ beschränkt, so kann gezeigt werden, dass $C^k(\overline{\Omega})$ mit der Norm

$$\|u\|_{C^k(\overline{\Omega})} := \max_{\substack{\alpha \in \mathbb{N}_0^d \\ |\alpha| \leq k}} \sup_{x \in \Omega} |\partial^\alpha u(x)|$$

zu einem Banachraum wird. Dabei ist $\alpha = (\alpha_1, \ldots, \alpha_d) \in \mathbb{N}_0^d$ ein Multiindex und $|\alpha| = \alpha_1 + \cdots + \alpha_d$. Es sei bemerkt, dass $\|u\|_{C^0(\overline{\Omega})}$ gerade das Supremum von $|u|$ ist.

Mit $L_p(\Omega)$, $1 \leq p \leq \infty$, bezeichnen wir die Menge aller reellwertigen messbaren Funktionen, so dass $|u|^p$ Lebesgue–integrierbar ist. $L_p(\Omega)$ wird mit der Norm

$$\|u\|_{L_p(\Omega)} := \left(\int_\Omega |u(x)|^p \, dx \right)^{1/p} \quad \text{für} \quad 1 \leq p < \infty \, ,$$

$$\|u\|_{L_\infty(\Omega)} := \inf_{\substack{N \subset \Omega \\ N \, \text{Nullmenge}}} \sup_{x \in \Omega \setminus N} |u(x)| \quad \text{für} \quad p = \infty$$

zu einem Banachraum. Die Bedingung (1) in der Definition der Norm ist erfüllt, wenn wir Funktionen, die sich nur auf einer Nullmenge unterscheiden, zu Äquivalenzklassen zusammenfassen. Dabei gehört v zur Äquivalenzklasse $[u]$ der Funktion u, d.h. $v \sim u$, falls

$$u = v \quad \text{fast überall in} \quad \Omega \, .$$

Die Menge der lokal integrierbaren Funktionen ist

$$L_{1,\text{loc}}(\Omega) := \{ u : \Omega \to \mathbb{R} \mid \text{für alle } D \subset\subset \Omega \text{ ist } u_{|D} \in L_1(D) \} \, .$$

Dabei bedeutet $D \subset\subset \Omega$, dass D beschränkt ist und $\overline{D} \subset \Omega$. Für Funktionen $u \in L_p(\Omega)$, $v \in L_q(\Omega)$ mit $\frac{1}{p} + \frac{1}{q} = 1$ gilt die *Hölder–Ungleichung*

$$\int_\Omega |u(x) \, v(x)| \, dx \leq \left(\int_\Omega |u(x)|^p \, dx \right)^{1/p} \left(\int_\Omega |v(x)|^q \, dx \right)^{1/q} \, .$$

Für $p = q = 2$ heißt diese Ungleichung auch *Cauchy–Schwarz–Ungleichung*.

Auf dem Raum $L_2(\Omega)$ kann das Skalarprodukt

$$\langle u, v \rangle_{L_2(\Omega)} := \int_\Omega u(x)\, v(x)\, dx$$

eingeführt werden. Ein *Skalarprodukt* auf einem reellen Vektorraum H ist eine reellwertige Funktion $(x, y) \mapsto \langle x, y \rangle$, so dass

(i) $\langle x, y \rangle = \langle y, x \rangle$ für alle $x, y \in H$,

(ii) $\langle \alpha x + \beta y, z \rangle = \alpha \langle x, z \rangle + \beta \langle y, z \rangle$ für alle $\alpha, \beta \in \mathbb{R}$ und $x, y, z \in H$,

(iii) $\langle x, x \rangle \geq 0$ für alle $x \in X$,

(iv) $\langle x, x \rangle = 0$ genau dann, wenn $x = 0$.

In einem reellen Vektorraum H mit Skalarprodukt definiert

$$\|x\| = \sqrt{\langle x, x \rangle}$$

eine Norm. Ist H bezüglich dieser Norm vollständig, so nennen wir H einen *Hilbertraum*. Der Raum $L_2(\Omega)$ ist versehen mit dem obigen Skalarprodukt ein Hilbertraum.

Häufig ist es sinnvoll, den klassischen Ableitungsbegriff abzuschwächen. Existiert zu einer integrierbaren Funktion $u : \Omega \to \mathbb{R}$ und einem Multiindex α eine integrierbare Funktion $v_\alpha : \Omega \to \mathbb{R}$, so dass

$$\int_\Omega u(x)\, \partial^\alpha \varphi(x)\, dx = (-1)^{|\alpha|} \int_\Omega v_\alpha(x)\, \varphi(x)\, dx$$

für alle $\varphi \in C_0^\infty(\Omega)$, so heißt $\partial^\alpha u := v_\alpha$ schwache Ableitung von u (oder genauer die α–te schwache partielle Ableitung).

Der *Sobolevraum* $H^1(\Omega)$ besteht aus allen Funktionen $u \in L_2(\Omega)$, deren erste partielle Ableitungen im schwachen Sinn existieren und quadratintegrierbar sind. Der Raum $H^1(\Omega)$ wird mit dem Skalarprodukt

$$\langle u, v \rangle_{H^1(\Omega)} := \int_\Omega \left(u(x)\, v(x) + \nabla u(x) \cdot \nabla v(x) \right) dx$$

zu einem Hilbertraum.

Entsprechend können wir Sobolevräume $H^m(\Omega)$, $m \geq 2$, definieren, indem wir verlangen, dass auch höhere schwache Ableitungen quadratintegrierbar sind.

Bei Funktionen in $L_2(\Omega)$ und $H^1(\Omega)$ fassen wir Funktionen, die sich nur auf einer Nullmenge unterscheiden, zu einer Äquivalenzklasse zusammen. Daher hat es zunächst keinen Sinn, für Funktionen in diesen Räumen *Randwerte* zu definieren, da der Rand typischerweise eine Nullmenge ist. Es zeigt sich aber, dass wir Funktionen in $H^1(\Omega)$ unter geeigneten Bedingungen an $\partial\Omega$ Randwerte zuordnen können. Eine einfache Möglichkeit, Nullrandwerte zu definieren, besteht darin, $C_0^\infty(\Omega)$ in $H^1(\Omega)$ abzuschließen. Wir definieren

$$H_0^1(\Omega) := \{u \in H^1(\Omega) \mid \text{es existiert eine Folge } (u_k)_{k \in \mathbb{N}} \text{ in } C_0^\infty(\Omega),$$
$$\text{so dass } \|u_k - u\|_{H^1(\Omega)} \to 0\}$$

und interpretieren diesen Raum als die Menge aller $H^1(\Omega)$–Funktionen mit Null–Randwerten. Die Tatsache, dass Funktionen in $H_0^1(\Omega)$ in einem gewissen Sinn Nullrandwerte besitzen, kann präziser gerechtfertigt werden.

Falls Ω beschränkt ist, gilt für Funktionen aus $H_0^1(\Omega)$ die *Poincaré–Ungleichung*, d.h. es existiert eine Konstante $c_P > 0$, die nur von Ω abhängt, so dass

$$\int_\Omega |v|^2 \, dx \leq c_P \int_\Omega |\nabla v|^2 \, dx$$

für alle $v \in H_0^1(\Omega)$. Ist Ω zusammenhängend, so gelten entsprechende Ungleichungen auch für Funktionen $u \in H^1(\Omega)$ mit $\int_\Omega u(x) \, dx = 0$, oder für Funktionen $u \in H^1(\Omega)$, die nur auf einem Teil des Randes $\partial\Omega$ mit positivem Flächeninhalt Null sind.

Schließlich sei noch bemerkt, dass für Funktionen $u \in H^m(\Omega)$ im Fall $m - \frac{d}{2} > 0$ eine stetige Funktion $v \in C^0(\Omega)$ existiert, so dass $u = v$ fast überall in Ω.

Für weitere Details und Beweise der oben angegebenen Resultate verweisen wir auf die Bücher von Alt [4] und Adams [2].

B

Krümmung von Hyperflächen

Unter der Krümmung einer Kurve in der Ebene versteht man die Richtungsänderung pro Längeneinheit. Es sei $I \subset \mathbb{R}$ ein Intervall und $y : I \to \mathbb{R}^2$ eine differenzierbare ebene Kurve, die nach der Bogenlänge parametrisiert ist, d.h. $|y'(s)| = 1$ für alle $s \in I$. Dann ist $\tau := y'(s)$ eine Einheitstangente an die Kurve und $y''(s)$ misst die lokale Änderungsrate der Tangente pro Längeneinheit. Je größer $|y''(s)|$ ist, desto stärker ändert sich die Tangente. Die Größe $y''(s)$ beschreibt also, wie stark die Kurve y gekrümmt ist.

Für eine Kurve $\Gamma \subset \mathbb{R}^2$ mit Einheitsnormale ν wählen wir nun eine Bogenlängenparametrisierung y so, dass $(\nu, y'(s))$ positiv orientiert ist, d.h. $\det(\nu, y'(s)) > 0$. Differentiation der Identität $|y'(s)|^2 = 1$ ergibt

$$0 = \frac{d}{ds}|y'(s)|^2 = 2\, y''(s) \cdot y'(s)\,.$$

Deshalb ist $y''(s)$ ein Vielfaches von ν und wir definieren

$$\kappa = y''(s) \cdot \nu$$

als die *Krümmung der Kurve* Γ. Wählen wir statt ν die Normale $-\nu$, so ändert sich das Vorzeichen von κ.

Es sei nun Γ eine glatte Fläche im $\mathbb{R}^3$ mit Einheitsnormale ν. Dann kann jeder Tangentialrichtung τ eine Normalkrümmung zugeordnet werden. Darunter versteht man die Krümmung der ebenen Kurve, die sich als Schnitt der von ν und τ aufgespannten Ebene mit Γ ergibt. Dabei wählen wir in dieser Ebene ν als Normale an die Kurve. Es seien nun κ_1 und κ_2 der minimale beziehungsweise der maximale Wert, den die *Normalkrümmung* annehmen kann. κ_1 und κ_2 heißen *Hauptkrümmungen* und die *mittlere Krümmung* κ ist dann definiert durch

$$\kappa = \kappa_1 + \kappa_2\,. \tag{B.1}$$

Streng genommen ist natürlich $\frac{1}{2}(\kappa_1 + \kappa_2)$ die mittlere Krümmung, inzwischen wird allerdings häufiger obige Definition benutzt, da sie in vielen Fällen zu einfacheren Ausdrücken führt.

Wir wollen nun Krümmungen allgemein für Hyperflächen Υ des $\mathbb{R}^d$, das sind glatte $(d-1)$–dimensionale Teilmengen des $\mathbb{R}^d$, definieren. Dazu betrachten wir zunächst *Tangentialableitungen* von Funktionen, die auf Υ definiert sind. Für $x \in \Upsilon$ bezeichne $T_x\Upsilon$ den Raum der Tangentialvektoren an Υ im Punkt x. Sei $f : \Upsilon \to \mathbb{R}$ eine glatte Funktion, $x \in \Upsilon$ und $\tau \in T_x\Upsilon$. Wir wählen eine Kurve $y : (-\varepsilon, \varepsilon) \to \Upsilon$ mit $y(0) = x$ und $y'(0) = \tau$ und definieren

$$\partial_\tau f(x) = \tfrac{d}{ds} f(y(s))\big|_{s=0}.$$

Man kann zeigen, dass diese Definition von der speziellen Wahl der Kurve y unabhängig ist, solange nur $y'(0) = \tau$ gilt. Weiter folgt, dass die Abbildung $\tau \mapsto \partial_\tau f$ *linear* bezüglich τ ist; es gilt also für $\tau_1, \tau_2, \tau \in T_x\Upsilon$ mit $\tau = \alpha_1\tau_1 + \alpha_2\tau_2$

$$\partial_\tau f(x) = \alpha_1 \, \partial_{\tau_1} f(x) + \alpha_2 \, \partial_{\tau_2} f(x).$$

Wir können nun Tangentialableitungen des *Normalenvektors* ν betrachten. Die Abbildung

$$W_x : T_x\Upsilon \to T_x\Upsilon,$$
$$\tau \mapsto -\partial_\tau\nu$$

heißt *Weingartenabbildung* von Υ im Punkt x. Da ∂_τ linear bezüglich τ ist, ist die Weingartenabbildung W_x linear. Aus

$$(\partial_\tau\nu) \cdot \nu = \partial_\tau \tfrac{1}{2}|\nu|^2 = \partial_\tau \tfrac{1}{2} = 0$$

folgt, dass $\partial_\tau\nu$ im Tangentialraum $T_x\Upsilon$ liegt. Somit ist $-\partial_\tau\nu$ als Funktion von τ eine Abbildung, die den Tangentialraum $T_x\Upsilon$ in sich abbildet. Sind $\tau_1, \tau_2 : \Upsilon \to \mathbb{R}^d$ zwei glatte Vektorfelder mit $\tau_1(x), \tau_2(x) \in T_x\Upsilon$ für alle x, so folgt wegen $\tau_2 \cdot \nu = 0$

$$(\partial_{\tau_1}\tau_2) \cdot \nu = (\partial_{\tau_1}\tau_2) \cdot \nu - \partial_{\tau_1}(\tau_2 \cdot \nu) = -\tau_2 \cdot \partial_{\tau_1}\nu. \tag{B.2}$$

Betrachten wir nun eine lokale Parametrisierung $F : D \to \Upsilon$, so ergibt sich aus der Symmetrie der zweiten Ableitungen von F die Symmetrie der Weingartenabbildung bezüglich des euklidischen Skalarprodukts im $\mathbb{R}^d$ wie folgt. Die Vektoren

$$t_1 = \partial_1 F, \dots, t_{d-1} = \partial_{d-1} F$$

bilden eine Basis des Tangentialraums. Für beliebige Tangentialvektoren finden wir eine Darstellung

$$\tau_1 = \sum_{i=1}^{d-1} \alpha_i \, \partial_i F, \quad \tau_2 = \sum_{i=1}^{d-1} \beta_i \, \partial_i F$$

und wir berechnen mit Hilfe von $\nu \cdot \partial_i F = 0$, $\partial_{t_i} F = \partial_i F$ für $i = 1, \dots, d-1$ und der Linearität der Tangentialableitung

$$W_x(\tau_1) \cdot \tau_2 = -(\partial_{\tau_1}\nu) \cdot \tau_2 = \nu \cdot \partial_{\tau_1}\tau_2 = \nu \cdot \sum_{i,j=1}^{d-1} \alpha_i\beta_j\, \partial_{t_i}(\partial_j F)$$

$$= \nu \cdot \sum_{i,j=1}^{d-1} \alpha_i\beta_j\, \partial_i\partial_j F = \nu \cdot \sum_{i,j=1}^{d-1} \alpha_i\beta_j\, \partial_j\partial_i F$$

$$= \nu \cdot \partial_{\tau_2}\tau_1 = -\tau_1 \cdot \partial_{\tau_2}\nu = \tau_1 \cdot W_x(\tau_2)\,.$$

Da die Weingartenabbildung symmetrisch ist, existieren reelle Eigenwerte $\kappa_1 \leq \cdots \leq \kappa_{d-1}$ mit zugehörigen orthonormalen Eigenvektoren $v_1, \ldots, v_{d-1} \in T_x\Upsilon$. Es gilt

$$\kappa_i = \kappa_i|v_i|^2 = -(\partial_{v_i}\nu) \cdot v_i = (\partial_{v_i}v_i) \cdot \nu\,.$$

Das bedeutet, κ_i ist die Normalkrümmung in Richtung v_i. Die Größen $\kappa_1, \ldots, \kappa_{d-1}$ heißen *Hauptkrümmungen*. Die Krümmungen κ_1 beziehungsweise κ_{d-1} minimieren beziehungsweise maximieren die zur Weingartenabbildung gehörende quadratische Form

$$(\tau, \tau) \mapsto (-\partial_\tau\nu) \cdot \tau = (\partial_\tau\tau) \cdot \nu$$

unter allen $\tau \in T_x\Upsilon$ mit $|\tau| = 1$, siehe Aufgabe 7.7. Die Bilinearform $(\tau_1, \tau_2) \mapsto (-\partial_{\tau_1}\nu) \cdot \tau_2$ heißt *zweite Fundamentalform* von Υ. Es ergibt sich, dass

$$\kappa = \operatorname{spur} W_x = \sum_{i=1}^{d-1} \kappa_i$$

für $d = 3$ gerade der Definition (B.1) entspricht. Die Größe κ nennen wir im Folgenden die *mittlere Krümmung* von Υ in x.

Ist $\{\tau_1, \ldots, \tau_{d-1}\}$ eine Orthonormalbasis des Tangentialraums $T_x\Upsilon$, so berechnet sich die mittlere Krümmung wie folgt

$$\kappa = \operatorname{spur} W_x = -\sum_{i=1}^{d-1} (\partial_{\tau_i}\nu) \cdot \tau_i = \sum_{i=1}^{d-1} (\partial_{\tau_i}\tau_i) \cdot \nu\,.$$

Definieren wir die Flächendivergenz $\nabla_\Upsilon\cdot$ eines Vektorfelds f auf Υ durch

$$\nabla_\Upsilon \cdot f = \sum_{i=1}^{d-1} \tau_i \cdot \partial_{\tau_i} f$$

so folgt die kompaktere Form

$$\kappa = -\nabla_\Upsilon \cdot \nu\,.$$

Die mittlere Krümmung ist also gerade das Negative der Divergenz der Normalen.

Häufig muss die mittlere Krümmung berechnet werden für Situationen, in denen eine natürliche, nicht notwendigerweise orthonormale Basis $\{t_1, \ldots, t_{d-1}\}$ des Tangentialraums vorliegt. Wir wollen kurz die dazu benötigte Lineare Algebra diskutieren, und als Spezialfall die mittlere Krümmung eines Graphen berechnen. Es sei $\{\tau_1, \ldots, \tau_{d-1}\}$ eine Orthonormalbasis des Tangentialraums. Dann existiert eine Matrix $A = (a_{ij})_{i,j=1}^{d-1}$, so dass

$$\tau_k = \sum_{i=1}^{d-1} a_{ki} t_i \, .$$

Da $\{\tau_1, \ldots, \tau_{d-1}\}$ orthonormal ist, folgt

$$\delta_{k\ell} = \tau_k \cdot \tau_\ell = \sum_{i,j=1}^{d-1} a_{ki} \, a_{\ell j} \, t_i \cdot t_j = (AGA^\top)_{k\ell}$$

mit

$$G = (g_{ij})_{i,j=1}^{d-1} := (t_i \cdot t_j)_{i,j=1}^{d-1} \, .$$

Es gilt also $AGA^\top = \mathrm{Id}$ und damit

$$G = A^{-1}(A^{-1})^\top \, , \quad G^{-1} =: (g^{ij})_{i,j=1}^{d-1} = A^\top A \, .$$

Für ein Vektorfeld $f : \Upsilon \to \mathbb{R}^d$ ergibt sich nun, da $\partial_\tau f$ linear bezüglich τ ist:

$$\nabla_\Upsilon \cdot f = \sum_{k=1}^{d-1} \tau_k \cdot \partial_{\tau_k} f = \sum_{i,j,k=1}^{d-1} a_{ki} \, a_{kj} \, t_j \cdot \partial_{t_i} f = \sum_{i,j=1}^{d-1} g^{ij} \, t_j \cdot \partial_{t_i} f \, .$$

Jetzt sei Υ als Graph gegeben,

$$\Upsilon = \left\{ x = (x', x_d) \in \mathbb{R}^{d-1} \times \mathbb{R} \mid x_d = h(x') \, , \; x' \in D \right\},$$

wobei

$$h : D \to \mathbb{R} \, , \quad D \subset \mathbb{R}^{d-1} \text{ offen} \, ,$$

zweimal stetig differenzierbar sei. Eine Basis des Tangentialraums ist dann gegeben durch

$$t_1 = (e_1, \partial_1 h), \ldots, t_{d-1} = (e_{d-1}, \partial_{d-1} h) \, ,$$

wobei $e_1, \ldots, e_{d-1} \in \mathbb{R}^{d-1}$ die Standardbasisvektoren im $\mathbb{R}^{d-1}$ seien. In diesem Fall ist $g_{ij} = \delta_{ij} + \partial_i h \, \partial_j h$ und durch Nachrechnen verifizieren wir

$$g^{ij} = \delta_{ij} - \frac{\partial_i h \, \partial_j h}{1 + |\nabla_{x'} h|^2} \, .$$

Als Einheitsnormale ergibt sich

$$\nu = \frac{1}{\sqrt{1 + |\nabla_{x'}h|^2}}(-\nabla_{x'}h, 1)^\top \, .$$

Für eine Größe $f : \Upsilon \to \mathbb{R}$ mit $f(x) = f(x', h(x')) = \widehat{f}(x')$ ergibt sich $\partial_{t_i} f = \partial_i \widehat{f}$ und wir berechnen

$$\kappa = -\sum_{i,j=1}^{d-1} g^{ij} t_j \cdot \partial_{t_i} \nu = \frac{1}{\sqrt{1 + |\nabla_{x'}h|^2}} \sum_{i,j=1}^{d-1} g^{ij} t_j \cdot \partial_i(\nabla_{x'}h, -1)^\top$$

$$= \frac{1}{\sqrt{1 + |\nabla_{x'}h|^2}} \sum_{i,j=1}^{d-1} g^{ij} \partial_{ij} h$$

$$= \frac{\Delta_{x'}h}{\sqrt{1 + |\nabla_{x'}h|^2}} - \sum_{i,j=1}^{d-1} \frac{\partial_i h}{(1 + |\nabla_{x'}h|^2)^{3/2}} \partial_j h \, \partial_{ij} h$$

$$= \nabla_{x'} \cdot \left(\frac{\nabla_{x'}h}{\sqrt{1 + |\nabla_{x'}h|^2}} \right) \, .$$

Literaturverzeichnis

1. I. Aavatsmark. *Mathematische Einführung in die Thermodynamik der Gemische*. Akademie Verlag, Berlin, 1995.
2. R. A. Adams. *Sobolev Spaces*. Academic Press, Orlando – London 1975.
3. M. Alonso, E. J. Finn. *Physik*. Addison–Wesley, 1977.
4. H. W. Alt. *Lineare Funktionalanalysis: Eine anwendungsorientierte Einführung*. Springer, Berlin - Heidelberg - New York, 1999.
5. H. W. Alt, I. Pawlow. *On the entropy principle of phase transition models with a conserved order parameter*. Adv. Math. Sci. Appl. **6**(1), 291–376, 1996.
6. II. Amann. *Gewöhnliche Differentialgleichungen*. Berlin, 1995.
7. S. S. Antman. *Nonlinear Problems of Elasticity*. Springer, New York, 1995.
8. H. Babovsky. *Die Boltzmann–Gleichung*. Teubner, Stuttgart - Leipzig, 1998.
9. C. Bär. *Elementare Differentialgeometrie*. De Gruyter, Berlin, 2001.
10. H. T. Banks, K. Kunisch. *Estimation techniques for distributed parameter systems*. Systems & Control: Foundations & Applications, 1. Birkhäuser, Boston, MA, 1989.
11. E. Becker, W. Bürger. *Kontinuumsmechanik*. Teubner, Stuttgart, 1997.
12. R. B. Bird, W. E. Steward, E. N. Lightfoot. *Transport Phenomena*. Wiley, New York, 1960.
13. W. Bolton. *Linear Equations and Matrices. Mathematics for Engineers*. Longman Scientific & Technical, Harlow, Essex, 1995.
14. M. Brokate, J. Sprekels. *Hysteresis and Phase Transitions*. Springer, New York, 1996.
15. G. Buttazzo, M. Giaquinta, S. Hildebrandt. *One–dimensional Variational Problems*. Clarendon Press, Oxford, 1998.
16. E. Casas. *Control of an elliptic problem with pointwise state constraints*. SIAM J. Cont. Optim. **24**, 1309–1322, 1986.
17. M. P. do Carmo. *Differentialgeometrie von Kurven und Flächen*. Vieweg, Braunschweig, 1983.
18. L.-Q. Chen. *Phase–field models for microstructure evolution*. Annu. Rev. Mater. Res. **32**, 113–1140, 2002.
19. A. J. Chorin, J. E. Marsden. *A Mathematical Introduction to Fluid Mechanics*. Springer, New York - Heidelberg - Berlin, 1979.
20. S. N. Chow, J. K. Hale. *Methods of bifurcation theory*. Springer, New York - Berlin, 1982.

21. P. G. Ciarlet. *Mathematical Elasticity*. Vol. 1: Three Dimensional Elasticity, North–Holland, Amsterdam, 1988; Vol. 2: Theory of Plates, Elsevier, Amsterdam, 1997; Vol. 3: Theory of Shells, North–Holland, Amsterdam, 2000.

22. D. Cioranescu, P. Donato. *An Introduction to Homogenization*. Oxford Univ. Press, 1999.

23. D. Cioranescu, J. Saint Jean Paulin. *Homogenization of Reticulated Structures*. Springer, New York, 1999.

24. R. Courant, D. Hilbert. *Methoden der Mathematischen Physik I*. Springer, Berlin - Heidelberg - New York, 1968.

25. S. H. Davis. *Theory of Solidification*. Cambridge University Press, 2001.

26. K. Deckelnick, G. Dziuk, C. M. Elliott. *Computation of geometric partial differential equations and mean curvature flow*. Acta Numerica **14**, 139–232, 2005.

27. P. Deuflhard, F. Bornemann. *Numerische Mathematik II*. De Gruyter, Berlin, 1994.

28. A. Deutsch (Hrsg.). *Muster des Lebendigen*. Vieweg, 1994.

29. G. Duvaut, J.-L. Lions. *Inequalities in Mechanics and Physics*. Springer, Berlin - New York, 1976.

30. C. Eck, H. Garcke, B. Stinner. *Multiscale problems in solidification processes*. In: Analysis, Modeling and Simulation of Multiscale Problems (A. Mielke, ed.), 21–64, Springer, Berlin, 2006.

31. I. Ekeland, R. Temam. *Convex Analysis and Variational Problems*. Classics in Applied Mathematics, SIAM, Philadelphia, 1990.

32. C. M. Elliott, J. R. Ockendon. *Weak and Variational Methods for Moving Boundary Problems*. Pitman, Boston - London, 1982.

33. H. W. Engl, M. Hanke, A. Neubauer. *Regularization of Inverse Problems*. Kluwer, Dordrecht, 2000.

34. J.-H. Eschenburg, J. Jost. *Differentialgeometrie und Minimalflächen*. Springer, Berlin, 2007.

35. L. C. Evans. *An introduction to mathematical optimal control theory*. Vorlesungsskript, http://math.berkeley.edu/~evans/control.course.pdf

36. L. C. Evans. *Partial Differential Equations*. AMS, Providence, 1998.

37. B. Fiedler. *Romeo und Julia, spontane Musterbildung und Turings Instabilität*. In: Alles Mathematik (M. Aigner, E. Behrens, Hrsg.), 77–95, Vieweg, Braunschweig, 2000.

38. G. Fischer. *Analytische Geometrie*. Vieweg, Braunschweig, 1978.

39. G. Fischer. *Lineare Algebra*. Vieweg, Braunschweig, 1979.

40. N. D. Fowkes, J. J. Mahony. *An Introduction to Mathematical Modelling*. Wiley, Chichester, 1994.

41. A. Friedman. *Variational Principles and Free Boundary Problems*. Robert E. Krieger Publishing Company, Malabar, Florida, 1988.

42. A. Friedman. *Free Boundary Problems in Science and Technology*. Notices of the AMS **47**(8), 854–861, 2000.

43. G. P. Galdi. *An Introduction to the Mathematical Theory of the Navier–Stokes Equations. Vol. 1: Linearized Steady Problems, Vol. 2: Nonlinear Steady Problems*. Springer, New York, 1994.

44. H. Garcke. *Mechanical effects in the Cahn–Hilliard model: A review on mathematical results*. In: Mathematical Methods and Models in Phase Transitions (A. Miranville, ed.), 43–77, Nova Science Publ., 2005.

45. H. Garcke, B. Nestler, B. Stinner. *A diffuse interface model for alloys with multiple components and phases*. SIAM J. Appl. Math. **64**(3), 775–799, 2004.

46. A. Gierer, H. Meinhardt. *A Theory of Biological Pattern Formation*. Kybernetik **12**, 30–39, 1972.

47. D. Gilbarg, N. Trudinger. *Elliptic Partial Differential Equations of Second Order* (2nd ed.). Springer, Berlin, 1983.

48. B. H. Gilding. *The occurrence of interfaces in nonlinear diffusion–advection processes*. Arch. Ration. Mech. Anal. **100**(3), 243–263, 1988.

49. B. H. Gilding, R. Kersner. *Travelling Waves in Nonlinear Diffusion–Convection–Reaction*. Birkhäuser, Basel, 2004.

50. M. Griebel, T. Dornseifer, T. Neunhoeffer. *Numerische Simulation in der Strömungslehre*. Eine praxisorientierte Einführung. Vieweg, Wiesbaden, 1995.

51. D. J. Griffith. *Introduction to Electrodynamics*. Prentice Hall, New Jersey, 1981.

52. E. van Groesen, J. Molenaar. *Continuum Modeling in the Physical Sciences*. SIAM, 2007.

53. C. Großmann, H.-J. Roos. *Numerik partieller Differentialgleichungen*. Teubner, Stuttgart, 1992.

54. M. Günther, A. Jüngel. *Finanzderivate mit MATLAB*. Vieweg, Wiesbaden, 2003.

55. M. E. Gurtin. *An Introduction to Continuum Mechanics*. Academic Press, New York - London, 1981.

56. M. E. Gurtin. *Thermomechanics of Evolving Phase Boundaries in the Plane*. Oxford University Press, New York, 1993.

57. R. Haberman. *Mathematical Models*. Prentice–Hall, New Jersey, 1977.

58. W. Hackbusch. *Theorie und Numerik elliptischer Differentialgleichungen*. B. G. Teubner, Stuttgart, 1986.

59. W. Hackbusch. *Iterative Lösung großer schwachbesetzter Gleichungssysteme*. B. G. Teubner, Stuttgart, 1991.

60. G. Hagmann. *Grundlagen der Elektrotechnik*. 8. Aufl., AULA–Verlag, Wiebelsheim, 2001.

61. M. Hanke–Bourgeois. *Grundlagen der Numerischen Mathematik und des Wissenschaftlichen Rechnens*. B. G. Teubner, Wiesbaden, 2006.

62. S. Hildebrandt. *Analysis 2*. Springer, Berlin - Heidelberg, 2003.

63. M. H. Holmes. *Introduction to Perturbation Methods*. Springer, New York, 1995.

64. J. Honerkamp, H. Römer. *Grundlagen der klassischen theoretischen Physik*. Springer, Berlin etc., 1986.

65. U. Hornung (Hrsg.) *Homogenization and Porous Media*. Springer, New York, 1997.

66. K. Hutter, K. Jöhnk. *Continuum Methods of Physical Modling. Continuum Mechanics, Dimensional Analysis, Turbulence*. Springer, Berlin, 2004.

67. J. D. Jackson. *Classical Electrodynamics*. Wiley & Sons, New York - London - Sydney, 1962.

68. C. Johnson. *Numerical Solution of Partial Differential Equations by the Finite Element Method*. Cambridge University Press, Cambridge, 1987.

69. J. Jost. *Partielle Differentialgleichungen*. Springer, Berlin - Heidelberg, 1998.

70. J. Kevorkian. *Perturbation Methods in Applied Mathematics*. Springer, Heidelberg, 1981.

71. J. Kevorkian, J. D. Cole. *Multiple Scale and Singular Perturbation Methods*. Springer, New York, 1996.

72. H. Kielhöfer. *Bifurcation Theory*. An Introduction with Applications to PDEs. Springer, New York, 2004.

73. D. Kinderlehrer, G. Stampacchia. *An Introduction to Variational Inequalities and Their Applications.* Academic Press, New York, 1980.

74. P. Knabner. *Mathematische Modelle für Transport und Sorption gelöster Stoffe in porösen Medien.* Peter Lang, Frankfurt, 1988.

75. P. Knabner, L. Angermann. *Numerik partieller Differentialgleichungen. Eine anwendungsorientierte Einführung.* Springer, Berlin, 2000.

76. P. Knabner, W. Barth. *Lineare Algebra. Grundlagen und Anwendungen.* Springer, Berlin, 2013.

77. K. Königsberger. *Analysis II.* Springer, Berlin 2004.

78. D. Kondepudi, I. Prigogine. *Modern Thermodynamics. From Heat Engines to Dissipative Structures.* John Wiley & Sons, Chichester, 1998.

79. D. Kröner. *Numerical Schemes for Conservation Laws.* Wiley, Chichester & Teubner, Stuttgart, 1997.

80. H. Kuchling. *Taschenbuch der Physik.* Harri Deutsch, Thun & Frankfurt, 1988.

81. L. Landau, E. Lifšic. *Lehrbuch der theoretischen Physik*, Vols. 1–10. Akademie Verlag, Berlin, 1991.

82. R. J. Leveque. *Finite Volume Methods for Hyperbolic Problems.* Cambridge Univ. Press, Cambridge, 2002.

83. K. G. Libbrecht. *Morphogenesis on Ice: The Physics of Snow Crystals.* Engineering & Science No. 1, 2001.

84. C.-C. Lin, L. A. Segel. *Mathematics Applied to Deterministic Problems in the Natural Sciences.* Macmillan, New York, 1974.

85. J. L. Lions. *Optimal Control of Systems Governed by Partial Differential Equations.* Springer, Berlin - Heidelberg - New York, 1971.

86. I-Shih Liu. *Method of Lagrange multipliers for exploitation of the entropy principle.* Arch. Rational Mech. Anal. 46, 131–148, 1972.

87. J. Macki, A. Strauss. *Introduction to Optimal Control Theory.* Springer, New York, 1982.

88. P. A. Markowich. *Applied Partial Differential Equations.* Springer, Berlin - Heidelberg, 2007.

89. J. E. Marsden, T. J. R. Hughes. *Mathematical Foundations of Elasticity.* Prentice–Hall, New Jersey, 1983.

90. H. Meinhardt. *The Algorithmic Beauty of Sea Shells.* Springer, Berlin - Heidelberg, 2003.

91. H. Meinhardt. *Wie Schnecken sich in Schale werfen. Muster tropischer Meeresschnecken als dynamische Systeme.* Springer, Berlin, 1997.

92. A. M. Meirmanov. *The Stefan Problem.* De Gruyter, Berlin - New York, 1992.

93. T. Meis, U. Marcowitz. *Numerische Behandlung partieller Differentialgleichungen.* Springer, Berlin - Heidelberg - New York, 1978.

94. A. Meister. *Numerik linearer Gleichungssysteme.* Vieweg, Wiesbaden, 1999.

95. L. Modica. *The gradient theory of phase transitions and the minimal interface criterion.* Arch. Ration. Mech. Anal. **98**(2), 123–142, 1987.

96. I. Müller. *Grundzüge der Thermodynamik.* Springer, Berlin - Heidelberg, 2001.

97. I. Müller. *Thermodynamics.* Pitman Advanced Publishing Program, London 1985.

98. J. D. Murray. *Mathematical Biology. I+II.* Springer, Berlin, 1989, 1993.

99. D. R. Owen. *A First Course in the Mathematical Foundations of Thermodynamics.* Springer, New York, 1984.

100. O. Penrose, P. Fife. *Thermodynamically consistent models of phase–field type for the kinetics of phase transitions.* Physica D **43**(1), 44–62, 1990.

101. E. Pestel, J. Wittenburg. *Technische Mechanik. Band 2: Festigkeitslehre.* B.I.-Wissenschaftsverlag, Mannheim, 1992.

102. A. Quarteroni, A. Valli. *Numerical Approximation of Partial Differential Equations.* Springer, Berlin, 1994.

103. M. Renardy, R. C. Rogers. *An Introduction to Partial Differential Equations.* Texts in Applied Mathematics **13**, Springer, New York, 1993.

104. B. N. Roy. *Fundamentals of Classical and Statistical Thermodynamics.* Wiley, Chichester, 2002.

105. Y. Saad. *Iterative Methods for Sparse Linear Systems.* PWS Publishing Company, Boston, MA, 1996.

106. F. Saaf. *A study of reactive transport phenomena in porous media.* PhD thesis, Rice University, Houston, USA, 1996.

107. A. A. Samarskii, A. P. Mikhailov. *Principles of Mathematical Modeling.* Taylor & Francis, London, 2002.

108. M. B. Sayir, J. Dual, S. Kaufmann. *Ingenieurmechanik 1. Grundlagen und Statik.* Teubner, Stuttgart, 2004.

109. Ch. Schmeiser. *Angewandte Mathematik.* Vorlesungsskript, Institut für Angewandte und Numerische Mathematik, TU Wien.

110. H. R. Schwarz. *Numerische Mathematik.* B. G. Teubner, Stuttgart, 1988.

111. L. A. Segel. *Mathematics Applied to Continuum Mechanics.* Macmillan Publ. Co., New York, 1977.

112. J. Smoller. *Shock Waves and Reaction–Diffusion Equations.* Springer, New York, 1994.

113. H. Sohr. *The Navier–Stokes Equations. An Elementary Functional Analytic Approach.* Birkhäuser, Basel, 2001.

114. Th. Sonar. *Angewandte Mathematik, Modellierung und Informatik.* Vieweg, Braunschweig - Wiesbaden, 2001.

115. O. Steinbach. *Lösungsverfahren für lineare Gleichungssysteme.* Teubner, Stuttgart - Leipzig - Wiesbaden, 2005.

116. J. Stoer. *Numerische Mathematik 1.* Springer, Berlin - Heidelberg, 1972.

117. J. Stoer, R. Bulirsch. *Numerische Mathematik 2.* Springer, Berlin - Heidelberg, 1973.

118. G. Strang. *Introduction to Applied Mathematics.* Wellesley–Cambridge, Wellesley, 1986.

119. N. Straumann. *Thermodynamik.* Springer, Berlin, 1986.

120. R. Szilard. *Finite Berechnungsmethoden der Strukturmechanik. Band 1: Stabwerke.* Verlag von Wilhelm Ernst & Sohn, Berlin - München, 1982.

121. R. Temam. *Navier–Stokes Equations. Theory and Numerical Analysis.* Repr. with corr., AMS, Providence, RI, 2001. North Holland, Amsterdam - New York - Oxford, 1984.

122. R. Temam, A. M. Miranville. *Mathematical Modelling in Continuum Mechanics.* Cambridge University Press, Cambridge, 2001.

123. F. Tröltzsch. *Optimale Steuerung partieller Differentialgleichungen.* Vieweg, Wiesbaden, 2005.

124. C. Truesdell. *A First Course in Rational Continuum Mechanics.* Vol. 1., 2nd ed., Academic Press, Boston, MA, 1991.

125. C. Truesdell. *The Mechanical Foundations of Elasticity and Fluid Dynamics.* Gordon & Breach, New York, 1966.

126. C. Truesdell. *The Elements of Continuum Mechanics.* Springer, Berlin, 1966.

127. A. Turing. *The Chemical Basis of Morphogenesis.* Phil. Trans. Roy. Soc. London B **237**, 37–72, 1952.

128. A. Visintin. *Models of Phase Transitions.* Progress in Nonlinear Differential Equations and Their Applications 28, Birkhäuser, Boston, 1996.

129. E. Zeidler. *Nonlinear Functional Analysis and its Applications* Vol. III, Springer, New York, 1988.

130. E. Zeidler. *Nonlinear Functional Analysis and its Applications* Vol. IV, Springer, New York, 1988.

131. V. V. Zhikov, S. M. Kozlov, O. A. Oleinik. *Homogenization of Differential Operators and Integral Functionals.* Springer, Berlin, 1994.

Sachverzeichnis

Printed in the United States
By Bookmasters